"十三五"国家重点出版物出版规划项目

面向可持续发展的土建类工程教育丛书

混凝土结构基本原理

夏志成　王　菲　编

机械工业出版社

本书是根据《高等学校土木工程本科指导性专业规范》的要求，主要参照《混凝土结构设计规范》《建筑结构可靠性设计统一标准》《混凝土结构耐久性设计标准》等现行国家标准，结合编者多年来的教学实践经验编写而成。

本书主要内容包括绪论，混凝土结构材料性能，混凝土结构设计方法，受弯构件正截面和斜截面承载力计算，受压、受拉和受扭构件承载力计算，正常使用阶段验算及结构耐久性设计，预应力混凝土构件和装配式混凝土结构简介。每章均设置了学习目标、本章小结、思考题和测试题（填空题、是非题、选择题），部分章节还有习题。主要专业术语配有英文注释，并附典型的计算例题。

本书可作为高等学校土木工程等相关专业的教材，也可作为设计、监理、施工等工程技术人员的参考书。

本书配有授课PPT、课后题参考答案等资源，免费提供给选用本书的授课教师，需要者请登录机械工业出版社教育服务网（www.cmpedu.com）注册下载。

图书在版编目（CIP）数据

混凝土结构基本原理/夏志成，王菲编. —北京：机械工业出版社，2021.10（2025.3重印）

（面向可持续发展的土建类工程教育丛书）

"十三五"国家重点出版物出版规划项目

ISBN 978-7-111-69305-5

Ⅰ.①混… Ⅱ.①夏… ②王… Ⅲ.①混凝土结构-高等学校-教材 Ⅳ.①TU37

中国版本图书馆CIP数据核字（2021）第203587号

机械工业出版社（北京市百万庄大街22号 邮政编码100037）
策划编辑：李 帅 责任编辑：李 帅 高凤春
责任校对：郑 婕 封面设计：张 静
责任印制：单爱军
北京虎彩文化传播有限公司印刷
2025年3月第1版第3次印刷
184mm×260mm·22.5印张·554千字
标准书号：ISBN 978-7-111-69305-5
定价：69.80元

电话服务　　　　　　　网络服务
客服电话：010-88361066　机 工 官 网：www.cmpbook.com
　　　　　010-88379833　机 工 官 博：weibo.com/cmp1952
　　　　　010-68326294　金 书 网：www.golden-book.com
封底无防伪标均为盗版　机工教育服务网：www.cmpedu.com

前　言

混凝土结构广泛应用于建筑工程、桥梁工程、水利工程、地下工程、港口工程和军事工程等土建领域。"混凝土结构基本原理"作为高等学校土木工程专业重要的核心专业课，主要讲述混凝土结构基本原理，为学生后续专业课学习和毕业设计奠定基础。

本书按照国家《高等学校土木工程本科指导性专业规范》的要求编写，并有所扩展，重点突出混凝土结构的基本概念、基本理论、基本方法和工程应用，内容主要介绍混凝土结构基本构件的受力性能和设计计算方法，包括钢筋和混凝土材料性能，极限状态设计方法，基本构件受力性能分析、设计计算和构造要求，以及装配式混凝土结构等，同时适当补充相应的前沿拓展知识。

"混凝土结构基本原理"课程具有理论性强、实践性强和综合性强的特点，为此，编写本书时力求做到：以学生为中心，通过理论公式推导和试验现象分析，培养学生的思维能力；以国家现行标准为依据，通过理论知识与工程实践相结合，树立学生的工程意识；以综合训练为方法，通过典型例题解析和大量习题练习，提高学生的应用能力。

本书由夏志成、王菲编写。本书在编写过程中，参考了国内近年来正式出版的相关教材、规范和其他相关资料，在此向相关作者表示衷心感谢！由于编者水平有限，不足之处恳请广大读者批评指正，以便我们及时改进。

编　者

目　　录

第1章 绪 论

■ 1.1 混凝土结构基本概念

1.1.1 定义与分类

混凝土结构(concrete structure)是以混凝土为主制成的结构,包括素混凝土结构、钢筋混凝土结构、预应力混凝土结构等。在土木工程中,结构是指承受荷载作用的空间骨架,构件(member)是指结构的组成单元。

素混凝土结构(plain concrete structure)是指无筋或不配置受力钢筋的混凝土结构。混凝土材料抗压强度较高而抗拉强度很低的特点,限制了素混凝土结构的应用,致使素混凝土结构仅用于受压为主的构件,如柱墩、基础、重力坝等。

钢筋混凝土结构(reinforced concrete structure)是指配置受力普通钢筋的混凝土结构;预应力混凝土结构(prestressed concrete structure)是指配置受力的预应力筋,通过张拉或其他方法建立预加应力的混凝土结构。钢筋混凝土和预应力混凝土结构统称为配筋混凝土结构。目前,钢筋混凝土结构广泛应用于土木工程建设中,而预应力混凝土结构多用于对抗裂和变形要求较高的结构。

1.1.2 配筋作用

混凝土是一种脆性材料,其抗拉强度一般只有抗压强度的 $1/16 \sim 1/8$。图 1-1a 所示的素混凝土简支梁,在集中荷载 P 和梁自重的作用下,梁截面中和轴以上受压、以下受拉,且上下边缘的应力最大。随着荷载的不断增加,当最大弯矩截面附近受拉边缘的混凝土一旦开裂,梁会突然断裂。此时,梁截面受压区的压应力还不大,其混凝土抗压强度远远没有充分利用,梁的承载力很低。破坏前,梁的变形很小,破坏很突然,通常一开裂就破坏,没有任何预兆，属于脆性破坏，在工程设计中必须避免。

与混凝土材料相比，钢筋的抗拉和抗压强度均很高。为解决素混凝土简支梁受拉区脆弱的问题，可在梁截面受拉区下侧配置适量的钢筋，用于承受梁受拉区的拉力，而混凝土主要承受梁受压区的压力，这样就构成了图 1-1b 所示的钢筋混凝土简支梁。当集中荷载 P 加载到一定数值时，梁受拉区同样开裂，但裂缝截面混凝土退出工作，其拉力转由钢筋承担，还能继续承受荷载。当受拉钢筋应力达到屈服强度后，荷载仍略有增加，直至截面受压区混凝土被压碎，梁才破坏。破坏前，梁的变形很大，破坏过程较缓慢，有明显的预兆，属于延性破坏，是

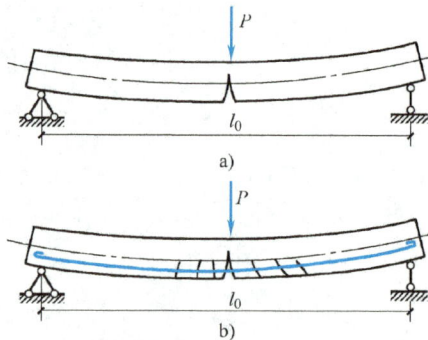

图 1-1 素混凝土简支梁和钢筋混凝土简支梁对比
a）素混凝土简支梁　b）钢筋混凝土简支梁

工程设计中所要求的。破坏时，钢筋与混凝土两种材料的强度都得以充分的利用，其承载能力和变形能力也大大超过相同条件的素混凝土梁。

综上所述，混凝土结构中配筋的作用是：配置在截面受拉区的钢筋，当受拉区出现裂缝时主要代替混凝土受拉；配置在截面受压区的钢筋主要协助混凝土受压。目的是充分发挥钢筋和混凝土的材料性能，改善其力学性能，提高其承载能力。

1.1.3　工作原理

钢筋和混凝土的物理力学性能截然不同，却能有效地组合在一起共同工作，主要有以下原因：

1）钢筋与混凝土之间存在着黏结力。混凝土硬化后，钢筋和混凝土能牢固地黏结在一起，在荷载作用下共同受力，协调变形。因此，黏结力是钢筋和混凝土能共同工作的基础。

2）钢筋和混凝土的线膨胀系数接近。钢材线膨胀系数为 $1.2 \times 10^{-5}/℃$，混凝土线膨胀系数为 $(1.0 \sim 1.5) \times 10^{-5}/℃$，当温度变化时，两者之间不会产生过大的相对变形而导致黏结力破坏。

3）混凝土对钢筋具有保护和固定作用。混凝土包裹着钢筋，使钢筋不易发生锈蚀，受压时不易失稳，火灾时可避免钢筋很快软化而导致结构破坏。因此，合适的混凝土保护层厚度是保证钢筋和混凝土共同工作的必要措施。

1.1.4　主要特点

混凝土结构在土木工程建设中得以广泛应用，主要具有以下优点：

1）取材方便。砂、石作为混凝土的主要组分，均可就地取材。另外，可有效利用矿渣、粉煤灰等工业废料和建筑垃圾制造再生骨料，变废为宝，低碳节能。

2）用材合理。能充分发挥钢筋和混凝土的材料性能，钢筋混凝土结构的承载力与刚度比例合适，不易发生失稳破坏。与钢结构相比，可以节约钢材，降低造价。

3）可塑性好。能按照工程设计要求，将混凝土浇筑成各种形状和尺寸的结构，适用于建造形状复杂的结构，这是钢、木和砌体结构所不具备的。

4）整体性好。现浇钢筋混凝土结构整体性好，有利于防水、抗震、抗爆、防毒气和辐

射渗漏；刚度和阻尼大，有利于控制结构变形，这对高层建筑结构尤其重要。

5）耐火性好。混凝土是不良导热体，在低于300℃范围内混凝土强度基本不降低。由于混凝土结构中保护层厚度的存在，可避免火灾时钢筋很快软化，结构丧失承载能力。

6）耐久性好。在正常环境下，钢筋包裹在混凝土中不易锈蚀。通常混凝土强度越高，其耐久性越好，维护费用越少。对处于侵蚀性环境下的混凝土结构，只要经过耐久性设计并采取相应的措施，一般可满足工程使用要求。

当然，混凝土结构也存在一些缺点，主要是结构自重大，抗裂性差，隔热、隔声性能较差，施工复杂且受季节气候影响，现役结构如遭损伤则修复困难等，这些缺点限制了混凝土结构的应用范围。随着科学技术的不断发展，新材料、新技术、新方法的不断应用，上述缺点在一定程度上已经克服或逐渐改善。如采用轻质高强混凝土，可减轻结构自重；采用预应力混凝土和钢纤维混凝土，可提高结构抗裂性能；采用植筋技术，可修复结构构件损坏；采用粘贴钢板或粘贴碳纤维布，可进行结构构件加固；采用预制装配式结构，可改善施工制作条件，少受或不受季节气候影响，加快施工进度和保证工程质量等。

■ 1.2　混凝土结构发展及应用简况

1.2.1　发展阶段

混凝土结构自开始应用至今约有170多年的历史。与钢、木和砌体结构相比，历史并不算长，但发展速度极快，应用也最为广泛。混凝土结构的发展，可大致划分为以下三个阶段：

第一阶段：钢筋混凝土发明至20世纪初。这一阶段主要制作中小型的梁、板、拱、柱和基础等构件，所用的钢筋和混凝土强度都很低。计算理论套用弹性理论，构件设计采用容许应力法计算。

第二阶段：20世纪初至第二次世界大战前后。这一阶段钢筋和混凝土强度有所提高，重要的发明和应用是预应力混凝土，可用来建造各种大跨度空间结构。计算理论开始考虑材料塑性，构件设计按破损阶段计算，随后又过渡到按极限状态法。

第三阶段：第二次世界大战前后至今。这一阶段高强钢筋和高强混凝土的出现，装配式钢筋混凝土和泵送商品混凝土的发展，计算机技术的运用和先进施工机械设备的发明，进一步扩大了混凝土结构的应用范围，建造了一大批超高层建筑、大跨度桥梁、特长跨海隧道、高耸结构等大型工程。振动台试验、拟动力试验和风洞试验较普遍地开展。计算机辅助设计（CAD）和建筑信息模型（BIM）有效地改进了设计方法，既提高了设计效率，又提高了设计质量。非线性有限元分析方法的广泛应用，实现了复杂结构的全过程受力模拟，并产生了"近代混凝土力学"这一学科分支。计算理论已充分考虑钢筋和混凝土材料的塑性，构件设计按基于可靠度的极限状态法计算。

1.2.2　工程应用

混凝土结构作为现代土木工程结构之一，在我国应用极为广泛。

1. 建筑工程

在建筑工程（constructional engineering）中，多层建筑大多采用砌体结构作为竖向承重墙体，但楼板几乎全部采用现浇混凝土楼盖或预制混凝土楼板。在高层建筑中，混凝土结构应用甚为广泛，建造高度不断刷新。目前，世界最高建筑是阿联酋的迪拜大厦，2010年建成，总高828m，162层，其中600mm以下为钢筋混凝土结构，以上为钢结构；我国最高建筑是上海中心大厦，2016年建成，总高632m，119层，采用钢与混凝土组合结构。

在大跨结构中，混凝土结构应用也成就显著。如法国巴黎工业展览馆，1959年建成，跨度为218m，是目前跨度最大的现浇钢筋混凝土结构。美国西雅图金郡体育馆，1976年建成，采用圆球壳，直径为202m，是目前跨度最大的薄壳结构。

在特种结构中，如烟囱、水塔、筒仓、储水池、电视塔、核电站反应堆安全壳、近海采油平台等构筑物，大量采用混凝土结构。如目前世界最高的电视塔是广州电视塔，2009年建成，塔高600m，竖向传力结构由混凝土核心筒和钢结构外筒组成。加拿大多伦多电视塔，1976年建成，塔高553.3m，是预应力混凝土结构。宁波北仑火力发电厂烟囱，1988年建成，高达240m。挪威北海混凝土近海采油平台，1989年建成，水深216m。日本大阪天然气储罐，1999年建成，容积为180000m^3。

2. 桥梁工程

在桥梁工程（bridge engineering）中，各种桥型的中小跨度桥梁，尤其是公路和高铁高架桥，大部分采用混凝土结构建造，大跨度桥梁的桥塔、桥跨结构和悬索桥的锚碇也多用混凝土结构建造。如克罗地亚的克尔克Ⅱ号桥，1980年建成，跨度达390m，曾为世界最大跨度的钢筋混凝土上承式拱桥；挪威Skarnsundet预应力混凝土斜拉桥，1991年建成，主跨达530m，建成时曾为世界主跨最长的斜拉桥，2年后被我国跨度602m的上海杨浦大桥超过。重庆巫山长江大桥，2005年建成，跨度达492m，被列为世界百座名桥；虎门珠江大桥，1997年建成，其中辅航道桥主孔跨径270m，是当时世界上最大跨径的预应力连续刚构桥；苏通长江大桥，2008年建成，跨江大桥总长8206m，主孔跨径为1088m，主塔高300.4m，是当时世界最高的混凝土桥塔；港珠澳大桥，2018年通车，总长度为55km，包括6.7km海底隧道和22.9km桥梁，是目前世界最长的跨海大桥。

3. 水利工程

在水利工程（water resources engineering）中，水电站、拦洪坝、引水渡槽、船闸等均采用钢筋混凝土结构。世界最高的混凝土重力坝是瑞士狄克桑斯大坝，1962年建成，坝高285m，坝顶宽15m，坝底宽225m，坝长695m。我国长江三峡水利枢纽工程是世界最大的水利工程，混凝土大坝高185m，坝顶宽40m，坝底宽1155m，坝长2335m，坝体混凝土用量达2800万m^3。举世瞩目的南水北调大型水利工程，沿线建造了很多预应力混凝土渡槽。

4. 地下工程

在地下工程（underground engineering）中，地下建筑物、地下构筑物、地下铁道、公（铁）路隧道、水下隧道和过街通道等都采用混凝土结构。目前，我国众多城市都建有地下商业街、地下停车场、地下仓库、地下工厂、地下旅店等；除了北京、上海、天津、广州、南京等城市已有地铁外，许多城市正在建造地铁。我国秦岭终南山隧道，2007年通车，全长18.02km，是目前世界最长的双洞高速公路隧道。1988年通车的日本青函海底隧道，全长54km，其中海底部分23.3km，是目前世界最长的海底隧道；我国最长的海底隧道是青岛胶州湾隧道，2011年通车，全长7.797km，其中跨海长度4.095km。我国仅上海就修建了多条过江隧道；号称"万里长江第一隧"的南京长江隧道，2010年通车，总长5853m。

5. 港口工程

在港口工程（port engineering）中，码头、防波堤、护岸、船台滑道和船坞等水工建筑物大多采用混凝土结构。截至 2015 年底，我国港口拥有的码头泊位达到 31259 个，其中万吨级及以上泊位 2221 个，全年货物吞吐量 127.5 亿 t。截至 2018 年 6 月，宁波舟山港完成货物吞吐量达到 10.8 亿 t，连续 10 年位居世界第一，成为世界第一大港。

6. 军事工程

在军事工程（military engineering）中，筑城工事、洞库、军港码头、机场、发射阵地以及人防工程等多数采用混凝土结构。至 20 世纪 80 年代初，我国就修建坑道工程约 5600km，堪称构筑起一条地下"万里长城"；掘开式钢筋混凝土永备工事 35000 多个；人防工程 3500 万 m^2，可掩蔽全国 7000 万城市人口的 50%。

1.2.3　技术拓展

科学技术的日新月异，新材料、新结构和新技术的不断涌现，各学科之间的相互渗透，促使混凝土材料和结构也取得一些新进展。

1. 材料方面

（1）混凝土材料　混凝土材料主要向着高强度、高性能、多功能和智能化方向发展。

1）高性能混凝土。

高强混凝土（high-strength concrete）具有强度高、变形小、密度大、孔隙率低等特点，在相同条件下可减少构件截面，但受压时呈现出更大的脆性，因此在结构设计和构造措施上与普通混凝土存在差别，在地震区应用也受到限制，具体按我国现行规范执行。

高性能混凝土（high performance concrete，HPC）是高强混凝土的发展与提高，具有高耐久性、高工作性、高强度和体积稳定性等特点，是土木工程结构向大跨度、高抗力、高耸方向发展和承受恶劣环境条件的需要，也是混凝土材料今后的发展方向。

为了落实"节能、降耗、减排、环保"可持续发展的基本国策，相关学者提出了绿色高性能混凝土概念，即尽量少占用天然资源和能源，大量使用工业废渣和城市建筑垃圾制成的具有优良耐久性、工作性和经济适用性的混凝土。其已在土木工程建设中得到应用。

2）活性粉末混凝土。活性粉末混凝土（reactive powder concrete，RPC）是一种超高强、超高韧性和高耐久性的新型水泥基复合材料，其因超高的耐久性和超高的力学性能又称为超高性能混凝土（简称 UHPC）。RPC 由级配良好的细砂、水泥、矿物添加剂、高效减水剂以及适量的纤维等组成，由于大颗粒骨料的剔除、组分细度的增加和超细粉末的活性，导致 RPC 具有密度大，空隙率低，抗渗能力强，流动性好，耐久性、耐火性和耐腐蚀性好等特点；掺入纤维后，延性提高，变形性能改善，比现有的 HPC 性能有了质的飞跃，其综合结构性能超过了钢结构。以 RPC200 为例，抗压强度可达 170~230MPa，是高强混凝土的 2~4 倍；抗拉强度可达 50MPa，是高强混凝土的 5 倍。

3）纤维混凝土。纤维混凝土（fiber concrete）是以混凝土作基材，以非连续的短纤维材料作增强材料所组成的水泥基复合材料。由于纤维抗拉强度高、延伸率大，使混凝土抗拉、抗弯、抗折强度显著提高，抗裂、抗疲劳、抗冻融、抗冲击爆炸等性能有不同程度的改善，因而得到快速发展和应用。

根据弹性模量的高低，纤维可分为将高弹模纤维和低弹模纤维。尼龙、聚乙烯、聚丙烯等为低弹模纤维，掺入混凝土后，只增加韧性，不提高强度；而钢纤维、玻璃纤维、石棉纤维、碳纤维等为高弹模纤维，掺入混凝土后，不仅增加韧性，而且还能提高抗拉强度和刚度。

目前，钢纤维混凝土（steel fiber concrete）的研究与应用已趋成熟，可整体浇筑，也可喷射成型，已广泛应用于机场跑道、地下工程衬砌、水工结构、道路桥梁和刚性防水屋面等。

4）聚合物混凝土。聚合物混凝土（polymer concrete）由有机聚合物、无机胶凝材料和骨料结合而成，主要伴随着工程维修和维护发展而来。按其组成与制作工艺可分为聚合物水泥混凝土（PCC）、聚合物浸渍混凝土（PIC）、聚合物胶结混凝土（PC，也称为树脂混凝土）。

与普通混凝土相比，PCC 具有抗拉、抗折强度高，延性、黏结性和抗渗、抗冲击、耐磨性好等优点，但耐热、耐火、耐候性较差，主要用于铺设地面和修补路面、机场跑道面层等；PIC 具有高强度、抗渗和耐腐、耐磨和耐冻融性等优点，但工艺复杂，成本较高等，一般应用于路面、桥面等施工；PC 具有强度高、硬化快和耐磨、耐腐性好等优点，但成本较高，主要用于修补材料或制作轨枕、核废料容器、耐酸储槽和人造大理石等。

5）智能混凝土。智能混凝土（smart concrete）是在原有组分基础上复合智能型组分，使混凝土材料具有自感知和记忆、自适应、自修复等特性的多功能材料。主要功能有：预报混凝土材料内部损伤，实现混凝土结构自身安全检测，防止混凝土结构潜在内部破坏，实现材料及结构自动修复，提高结构安全性和耐久性。

损伤自诊断混凝土是在混凝土中复合导电、传感器等材料组分，以具备自诊断和自感知功能，如碳纤维混凝土、光纤维混凝土、纳米混凝土等。自适应自调节混凝土是在混凝土中复合具有驱动功能的组件材料，如形状记忆合金、电流变体等，以调整结构承载力和减轻结构振动。自修复混凝土是在混凝土中加入某些特殊成分，如内含黏结剂的空心胶囊等，当材料损伤或开裂时，使空心胶囊破裂，黏结剂流到损伤处，即可弥补缺陷，愈合裂缝。目前，研究工作仅限于单一或两项功能特性的智能混凝土，大规模工程应用技术和混凝土结构系统尚待深入研究。

（2）钢筋材料 目前，我国普通混凝土结构已将 400MPa、500MPa 级用于主力配筋，300MPa 级用于辅助配筋；1000MPa 左右的中强度钢筋，1570MPa、1860MPa 级钢丝、钢绞线用于预应力配筋；带有环氧树脂涂层的热轧钢筋已用于有特殊防腐要求的工程中。但进行结构设计时，所选钢筋不应盲目追求高强度，应考虑高强度、延性、施工适用性等综合性能，所以钢筋材料应向着高强度、高塑性、高强屈比、高黏结锚固性和耐低温、耐火、耐腐蚀等多功能化方向发展。

纤维增强塑料（fiber reinforced plastic，FRP）筋由高性能纤维和基体材料组成，纤维为增强材料，起加劲作用，基材起黏结和传递剪力作用。FRP 筋的密度仅为钢材的 1/7~1/5，强度为普通钢筋的 6 倍以上，具有高强度、轻质、耐腐蚀、抗疲劳、抗磁性、电绝缘性、徐变小、密度小、低弹模等性质，是混凝土结构中钢筋的理想替代材料，已经应用于工业与民用建筑、桥梁工程、港口结构和特种结构之中。

玄武岩纤维（basalt fiber reinforced plastics，BFRP）筋作为一种新型复合材料，其密度是钢筋密度的 1/4，强度是普通钢筋的 3~5 倍，具有强度高、质量轻和优良的耐腐蚀性等特点，可代替钢筋用于特殊环境下的混凝土结构，以解决钢筋混凝土结构的耐久性问题，目前是土木工程领域研究的热点问题之一。

2. 结构方面

(1) 钢与混凝土组合结构　钢与混凝土组合结构 (steel-concrete composite structures) 是指利用型钢或用钢板焊接成钢骨架，再在其上、四周或内部浇筑混凝土，使型钢与混凝土形成整体而共同受力、变形协调的结构。主要分为五大类：钢与混凝土组合梁，压型钢板混凝土组合楼板，型钢混凝土结构，钢管混凝土结构和外包钢混凝土结构，如图 1-2 所示。

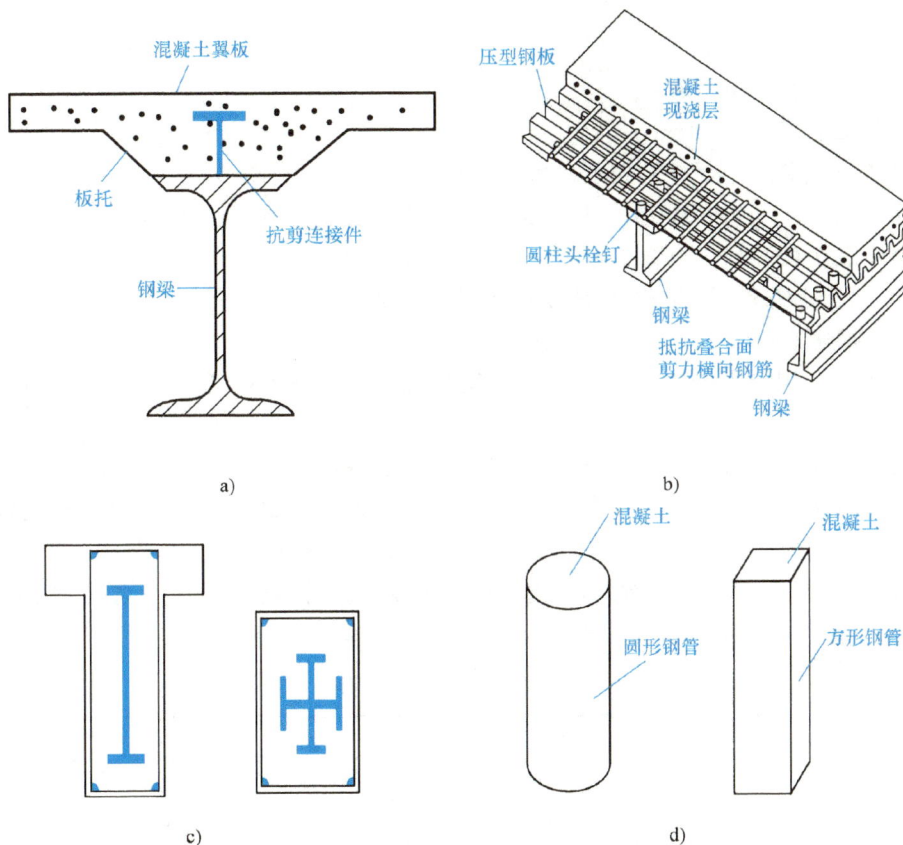

图 1-2　钢与混凝土组合结构
a) 钢与混凝土组合梁　b) 压型钢板混凝土组合楼板　c) 型钢混凝土结构梁、柱截面　d) 钢管混凝土结构

钢与混凝土组合结构能充分发挥钢与混凝土两种材料各自的优势，具有承载能力高、刚度和延性大、抗震性能好的优点，且造价相对较低、施工方便，成为继传统木结构、砌体结构、钢结构和钢筋混凝土结构之后的第五大结构体系，在土木工程建设领域具有广阔的应用前景。

(2) 装配式混凝土结构　近年来，为促进建筑工业化发展，节能减排，提高资源利用率，实现社会的可持续发展，我国大力推进装配式建筑，使装配式混凝土结构成为土木工程领域研究和应用的热点问题之一。装配式混凝土结构 (prefabricated concrete structure) 是指预制构件通过可靠连接方式装配而成的混凝土结构，主要结构体系有框架结构、剪力墙结构和框架-剪力墙结构等，主要构件形式有叠合板、叠合梁、预制框架柱、预制剪力墙、预制楼梯、预制阳台、外挂墙板、内挂墙板等。

装配式混凝土结构具有生产效率高、建设周期短、构件质量好、环境影响小和建筑产业转型等主要优势，但也存在整体性较差、安装精度高、运输成本高和初期投资高等问题。随着各项研究工作的不断深入，装配式混凝土结构已成为一种安全可靠、经济合理、绿色环保的结构形式。

■ 1.3 本书主要内容及特点

1.3.1 主要内容

混凝土结构的设计步骤通常为：

（1）确定结构方案 根据结构使用要求，本着安全可靠、经济合理、施工可行的原则，选择合适的结构方案并进行结构布置，确定构件类型和计算简图等。

（2）进行内力分析 根据结构可能承受的荷载和其他作用，对结构进行内力分析和组合，求出构件截面最不利内力，如弯矩、剪力、轴力、扭矩等。

（3）截面配筋设计 对结构各类构件分别进行截面设计，确定配筋数量和方式，并采取相应的构造措施。

（4）绘制施工图 根据工程要求，完成结构施工图、计算书和说明书，包括细部大样和材料明细表。

关于确定结构方案和进行内力分析等内容，将在后续专业课中讲述。本书主要内容为混凝土结构基本构件的受力性能、承载力计算、变形和裂缝控制验算以及配筋相关构造要求等，是混凝土结构的共性问题，也是混凝土结构的基本原理。

按受力特点不同，混凝土结构基本构件可分为受弯构件、受压构件、受扭构件和受拉构件，见表1-1。图1-3所示为典型工程结构中的一些基本构件。

表 1-1 混凝土结构基本构件

基本构件	实际工程的典型示例	主要受力状况
受弯构件	梁、板	受弯矩、剪力作用
受压构件	柱、墙、拱、屋架受压弦杆	受压力、弯矩、剪力作用
受扭构件	悬挑雨篷梁	受扭矩、弯矩、剪力作用
受拉构件	屋架受拉弦杆、水池池壁	受拉力、弯矩、剪力作用

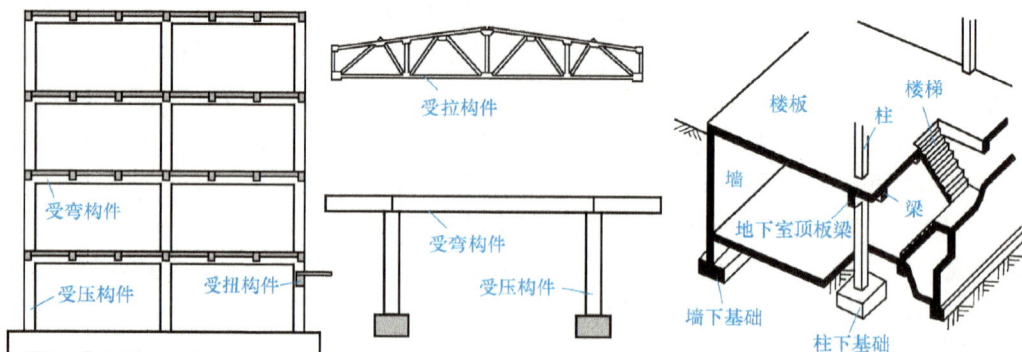

图 1-3 混凝土结构基本构件类型

1.3.2 主要特点

"混凝土结构基本原理"课程涉及高等数学、材料力学、土木工程材料等先修课程，主要研究过程是将土木工程结构问题过渡到力学问题，再将力学问题归结到数学问题，以建立基本公式，并通过大量试验予以验证和修正，最终再用于解决工程实践问题。本书主要具有以下特点：

1. 理论性强

混凝土结构的基本理论仍来源于材料力学。由于钢筋混凝土是由钢筋和混凝土两种材料组成的，而混凝土是一种非线性、非匀质、非连续的材料，所以本书具有不同于材料力学的一些特点，使得构件受力性能更加复杂，材料力学的计算公式不能直接应用，但材料力学解决问题的基本方法，即通过截面平衡关系、材料物理关系和几何变形关系建立基本方程的手段，同样适用于钢筋混凝土构件。

钢筋混凝土构件的受力性能，不仅取决于钢筋和混凝土两种材料的物理力学性能，也取决于两种材料之间的相互作用和配比关系（强度上和数量上）。两种材料相互作用的前提是黏结力，一旦黏结力失效，所建立的力学分析方法就不成立。两种材料配比关系存在一个合理的界限，若超过这个界限，受力性能就会发生显著改变，并导致构件截面设计方法的改变，这是单一材料构件所不具备的。由此可见，构件材料性质影响构件截面性能，而构件截面性能又影响构件受力性能；由于受力状况不同，各种基本构件的计算假定和计算方法不同，适用条件和应用范围也不同。

2. 实践性强

由于混凝土材料物理力学性能的复杂性，致使混凝土构件的受力性能在许多情况下十分复杂，难以完全用理论分析方法描述，往往需要借助于试验研究方法。采用试验研究方法，可以确定钢筋和混凝土材料的力学性能指标；可以分析各参数对构件受力性能的影响规律；可以确定理论分析方法中难以确定的参数；可以通过大量试验数据拟合出半理论半经验公式；可以验证基本构件的设计计算公式，以确保结构构件的安全可靠。因此，本书的许多计算公式，并不像数学公式或力学公式那样严谨，但能较好地反映钢筋混凝土的真实力学性能。

本书的研究对象直接来源于土木工程中的实际受力结构或构件，现行的结构构件设计计算方法一般只考虑荷载效应，而有些影响因素却难以用计算公式表述，如混凝土收缩徐变、温度影响和地基不均匀沉降等。《混凝土结构设计规范》（GB 50010—2010）（2015 年版）根据长期的工程实践经验，总结出相应的构造措施来考虑这些影响因素。因此，进行混凝土结构构件设计时，除必要的计算外，还要考虑相关构造要求。

3. 综合性强

本书具有基本概念多、试验内容多、计算公式多、构造要求多、符号系数多、图形表格多、涉及规范多等特点，是一本理论与实践相结合的教材，内容包括钢筋和混凝土材料的物理力学性能、结构设计方法、构件截面配筋计算、变形及裂缝控制验算等内容。在进行混凝土结构构件设计时，不仅要考虑整体方案、材料选择、构件形式、截面尺寸、配筋规格和构造措施等，同时还要考虑安全适用、经济合理、施工可行，因此，设计结果往往不是唯一的，可能有多种选择方案。最终设计结果应经过各种方案的比较，综合考虑使用、材料、造价、施工等指标的可行性，寻找较为合适的设计结果。

1.3.3　注意问题

学习混凝土结构基本原理时，应注意以下问题：

1. 掌握基本原理

重点掌握混凝土结构的基本概念、基本理论、基本方法和工程应用，树立工程意识，培养工程素养。熟练掌握钢筋混凝土基本构件的设计计算方法，重视适用条件和构造要求，注意本书不同于数学、力学的学习方法。通过思考题和测试题强化训练，熟悉混凝土结构的基本概念和基本理论；通过课后习题，逐步培养解决工程问题的能力。

2. 加强实践环节

混凝土结构基本原理以力学和试验为基础，经历了试验—理论—实践不断循环的发展过程，形成了基本理论与工程实践相互促进、相得益彰的良性循环。除课堂教学、课外研学外，应通过工地参观教学、课程作业和课程试验等实践环节，激发工程兴趣，增加感性认识，逐步提高工程实践能力和结构创新能力。

3. 熟悉现行规范

标准是国家颁布的有关技术规定，代表了一段时期的技术水平，标准条文尤其是强制性条文是必须遵守的带有法律性质的技术文件。本书内容主要与《混凝土结构设计规范》（以下简称《规范》）等相关国家标准有关。学好混凝土结构基本原理，才能更好理解和掌握现行的国家标准。

本　章　小　结

1. 以混凝土为主制成的结构称为混凝土结构，包括素混凝土结构、钢筋混凝土结构、预应力混凝土结构等。

2. 钢筋混凝土是按照受力合理的方式，把钢筋和混凝土组合在一起共同工作，使钢筋主要承受拉力，混凝土主要承受压力。混凝土中配置一定形式和数量钢筋后，可以充分发挥钢筋和混凝土的材料性能，显著改善构件的力学性能，提高构件的承载能力。

3. 钢筋和混凝土共同工作的原理是钢筋和混凝土之间存在着黏结力，钢筋和混凝土的温度线膨胀系数接近，混凝土对钢筋具有保护和固定作用。

4. 钢筋混凝土结构的主要优点是取材方便、用材合理、可塑性好、整体性好、耐火性好、耐久性好等；主要缺点是结构自重大，抗裂性差，隔热、隔声性能较差，施工复杂且受季节气候影响，现役结构如遭损伤修复困难等。

5. 从材料和结构两方面，简介了混凝土结构的技术拓展。混凝土材料有高性能混凝土、活性粉末混凝土、纤维混凝土、聚合物混凝土和智能混凝土，钢筋材料有 FRP 筋和 BFRP 筋，结构方面有钢与混凝土组合结构、装配式混凝土结构。

6. 按受力特点不同，混凝土结构基本构件可分为受弯构件、受压构件、受扭构件和受拉构件。本书主要讲述混凝土结构基本原理，与材料力学既有联系又有区别，其特点是理论性强、实践性强和综合性强。

思 考 题

1. 什么是混凝土结构？什么是配筋混凝土结构？
2. 在素混凝土构件中配置一定形式和数量钢筋后，构件的性能将发生怎样的变化？
3. 钢筋和混凝土是两种性能不同的材料，为什么能结合在一起共同工作？
4. 钢筋混凝土结构有哪些优缺点？克服这些缺点的途径有哪些？
5. 混凝土结构目前主要有哪些工程应用？其发展方向有哪些？
6. 什么是钢与混凝土组合结构？主要包括哪几种类型？
7. 混凝土结构有哪几种基本构件？主要受力状况如何？
8. 混凝土结构基本原理与材料力学有什么异同？
9. 进行混凝土结构构件设计时，为什么要考虑构造要求？
10. 本书主要包括哪些内容？其特点是什么？学习时应注意哪些问题？

测 试 题

1. 填空题

（1）混凝土结构包括_____、_____和_____。

（2）配筋混凝土结构主要指_____和_____。

（3）钢筋混凝土结构是按照受力合理的方式，把钢筋和混凝土组合在一起共同工作，使钢筋主要承受_____，混凝土主要承受_____，而配置在截面受压区的钢筋主要是_____。

（4）钢筋和混凝土共同工作的原理是_____、_____和_____。

（5）按受力特点不同，混凝土结构基本构件可分为_____、_____、_____和_____。

2. 是非题

（1）素混凝土结构仅用于受压为主的构件。 （ ）
（2）钢筋和混凝土共同工件的原理是两种材料具有相同的力学性能。 （ ）
（3）条件相同的情况下，钢筋混凝土梁比素混凝土梁抵抗开裂的能力有很大提高。 （ ）
（4）钢筋和混凝土两种材料的配比关系（强度上和数量上）对构件受力性能没有影响。 （ ）
（5）规范条文尤其是强制性条文是必须遵守的带有法律性质的技术文件。 （ ）

3. 选择题

（1）与条件相同的素混凝土梁相比，钢筋混凝土梁的极限承载力（ ）。
A. 相同 B. 提高很多 C. 降低 D. 略有提高
（2）素混凝土梁和钢筋混凝土梁的破坏性质是（ ）。

A. 素混凝土梁和钢筋混凝土梁都是延性破坏

B. 素混凝土梁和钢筋混凝土梁都是脆性破坏

C. 素混凝土梁延性破坏、钢筋混凝土梁脆性破坏

D. 钢筋混凝土梁延性破坏、素混凝土梁脆性破坏

（3）在正常使用荷载作用下，钢筋混凝土梁（　　　）。

A. 通常是带裂缝工作的　　　　　　　　B. 一旦开裂，裂缝将贯通整个截面

C. 一旦开裂，梁将丧失承载力　　　　　D. 一旦开裂，梁沿全长将丧失黏结力

（4）钢筋和混凝土共同工作的基础是（　　　）。

A. 钢筋和混凝土力学性能相同　　　　　B. 两者之间具有可靠的黏结力

C. 混凝土对钢筋有可靠的保护　　　　　D. 两者的温度线膨胀系数接近

（5）混凝土结构构件现行的设计计算方法，一般只考虑（　　　）

A. 温度变化　　　　B. 混凝土收缩徐变　　　C. 荷载效应　　　　D. 不均匀沉降

第2章　混凝土结构材料性能

> 【学习目标】
>
> 1. 掌握混凝土强度等级和变形性能，熟悉混凝土耐久性，掌握混凝土选用原则。
> 2. 熟悉钢筋种类，掌握钢筋强度、变形性能和选用原则。
> 3. 了解钢筋和混凝土的黏结作用、机理和强度，熟悉黏结强度的主要影响因素。

本章重点是钢筋和混凝土的强度和变形性能；难点是混凝土的强度和变形性能。

■ 2.1　混凝土材料性能

2.1.1　混凝土强度

混凝土强度（strength of concrete）主要与组成材料质量、配合比、龄期、施工质量、养护条件和试验条件等有关，《混凝土物理力学性能试验方法标准》（GB/T 50081—2019）规定了单向应力下混凝土强度的标准试验方法。

1. 混凝土立方体抗压强度

立方体试件的抗压强度比较稳定，所以我国将立方体抗压强度（cube compressive strength）作为衡量混凝土强度的基本指标。标准试验是以边长 150mm 的立方体试件，在温度（20±2）℃和相对湿度 95% 以上的标准养护室中养护 28d，按照标准试验方法测得的具有 95% 保证率的抗压强度作为混凝土立方体抗压强度标准值，用 $f_{cu,k}$ 表示，下标 cu 代表立方体，k 代表标准值。

我国采用 $f_{cu,k}$ 作为划分混凝土强度等级（strength grade of concrete）的标准，混凝土强度等级分为 C20、C25、C30、C35、C40、C45、C50、C55、C60、C65、C70、C75 和 C80 等级，符号 C 代表混凝土，数字表示立方体抗压强度标准值，单位为 N/mm^2。如 C50 表示混凝土立方体抗压强度标准值为 $f_{cu,k} = 50N/mm^2$。

《规范》规定，素混凝土结构的混凝土强度等级不应低于 C20；钢筋混凝土结构的混凝土强度等级不应低于 C25；采用 500MPa 及以上钢筋时，混凝土强度等级不宜低于 C30；承受重复荷载的钢筋混凝土构件，混凝土强度等级不应低于 C30；预应力混凝土结构的混凝土强度等级不宜低于 C40，且不应低于 C30。

立方体抗压强度与混凝土龄期和养护条件有关。如图 2-1 所示，随着混凝土龄期的逐渐增长，立方体抗压强度初期增长较快，以后逐渐缓慢；强度增长过程往往要延续几年，在潮湿环境下养护时后期强度较高，在干燥环境下养护时早期强度略高、后期强度低。

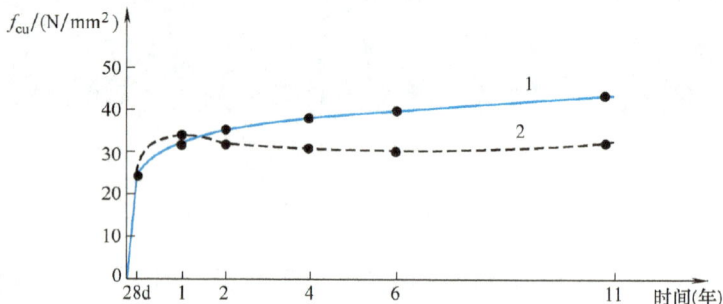

图 2-1 混凝土立方体抗压强度随龄期的变化

1—在潮湿环境下 2—在干燥环境下

立方体抗压强度与试件尺寸和形状有密切关系。立方体试件尺寸越小，试验测得的 $f_{cu,k}$ 值越高，这种现象称为尺寸效应（size effect）。根据试验结果对比，混凝土强度等级低于 C60 时，若采用边长为 200mm 的立方体试件，尺寸换算系数可取 1.05；若采用边长为 100mm 的立方体试件，尺寸换算系数可取 0.95。混凝土强度等级不低于 C60 时，宜采用标准试件；若使用非标准试件，尺寸换算系数应由试验确定。美国、日本等国采用直径 6in（152mm）、高度 12in（305mm）圆柱体试件作为标准试件，测得的强度值不等于立方体强度值。对 C60 以下等级的混凝土，圆柱体抗压强度和标准立方体抗压强度的比值为 0.83，换算系数为 1.2。

试验方法对立方体抗压强度有很大的影响。试件受压时，将会竖向压缩、横向变形；试件上下表面与试验机压板之间将产生阻止试件向外的摩阻力，约束混凝土试件的横向变形，从而延缓裂缝的发展，提高试件的抗压强度；破坏时，试件中部剥落，形成两个对顶的角锥形破坏面，如图 2-2a 所示。如果在试件上下表面涂一些润滑剂，试验时其摩阻力则大大减小，试件将沿着平行于力的作用方向产生几条裂缝而破坏，测得的抗压强度较低，破坏情况如图 2-2b 所示。我国规定的标准试验方法是不涂润滑剂的。

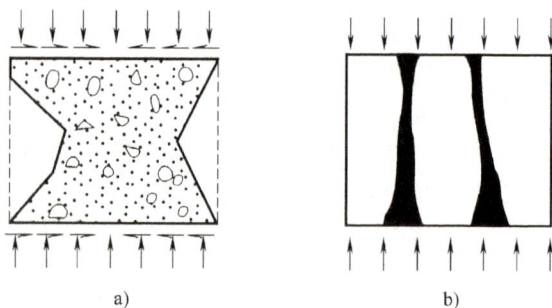

图 2-2 混凝土立方体试件破坏情况

a）不涂润滑剂 b）涂润滑剂

试验加载速度对立方体抗压强度也有影响，加载速度越快，测得的强度越高。在试验过程中，应连续均匀加载，当立方体抗压强度小于 30MPa 时，加载速度宜取 0.3～0.5MPa/s；当立方体抗压强度为 30～60MPa 时，加载速度宜取 0.5～0.8MPa/s；当立方体抗压强度不小于 60MPa 时，加载速度宜取 0.8～1.0MPa/s。

2. 混凝土轴心抗压强度

在实际工程中，受压构件是棱柱体而不是立方体，用棱柱体试件抗压强度能更好地反映混凝土构件的实际抗压能力。混凝土棱柱体试件轴向单位面积上所能承受的最大压力称为轴心抗压强度（axial compressive strength），又称为棱柱体抗压强度。

标准试验是以 150mm×150mm×300mm 的棱柱体作为混凝土轴心抗压强度的标准试件，棱柱体试件与立方体试件的制作条件、试验方法等基本相同，所测得的具有 95% 保证率的抗压强度标准值用 f_{ck} 表示，下标 c 表示受压，k 代表标准值，单位为 N/mm²。图 2-3 所示为混凝土棱柱体试件抗压试验和破坏情况。

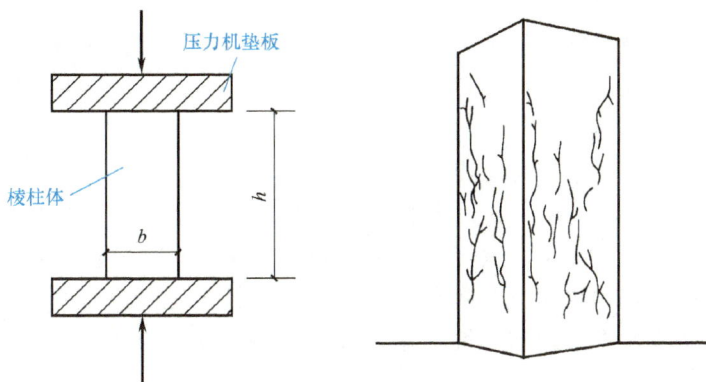

图 2-3 混凝土棱柱体试件抗压试验和破坏情况

试验表明：混凝土轴心抗压强度比立方体抗压强度要低，且高宽比 h/b 越大，测得的强度越低；当高宽比达到一定值后，这种影响就不明显了。原因是棱柱体试件的高度 h 比宽度 b 大，试验机压板与试件之间的摩阻力对试件中部横向变形的约束要小，因而强度降低；随着高宽比的增加，试件中部基本处于均匀的单向受压状态，摩阻力的影响基本消除；当高宽比进一步增加，试件因挠曲变形产生较大的附加偏心距而使抗压强度降低。根据试验资料，当高宽比为 2～3 时，基本可消除摩阻力和挠曲变形两个因素的影响。

我国进行了大量混凝土棱柱体抗压强度与立方体抗压强度的对比试验，试验结果如图 2-4 所示。由图可见，试验值 f_c^0 和 f_{cu}^0 的统计平均值大致呈线性关系，其比值大致在 0.70～0.92 之间变化，强度等级高的，比值大些。考虑到实际结构构件与试验室试件在尺寸、制作、养护和受力等方面的差异，《规范》基于安全取统计平均值的 0.88，混凝土轴心抗压强度标准值 f_{ck} 与立方体抗压强度标准值 $f_{cu,k}$ 之间的换算关系为

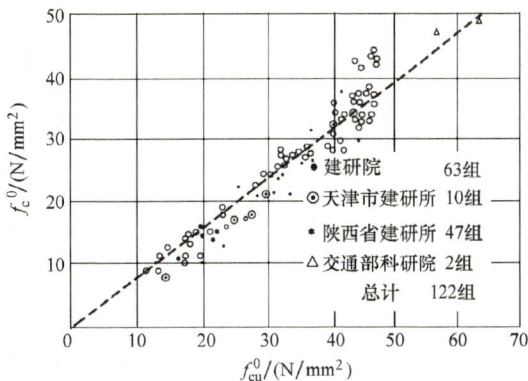

图 2-4 棱柱体抗压强度与立方体抗压强度的关系曲线

$$f_{ck} = 0.88\alpha_{c1}\alpha_{c2}f_{cu,k} \qquad (2-1)$$

式中 α_{c1}——轴心抗压强度与立方体抗压强度的比值，C50 及以下等级的混凝土，$\alpha_{c1} = 0.76$；C80 等级的混凝土，$\alpha_{c1} = 0.82$；之间按线性插值；

α_{c2}——混凝土脆性折减系数，对低于 C40 等级的混凝土，$\alpha_{c2}=1.0$；C80 等级的混凝土，$\alpha_{c2}=0.87$；C40 和 C80 等级之间按线性插值；

0.88——考虑实际结构构件与试验室试件之间的差异而采用的修正系数。

混凝土轴心抗压强度标准值 f_{ck} 的取值可查附表 1。

当混凝土强度等级低于 C60 时，用非标准试件测得的轴心抗压强度均应乘以尺寸换算系数，对 200mm×200mm×400mm 试件为 1.05，对 100mm×100mm×300mm 试件为 0.95。当混凝土强度等级不低于 C60 时，宜采用标准试件；采用非标准试件时，尺寸换算系数应由试验确定。

3. 混凝土轴心抗拉强度

测定混凝土轴心抗拉强度（axial tensile strength of concrete）的试验方法主要有轴向拉伸试验和劈裂抗拉强度试验。对于轴向拉伸试验，试件制作相对比较复杂，其标准试验方法详见《混凝土物理力学性能试验方法标准》（GB/T 50081—2019）。目前，国内外多采用劈裂抗拉强度试验测定混凝土轴心抗拉强度。

如图 2-5 所示，采用圆柱体或立方体试件，试验时，通过上、下压板与试件之间的弧形垫块及垫条施加一条压力线荷载，这样在试件中间垂直截面，除加载点附近很小范围内有压应力外，其余部分产生基本均匀分布的水平拉应力。当拉应力达到混凝土轴心抗拉强度时，试件沿中间截面劈裂成两半。根据弹性理论，混凝土劈裂抗拉强度（splitting tensile strength of concrete）f_{ts} 为

$$f_{ts} = \frac{2F}{\pi dl} \tag{2-2}$$

式中　F——劈裂试件破坏荷载；

d——圆柱体直径或立方体边长；

l——圆柱体长度或立方体边长。

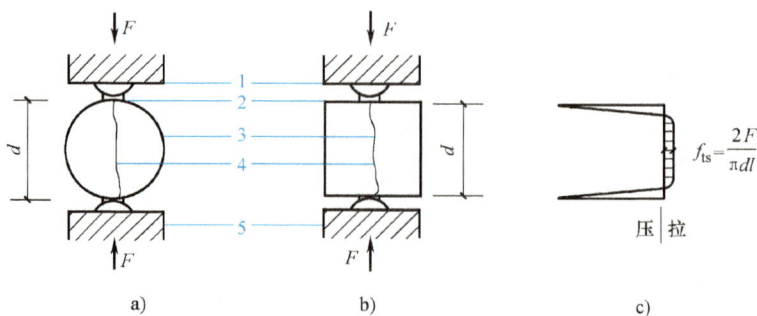

图 2-5　劈裂试验

a）圆柱体劈裂试验　b）立方体劈裂试验　c）劈裂面中水平应力分布

1—压力机上压板　2—弧形垫条及垫层各一条　3—试件　4—试件破裂线　5—压力机下垫板

标准圆柱体试件为 $d=150mm$、$l=300mm$，标准立方体试件为 150mm×150mm×150mm。混凝土强度等级低于 C60 时，用 100mm×100mm×100mm 非标准试件测得的劈裂抗拉强度值，应乘以尺寸换算系数 0.85；当混凝土强度等级不低于 C60 时，应采用标准试件。

试验过程中应连续均匀加载。当对应的立方体抗压强度小于 30MPa 时，加载速度宜取

0.02~0.05MPa/s；对应的立方体抗压强度为 30~60MPa 时，加载速度宜取 0.05~0.08MPa/s；对应的立方体抗压强度不小于 60MPa 时，加载速度宜取 0.08~0.10MPa/s。

混凝土轴心抗拉强度标准值 f_{tk} 与立方体抗压强度标准值 $f_{cu,k}$ 之间的换算关系为

$$f_{tk} = 0.88\alpha_{c2} \times 0.395 f_{cu,k}^{0.55}(1-1.645\delta)^{0.45} \tag{2-3}$$

式中　$(1-1.645\delta)^{0.45}$——反映试验离散程度对标准值保证率的影响；

　　　　$0.395f_{cu,k}^{0.55}$——轴心抗拉强度与立方体抗压强度的折算关系；

　　　　δ——试验结果的变异系数；

系数 0.88 和 α_{c2}——取值与式（2-1）相同。

混凝土轴心抗拉强度标准值 f_{tk} 的取值可查附表1。

4. 混凝土在复合应力状态下的强度

实际工程中的混凝土构件，通常承受弯矩、剪力、轴力及扭矩的不同组合作用，混凝土多处于复合应力（combined stresses）状态，其强度与单向受力状态相比会有明显的变化。

（1）双向受力状态下的强度（strength under biaxial stresses）　混凝土在双向受力状态下的强度曲线如图2-6所示。在混凝土单元体两个互相垂直的平面上，作用有正应力 σ_1 和 σ_2，第三个平面上应力为零，且拉应力为正，压应力为负。

混凝土双向受拉（图2-6中第一象限）时，两个方向的应力相互影响不大，抗拉强度接近于单向抗拉强度。混凝土双向受压（图2-6第三象限）时，一向抗压强度随另一向压应力的增大而提高，当应力比 σ_1/σ_2 为 0.4~0.7 时，强度值达到最大，比单向抗压强度提高约30%。混凝土一向受拉、另一向受压（图2-6第二、四象限）时，一向应力随另一向应力的增大而降低，其抗压或抗拉强度均不超过相应的单向强度。

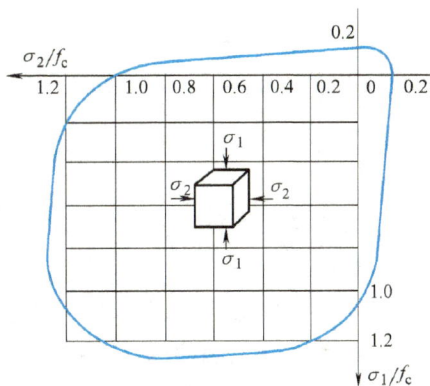

图 2-6　混凝土在双向受力状态下的强度曲线

（2）正应力和剪应力共同作用下的强度　混凝土在正应力（normal stress）和剪应力（shear stress）共同作用下的强度曲线如图2-7所示。对于弹性材料，这个问题可换算为主应力，按双向拉压应力状态处理。但混凝土并非均质弹性材料，需要通过直接试验方法测定其强度，即在截面上同时施加正应力和剪应力。

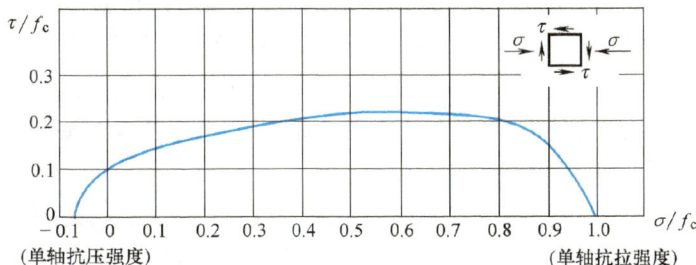

图 2-7　混凝土在正应力和剪应力共同作用下的强度曲线

试验表明：混凝土抗剪强度随拉应力的增大而减少；当压应力小于 $0.6f_c$ 时，抗剪强度随压应力的增大而增大；当压应力大于 $0.6f_c$ 时，由于混凝土内裂缝的明显发展，抗剪强度随压应力的增大而减小。剪应力的存在，其抗压强度和抗拉强度均低于相应的单轴强度。

（3）三向应力状态下的强度（strength under triaxial stresses） 混凝土圆柱体试件的三向受压试验结果如图 2-8 所示。由图可见，随着侧向压力 σ_2 的增大，圆柱体试件纵向抗压强度 σ_1 和极限变形 ε 显著增大。这说明施加侧向压力，可以限制混凝土内部微裂缝的发展，约束混凝土的侧向变形，从而提高混凝土抗压强度和承受变形的能力。实际工程中，运用三向受压（约束）混凝土的概念，形成了钢管混凝土柱、螺旋箍筋柱等构件。

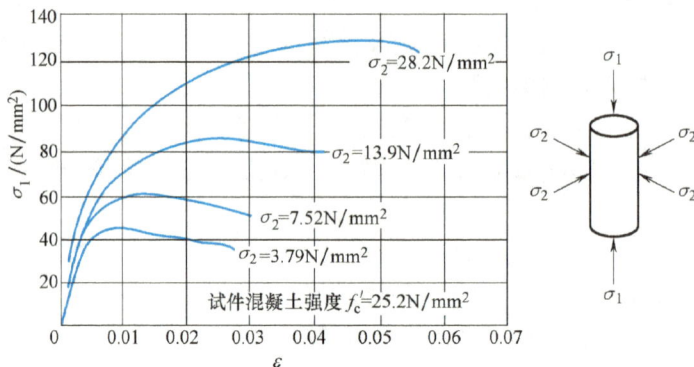

图 2-8　混凝土圆柱体试件三向受压试验结果

根据试验结果，得到三向受压时混凝土抗压强度的经验公式为

$$f_{cc} = f_c + \beta\sigma_2 \tag{2-4}$$

式中　f_{cc}——三向受压时混凝土圆柱体轴心抗压强度；

　　　f_c——混凝土圆柱体单轴抗压强度；

　　　σ_2——侧向压应力；

　　　β——侧向压力效应系数，根据试验结果取 $\beta = 4.0\sim7.0$。

2.1.2　混凝土变形

混凝土变形（deformation of concrete）可分为两类：一类是受力变形，包括一次短期加载下的变形、长期加载下的变形和多次重复加载下的变形；另一类是非受力变形（体积变形），一般指混凝土由于收缩、膨胀或温度变化所产生的变形等。

1. 一次短期加载下混凝土变形性能

一次短期加载也称为单调加载，是指荷载从零开始逐渐增长至试件破坏。单轴受压应力—应变关系（axial compressive stress-strain relationship）是混凝土材料最基本的力学性能之一，也是研究和建立混凝土构件承载力、变形、延性和全过程受力分析所必不可少的依据。

在一次短期加载下，混凝土棱柱体单轴受压的应力—应变典型试验曲线，如图 2-9 所示，整个曲线分为上升段和下降段两部分。

（1）上升段（OC） 第一阶段（OA 段）为准弹性阶段，从加载至应力为 $(0.3\sim0.4)f_c$ 的 A 点，此时应力—应变关系接近于直线，A 点称为比例极限。此阶段，混凝土变形主要是骨料和水泥石结晶体受压后产生的弹性变形，混凝土内部的初始微裂缝没有发展。

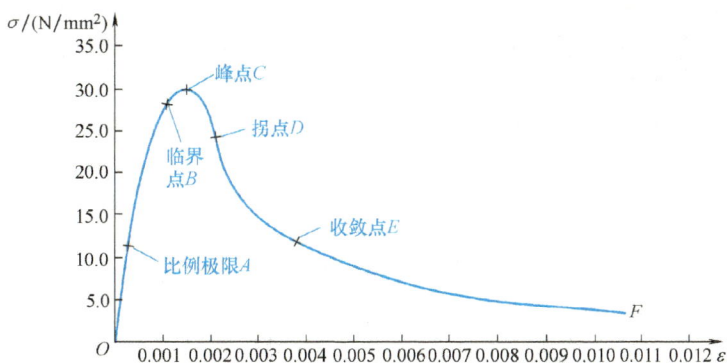

图 2-9　混凝土单轴受压时应力—应变曲线

第二阶段（AB 段）为裂缝稳定扩展阶段，从应力超过 A 点至临界点 B（$0.3f_c < \sigma \leqslant 0.8f_c$），此时混凝土逐渐表现出明显的非弹性性质，应力—应变曲线偏离直线，且应变增长速度超过应力增长速度。此阶段，混凝土内部微裂缝开始扩展，并产生新的裂缝，但裂缝发展仍保持稳定。B 点应力称为临界应力，可作为混凝土长期抗压强度的依据。

第三阶段（BC 段）为裂缝不稳定扩展阶段，从应力超过 B 点至峰点 C（$0.8f_c < \sigma \leqslant 1.0f_c$），此时应力—应变关系明显弯曲，斜率急剧减小，应变增长速度进一步加快。此阶段，混凝土内部微裂缝进入到快速发展、贯通的不稳定状态，达到峰点 C 时，试件内形成破坏面。C 点应力即为混凝土棱柱体轴心抗压强度 f_c，相应的应变称为峰值应变 ε_0，其值为 0.0015~0.0025；对 C50 及以下等级混凝土通常取 $\varepsilon_0 = 0.002$；对高强混凝土，峰值应变可达 0.0025 甚至更大。

（2）下降段（CF）　当应力超过 f_c 后，裂缝迅速发展，试件承载力随应变增长而逐渐减小，应力—应变曲线向下弯曲，且为上凸曲线。随应变增加，曲线出现拐点 D，凹向发生改变，开始逐渐凸向应变轴方向，这时试件仅靠残余承压面和骨料间的咬合力、摩阻力承受荷载。曲率最大点 E 称为收敛点，EF 段称为收敛段，这时试件贯通的主裂缝已很宽。对无侧向约束的混凝土，收敛段已失去承载意义。

不同强度等级的混凝土应力—应变曲线如图 2-10 所示。由图可见，曲线上升段非常相似，下降段具有明显差异。混凝土强度等级越高，峰值应力越高，相对应的峰值应变略有增加，但曲线下降段越陡，即应力下降越快，残余应力相对较低，说明脆性越明显，延性越差。

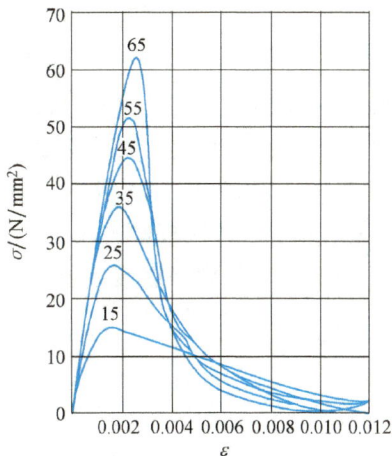

图 2-10　不同强度等级的混凝土应力—应变曲线

在一次短期加载时，混凝土试件纵向压缩，横向膨胀。横向应变与纵向应变之比称为横向变形系数，又称为泊松比，用 μ 表示。图 2-11 所示为横向变形系数与应力的关系，当应力小于 $0.5f_c$ 时，试件大体处于弹性阶段，μ 基本保持为常数；当应力超过 $0.5f_c$ 后，μ 逐渐增大，应力越高，增大速度越快，表明试件内部微裂缝迅速发展。设计时，μ 可取 1/6 或 0.2。

图 2-12 所示为混凝土体积应变 $\varepsilon_v = \varepsilon_1 + \varepsilon_2 + \varepsilon_3$ 与应力的关系，当应力小于临界点时，体积压实，且随应力增大而减小；当应力达到临界点时，体积出现反向变化，逐渐增大；当应力达到峰值应力后，体积开始膨胀，即出现剪胀现象。

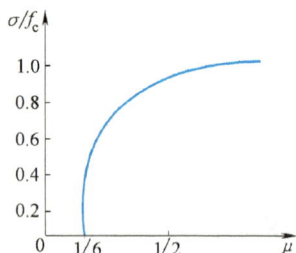

图 2-11　横向变形系数与应力的关系　　　图 2-12　体积应变与应力的关系

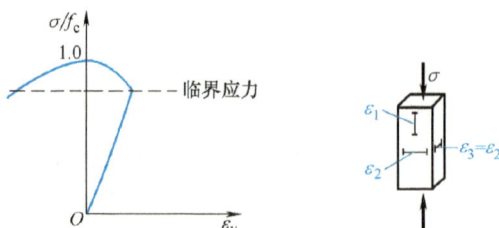

2. 混凝土变形模量

混凝土受压时的应力—应变关系是一条曲线，随着应力的变化，变形模量不再是常量。混凝土变形模量（deformation modulus of concrete）有弹性模量、割线模量和切线模量三种表示方法。

（1）弹性模量　如图 2-13 所示，在混凝土受压应力—应变曲线的原点作切线，该切线的斜率定义为原点弹性模量，简称弹性模量（elastic modulus），用 E_c 表示，由图 2-13 可得其计算公式为

图 2-13　混凝土变形模量的表示方法

$$E_c = \frac{\sigma_c}{\varepsilon_{ce}} = \tan\alpha_0 \qquad (2-5)$$

式中　α_0——曲线原点处的切线与横坐标的夹角；

　　　ε_{ce}——混凝土弹性应变。

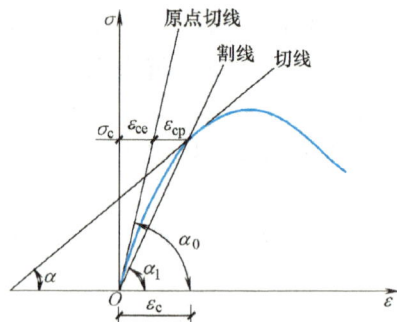

要准确测定 α_0 比较困难，通常按下列方法测定弹性模量：将标准棱柱体试件加载至应力 $1/3f_c$，然后卸载到零，重复加载卸载各 5 次。由于混凝土为非弹性材料，每次卸载后，存在残余变形；随着加载次数的增加，应力—应变曲线逐渐基本趋于直线，将应力—应变曲线上 $1/3f_c$ 与 0.5N/mm^2 的应力差 σ_Δ 与相应的应变差 ε_Δ 的比值作为弹性模量的取值，即 $E_c = \sigma_\Delta / \varepsilon_\Delta$。

根据不同强度等级混凝土的试验结果统计分析，弹性模量计算公式为

$$E_c = \frac{10^5}{2.2 + \dfrac{34.7}{f_{cu,k}}} \qquad (2-6)$$

原点弹性模量仅适用于混凝土应力较低的情况。当应力较高时，应采用割线模量或切线模量描述应力和应变之间的关系。混凝土弹性模量 E_c 的取值可查附表 3。

（2）割线模量　如图 2-13 所示，在原点至曲线上任意点处（应力为 σ_c）作一割线，该割线的斜率称为割线模量（secant modulus），也称为变形模量或弹塑性模量，用 E_c' 表示，由图 2-13 可得其计算公式为

$$E'_c = \frac{\sigma_c}{\varepsilon_c} = \tan\alpha_1 \qquad (2\text{-}7a)$$

式中　α_1——曲线上应力为 σ_c 处的割线与横坐标的夹角；

　　　ε_c——混凝土弹性变形 ε_{ce} 和塑性变形 ε_{cp} 之和的总变形，即 $\varepsilon_c = \varepsilon_{ce} + \varepsilon_{cp}$。

由于卸载后塑性变形 ε_{cp} 不可恢复，因此割线模量是变值，且随混凝土应力 σ_c 的增大而减小。割线模量可表示为

$$E'_c = \frac{\sigma_c}{\varepsilon_c} = \frac{\sigma_c}{\varepsilon_{ce} + \varepsilon_{cp}} = \frac{\varepsilon_{ce}}{\varepsilon_{ce} + \varepsilon_{cp}} \cdot \frac{\sigma_c}{\varepsilon_{ce}} = \nu E_c \qquad (2\text{-}7b)$$

式中　ν——弹性系数，即弹性应变 ε_{ce} 与总应变 ε_c 之比，反映混凝土的塑性性质。当 $\sigma_c <$
　　　$0.3f_c$ 时，$\nu = 1$；当 $\sigma_c = 0.5f_c$ 时，$\nu = 0.8 \sim 0.9$；当 $\sigma_c = 0.8f_c$ 时，$\nu = 0.4 \sim 0.7$。

（3）切线模量　如图 2-13 所示，在曲线上任意点（应力为 σ_c）处作一切线，该切线的斜率称为切线模量（tangent modulus），用 E''_c 表示，由图 2-13 可得其计算公式为

$$E''_c = \tan\alpha \qquad (2\text{-}8)$$

式中　α——曲线上应力为 σ_c 处的切线与横坐标的夹角。

混凝土切线模量是一个变量，它随应力 σ_c 增大而减小。当应力—应变曲线的数学模型已知时，切线模量可通过数学求导获得。切线模量主要用于混凝土非线性分析时的增量法。

（4）剪切模量　混凝土剪切模量（shear modulus）可近似根据弹性理论计算，即

$$G_c = \frac{E_c}{2(1+\mu)} \qquad (2\text{-}9)$$

若泊松比 $\mu = 0.2$，则 $G_c = 0.42E_c$，《规范》近似取 $G_c = 0.4E_c$。

3. 单轴受拉时混凝土变形性能

单轴受拉时混凝土应力—应变曲线与受压时类似，既有上升段也有下降段，如图 2-14 所示。加载初期，应力与应变呈线性增长，当拉应力至 $(0.4 \sim 0.5)f_t$ 时，达到比例极限，受拉时的弹性模量 E_c 与受压时基本相同；当应力至 $(0.76 \sim 0.83)f_t$ 时，曲线出现临界点；当达到峰值应力 f_t 时，混凝土实际上并没有开裂，而是在极限拉应变 ε_{tu} 时才开裂。极限拉应变通常在 $(0.5 \sim 2.7) \times 10^{-4}$ 范围内变动，计算时一般取 $\varepsilon_{tu} = 1.5 \times 10^{-4}$。达到峰值应力 f_t 时，取弹性系数 $\nu = 0.5$，即 $E'_c = 0.5E_c$。

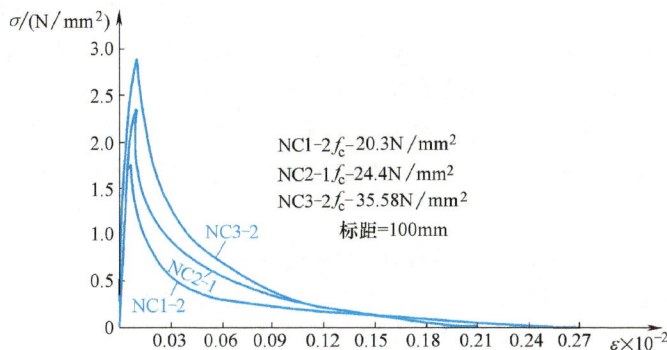

图 2-14　单轴受拉时混凝土应力—应变曲线

4. 长期荷载作用下混凝土变形性能

在长期荷载作用下，当荷载保持不变，混凝土应变随时间增长的现象称为徐变（creep）。产生徐变的原因是在长期荷载作用下，混凝土凝胶体中的水分逐渐析出，水泥石逐渐黏性流动，微细空隙逐渐闭合，结晶内部逐渐滑动，微细裂缝逐渐发生和扩展等各种因素的综合结果。影响徐变的因素很多，主要有持荷时间、应力条件、内在因素和外部环境等。

（1）持荷时间 在温度20℃、相对湿度65%条件下，将100mm×100mm×400mm棱柱体试件加载至$\sigma_c=0.5f_c$，然后保持荷载不变，可测得徐变随时间变化的关系曲线，如图2-15所示。前4个月，徐变增长较快，6个月可达终极值的70%~80%，随后增长逐渐缓慢，2~3年后趋于稳定，最终徐变值ε_{cr}为加载瞬时弹性应变ε_{ce}的2~4倍。2年后，若在B点卸载至零，则会产生瞬时恢复应变ε'_{ce}；经过一段时间（约20d），还会恢复一部分应变ε''_{ce}，其值仅为徐变值ε_{cr}的1/12左右，称为弹性后效（elastic aftereffect）；最后，徐变大部分不可恢复，成为残余应变ε'_{cr}。

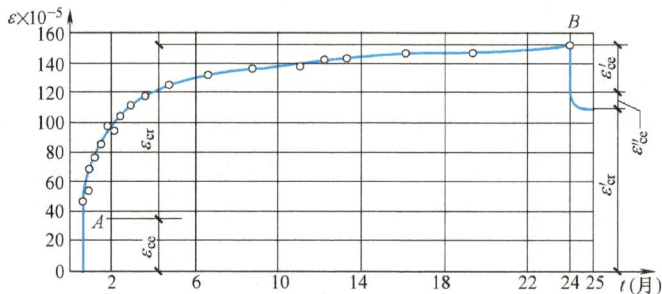

图2-15 混凝土徐变—时间关系曲线

定义徐变系数（creep coefficient）$\varphi(t, t_0)$为徐变变形$\varepsilon_{cr}(t, t_0)$与加载瞬时应变$\varepsilon_{ce}(t_0)$的比值，其中t_0为混凝土加载龄期，t为混凝土徐变观察时间，则t时刻的徐变系数为

$$\varphi(t, t_0)=\frac{\varepsilon_{cr}(t, t_0)}{\varepsilon_{ce}(t_0)} \tag{2-10}$$

当$\sigma_c<0.5f_c$时，徐变变形在2~3年后趋于稳定，最终徐变系数为$\varphi(t, t_0)=2\sim4$。

（2）应力条件 通常，初应力σ_c/f_c越大，徐变就越大；加载龄期越早，徐变就越大。图2-16所示为不同σ_c/f_c条件下徐变随时间增长的变化曲线，当$\sigma_c/f_c\leqslant0.5$时，曲线接近等间距分布，即徐变与初应力基本成正比，这种徐变称为线性徐变（linear creep）。线性徐变在2年后趋于稳定，其渐近线与时间轴平行；当$\sigma_c/f_c>0.5$时，徐变与应力不成正比，且增长比应力快，这种徐变称为非线性徐变（nonlinear creep）。当$\sigma_c/f_c>0.8$时，徐变变形急剧增加并不再收敛，最终导致混凝土破坏，呈现非稳定徐变的现象，如图2-17所示。因此，一般取$0.8f_c$作为混凝土长期抗压强度，这表明混凝土构件在使用期间应避免处于不变的高应力状态。

（3）内在因素 内在因素主要指混凝土组成与配合比。水泥用量大，水胶比越高，徐变越大。骨料越坚硬，弹性模量越高，级配越好，徐变就越小。普通硅酸盐水泥制成的混凝土，其徐变比矿渣水泥、火山灰水泥、早强水泥制成的混凝土要大。要减小徐变，应尽量减少水泥用量，减少水胶比，增加骨料所占体积及刚度。试验表明，当骨料所占体积比由

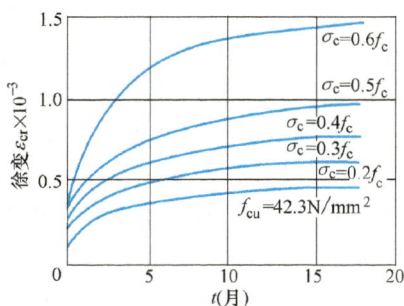

图 2-16　初应力水平对徐变的影响

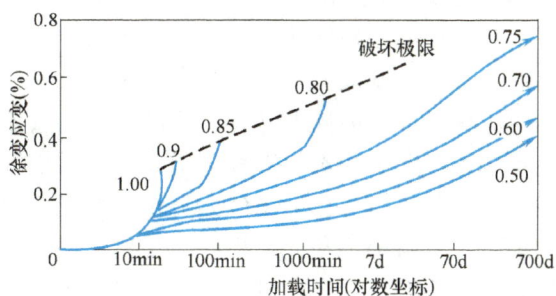

图 2-17　不同应力比值的徐变时间曲线

60%增加到 75%时，徐变将减少 50%。

（4）外部环境　外部环境是指混凝土的养护及使用条件。养护温度越高，湿度越大，水泥水化作用越充分，徐变就越小，采用蒸汽养护可使徐变减少 20%～35%；试件加载后，环境温度越低，湿度越大，体表比（构件体积与表面积的比值）越大，徐变就越小；高温干燥的受荷环境使徐变显著增大，而钢筋的存在会限制徐变的发展。

徐变对混凝土结构构件的工作性能有很大影响，如受压区混凝土的徐变，可使受弯构件挠度增大；长细比较大的偏心受压构件，徐变会使附加偏心距增大，导致承载力降低；对预应力混凝土构件，徐变会造成预应力损失。不过，徐变有利于结构构件产生应力重分布，减少由于支座不均匀沉降而产生的应力，减小大体积混凝土内的温度应力，延缓收缩裂缝的出现等。

5. 混凝土收缩、膨胀和温度变形

混凝土在空气中凝结硬化时体积减小的现象称为收缩（shrinkage），混凝土在水中凝结硬化时体积增大的现象称为膨胀（swell）。收缩和膨胀是混凝土在不受力情况下因自身体积变化而产生的变形，造成收缩的主要原因是混凝土在凝结硬化初期凝胶体自身的体积凝缩和后期混凝土内自由水分蒸发引起的体积干缩，而干燥失水是引起收缩的重要因素。

图 2-18 所示为混凝土收缩与时间的关系曲线。由图可见，收缩值随时间而增长，凝结硬化初期发展较快，以后逐渐减缓。两周可完成全部收缩的 25%，一个月可完成全部收缩的 50%，三个月后增长缓慢，两年后趋于稳定。一般情况下，最终收缩值约为 $(2\sim5)\times10^{-4}$，此值超过了混凝土开裂时的拉应变，若构件的收缩受到约束，则极易引起开裂。蒸汽养护时，混凝土收缩值比常温养护时要小，其原因是高温高湿会加速混凝土的凝结硬化过程，减少混凝土内水分的蒸发。

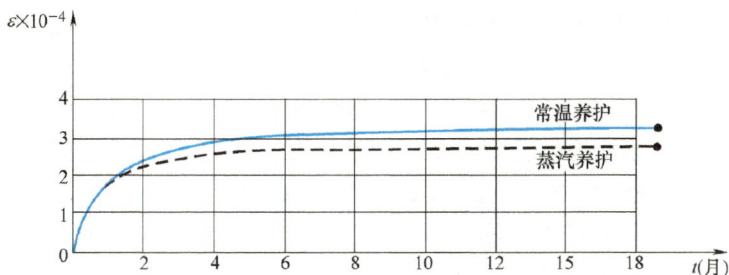

图 2-18　混凝土收缩与时间的关系曲线

影响混凝土收缩的因素很多，如水泥品种与用量、骨料性质、配合比、浇筑质量、养护条件、使用环境和构件体表比等。水泥强度等级越高，用量越多，水胶比越大，收缩越大；骨料级配好、密度大、弹性模量高、粒径大等，收缩就小；混凝土越密实、养护越充分，收缩越小；使用环境的温度越高、湿度越小，收缩越大；构件体表比越小，收缩越大；高强混凝土收缩大，极易开裂，工程应用时要予以重视。

通常，收缩值要比膨胀值大很多。混凝土膨胀往往对结构受力有利，一般可不予考虑；而收缩往往对结构不利，当混凝土受到各种约束不能自由收缩时，将产生拉应力，甚至产生裂缝。对预应力混凝土构件，收缩会造成预应力损失。对跨度变化比较敏感的超静定结构（如拱结构），收缩会产生不利的应力。

混凝土热胀冷缩引起的变形称为温度变形（temperature deformation）。由于混凝土的温度线膨胀系数与钢筋的相近，所以温度变化时，在钢筋和混凝土之间引起的应力很小，不会产生不利影响，但对大体积、大面积和纵长结构混凝土工程等极为不利，极易产生温度裂缝，应采取相应措施尽量减少混凝土的发热量，如采用低热水泥、减少水泥用量和人工降温等。

2.1.3 混凝土耐久性

混凝土耐久性（durability）是指混凝土在使用环境下抵抗各种物理化学作用并长期保持原有性能的能力，包括抗渗性、抗冻性、抗侵蚀性、碳化和碱骨料反应等。混凝土耐久性对于延长结构使用寿命，减少修复工作量，提高经济效益具有重要意义。

1. 混凝土抗渗性

混凝土抗渗性（impermeability）是指混凝土抵抗压力液体（水、油等）渗透作用的能力。它是决定混凝土耐久性最主要的技术指标，直接影响混凝土抗冻性和抗侵蚀性，其性能主要与混凝土密实度、内部孔隙结构及大小有关。

混凝土抗渗性用抗渗等级衡量。抗渗等级是按标准试验方法，以试件未渗水时的最大水压力表示，如 P2、P4、P6、P8、P12，分别表示能抵抗 0.2MPa、0.4MPa、0.6MPa、0.8MPa、1.2MPa 的水压力而不渗水。抗渗等级大于等于 P6 级的混凝土为抗渗混凝土。

影响混凝土抗渗性的因素主要有水泥品种、水胶比、骨料最大粒径、浇筑质量、养护方法、外加剂及掺合料等。建筑物或构筑物若承受水压作用，混凝土就有抗渗性要求。

2. 混凝土抗冻性

混凝土抗冻性（frost resistant）是指混凝土在水饱和状态下经受多次冻融循环作用而保持强度和外观完整性的能力。混凝土内部孔隙的水在负温下会结冰，造成体积膨胀，产生膨胀应力；当膨胀应力大于混凝土抗拉强度时，混凝土即开裂，反复冻融循环将使微裂缝逐渐积累并不断扩展，相互连通，导致冻结破坏。

混凝土抗冻性用抗冻等级衡量。抗冻等级是采用龄期 28d 的试块在吸水饱和后，承受反复冻融循环，以抗压强度下降不超过 25% 且质量损失不超过 5% 时所能承受的最大冻融循环次数确定。抗冻等级划分为 F10、F15、F25、F50、F100、F150、F200、F250 和 F300 9 个等级，分别表示混凝土能够承受冻融循环次数为 10、15、25、50、100、150、200、250 和300。抗冻等级大于等于 F50 的混凝土为抗冻混凝土。

影响混凝土抗冻性的因素主要有混凝土密实度，内部孔隙结构及大小、充水程度，环境的温度和湿度，承受冻融的次数，是否掺入外加剂等。

3. 混凝土抗侵蚀性

混凝土处于含腐蚀性介质的环境中会遭受侵蚀作用：一是化学作用，通常有软水、硫酸盐、镁盐、碳酸、一般酸与强碱等侵蚀；二是物理作用，通常有反复干湿作用、海浪冲击磨损、盐分内部结晶与聚集等。此外，氯离子对钢筋的锈蚀作用，也会使混凝土遭受破坏。

混凝土抗侵蚀性（corrosion resistance）主要与所用水泥品种、混凝土密实度及孔隙特征有关。

4. 混凝土碳化

混凝土碳化（carbonation）是空气中二氧化碳与水泥石中的氢氧化钙作用，生成碳酸钙和水，通常用碳化深度衡量，碳化深度与时间的平方根成正比。碳化会引起水泥石化学组成及组织结构的变化，从而影响混凝土的化学性能和物理力学性能，如混凝土的碱度、收缩和强度等。

碳化对混凝土既有有利影响，也有不利影响。碳化会使混凝土碱度降低，减弱对钢筋的保护作用，导致钢筋可能锈蚀；碳化会增加混凝土收缩，使表面产生拉应力，导致微细裂缝出现；碳化会使混凝土抗压强度增大，而使抗拉、抗折强度降低。

影响混凝土碳化的因素主要有材料品质和外部环境。材料品质包括水泥品种、水泥用量、水胶比、混凝土强度等级与浇筑质量等，外部环境包括环境湿度和空气中二氧化碳浓度。资料表明，相对湿度为50%~75%时混凝土碳化速度最快，在水中或相对湿度100%时碳化停止。

5. 碱骨料反应

碱骨料反应（alkal-aggregate reaction）是指骨料中的活性氧化硅与水泥中的氢氧化钠和氢氧化钾发生化学反应，在骨料表面生成的碱-硅酸凝胶。这种凝胶遇水不断膨胀，把骨料与水泥石界面胀裂，对混凝土耐久性十分不利。

发生碱骨料反应必须同时具备三个条件：一是混凝土中含有较多的碱；二是采用碱活性骨料；三是使用环境潮湿。因此，重要工程所使用的碎石或卵石应进行碱活性检验，严格控制混凝土中总的碱量和掺用的活性混合料，并控制外界水分渗入到混凝土等。

■ 2.2　钢筋材料性能

2.2.1　钢筋种类

混凝土结构所用的钢筋，按化学成分可分为碳素钢和普通低合金钢。碳素钢（carbon steel）除以铁元素为主，还含有少量的碳、硅、锰、硫、磷等元素；根据含碳量的高低，碳素钢又分为低碳钢（含碳量小于0.25%）、中碳钢（含碳量为0.25%~0.6%）、高碳钢（含碳量为0.6%~1.4%），且含碳量越高，钢筋强度越高，塑性和焊接性越差。普通低合金钢（low alloy steel）是在碳素钢中加入少量的硅、锰、钒、钛、镍、铌等元素，以提高钢筋强度，保持良好塑性。

根据外形特征，钢筋可分为光圆（面）钢筋（rolled plain bar）和变形钢筋（deformed

bar），变形钢筋又称为带肋钢筋，主要形式有月牙肋钢筋。根据用途不同，钢筋可分为普通钢筋和预应力筋；普通钢筋（steel bar）用于钢筋混凝土结构，预应力筋（tendon）用于预应力混凝土结构。

根据生产工艺，普通钢筋可分为热轧钢筋、细晶粒热轧钢筋和余热处理钢筋，并以屈服强度值作为牌号划分的依据。普通钢筋牌号有 HPB300（Φ）、HRB400（Φ）、HRBF400（Φ^F）、RRB400（Φ^R）、HRB500（Φ）、HRBF500（Φ^F），其中英文大写字母表示钢筋的生产工艺，数字表示钢筋屈服强度标准值，括号内符号是在设计计算书和施工图上各种强度等级的简写符号。HPB 为热轧光圆钢筋（hot-rolled plane bar），HRB 为热轧带肋钢筋（hot-rolled ribbed bar），HRBF 为采用控温技术轧制的细晶粒热轧带肋钢筋（hot-rolled ribbed bar fine），RRB 为余热处理钢筋（remained heat treatment ribbed bar）。

热轧钢筋由低碳钢、普通低合金钢在高温状态下轧制而成，有明显的屈服点和流幅，具有较好的延性、焊接性、机械连接性能和施工适应性。

细晶粒热轧钢筋是在热轧过程中通过控轧和控冷工艺使晶粒变细，在不添加或只需添加很少的合金元素，就达到与添加合金元素相同的效果，使钢筋强度提高并具有一定的延性，但宜控制其焊接工艺以避免影响其力学性能；其强度和延性能满足混凝土结构对钢筋性能的要求，是近年来我国冶金行业研发的新型热轧钢筋。

余热处理钢筋是由轧制的钢筋经高温淬火、利用芯部余热进行回火处理，以提高钢筋强度，但塑性、焊接性、机械连接性能降低，价格相对较低；不宜用于重要部位的受力钢筋，也不宜用于直接承受疲劳荷载的构件中，一般可用于对变形性能要求不高的构件，如基础、大体积混凝土、荷载与跨度不大的楼板及墙体。

预应力筋是高强钢筋，有中强度预应力钢丝、消除应力钢丝、钢绞线和预应力螺纹钢筋，其中中强度预应力钢丝和预应力螺纹钢筋以屈服强度标准值作为划分牌号的依据，消除应力钢丝和钢绞线以极限强度标准值作为划分牌号的依据。

中强度预应力钢丝（median-strength prestressed wire）由热轧钢筋冷加工而成，强度提高很多。其屈服强度标准值为 620MPa、780MPa、980MPa，公称直径有 5mm、7mm、9mm 三个规格，分别用符号 ϕ^{PM} 和 ϕ^{HM} 代表光圆和螺旋肋。

消除应力钢丝（eliminated stress wire）是将钢筋拉拔后矫直，经中温回火消除应力并经稳定化处理而成。其极限强度标准值为 1470MPa、1570MPa、1860MPa，公称直径有 5mm、7mm、9mm 三个规格，分别用符号 ϕ^P 和 ϕ^H 代表光圆和螺旋肋。

钢绞线（steel strand）是将多根高强钢丝捻制在一起，经低温回火处理清除内应力后而制成。钢绞线分为 3 股和 7 股两类，其极限强度标准值为 1570MPa、1720MPa、1860MPa、1960MPa，公称直径为 8.6mm、9.5mm、10.8mm、12.7mm、12.9mm、15.2mm、17.8mm、21.6mm，用符号 ϕ^S 表示。

预应力螺纹钢筋（prestressed screw-thread steel bars）是沿整根钢筋上轧制有外螺纹的大直径、高强度、高尺寸精度的直条钢筋，又称为精轧螺纹钢筋。其屈服强度标准值为 785MPa、930MPa、1080MPa，公称直径有 18mm、25mm、32mm、40mm 和 50mm 五个规格，用符号 ϕ^T 表示。

常用钢筋、钢丝和钢绞线的形式如图 2-19 所示。

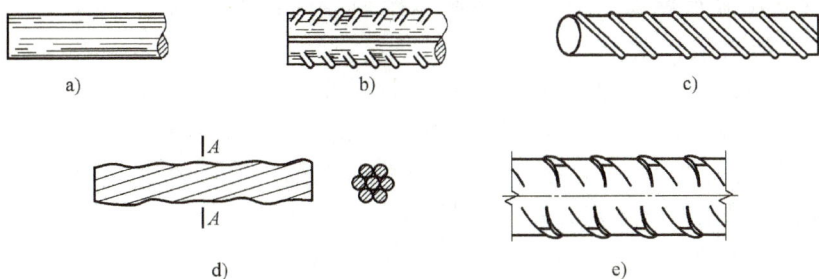

图 2-19　常用钢筋、钢丝和钢绞线的形式

a）光圆钢筋　b）月牙纹钢筋　c）螺旋肋钢丝　d）钢绞线（7 股）　e）预应力螺纹钢筋（精轧螺纹钢筋）

2.2.2　钢筋强度和变形

1. 钢筋的应力—应变关系

钢筋的应力—应变关系可以反映钢材的强度和变形性能。根据单向受拉时应力—应变关系特点的不同，钢筋可分为有明显屈服点钢筋（如热轧钢筋）和无明显屈服点钢筋（如钢丝、钢绞线）两类，习惯上也称为软钢和硬钢。

（1）有明显屈服点钢筋　有明显屈服点（yield point）钢筋单向拉伸时的应力—应变曲线，如图 2-20 所示。曲线通常分为四个阶段：弹性阶段 Oa、屈服阶段 bf、强化阶段 fd 和颈缩阶段 de。

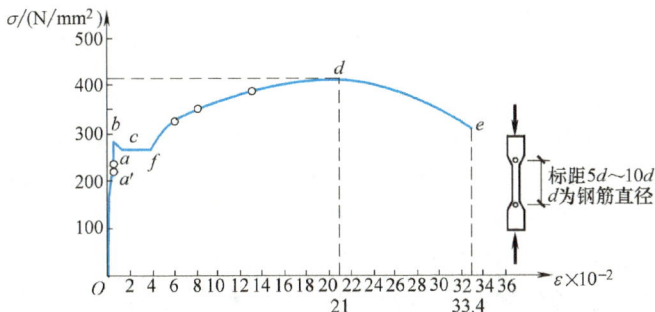

图 2-20　有明显屈服点钢筋的应力—应变曲线

由图 2-20 可见，a' 点以前，应力与应变为线性关系，与 a' 点对应的应力称为比例极限（proportional limit）；a 点以前，钢筋处于弹性阶段，应力卸载后无残余变形，与 a 点对应的应力称为弹性极限（elastic limit）；通常 a' 与 a 点很接近，直线 Oa' 的斜率为弹性模量 E_s。到达 b 点后，钢筋进入塑性阶段，与 b 点对应的应力称为屈服上限（upper yield limit）；屈服上限通常不稳定，它与加载速度、截面形式和表面光洁度等因素有关。当下降到 c 点时，应力保持不变而应变急剧增长，形成屈服台阶或流幅 cf，与 c 点对应的应力称为屈服下限（lower yield limit）；屈服下限一般比较稳定，通常取屈服下限作为屈服强度（yield strength）。过 f 点后，随着应变的增加，应力又继续增大，进入到强化阶段，至 d 点时应力达到最大值，其应力称为极限抗拉强度（ultimate tensile strength）。过 d 点后，钢筋的薄弱部位将出现颈缩现象，应力下降，变形增加迅速，断面缩小，直至 e 点被拉断。

（2）无明显屈服点钢筋　无明显屈服点钢筋单向拉伸时的应力—应变曲线，如图2-21所示。

由图可见，a点以前，钢筋具有理想的弹性性质，与a点对应的应力称为比例极限，其值约为极限抗拉强度的0.65。过a点后，钢筋呈现出塑性性质，应力—应变关系为非线性，但没有明显的屈服点。至极限抗拉强度后，钢筋很快被拉断，破坏时呈脆性。

对无明显屈服点的钢筋，一般取残余应变为0.2%时所对应的应力$\sigma_{0.2}$作为条件屈服强度（specified yield strength）。《规范》规定，条件屈服强度取其极限抗拉强度的0.85，即$\sigma_{0.2}=0.85\sigma_b$。

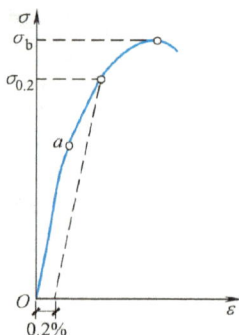

图 2-21　无明显屈服点
钢筋单向拉伸时的
应力—应变曲线

2. 钢筋的伸长率

伸长率（elongation）是反映钢筋塑性性能的一项指标。伸长率越大，表明钢筋的塑性和变形能力越好，拉断前会有明显预兆。钢筋的变形能力一般用延性（ductility）表示，而延性的大小可通过钢筋应力—应变曲线上屈服点至极限应变点之间的应变值反映。

（1）钢筋断后伸长率（伸长率）　钢筋拉断后的伸长值与原长的比值称为断后伸长率，计算公式为

$$\delta = \frac{l-l_0}{l_0} \times 100\% \tag{2-11}$$

式中　l——试件拉断时（含颈缩区）量测的标距长度；

　　　l_0——试件拉伸前的标距长度，一般取$l_0=5d$或$l_0=10d$（d为钢筋直径），相应的断后伸长率表示为δ_5或δ_{10}。

断后伸长率只能反映钢筋残余变形（residual deformation）的大小，其中还包含断口颈缩区域的局部变形；不同量测标距长度得到的结果不一致；忽略了钢筋的弹性变形，不能反映钢筋受力时的总体变形能力；量测时易产生人为误差。近年来，国际上采用钢筋最大应力σ_b下的应变δ_{gt}（均匀伸长率）反映钢筋的变形能力。

（2）钢筋最大力下的总延伸率（均匀伸长率）　如图2-22所示，钢筋达到最大应力σ_b时的变形，包括塑性残余变形ε_r和弹性变形ε_e两部分。钢筋最大力下的总延伸率（均匀伸长率）δ_{gt}计算公式为

$$\delta_{gt} = \left(\frac{l-l_0}{l_0} + \frac{\sigma_b}{E_s} \right) \times 100\% \tag{2-12}$$

式中　l_0——试件拉伸前的原始标距（不含颈缩区）；

　　　l——试件拉断后量测标记之间的距离。

式（2-12）括号中第一项反映钢筋的塑性变形，第二项反映钢筋在最大拉应力下的弹性变形。

3. 钢筋的冷弯性能

冷弯性能（behavior of cold bending）也是评价钢筋塑性性能的一项指标，主要检验钢筋在常温下承受弯曲变形的能力，检查钢筋内部是否存在缺陷和杂质。

如图 2-23 所示，冷弯性能测试是将直径为 d 的钢筋，绕直径为 D 的弯芯进行弯折，当弯曲到规定角度 α 时，钢筋不出现裂纹、断裂或起层现象，则认为冷弯性能合格。弯芯直径 D 越小，弯折角 α 越大，说明钢筋塑性越好。

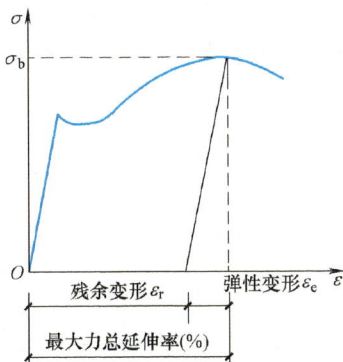

图 2-22　钢筋最大力下的总延伸率

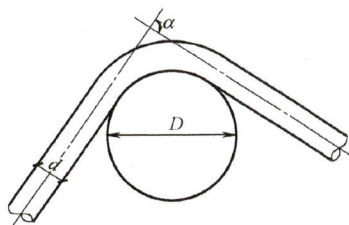

图 2-23　钢筋冷弯试验

2.2.3　钢筋性能要求

混凝土结构对钢筋的性能要求，主要有强度、塑性、焊接性和钢筋与混凝土的黏结性能等。对有明显屈服点钢筋的检验指标为屈服强度、极限抗拉强度、伸长率和冷弯性能四项；对无明显屈服点的钢筋，则为极限抗拉强度、伸长率和冷弯性能三项。

1. 强度高

钢筋强度主要指屈服强度及极限抗拉强度，其中屈服强度（条件屈服强度）是混凝土结构构件设计的主要依据。采用高强钢筋，可以节约材料，取得良好的社会效益和经济效益。

对于钢筋混凝土结构，纵向受力钢筋可采用 HRB400、HRB500、HRBF400、HRBF500、RRB400、HPB300 钢筋，对梁、柱和斜撑构件的纵向受力钢筋宜优先采用 HRB400、HRB500、HRBF400、HRBF500 钢筋；对预应力混凝土结构，宜采用预应力钢丝、钢绞线和预应力螺纹钢筋。

普通钢筋的屈服强度标准值和极限强度标准值，可查附表 4；预应力筋的屈服强度标准值和极限强度标准值，可查附表 5。

钢筋极限抗拉强度与屈服强度的比值称为强屈比，代表钢筋的强度储备，在一定程度上代表结构的强度储备。强屈比大的钢筋，在屈服以后很久才被拉断，因此破坏有明显的预兆，延性较好。对有延性要求的抗震结构，要求强屈比不小于 1.25。

2. 塑性好

反映钢筋塑性性能的指标有伸长率和冷弯性能，相关国家标准对各种钢筋的伸长率和冷弯性能均有明确规定。普通钢筋和预应力筋在最大力下的总延伸率，不应小于附表 8 限值。

混凝土结构要求钢筋具有良好的塑性，保证构件在破坏前有足够的变形，不发生突然的脆性破坏，这对抗震结构尤为重要。

3. 焊接性好

焊接是钢筋连接的一种主要方式。焊接性（weldability）主要反映钢筋焊接后其接头性能是否可靠，即要求在一定工艺条件下，钢筋焊接后不产生裂纹及过大的变形，保证接头力学性能良好。

4. 黏结性能好

良好的黏结力和可靠的锚固是钢筋与混凝土形成整体、共同工作的基础。钢筋表面形状是影响黏结力的主要因素，带肋钢筋与混凝土的黏结性能明显优于光圆钢筋，工程设计中宜优选带肋钢筋。

■ 2.3 钢筋与混凝土黏结性能

2.3.1 黏结作用

黏结应力（bond stress）是指钢筋和混凝土接触面上的剪应力，其大小取决于钢筋与混凝土之间的应变差。钢筋和混凝土这两种性质不同的材料之所以能够共同工作，正是由于这种剪应力的存在，使钢筋和周围混凝土之间的应力得以传递。

图 2-24 所示为钢筋混凝土简支梁，由图中钢筋微段 dx 上内力的平衡条件，即

$$\sigma_s A_s + \tau \cdot \pi d \cdot dx = (\sigma_s + d\sigma_s) A_s \qquad (2\text{-}13a)$$

$$\tau = \frac{d}{4} \frac{d\sigma_s}{dx} \qquad (2\text{-}13b)$$

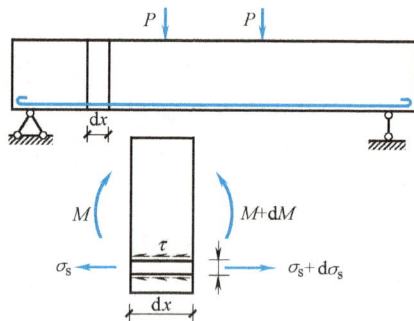

图 2-24 钢筋和混凝土之间的黏结应力

式中 τ——微段 dx 上的平均黏结应力，即钢筋与混凝土接触面的剪应力；

A_s——钢筋截面面积，$A_s = \pi d^2/4$；

d ——钢筋直径。

式（2-13b）表明，黏结应力 τ 使钢筋应力 σ_s 沿其长度发生变化；或者说，没有黏结应力 τ，钢筋应力 σ_s 就不会发生变化；反之，没有钢筋应力 σ_s 变化，就不存在黏结应力 τ。

根据受力性质的不同，黏结应力分为两类：第一类是锚固黏结应力，如图 2-25a 所示，受拉钢筋必须有足够的锚固长度，通过这段长度上黏结应力的积累，才能使钢筋锚固在混凝土中，建立起所需发挥的拉力；第二类是局部黏结应力，如图 2-25b 所示，在构件两个开裂截面之间，钢筋应力变化受到黏结应力的影响，其变化幅度反映了裂缝间混凝土参与工作的程度。锚固黏结应力丧失将使构件提前破坏，降低构件承载能力；而局部黏结应力丧失仅影响构件刚度和裂缝的开展。

2.3.2 黏结机理

1. 黏结力组成

钢筋与混凝土之间的黏结力，主要由胶结力、摩阻力和机械咬合力三部分组成。

1）胶结力（adhesive force）是指钢筋和混凝土接触面上的化学吸附作用力。混凝土浇筑时，水泥浆体向钢筋表面氧化层渗透，养护过程中水泥晶体的生长和硬化，在钢筋表面所产生的吸附作用。胶结力很小，当钢筋和混凝土之间产生相对滑移（slip）时即消失。

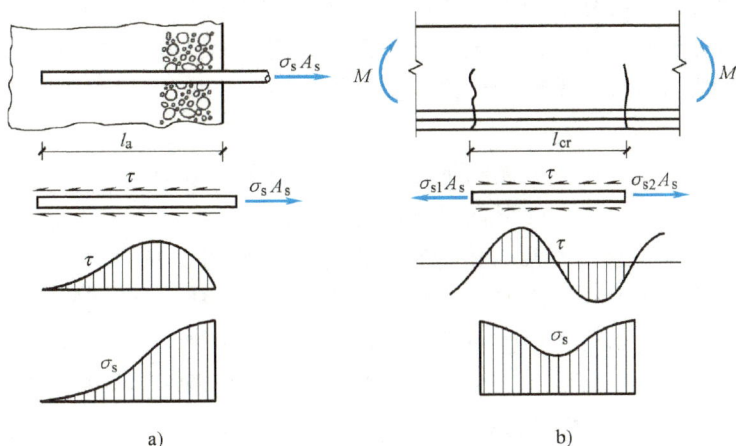

图 2-25 锚固黏结应力和局部黏结应力

a) 锚固黏结应力   b) 局部黏结应力

2）摩阻力（friction force）是指混凝土收缩后将钢筋紧紧握裹住而产生的力。混凝土凝结时收缩，在钢筋和混凝土接触面上产生环向挤压力，当两者有相对滑动趋势时，接触面上产生摩阻力。摩阻力的大小取决于环向挤压力和接触面的粗糙程度，混凝土收缩越大，环向挤压力越大，接触面越粗糙，摩阻力越大。

3）机械咬合力（mechanical interaction）是指钢筋表面凹凸不平与混凝土之间产生的咬合力。变形钢筋上的肋会产生这种咬合力，是变形钢筋与混凝土黏结力的主要来源。

2. 光圆钢筋黏结性能

黏结强度（bond strength）是指黏结失效时的最大平均黏结应力。光圆钢筋的黏结强度通常采用图 2-26 所示的标准拔出试件测定。设 F 为拔出力，l 为钢筋埋入混凝土中的长度，d 为钢筋直径，则钢筋与混凝土之间的平均黏结应力 τ 为

$$\tau = \frac{F}{\pi dl} \tag{2-14}$$

光圆钢筋的 τ—s 曲线如图 2-27 所示。由图可见，有锈钢筋的黏结应力要比无锈钢筋的大；当 τ 达到最大黏结应力 τ_u 后，加载段滑移 s 急剧增大，曲线出现下降段；破坏时，钢

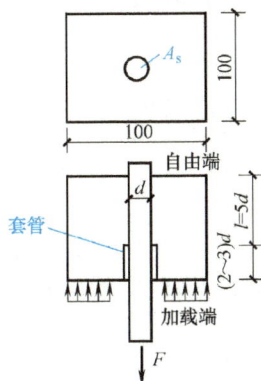

图 2-26 钢筋拔出试验

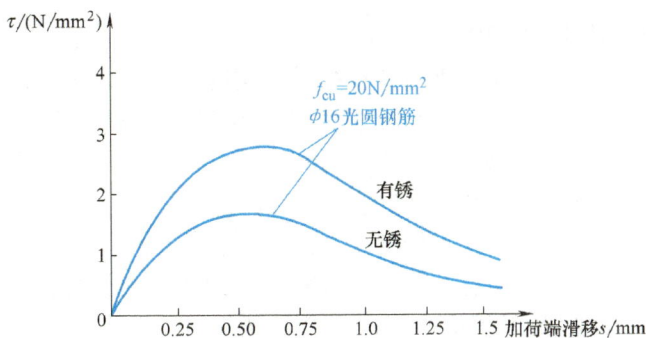

图 2-27 光圆钢筋的 τ—s 曲线

筋从混凝土中徐徐拔出，滑移 s 可达数毫米。直段光圆钢筋的黏结力主要来自胶结力和摩阻力，很大程度上取决于钢筋的表面状况。为提高光圆钢筋的锚固黏结性能，减少钢筋和混凝土之间的滑移，其端部通常设置弯钩或采用其他机械锚固措施。

3. 变形钢筋黏结性能

变形钢筋的黏结性能明显优于光圆钢筋。主要原因是变形钢筋表面带肋，机械咬合作用显著增加，黏结效果明显改善。变形钢筋试件进行拔出试验时，钢筋的肋对混凝土形成斜向挤压力，此力可分解为沿钢筋的轴向分力和径向分力，如图 2-28 所示。轴向分力使肋间混凝土受弯、受剪，径向分力使外围混凝土受到内压力，从而产生环向拉应力。随着荷载进一步增加，轴向分力使肋间混凝土产生内部斜裂缝，径向分力使钢筋外围混凝土产生内部径向裂缝；当径向裂缝达到试件表面后，荷载仍能有所增长，但滑移 s 急剧增大，随劈裂裂缝沿试件长度的发展，τ 很快达到最大黏结应力 τ_u。对于一般保护层厚度 c 的无横向配筋试件，试件的黏结破坏属于黏结强度很快丧失的脆性劈裂破坏。当混凝土保护层厚度 c 与钢筋直径 d 的比值较大（$c/d \geqslant 5$）或试件配有较强的横向钢筋时，黏结破坏将产生所谓的"刮犁式"破坏，这种破坏形式表现出较好的黏结延性，属于剪切型破坏，其黏结强度比劈裂破坏提高很多。

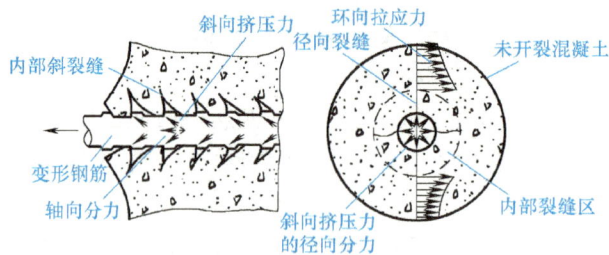

图 2-28　变形钢筋与混凝土的相互作用

2.3.3　影响黏结强度的因素

影响钢筋与混凝土黏结强度的因素很多，主要如下：

1. 钢筋表面形状

钢筋表面形状决定着钢筋与混凝土的黏结机理、破坏类型和黏结强度。试验表明，在相同条件下，变形钢筋的黏结强度要比光圆钢筋高 2~3 倍。光圆钢筋表面轻微锈蚀可明显提高黏结强度。

2. 混凝土强度

变形钢筋和光圆钢筋的黏结强度均随混凝土强度的提高而提高。试验表明，在相同条件下，黏结强度 τ_u 与混凝土抗拉强度 f_t 大致成正比关系。

3. 保护层厚度和钢筋净距

变形钢筋在黏结破坏时易使周围混凝土产生劈裂裂缝。如图 2-29 所示，保护层厚度 c 太薄时，外围混凝土可能发生径向劈裂，使黏结强度显著降低；钢筋净距不足时，外围混凝土可能发生水平劈裂，使外围混凝土保护层整体脱落。

4. 钢筋浇筑位置

对混凝土浇筑深度过大的"顶部"水平钢筋，由于其底部混凝土水分、气泡的逸出和骨料泌水下沉,与钢筋间形成空隙层(见图2-30),从而削弱钢筋与混凝土的黏结作用。

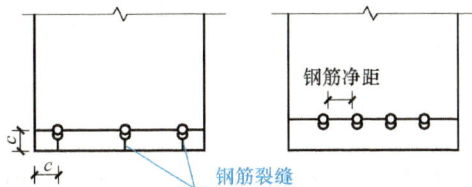

图2-29 保护层厚度和钢筋净距的影响

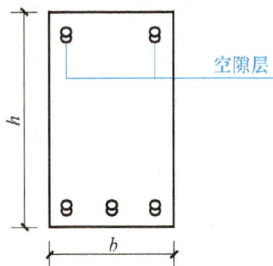

图2-30 钢筋浇筑位置的影响

5. 横向钢筋

横向钢筋(如梁中箍筋)可以延缓或限制径向劈裂裂缝的发展,使黏结强度得到提高。在较大直径钢筋的锚固区段或钢筋搭接长度范围内,均应设置一定数量的横向钢筋,如加密梁的箍筋等。当一排并列的钢筋根数较多时,可采用附加箍筋以增加箍筋的肢数,对控制劈裂裂缝和提高黏结强度很有效。配置箍筋对保护后期黏结强度,改善钢筋延性也有明显作用。

6. 侧向压力

当钢筋的锚固区作用有侧向压应力时,横向压力约束了混凝土的横向变形,可增强钢筋与混凝土之间的摩阻作用,使黏结强度有所提高。

本 章 小 结

1. 混凝土强度指标有立方体抗压强度、轴心抗压强度、轴心抗拉强度,且抗拉强度远低于抗压强度。立方体抗压强度是混凝土材料性能的基本代表值,其标准值是评定混凝土强度等级的标准,轴心抗压强度和抗拉强度均与其建立有相应的换算关系。

2. 在复合应力状态下,混凝土强度和变形性能均有明显变化。混凝土双向受压和三向受压时强度提高,一向受压另一向受拉时强度降低,双向受拉时强度接近。三向受压混凝土又称为约束混凝土,可明显提高混凝土纵向抗压强度和承受变形的能力。

3. 一次短期加载下混凝土应力—应变曲线分为上升段和下降段两部分。上升段分为准弹性阶段、裂缝稳定扩展阶段和裂缝不稳定扩展阶段;$\sigma = 0.8f_c$ 称为临界应力,可作为混凝土长期抗压强度的依据;达到峰值时的应力即为混凝土轴心抗压强度 f_c,相应的应变称为峰值应变 ε_0,对C50及以下等级的混凝土通常取 $\varepsilon_0 = 0.002$。下降段曲线会出现拐点和收敛点。

4. 混凝土变形模量有弹性模量 E_c、割线模量 E_c' 和切线模量 E_c'' 三种表示方法,弹性模量仅适用于混凝土应力较低的情况,割线模量与弹性模量之间的关系为 $E_c' = \nu E_c$。混凝土泊松比取 $\mu = 1/6$ 或 $\mu = 0.2$,剪切模量取 $G_c = 0.4E_c$。

5. 徐变是在长期荷载作用下,当荷载保持不变,混凝土应变随时间增长的现象;其影响因素主要有持荷时间、应力条件、内在因素和外部环境等。收缩是混凝土在空气中凝结硬化时体积减小的现象;其影响因素主要有水泥品种与用量、骨料性质、配合比、浇筑质量、养护条件、使用环境和构件体表比等。

6. 混凝土耐久性是指混凝土在使用环境下抵抗各种物理化学作用并长期保持原有性能的能力，包括抗渗性、抗冻性、抗侵蚀性、碳化和碱骨料反应等。

7. 混凝土结构所用的钢筋，按化学成分分为碳素钢和普通低合金钢，按外形特征分为光圆（面）钢筋和变形钢筋（带肋钢筋），按用途不同分为普通钢筋和预应力筋。普通钢筋有热轧钢筋、细晶粒热轧钢筋和余热处理钢筋，钢筋牌号有 HPB300、HRB400、HRBF400、RRB400、HRB500、HRBF500；预应力筋有中强度预应力钢丝、消除应力钢丝、钢绞线和预应力螺纹钢筋。

8. 有明显屈服点钢筋的应力—应变曲线，通常分为弹性阶段、屈服阶段、强化阶段和颈缩阶段，且取屈服强度（屈服下限）作为强度设计的依据。无明显屈服点钢筋，取残余应变为 0.2% 时所对应的应力 $\sigma_{0.2}$ 作为强度设计的依据，也称为条件屈服强度。

9. 钢筋性能指标有屈服强度、极限抗拉强度、伸长率和冷弯性能等。混凝土结构对钢筋的性能要求，主要有强度、塑性、焊接性和钢筋与混凝土黏结性能等。

10. 黏结力是钢筋与混凝土共同工作的基础，主要由胶结力、摩阻力和机械咬合力三部分组成。黏结强度是指黏结失效时的最大平均黏结应力；其影响因素主要有钢筋表面形状、混凝土强度、保护层厚度和钢筋净距、钢筋浇筑位置、横向钢筋、侧向压力等。

思 考 题

1. 混凝土强度等级是如何确定的？
2. 混凝土立方体抗压强度是如何测定的？有哪些影响因素？
3. 混凝土强度指标有哪几项？与立方体抗压强度之间的关系如何？
4. 在复合应力状态下，混凝土强度有哪些特点？
5. 在三向应力状态下，混凝土强度和变形有什么变化？什么是约束混凝土？
6. 在一次短期加载时，混凝土应力—应变曲线有什么特点？
7. 混凝土变形模量有几种表示方法？割线模量与弹性模量之间有什么关系？
8. 混凝土泊松比如何取值？混凝土剪切模量如何取值？
9. 什么是混凝土徐变？其影响因素主要有哪些？徐变对混凝土结构有什么影响？
10. 什么是混凝土收缩？收缩有哪些特点？收缩对混凝土结构有什么影响？
11. 什么是混凝土耐久性？包括哪些性能？
12. 钢筋有哪些种类？普通钢筋包含哪些种类？预应力筋包含哪些种类？
13. 普通钢筋牌号有哪些？各牌号的含义是什么？各牌号的简写符号如何表示？
14. 有明显屈服点钢筋的应力—应变曲线有什么特征？为什么将屈服强度作为强度设计指标？
15. 什么是条件屈服强度？如何取值？
16. 钢筋的强度和塑性指标有哪些？混凝土结构对钢筋性能有哪些要求？
17. 什么是强屈比？对有延性要求的抗震结构有什么要求？
18. 什么是黏结应力？有哪两种类型？有什么区别？
19. 钢筋和混凝土之间的黏结力由哪几部分组成？其黏结机理如何？
20. 什么是黏结强度？其影响因素主要有哪些？

测　试　题

1．填空题

（1）混凝土强度指标有 ＿＿＿＿＿＿＿＿＿＿ 、＿＿＿＿＿＿＿＿＿＿ 、＿＿＿＿＿＿＿＿＿＿ 。

（2）用边长为 100mm 和 200mm 混凝土立方体试块所测到的抗压强度值，要换算成标准立方体抗压强度，应分别乘以系数＿＿＿＿＿＿＿＿和＿＿＿＿＿＿＿＿。

（3）当混凝土双向受压时，其强度＿＿＿＿＿＿＿＿；当一向受压另一向受拉时，其强度＿＿＿＿＿＿＿＿。

（4）当混凝土三向受压时，其抗压强度＿＿＿＿＿＿＿＿，延性＿＿＿＿＿＿＿＿。

（5）混凝土变形模量有＿＿＿＿＿＿＿＿、＿＿＿＿＿＿＿＿、＿＿＿＿＿＿＿＿三种表示方法 。

（6）混凝土空气中凝结硬化时，随水分的蒸发将产生＿＿＿＿＿＿＿＿变形。在长期不变荷载作用下，混凝土将产生＿＿＿＿＿＿＿＿变形。

（7）混凝土耐久性主要包括＿＿＿＿＿＿＿＿、＿＿＿＿＿＿＿＿、＿＿＿＿＿＿＿＿、＿＿＿＿＿＿＿＿。

（8）碳素钢随着含碳量的增加，钢筋强度＿＿＿＿＿＿＿＿，但塑性＿＿＿＿＿＿＿＿。

（9）在普通钢筋牌号中，HPB 表示＿＿＿＿＿＿＿＿、HRB 表示＿＿＿＿＿＿＿＿、HRBF 表示＿＿＿＿＿＿＿＿、RRB 表示＿＿＿＿＿＿＿＿。

（10）预应力筋主要有＿＿＿＿＿＿＿＿、＿＿＿＿＿＿＿＿、＿＿＿＿＿＿＿＿。

（11）有明显屈服点钢筋的应力—应变曲线，大致经历了＿＿＿＿＿＿＿＿、＿＿＿＿＿＿＿＿、＿＿＿＿＿＿＿＿、＿＿＿＿＿＿＿＿四个阶段。

（12）对无明显屈服点钢筋，通常取残余应变为＿＿＿＿＿＿＿＿时所对应的应力 $\sigma_{0.2}$ 作为强度设计指标，也称为＿＿＿＿＿＿＿＿。

（13）混凝土结构对钢筋的性能要求主要有＿＿＿＿＿＿＿＿、＿＿＿＿＿＿＿＿、＿＿＿＿＿＿＿＿、＿＿＿＿＿＿＿＿。

（14）有明显屈服点钢筋的检验指标为＿＿＿＿＿＿＿＿、＿＿＿＿＿＿＿＿、＿＿＿＿＿＿＿＿、＿＿＿＿＿＿＿＿。

（15）钢筋与混凝土的黏结力由＿＿＿＿＿＿＿＿、＿＿＿＿＿＿＿＿、＿＿＿＿＿＿＿＿三部分组成。

2．是非题

（1）混凝土强度等级是取立方体抗压强度平均值。　　　　　　　　　　　　（　　）

（2）混凝土各种强度指标的基本代表值是立方体抗压强度标准值。　　　　　（　　）

（3）C35 表示 $f_{cu,k}=35N/mm^2$ 。　　　　　　　　　　　　　　　　　　（　　）

（4）立方体试件尺寸越大，则测得的混凝土强度越高。　　　　　　　　　　（　　）

（5）立方体试件上下表面涂润滑油，则测得的混凝土强度高。　　　　　　　（　　）

（6）试验加载速度越快，测得的混凝土立方体抗压强度越高。　　　　　　　（　　）

（7）混凝土在三向受压状态下，抗压强度提高，延性降低。　　　　　　　　（　　）

（8）混凝土受拉时的弹性模量与受压时基本相同。　　　　　　　　　　　　（　　）

（9）混凝土收缩、徐变均与时间有关，且互相影响。　　　　　　　　　　　（　　）

（10）在长期荷载作用下，受压区混凝土的徐变可以使梁的挠度减小2~3倍或更多。

                        （ ）

（11）消除应力钢丝和余热处理钢筋可用作预应力筋。   （ ）

（12）含碳量越低，钢筋强度越低，屈服台阶越短，塑性越差。   （ ）

（13）低碳钢和普通低合金钢属于有明显屈服点的钢筋。   （ ）

（14）中强度预应力钢丝和钢绞线均无明显的屈服点和屈服台阶。 （ ）

（15）有明显屈服点钢筋的屈服强度，取其应力—应变曲线的屈服上限。（ ）

（16）钢筋最大力下的总延伸率，同时包括残余变形和弹性变形。 （ ）

（17）衡量钢筋变形性能的指标有断后伸长率和最大力下的总延伸率。（ ）

（18）对于钢筋混凝土结构，宜优先选用400MPa、500MPa级钢筋作为纵向受力钢筋。

                        （ ）

（19）钢筋和混凝土共同工作的基础是因为钢筋和混凝土具有相同的力学性能。（ ）

（20）在一定范围内，随着混凝土保护层厚度的增加，钢筋与混凝土之间的黏结强度提高。   （ ）

3. 选择题

（1）边长为100mm的立方体试件换算成标准试件的强度，则需乘以换算系数（ ）。

A. 1.05   B. 1.0   C. 0.95   D. 0.90

（2）混凝土强度等级是由（ ）确定的。

A. f_{cu} B. $f_{cu,k}$ C. f_{ck} D. f_{tk}

（3）混凝土立方体抗压强度与试件尺寸和加载速度的关系为（ ）。

A. 试件尺寸越大、加载速度越快，强度越高

B. 试件尺寸越小、加载速度越慢，强度越高

C. 试件尺寸越小、加载速度越快，强度越高

D. 试件尺寸越大、加载速度越慢，强度越高

（4）同一强度等级的混凝土，各强度之间的关系是（ ）。

A. $f_{ck}>f_{cu,k}>f_{tk}$ B. $f_{cu,k}>f_{ck}>f_{tk}$

C. $f_{cu,k}>f_{tk}>f_{ck}$ D. $f_{tk}>f_{cu,k}>f_{ck}$

（5）在复杂应力状态下，下列哪种状态混凝土强度将降低？（ ）

A. 三向受压   B. 双向受压   C. 一拉一压   D. 双向受拉

（6）在压应力和剪应力的共同作用下，混凝土的抗剪强度（ ）。

A. 随压应力增大而增大

B. 随压应力增大而减小

C. 与压应力无关

D. 随压应力增大而增大，但压应力超过一定值后，抗剪强度反而减小

（7）一次短期加载下，单轴受压时混凝土应力—应变曲线上的临界点是指（ ）。

A. 准弹性阶段的终点   B. 上升段和下降段的转折点

C. 曲线上出现的拐点   D. 内部裂缝扩展处于稳定与不稳定的界限点

（8）混凝土的峰值应变 ε_0 随强度等级的提高而（ ）。

A. 增大   B. 减小   C. 不变   D. 没有规律

(9) 混凝土泊松比 μ 是指（　　）。

A. 横向应变与纵向应变的比值　　　　B. 横向应变与总应变的比值

C. 纵向应变与横向应变的比值　　　　D. 纵向应变与总应变的比值

(10) 混凝土弹性模量是指（　　）

A. 原点弹性模量　　B. 切线模量　　　　C. 割线模量　　　　D. 变形模量

(11) 混凝土弹性系数 ν 是指（　　）。

A. 弹性应变与塑性应变的比值　　　　B. 塑性应变与总应变的比值

C. 塑性应变与弹性应变的比值　　　　D. 弹性应变与总应变的比值

(12) 对于混凝土徐变，下列说法正确的是（　　）。

A. 全部是塑性变形　　　　　　　　　B. 无法确定

C. 全部是弹性变形　　　　　　　　　D. 既有弹性变形又有塑性变形

(13) 混凝土徐变与持荷时间 t 和应力水平 σ/f_c 的关系为（　　）。

A. t 越大、σ/f_c 越高，徐变越大　　　B. t 越小、σ/f_c 越低，徐变越大

C. t 越大、σ/f_c 越低，徐变越大　　　D. t 越小、σ/f_c 越高，徐变越大

(14) 含碳量越高，则碳素钢的（　　）。

A. 强度越高，塑性越高　　　　　　　B. 强度越低，塑性越高

C. 强度越高，塑性越低　　　　　　　D. 强度越低，塑性越低

(15) 有明显屈服点钢筋的屈服强度是指（　　）。

A. 比例极限　　　　B. 极限强度　　　　C. 屈服上限　　　　D. 屈服下限

(16) 对于无明显屈服点钢筋，条件屈服强度取（　　）。

A. $\sigma_{0.2} = 0.65\sigma_b$　　　　　　　　　B. $\sigma_{0.2} = 0.75\sigma_b$

C. $\sigma_{0.2} = 0.85\sigma_b$　　　　　　　　　D. $\sigma_{0.2} = 0.95\sigma_b$

(17) 冷弯性能测试时，若弯曲角为 α，弯芯直径为 D，试件直径为 d，则（　　）。

A. α 越大、D/d 越大，冷弯性能越好　　B. α 越小、D/d 越小，冷弯性能越好

C. α 越小、D/d 越大，冷弯性能越好　　D. α 越大、D/d 越小，冷弯性能越好

(18) 热轧钢筋经冷拉后（　　）。

A. 屈服强度提高，塑性降低　　　　　B. 屈服强度提高，塑性不变

C. 屈服强度提高，塑性提高　　　　　D. 屈服强度降低，塑性不变

(19) 能同时提高钢筋抗拉强度和抗压强度的冷加工方法是（　　）。

A. 冷拉　　　　　B. 冷拔　　　　　　C. 冷轧　　　　　　D. 冷扭

(20) 钢筋与混凝土之间的黏结应力（　　）。

A. 存在于构件的任何截面　　　　　　B. 仅存在于裂缝间截面

C. 仅存在于构件端部截面　　　　　　D. 仅存在于钢筋应力沿长度变化的截面

第3章 混凝土结构设计方法

> **【学习目标】**
> 1. 熟悉结构功能要求、安全等级、设计使用年限、设计基准期等基本概念。
> 2. 熟悉结构极限状态、设计状况、作用与作用效应、结构抗力、可靠度和可靠指标等基本知识。
> 3. 熟悉作用代表值、材料强度取值和作用组合，掌握分项系数设计方法。

本章重点是分项系数设计方法，难点是结构可靠度和可靠指标等。

■ 3.1 结构设计要求

3.1.1 结构功能要求

在规定的设计使用年限内，结构必须满足的功能要求是安全性、适用性、耐久性和鲁棒性。结构设计的目的是在保证安全的前提下，寻求功能要求与经济合理之间的均衡，设计出技术先进、施工方便的结构。结构的功能要求如下：

1）安全性（safety）：在正常施工和正常使用期间，结构应能承受可能出现的各种作用，如各种荷载、外加变形和约束变形等。正常施工是按相关工程施工规范规定的工艺、流程和方法保证结构的施工质量；正常使用是按结构设计用途使用，不得随意改变。

2）适用性（serviceability）：在正常使用期间，结构应保持良好的使用性能，如不产生影响正常使用的过大变形，或不产生让使用者感到不安的过宽裂缝等。

3）耐久性（durability）：在正常使用和正常维护条件下，结构应具有足够的耐久性能，如在设计使用年限内，混凝土劣化（材料性能随时间增长逐渐衰减）、钢筋锈蚀不超过一定的限度等。

4）鲁棒性（robustness）：在正常使用期间，结构应具有整体抵御极端灾害或偶然事件的能力。如当发生火灾时，在规定的时间内结构可保持足够的承载力；当发生爆炸、撞击、人为错误等偶然事件时，结构能保持必需的整体稳固性，不出现与起因不相称的破坏后果，防止出现结构的连续倒塌。鲁棒性实质上是安全性的一部分。

安全性、适用性、耐久性和鲁棒性统称为结构可靠性（structural reliability），也指结构在规定时间内、规定条件下完成预定功能的能力。规定时间是指设计使用年限；规定条件是指正常设计、正常施工、正常使用和正常维护，即不考虑人为过失的影响；预定功能是指结构的安全性、适用性、耐久性和合理的鲁棒性。

3.1.2　结构安全等级

结构设计时，应根据结构破坏可能产生的后果，即危及人的生命、造成的经济损失及产生的社会或环境影响等严重程度，也就是应根据结构的重要程度，采用不同的安全等级（safety class）。建筑结构安全等级的划分见表 3-1。如对人员比较集中、使用频繁的影剧院、体育馆等，安全等级宜按一级进行设计。对重要的建筑，应采取必要的措施，防止出现结构的连续倒塌；对一般的建筑，宜采取适当的措施，防止出现结构的连续倒塌；对次要的建筑，可不考虑结构的连续倒塌。

建筑结构中梁、柱等各类构件的安全等级，宜与整个结构的安全等级相同，但允许对部分结构构件根据其重要程度和综合经济效果进行适当调整，但不得低于三级。如提高某一结构构件的安全等级所需额外费用很少，又能减轻整个结构的破坏，大大减少人员伤亡和财产损失，则可将其安全等级提高一级；相反，如某一结构构件的破坏并不影响整个结构或其他结构构件，则可将其安全等级降低一级。对结构中重要构件和关键传力部位，宜适当提高其安全等级。

表 3-1　建筑结构安全等级的划分

安全等级	破坏后果	示例
一级	很严重：对人的生命、经济、社会或环境影响很大	大型公共建筑等重要结构
二级	严重：对人的生命、经济、社会或环境影响较大	普通住宅和办公楼等一般结构
三级	不严重：对人的生命、经济、社会或环境影响较小	小型或临时性储存建筑等次要结构

3.1.3　结构设计使用年限

结构设计使用年限（design working life）是指设计规定的结构或构件不需要进行大修即可按预定目的使用的年限，即结构在正常使用和正常维护条件下所应达到的使用年限。结构的设计使用年限与结构的实际使用寿命有关，但并不等于结构的使用寿命，当结构超过设计使用年限后，并不意味着结构已经损坏而不能使用，只是其可靠性可能比设计时的预期值有所减小，或者说结构完成预定功能的能力越来越低，但结构仍可继续使用或经大修后继续使用。对同一建筑结构而言，若结构的可靠度相同，则设计使用年限取得越长，结构构件截面尺寸就会越大，所需的材料用量也越多。

设计基准期（design reference period）是为确定可变作用等取值而选用的时间参数，它不等同于结构的设计使用年限。设计如需采用不同的设计基准期，则必须相应确定在不同的设计基准期内最大作用的概率分布及其统计参数。建筑结构的设计基准期为 50 年，即建筑结构的可变作用取值是按 50 年确定的。

《建筑结构可靠性设计统一标准》（GB 50068—2018）（以下简称为《统一标准》）规定了建筑结构的设计使用年限及相应的荷载调整系数 γ_L，见表 3-2。

表 3-2　设计使用年限分类及荷载调整系数

类别	设计使用年限(年)	γ_L
临时性建筑结构	5	0.9
易于替换的结构构件	25	—
普通房屋和构筑物	50	1.0
标志性建筑和特别重要的建筑结构	100	1.1

注：对于设计使用年限为 25 年的结构构件，γ_L 应按各种材料结构设计标准的规定采用。

■ 3.2　概率极限状态设计法

3.2.1　结构极限状态

整个结构或结构的一部分超过某一特定状态就不能满足设计规定的某一功能要求，此特定状态为该功能的极限状态（limit states）。极限状态是区分结构可靠和失效的界限，可分为承载能力极限状态、正常使用极限状态和耐久性极限状态。

1. 承载能力极限状态

承载能力极限状态（ultimate limit states）是结构或结构构件达到最大承载能力的状态，或其变形达到不能继续承载的状态。当出现下列状态之一时，即认为超过了承载能力极限状态：

1）结构构件或连接因超过材料强度而破坏，或因过度变形而不适于继续承载。

2）整个结构或其一部分作为刚体失去平衡（如倾覆、滑移等）。

3）结构转变为机动体系。

4）结构或结构构件丧失稳定（如压屈等）。

5）结构因局部破坏而发生连续倒塌。

6）地基丧失承载力而破坏（如失稳等）。

7）结构或结构构件的疲劳破坏（如荷载重复作用而破坏）。

2. 正常使用极限状态

正常使用极限状态（serviceability limit states）是结构或结构构件达到正常使用的某项规定限值的状态。当出现下列状态之一时，即认为超过了正常使用极限状态：

1）影响正常使用或外观的变形（如吊车梁挠度过大等）。

2）影响正常使用的局部损坏（如水池开裂等）。

3）影响正常使用的振动。

4）影响正常使用的其他特定状态（如相对沉降量过大等）。

3. 耐久性极限状态

耐久性极限状态（durability limit states）是结构或结构构件在环境影响下出现的劣化达到耐久性能的某项规定限值或标志的状态。当出现下列状态之一时，即认为超过了耐久性极限状态：

1）影响承载能力和正常使用的材料性能劣化（如材料强度降低等）。

2）影响耐久性能的裂缝、变形、缺口、外观、材料削弱等。

3）影响耐久性能的其他特定状态。

根据受力特征，正常使用极限状态可进一步分为：①可逆正常使用极限状态（reversible serviceability limit states），即当产生超越正常使用要求的作用卸除后，该作用产生的后果可以恢复，如振动等；②不可逆正常使用极限状态（irreversible serviceability limit states），即当产生超越正常使用要求的作用卸除后，该作用产生的后果不可恢复，如开裂等。

对于结构的各种极限状态，均有明确的标志或限值。设计时，应根据结构的不同极限状态分别进行计算或验算；当某一极限状态的计算或验算起控制作用时，可仅对该极限状态进行计算或验算。

3.2.2　结构设计状况

设计状况（design situation）是代表一定时段内实际情况的一组设计条件，设计应做到在该组条件下结构不超越有关的极限状态。在建设和使用过程中，由于结构所承受的作用、持续的时间和结构所处的环境等各有差异，所以在结构设计时必须采用相应的结构体系、可靠度水准和设计方法等。

《统一标准》规定，建筑结构设计时应区分下列设计状况：

1）持久设计状况（persistent design situation）：在结构使用过程中一定出现，且持续期很长的设计状况，其持续期一般与设计使用年限为同一数量级。它适用于结构使用时的正常情况，如建筑结构承受家具和正常人员荷载的状况。

2）短暂设计状况（transient design situation）：在结构施工和使用过程中出现概率较大，而与设计使用年限相比，其持续期很短的设计状况。它适用于结构遇到的临时情况，如结构施工或维修时承受堆料和施工荷载的状况。

3）偶然设计状况（accidental design situation）：在结构使用过程中出现概率很小，且持续期很短的设计状况。它适用于结构出现的异常情况，如结构遭受火灾、撞击、爆炸等作用的状况。

4）地震设计状况（seismic design situation）：结构遭受地震时的设计状况。它适用于结构遭受地震时的情况，在抗震设防地区必须考虑地震设计状况。

对上述四种设计状况，均应进行承载能力极限状态设计，以确保结构的安全性。对持久设计状况，尚应进行正常使用极限状态设计，宜进行耐久性极限状态设计，以保证结构的适用性和耐久性。对短暂设计状况和地震设计状况，可根据需要进行正常使用极限状态设计。对偶然设计状况，可不进行正常使用极限状态和耐久性极限状态设计，主要承重结构可仅按承载能力极限状态设计，但其结构可靠指标可适当降低，即在设计规定的偶然作用下，主要承重结构允许发生局部破坏，而剩余部分结构应具有在一段时间内不发生连续倒塌的可靠性。

3.2.3　作用效应和结构抗力

1. 作用

作用（action）是指施加在结构上的集中力或分布力，或是引起构件外加变形或约束变形的原因。以力的形式施加在结构上的，称为直接作用（direct action），习惯上称为荷载

(loads)，如构件自重、人群重力、风压力和积雪重力等；以变形的形式作用在结构上的，称为间接作用（indirect action），如温度变化、基础不均匀沉降和地震作用等。

（1）作用按时间变异分类

1）永久作用（permanent action）：在设计使用年限内其量值不随时间变化，或其变化与平均值相比可以忽略不计的作用。如结构构件自重、土压力等。

2）可变作用（variable action）：在设计使用年限内其量值随时间变化，且其变化与平均值相比不可忽略不计的作用。如楼面活荷载、风荷载、雪荷载等。

3）偶然作用（accidental action）：在设计使用年限内不一定出现，而一旦出现其量值很大，且持续期很短的作用。如爆炸、撞击及罕遇地震等。

（2）作用按空间位置分类

1）固定作用（fixed action）：在结构上具有固定空间分布的作用。当固定作用在结构某一点上的大小和方向确定后，该作用在整个结构上的作用即得以确定。如结构构件自重、固定设备荷载等。

2）自由作用（free action）：在结构上给定的范围内具有任意空间分布的作用。如人员和家具荷载、吊车荷载等。结构设计时，自由作用应考虑最不利的空间分布。

（3）作用按结构反应特点分类

1）静态作用（static action）：使结构产生的加速度可以忽略不计的作用。如结构构件自重、楼面活荷载等。

2）动态作用（dynamic action）：使结构产生的加速度不可忽略不计的作用。如地震、设备振动、冲击、爆炸等。

（4）作用按有无限值分类

1）有界作用（bounded action）：具有不能被超越的且可确切或近似掌握界限值的作用。如水坝的最高水位、具有泄压方向的内爆炸荷载等。

2）无界作用（unbounded action）：没有明确界限值的作用。

2. 作用效应

作用效应（effect of action）是指作用所引起的结构或构件反应，即各种作用施加在结构上所产生的内力和变形，如弯矩、剪力、轴力、扭矩、挠度、转角和裂缝等。当为直接作用（即荷载）时，其效应也称为荷载效应，通常用 S 表示。作用与作用效应之间一般近似按线性关系考虑，两者均为随机变量。

计算作用效应的过程称为结构分析（structural analysis）。在正常使用情况下，结构基本处于线弹性状态，故可按线弹性分析方法确定荷载效应。在偶然作用和极端灾害作用下，应采用弹塑性分析方法确定荷载效应，此时作用与作用效应之间通常不再是线性关系。

3. 结构抗力

结构抗力（structural resistance）是指结构或构件承受作用效应的能力，即结构或构件抵抗内力和变形的能力，通常用 R 表示，如承载力、刚度、抗裂度等。结构抗力的主要影响因素有材料性能（强度、变形模量等）、几何参数（构件尺寸等）以及计算模式的精确性（抗力计算所采用的基本假设和计算公式不够精确等），这些因素都是随机变量，因此结构抗力也是随机变量。

3.2.4 结构极限状态方程

结构设计要达到预定的功能要求，通常与结构上的各种作用、材料性能、构件几何参数和计算模式的精确性等因素密切相关，这些因素均为随机变量，称为基本变量（basic variable），记为 X_i（$i=1, 2, \cdots, n$）。因此，结构的功能函数 (performance function) 可表示为

$$Z = g(X_1, X_2, \cdots, X_n) \tag{3-1}$$

当

$$Z = g(X_1, X_2, \cdots, X_n) = 0 \tag{3-2}$$

时，称为极限状态方程（limit states equation）。

若功能函数中仅有作用效应 S 和结构抗力 R 两个基本变量时，则

$$Z = g(R, S) = R - S \tag{3-3}$$

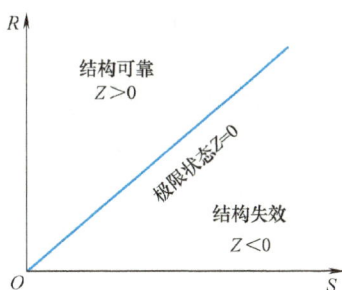

图 3-1 结构所处的状态

通过式（3-3）和图 3-1，可以判别结构所处的状态：当 $Z>0$ 时，结构处于可靠状态；当 $Z<0$ 时，结构处于失效状态；当 $Z=0$ 时，结构处于极限状态。

3.2.5 结构可靠度和可靠指标

1. 结构可靠度

结构可靠度（degree of structural reliability）是指结构在规定时间、规定条件下完成预定功能的概率，它是结构可靠性的定量描述。

作用效应 S 和结构抗力 R 均为随机变量，所以采用概率方法度量结构可靠性。结构可靠度与结构使用年限的长短有关，对新建结构则指设计使用年限的结构可靠度，当结构使用年限超过设计使用年限后，则结构失效概率（probability of failure）增加。

由结构功能函数可知，当 $Z=R-S \geqslant 0$，即 $S \leqslant R$ 时，结构不会超过极限状态。假定 R 和 S 均服从正态分布，R 和 S 的平均值分别为 μ_R 和 μ_S，标准差分别为 σ_R 和 σ_S，且 R 和 S 相互独立，其概率密度曲线如图 3-2 所示。由图可见，在大多数情况下，S 小于 R；由于离散性，仍有可能出现 R 小于 S 的情况，即曲线中相重叠的范围，就是图中阴影部分，其重叠范围的大小反映了 R 小于 S 的概率大小，也就是结构的失效概率。

由概率理论可知，两个相互独立的随机变量 R 和 S，若服从正态分布，其随机变量之差 $Z=R-S$ 仍服从正态分布，其平均值和标准差分别为

$$\mu_Z = \mu_R - \mu_S \tag{3-4}$$

$$\sigma_Z = \sqrt{\sigma_S^2 + \sigma_R^2} \tag{3-5}$$

Z 的概率密度曲线如图 3-3 所示。由图 3-3 可见，$Z=R-S<0$ 的概率称为失效概率，用 P_f 表示，其值为图中阴影部分的面积，也称为尾部面积，其计算公式为

$$P_f = P(Z<0) = \int_{-\infty}^{0} f(Z)\, \mathrm{d}Z = \int_{-\infty}^{0} \frac{1}{\sigma_Z \sqrt{2\pi}} \exp\left[-\frac{1}{2}\left(\frac{Z-\mu_Z}{\sigma_Z}\right)^2\right] \mathrm{d}Z \tag{3-6}$$

通过概率理论求解，即

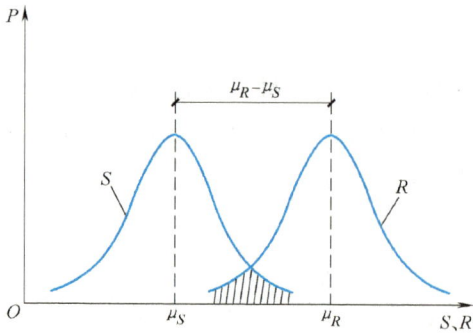

图 3-2 S、R 的概率密度曲线

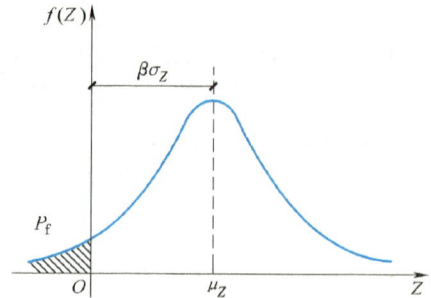

图 3-3 Z 的概率密度曲线

$$P_f = \Phi\left(-\frac{\mu_Z}{\sigma_Z}\right) = 1 - \Phi\left(\frac{\mu_Z}{\sigma_Z}\right) \tag{3-7}$$

式中 $\Phi(*)$ ——标准正态分布函数，可通过数学手册查得。

由图 3-3 可见，$Z \geq 0$ 的概率即为可靠概率（probability of survival），用 P_s 表示，其值相当于图 3-3 中 $Z \geq 0$ 部分曲线与横轴之间的面积。由

$$P_s + P_f = 1 \tag{3-8}$$

可得

$$P_s = P(Z \geq 0) = 1 - P_f = \Phi\left(\frac{\mu_Z}{\sigma_Z}\right) \tag{3-9}$$

2. 可靠指标

用可靠概率度量结构的可靠性具有明确的物理意义，但积分计算麻烦，通常改用另一种比较简便的方法，也是目前国际标准和我国《规范》采用的可靠指标（reliability index）β 计算方法。从图 3-3 可见，阴影部分的面积与 μ_Z 和 σ_Z 的大小有关；增大 μ_Z，曲线右移，曲线变低变宽，阴影面积减少；减小 σ_Z，曲线变高变窄，阴影面积也减少。

若令

$$\beta = \frac{\mu_Z}{\sigma_Z} = \frac{\mu_R - \mu_S}{\sqrt{\sigma_R^2 + \sigma_S^2}} \tag{3-10}$$

则有

$$P_f = \Phi\left(-\frac{\mu_Z}{\sigma_Z}\right) = \Phi(-\beta) \tag{3-11}$$

由式（3-11）可见，β 与 P_f 之间存在着相互对应的数值关系。β 越大，失效概率 P_f 越小，可靠概率 P_s 越大，结构则越可靠。因此，β 与 P_f 或 P_s 一样可以作为衡量结构可靠度的指标，故称 β 为结构可靠指标。由概率理论可求得 β 与 P_f 的对应关系，见表 3-3。

表 3-3 结构可靠指标 β 和失效概率 P_f 的对应关系

β	1.5	2.0	2.5	2.7	3.2	3.7	4.2
P_f	6.68×10^{-2}	2.28×10^{-2}	6.21×10^{-3}	3.5×10^{-3}	6.9×10^{-4}	1.1×10^{-4}	1.3×10^{-5}

3. 目标可靠指标

按承载能力极限状态设计时，要使结构完成预定功能的概率达到一个允许的水平，必须对不同情况下的可靠指标做出具体的规定。目标可靠指标 $[\beta]$ 是指《规范》规定的结构构件

设计时所应达到的可靠指标。结构构件实际破坏时具有两种类型：①延性破坏（ductile failure）是指结构构件破坏前具有明显的破坏预兆，如过大的挠度、较宽的裂缝等，可以及时地采取相应措施避免破坏；②脆性破坏（brittle failure）是指结构构件破坏前无明显的预兆，破坏突然，比较危险。因此，脆性破坏的危害程度相对于延性破坏要大，可靠概率应提高一些，目标可靠指标 $[\beta]$ 应定得高些。

根据以往设计经验，并参考国外的相关规定，考虑结构安全等级和破坏类型，《统一标准》要求：按持久设计状况进行承载能力极限状态设计时，结构构件的可靠指标不应小于表 3-4 的规定；按持久设计状况进行正常使用极限状态设计时，结构构件的可靠指标宜根据其可逆程度取 0~1.5；按持久设计状况进行耐久性极限状态设计时，结构构件的可靠指标宜根据其可逆程度取 1.0~2.0。

表 3-4　结构构件的目标可靠指标

破坏类型	安全等级		
	一级	二级	三级
延性破坏	3.7	3.2	2.7
脆性破坏	4.2	3.7	3.2

例如，某一荷载作用下的钢筋混凝土梁，其挠度超过了允许值，卸除该荷载后，若梁的挠度小于允许值，则为可逆的，否则为不可逆的。对可逆的正常使用极限状态，其目标可靠指标取 0；对不可逆的正常使用极限状态，其目标可靠指标取 1.5。当介于可逆和不可逆之间时，$[\beta]$ 取 0~1.5 之间的值，可逆程度较高的结构构件取较低值，可逆程度较低的结构构件取较高值。

上述基于结构可靠度的设计方法，不仅要求获得所有基本变量的统计参数和概率分布，而且还要进行复杂的概率计算，显然过于烦琐，不便于设计人员掌握。目前，除极少数十分重要的结构（如核反应堆安全壳、海上石油平台等）按上述设计方法外，一般结构仍采用以分项系数表达的极限状态设计法进行设计。

3.3　分项系数设计方法

我国《规范》采用的是以结构功能函数为目标函数、以概率理论为分析方法、以分项系数表达的极限状态设计法，即采用将极限状态方程转化为以基本变量标准值和分项系数形式表达的极限状态设计表达式。该方法将对结构可靠度的要求分解到各种分项系数设计取值中，作用分项系数取值越高，相应的结构可靠度设置水平也就越高。这就意味着，设计表达式的各分项系数是根据结构构件基本变量的统计特征，以结构可靠度的概率分析为基础经优选而确定的，它们起着相当于目标可靠指标 $[\beta]$ 的作用。

3.3.1　作用代表值

作用代表值（representative value of an action）是极限状态设计时所采用的作用值，包括标准值、组合值、频遇值和准永久值，其量值从大到小的排序依次为：标准值＞组合值＞频遇值＞准永久值，但组合值与频遇值可能取相同值。标准值是作用的基本代表值，其他代表值都可在标准值的基础上乘以相应的系数后得到。

结构设计时，对不同作用和不同的设计情况，应采用不同的代表值；对于永久作用，只有一个代表值，是以其标准值作为代表值；对于可变作用，是以其标准值、组合值、频遇值和准永久值作为代表值；对于偶然作用，其代表值应根据具体工程情况和偶然作用可能出现的最大值，并考虑经济因素，综合加以确定，也可按有关标准确定。

1. 作用（荷载）标准值

作用标准值（characteristic value of an action）是指在结构设计基准期内可能出现的最大作用值，可根据观测数据的统计、作用的自然界限或工程经验确定。

作用标准值可由设计基准期内最大作用概率分布的某个分位值确定，而分位值是指与某个保证率相对应的变量值。若作用概率分布为正态分

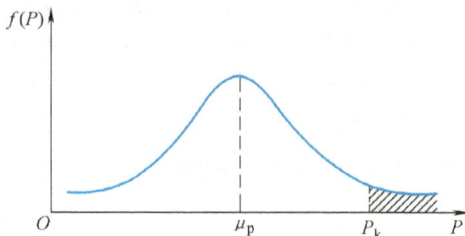

图 3-4 作用标准值的概率含义

布，则分位值如图 3-4 中的 P_k。作用标准值理论上应为结构在使用期间，在正常情况下，可能出现的具有一定保证率的偏大作用值。

例如，若取作用标准值为

$$P_k = \mu_p + 1.645\sigma_p \tag{3-12}$$

则 P_k 具有 95% 的保证率，即在设计基准期内超过此标准值的作用出现的概率为 5%。式中 μ_p 为作用平均值，σ_p 为作用标准差。

（1）永久作用（荷载）标准值　永久作用（荷载）标准值 G_k 可按结构设计标注尺寸和材料重度平均值计算确定，一般相当于永久作用概率分布的平均值。对于自重变异较大的材料和构件，如现场制作的屋面保温材料等，其标准值应根据作用对结构有利或不利，分别取其自重的上限值或下限值。

（2）可变作用（荷载）标准值　可变作用（荷载）标准值 Q_k 同样可由设计基准期内最大作用概率分布的某一分位值确定。当可变作用统计困难时，多根据以往工程经验确定一个协议值作为其标准值。目前，很多可变作用缺乏充分资料，难以给出符合实际的概率分布，若统一按 95% 的保证率调整作用标准值，会使结构设计与过去相比在经济指标方面出现较大的波动。《建筑结构荷载规范》（GB 50009—2012）（以下简称《荷载规范》）规定的可变作用标准值，除对个别数值适当调整外，大多仍沿用或参照了传统习用的数值。

结构设计时，各类可变作用标准值及各种材料重度，可由《荷载规范》查取。建筑结构楼面均布活荷载标准值见附表 14。

2. 可变作用（荷载）组合值

可变作用组合值（combination value of a variable action）是当结构承受两种或两种以上可变作用时的代表值，也是在设计基准期内作用组合后使结构具有规定可靠指标的作用值。因为当结构上出现有多种可变作用时，在同一时刻达到最大值的概率很小，若设计时仍采用各种作用效应值叠加，则可能造成结构的可靠指标不统一。可变作用组合值可表示为

$$S_k = \psi_c Q_k \tag{3-13}$$

式中　ψ_c——可变作用组合值系数，见附表 14。

3. 可变作用（荷载）准永久值

可变作用准永久值（quasi-permanent value of a variable action）是指在设计基准期内，其超越的总时间占设计基准期比率较大的作用值，即在设计基准内经常出现的可变作用值。它是按正常使用极限状态设计时，考虑作用长期效应组合所采用的代表值。可变作用准永久值可表示为

$$S_q = \psi_q Q_k \tag{3-14}$$

式中 ψ_q——可变作用准永久值系数，见附表 14。

4. 可变作用（荷载）频遇值

可变作用频遇值（frequent value of a variable action）是在指设计基准期内，其超越的总时间占设计基准期比率较小的作用值。它与准永久值的区别在于累计作用的总持续时间较短，与整个设计基准期的比值不超过 10%，但量值较大，一般与永久作用组合用于结构振动变形的计算。可变作用频遇值可表示为

$$S_f = \psi_f Q_k \tag{3-15}$$

式中 ψ_f——可变作用频遇值系数，见附表 14。

根据可变作用组合值、频遇值和准永久值的定义，可以发现，三个系数之间一般存在着 $\psi_q \leqslant \psi_f \leqslant \psi_c \leqslant 1$ 的关系。

3.3.2 材料强度取值

1. 材料强度标准值

材料强度标准值（characteristic value of material strength）是一种特征值，取值原则是在符合规定质量的材料强度实测总体中，标准值应具有不小于 95% 的保证率。材料强度标准值为

$$f_k = \mu_f - 1.645\sigma_f = \mu_f(1 - 1.645\delta_f) \tag{3-16}$$

式中 f_k——材料强度的标准值；

μ_f——材料强度的平均值；

σ_f——材料强度的标准差；

δ_f——材料强度的变异系数。

2. 材料强度设计值

材料强度设计值（design value of material strength）是按承载能力极限状态设计时所采用的材料强度代表值。为了考虑材料的离散性和施工偏差等带来的不利影响，材料强度设计值等于材料强度标准值除以材料分项系数，混凝土和钢筋的强度设计值为

$$f_c = \frac{f_{ck}}{\gamma_c} \text{ 和 } f_s = \frac{f_{sk}}{\gamma_s} \tag{3-17}$$

式中 f_c、f_s——混凝土和钢筋（含预应力筋）的强度设计值；

f_{ck}、f_{sk}——混凝土和钢筋的强度标准值；

γ_c、γ_s——混凝土和钢筋的材料分项系数。

确定混凝土和钢筋材料分项系数时，对具有统计资料的材料，按目标可靠指标 $[\beta]$ 通过可靠度分析确定；对统计资料不足的情况，则以工程经验为主要依据，通过原有数据校准计算确定。按这一原则确定的材料分项系数见表 3-5。

《规范》规定了各类钢筋和各种强度等级混凝土的强度设计值，分别见附表 2、附表 6 和附表 7。

表 3-5 材料分项系数

混凝土 γ_c	400MPa 级及以下的钢筋 γ_s	500MPa 级钢筋 γ_s	预应力筋 γ_s
1.4	1.1	1.15	1.2

3.3.3 作用（荷载）组合

作用组合（combination of actions）是指在不同作用的同时影响下，为验证某一极限状态的结构可靠度而采用的一组作用设计值，也称为荷载组合（load combination）。

在正常使用期间，结构构件除承受永久作用外，可能还同时承受多种可变作用，这就需要考虑这些作用同时出现时所产生的作用组合效应（combination of action effects）。由于参与组合的可变作用同时达到各自标准值的概率很小，所以在设计时，应根据各种可能同时出现的作用组合的最不利情况以及结构的极限状态，采用相应的可变作用代表值。

结构按极限状态设计时，必须根据正常使用期间可能同时出现的作用情况，对不同的设计状况采用相应的作用组合，在每一种作用组合中，还应选取其中的最不利组合进行结构设计，为此《统一标准》规定了不同极限状态的组合情况。

1. 承载能力极限状态设计

1）基本组合（fundamental combination）：用于持久设计状况或短暂设计状况。

2）偶然组合（accidental combination）：用于偶然设计状况。

3）地震组合（seismic combination）：用于地震设计状况。

2. 正常使用极限状态设计

1）标准组合（characteristic combination）：宜用于不可逆正常使用极限状态设计。

2）频遇组合（frequent combination）：宜用于可逆正常使用极限状态设计。

3）准永久组合（quasi-permanent combination）：宜用于长期效应是决定性因素的正常使用极限状态设计。

3.3.4 承载能力极限状态设计表达式

1. 基本表达式

结构按承载能力极限状态设计时，考虑结构的安全等级或设计使用年限的不同，其目标可靠指标应有所不同，故引入结构重要性系数 γ_0。承载能力极限状态设计表达式为

$$\gamma_0 S_d \leqslant R_d \tag{3-18}$$

式中 γ_0——结构重要性系数，按表 3-6 取用；

S_d——承载能力极限状态下作用组合的效应设计值，通常用轴力设计值 N、弯矩设计值 M、剪力设计值 V、扭矩设计值 T 等表示；

R_d——结构构件的抗力设计值，可表示为

$$R_d = R(a_k, f_c, f_s, \cdots)/\gamma_{Rd} \tag{3-19}$$

γ_{Rd}——结构构件的抗力模型不定性系数；静力设计取 1.0；对不确定性较大的结构构

件，根据具体情况取大于 1.0 的数值；抗震设计时，用承载力抗震调整系数 γ_{RE} 代替 γ_{Rd}；

a_k——结构构件几何参数的标准值。

表 3-6　结构重要性系数

结构重要性系数	对持久设计状况和短暂设计状况			对偶然设计状况和地震设计状况
	安全等级			
	一级	二级	三级	
γ_0	1.1	1.0	0.9	1.0

2. 作用组合的效应设计值

对于承载能力极限状态，一般应按基本组合计算作用组合的效应设计值，必要时尚应考虑偶然组合和地震组合。

（1）基本组合　组合时，主导可变作用是以标准值为代表值，伴随可变作用是以组合值为代表值。基本组合的效应设计值 S_d 为

$$S_d = \sum_{i \geqslant 1} \gamma_{G_i} S_{G_{ik}} + \gamma_P S_P + \gamma_{Q_1} \gamma_{L_1} S_{Q_{1k}} + \sum_{j>1} \gamma_{Q_j} \psi_{c_j} \gamma_{L_j} S_{Q_{jk}} \tag{3-20}$$

式中　$S_{G_{ik}}$——第 i 个永久作用标准值的效应；

S_P——预应力作用有关代表值的效应；

$S_{Q_{1k}}$——第 1 个可变作用（主导可变作用）标准值的效应；

$S_{Q_{jk}}$——第 j 个可变作用（伴随可变作用）标准值的效应；

γ_{G_i}——第 i 个永久作用的分项系数，按表 3-7 取用；

γ_P——预应力作用的分项系数，按表 3-7 取用；

γ_{Q_1}——第 1 个可变作用（主导可变作用）的分项系数，按表 3-7 取用；

γ_{Q_j}——第 j 个可变作用的分项系数，按表 3-7 取用；

γ_{L_1}、γ_{L_j}——第 1 个和第 j 个考虑结构使用年限的荷载调整系数，按表 3-2 取用；

ψ_{c_j}——第 j 个可变作用的组合值系数。

式（3-20）中的"Σ"和"$+$"代表作用项的组合，而不是代数相加，即同时考虑所有作用对结构的共同影响；因为不同作用的位置不同，作用方向也不同。若主导可变作用无法判断，可将各可变作用轮流作为主导作用，然后取最不利的作用效应组合。

（2）偶然组合　偶然设计状况的目标可靠指标比持久设计状况低，所有作用的分项系数均取 1；主导可变作用以频遇值作为代表值，伴随可变作用以准永久值作为代表值，并应考虑偶然作用发生时和偶然作用发生后两种极限状态。偶然组合的效应设计值 S_d 的确定：

1）偶然作用发生时

$$S_d = \sum_{i \geqslant 1} S_{G_{ik}} + S_P + S_{A_d} + (\psi_{f1} \text{ 或 } \psi_{q1}) S_{Q_{1k}} + \sum_{j>1} \psi_{qj} S_{Q_{jk}} \tag{3-21a}$$

2）偶然作用发生后

$$S_d = \sum_{i \geqslant 1} S_{G_{ik}} + S_P + (\psi_{f1} \text{ 或 } \psi_{q1}) S_{Q_{1k}} + \sum_{j>1} \psi_{qj} S_{Q_{jk}} \tag{3-21b}$$

式中　S_{A_d}——偶然作用设计值的效应；

ψ_{f1}——第 1 个可变作用的频遇值系数；

ψ_{q1}、ψ_{qj}——第 1 个和第 j 个可变作用的准永久值系数。

偶然作用发生时，应保证特殊部位的结构构件具有一定抵抗偶然作用的能力，即用式（3-21a）进行偶然作用发生时的承载能力计算；偶然作用发生后，其效应 S_{A_d} 已消失，结构构件受损但应具有整体稳固性，即用式（3-21b）进行偶然作用发生后的整体稳固性验算。

需要说明的是，式（3-20）、式（3-21a）、式（3-21b）组合的效应设计值仅适用于作用与作用效应为线性关系的情况，当作用与作用效应不为线性关系时，应按《统一标准》的规定确定作用组合的效应设计值。

（3）地震组合　地震组合的效应设计值应符合《建筑抗震设计规范》（GB 50011—2010）（2016 年版）的规定。

3. 作用分项系数

按承载能力极限状态进行结构构件截面承载力计算时，为了满足可靠度要求，必须采用比其标准值更大的作用设计值（design value of an action）。作用设计值等于作用分项系数乘以作用标准值。永久作用设计值 S_G 和可变作用设计值 S_Q 可表示为

$$S_G = \gamma_G G_k \tag{3-22a}$$
$$S_Q = \gamma_Q Q_k \tag{3-22b}$$

式中　γ_G——永久作用分项系数，按表 3-7 取用；

γ_Q——可变作用分项系数，按表 3-7 取用。

表 3-7　建筑结构的作用分项系数

作用分项系数	当作用效应对承载力不利时	当作用效应对承载力有利时
γ_G	1.3	≤1.0
γ_P	1.3	≤1.0
γ_Q	1.5	0

可变作用分项系数 γ_Q，一般情况下应取 1.5；对工业建筑楼面结构，当可变作用标准值大于 4kN/mm² 时，从经济效果出发，可取 1.4。

3.3.5　正常使用极限状态设计表达式

1. 基本表达式

结构构件除应按承载能力极限状态设计外，还应进行正常使用极限状态的验算，以满足结构的正常使用要求。对于正常使用极限状态，结构构件应分别按作用的标准组合、频遇组合、准永久组合或标准组合并考虑长期作用的影响，采用下列极限状态设计表达式进行验算：

$$S \leqslant C \tag{3-23}$$

式中　S——正常使用极限状态作用组合效应值；

C——结构构件达到正常使用要求的规定限值，如挠度、裂缝、振幅、加速度等限值。

对于一般常见的结构，正常使用极限状态主要进行变形和裂缝控制验算（详见第 9 章）。根据结构设计的需要，通常还要区分短期作用（short-term action）和长期作用（long-term action）。短期作用主要包括标准组合和频遇组合，长期作用主要有准永久组合。与承载

能力极限状态相比，正常使用极限状态的目标可靠指标相对要低，材料强度取标准值。

2. 作用组合效应值

（1）标准组合　标准组合效应值 S 为

$$S = \sum_{i \geqslant 1} S_{G_{ik}} + S_P + S_{Q_{1k}} + \sum_{j > 1} \psi_{cj} S_{Q_{jk}} \tag{3-24}$$

这种组合主要用于当一个极限状态被超越时将产生严重的永久性损伤的情况。

（2）频遇组合　频遇组合效应值 S 为

$$S = \sum_{i \geqslant 1} S_{G_{ik}} + S_P + \psi_{f1} S_{Q_{1k}} + \sum_{j > 1} \psi_{qj} S_{Q_{jk}} \tag{3-25}$$

这种组合主要当一个极限状态被超越时将产生局部损害、较大变形或短暂振动的情况。

（3）准永久组合　准永久组合效应值 S 为

$$S = \sum_{i \geqslant 1} S_{G_{ik}} + S_P + \sum_{j > 1} \psi_{qj} S_{Q_{jk}} \tag{3-26}$$

这种组合主要用于当作用长期效应是决定性因素时的一些情况。

式（3-24）~式（3-26）中的符号意义同前。

【例】承受均布荷载作用的简支梁，计算跨度 $l_0 = 6m$，永久荷载标准值（包括梁自重）$g_k = 5kN/m$，可变荷载标准值 $q_k = 9kN/m$，可变作用组合值系数 $\psi_c = 0.7$，准永久值系数 $\psi_q = 0.5$，安全等级为二级，$\gamma_0 = 1.0$。试求：（1）按承载能力极限状态设计时，梁跨中最大弯矩设计值 M；（2）按正常使用极限状态验算时，梁跨中截面的弯矩标准值 M_k 和弯矩准永久值 M_q。

解： 查表 3-7，永久作用分项系数 $\gamma_G = 1.3$，可变作用分项系数 $\gamma_Q = 1.5$。

（1）采用作用基本组合时，则梁跨中最大弯矩设计值 M 为

$$M = \gamma_0 (\gamma_G M_{G_k} + \gamma_Q M_{Q_k}) = \gamma_0 \left[\gamma_G \left(\frac{1}{8} g_k l_0^2 \right) + \gamma_Q \left(\frac{1}{8} q_k l_0^2 \right) \right]$$

$$= 1.0 \times \left(1.3 \times \frac{1}{8} \times 5 \times 6^2 + 1.5 \times \frac{1}{8} \times 9 \times 6^2 \right) kN \cdot m = 90 kN \cdot m$$

（2）采用作用标准组合时，则梁跨中截面的弯矩标准值 M_k 为

$$M_k = M_{G_k} + M_{Q_k} = \frac{1}{8} g_k l_0^2 + \frac{1}{8} q_k l_0^2 = \left(\frac{1}{8} \times 5 \times 6^2 + \frac{1}{8} \times 9 \times 6^2 \right) kN \cdot m = 63 kN \cdot m$$

（3）采用作用准永久组合时，则梁跨中截面的弯矩准永久值 M_q 为

$$M_q = M_{G_k} + \psi_q M_{Q_k} = \frac{1}{8} g_k l_0^2 + \psi_q \left(\frac{1}{8} q_k l_0^2 \right) = \left(\frac{1}{8} \times 5 \times 6^2 + 0.5 \times \frac{1}{8} \times 9 \times 6^2 \right) kN \cdot m = 42.75 kN \cdot m$$

本 章 小 结

1. 结构的功能要求是安全性、适用性、耐久性和鲁棒性，可概括为结构可靠性。结构设计就是在保证安全的前提下，寻求功能要求与经济合理之间的均衡，设计出技术先进、施工方便的结构。

2. 结构设计使用年限与设计基准期是两个不同的概念，一个是指在规定条件下所应达到的使用年限，一个是为确定可变作用等取值而选用的时间参数，且两者都不等同于结构的实际寿命。

3. 结构的极限状态是区分结构可靠和失效的标志，且分为承载能力极限状态、正常使用极限状态和耐久性极限状态。

4. 在建设和使用过程中，由于结构所承受的作用及持续的时间和结构所处的环境等各有差异，所以在结构设计时必须采用不同的结构设计状况。结构设计状况分为持久设计状况、短暂设计状况、偶然设计状况和地震设计状况。

5. 可靠指标 β 与可靠概率 P_s、失效概率 P_f 之间存在着相互对应的数值关系。β 越大，失效概率 P_f 越小，可靠概率 P_s 越大，结构则越可靠。因此，可靠指标 β 也可以作为衡量结构可靠度的指标，《规范》规定了结构构件的目标可靠指标。

6. 结构上的作用可分为永久作用、可变作用和偶然作用。作用代表值包括标准值、组合值、频遇值和准永久值，作用标准值是结构设计时所采用的基本代表值，其他代表值可在标准值的基础上乘以相应的系数后得到。

7. 材料强度标准值是一种特征值，其取值原则是在符合规定质量的材料强度实测总体中，标准值应具有不小于95%的保证率。材料强度设计值是按承载能力极限状态设计时所采用的材料强度代表值，等于材料强度标准值除以材料分项系数。

8. 承载能力极限状态设计时的作用组合，应采用基本组合（持久或暂时设计状况）、偶然组合（偶然设计状况）和地震组合（地震设计状况）。正常使用极限状态设计时的作用组合，应根据不同的设计要求和长期或短期作用，采用标准组合、频遇组合和准永久组合。

思 考 题

1. 结构有哪些功能要求？什么是结构的可靠性？

2. 什么是设计使用年限？什么是设计基准期？两者有什么区别？

3. 什么是结构设计状况？工程结构的设计状况可分为哪几种？

4. 什么是结构的极限状态？极限状态可分为哪几类？其标志分别有哪些？

5. 什么是结构上的作用？作用是如何分类的？什么是作用效应和结构抗力？

6. 什么是结构功能函数？什么是极限状态方程？试说明 $Z<0$、$Z=0$ 和 $Z>0$ 的意义。

7. 结构可靠度是什么？可靠度应如何度量和表达？

8. 可靠指标 β 与可靠概率 P_s、失效概率 P_f 之间具有哪些相互对应的数值关系？

9. 什么是延性破坏？什么是脆性破坏？

10. 什么是目标可靠指标？确定目标可靠指标时需要考虑哪些因素？

11. 作用有哪些代表值？其相互关系如何？这些代表值如何确定和应用？

12. 什么是材料强度标准值？什么是材料强度设计值？它们是如何确定的？

13. 承载能力极限状态和正常使用极限状态各采用哪些作用组合？

14. 为什么《规范》采用分项系数设计方法，而不是基于结构可靠度的设计方法？

15. 永久作用和可变作用分项系数是如何取值的？

测　试　题

1．填空题

（1）建筑结构的功能要求一般包括_____、_____、_____和_____。

（2）结构可靠性是结构在_____、_____完成_____的能力。

（3）建筑结构所采用的设计基准期为_____年，普通房屋的设计使用年限取_____年。

（4）结构极限状态可分为_____、_____和_____。

（5）结构设计时，区分四种设计状况，即_____、_____、_____、_____。

（6）结构上的作用是指施加在结构上的_____和_____，以及引起结构_____和_____的原因。

（7）按随时间的变化，结构上的作用可分为_____、_____、_____。

（8）通过功能函数 Z 可以判别结构所处的状态。若 $Z<0$，则结构处于_____状态；若 $Z=0$，则结构处于_____状态；若 $Z>0$，则结构处于_____状态。

（9）可靠指标 β 与可靠概率 P_s、失效概率 P_f 之间存在着相互对应的数值关系。β 越大，P_f 越_____，P_s 越_____，则结构越_____。

（10）结构构件实际破坏时，具有两种破坏类型，即_____和_____。

（11）作用代表值包括_____、_____、_____和_____。

（12）结构设计时，所采用的作用基本代表值是_____，其他代表值可在_____的基础上乘以相应的系数后得到。

（13）永久作用分项系数的取值：当作用效应对承载力不利时，应取_____；当作用效应对承载力有利时，应取_____。可变作用分项系数的取值，一般情况下应取_____。

（14）按承载能力极限状态设计时，一般应按_____计算作用组合的效应设计值，必要时尚应考虑_____和_____。

（15）按承载能力极限状态进行计算时，必须采用材料强度的_____；当按正常使用极限状态进行验算时，必须采用材料强度的_____。

2．是非题

（1）结构可靠性定义中的"规定时间"是指结构的设计基准期。（　　）

（2）大型公共建筑的安全等级通常与普通住宅取同一等级。（　　）

（3）结构设计使用年限就等于结构的使用寿命和设计基准期。（　　）

（4）结构设计基准期等于结构的使用寿命。（　　）

（5）承载能力极限状态和正常使用极限状态同等重要，结构设计时都必须计算。（　　）

（6）偶然作用发生概率很小，持续时间很短，一旦发生对结构造成的危害则很大。（　　）

（7）作用效应是指各种作用施加在结构上所产生的内力和变形。（　　）

（8）影响结构抗力的主要因素是作用效应。（　　）

（9）对建筑结构构件而言，脆性破坏的危害程度要比延性破坏大，所以目标可靠指标应定得高些。（　　）

（10）作用（荷载）设计值等于作用分项系数乘以作用（荷载）标准值。（　　）

（11）可变作用（荷载）准永久值大于可变作用（荷载）标准值。　　（　　）

（12）任何情况下，可变作用分项系数都取 1.5。　　（　　）

（13）材料强度设计值比其标准值大，而作用（荷载）设计值比其标准值小。　　（　　）

（14）在正常使用极限状态下计算作用组合效应值时，应采用基本组合。　　（　　）

（15）对于不允许出现裂缝的钢筋混凝土构件，只需进行抗裂验算，可以不进行承载能力计算。　　（　　）

3. 选择题

（1）结构构件的施工阶段计算属于（　　）。

A. 持久设计状况　　　B. 短暂设计状况　　　C. 偶然设计状况　　　D. 地震设计状况

（2）下列属于超出承载能力极限状态的情况是（　　）。

A. 结构的一部分出现倾覆　　　　　　B. 梁出现裂缝

C. 梁出现过大挠度　　　　　　　　　D. 钢筋生锈

（3）下列属于超出正常使用极限状态的情况是（　　）。

A. 雨篷倾倒　　　　　　　　　　　　B. 连续梁中间支座产生塑性铰

C. 构件发生疲劳破坏　　　　　　　　D. 现浇双向板楼面在人走动时振动较大

（4）下列属于超出耐久性极限状态的情况是（　　）。

A. 结构作为刚体失去平衡　　　　　　B. 混凝土保护层局部脱落

C. 构件失去稳定　　　　　　　　　　D. 因过度塑性变形而不适于继续承载

（5）受压构件出现屈曲失稳和受弯构件裂缝宽度达到限值（　　）。

A. 两者均属于承载能力极限状态

B. 两者均属于正常使用极限状态

C. 前者属于承载能力极限状态、后者属于正常使用极限状态

D. 前者属于正常使用极限状态、后者属于承载能力极限状态

（6）风荷载属于（　　）。

A. 间接作用　　　B. 永久作用　　　C. 可变作用　　　D. 偶然作用

（7）混凝土收缩属于（　　）。

A. 间接作用　　　B. 永久作用　　　C. 可变作用　　　D. 偶然作用

（8）火灾属于（　　）。

A. 间接作用　　　B. 永久作用　　　C. 可变作用　　　D. 偶然作用

（9）结构抗力的主要影响因素有（　　）。

A. 材料性能、环境条件和构件几何参数

B. 材料性能、构件几何参数和计算模式的精确性

C. 材料性能、环境条件和计算模式的精确性

D. 环境条件、构件几何参数和计算模式的精确性

（10）建筑结构的可靠指标 β 与失效概率 P_f 之间的关系是（　　）。

A. β 越大、P_f 越大　　　　　　B. β 与 P_f 成反比关系

C. β 与 P_f 成正比关系　　　　　D. β 与 P_f 存在对应关系，β 越大、P_f 越小

（11）结构可靠指标 β（　　）。

A. 随着结构抗力和作用效应平均值的增加而增加

B. 随着结构抗力和作用效应平均值的减小而增加

C. 随着结构抗力平均值的增加而增加、随着作用效应平均值的减小而增加

D. 随着结构抗力平均值的减小而增加、随着作用效应平均值的增加而增加

（12）作用代表值有标准值、组合值、频遇值和准永久值，则作用的基本代表值是（　　）。

A. 组合值　　　　　B. 标准值　　　　　C. 频遇值　　　　　D. 准永久值

（13）作用代表值有标准值、组合值、频遇值和准永久值，从大到小排序为（　　）。

A. 组合值>标准值>频遇值>准永久值　　　B. 频遇值>组合值>标准值>准永久值

C. 准永久值>组合值>频遇值>标准值　　　D. 标准值>组合值>频遇值>准永久值

（14）按设计尺寸和材料重度计算出的构件自重作为标准值时，其保证率为（　　）。

A. 50%　　　　　B. 95%　　　　　C. 97%　　　　　D. 80%

（15）承载能力极限状态设计时，应进行作用（　　）。

A. 标准组合、偶然组合和准永久组合　　　B. 基本组合、偶然组合和地震组合

C. 标准组合、偶然组合和地震组合　　　D. 基本组合、标准组合和准永久组合

（16）正常使用极限状态设计时，应进行作用（　　）。

A. 标准组合、频遇组合和准永久组合　　　B. 基本组合、频遇组合和准永久组合

C. 标准组合、基本组合和准永久组合　　　D. 偶然组合、频遇组合和准永久组合

（17）对于长期效应起决定性作用的正常使用极限状态，采用作用（　　）。

A. 基本组合　　　　B. 标准组合　　　　C. 频遇组合　　　　D. 准永久组合

（18）对于不可逆的正常使用极限状态，采用作用（　　）。

A. 基本组合　　　　B. 标准组合　　　　C. 频遇组合　　　　D. 准永久组合

（19）对于可逆的正常使用极限状态，采用作用（　　）。

A. 基本组合　　　　B. 标准组合　　　　C. 频遇组合　　　　D. 准永久组合

（20）可变作用标准值用于（　　）。

A. 标准组合和偶然组合　　　　　B. 频遇组合和准永久组合

C. 标准组合和频遇组合　　　　　D. 基本组合和标准组合

（21）可变作用组合值用于（　　）。

A. 标准组合和偶然组合　　　　　B. 频遇组合和准永久组合

C. 标准组合和频遇组合　　　　　D. 基本组合和标准组合

（22）可变作用频遇值用于（　　）。

A. 标准组合和偶然组合　　　　　B. 频遇组合和准永久组合

C. 标准组合和频遇组合　　　　　D. 基本组合和标准组合

（23）可变作用准永久值用于（　　）。

A. 标准组合、频遇组合和准永久组合　　　B. 基本组合、偶然组合和标准组合

C. 偶然组合、频遇组合和准永久组合　　　D. 基本组合、标准组合和频遇组合

（24）按承载能力极限状态进行结构构件截面承载力计算时，作用值应取（　　）。

A. 作用平均值　　　B. 作用标准值　　　C. 作用设计值　　　D. 作用准永久值

（25）结构构件按正常使用极限状态验算时，表达式中的材料强度值应取（　　）。

A. 材料强度平均值　　　　　B. 材料强度标准值

C. 材料强度设计值　　　　　D. 材料强度极限压应变值

习　题

承受均布荷载作用的简支梁，计算跨度 $l_0 = 4\text{m}$。荷载的标准值：永久荷载（包括梁自重）$g_k = 8\text{kN/m}$，可变均布荷载 $q_k = 6.4\text{kN/m}$，跨中承受可变集中荷载，其标准值 $P_k = 9\text{kN}$，无风荷载作用（组合系数 ψ_c 可取 0.7），准永久值系数 $\psi_q = 0.5$，该梁安全等级为一级，求：（1）按承载能力极限状态设计时，跨中最大弯矩设计值 M；（2）按正常使用极限状态验算时，梁跨中截面的弯矩标准值 M_k 和弯矩准永久值 M_q。

第4章　受弯构件正截面承载力计算

本章是本书的重点内容。重点是三种截面受弯承载力的设计计算方法，难点是配筋构造。

■ 4.1　概述

受弯构件（flexural members）是指截面上有弯矩（flexural）和剪力（shear）共同作用的构件，常见的梁（beam）、板（slab）是典型的受弯构件。在荷载作用下，受弯构件可能发生以下两种破坏：

1）正截面破坏（normal section failure）。这种破坏沿弯矩最大的截面发生，且破坏截面与构件纵轴垂直，主要是由于受弯能力不足而引起的，如图 4-1a 所示。

2）斜截面破坏（inclined section failure）。这种破坏沿剪力最大或弯矩和剪力都较大的截面发生，且破坏截面与构件纵轴斜交，主要是由于受剪能力不足引起的，如图 4-1b 所示。

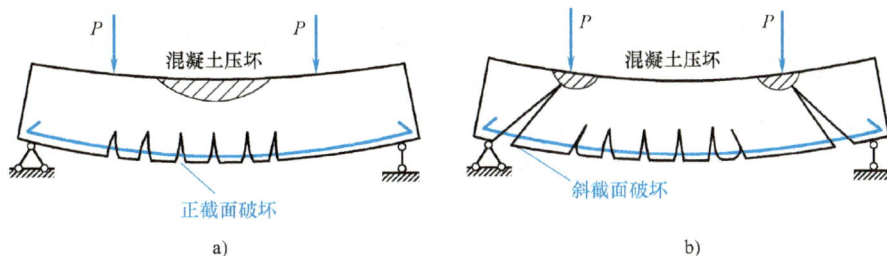

图 4-1　受弯构件的破坏形式

a）正截面破坏　b）斜截面破坏

受弯构件的设计计算内容包括：正截面承载力计算，斜截面承载力计算，钢筋布置，挠度和裂缝宽度验算等。本章只介绍正截面承载力计算，其他内容将在第 5 章和第 9 章中介绍。

■ 4.2 受弯构件一般构造要求

结构构件设计时，首先必须满足承载力要求，同时还应满足相关的构造要求（detailing requirements）。承载力计算通常只考虑荷载作用，而混凝土收缩、徐变和温度应力等对承载力的影响不容易计算，一般采用构造措施加以解决。构造要求与承载力计算相辅相成，它是依据长期工程实践经验制定的，是对承载力计算的必要补充。因此，在进行受弯构件正截面承载力计算之前，必须熟悉有关构造要求。

4.2.1 梁的构造要求

1. 截面形式和尺寸
梁常见的截面形式有矩形、T 形、工字形、花篮形、箱形和倒 L 形等，如图 4-2 所示。

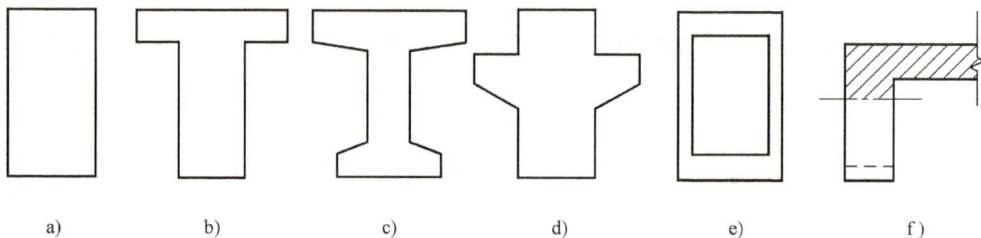

图 4-2 梁常见的截面形式
a）矩形 b）T 形 c）工字形 d）花篮形 e）箱形 f）倒 L 形

梁的截面尺寸主要取决于支承条件、跨度及荷载大小等因素，其截面高度一般大于其截面宽度。根据工程经验，为满足正常使用极限状态要求，梁的截面高度 h 一般为：独立简支梁 $h = l_0/12$ 左右，独立悬臂梁 $h = l_0/6$ 左右，l_0 为梁的计算跨度；截面宽度一般取：$h/b = 2.0 \sim 3.5$（矩形截面），$h/b = 2.5 \sim 4.0$（T 形截面）。

为统一模板尺寸，便于施工，梁的截面宽度 b 宜取 120mm、150mm、180mm、200mm、220mm、250mm、300mm、350mm 等，梁的截面高度 h 宜取 250mm、300mm、350mm、……、750mm、800mm、900mm、1000mm 等。

2. 梁的配筋
梁的配筋通常有纵向受力钢筋、弯起钢筋、箍筋、架立钢筋和梁侧纵向构造钢筋等，其中弯起钢筋和箍筋的构造要求，详见第 5 章。

（1）纵向受力钢筋 纵向受力钢筋（longitudinal stressed steel reinforcement）宜优先采用 HRB400、HRB500、HRBF400 和 HRBF500 钢筋，常用直径为 12 ~ 28mm；当梁截面高度 $h \geqslant 300$mm 时，直径不应小于 10mm，且伸入梁支座内的钢筋不应少于 2 根；当梁高度 $h < 300$mm 时，直径不应小于 8mm；若采用两种不同直径的钢筋，钢筋直径相差至少 2mm，以便于施工中能用肉眼识别，但相差也不宜超过 6mm。

为便于浇筑混凝土，保证钢筋周围混凝土的密实性，以满足钢筋与混凝土之间黏结力的要求，梁上部纵向钢筋的净距不应小于 30mm 和 $1.5d$（d 为纵向钢筋的最大直径），下部纵向钢筋的净距不应小于 25mm 和 d，如图 4-3 所示。当梁下部配筋为两排时，则上下钢筋应对齐；当梁下部配筋多于两排时，两排以上钢筋水平方向的中距应比下面两排的中距增大一倍。在梁的配筋密集区域，宜采用并筋的配筋形式。

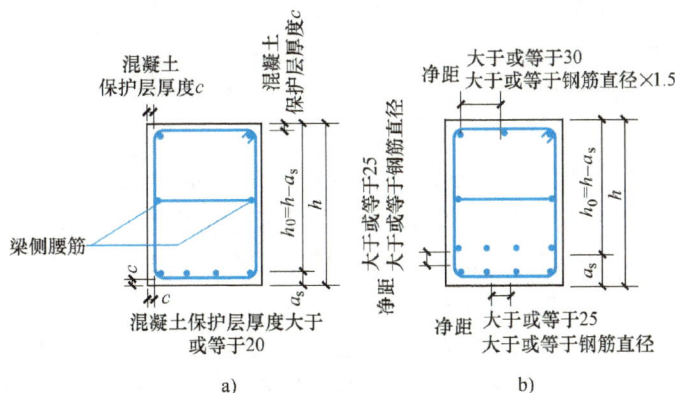

图 4-3 钢筋净距和保护层厚度

a）梁下部一排配筋　b）梁下部两排配筋

（2）纵向构造钢筋

1）架立钢筋（erection steel reinforcement）配置于梁的受压区，以固定箍筋并与纵向受拉钢筋形成骨架，且承受混凝土收缩及温度变化所产生的拉应力。若受压区配有纵向受压钢筋时，也可兼作架立钢筋。架立钢筋的直径，当梁跨度小于 4m 时，不宜小于 8mm；当梁跨度为 4~6m 时，不宜小于 10mm；当梁跨度大于 6m 时，不宜小于 12mm。

2）梁侧纵向构造钢筋（longitudinal detailing steel reinforcement）沿高度配置于梁的两个侧面，又称为梁侧腰筋，如图 4-3 所示。梁截面较高时，主要承受其侧面混凝土收缩及温度变化引起的应力，抑制混凝土裂缝的开展。当腹板高度 $h_w \geqslant 450mm$ 时，梁的两侧应配置腰筋，每侧腰筋的截面面积不应小于腹板面积 bh_w 的 0.1%，其间距不宜大于 200mm，直径不宜小于 10mm。

4.2.2 板的构造要求

1. 板的厚度

现浇钢筋混凝土板的尺寸除应满足各项功能要求外，还不宜小于表 4-1 的规定。

表 4-1 现浇钢筋混凝土板的最小厚度

板 的 类 型		最小厚度/mm
实心楼板、屋面板		80
密肋板	上、下面板	50
	肋高	250
悬臂板 （固定端）	悬臂长度 ≤500mm	80
	悬臂长度 >1200mm	100
无梁楼板		150
现浇空心楼板		200

2. 板的配筋

梁式板中一般配有两种钢筋：受力钢筋和分布钢筋。

（1）受力钢筋　受力钢筋（stressed steel reinforcement）配置在板的跨度方向截面受拉一侧，承担由弯矩作用而产生的拉力。常用 HPB300、HRB400、HRBF400 钢筋，直径通常采用 8~14mm；当板厚较大时，钢筋直径可采用 14~18mm。

为便于浇筑混凝土，保证板中钢筋能正常承担内力，受力钢筋间距一般为 70~200mm；当板厚 $h \leqslant 150mm$ 时，不宜大于 200mm；当板厚 $h > 150mm$ 时，不宜大于 $1.5h$，且不宜大于 250mm。

（2）分布钢筋　分布钢筋（distributed steel reinforcement）配置在垂直于受力钢筋方向的内侧，并与受力钢筋形成网状，交点采用细钢丝绑扎或焊接。分布钢筋的作用有：将板面上的荷载均匀地传递给受力钢筋；固定受力钢筋的位置，形成钢筋网以便于施工；抵抗因混凝土收缩及温度变化而产生的拉应力等。

分布钢筋宜采用 HPB300 钢筋，常用直径为 6mm 和 8mm，其截面面积不应小于受力钢筋截面面积的 15%，且配筋率不宜小于 0.15%，间距不宜大于 250mm；当集中荷载较大时，分布钢筋的截面面积应适当增加，间距不宜大于 200mm。

4.2.3　混凝土保护层厚度

混凝土保护层厚度（concrete cover）是最外层钢筋（包括箍筋、构造筋、分布钢筋等）的外边缘到混凝土表面的垂直距离，用 c 表示。主要作用有：防止纵向钢筋锈蚀，避免火灾等情况下钢筋的温度上升过快，保证纵向钢筋与混凝土较好地黏结。

保护层厚度和混凝土结构的环境类别、混凝土强度等级有关，关于环境类别的划分详见附表 10。《规范》规定：构件中受力钢筋的保护层厚度不应小于钢筋的公称直径 d；设计使用年限为 50 年的混凝土结构，最外层钢筋的保护层厚度应符合表 4-2 的规定；设计使用年限为 100 年的混凝土结构，最外层钢筋的保护层厚度不应小于表 4-2 中数值的1.4 倍。

表 4-2　混凝土保护层的最小厚度 c （单位：mm）

环境等级	板、墙、壳	梁、柱、杆	环境等级	板、墙、壳	梁、柱、杆
一	15	20	三 a	30	40
二 a	20	25	三 b	40	50
二 b	25	35			

注：1. 混凝土强度等级不高于 C25 时，表中保护层厚度数值应增加 5mm。

2. 钢筋混凝土基础应设置混凝土垫层，基础中钢筋的混凝土保护层厚度应从垫层顶面算起，且不应小于 40mm。

4.2.4　截面有效高度

截面有效高度（effective depth of section）h_0 是纵向受拉钢筋合力点至截面受压区边缘的距离，$h_0 = h - a_s$，a_s 为纵向受拉钢筋合力点至截面受拉区边缘的距离，如图 4-3 所示。

在受弯构件正截面承载力计算时，钢筋直径、数量和排列均为未知条件，因此 a_s 往往需要预先估计。当梁内纵向受拉钢筋为一排时，则

$$a_s = c + d_v + d/2 \tag{4-1a}$$

当梁内纵向受拉钢筋为两排时，则

$$a_s = c + d_v + d + e/2 \tag{4-1b}$$

式中　c——混凝土保护层厚度，按表4-3取用；

$\quad\quad d_v$——箍筋直径；

$\quad\quad d$——纵向受拉钢筋直径；

$\quad\quad e$——两排钢筋之间的距离，一般可取为25mm。

若取梁内受拉钢筋直径为20mm，则不同环境等级下的 a_s 近似取值见表4-3。

表4-3　不同环境等级下的 a_s 近似取值　　　　　　　（单位：mm）

环境等级	保护层最小厚度	箍筋直径 6		箍筋直径 8	
		受拉钢筋一排	受拉钢筋两排	受拉钢筋一排	受拉钢筋两排
一	20	35	60	40	65
二 a	25	40	65	45	70
二 b	35	50	75	55	80
三 a	40	55	80	60	85
三 b	50	65	90	70	95

板的截面有效高度 $h_0 = h - a_s$，受拉钢筋通常为一排钢筋，$a_s = c + d/2$，对于一类环境可取 $a_s = 20$mm，对于二 a 类环境可取 $a_s = 25$mm。

■ 4.3　受弯构件正截面受弯性能

4.3.1　纵向受拉钢筋配筋率

纵向受拉钢筋配筋率（简称配筋率）是影响受弯构件受力性能的一个重要参数，直接影响结构构件的正截面破坏形态。配筋率（ratio of reinforcement）ρ 是指纵向受拉钢筋截面面积与截面有效面积的比值，即

$$\rho = \frac{A_s}{bh_0} \tag{4-2}$$

式中　A_s——纵向受拉钢筋截面面积；

$\quad\quad b$——梁的截面宽度；

$\quad\quad h_0$——梁的截面有效高度。

4.3.2　受弯构件正截面破坏形态

试验结果表明，影响正截面破坏形态的因素有：配筋率、材料强度等级、截面形式和截面尺寸，其中影响最显著的则是配筋率。随着配筋率的变化，梁的正截面承载力和破坏特征将会发生明显的变化。根据配筋率的不同，其破坏形态可分为适筋破坏、超筋破坏和少筋破坏，与之对应的梁称为适筋梁、超筋梁和少筋梁。

1. 适筋梁

适筋梁（ideally reinforced beam），即梁的纵向受拉钢筋配置适当。其破坏特征是纵向受拉钢筋先达到屈服，然后受压区混凝土达到极限压应变，致使受压区混凝土被压碎。破坏过程经历了从受拉钢筋屈服到受压区混凝土压碎这样一个较长的塑性变形，在这个过程中，梁的裂缝急剧开展、挠度激增，有明显的破坏预兆，故属于塑性破坏或延性破坏，如图 4-4a 所示。由于破坏时钢筋与混凝土强度都得以充分利用，破坏性质为塑性破坏，所以在实际工程中受弯构件应设计成适筋梁。

2. 超筋梁

超筋梁（over-reinforced beam），即梁的纵向受拉钢筋配置过多。其破坏特征是受压区混凝土达到极限压应变导致梁受压破坏，而受拉钢筋始终未屈服。破坏时，梁的裂缝开展不宽、挠度不大，受拉钢筋应力小于屈服强度，破坏是受压区混凝土压碎引起的，没有明显的破坏预兆，故属于脆性破坏，如图 4-4b 所示。由于破坏时受拉钢筋没有充分发挥作用，破坏性质为脆性破坏，所以在实际工程中受弯构件不允许设计成超筋梁。

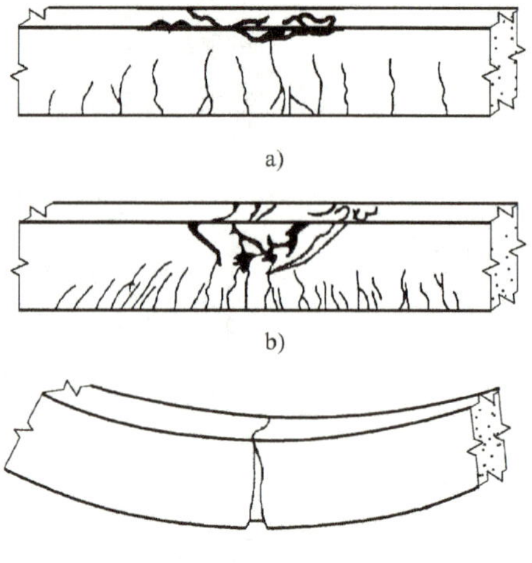

3. 少筋梁

少筋梁（under-reinforced beam），即梁的纵向受拉钢筋配置过少。其破坏特征是受拉区混凝土一旦开裂，受拉钢筋很快达到屈服甚至被拉断。破坏时，梁的裂缝很宽且延伸较高、变形也过大，导致梁无法继续承载，这种"一裂即坏"往往是在很短时间内突然发生的，没有破坏预兆，属于脆性破坏，如图 4-4c 所示。由于梁的承载力取决于混凝土抗拉强度，破坏性质为脆性破坏，所以在实际工程中受弯构件不允许设计成少筋梁。

图 4-4 梁正截面三种破坏形态
a）适筋梁 b）超筋梁 c）少筋梁

为说明配筋率 ρ 对梁破坏形态的影响，表 4-4 给出了适筋梁、超筋梁和少筋梁破坏特征、破坏性质和材料强度利用情况的对比。

表 4-4 适筋梁、超筋梁和少筋梁的对比

情　况	少筋梁	适筋梁	超筋梁
配筋率	$\rho < \rho_{min}$	$\rho_{min} \leqslant \rho \leqslant \rho_{max}$	$\rho > \rho_{max}$
破坏特征	混凝土开裂	受拉钢筋先达到屈服，然后受压区混凝土压碎	受压区混凝土先压碎，受拉钢筋始终不屈服
破坏性质	受拉脆性破坏	塑性破坏	受压脆性破坏
材料强度利用情况	混凝土抗压强度没有充分利用	钢筋抗拉强度、混凝土抗压强度均充分利用	钢筋抗拉强度没有充分利用
备注	ρ_{min} 为最小配筋率，ρ_{max} 为最大配筋率		

在梁跨度、截面尺寸和材料强度等级相同的情况下，适筋梁、超筋梁和少筋梁的弯矩—挠度（M—f）关系对比曲线，如图 4-5 所示。

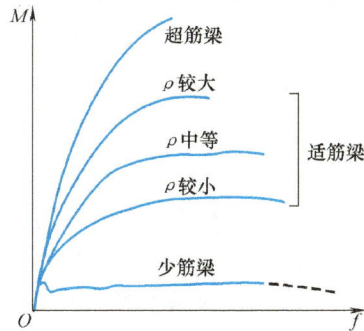

图4-5　适筋梁、超筋梁和少筋梁的弯矩—挠度（M—f）曲线

4.3.3　适筋梁正截面受弯的三个阶段

图4-6所示为钢筋混凝土矩形截面适筋梁，试验采用两点对称逐级加载。在忽略梁自重的情况下，两个集中荷载之间区段的梁截面仅承受弯矩而无剪力，该区段称为纯弯段；集中荷载与支座之间区段的梁截面既承受弯矩又承受剪力，该区段称为剪弯段。在纯弯段内，沿梁高两侧布置应变测点，用以量测混凝土的纵向应变；在梁中受拉钢筋表面预埋电阻应变片，用以量测钢筋的受拉应变。另外，在梁跨中布置位移计，用以量测梁的挠度变形。

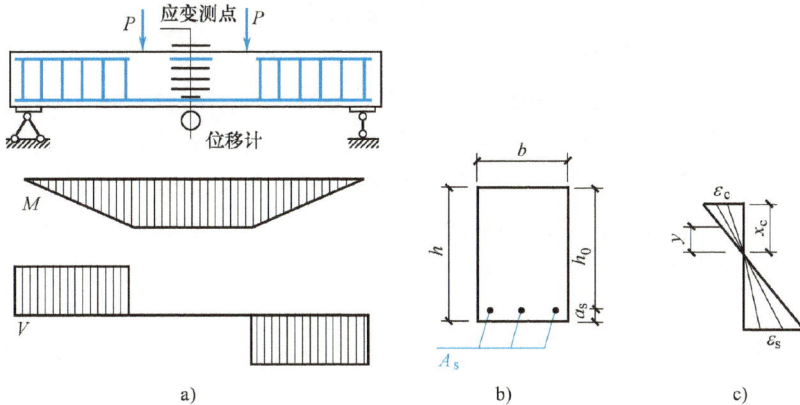

图4-6　钢筋混凝土矩形截面适筋梁受弯试验

a）试验梁装置及弯矩、剪力图　b）截面图　c）截面应变分布图

图4-7所示为适筋梁的弯矩—挠度（M—f）关系曲线。由图可见，曲线上具有两个明显的转折点，故将适筋梁从加载到破坏的受力过程划分为以下三个阶段：

1. 第Ⅰ阶段——弹性工作阶段

如图4-7所示，当梁承受的弯矩较小时，M—f曲线接近直线变化，梁尚未出现裂缝，整个截面参与受力，抗弯刚度较大，梁挠度很小。

开始加载时，弯矩很小，量测到梁截面上各

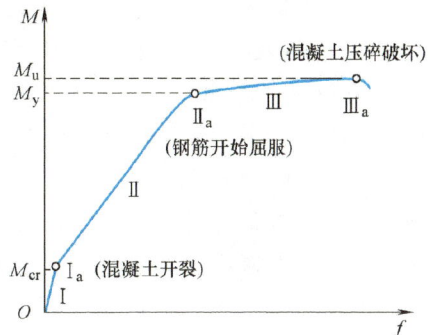

图4-7　适筋梁弯矩—挠度（M—f）关系曲线

个纤维应变都很小，截面应变分布符合平截面假定。由于荷载较小，梁的工作情况与匀质弹性体梁相似，拉力由钢筋与混凝土共同承担，钢筋应力很小，受拉区与受压区混凝土均处于弹性工作阶段，应力分布为三角形，且应力与应变成正比。此时，梁的截面应力和应变分布如图 4-8a 所示。

当弯矩逐渐增大时，由于受拉区混凝土塑性变形的发展，应变增长较快，应力增长缓慢，受拉区混凝土的应力图形逐步由直线变成曲线状态。当弯矩增加到开裂弯矩 M_{cr} 时，受拉区边缘混凝土的应变达到极限拉应变 ε_{tu}（ε_{tu} 为 0.0001~0.00015），表现出明显的塑性特征，拉应力呈曲线分布，梁截面处于即将开裂的临界状态，表明第 I 阶段结束，以第 I 阶段末 I_a 表示（图 4-7），此时，梁的截面应力和应变分布如图 4-8b 所示。此时，受拉钢筋应力 $\sigma_s = \varepsilon_{tu} E_s = 20~30 \text{N/mm}^2$，量值较小；受压区混凝土的应变相对较小，仍处于弹性工作阶段，应力图形接近于直线；中和轴的位置略有上升。

I_a 的应力图形可作为构件抗裂验算及开裂弯矩 M_{cr} 计算的依据。

2. 第 II 阶段——带裂缝工作阶段

如图 4-7 所示，当弯矩超过开裂弯矩 M_{cr} 时，受拉区混凝土出现裂缝，M—f 曲线出现第一个明显的转折点，标志着梁受力进入到第 II 阶段，其工作特点是带裂缝工作。

梁受拉区一旦开裂，裂缝截面混凝土将退出工作，其开裂前承担的拉力全部由钢筋承担，导致受拉钢筋的应力突然增加，这种现象称为应力重分布（stress redistribution）。由于裂缝一出现就有一定的宽度，并沿梁高延伸到一定的高度，故中和轴位置也随之上移，混凝土受压区高度减小，如图 4-8c 所示。

随着弯矩的不断增加，钢筋与混凝土的应变也随之增加，梁受拉区将出现一些新裂缝，且裂缝不断加宽并向受压区不断延伸，但应变规律仍符合平截面假定。由于受压区高度的减小，导致混凝土受压面积也减少，使应变增长的速度越来越快，受压区混凝土表现出越来越明显的塑性性质，其应力图形由直线逐渐转为曲线状态。当弯矩达到屈服弯矩 M_y 时，表明第 II 阶段结束，以第 II 阶段末 II_a 表示（图 4-7），此时，梁的截面应力和应变分布，如图 4-8d 所示。

正常使用情况下的梁一般都处于第 II 阶段，II 的应力图形可作为正常使用阶段变形和裂缝宽度计算的依据。

3. 第 III 阶段——破坏阶段

如图 4-7 所示，当弯矩超过屈服弯矩 M_y 时，M—f 曲线出现第二个明显的转折点，标志着梁受力进入到第 III 阶段。随后，截面承载力没有很明显的增加，混凝土就压碎破坏。此时梁的工作特点是裂缝急剧开展，挠度急剧增加，在弯矩略有增加的情况下，梁即达到极限弯矩 M_u，正截面丧失承载力。

对于适筋梁，受拉钢筋达到屈服时，受压区混凝土一般尚未压坏；达到屈服后，钢筋应力基本维持屈服强度 f_y 不变，而应变会有较大的增长，致使受拉区裂缝显著开展，中和轴位置迅速上移，混凝土受压高度减小，压应变和压应力迅速增大，如图 4-8e 所示。

在内力几乎保持不变的情况下，受拉区裂缝进一步开展，使受压区混凝土应变不断增大，开始出现纵向裂缝。当达到极限压应变 ε_{cu}（ε_{cu} 为 0.003~0.005）时，受压区混凝土被压碎，表明梁达到极限承载力，相应的弯矩称为极限弯矩 M_u。这种特定的受力状态以第

Ⅲ阶段末Ⅲ$_a$表示（图4-7），此时，梁的截面应力和应变分布，如图4-8f所示。

Ⅲ$_a$的应力图形可作为正截面受弯承载力计算的依据。

应变图

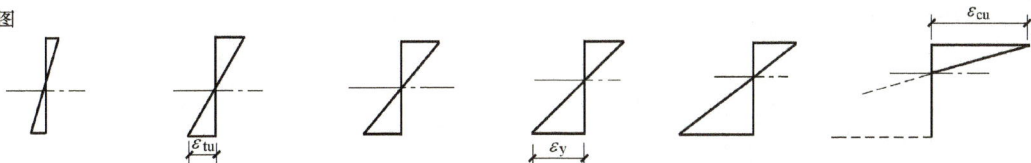

应力图

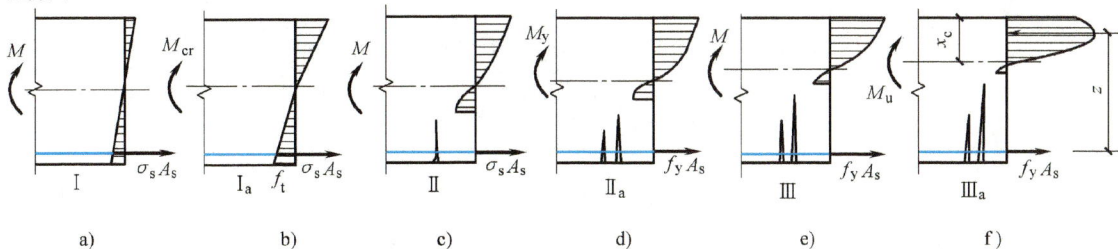

图 4-8　适筋梁各阶段的应力和应变图

4.3.4　适筋梁正截面受弯的主要特点

由适筋梁受力过程可知，其受力特征明显不同于弹性均质材料梁，主要差别有：

1）钢筋混凝土梁的截面应力分布，随弯矩增大呈现出非线性，并发生性质上的改变，具体表现为混凝土开裂和钢筋屈服，且钢筋和混凝土应力的发展均不与弯矩成正比。

2）钢筋混凝土梁的中和轴，随截面弯矩的增大而不断上升。

3）钢筋混凝土梁的 M—f 关系为曲线，截面刚度随弯矩的增大而逐渐减小。

造成上述差别的主要原因在于钢筋和混凝土这两种材料的物理力学性能，其中混凝土开裂、钢筋屈服和混凝土受压塑性性能的影响最为显著。混凝土开裂引起钢筋应力的突变，使钢筋应力与弯矩增长的关系不再呈线性变化；钢筋屈服后的物理力学性能则集中反映了钢筋和混凝土的塑性性能；同时，混凝土开裂和受压塑性性能致使截面应力分布图形发生变化，要保持截面的受力平衡，必然是中和轴的位置发生变化。这些特点都是钢筋和混凝土的物理力学性能及其相互作用所决定的。

另外，钢筋混凝土梁在大部分工作阶段都处于带裂缝工作状态，因此裂缝问题是钢筋混凝土构件设计中需要考虑的一个重要方面。

■ 4.4　受弯构件正截面承载力计算原理

4.4.1　基本假定

1）截面应变符合平截面假定（plane section supposition）。构件弯曲变形后，截面仍然保持平面，即截面上任一点的应变与该点到中和轴的距离成正比。

2）不考虑受拉区混凝土的抗拉作用。构件截面裂缝处，受拉区混凝土因开裂已大部分退出工作，只有中和轴以下可能残留很小的未开裂部分，其作用相对很小。为简化计算，完全可以忽略受拉区混凝土的抗拉作用。

3）混凝土受压应力—应变关系曲线，按图 4-9 所示取用，其数学表达式为

当 $\varepsilon_c \leqslant \varepsilon_0$ 时

$$\sigma_c = f_c \left[1 - \left(1 - \frac{\varepsilon_c}{\varepsilon_0} \right)^n \right] \qquad (4\text{-}3a)$$

当 $\varepsilon_0 < \varepsilon_c \leqslant \varepsilon_{cu}$ 时

$$\sigma_c = f_c \qquad (4\text{-}3b)$$

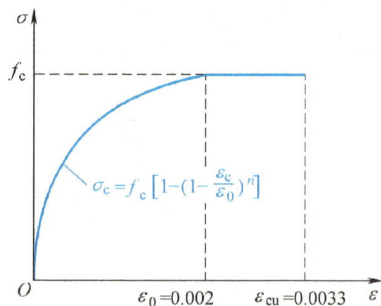

图 4-9　混凝土受压应力—应变曲线

$$n = 2 - \frac{1}{60}(f_{cu,k} - 50) \qquad (4\text{-}3c)$$

$$\varepsilon_0 = 0.002 + 0.5(f_{cu,k} - 50) \times 10^{-5} \qquad (4\text{-}3d)$$

$$\varepsilon_{cu} = 0.0033 - (f_{cu,k} - 50) \times 10^{-5} \qquad (4\text{-}3e)$$

式中　σ_c——混凝土压应变为 ε_c 时的压应力；

　　　f_c——混凝土轴心抗压强度设计值；

　　　ε_c——受压区混凝土的压应变；

　　　ε_0——混凝土压应力达到 f_c 时的压应变；当计算的 ε_0 小于 0.002 时，取 0.002；

　　　ε_{cu}——混凝土的极限压应变；当非均匀受压时，按式（4-3e）计算，当计算的 ε_{cu} 大于 0.0033 时，取 0.0033；当处于轴心受压时，取为 ε_0；

　　　$f_{cu,k}$——混凝土立方体抗压强度标准值；

　　　n——系数，当按式（4-3c）计算的 n 值大于 2 时，取 $n = 2$。

对于混凝土各强度等级，各参数按式（4-3c）~式（4-3e）的计算结果见表 4-5。《规范》建议的公式仅适用于正截面承载力计算。

表 4-5　混凝土受压应力—应变曲线参数

混凝土强度等级	不超过 C50	C60	C70	C80
n	2	1.83	1.67	1.50
ε_0	0.00200	0.00205	0.00210	0.00215
ε_{cu}	0.00330	0.00320	0.00310	0.00300

4）钢筋的应力—应变曲线，按图 4-10 所示取用，其数学表达式为

$$\sigma_s = E_s \varepsilon_s \leqslant f_y \qquad (4\text{-}4)$$

且受拉钢筋的极限拉应变取为 $\varepsilon_{su} = 0.01$。

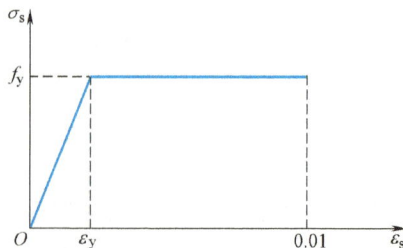

4.4.2　基本方程

以单筋矩形截面适筋梁为例，根据上述基本假定，

图 4-10　钢筋应力—应变曲线

可得到承载能力极限状态下梁的截面应变和应力图形，如图 4-11 所示。此时，截面受压区

混凝土边缘达到极限压应变 ε_{cu}。

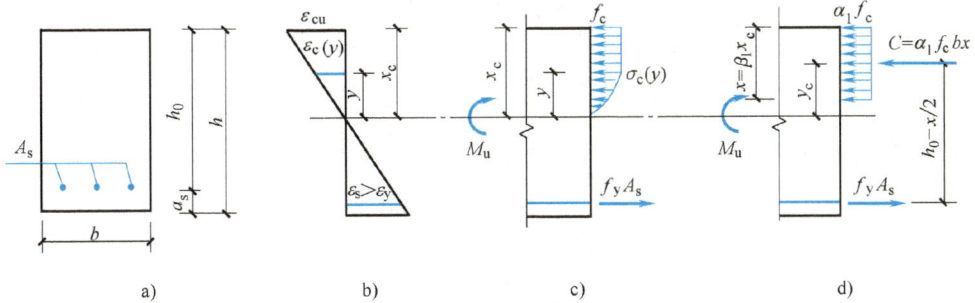

图 4-11　单筋矩形截面适筋梁承载力计算及应变和应力分布图

a）截面尺寸　b）截面应变分布　c）截面应力分布　d）等效矩形应力图形

由图 4-11b，若截面受压区高度为 x_c，则可得到受压区某一高度 y 处混凝土纤维的压应变 ε_c 和受拉钢筋的应变 ε_s 为

$$\varepsilon_c = \varepsilon_{cu}\frac{y}{x_c} \tag{4-5a}$$

$$\varepsilon_s = \varepsilon_{cu}\frac{h_0-x_c}{x_c} \tag{4-5b}$$

由图 4-11c 所示的截面受压区应力分布图形，可求得压应力合力 C 为

$$C = \int_0^{x_c}\sigma_c(y)b\mathrm{d}y \tag{4-6a}$$

当梁的配筋率处于适筋范围时，受拉钢筋应力已达到屈服强度，则钢筋拉力 T 为

$$T = f_y A_s \tag{4-6b}$$

由图 4-11c 的截面平衡条件，可得到基本方程为

$$\sum X = 0 \quad \int_0^{x_c}\sigma_c(y)b\mathrm{d}y = f_y A_s \tag{4-7a}$$

$$\sum M = 0 \quad M_u = Cz = \int_0^{x_c}\sigma_c b(h_0 - x_c + y)\,\mathrm{d}y \tag{4-7b}$$

或

$$M_u = Tz = f_y A_s(h_0 - x_c + y) \tag{4-7c}$$

式中　z——受压区混凝土合力作用点与受拉钢筋合力作用点之间的距离，称为内力臂。

4.4.3　等效矩形应力图形

采用式（4-7）进行正截面承载力计算过于复杂，其原因是混凝土压应力曲线分布造成的。为简化计算，通常采用等效矩形应力图形（equivalent rectangular stress block）代替混凝土压应力曲线分布，如图 4-11d 所示。

1. 两个图形等效的原则

1）混凝土压应力合力 C 的大小不变。

2）混凝土压应力合力 C 的作用点位置不变。

2. 系数 α_1、β_1

设等效矩形应力图形应力值为 $\alpha_1 f_c$，受压区高度为 $x = \beta_1 x_c$，则等效后混凝土压应力合

力为

$$C = \alpha_1 f_c bx = \alpha_1 \beta_1 f_c x_c \qquad (4\text{-}8a)$$

等效前后的混凝土压应力合力保持不变，由式（4-6a）和式（4-8a）可得

$$C = \int_0^{x_c} \sigma_c(y) b\, dy = \alpha_1 \beta_1 f_c bx_c \qquad (4\text{-}8b)$$

等效前混凝土压应力合力 C 到中和轴的距离为

$$y_c = \frac{\int_0^{x_c} \sigma_c(y) by\, dy}{C} \qquad (4\text{-}8c)$$

而等效后混凝土压应力合力 C 到中和轴的距离为

$$x_c - \frac{x}{2} = x_c - \frac{\beta_1 x_c}{2} \qquad (4\text{-}8d)$$

等效前后的混凝土压应力合力作用点保持不变，由式（4-8c）和式（4-8d）可得

$$y_c = \frac{\int_0^{x_c} \sigma_c(y) by\, dy}{C} = (1 - 0.5\beta_1) x_c \qquad (4\text{-}8e)$$

利用式（4-8b）和式（4-8e），以及式（4-3）混凝土的应力—应变关系，即可确定等效矩形应力图形中的两个系数 α_1 和 β_1。系数 α_1 是等效矩形应力图形应力值与混凝土轴心抗压强度设计值的比值；系数 β_1 是等效矩形应力图形受压区高度 x 与中和轴高度 x_c 的比值。

值得注意的是：式（4-8b）和式（4-8e）中的积分变量是高度 y，而式（4-3a）中的变量是混凝土应变 ε_c，需做变量代换。由式（4-5a）可得：$y = \dfrac{x_c}{\varepsilon_{cu}} \varepsilon_c$，则 $dy = \dfrac{x_c}{\varepsilon_{cu}} d\varepsilon_c$。由于混凝土应力—应变曲线的数学表达式是分段表示的，所以需要进行分段积分。

当混凝土强度等级不超过 C50 时，由式（4-3c）~式（4-3e）知，$n = 2$，$\varepsilon_0 = 0.002$，$\varepsilon_{cu} = 0.0033$；将式（4-3a）和式（4-3b）代入式（4-6a），可得混凝土压应力合力为

$$C = \int_0^{x_c} \sigma_c(y) b\, dy = \frac{bx_c}{\varepsilon_{cu}} \int_0^{\varepsilon_0} f_c [1 - (1 - \varepsilon_c/\varepsilon_0)^n] \, d\varepsilon_c + \frac{bx_c}{\varepsilon_{cu}} \int_{\varepsilon_0}^{\varepsilon_{cu}} f_c \, d\varepsilon_c$$

$$= \frac{2bx_c f_c \varepsilon_0}{3\varepsilon_{cu}} + \frac{bx_c f_c (\varepsilon_{cu} - \varepsilon_0)}{\varepsilon_{cu}} = bx_c f_c \left(1 - \frac{\varepsilon_0}{3\varepsilon_{cu}} \right) = 0.798 bx_c f_c \qquad (4\text{-}9a)$$

由式（4-8b）和式（4-9a），可得

$$\alpha_1 \beta_1 = 1 - \frac{\varepsilon_0}{3\varepsilon_{cu}} = 0.798 \qquad (4\text{-}9b)$$

混凝土压应力合力对中和轴的力矩为

$$Cy_c = \int_0^{x_c} \sigma_c(y) by\, dy = \frac{bx_c^2 f_c}{\varepsilon_{cu}^2} \int_0^{\varepsilon_0} \left(2\frac{\varepsilon_c^2}{\varepsilon_0} - \frac{\varepsilon_c^3}{\varepsilon_0} \right) d\varepsilon_c + \frac{bx_c^2 f_c}{\varepsilon_{cu}^2} \int_{\varepsilon_0}^{\varepsilon_{cu}} \varepsilon_c \, d\varepsilon_c$$

$$= \frac{bx_c^2 f_c}{2} - \frac{bx_c^2 f_c \varepsilon_0^2}{12\varepsilon_{cu}^2} = 0.469 bx_c^2 f_c \qquad (4\text{-}9c)$$

由式（4-9a）和式（4-9c），可得

$$y_c = 0.588 x_c \qquad (4\text{-}9d)$$

由式（4-8e）和式（4-9d），可得到 $\beta_1 = 0.824$；再由式（4-9b），可得到 $\alpha_1 = 0.968$。同理，可得到不同混凝土强度等级的等效矩形应力图形系数 α_1 和 β_1。为简化计算，《规范》规定：当混凝土强度等级不超过 C50 时，α_1 取为 1.0，β_1 取为 0.8；当混凝土强度等级为 C80 时，α_1 取为 0.94，β_1 取为 0.74；其间按线性内插法确定，见表 4-6。

表 4-6 混凝土受压区等效矩形应力图形系数

混凝土强度等级	不超过 C50	C55	C60	C65	C70	C75	C80
α_1	1.0	0.99	0.98	0.97	0.96	0.95	0.94
β_1	0.8	0.79	0.78	0.77	0.76	0.75	0.74

由表 4-6 可知，当混凝土强度等级高于 C50 时，α_1 和 β_1 随强度等级的提高逐渐减小。

4.4.4 适筋与超筋破坏的界限

由 4.3.2 节可知，适筋破坏和超筋破坏之间必然存在一个界限，即在受拉钢筋达到屈服强度的同时，混凝土受压边缘也达到其极限压应变 ε_{cu}，截面发生"界限破坏"，此时的配筋率则为适筋梁的配筋上限，称为最大配筋率 ρ_{max}，也称为界限配筋率 ρ_b。

令相对受压区高度（relative height of compressive zone）ξ 为混凝土受压区高度 x 与截面有效高度 h_0 的比值，即

$$\xi = \frac{x}{h_0} \tag{4-10a}$$

界限相对受压区高度（balanced relative height of compressive zone）ξ_b 则为界限破坏时的混凝土受压区高度 x_b 与截面有效高度 h_0 的比值，即

$$\xi_b = \frac{x_b}{h_0} \tag{4-10b}$$

图 4-12 给出了适筋破坏、界限破坏和超筋破坏时的截面平均应变分布。

根据几何关系，可得

$$\frac{x_{cb}}{h_0} = \frac{\varepsilon_{cu}}{\varepsilon_{cu} + \varepsilon_y} \tag{4-11a}$$

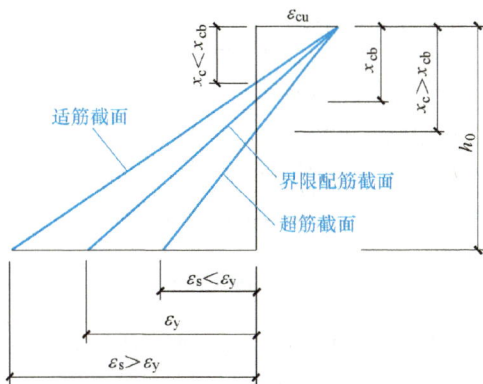

图 4-12 不同破坏形态的截面平均应变

将受压区高度与中和轴高度的关系 $x_b = \beta_1 x_{cb}$ 代入式（4-11a），得到界限受压区高度 x_b 为

$$x_b = \frac{\beta_1 h_0}{1 + \dfrac{\varepsilon_y}{\varepsilon_{cu}}} \tag{4-11b}$$

对于有明显屈服点的钢筋，其屈服应变为 $\varepsilon_y = f_y / E_s$。由式（4-10b）可将式（4-11b）改写为

$$\xi_b = \frac{x_b}{h_0} = \frac{\beta_1}{1 + \frac{\varepsilon_y}{\varepsilon_{cu}}} = \frac{\beta_1}{1 + \frac{f_y}{E_s \varepsilon_{cu}}} \tag{4-11c}$$

式（4-11c）表明，界限相对受压区高度 ξ_b 仅与钢筋和混凝土的强度等级有关。当混凝土强度等级不超过 C50 时，混凝土的极限压应变 $\varepsilon_{cu} = 0.0033$，$\beta_1 = 0.8$，则

$$\xi_b = \frac{\beta_1}{1 + \frac{f_y}{\varepsilon_{cu} E_s}} = \frac{0.8}{1 + \frac{f_y}{0.0033 E_s}} \tag{4-11d}$$

为应用方便，对有明显屈服点钢筋的 ξ_b 值列于表 4-7，可供设计时直接查用。

对于无明显屈服点的钢筋，取 $\varepsilon_y = 0.002 + f_y/E_s$，则式（4-11c）可写为

$$\xi_b = \frac{\beta_1}{1 + \frac{\varepsilon_y}{\varepsilon_{cu}}} = \frac{\beta_1}{1 + \frac{0.002}{\varepsilon_{cu}} + \frac{f_y}{\varepsilon_{cu} E_s}} \tag{4-11e}$$

由图 4-12 可知，根据相对受压区高度 ξ 可进行受弯构件正截面破坏形态的判别，即当 $\xi > \xi_b$ 时，为超筋破坏；当 $\xi < \xi_b$ 时，为适筋破坏；当 $\xi = \xi_b$ 时，为界限破坏。

表 4-7　界限相对受压区高度 ξ_b

钢筋级别	混凝土强度等级			
	不超过 C50	C60	C70	C80
HPB300	0.576	0.556	0.537	0.518
HRB400 HRBF400 RRB400	0.518	0.499	0.481	0.463
HRB500 HRBF500	0.482	0.464	0.447	0.429

4.4.5　适筋与少筋破坏的界限

由 4.3.2 节可知，少筋破坏和超筋破坏之间也存在一个界限。若用最小配筋率 ρ_{min} 作为少筋梁和适筋梁的界限配筋率，则配有 ρ_{min} 梁的受弯承载力 M_u 应等于同样截面、同一强度等级素混凝土梁的开裂弯矩 M_{cr}，由此可从理论上推导 ρ_{min}。

矩形截面素混凝土梁的开裂弯矩，可按图 4-13 所示的截面应力分布计算，受拉区混凝土的应力图形简化为矩形，此时中和轴高度可取为 $h/2$，则

$$M_{cr} = f_{tk} b \frac{h}{2} \left(\frac{h}{4} + \frac{h}{3} \right) = \frac{7}{24} f_{tk} b h^2 \tag{4-12a}$$

由图 4-11d，可计算极限弯矩 M_u，并利用式（4-10a），则

$$M_u = f_{yk} A_s (h_0 - 0.5x) = f_{yk} A_s (1 - 0.5\xi) h_0 \tag{4-12b}$$

令 $\gamma_s = 1 - 0.5\xi$ 为内力臂系数，考虑到此时配筋率很小，受压区高度也很小，因此

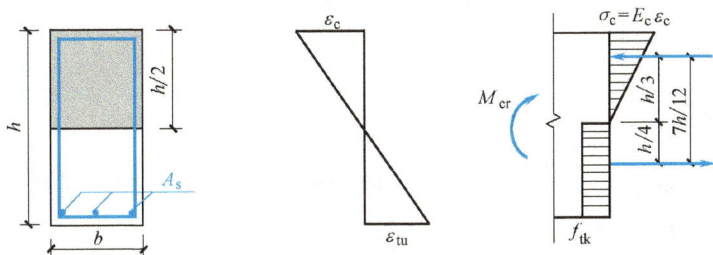

图 4-13　开裂时截面应变和应力分布

式（4-12b）中的内力臂系数可近似取 $\gamma_s=1-0.5\xi=0.98$，并近似取 $h\approx1.1h_0$，则

$$M_u=f_{yk}A_s\gamma_s h_0=0.891f_{yk}A_s h \qquad (4\text{-}12c)$$

由 $M_u=M_{cr}$，可求得最小配筋率为

$$\rho_{min}=\frac{A_s}{bh}=0.327\frac{f_{tk}}{f_{yk}} \qquad (4\text{-}13)$$

由式（4-13）可知，ρ_{min} 与混凝土和钢筋的抗拉强度有关。为使计算结果更接近构件的实际开裂弯矩和极限弯矩，M_u 和 M_{cr} 的计算均采用材料强度标准值。换算为材料强度设计值后，$f_{tk}/f_{yk}=1.4f_t/1.1f_y=1.273f_t/f_y$，考虑混凝土抗拉强度的离散性、收缩和温度应力等不利影响，且参考以往工程经验，《规范》规定：对于受弯构件，一侧受拉钢筋的最小配筋率 ρ_{min} 取 $0.45f_t/f_y$ 和 0.20% 的较大值。

■ 4.5　单筋矩形截面受弯承载力计算

单筋矩形截面（singly reinforced rectangular section）是仅在截面受拉区配置纵向受拉钢筋的矩形截面。

4.5.1　基本公式

根据图 4-11d 的计算简图，由截面平衡条件，可得基本公式为

$$\sum X=0 \qquad \alpha_1 f_c bx=f_y A_s \qquad (4\text{-}14a)$$

$$\sum M=0 \qquad M\leqslant M_u=\alpha_1 f_c bx\left(h_0-\frac{x}{2}\right) \qquad (4\text{-}14b)$$

或

$$M\leqslant M_u=f_y A_s\left(h_0-\frac{x}{2}\right) \qquad (4\text{-}14c)$$

式中　M——弯矩设计值；
　　　　M_u——正截面受弯承载力设计值。

采用相对受压区高度 $\xi=x/h_0$，则式（4-14）可写为

$$\alpha_1 f_c b\xi h_0=f_y A_s \qquad (4\text{-}15a)$$

$$M \leqslant M_u = \alpha_1 f_c b h_0^2 \xi(1-0.5\xi) \tag{4-15b}$$

或

$$M \leqslant M_u = f_y A_s h_0(1-0.5\xi) \tag{4-15c}$$

4.5.2 适用条件

式（4-14）是根据适筋受弯构件计算简图推导而来的，只适用于适筋构件计算。为保证受弯构件不出现少筋破坏和超筋破坏，式（4-14）和式（4-15）必须满足下列适用条件：

1）为防止超筋破坏，应满足

$$x \leqslant \xi_b h_0 \text{ 或 } \xi \leqslant \xi_b \tag{4-16a}$$

将式（4-15a）代入 $\rho = \dfrac{A_s}{bh_0}$，可得 $\rho = \alpha_1 \xi \dfrac{f_c}{f_y}$，当 $\xi = \xi_b$ 时，$\rho = \rho_b = \rho_{max} = \alpha_1 \xi_b \dfrac{f_c}{f_y}$，则防止超筋破坏也可写为

$$\rho = \frac{A_s}{bh_0} \leqslant \rho_{max} \tag{4-16b}$$

2）为防止少筋破坏，应满足

$$A_s \geqslant A_{s,min} = \rho_{min} bh \tag{4-17a}$$

或

$$\rho \geqslant \rho_{min} \frac{h}{h_0} \tag{4-17b}$$

4.5.3 计算系数

利用式（4-14）或式（4-15）进行正截面受弯承载力计算时，需解一元二次方程式，计算相对比较麻烦。为简化计算，可根据基本公式采用一些计算系数进行求解。

令 $\alpha_s = \xi(1-0.5\xi)$，α_s 为截面抵抗矩系数，由式（4-15b）可得

$$\alpha_s = \frac{M}{\alpha_1 f_c b h_0^2} \tag{4-18a}$$

由 $\alpha_s = \xi(1-0.5\xi)$ 可求得

$$\xi = 1 - \sqrt{1-2\alpha_s} \tag{4-18b}$$

由式（4-15a）可求得

$$A_s = \frac{\alpha_1 f_c b h_0 \xi}{f_y} \tag{4-18c}$$

当 $\xi = \xi_b$ 时，可得到最大截面抵抗矩系数为

$$\alpha_{s,max} = \xi_b(1-0.5\xi_b) \tag{4-18d}$$

此时，适筋梁正截面最大受弯承载力为

$$M_{max} = \alpha_1 \alpha_{s,max} f_c b h_0^2 \tag{4-18e}$$

将内力臂系数 $\gamma_s = 1 - 0.5\xi$ 代入式（4-15c），可得

$$A_s = \frac{M}{f_y \gamma_s h_0} \tag{4-18f}$$

将 $\gamma_s = 1 - 0.5\xi$ 代入式（4-18b），可得

$$\gamma_s = \frac{1 + \sqrt{1 - 2\alpha_s}}{2} \tag{4-18g}$$

由式（4-18b）和式（4-18g）可知 α_s、γ_s、ξ 三者之间存在一一对应的关系。附表 19 列出了不同 ξ、α_s、γ_s 的对应值，可供设计计算时查用。

计算过程中，可根据 $\alpha_s \leqslant \alpha_{s,max}$ 来判断是否超筋。对于热轧钢筋，当混凝土强度等级不超过 C50 时，其最大截面抵抗矩系数 $\alpha_{s,max}$ 可按表 4-8 取用。

表 4-8　最大截面抵抗矩系数 $\alpha_{s,max}$（混凝土强度等级不超过 C50）

钢筋类型	HPB300	HRB400、RRB400	HRB500、HRBF500
$\alpha_{s,max}$	0.410	0.384	0.365

4.5.4　设计计算方法

受弯构件正截面承载力计算包括截面设计和截面复核两类问题。

1. 截面设计

截面设计时，可根据截面弯矩设计值 M 和环境类别，选定材料种类和强度等级，确定构件截面尺寸 $b \times h$，计算所需的受拉钢筋截面面积 A_s。截面尺寸可根据 4.2 节相关构造要求确定。

若已知截面弯矩设计值 M 和环境类别，构件截面尺寸 $b \times h$，混凝土和钢筋强度等级，求所需受拉钢筋截面面积 A_s。计算方法如下：

（1）解法一：公式法

计算步骤如下：

1）根据混凝土和钢筋强度等级，查附表 2 和附表 6 可得强度设计值 f_c、f_t、f_y，查表 4-6 和表 4-7 可得系数 α_1、ξ_b 等。

2）根据环境类别和混凝土强度等级，由表 4-2 查出保护层最小厚度 c，预估 a_s，计算截面有效高度 $h_0 = h - a_s$。

3）令弯矩设计值 M 与受弯承载力设计值 M_u 相等，由式（4-14a）和式（4-14b）联解二次方程式，求出 x。

4）若 $x \leqslant \xi_b h_0$，则不会超筋，可将 x 代入式（4-14a）或式（4-14c）求得 A_s，然后由附表 15 或附表 18 选择钢筋，所选钢筋截面面积与计算值不得相差 ±5%。

5）若 $x > \xi_b h_0$，则表明超筋，可选择加大截面尺寸（提高截面高度最有效）、提高混凝土强度等级或改用双筋截面。

6）按 4.4.5 节中《规范》规定计算最小配筋率 ρ_{min}。若 $A_s \geqslant A_{s,min} = \rho_{min} bh$，则不会少筋。若不满足，可按 $A_s = \rho_{min} bh$ 配置钢筋。

7）按所求的 A_s 值选配钢筋，确定钢筋直径、根数（检查间距是否符合构造要求）。

（2）解法二：查表法

计算步骤如下：

1）根据混凝土和钢筋强度等级，查附表 2 和附表 6 可得强度设计值 f_c、f_t、f_y，查表 4-6~表 4-8 可得系数 α_1、ξ_b、$\alpha_{s,max}$ 等。

2）根据环境类别和混凝土强度等级，由表 4-2 查出保护层最小厚度 c，预估 a_s，计算截面有效高度 $h_0 = h - a_s$。

3）令弯矩设计值 M 与受弯承载力设计值 M_u 相等，将已知值代入式（4-18a）求得 α_s。

4）若 $\alpha_s \leqslant \alpha_{s,max}$，则不会超筋，可由附表 19 查 γ_s 或 ξ，然后由式（4-18c）或式（4-18f）计算 A_s，再由附表 15 或附表 18 选择钢筋，所选钢筋截面面积与计算值不得相差 ±5%。

5）若 $\alpha_s > \alpha_{s,max}$，则表明超筋，可选择加大截面尺寸（提高截面高度最有效）、提高混凝土强度等级或改用双筋截面。

6）按 4.4.5 节中《规范》规定计算最小配筋率 ρ_{min}。若 $A_s \geqslant A_{s,min} = \rho_{min}bh$，则不会少筋。若不满足，可按 $A_s = \rho_{min}bh$ 配置钢筋。

7）按所求的 A_s 值选配钢筋，确定钢筋直径、根数（检查间距是否符合构造要求）。

2. 截面复核

已知截面弯矩设计值 M 和环境类别，构件截面尺寸 $b \times h$，混凝土和钢筋强度等级，纵向受拉钢筋截面面积 A_s，验算正截面受弯承载力 M_u 是否满足要求。计算方法如下：

（1）解法一：公式法

计算步骤如下：

1）根据混凝土和钢筋强度等级，查附表 2 和附表 6 可得强度设计值 f_c、f_t、f_y，查表 4-6 和表 4-7 可得系数 α_1、ξ_b 等。

2）根据环境类别和混凝土强度等级，由表 4-2 查出保护层最小厚度 c，根据纵向钢筋、箍筋直径和纵向钢筋排数，计算截面有效高度 $h_0 = h - a_s$。

3）按 4.4.5 节中《规范》规定计算最小配筋率 ρ_{min}。若 $A_s < A_{s,min} = \rho_{min}bh$，则受弯构件是不安全的，应修改设计或进行加固；若 $A_s \geqslant A_{s,min} = \rho_{min}bh$，则由式（4-14a）求解 x。

4）若 $x \leqslant \xi_b h_0$，则不会超筋，可将 x 代入式（4-14b）或式（4-14c）求得 M_u。

5）若 $x > \xi_b h_0$，则表明超筋，此时取 $x = \xi_b h_0$ 代入式（4-14b）或式（4-14c）求得 M_u。

6）比较 M_u 与 M：若 $M \leqslant M_u$，则构件正截面受弯承载力满足要求（安全），否则不安全；若 M_u 大于 M 很多，则说明该截面设计不经济。

（2）解法二：查表法

计算步骤如下：

1）根据混凝土和钢筋强度等级，查附表 2 和附表 6 可得强度设计值 f_c、f_t、f_y，查表 4-6~表 4-8 可得系数 α_1、ξ_b、$\alpha_{s,max}$ 等。

2）根据环境类别和混凝土强度等级，由表 4-2 查出保护层最小厚度 c，根据纵向钢筋、箍筋直径和纵向钢筋排数，计算截面有效高度 $h_0 = h - a_s$。

3）按 4.4.5 节中《规范》规定，计算最小配筋率 ρ_{min}。若 $A_s < A_{s,min} = \rho_{min}bh$，则受弯构件是不安全的，应修改设计或进行加固；若 $A_s \geqslant A_{s,min} = \rho_{min}bh$，则由式（4-18a）求得 α_s。

4）若 $\alpha_s \leqslant \alpha_{s,max}$，则不会超筋，可由附表 19 查 γ_s 或 ξ，再由式（4-15b）或式

（4-15c）计算 M_{u}。

5）若 $\alpha_{\mathrm{s}} > \alpha_{\mathrm{s,max}}$，则表明超筋，可取 $\alpha_{\mathrm{s}} = \alpha_{\mathrm{s,max}}$ 代入式（4-18e）求解 M_{u}，或取 $\xi = \xi_{\mathrm{b}}$ 代入式（4-15b）或式（4-15c）计算 M_{u}。

6）比较 M_{u} 与 M：若 $M \leqslant M_{\mathrm{u}}$，则构件正截面受弯承载力满足要求（安全），否则不安全；若 M_{u} 大于 M 很多，则说明该截面设计不经济。

综上，截面设计时采用查表法相对比较简便，截面复核时采用公式法相对比较简便。

【例 4-1】 已知矩形截面梁 $b \times h = 250\mathrm{mm} \times 500\mathrm{mm}$，由设计荷载产生的弯矩 $M = 160\mathrm{kN \cdot m}$，混凝土强度等级为 C25，HRB400 级钢筋，二 a 类使用环境。试求所需的受拉钢筋截面面积 A_{s}。

解：1）确定材料强度设计值。由附表 2、附表 6 和表 4-6 查得 $f_{\mathrm{c}} = 11.9\mathrm{N/mm}^2$，$f_{\mathrm{t}} = 1.27\mathrm{N/mm}^2$，$f_{\mathrm{y}} = 360\mathrm{N/mm}^2$，$\alpha_1 = 1.0$。

2）计算截面有效高度。假定布置一排钢筋，取 $a_{\mathrm{s}} = 40\mathrm{mm}$，则梁有效高度

$$h_0 = h - 40\mathrm{mm} = (500 - 40)\mathrm{mm} = 460\mathrm{mm}$$

3）计算配筋。

$$\alpha_{\mathrm{s}} = \frac{M}{\alpha_1 f_{\mathrm{c}} b h_0^2} = \frac{160 \times 10^6}{1.0 \times 11.9 \times 250 \times 460^2} = 0.254 < \alpha_{\mathrm{s,max}} = 0.384（不超筋）$$

$$\xi = 1 - \sqrt{1 - 2\alpha_{\mathrm{s}}} = 1 - \sqrt{1 - 2 \times 0.254} = 0.299$$

$$A_{\mathrm{s}} = \frac{\alpha_1 f_{\mathrm{c}} b \xi h_0}{f_{\mathrm{y}}} = \frac{1.0 \times 11.9 \times 250 \times 0.299 \times 460}{360}\mathrm{mm}^2 = 1136.62\mathrm{mm}^2$$

也可由 α_{s} 查附表 19，可得 $\gamma_{\mathrm{s}} = 0.851$，则

$$A_{\mathrm{s}} = \frac{M}{f_{\mathrm{y}} \gamma_{\mathrm{s}} h_0} = \frac{160 \times 10^6}{360 \times 0.851 \times 460}\mathrm{mm}^2 = 1135.35\mathrm{mm}^2$$

4）选配钢筋。查附表 15，选用 3Φ22（$A_{\mathrm{s}} = 1140\mathrm{mm}^2$），一排布置（符合间距要求），配筋图如图 4-14 所示。

5）验算最小配筋率。

$$\rho_{\min} = 0.45\frac{f_{\mathrm{t}}}{f_{\mathrm{y}}} = 0.45 \times \frac{1.27}{360} = 0.159\% < 0.2\%，取 \rho_{\min} = 0.2\%$$

$$A_{\mathrm{s,min}} = \rho_{\min} b h = (0.2\% \times 250 \times 500)\mathrm{mm}^2 = 250\mathrm{mm}^2 < A_{\mathrm{s}} = 1140\mathrm{mm}^2$$

满足要求。

图 4-14 【例 4-1】配筋图

【例 4-2】 一单跨简支板，计算跨度为 2.4m，承受均布荷载设计值 9kN/m（包括板的自重），混凝土强度等级为 C20，采用 HPB300 级钢筋，一类使用环境。试设计该简支板。

此题属于板的截面设计题，一般取 $b = 1000\mathrm{mm}$，板的经济配筋率为 $0.4\% \sim 0.8\%$，则板的厚度 h 确定方法有两种。一种方法是根据经验并符合构造要求；另一种方法是按公式估算：

$$M = f_{\mathrm{y}} A_{\mathrm{s}}\left(h_0 - \frac{x}{2}\right) = \rho f_{\mathrm{y}} b h_0^2 (1 - 0.5\xi)$$

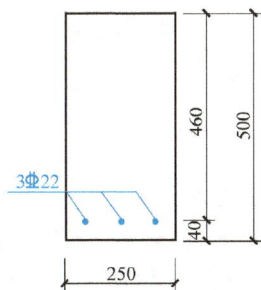

$$h_0 = \frac{1}{\sqrt{1-0.5\xi}}\sqrt{\frac{M}{\rho f_y b}} = (1.05 \sim 1.1)\sqrt{\frac{M}{\rho f_y b}}$$

截面尺寸确定后，可以根据公式法或表格法求解 A_s。

解: 1）确定材料强度设计值。由附表2、附表6和表4-6查得 $f_c = 9.6\text{N/mm}^2$，$f_t = 1.10\text{N/mm}^2$，$f_y = 270\text{N/mm}^2$，$\alpha_1 = 1.0$。

2）计算弯矩。板跨中最大弯矩为

$$M = \frac{1}{8}q l_0^2 = \left(\frac{1}{8} \times 9 \times 2.4^2\right)\text{kN} \cdot \text{m} = 6.48\text{kN} \cdot \text{m}$$

3）确定截面尺寸。取宽度 $b = 1000\text{mm}$ 的板带为计算单元，初选 $\rho = 0.6\%$，则

$$h_0 = 1.05\sqrt{\frac{M}{\rho f_y b}} = \left(1.05 \times \sqrt{\frac{6.48 \times 10^6}{0.006 \times 270 \times 1000}}\right)\text{mm} = 66.41\text{mm}$$

$$h = h_0 + 20\text{mm} = 86.41\text{mm}, \text{ 取 } h = 90\text{mm}$$

4）计算截面有效高度。

$$h_0 = 90\text{mm} - 20\text{mm} = 70\text{mm}$$

5）计算配筋。

$$\alpha_s = \frac{M}{\alpha_1 f_c b h_0^2} = \frac{6.48 \times 10^6}{1.0 \times 9.6 \times 1000 \times 70^2}$$
$$= 0.138 < \alpha_{s,\max}$$
$$= 0.410$$

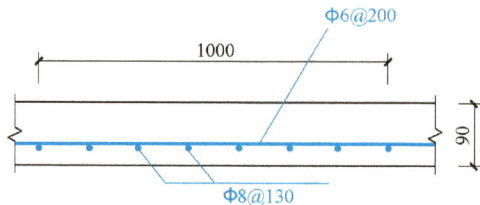

图 4-15 【例 4-2】配筋图

查附表 19 可得 $\gamma_s = 0.925$，则

$$A_s = \frac{M}{f_y \gamma_s h_0} = \left(\frac{6.48 \times 10^6}{270 \times 0.925 \times 70}\right)\text{mm}^2 = 370.66\text{mm}^2$$

6）选配受力钢筋。查附表 18，选用 Φ8@130（直径 8mm，间距 130mm，$A_s = 387\text{mm}^2$）。

7）验算最小配筋率。

$$\rho_{\min} = 0.45\frac{f_t}{f_y} = 0.45 \times \frac{1.10}{270} = 0.183\% < 0.2\%, \text{ 取 } \rho_{\min} = 0.2\%$$

$$A_{s,\min} = \rho_{\min} b h = (0.2\% \times 1000 \times 90)\text{mm}^2 = 180\text{mm}^2 < A_s = 387\text{mm}^2$$

满足要求。

8）选配分布钢筋。根据分布钢筋构造要求：应大于 $0.15\% bh = (0.15\% \times 1000 \times 90)\text{mm}^2 = 135\text{mm}^2$，同时应大于 $15\% A_s = (15\% \times 387)\text{mm}^2 = 58.05\text{mm}^2$，且间距不宜大于 250mm，因此查附表 18，可选用 Φ6@200（直径 6mm，间距 200mm，$A_s = 141\text{mm}^2$）。配筋图如图 4-15 所示。

【例 4-3】 已知矩形截面梁 $b \times h = 200\text{mm} \times 450\text{mm}$，承受弯矩设计值 $M = 110\text{kN} \cdot \text{m}$，混凝土强度等级为 C30，配有 3Φ22 钢筋，二 a 类使用环境，如图 4-16 所示。试验算该截面是否安全。

解: 1）确定已知条件。$f_c = 14.3\text{N/mm}^2$，$f_t = 1.43\text{N/mm}^2$，$f_y = 300\text{N/mm}^2$，$A_s = 1140\text{mm}^2$。

2）计算截面有效高度。
$$h_0 = h - 40mm = (450-40)mm = 410mm$$

3）验算适用条件。

最小配筋率验算：
$$\rho_{min} = 0.45\frac{f_t}{f_y} = 0.45 \times \frac{1.43}{300} = 0.215\% > 0.2\%，取 \rho_{min} = 0.215\%$$

$$\rho = \frac{A_s}{bh_0} = \frac{1140}{200 \times 410} = 1.39\% > 0.215\%$$

相对受压区高度：
$$\xi = \rho\frac{f_y}{\alpha_1 f_c} = 1.39\% \times \frac{300}{1.0 \times 14.3} = 0.292 < \xi_b = 0.550$$

满足适用条件。

4）计算受弯承载力。
$$M_u = f_y A_s h_0(1-0.5\xi) = [300 \times 1140 \times 410 \times (1-0.5 \times 0.292)]N \cdot mm = 119.75kN \cdot m > M = 110kN \cdot m$$

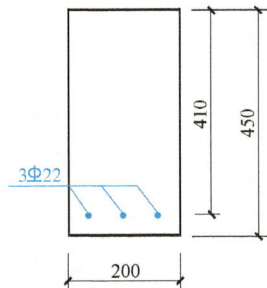

图 4-16 【例 4-3】配筋图

截面安全。

4.6 双筋矩形截面受弯承载力计算

双筋矩形截面（doubly reinforced rectangular section）是指在截面受拉区和受压区同时配置纵向受力钢筋的矩形截面。

4.6.1 采用双筋截面的原因

采用受压钢筋协助混凝土承压是不经济的，实际工程中通常在以下情况采用双筋截面：

1）弯矩设计值 M 很大，采用单筋截面出现超筋，即 $x > \xi_b h_0$ 或 $\alpha_s > \alpha_{s,max}$，而截面尺寸、混凝土和钢筋强度等级受到限制且不能提高。

2）截面已存在受压钢筋，从经济考虑宜按双筋截面计算，如连续梁支座截面的受拉钢筋贯通整个梁时，在跨中截面属于受压钢筋。

3）在不同荷载组合下，梁承受异号弯矩作用时，即在某一荷载组合下截面承受正弯矩，而在另一种荷载组合下截面承受负弯矩，这时需要在截面的受拉区和受压区同时配置纵向受力钢筋。

此外，受压区配置纵向受力钢筋，可以提高截面延性，有利于结构抗震；也可减少混凝土的徐变，从而减小梁在荷载长期作用下的挠度。

采用双筋截面必须配置封闭箍筋，以防止受压钢筋过早压屈。

4.6.2 基本公式

双筋矩形截面受弯构件正截面承载力的计算简图，如图 4-17 所示。由截面平衡条件，可得基本公式为

$$\sum X = 0 \quad \alpha_1 f_c bx + f_y' A_s' = f_y A_s \tag{4-19a}$$

$$\sum M = 0 \quad M \leq M_u = \alpha_1 f_c bx\left(h_0 - \frac{x}{2}\right) + f'_y A'_s (h_0 - a'_s) \tag{4-19b}$$

式中　f'_y——受压钢筋的抗压强度设计值；

　　　A'_s——受压钢筋的截面面积；

　　　a'_s——受压钢筋合力点至截面受压区边缘之间的距离；

其余符号意义同前。

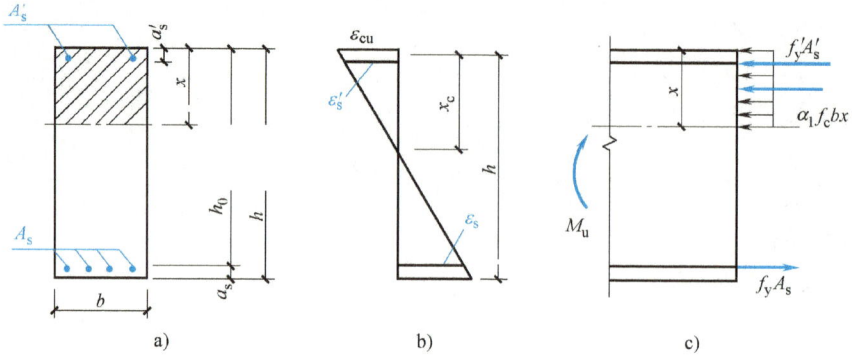

图 4-17　双筋矩形截面正截面承载力的计算简图

a）截面尺寸　b）截面应变分布　c）等效矩形应力图形

双筋矩形截面的受弯承载力 M_u 可分解为两部分之和，如图 4-18 所示。即 $M_u = M_{u1} + M_{u2}$，$A_s = A_{s1} + A_{s2}$，则式（4-19）可改写为

$$\begin{cases} \alpha_1 f_c bx = f_y A_{s1} \\ M_{u1} = \alpha_1 f_c bx\left(h_0 - \frac{x}{2}\right) \end{cases} + \begin{cases} f'_y A'_s = f_y A_{s2} \\ M_{u2} = f'_y A'_s (h_0 - a'_s) \end{cases} \tag{4-20}$$

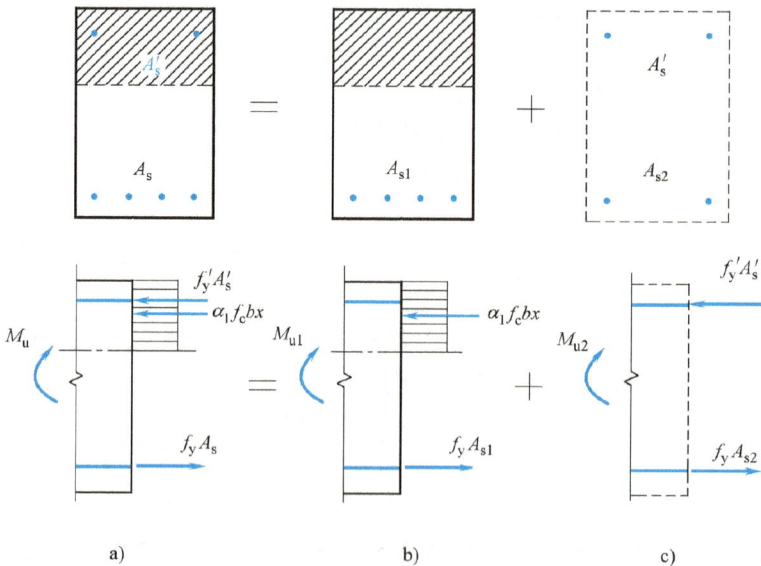

图 4-18　双筋矩形截面分解计算图

a）双筋矩形截面　b）单筋矩形截面部分　c）钢筋截面部分

第一部分为受压区混凝土与部分受拉钢筋截面面积 A_{s1} 所形成的单筋矩形截面受弯承载力 M_{u1}；第二部分为受压钢筋截面面积 A_s' 与其余部分受拉钢筋截面面积 A_{s2} 所形成的"纯钢筋截面"受弯承载力 M_{u2}，这部分弯矩与混凝土无关，因此截面破坏形态不受 A_{s2} 配筋量的影响。

4.6.3　适用条件

1）为防止超筋破坏，应满足

$$\xi \leqslant \xi_b \text{ 或 } x \leqslant \xi_b h_0 \tag{4-21a}$$

由于"纯钢筋截面"的配筋量不影响破坏形态，所以双筋矩形截面受弯破坏形态仅与单筋矩形截面部分相关，防止超筋破坏只需控制单筋矩形截面部分不超筋即可，故式（4-21a）与式（4-16a）相同。

2）为保证受压钢筋达到抗压强度设计值，应满足

$$x \geqslant 2a_s' \tag{4-21b}$$

由于钢筋与混凝土黏结在一起共同工作，所以受压钢筋的应变与此处混凝土的应变相等。由图 4-17b 可得

$$\varepsilon_s' = \frac{x_c - a_s'}{x_c}\varepsilon_{cu} = \left(1 - \frac{\beta_1 a_s'}{x}\right)\varepsilon_{cu} \tag{4-22}$$

若取 $x = 2a_s'$，$\beta_1 = 0.8$，$\varepsilon_{cu} = 0.0033$，由式（4-22）可得 $\varepsilon_s' = 0.002$，则相应钢筋应力为 $\sigma_s' = E_s\varepsilon_s' = [(2.0 \sim 2.1)\times 10^5 \times 0.002]$ N/mm^2 = $(400 \sim 420)$ N/mm^2。考虑到截面配有受压纵向钢筋和箍筋，一定程度上约束了受压区混凝土，实际的极限压应变 ε_{cu} 有所增大，从而使得 ε_s' 大于计算值。试验表明：当 $x \geqslant 2a_s'$ 时，HRB500 及 HRBF500 级钢筋也可达到抗压强度设计值 $f_y' = 435$N/mm^2。

工程设计时，若出现 $x < 2a_s'$ 的情况，理论上可利用平截面假定计算受压钢筋的应变，再计算钢筋应力 σ_s'，但这样过于烦琐。《规范》建议取 $x = 2a_s'$，近似取受弯承载力为

$$M_u = f_y A_s (h_0 - a_s') \tag{4-23}$$

由于双筋矩形截面配筋量较大，可不必验算最小配筋率。

4.6.4　设计计算方法

1. 截面设计

双筋矩形截面配筋计算时，可能出现两种情况。

（1）情况 I　已知截面尺寸 $b \times h$，弯矩设计值 M，材料强度 f_c、f_y、f_y'，求受压钢筋截面面积 A_s' 和受拉钢筋截面面积 A_s。计算步骤如下：

1）验算是否需要配置受压钢筋。若 $\alpha_s \leqslant \alpha_{s,max}$，按单筋矩形截面设计；若 $\alpha_s > \alpha_{s,max}$，则按双筋矩形截面设计。

2）按双筋矩形截面设计时，式（4-19a）、式（4-19b）中有 A_s、A_s' 和 x 三个未知量，需要补充一个条件方可求解。在截面尺寸及材料强度一定的情况下，总用钢量（$A_s + A_s'$）最小时为最优解。

由式（4-19b）可得

$$A_s' = \frac{M - \alpha_1 f_c bx\left(h_0 - \dfrac{x}{2}\right)}{f_y'(h_0 - a_s')} \tag{4-24a}$$

由式（4-19a），一般情况下 $f_y = f_y'$，可得

$$A_s = A_s' + \frac{\alpha_1 f_c bx}{f_y} \tag{4-24b}$$

则

$$A_s + A_s' = \frac{\alpha_1 f_c bx}{f_y} + 2\frac{M - \alpha_1 f_c bx\left(h_0 - \dfrac{x}{2}\right)}{f_y'(h_0 - a_s')} \tag{4-24c}$$

将式（4-24c）对 x 求导，令 $\dfrac{\mathrm{d}(A_s + A_s')}{\mathrm{d}x} = 0$，可得

$$\xi = \frac{x}{h_0} = 0.5\left(1 + \frac{a_s'}{h_0}\right) \approx 0.55 \tag{4-25}$$

对于 HRB400 和 HRB500 级钢筋，$\xi_b \leqslant 0.55$，故计算中可直接取 $\xi = \xi_b$。对于 HPB300 级钢筋，在混凝土强度等级低于 C50 时，若仍取 $\xi = \xi_b$，则用钢量会略有增加，此时可取 $\xi = 0.55$。

3）为简化计算，取 $\xi = \xi_b$，则 $x = \xi_b h_0$，令 $M = M_u$，由式（4-19b）可得

$$A_s' = \frac{M - \xi_b(1 - 0.5\xi_b)\alpha_1 f_c bh_0^2}{f_y'(h_0 - a_s')} = \frac{M - \alpha_{s,\max}\alpha_1 f_c bh_0^2}{f_y'(h_0 - a_s')} \tag{4-26a}$$

若 $A_s' \leqslant 0$，说明不需要配置受压钢筋，可按单筋矩形截面计算受拉钢筋截面面积 A_s。

4）若 $A_s' > 0$，则由式（4-19a），可得

$$A_s = A_s'\frac{f_y'}{f_y} + \xi_b\frac{\alpha_1 f_c bh_0}{f_y} \tag{4-26b}$$

（2）情况 Ⅱ　已知截面尺寸 $b \times h$，弯矩设计值 M，材料强度 f_c、f_y、f_y'，受压钢筋截面面积 A_s'，求受拉钢筋截面面积 A_s。计算步骤如下：

1）令 $M = M_u$，则 $M = M_1 + M_2$，将 A_s' 代入式（4-20），得 $M_2 = f_y'A_s'(h_0 - a_s')$，$A_{s2} = \dfrac{f_y'}{f_y}A_s'$，则 $M_1 = M - M_2$。

2）由 M_1 可求得 $\alpha_s = \dfrac{M_1}{\alpha_1 f_c bh_0^2}$。

3）由 α_s 查附表 19，可得 ξ、γ_s，然后验算适用条件再进行求解，即：

① 若 $\xi_b h_0 \leqslant x \leqslant 2a_s'$，则 $A_{s1} = \dfrac{M_1}{f_y \gamma_s h_0}$，进而可得 $A_s = A_{s1} + A_{s2} = \dfrac{M_1}{f_y \gamma_s h_0} + \dfrac{f_y'}{f_y}A_s'$。

② 若 $x > \xi_b h_0$，表明给定的 A_s' 不足，仍属于超筋破坏，则应按情况 Ⅰ 重新计算 A_s' 和 A_s。

③ 若 $x < 2a_s'$，取 $x = 2a_s'$，按式（4-23）计算 A_s，即 $A_s = \dfrac{M}{f_y(h_0 - a_s')}$。

2. 截面复核

已知截面尺寸 $b \times h$，弯矩设计值 M，材料强度 f_c、f_y、f_y'，受压钢筋截面面积 A_s' 和受拉

钢筋截面面积 A_s，复核截面是否安全。计算步骤如下：

1）由式（4-19a）可求得受压区高度 x 为

$$x = \frac{f_y A_s - f'_y A'_s}{\alpha_1 f_c b} \qquad (4-27)$$

2）验算适用条件：

① 若 $\xi_b h_0 \leqslant x \leqslant 2a'_s$，将 x 代入式（4-19b），则 $M_u = \alpha_1 f_c b x \left(h_0 - \frac{x}{2}\right) + f'_y A'_s (h_0 - a'_s)$。

② 若 $x > \xi_b h_0$，取 $x = \xi_b h_0$，则 $M_u = \xi_b (1 - 0.5\xi_b) \alpha_1 f_c b h_0^2 + f'_y A'_s (h_0 - a'_s)$。

③ 若 $x < 2a'_s$，取 $x = 2a'_s$，按式（4-23）计算 M_u，则 $M_u = f_y A_s (h_0 - a'_s)$。

3）比较 M_u 与 M。若 $M \leqslant M_u$，则截面承载力满足要求，安全；反之，则截面不安全。

【例 4-4】　已知矩形截面梁 $b \times h = 200\text{mm} \times 500\text{mm}$，由设计荷载产生的弯矩 $M = 215\text{kN} \cdot \text{m}$，混凝土强度等级为 C25，钢筋为 HRB400 级钢筋，一类使用环境。试求所需的受拉钢筋截面面积。

解：1）确定材料强度设计值。由附表 2 和附表 6 查得 $f_c = 11.9\text{N/mm}^2$，$f_y = f'_y = 360\text{N/mm}^2$。

2）计算截面有效高度。因弯矩较大，假定布置两排钢筋，则

$$h_0 = h - 60\text{mm} = (500 - 60)\text{mm} = 440\text{mm}$$

3）判断单筋还是双筋。

$$M_{u,max} = \alpha_{s,max} \alpha_1 f_c b h_0{}^2 = (0.384 \times 1.0 \times 11.9 \times 200 \times 440^2)\text{N} \cdot \text{mm}$$
$$= 176.93\text{kN} \cdot \text{m} < M = 215\text{kN} \cdot \text{m}$$

需采用双筋矩形截面。

4）计算配筋。由于 A_s 和 A'_s 均未知，为使用钢量最小，取 $x = \xi_b h_0$，受压钢筋按一排布置 $a'_s = 35\text{mm}$。

$$A'_s = \frac{M - M_{u,max}}{f'_y (h_0 - a'_s)} = \frac{(215 - 176.93) \times 10^6}{360 \times (440 - 35)}\text{mm}^2 = 261.11\text{mm}^2$$

$$A_s = \frac{\xi_b \alpha_1 f_c b h_0 + f'_y A'_s}{f_y} = \left(\frac{0.518 \times 1.0 \times 11.9 \times 200 \times 440}{360} + 261.11\right)\text{mm}^2 = 1767.91\text{mm}^2$$

5）选配钢筋。查附表 15，受拉钢筋选用 6⌀20（$A_s = 1884\text{mm}^2$，两排配置）；受压钢筋选用 2⌀14（$A'_s = 308\text{mm}^2$，一排配置）。配筋图如图 4-19 所示。

【例 4-5】　已知某矩形截面梁尺寸为 200mm×500mm，混凝土强度等级为 C25，钢筋为 HRB400 级钢筋，弯矩设计值 $M = 270\text{kN} \cdot \text{m}$，受压区已配有 2⌀18 钢筋（$A'_s = 509\text{mm}^2$），一类使用环境。试求所需的受拉钢筋截面面积。

解：1）确定材料强度设计值。由附表 2 和附表 6 查得 $f_c = 11.9\text{N/mm}^2$，$f_y = f'_y = 360\text{N/mm}^2$。

2）计算截面有效高度。假定布置两排受拉钢筋，则

$$h_0 = h - 60\text{mm} = (500 - 60)\text{mm} = 440\text{mm}$$

3）求 A_{s2} 和 M_2。

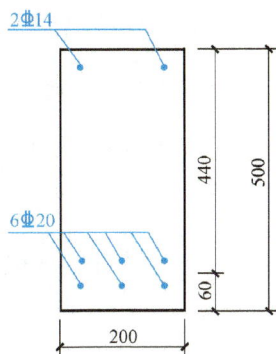

图 4-19　【例 4-4】
配筋图

$$A_{s2} = A'_s = 509 \text{mm}^2$$

$$M_2 = f'_y A'_s (h_0 - a'_s) = [360 \times 509 \times (440 - 35)] \text{N} \cdot \text{mm} = 74.21 \text{kN} \cdot \text{m}$$

4）求 M_1 和 A_{s1}。

$$M_1 = M - M_2 = (270 - 74.21) \text{kN} \cdot \text{m} = 195.79 \text{kN} \cdot \text{m}$$

$$\alpha_s = \frac{M_1}{\alpha_1 f_c b h_0^2} = \frac{195.79 \times 10^6}{1.0 \times 11.9 \times 200 \times 440^2} = 0.425 > \alpha_{s,max} = 0.384$$

说明配置的受压钢筋太少，应按 A'_s 和 A_s 均未知的情况重新设计此题（计算过程参考例4-4）。

【例4-6】 已知某矩形截面梁尺寸为 $200 \text{mm} \times 450 \text{mm}$，混凝土强度等级为 C25，配有 2Φ18 受压钢筋（$A'_s = 509 \text{mm}^2$）和 3Φ25 受拉钢筋（$A_s = 1473 \text{mm}^2$），如图4-20所示；箍筋直径为 8mm，混凝土保护层厚度 $c = 25 \text{mm}$。若承受弯矩设计值 $M = 158 \text{kN} \cdot \text{m}$，试验算该梁正截面承载力是否安全。

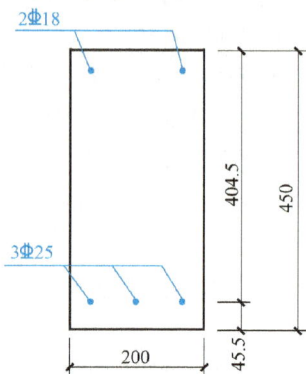

图 4-20 【例4-6】配筋图

解： 1）确定材料强度设计值。由附表2和附表6查得 $f_c = 11.9 \text{N/mm}^2$，$f_y = f'_y = 360 \text{N/mm}^2$。

2）计算截面有效高度。

$$a_s = c + d_v + \frac{d}{2} = \left(25 + 8 + \frac{25}{2}\right) \text{mm} = 45.5 \text{mm}$$

$$a'_s = \left(25 + 8 + \frac{18}{2}\right) \text{mm} = 42 \text{mm}$$

$$h_0 = h - a_s = (450 - 45.5) \text{mm} = 404.5 \text{mm}$$

3）求解受压区高度。

$$x = \frac{(A_s - A'_s) f_y}{\alpha_1 f_c b} = \frac{(1473 - 509) \times 360}{1.0 \times 11.9 \times 200} \text{mm} = 145.82 \text{mm}$$

4）验算适用条件。

$$\xi_b h_0 = (0.518 \times 404.5) \text{mm} = 209.53 \text{mm}$$

$$2a'_s = (2 \times 42) \text{mm} = 84 \text{mm}$$

$$2a'_s < x < \xi_b h_0$$

5）计算受弯承载力。

$$M_u = \alpha_1 f_c b x \left(h_0 - \frac{x}{2}\right) + f'_y A'_s (h_0 - a'_s)$$

$$= \left[1.0 \times 11.9 \times 200 \times 145.82 \times \left(404.5 - \frac{145.82}{2}\right) + 360 \times 509 \times (404.5 - 42)\right] \text{N} \cdot \text{mm}$$

$$= 181.50 \text{kN} \cdot \text{m} > M = 158 \text{kN} \cdot \text{m}$$

截面安全。

■ 4.7 T形截面受弯承载力计算

4.7.1 概述

矩形截面受弯承载力计算时，不考虑受拉区混凝土的抗拉作用。因此，对于尺寸较大的矩形截面构件，可将受拉区两侧的混凝土挖去，将受拉钢筋集中配置在梁肋，但同样要满足构造要求，即形成 T 形截面（T-shaped cross section），如图 4-21 所示。与矩形截面相比，两者的受弯承载力大致相同，但 T 形截面可以节省混凝土，减轻构件自重。

T 形截面梁在实际工程中应用极为广泛。例如现浇肋梁楼盖中，梁与楼板浇筑在一起形成 T 形梁。在竖向荷载作用下，梁跨中截面承受正弯矩，应按 T 形截面计算；而支座截面承受负弯矩，梁截面下部受压、上部受拉，应按矩形截面计算，如图 4-22a 所示。实际工程中，吊车梁、箱形梁、空心板、槽形板等均按 T 形截面计算，如图 4-22b～e 所示。

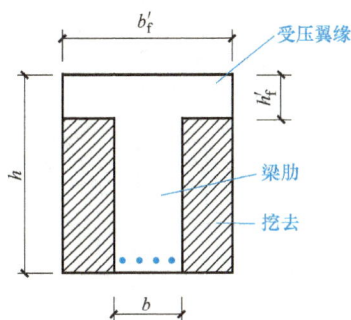

图 4-21　T 形截面

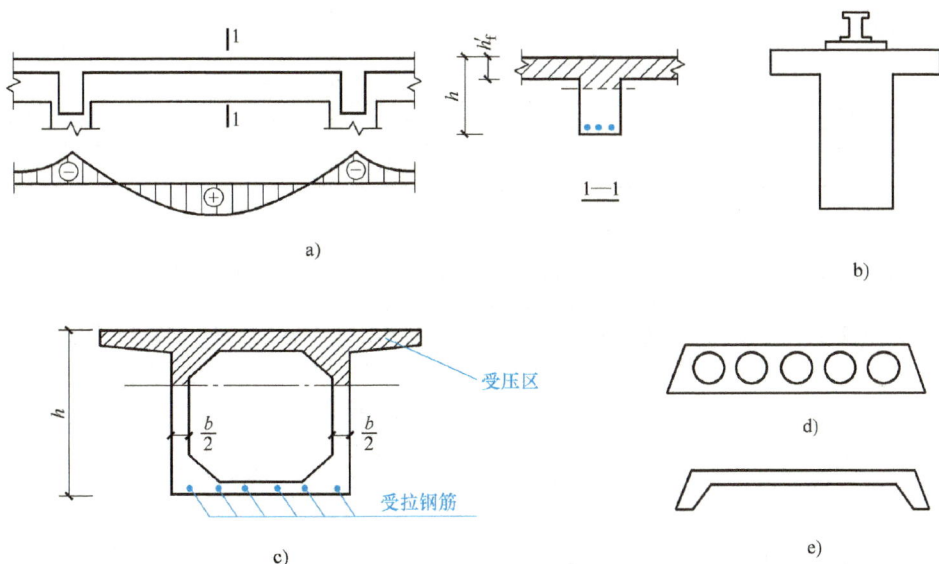

图 4-22　实际工程中的 T 形截面
a）连续梁　b）吊车梁　c）箱形梁　d）空心板　e）槽形板

由试验与理论分析可知，T 形截面翼缘的压应力分布不均匀，离梁肋越远压应力越小，如图 4-23 所示。为简化计算，可采用翼缘计算宽度 b'_f，即假定压应力仅在一定翼缘宽度内存在，且呈均匀分布，在这个宽度以外的翼缘则不参加工作，如图 4-24 所示。

翼缘计算宽度与构件跨度、翼缘厚度及受力情况等有关，《规范》规定：翼缘计算宽度按表 4-9 中有关规定的最小值取用。

4.7.2　两类 T 形截面及其判别

根据中和轴位置的不同，T 形截面梁分为两类：第一类 T 形截面，中和轴在翼缘内，$x \leqslant h'_f$，如图 4-25a 所示；第二类 T 形截面，中和轴在梁肋内，$x > h'_f$，如图 4-25b 所示。

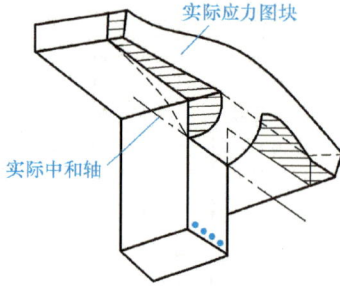

图 4-23 T 形截面翼缘的压应力分布图

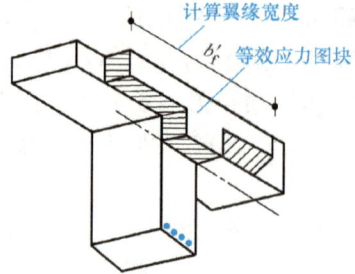

图 4-24 T 形截面简化计算图形

表 4-9 翼缘计算宽度 b_f'

考 虑 情 况		T 形、工字形截面		倒 L 形截面
		肋形梁（板）	独立梁	肋形梁（板）
按计算跨度 l_0 考虑		$l_0/3$	$l_0/3$	$l_0/6$
按梁（肋）净距 s_n 考虑		$b+s_n$	—	$b+s_n/2$
按翼缘高度 h_f' 考虑	当 $h_f'/h_0 \geqslant 0.1$	—	$b+12h_f'$	—
	当 $0.1 > h_f'/h_0 \geqslant 0.05$	$b+12h_f'$	$b+6h_f'$	$b+5h_f'$
	当 $h_f'/h_0 < 0.05$	$b+12h_f'$	b	$b+5h_f'$

注：1. 表中 b 为梁的腹板宽度。

2. 肋形梁在梁跨内设有间距小于纵肋间距的横肋时，可不考虑表中第三种情况的规定。

3. 加腋的 T 形、工字形和倒 L 形截面，当受压区加腋的高度 $h_h \geqslant h_f'$ 且加腋的宽度 $b_h \leqslant 3h_h$ 时，则其翼缘计算宽度可按表中第三种情况的规定分别增加 $2b_h$（T 形、工字形截面）和 b_h（倒 L 形截面）。

4. 独立梁受压区的翼缘板在荷载作用下经验算沿纵肋方向可能产生裂缝时，则计算宽度应取腹板宽度 b。

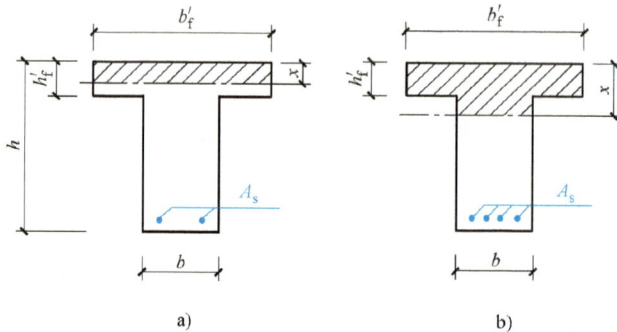

图 4-25 两类 T 形截面

a）第一类 T 形截面 b）第二类 T 形截面

为判别 T 形截面的类型，需对中和轴恰好通过翼缘与梁肋交界处，即 $x = h_f'$ 时的界限情况进行分析，如图 4-26 所示。

根据图 4-26b 应力图形，由截面平衡条件，可得

$$\sum X = 0 \quad \alpha_1 f_c b_f' h_f' = f_y A_s \tag{4-28a}$$

$$\sum M = 0 \quad M_u = \alpha_1 f_c b_f' h_f' \left(h_0 - \frac{h_f'}{2} \right) \tag{4-28b}$$

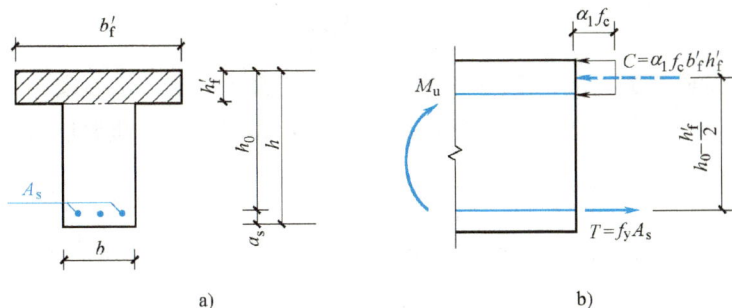

图 4-26 两类 T 形截面的界限情况

a) $x = h'_f$ 时的 T 形截面 b) 应力图形

进行截面设计和截面复核时，首先必须判别 T 形截面的类型。由于已知条件不同，采用的判别式也不同。

1. 截面设计的判别式

此时，已知弯矩设计值 M、截面尺寸和材料强度，由式（4-28b）可知：

1）若 $x \leqslant h'_f$，则 $M \leqslant \alpha_1 f_c b'_f h'_f \left(h_0 - \dfrac{h'_f}{2} \right)$，属于第一类 T 形截面。

2）若 $x > h'_f$，则 $M > \alpha_1 f_c b'_f h'_f \left(h_0 - \dfrac{h'_f}{2} \right)$，属于第二类 T 形截面。

2. 截面复核的判别式

此时，已知截面配筋面积 A_s、截面尺寸和材料强度，由式（4-28a）可知：

1）若 $x \leqslant h'_f$，则 $\alpha_1 f_c b'_f h'_f \geqslant f_y A_s$，属于第一类 T 形截面。

2）若 $x > h'_f$，则 $\alpha_1 f_c b'_f h'_f < f_y A_s$，属于第二类 T 形截面。

4.7.3 基本公式及适用条件

1. 第一类 T 形截面

第一类 T 形截面计算图形如图 4-27 所示。

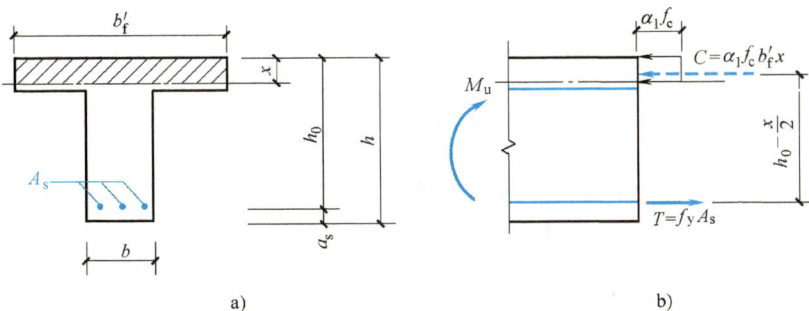

图 4-27 第一类 T 形截面计算图形

a) 第一类 T 形截面 b) 应力图形

根据图 4-27b 的应力图形，由截面平衡条件，可得基本公式为

$$\alpha_1 f_c b'_f x = f_y A_s \tag{4-29a}$$

$$M \leqslant M_{\mathrm{u}} = \alpha_1 f_{\mathrm{c}} b_{\mathrm{f}}' x \left(h_0 - \frac{x}{2} \right) \tag{4-29b}$$

式（4-29）与梁宽为 b_{f}' 的矩形截面完全相同。原因在于受压区面积仍为矩形，而受拉区的形状与承载力计算无关，故第一类 T 形截面可用 b_{f}' 代替 b 的单筋矩形截面公式计算。

适用条件为：

1)
$$x \leqslant \xi_{\mathrm{b}} h_0 \tag{4-30a}$$

通常 T 形截面的 h_{f}' 较小，而第一类 T 形截面 $x \leqslant h_{\mathrm{f}}'$，故此条件一般均能满足，可不必验算。

2) $\rho \geqslant \rho_{\min} \dfrac{h}{h_0}$，式中 $\rho = \dfrac{A_{\mathrm{s}}}{b h_0}$，即

$$A_{\mathrm{s}} \geqslant \rho_{\min} b h \tag{4-30b}$$

值得注意的是 b 为 T 形截面的肋宽，虽然第一类 T 形截面受弯承载力按 $b_{\mathrm{f}}' \times h$ 的矩形截面计算，但最小配筋率理论上是按 $M_{\mathrm{u}} = M_{\mathrm{cr}}$ 确定的，开裂弯矩 M_{cr} 主要取决于受拉区混凝土的面积。T 形截面的开裂弯矩 M_{cr} 与具有同样肋宽 b 的矩形截面基本相同，故此处仍按矩形截面计算。

3) 对于工字形和倒 T 形截面，受拉钢筋最小配筋面积应满足

$$A_{\mathrm{s}} \geqslant \rho_{\min} \left[b h + (b_{\mathrm{f}} - b) h_{\mathrm{f}} \right] \tag{4-30c}$$

2. 第二类 T 形截面

第二类 T 形截面计算图形如图 4-28 所示。

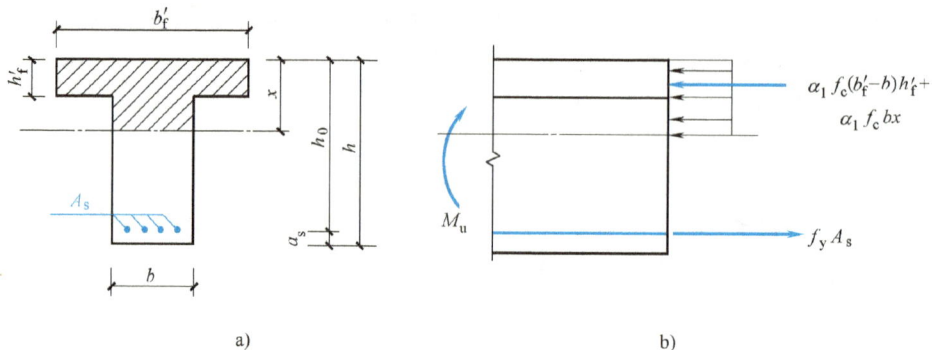

图 4-28　第二类 T 形截面计算图形

a）第二类 T 形截面　b）应力图形

根据图 4-28b 的应力图形，由截面平衡条件，可得基本公式为

$$\alpha_1 f_{\mathrm{c}} (b_{\mathrm{f}}' - b) h_{\mathrm{f}}' + \alpha_1 f_{\mathrm{c}} b x = f_{\mathrm{y}} A_{\mathrm{s}} \tag{4-31a}$$

$$M \leqslant M_{\mathrm{u}} = \alpha_1 f_{\mathrm{c}} b x \left(h_0 - \frac{x}{2} \right) + \alpha_1 f_{\mathrm{c}} (b_{\mathrm{f}}' - b) h_{\mathrm{f}}' \left(h_0 - \frac{h_{\mathrm{f}}'}{2} \right) \tag{4-31b}$$

适用条件为：

1)
$$x \leqslant \xi_{\mathrm{b}} h_0 \tag{4-32a}$$

2)
$$A_{\mathrm{s}} \geqslant \rho_{\min} b h \tag{4-32b}$$

对于第二类 T 形截面，式（4-32b）一般均能满足，可不必验算。

为计算方便，可将截面受弯承载力分成两部分，如图 4-29 所示。

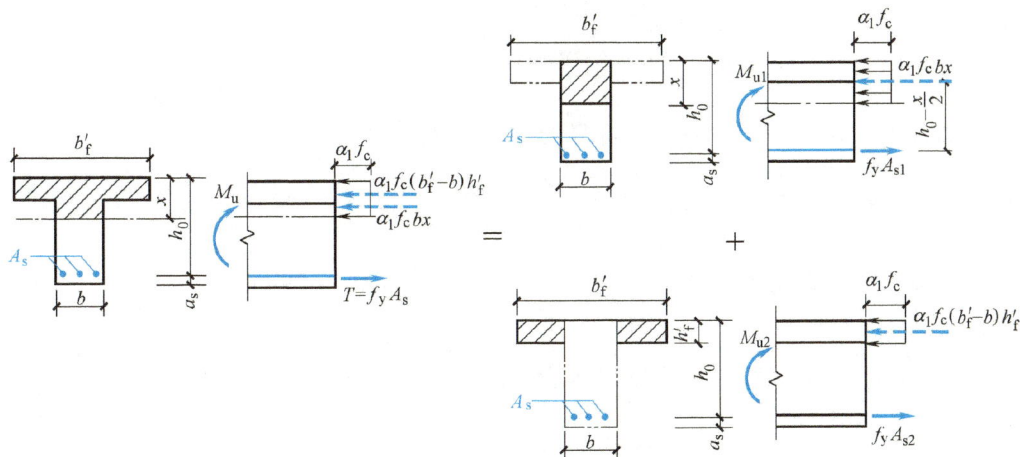

图 4-29　第二类 T 形截面分解计算图形

第一部分是由混凝土受压区面积 bx 与部分受拉钢筋截面面积 A_{s1} 所组成的单筋矩形截面部分，其受弯承载力为 M_{u1}，基本公式为

$$\alpha_1 f_c bx = f_y A_{s1} \tag{4-33a}$$

$$M_{u1} = \alpha_1 f_c bx\left(h_0 - \frac{x}{2}\right) \tag{4-33b}$$

第二部分是由挑出翼缘 $(b_f'-b)$ h_f' 受压区混凝土与其余部分受拉钢筋截面面积 A_{s2} 所组成的截面，其受弯承载力为 M_{u2}，基本公式为

$$\alpha_1 f_c(b_f'-b)h_f' = f_y A_{s2} \tag{4-34a}$$

$$M_{u2} = \alpha_1 f_c(b_f'-b)h_f'\left(h_0 - \frac{h_f'}{2}\right) \tag{4-34b}$$

总受弯承载力 $M_u = M_{u1} + M_{u2}$，总配筋面积 $A_s = A_{s1} + A_{s2}$。

4.7.4　设计计算方法

1. 截面设计

已知弯矩设计值 M，截面尺寸 b、h、b_f'、h_f'，混凝土强度等级和钢筋级别，求受拉钢筋截面面积 A_s。计算步骤如下：

1）判别 T 形截面类型：若 $M \leqslant \alpha_1 f_c b_f' h_f'\left(h_0 - \frac{h_f'}{2}\right)$，属于第一类 T 形截面；若 $M > \alpha_1 f_c b_f' h_f'$

$\left(h_0 - \frac{h_f'}{2}\right)$，属于第二类 T 形截面。

2）若为第一类 T 形截面，则按宽度为 b_f' 的单筋矩形截面进行计算，计算步骤与单筋矩形截面相同，但注意 $\rho = A_s/bh_0$。

3）若为第二类 T 形截面，可类似按双筋矩形截面计算中已知受压钢筋截面面积 A_s' 求受拉钢筋截面面积 A_s 的情形进行求解。即：

① 由式 (4-34b)，可得 $M_{u2} = \alpha_1 f_c (b_f' - b) h_f' \left(h_0 - \dfrac{h_f'}{2} \right)$。

② 由式 (4-34a)，可得 $A_{s2} = \dfrac{\alpha_1 f_c (b_f' - b) h_f'}{f_y}$。

③ 令 $M = M_u$，由 $M_u = M_{u1} + M_{u2}$，可得 $M_{u1} = M - M_{u2}$。

④ 由式 (4-33b)，即 $M_{u1} = \alpha_1 f_c b x \left(h_0 - \dfrac{x}{2} \right) = \xi (1 - 0.5\xi) \alpha_1 f_c b h_0^2 = \alpha_{s1} \alpha_1 f_c b h_0^2$，可求得 $\alpha_{s1} =$

$\dfrac{M_{u1}}{\alpha_1 f_c b h_0^2}$，查附表 19，可得 ξ_1。

⑤ 若 $\xi_1 \leqslant \xi_b$，则由式 (4-33a)，求得 $A_{s1} = \dfrac{\alpha_1 f_c b \xi_1 h_0}{f_y}$，则 $A_s = A_{s1} + A_{s2} = \dfrac{\alpha_1 f_c b \xi_1 h_0}{f_y} +$

$\dfrac{\alpha_1 f_c (b_f' - b) h_f'}{f_y}$。

⑥ 若 $\xi_1 > \xi_b$，则应增大梁的截面尺寸，或改成双筋 T 形截面。

2. 截面复核

已知弯矩设计值 M，截面尺寸 b、h、b_f'、h_f'，混凝土强度等级和钢筋级别，纵向受拉钢筋截面积 A_s，复核梁截面是否安全。计算步骤如下：

1）判别 T 形截面类型：若 $\alpha_1 f_c b_f' h_f' \geqslant f_y A_s$，属于第一类 T 形截面；若 $\alpha_1 f_c b_f' h_f' < f_y A_s$，属于第二类 T 形截面。

2）若为第一类 T 形截面，则按宽度为 b_f' 的单筋矩形截面进行计算，计算步骤与单筋矩形截面相同，但注意 $\rho = A_s / b h_0$。

3）若为第二类 T 形截面，可由式 (4-31a) 得：$x = \dfrac{f_y A_s - \alpha_1 f_c (b_f' - b) h_f'}{\alpha_1 f_c b}$。

若 $x \leqslant \xi_b h_0$，则由式 (4-31b) 得：$M_u = \alpha_1 f_c b x \left(h_0 - \dfrac{x}{2} \right) + \alpha_1 f_c (b_f' - b) h_f' \left(h_0 - \dfrac{h_f'}{2} \right)$。

若 $x > \xi_b h_0$，取 $x = \xi_b h_0$，则 $M_u = \alpha_{s,\max} \alpha_1 f_c b h_0^2 + \alpha_1 f_c (b_f' - b) h_f' \left(h_0 - \dfrac{h_f'}{2} \right)$。

4）比较 M_u 与 M。若 $M \leqslant M_u$ 则承载力满足要求，截面安全；反之，则截面不安全。

【例 4-7】 T 形截面梁尺寸为 $b = 250\text{mm}$，$h = 650\text{mm}$，$b_f' = 1000\text{mm}$，$h_f' = 80\text{mm}$，承受弯矩设计值 $M = 252\text{kN} \cdot \text{m}$，混凝土强度等级为 C40，采用 HRB400 级钢筋，环境类别为一类。试求所需钢筋截面面积。

解： 1）确定材料强度设计值。由附表 2 和附表 6 查得 $f_c = 19.1\text{N/mm}^2$，$f_t = 1.71\text{N/mm}^2$，$f_y = 360\text{N/mm}^2$。

2）计算截面有效高度。假定布置一排，则

$$h_0 = h - 35\text{mm} = (650 - 35)\text{mm} = 615\text{mm}$$

3）判断 T 形截面类别。

$$\alpha_1 f_c b_f' h_f' \left(h_0 - \dfrac{h_f'}{2} \right) = \left[1.0 \times 19.1 \times 1000 \times 80 \times \left(615 - \dfrac{80}{2} \right) \right] \text{N} \cdot \text{mm} = 878.6\text{kN} \cdot \text{m} > 252\text{kN} \cdot \text{m}$$

属于第一类 T 形截面。

4）计算配筋。

$$\alpha_s = \frac{M}{\alpha_1 f_c b_f' h_0^2} = \frac{252 \times 10^6}{1.0 \times 19.1 \times 1000 \times 615^2} = 0.035 < \alpha_{s,max} = 0.384$$

$$\gamma_s = 0.5 \times (1 + \sqrt{1 - 2\alpha_s}) = 0.5 \times (1 + \sqrt{1 - 2 \times 0.035}) = 0.982$$

$$A_s = \frac{M}{f_y \gamma_s h_0} = \frac{252 \times 10^6}{360 \times 0.982 \times 615} \mathrm{mm}^2 = 1159.07 \mathrm{mm}^2$$

5）选配钢筋。选用 3Φ25（$A_s = 1473\mathrm{mm}^2$，一排配置），如图 4-30 所示。

6）验算最小配筋率。

$$\rho_{min} = 0.45 \frac{f_t}{f_y} = 0.45 \times \frac{1.71}{360} = 0.214\% > 0.2\%，取 \rho_{min} = 0.214\%$$

$$A_{s,min} = \rho_{min} bh = (0.214\% \times 250 \times 650) \mathrm{mm}^2 = 347.75 \mathrm{mm}^2 < A_s = 1473 \mathrm{mm}^2$$

满足要求。

【例 4-8】　T 形截面梁尺寸为 $b = 300\mathrm{mm}$，$h = 800\mathrm{mm}$，$b_f' = 650\mathrm{mm}$，$h_f' = 90\mathrm{mm}$，承受弯矩设计值 $M = 650\mathrm{kN \cdot m}$，混凝土强度等级为 C30，采用 HRB400 级钢筋，环境类别为一类。试求所需钢筋截面面积。

解： 1）确定材料强度设计值。由附表 2 和附表 6 查得 $f_c = 14.3\mathrm{N/mm}^2$，$f_y = 360\mathrm{N/mm}^2$。

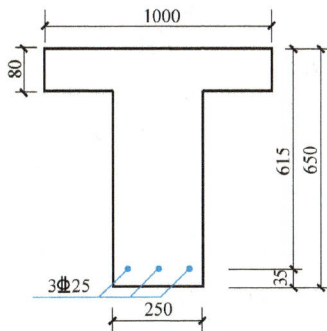

图 4-30　【例 4-7】配筋图

2）计算截面有效高度。假定布置两排，则

$$h_0 = h - 60\mathrm{mm} = (800 - 60)\mathrm{mm} = 740\mathrm{mm}$$

3）判断 T 形截面类别。

$$\alpha_1 f_c b_f' h_f' \left(h_0 - \frac{h_f'}{2}\right) = \left[1.0 \times 14.3 \times 650 \times 90 \times \left(740 - \frac{90}{2}\right)\right] \mathrm{N \cdot mm} = 581.4\mathrm{kN \cdot m} < 650\mathrm{kN \cdot m}$$

属于第二类 T 形截面。

4）求 A_{s2} 和 M_{u2}。

$$A_{s2} = \frac{\alpha_1 f_c (b_f' - b) h_f'}{f_y} = \frac{1.0 \times 14.3 \times (650 - 300) \times 90}{360} \mathrm{mm}^2 = 1251.3 \mathrm{mm}^2$$

$$M_{u2} = \alpha_1 f_c (b_f' - b) h_f' \left(h_0 - \frac{h_f'}{2}\right) = \left[1.0 \times 14.3 \times (650 - 300) \times 90 \times \left(740 - \frac{90}{2}\right)\right] \mathrm{N \cdot mm} = 313.06\mathrm{kN \cdot m}$$

5）求 A_{s1} 和 M_{u1}

$$M_{u1} = M - M_{u2} = (650 - 313.06)\mathrm{kN \cdot m} = 336.94\mathrm{kN \cdot m}$$

$$\alpha_s = \frac{M_{u1}}{\alpha_1 f_c b h_0^2} = \frac{336.94 \times 10^6}{1.0 \times 14.3 \times 300 \times 740^2} = 0.143 < \alpha_{s,max} = 0.384$$

$$\gamma_s = 0.5 \times (1 + \sqrt{1 - 2\alpha_s}) = 0.5 \times (1 + \sqrt{1 - 2 \times 0.143}) = 0.922$$

则

$$A_{s1} = \frac{M_{u1}}{f_y \gamma_s h_0} = \frac{336.94 \times 10^6}{360 \times 0.922 \times 740} \text{mm}^2 = 1371.8 \text{mm}^2$$

$$A_s = A_{s1} + A_{s2} = (1251.3 + 1371.8) \text{mm}^2 = 2623.1 \text{mm}^2$$

6）选配钢筋。选用 4Φ22+4Φ20（$A_s = 1520 \text{mm}^2 + 1256 \text{mm}^2 = 2776 \text{mm}^2$，两排配置），如图 4-31 所示。

【例 4-9】　T 形截面梁尺寸为 $b = 200 \text{mm}$，$h = 600 \text{mm}$，$b_f' = 400 \text{mm}$，$h_f' = 80 \text{mm}$，承受弯矩设计值 $M = 250 \text{kN} \cdot \text{m}$，混凝土强度等级为 C30，受拉区采用 3Φ25 钢筋，环境类别为一类，如图 4-32 所示。试验算截面是否安全。

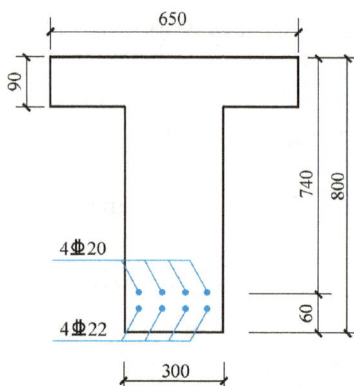

图 4-31　【例 4-8】配筋图

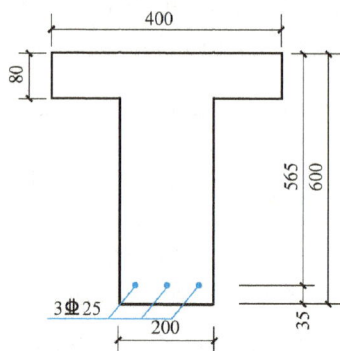

图 4-32　【例 4-9】配筋图

解： 1）确定材料强度设计值。由附表 2、附表 6 和附表 15 查得 $f_c = 14.3 \text{N/mm}^2$，$f_y = 360 \text{N/mm}^2$，$A_s = 1473 \text{mm}^2$，查表 4-7 得 $\xi_b = 0.518$。

2）计算截面有效高度。

$$h_0 = h - a_s = (600 - 35) \text{mm} = 565 \text{mm}$$

3）判断 T 形截面类别。

$$\alpha_1 f_c b_f' h_f' = (1.0 \times 14.3 \times 400 \times 80) \text{N} = 457.6 \text{kN} < f_y A_s = (360 \times 1473) \text{N} = 530.28 \text{kN}$$

属于第二类 T 形截面。

4）求 x。由式（4-31a）得：

$$x = \frac{f_y A_s - \alpha_1 f_c (b_f' - b) h_f'}{\alpha_1 f_c b} = \left[\frac{360 \times 1473 - 1.0 \times 14.3 \times (400 - 200) \times 80}{1.0 \times 14.3 \times 200} \right] \text{mm} = 105.4 \text{mm} <$$

$$\xi_b h_0 = (0.518 \times 565) \text{mm} = 292.67 \text{mm}$$

5）求 M_u。由式（4-31b）得：

$$M_u = \alpha_1 f_c b x \left(h_0 - \frac{x}{2} \right) + \alpha_1 f_c (b_f' - b) h_f' \left(h_0 - \frac{h_f'}{2} \right)$$

$$= \left[1.0 \times 14.3 \times 200 \times 105.4 \times \left(565 - \frac{105.4}{2} \right) + 1.0 \times 14.3 \times (400 - 200) \times 80 \times \left(565 - \frac{80}{2} \right) \right] \text{N} \cdot \text{mm}$$

$$= 274.55 \text{kN} \cdot \text{m} > 250 \text{kN} \cdot \text{m}$$

截面安全。

本 章 小 结

1. 构造要求是钢筋混凝土结构设计的一个重要组成部分,它包括梁板截面尺寸和配筋布置、混凝土强度等级及保护层厚度、截面有效高度等。

2. 配筋率对受弯构件正截面破坏形态影响很大。根据配筋率不同,梁可分为适筋梁、超筋梁和少筋梁三种:

1) 适筋梁的破坏特征是受拉钢筋先达到屈服,然后受压区混凝土被压碎,破坏有明显预兆,属于塑性破坏。

2) 超筋梁的破坏特征是受压区混凝土先被压碎,而受拉钢筋始终不屈服,破坏没有明显预兆,属于脆性破坏;钢筋抗拉强度没有得到充分利用,设计时不允许采用。

3) 少筋梁的破坏特征是受拉区混凝土一裂即坏,属于脆性破坏;其承载力主要取决于混凝土抗拉强度,混凝土抗压强度没有得到充分利用,设计时不允许采用。

3. 适筋梁从开始加载至破坏经历了三个阶段:

1) 第Ⅰ阶段——弹性工作阶段,第Ⅰ阶段末($Ⅰ_a$)的应力状态作为受弯构件抗裂验算和开裂弯矩 M_{cr} 计算的依据。

2) 第Ⅱ阶段——带裂缝工作阶段,第Ⅱ阶段的应力状态作为正常使用阶段变形和裂缝宽度计算的依据。

3) 第Ⅲ阶段——破坏阶段,第Ⅲ阶段末($Ⅲ_a$)的应力状态作为受弯构件正截面承载力计算的依据。

4. 受弯构件正截面承载力计算采用四个基本假定,由此可确定截面应力图形。为简化计算,将受压区混凝土实际应力图形等效为矩形应力图形,等效原则是受压区混凝土应力图的合力大小相等、合力作用点重合。

5. 界限破坏是适筋破坏和超筋破坏的界限,其破坏特征是受拉钢筋达到屈服的同时,受压区混凝土被压碎。此时 $x=\xi_b h_0$,其配筋率 ρ 即为最大配筋率 ρ_{max}。

6. 最小配筋率 ρ_{min} 理论上是适筋破坏和少筋破坏的界限,根据界限条件 $M_{cr}=M_u$ 确定。考虑混凝土抗拉强度的离散性、收缩和温度应力等不利影响,且参考以往工程经验,《规范》规定了最小配筋率 ρ_{min} 取值。

7. 受弯构件正截面承载力计算包括单筋矩形截面、双筋矩形截面和 T 形截面计算,分为截面设计和截面复核两类问题,要求熟练掌握基本公式及其适用条件。

思 考 题

1. 梁中架立钢筋、侧向构造钢筋和板中分布钢筋的作用是什么?如何确定其位置、直径和数量?

2. 梁板中混凝土保护层的作用是什么?其厚度 c 是否等于 a_s?

3. 什么是配筋率?它对梁正截面受弯承载力及破坏性质有什么影响?

4. 简述适筋梁、超筋梁和少筋梁的破坏特征。在设计中为什么要防止超筋破坏和少筋破坏?

5. 适筋梁从开始加载到破坏经历了哪几个阶段？各阶段的应力、应变、中和轴、裂缝开展等是如何变化的？与计算有什么联系？

6. 钢筋混凝土适筋梁与匀质弹性材料梁的受力性能有什么区别？截面应力分析方法有什么异同之处？

7. 受弯构件正截面承载力计算时采用了哪些基本假定？按基本假定如何进行正截面承载力计算？

8. 如何将受压区混凝土应力图形换算成等效矩形应力图形？其特征值 α_1、β_1 的物理意义是什么？

9. 什么是相对受压区高度 ξ？什么是界限相对受压区高度 ξ_b？ξ_b 是如何推导的？其影响因素有哪些？它与最大配筋率 ρ_{max} 有什么关系？

10. 最小配筋率 ρ_{min} 是如何确定的？若梁中配筋率 $\rho \leq \rho_{min}$，应如何计算截面所承担的极限弯矩值？

11. 查表法进行正截面受弯承载力计算时，其系数 α_s、γ_s 的物理意义是什么？简述 α_s、γ_s 随 ξ 的变化规律。

12. 什么情况下采用双筋截面梁？为什么双筋截面梁必须采用封闭箍筋？其受压钢筋起什么作用？如何保证受压钢筋充分发挥作用？

13. 双筋截面梁正截面承载力计算时，若 A_s、A_s' 均未知，如何求解？为什么？

14. 双筋截面梁正截面承载力计算时，若已知 A_s' 求 A_s 的计算过程中，出现 $x > \xi_b h_0$ 说明什么？如何求解？

15. 双筋截面梁正截面承载力计算时，若已知 A_s' 求 A_s 的计算过程中，出现 $x < 2a_s'$ 说明什么？如何求解？

16. 现浇楼盖中的连续梁，其跨中截面和支座截面分别按什么截面计算？为什么？

17. T形截面为什么要规定受压区混凝土的翼缘计算宽度 b_f'？其影响因素有哪些？

18. T形截面是如何分类的？在截面设计和截面复核时，如何判别 T形截面的类型？

19. 当验算 T形截面梁的最小配筋率 ρ_{min} 时，计算配筋率 ρ 为什么用梁肋宽度 b，而不用翼缘计算宽度 b_f'？

20. 进行第二类 T形截面梁正截面承载力截面设计时，其计算思路与双筋截面梁有什么异同？

测 试 题

1. 填空题

（1）受弯构件是指截面上作用有_____和_____构件，它是钢筋混凝土结构中最常见的构件之一。

（2）当钢筋混凝土梁中同时作用有弯矩和剪力时，可能出现以下两种破坏形式：_____、_____。

（3）钢筋混凝土梁截面的高宽比 h/b 通常在下列范围内采用：矩形截面_____，T形截面_____。

（4）钢筋混凝土梁中配置的钢筋主要有_____、_____、_____、_____

和_____。

（5）钢筋混凝土梁式板中配置的钢筋主要有_____和_____。

（6）梁下部纵向钢筋的最小净距为_____且大于等于 d；上部纵向钢筋的最小净距为_____且大于等于 $1.5d$。

（7）根据破坏特征不同，受弯构件正截面破坏形态分为_____、_____、_____。

（8）钢筋混凝土适筋梁从加载到破坏经历了三个阶段，其中_____的应力状态作为抗裂验算的依据，_____的应力状态作为正常使用极限状态验算的依据，_____的应力状态作为正截面承载力计算的依据。

（9）受弯构件正截面承载力计算有四个基本假定，其中假定的混凝土应力—应变关系曲线中的 $\varepsilon_0 =$_____，$\varepsilon_{cu} =$_____。

（10）单筋矩形截面梁，防止少筋破坏的条件是_____，防止超筋破坏的条件是_____。

（11）提高单筋矩形截面梁正截面承载力较为有效的措施是_____、_____、_____。

（12）进行单筋矩形截面梁配筋计算时，若出现 $\alpha_s > \alpha_{s,max}$，则可采取的措施有_____、_____和_____。

（13）进行单筋矩形截面梁截面复核时，若 $x > \xi_b h_0$，说明_____，此时 $M_u =$_____；若 $M \le M_u$，则说明此构件_____。

（14）为防止受压钢筋过早压屈，双筋矩形截面梁必须配置_____。

（15）双筋矩形截面梁正截面承载力计算公式的适用条件是_____、_____。

（16）双筋矩形截面梁进行配筋计算时，若 A_s、A_s' 均未知，此时应假设_____，原因是_____。

（17）双筋矩形截面梁进行配筋计算时，已知 A_s' 求 A_s，计算过程中若出现 $x < 2a_s'$，说明_____，此时 $A_s =$_____。

（18）现浇楼盖中的连续梁，其跨中应按_____截面计算，支座应按_____截面计算。

（19）T形截面梁进行配筋计算时，第一类T形截面不必验算的适用条件是_____，第二类T形截面不必验算的适用条件是_____。

（20）进行第一类T形截面配筋计算时，为防止少筋脆性破坏，受拉钢筋截面面积应满足_____，对于工字形和倒T形截面，则受拉钢筋截面面积应满足_____。

2. 是非题

（1）在钢筋混凝土悬臂板中，分布钢筋布置在受力钢筋之上。　　（　　）

（2）在钢筋混凝土简支板中，分布钢筋布置在受力钢筋之上。　　（　　）

（3）混凝土保护层厚度与环境类别有关，则越厚越好。　　（　　）

（4）混凝土保护层厚度是指纵向受力钢筋至混凝土表面的垂直距离。　　（　　）

（5）正常使用条件下钢筋混凝土梁处于正截面受力的第Ⅱ阶段。　　（　　）

（6）适筋梁的破坏特征是受压区混凝土先发生受压破坏，然后受拉钢筋达到屈服。

（　　）

（7）钢筋混凝土梁发生界限破坏时，$x=\xi_b h_0$，$\rho=\rho_{max}$，$M_u=M_y$。（　　）

（8）确定界限相对受压区高度 ξ_b 的依据是平截面假定。（　　）

（9）少筋梁承载力取决于混凝土抗拉强度，由于配筋少，所以很安全、很经济。

（　　）

（10）单筋矩形截面梁的 ρ_{max} 值，随着钢筋和混凝土等级的提高而减小。（　　）

（11）提高混凝土强度等级可以明显地提高单筋矩形截面适筋梁的受弯承载力。（　　）

（12）进行单筋矩形截面梁复核时，若出现 $x>\xi_b h_0$，则取 $x=\xi_b h_0$。（　　）

（13）双筋截面梁比单筋截面梁更经济。（　　）

（14）梁受压区配置一定数量的受压钢筋，可以改善梁的截面延性。（　　）

（15）受压区配置纵向钢筋的矩形截面梁，必须按双筋矩形截面梁进行计算。（　　）

（16）双筋矩形截面梁正截面承载力计算时，保证受压钢筋达到屈服的条件是 $x\leqslant 2a_s'$。

（　　）

（17）双筋矩形截面梁正截面承载力计算时，一般可不必验算最小配筋率。（　　）

（18）双筋矩形截面梁进行配筋计算时，若 $x\leqslant 2a_s'$，则 $A_s=\dfrac{M}{f_y(h_0-a_s')}$。（　　）

（19）T 形截面梁通常采用单筋，若所承受的弯矩设计值较大且截面高度受限，也可设计成双筋 T 形截面。（　　）

（20）对于 $x\leqslant h_f'$ 的 T 形截面梁，因为其正截面受弯承载力相当于宽度 b_f' 的矩形截面梁，所以其配筋率应按 $\rho=\dfrac{A_s}{b_f' h_0}$ 计算。（　　）

3. 选择题

（1）混凝土保护层厚度是指（　　）。

A. 纵向钢筋内表面到混凝土表面的距离　　B. 纵向钢筋外表面到混凝土表面的距离

C. 箍筋外表面到混凝土表面的距离　　D. 纵向钢筋重心到混凝土表面的距离

（2）梁纵向受力钢筋的保护层厚度主要由下列哪个所决定？（　　）

A. 纵向钢筋级别　　　　　　　　　　B. 周围环境和混凝土强度等级

C. 纵向钢筋直径大小　　　　　　　　D. 箍筋直径大小

（3）下列哪个应力状态作为受弯构件正截面承载力计算的依据？（　　）

A. Ⅰ$_a$　　　　　B. Ⅱ$_a$　　　　　C. Ⅲ$_a$　　　　　D. 第Ⅱ阶段

（4）下列哪个应力状态作为受弯构件抗裂度验算的依据？（　　）

A. Ⅰ$_a$　　　　　B. Ⅱ$_a$　　　　　C. Ⅲ$_a$　　　　　D. 第Ⅱ阶段

（5）下列哪个应力状态作为受弯构件变形和裂缝验算的依据？（　　）

A. Ⅰ$_a$　　　　　B. Ⅱ$_a$　　　　　C. Ⅲ$_a$　　　　　D. 第Ⅱ阶段

（6）有两根截面尺寸 $b\times h$ 和材料强度 f_y、f_c 相同的梁，其配筋率 ρ 一根大、一根小，但均在适筋范围，若 M_{cr} 是正截面开裂弯矩，M_u 是正截面极限弯矩，则（　　）。

A. ρ 大的梁，M_{cr}/M_u 大　　　　　B. ρ 小的梁，M_{cr}/M_u 大

C. 两根梁的 M_{cr}/M_u 相同　　　　　D. 无法确定

（7）若梁的截面尺寸、混凝土强度等级相同，梁中配筋和钢筋强度等级也相同，则下列哪种梁的截面承载力最高？（　　）

A. 适筋梁　　　　　　B. 少筋梁　　　　　　C. 超筋梁　　　　　　D. 素混凝土梁

（8）受弯构件正截面承载力计算公式是依据哪种破坏形态建立的？（　　）

A. 少筋破坏　　　　　B. 适筋破坏　　　　　C. 超筋破坏　　　　　D. 界限破坏

（9）对界限相对受压区高度 ξ_b 而言（　　）。

A. 混凝土强度等级越高，ξ_b 越大　　　　　B. 与混凝土强度等级无关

C. 钢筋强度等级越高，ξ_b 越大　　　　　D. 钢筋强度等级越低，ξ_b 越大

（10）若钢筋截面面积给定，则提高梁正截面承载力最有效的措施是（　　）。

A. 增大混凝土强度等级　　　　　　　　B. 提高钢筋强度等级

C. 增大截面高度　　　　　　　　　　　D. 增大截面宽度

（11）受弯构件正截面承载力计算时，其截面抵抗矩系数 α_s 取值为（　　）。

A. $\xi(1-0.5\xi)$　　　B. $\xi(1+0.5\xi)$　　　C. $1-0.5\xi$　　　D. $1+0.5\xi$

（12）受弯构件正截面承载力计算时，其内力臂系数 γ_s 取值为（　　）。

A. $\xi(1-0.5\xi)$　　　B. $\xi(1+0.5\xi)$　　　C. $1-0.5\xi$　　　D. $1+0.5\xi$

（13）受弯构件正截面承载力计算时，为防止少筋脆性破坏，应满足（　　）。

A. $\rho \geqslant \rho_{min}$　　　B. $\rho \geqslant \rho_{min}\dfrac{h}{h_0}$　　　C. $\rho \geqslant \rho_{min}\dfrac{h_0}{h}$　　　D. $A_s \geqslant \rho_{min}bh_0$

（14）改善梁截面曲率延性的措施之一是（　　）。

A. 增大受压钢筋截面面积 A_s'　　　　　B. 增大受拉钢筋截面面积 A_s

C. 提高钢筋强度等级　　　　　　　　　D. 以上措施均无效

（15）双筋截面梁进行配筋计算时，当 A_s、A_s' 均未知，则用钢量最少的方法是（　　）。

A. 取 $x=\xi_b h_0$　　　B. 取 $A_s=A_s'$　　　C. 取 $x=2a_s'$　　　D. 取 $x=0.5h_0$

（16）双筋矩形截面梁进行配筋计算时，若已知 A_s' 求 A_s，出现 $x \leqslant 2a_s'$，则说明（　　）。

A. 受压钢筋配置过多　　　　　　　　　B. 受压钢筋配置过少

C. 受拉钢筋配置过少　　　　　　　　　D. 截面尺寸过大

（17）双筋矩形截面梁进行配筋计算时，若已知 A_s' 求 A_s，出现 $x > \xi_b h_0$，则说明（　　）。

A. 受压钢筋配置过多　　　　　　　　　B. 受压钢筋配置过少

C. 受拉钢筋配置过少　　　　　　　　　D. 梁发生破坏时受拉钢筋早已屈服

（18）T 形梁正截面承载力计算时，假定翼缘计算宽度 b_f' 范围内的混凝土压应力（　　）。

A. 按抛物线分布　　　　　　　　　　　B. 均匀分布

C. 按三角形分布　　　　　　　　　　　D. 部分均匀分布

（19）对工字形和倒 T 形截面，若为第一类 T 形截面，则防止少筋脆性破坏应满足（　　）。

A. $A_s \geqslant \rho_{min}\left[bh+(b_f'-b)h_f'\right]$　　　　　B. $A_s \geqslant \rho_{min}\left[bh+(b_f-b)h_f\right]$

C. $A_s \geqslant \rho_{min}\left[bh_0+(b_f-b)h_f\right]$　　　　　D. $A_s \geqslant \rho_{min}\left[bh_0+(b_f'-b)h_f'\right]$

（20）进行截面复核时，第二类 T 形截面的判别条件是（　　）。

A. $M > \alpha_1 f_c b_f' h_f' \left(h_0 - \dfrac{h_f'}{2} \right)$ B. $\alpha_1 f_c b_f' h_f' < f_y A_s$

C. $x > h_f'$ D. $x = h_f'$

习　题

1. 已知矩形截面梁 $b \times h = 200\text{mm} \times 450\text{mm}$，由设计荷载产生的弯矩 $M = 130\text{kN} \cdot \text{m}$，混凝土强度等级为 C30，采用 HRB400 级钢筋，一类使用环境。试求所需的受拉钢筋截面面积。

2. 某教学楼矩形截面梁承受均布线荷载，永久荷载标准值为 9kN/m（不包括梁的自重），可变荷载标准值为 7kN/m，混凝土强度等级为 C30，采用 HRB400 级钢筋，梁的计算跨度 $l = 6\text{m}$，一类使用环境，安全等级为二级。求所需受拉钢筋截面面积。

3. 已知矩形截面梁 $b \times h = 200\text{mm} \times 500\text{mm}$，承受弯矩设计值 $M = 115\text{kN} \cdot \text{m}$，混凝土强度等级为 C30，配有 2Φ22+1Φ20 钢筋，二 b 类使用环境。试验算该截面是否安全。

4. 一单跨简支板，计算跨度为 2.7m，承受均布荷载设计值为 8.4kN/m（包括板的自重），混凝土强度等级为 C25，采用 HPB300 级钢筋，一类使用环境。试设计该简支板。

5. 已知矩形截面梁 $b \times h = 200\text{mm} \times 500\text{mm}$，由设计荷载产生的弯矩 $M = 225\text{kN} \cdot \text{m}$，混凝土强度等级为 C25，采用 HRB400 级钢筋，一类使用环境。试求所需的受拉钢筋截面面积。

6. 已知矩形截面梁 $b \times h = 250\text{mm} \times 600\text{mm}$，此梁受变号弯矩作用，负弯矩设计值 $-M = 100\text{kN} \cdot \text{m}$，正弯矩设计值 $+M = 257\text{kN} \cdot \text{m}$，混凝土强度等级为 C30，采用 HRB400 级钢筋，一类使用环境。试设计此梁。

7. 已知某矩形截面梁尺寸为 200mm×500mm，混凝土强度等级为 C30，采用 HRB400 级钢筋，弯矩设计值 $M = 270\text{kN} \cdot \text{m}$，受压区已配有 2Φ18 钢筋，一类使用环境。试求所需的受拉钢筋截面面积。

8. 已知某矩形截面梁尺寸为 250mm×550mm，混凝土强度等级为 C30，配有 3Φ18 受压钢筋和 3Φ25 受拉钢筋，混凝土保护层厚度 $c = 30\text{mm}$。若承受弯矩设计值 $M = 245\text{kN} \cdot \text{m}$，试验算该梁正截面承载力是否安全。

9. T 形截面梁尺寸为 $b = 200\text{mm}$，$h = 600\text{mm}$，$b_f' = 900\text{mm}$，$h_f' = 90\text{mm}$，承受弯矩设计值 $M = 290\text{kN} \cdot \text{m}$，混凝土强度等级为 C30，采用 HRB400 级钢筋，环境类别为一类。试求所需钢筋截面面积。

10. T 形截面梁尺寸为 $b = 300\text{mm}$，$h = 700\text{mm}$，$b_f' = 600\text{mm}$，$h_f' = 110\text{mm}$，承受弯矩设计值 $M = 610\text{kN} \cdot \text{m}$，混凝土强度等级为 C30，采用 HRB400 级钢筋，环境类别为一类。试求所需钢筋截面面积。

11. T 形截面梁尺寸为 $b = 250\text{mm}$，$h = 700\text{mm}$，$b_f' = 450\text{mm}$，$h_f' = 90\text{mm}$，承受弯矩设计值 $M = 315\text{kN} \cdot \text{m}$，混凝土强度等级为 C30，配有 4Φ22 受拉钢筋，环境类别为一类。试验算截面是否安全。

第5章　受弯构件斜截面承载力计算

【学习目标】
1. 了解受弯构件剪弯段斜裂缝的形成、形式和抗剪钢筋的作用。
2. 熟悉斜截面破坏的主要形态，掌握斜截面受剪承载力的影响因素。
3. 熟练掌握受弯构件斜截面承载力计算方法以及防止斜压破坏和斜拉破坏的措施。
4. 了解抵抗弯矩图的画法和纵向受力钢筋的弯起、截断及锚固方法。

本章是本书的重点内容，重点是受弯构件斜截面承载力计算方法，难点是抵抗弯矩图。

■ 5.1　概述

图 5-1 所示的矩形截面简支梁，在弯矩和剪力共同作用下，梁的剪弯段中有可能出现斜裂缝（diagonal crack），并产生沿斜裂缝截面的破坏。这种破坏是由剪力引起的，一般都具有脆性破坏特征，因此工程设计时应避免产生斜截面破坏。

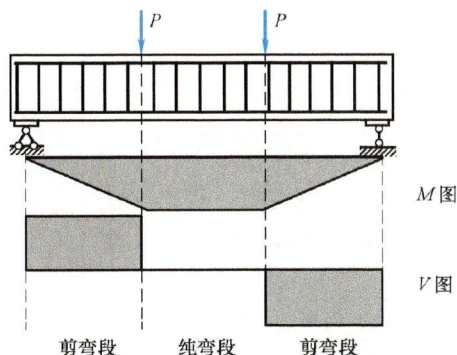

图 5-1　受弯构件受力示意图

受弯构件斜截面承载力包括斜截面受剪承载力和斜截面受弯承载力两方面。斜截面受剪承载力是通过承载力计算和构造要求保证的，斜截面受弯承载力则是通过纵向受力钢筋和箍筋的构造要求保证的。保证斜截面承载力的目的，是防止斜截面破坏先于正截面破坏，达到"强剪弱弯"的要求，使所设计的受弯构件具有足够延性。

■ 5.2 受弯构件斜截面受剪性能

5.2.1 斜裂缝形成及抗剪钢筋

1. 主应力迹线

图 5-1 所示的钢筋混凝土简支梁，裂缝出现前可视为匀质弹性体，采用换算截面（transformed section），可按照材料力学公式计算出剪弯段上任意一点的主拉应力 σ_{tp}、主压应力 σ_{cp} 以及主拉应力作用方向与梁轴线的夹角 α 为

$$\sigma_{tp} = \frac{\sigma}{2} + \sqrt{\frac{\sigma^2}{4} + \tau^2} \tag{5-1}$$

$$\sigma_{cp} = \frac{\sigma}{2} - \sqrt{\frac{\sigma^2}{4} + \tau^2} \tag{5-2}$$

$$\alpha = \frac{1}{2}\arctan\left(-\frac{2\tau}{\sigma}\right) \tag{5-3}$$

式中　σ——正应力，$\sigma = M_y/I_0$；

τ——剪应力，$\tau = VS_0/bI_0$；

y——换算截面上计算点距中和轴的距离；

I_0——换算截面惯性矩；

S_0——换算截面上剪应力计算点以上面积对中和轴的面积矩。

图 5-2 所示为无腹筋简支梁在对称集中荷载作用下的主应力迹线（principal stress trail）和单元应力状况，实线是主拉应力迹线，虚线是主压应力迹线。在中和轴处（图中 1 点），$\sigma = 0$，τ 最大，$\alpha = 45°$；在受压区（图中 2 点），σ 为压应力，$\alpha > 45°$；在受拉区（图中 3 点），σ 为拉应力，$\alpha < 45°$；主拉应力迹线与主压应力迹线为正交。

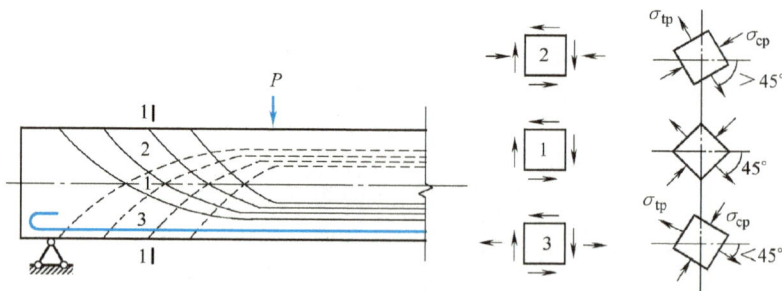

图 5-2　无腹筋简支梁在对称集中荷载作用下的主应力迹线和单元应力状况

当主拉应力达到混凝土抗拉强度时，梁将开裂，裂缝方向大致垂直于主拉应力方向，即与主压应力方向一致；在剪弯段，其裂缝主要沿主压应力迹线发展，形成斜裂缝。斜裂缝出现后，梁的内应力分布将发生变化，产生应力重分布；随着荷载的增加，斜裂缝不断发展；当荷载加至一定程度时，会形成一条主要的斜裂缝，称为临界斜裂缝（critical diagonal crack），最终梁沿临界斜裂缝发生破坏。

2. 斜裂缝形式

按其出现的位置不同，斜裂缝可分为以下两种形式：

（1）腹剪斜裂缝（web-shear diagonal cracks） 当剪力较大，或梁腹较薄（如工字形截面梁）时，因梁腹剪应力较大，在梁腹中部首先出现裂缝，而后沿主压应力迹线向两端发展，形成中间宽、两端细的斜裂缝，如图5-3a所示。

（2）弯剪斜裂缝（flexural-shear diagonal cracks） 在弯矩和剪力共同作用下，因拉应力较大，首先在剪弯段的梁底出现一些较短垂直裂缝，然后向上沿主压应力迹线发展，形成下宽上细的斜裂缝，也是最常见的斜裂缝，如图5-3b所示。

此外，还有两种次生裂缝。一种是在靠近支座处，纵向钢筋与周围混凝土发生黏结破坏而出现的黏结裂缝，如图5-3c所示；另一种是在 M/V 相对较大的梁中，临近破坏时沿纵向钢筋位置出现的撕裂裂缝，如图5-3d所示。

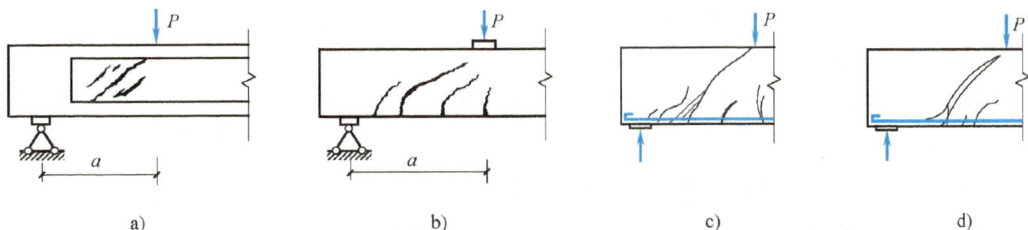

图 5-3 斜裂缝形式

a）腹剪斜裂缝 b）弯剪斜裂缝 c）黏结裂缝 d）撕裂裂缝

3. 无腹筋梁和有腹筋梁

为了防止发生斜截面破坏，梁内需要配置足够的抗剪钢筋。抗剪钢筋主要有箍筋（stirrup）和弯起钢筋（bent-up bar），统称为腹筋（web reinforcement），它们与纵向受力钢筋、架立钢筋绑扎或焊接在一起，构成梁的钢筋骨架，如图5-4所示。

无腹筋梁（beam without web reinforcement）是指不配置箍筋与弯起钢筋的梁。这种梁的斜截面受剪承载力很低，实际工程中很少采用，仅有高度很小的梁和普通楼板（薄板）采用。

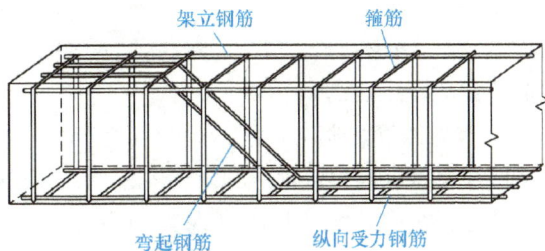

图 5-4 梁中钢筋

有腹筋梁（beam with web reinforcement）是指配置纵向受力钢筋、架立钢筋、箍筋与弯起钢筋的梁。从理论上讲，梁中配置与主拉应力方向一致的斜向箍筋最合理，更利于抑制斜裂缝的开展，但斜向箍筋施工时不易固定，且不能承受反向荷载产生的剪力，故实际工程中都采用垂直箍筋。弯起钢筋一般利用梁内的纵向钢筋弯起而构成，其布置方向虽然与主拉应力方向基本一致，但由于其传力较为集中，受力不均匀，有可能引起劈裂裂缝（见图5-5），同时增大钢筋施工难度，所以一般仅在箍筋略有不足时采用。

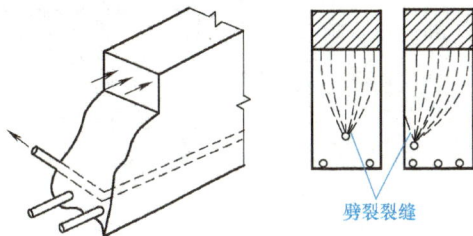

图 5-5 钢筋弯起处劈裂裂缝

当采用弯起钢筋时，其位置不宜在梁侧边缘，直径也不宜过粗。

5.2.2 无腹筋梁斜截面受剪性能

1. 斜裂缝出现后梁的受力状态

为分析斜裂缝出现后梁中的受力状态，将梁沿斜裂缝截取出如图 5-6 所示的隔离体。

由图可见，与剪力 V 平衡的力有：斜裂缝上部剪压区混凝土所承受的剪力 V_c，斜裂缝两侧凹凸不平所产生骨料咬合力 V_a 的竖向分力 V_{ay}，纵向钢筋穿越斜裂缝的销栓力 V_d，即

$$V = V_c + V_{ay} + V_d \tag{5-4}$$

随着斜裂缝的不断发展，骨料咬合力 V_a 和纵向钢筋销栓力 V_d 逐渐减小，最终斜裂缝上部混凝土在剪应力和压应力共同作用下发生破坏。

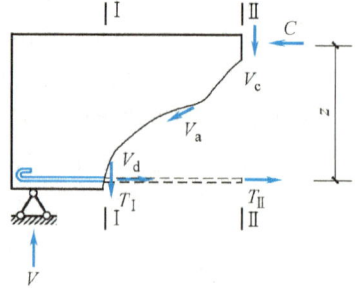

斜裂缝出现后，梁在剪弯段内的受力状态发生很大变化，主要表现为：

1）开裂前，剪力由梁整个截面承担；开裂后，剪力主要由剪压区混凝土承担，随着斜裂缝的开展，受剪面积减小，使剪应力和压应力比开裂前明显增大。

2）斜裂缝的出现，使纵向钢筋应力突然增大。开裂前，Ⅰ—Ⅰ截面的纵向钢筋拉力 $T_Ⅰ$ 取决于该截面的弯矩；开裂后，若不考虑 V_a 和 V_d 的影响，对剪压区压应力合力作用点取矩，可知 $T_Ⅰ$ 取决于Ⅱ—Ⅱ截面的弯矩，而该截面弯矩大于前者的弯矩，所以开裂后纵向钢筋应力显著增大。

3）斜裂缝出现后梁中受力状态的改变，致使梁的剪力传递机制也发生改变，由原来的梁机制变为拉杆拱机制。

2. 剪力传递机制

剪力传递机制（shear force transfer mechanism）是指作用在梁上的竖向荷载从作用点传递到支座的方式。梁开裂前可视为均质弹性材料，用材料力学方法进行分析。如图 5-7a 所示，在剪弯段，其剪力和弯矩之间的关系为

$$V_x = \frac{\mathrm{d}M_x}{\mathrm{d}x} \tag{5-5}$$

图 5-6 斜裂缝出现后梁中的受力状态

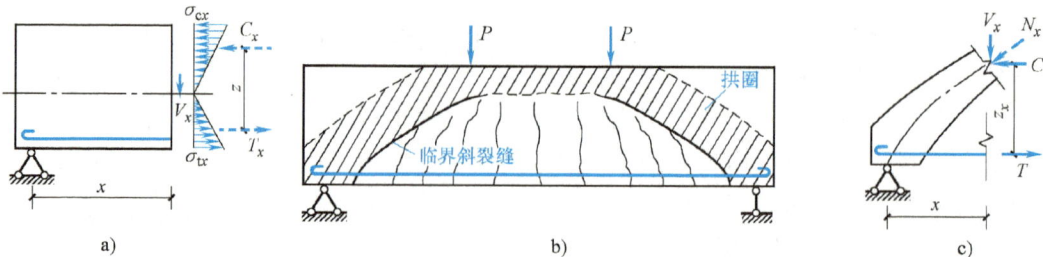

图 5-7 无腹筋梁剪力传递机制
a）梁机制 b）裂缝分布 c）拱机制

当截面存在剪力 V_x 时，离支座不同距离 x 横截面上的正应力分布相同，内力臂也相同，但正应力值 σ_x、压应力合力大小 C_x 和拉应力合力大小 T_x（且 $C_x = T_x$）则随距离 x 变化。这种依靠正应力沿构件长度方向的梯度传递剪力的方式称为梁机制（beam mechanism）。

梁开裂后，斜裂缝不断发展，受拉区混凝土逐渐退出工作，截面拉应力主要由纵向钢筋承担；纵向钢筋与受压区混凝土则形成带拉杆的拱，如图 5-7b 所示。

在离支座不同距离 x 的横截面上，拉杆拱的拉应力 T 与拱圈压应力的水平分力 C 相同，而两者之间的内力臂 z_x 则随 x 而变化，剪力等于拱圈轴向压应力的竖向分力。这种剪力由拱圈压应力传递到支座的方式称为拱机制（arch mechanism），如图 5-7c 所示。

梁内任一截面的弯矩可表示为

$$M_x = T_x z_x \tag{5-6}$$

将式（5-6）代入式（5-5），则

$$V_x = \frac{dM_x}{dx} = z\frac{dT_x}{dx} + T\frac{dz_x}{dx} \tag{5-7}$$

由式（5-7）可见，等式右边第一项代表梁机制传递的剪力，而第二项代表拱机制传递的剪力。

斜裂缝出现前，剪力由梁机制传递；斜裂缝出现后，剪力由梁机制和拱机制共同传递；随着斜裂缝的不断开展，拱机制传递剪力所占比例越来越大；当不同截面的拉应力 T 相同时，梁机制完全失效，全部由拱机制传递剪力。

3. 无腹筋梁斜截面破坏形态

无腹筋梁斜截面破坏形态与截面正应力 σ 和剪应力 τ 的比值有很大关系。正应力 σ 与 M/bh_0^2 成正比，剪应力 τ 与 V/bh_0 成正比，因此 σ/τ 与 M/Vh_0 也成比例。令

$$\lambda = \frac{M}{Vh_0} \tag{5-8}$$

式中　λ——广义剪跨比，简称剪跨比（shear span ratio），它反映了截面正应力 σ 与剪应力 τ 的相对比值。

对于承受对称集中荷载的简支梁，如图 5-1 所示，则

$$\lambda = \frac{M}{Vh_0} = \frac{a}{h_0} \tag{5-9}$$

式中　a——剪跨，即集中荷载作用点至支座的距离；一般称 $\lambda = a/h_0$ 为计算剪跨比。

对于承受均布荷载的简支梁，设 l 为梁的跨度，βl 为计算截面离支座的距离，则 λ 可表达为跨高比 l/h_0 的函数，即

$$\lambda = \frac{M}{Vh_0} = \frac{\beta - \beta^2}{1 - 2\beta}\frac{l}{h_0} \tag{5-10}$$

随着剪跨比 λ 的变化，无腹筋梁斜截面会发生以下三种破坏形态：

（1）斜拉破坏　当剪跨比 $\lambda > 3$ 时，斜裂缝一出现便迅速向集中荷载作用点延伸，形成临界斜裂缝，将梁斜拉成两部分而破坏，故称为斜拉破坏（diagonal tension failure），如图 5-8a 所示。同时，往往伴随撕裂裂缝产生，即混凝土沿纵向钢筋产生撕裂裂缝。整个破坏过程急速而突然，破坏荷载接近斜裂缝出现时的荷载；破坏时梁的变形很小，具有明显的受拉脆性破坏特征；梁的受剪承载力取决于混凝土抗拉强度，为无腹筋梁受剪承

载力的下限。

（2）剪压破坏　当剪跨比 $1 \le \lambda \le 3$ 时，斜裂缝出现后，荷载仍可不断增加，并陆续出现多条新的斜裂缝；随着荷载的增加，其中一条延伸最长、开展较宽的斜裂缝发展为临界斜裂缝，并迅速向荷载作用点延伸，最终导致临界斜裂缝顶端的混凝土剪压区在剪应力和正应力共同作用下达到复合受力强度而破坏，故称为剪压破坏（shear compression failure），如图 5-8b 所示。梁破坏前有一定的预兆，但变形能力仍较差，也属于脆性破坏。破坏荷载明显高于斜裂缝出现时的荷载，梁的受剪承载力主要取决于斜裂缝顶端剪压区的混凝土复合受力强度，界于斜拉破坏和斜压破坏之间。

（3）斜压破坏　当剪跨比 $\lambda < 1$ 时，主压应力迹线与支座和荷载作用点连线基本一致，连线两侧的混凝土犹如一根斜向受压的短柱；破坏时，在支座和荷载作用点之间产生多条大致平行的斜裂缝，类似于短柱受压时的侧向膨胀，最终混凝土因斜向受压而发生破坏，故称为斜压破坏（diagonal compression failure），如图 5-8c 所示。破坏时，梁的变形很小，荷载达到峰值后迅速下降，呈现明显的受压脆性破坏特征。梁的受剪承载力取决于混凝土抗压强度，为无腹筋梁受剪承载力的上限。

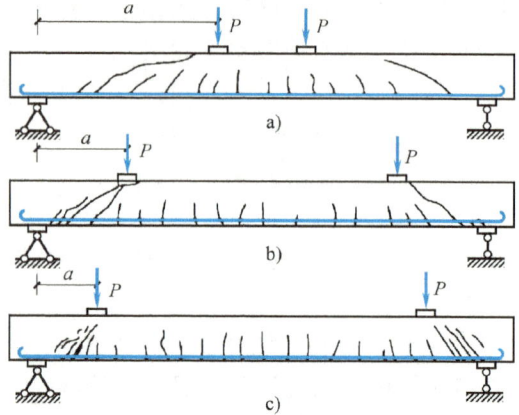

图 5-8　无腹筋梁斜截面破坏形态图
a）斜拉破坏　b）剪压破坏　c）斜压破坏

图 5-9 给出了无腹筋梁斜截面三种破坏形态的 $P—f$（荷载—挠度）曲线。由图 5-9 可见，三种破坏形态的斜截面受剪承载力各不相同，斜压破坏时最大，剪压破坏其次，斜拉破坏最小。在达到峰值荷载时，其跨中挠度都不大，破坏后荷载均迅速下降，表明三种破坏都属于脆性破坏，只是脆性程度各不相同，其中斜拉破坏最明显，斜压破坏其次，剪压破坏相对最小。

5.2.3　有腹筋梁斜截面受剪性能

1. 箍筋的作用

无腹筋梁斜截面受剪承载力较低，且脆性较大，所以梁中一般均配置腹筋，通常多配置箍筋。对于阻止斜裂缝的出现，箍筋不起什么作用，而斜裂缝一旦出现，箍筋则可大大提高梁的斜截面受剪承载力。箍筋的主要作用有：

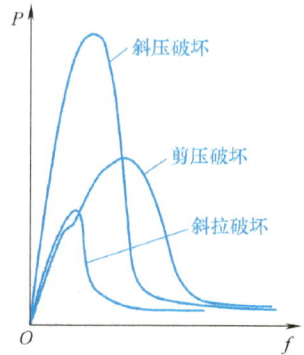

图 5-9　无腹筋梁斜截面
三种破坏形态的 $P—f$ 曲线

1）斜裂缝出现后，梁截面出现应力重分布，箍筋承担斜裂缝间的拉应力并传递剪应力。

2）抑制斜裂缝发展，增大剪压区面积，提高混凝土抗剪能力 V_c 和骨料咬合力 V_a。

3）吊住纵向钢筋，限制纵向钢筋的竖向位移，延缓撕裂裂缝的发展，增强纵向钢筋销栓力 V_d。

4）参与斜截面受弯，使斜裂缝出现后纵向钢筋拉应力增量减小。

然而，箍筋不能提高斜压破坏时的承载力，即对于小剪跨比情况，箍筋的上述作用很小；对于大剪跨比情况，箍筋配置若超过一定数量，则会出现受拉不屈服，梁产生斜压破坏，受剪承载力取决于混凝土抗压强度。

2. 剪力传递机制

配置箍筋后，梁的剪力传递机制将会发生改变。斜裂缝出现前，有腹筋梁的剪力传递机制同无腹筋梁；临界斜裂缝形成后，有腹筋梁的剪力传递机制则转变为拱与桁架的复合传递机制（arch-truss mechanism），如图5-10所示。即箍筋通过"悬吊"作用把斜裂缝下部内拱的内力直接传递给上部的拱体，再传递给支座，增加了混凝土拱体传递受压的作用；此外，斜裂缝间的骨料咬合力通过拱作用直接将内力传递到支座上。

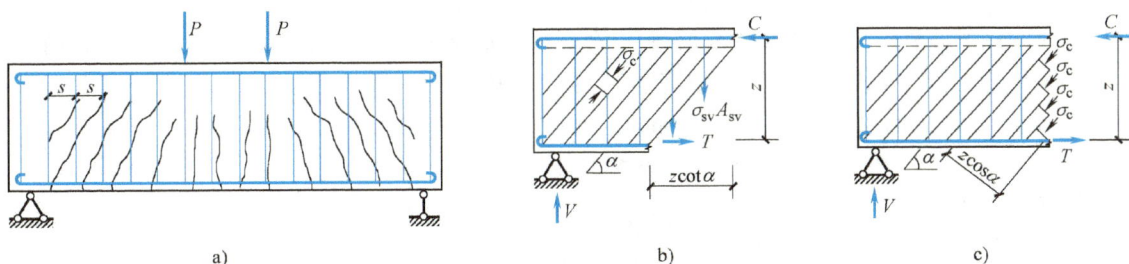

图 5-10 有腹筋梁剪应力传递机制

a）裂缝分布 b）斜截面 c）横截面

斜裂缝之间的混凝土拱体可比拟为桁架受压斜腹杆，箍筋可比拟为桁架受拉竖腹杆，纵向受拉钢筋可比拟为桁架受拉下弦杆，受压区混凝土和受压钢筋可比拟为桁架受压上弦杆。当配有弯起钢筋时，可以比拟为桁架受拉斜腹杆。铰接桁架上、下弦杆不承担剪力，剪力全部由腹杆传递。这一比拟表明，腹筋中存在拉应力，斜裂缝间的混凝土承受压应力。当受拉腹杆（腹筋）较弱或适当时，将发生斜拉或剪压破坏；当受拉腹杆过强（腹筋过多）时，可能发生斜压破坏。

假定斜裂缝倾角为 α，斜压应力 σ_c 相同，与斜裂缝相交的箍筋应力 σ_{sv} 相同，同一横截面箍筋的全部截面面积为 A_{sv}。由图5-10b斜截面的竖向平衡条件，并用 ηh_0 代替内力臂 z，则

$$V=\frac{z\cot\alpha}{s}\sigma_{sv}A_{sv}=\eta bh_0\rho_{sv}\sigma_{sv}\cot\alpha \tag{5-11a}$$

$$\sigma_{sv}=\frac{\tau}{\eta\rho_{sv}\cot\alpha} \tag{5-11b}$$

由图5-10c横截面的竖向平衡条件，则

$$V=(bz\cot\alpha\times\sigma_c)\sin\alpha \tag{5-11c}$$

$$\sigma_c=\frac{\tau}{\eta\sin\alpha\cot\alpha} \tag{5-11d}$$

倾角 α 可根据应变协调条件确定，即

$$\cot\alpha=\sqrt{1+\varepsilon_s/\varepsilon_c} \tag{5-11e}$$

式中 b——截面宽度或腹板宽度；

s——箍筋间距；

ρ_{sv}——配箍率，$\rho_{sv}=A_{sv}/bs$，详见式（5-12）；

τ——名义剪应力，$\tau = V/bh_0$；

ε_s、ε_c——箍筋和腹板混凝土的应变，可由式（5-11b）、式（5-11d）根据钢筋和混凝土的应力—应变关系求得。

3. 有腹筋梁斜截面破坏形态

有腹筋梁斜截面的破坏形态不仅与剪跨比 λ 有关，还与配箍率 ρ_{sv} 有关。配箍率（stirrup ratio）是指箍筋截面面积与相应混凝土面积的比值，即

$$\rho_{sv} = \frac{A_{sv}}{bs} = \frac{nA_{sv1}}{bs} \tag{5-12}$$

式中　A_{sv}——配置在同一截面内箍筋各肢的全部截面面积，$A_{sv} = nA_{sv1}$，n 为同一截面内箍筋的肢数，A_{sv1} 为单肢箍筋的截面面积，如图 5-11 所示。

有腹筋梁斜截面破坏形态与无腹筋梁类似，随着配箍率 ρ_{sv} 的增加，也会发生斜拉破坏、剪压破坏和斜压破坏。

（1）配箍率 ρ_{sv} 过小　当剪跨比 $\lambda > 3$ 时，若箍筋配置过少，则斜裂缝出现后，箍筋不足以承受原先由混凝土承担的主拉应力，很快就达到屈服，不能起到限制斜裂缝发展的作用，桁架机制无法形成，最终发生斜拉破坏。

（2）配箍率 ρ_{sv} 适当　当剪跨比 $1 \leqslant \lambda \leqslant 3$ 时，若箍筋配置适当，与斜裂缝相交的箍筋一

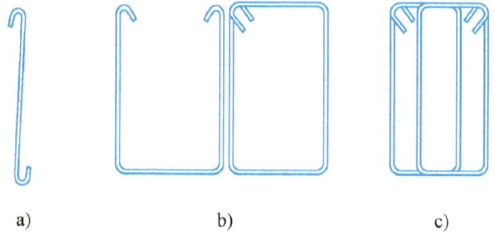

图 5-11　箍筋的肢数
a）单肢箍（$n=1$）　b）双肢箍（$n=2$）　c）四肢箍（$n=4$）

般都会达到屈服，最终发生剪压破坏。当剪跨比 $\lambda > 3$ 时，若箍筋配置适当，则斜裂缝出现后，原先由混凝土承担的主拉应力转由箍筋承担，并能限制斜裂缝的发展，开始形成桁架机制，荷载可以继续增加；与临界斜裂缝相交的箍筋达到屈服后，随着荷载的增加，桁架机制所能传递的剪力不再增加，所增加的荷载全部由剪压区混凝土承担；箍筋屈服后，不能再限制斜裂缝的发展，使斜裂缝上部的剪压区面积不断减小，最终发生剪压破坏。

（3）配箍率 ρ_{sv} 过大　当剪跨比 $\lambda < 1$ 时，有腹筋梁也是发生斜压破坏。当剪跨比 $1 \leqslant \lambda \leqslant 3$ 时，若箍筋配置过多，箍筋达到屈服前，斜裂缝间的混凝土因主压应力过大而已破坏，梁发生斜压破坏。

剪跨比 λ 和配箍率 ρ_{sv} 对梁斜截面受剪破坏形态的影响，见表 5-1。在进行斜截面受剪承载力计算时，箍筋配置过少和过多的情况均应予以避免。

表 5-1　梁斜截面受剪破坏形态

配箍率 ρ_{sv}	剪跨比 λ		
	$\lambda < 1$	$1 \leqslant \lambda \leqslant 3$	$\lambda > 3$
无腹筋	斜压破坏	剪压破坏	斜拉破坏
ρ_{sv} 过小	斜压破坏	剪压破坏	斜拉破坏
ρ_{sv} 适当	斜压破坏	剪压破坏	剪压破坏
ρ_{sv} 过大	斜压破坏	斜压破坏	斜压破坏

■ 5.3 受弯构件斜截面受剪承载力计算

5.3.1 受剪承载力影响因素

1. 剪跨比

剪跨比 λ 是影响无腹筋梁斜截面破坏形态的主要因素，对受剪承载力也有很大影响。随着 λ 的增大，受剪承载力逐渐下降；当 $\lambda>3$ 后，受剪承载力趋于稳定，λ 的影响不明显，表明拱机制的剪力传递能力随 λ 的增大而很快降低，如图 5-12 所示。

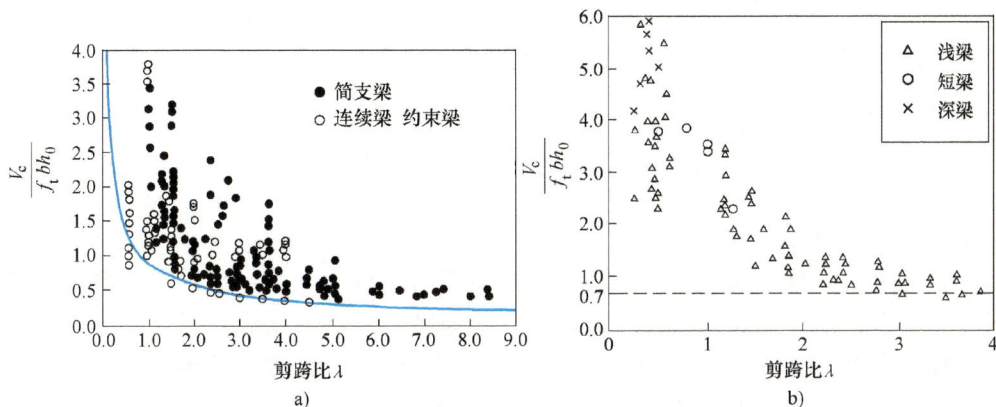

图 5-12 剪跨比对受剪承载力的影响

a）集中荷载 b）均布荷载

正如前述，剪跨比 λ 对有腹筋梁斜截面破坏形态也有很大的影响。

2. 混凝土强度

斜截面破坏最终都是因为混凝土达到极限强度而发生的，所以受剪承载力与混凝土强度有很大关系，斜拉破坏取决于混凝土抗拉强度，剪压破坏更多地取决于混凝土抗拉强度，斜压破坏取决于混凝土抗压强度。试验表明，当剪跨比 λ 一定时，无腹筋梁斜截面受剪承载力随着混凝土强度的提高而增大，且两者大致呈线性关系，如图 5-13 所示。

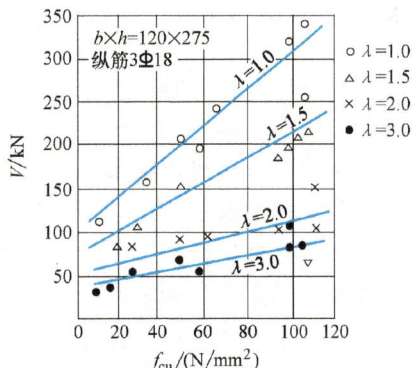

图 5-13 混凝土强度对受剪承载力的影响

3. 纵向钢筋配筋率

斜裂缝出现后，纵向钢筋受剪产生销栓作用，可以限制斜裂缝的发展，从而提高斜裂缝间的骨料咬合力。因此，梁的受剪承载力随着纵向钢筋配筋率 ρ 的增加而提高。ρ 对受剪承载力的影响程度与剪跨比 λ 有关，λ 较小时，纵向钢筋影响明显；λ 较大时，纵向钢筋影响程度减小，如图 5-14 所示。

4. 配箍率和箍筋强度

正如前述，剪跨比较小（$\lambda<1$）时，梁发生斜压破坏，配置箍筋对梁斜截面受剪承载力

没有影响；剪跨比较大时，配箍率 ρ_{sv} 增加，箍筋强度 f_{yv} 越高，梁斜截面受剪承载力也越大，两者呈线性关系，如图 5-15 所示。当配箍率 ρ_{sv} 超过某一限值时，箍筋尚未屈服，斜裂缝间的混凝土因主压应力过大而破坏，梁斜截面受剪承载力取决于混凝土抗压强度。

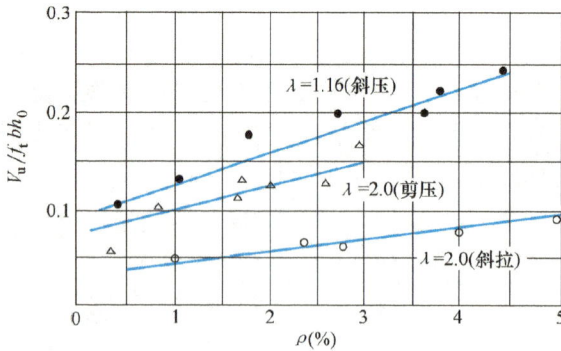

图 5-14　纵向钢筋配筋率对受剪承载力的影响

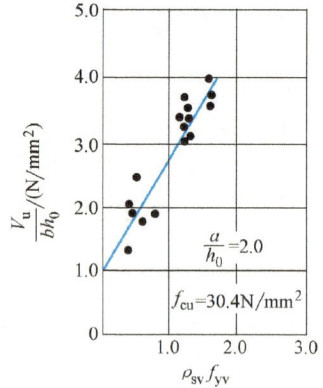

图 5-15　配箍率对受剪承载力的影响

5. 截面尺寸和形状

（1）尺寸效应　截面尺寸对无腹筋梁受剪承载力有较大影响，在其他条件相同的情况下，梁高 h 越大，相对受剪承载力越低。这是因为随着梁高 h 增大，斜裂缝宽度也相对较大，骨料咬合作用削弱，导致纵向钢筋销栓作用大大降低，而且撕裂裂缝较明显。对于有腹筋梁，腹筋可以限制斜裂缝的发展，尺寸效应的影响减小。

（2）截面形状　工字形和 T 形截面梁的受压翼缘，增加了剪压区的面积，可提高斜拉破坏和剪压破坏的受剪承载力，最多 20%；但斜压破坏的受剪承载力没有提高，因为斜压破坏发生在梁的腹部。

5.3.2　受剪承载力计算公式

受弯构件斜截面破坏形态均属于脆性破坏，因此，在工程设计中都应加以避免。由于受剪承载力影响因素众多，传力机理复杂，国内外学者曾提出不少类型的计算公式，但终因问题的复杂性而没有得以在实际工程中应用。目前，我国《规范》采用的是半理论、半经验的计算公式，即通过理论分析确定受剪承载力的主要影响因素和规律，构建计算公式的基本形式，然后根据试验数据的统计分析确定经验系数。

为避免斜截面三种破坏形态，采用了不同的控制方法。对于斜压破坏，通过限制截面尺寸防止；对于斜拉破坏，通过最小配箍率和构造要求防止；对于剪压破坏，通过受剪承载力计算满足要求。我国《规范》给出的斜截面受剪承载力计算公式就是根据剪压破坏形态建立的。

1. 基本假定

1）如图 5-16 所示，梁发生剪压破坏时，斜截面受剪承载力应满足条件，即

$$V \leqslant V_u = V_c + V_{sv} + V_{sb} \tag{5-13}$$

式中　V——梁斜截面最大剪力设计值；

　　　V_u——梁斜截面受剪承载力；

V_c——梁混凝土剪压区所承担的剪力；

V_{sv}——与斜裂缝相交的箍筋所承担的剪力；

V_{sb}——与斜裂缝相交的弯起钢筋所承担的剪力。

令 V_{cs} 为箍筋和混凝土共同承担的剪力，即

$$V_{cs} = V_c + V_{sv} \qquad (5\text{-}14)$$

则有

$$V_u = V_{cs} + V_{sb} \qquad (5\text{-}15)$$

2）梁发生剪压破坏时，与斜裂缝相交的箍筋和弯起钢筋的拉应力均达到屈服。试验表明，由于弯起钢筋与斜截面相交位置的不确定性，在接近混凝土剪压区的应力可能达不到屈服；当弯起钢筋靠近斜裂缝上端时，其受力较小；当弯起钢筋靠近斜裂缝下端时，其受力较大。我国《规范》考虑这一不利影响，对弯起钢筋的强度乘以折减系数 0.8，则

$$V_{sb} = 0.8 f_y A_{sb} \sin\alpha_s \qquad (5\text{-}16)$$

式中　A_{sb}——同一弯起平面内弯起钢筋的截面面积；

f_y——弯起钢筋抗拉强度设计值；

α_s——弯起钢筋与构件轴线的夹角，一般取 45°～60°。

3）不考虑斜裂缝间的骨料咬合力 V_a 和纵向钢筋的销栓力 V_d。对无腹筋梁，V_a、V_d 的作用比较显著；对有腹筋梁，由于箍筋的存在，V_a、V_d 的作用已多被箍筋所代替。为计算简便，不考虑其影响，其结果偏于安全。

4）剪跨比 λ 是影响斜截面承载力的重要因素之一，为应用简便，仅对集中荷载作用下的独立梁才考虑剪跨比 λ 的影响。

2. 计算公式

根据构件种类、荷载形式及配筋情况，我国《规范》分别给出了板式、梁式受弯构件斜截面受剪承载力的计算公式。

（1）板式受弯构件　板式受弯构件一般不配置箍筋和弯起钢筋，也不必进行受剪承载力计算。但对承受荷载较大的厚板，如人防工程地下室的顶板等，需要进行受剪承载力计算，具体计算公式为

$$V \leqslant V_u = 0.7\beta_h f_t b h_0 \qquad (5\text{-}17)$$

式中　β_h——截面高度影响系数，$\beta_h = (800/h_0)^{1/4}$，当 $h_0 < 800\text{mm}$ 时，取 $h_0 = 800\text{mm}$；当 $h_0 > 2000\text{mm}$ 时，取 $h_0 = 2000\text{mm}$；

f_t——混凝土轴心抗拉强度设计值；

其余符号同前。

（2）梁式受弯构件

1）无腹筋梁斜截面受剪承载力。

① 对矩形、T形和工字形截面的一般受弯构件，其计算公式为

$$V \leqslant V_u = V_c = 0.7 f_t b h_0 \qquad (5\text{-}18)$$

② 对集中荷载作用下矩形、T形和工字形截面独立梁（包括作用有多种荷载，且集中荷载在支座边缘截面所产生的剪力值大于总剪力值 75% 以上的情况），其计算公式为

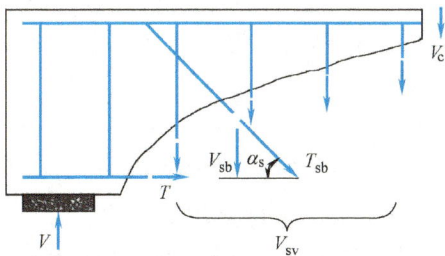

图 5-16　斜截面受剪承载力计算图

$$V \leqslant V_u = V_c = \frac{1.75}{\lambda + 1} f_t b h_0 \qquad (5\text{-}19)$$

式中，$\lambda = a/h_0$，且 $\lambda = 1.5 \sim 3$。当 $\lambda < 1.5$，取 $\lambda = 1.5$；当 $\lambda > 3$，取 $\lambda = 3$。

2) 仅配箍筋的梁斜截面受剪承载力。

① 对矩形、T 形和工字形截面的一般受弯构件，其计算公式为

$$V \leqslant V_u = V_{cs} = 0.7 f_t b h_0 + f_{yv} \frac{A_{sv}}{s} h_0 \qquad (5\text{-}20)$$

式中 f_{yv}——箍筋抗拉强度设计值；

② 对集中荷载作用下矩形、T 形和工字形截面独立梁（包括作用有多种荷载，且集中荷载在支座边缘截面所产生的剪力值大于总剪力值 75% 以上的情况），其计算公式为

$$V \leqslant V_u = V_{cs} = \frac{1.75}{\lambda + 1.0} f_t b h_0 + f_{yv} \frac{A_{sv}}{s} h_0 \qquad (5\text{-}21)$$

3) 同时配置箍筋和弯起钢筋的梁斜截面受剪承载力。

① 对矩形、T 形和工字形截面的一般受弯构件，其计算公式为

$$V \leqslant V_u = V_{cs} + V_{sb} = 0.7 f_t b h_0 + f_{yv} \frac{A_{sv}}{s} h_0 + 0.8 f_y A_{sb} \sin \alpha_s \qquad (5\text{-}22)$$

② 对集中荷载作用下矩形、T 形和工字形截面独立梁（包括作用有多种荷载，且集中荷载在支座边缘截面所产生的剪力值大于总剪力值 75% 以上的情况），其计算公式为

$$V \leqslant V_u = V_{cs} + V_{sb} = \frac{1.75}{\lambda + 1.0} f_t b h_0 + f_{yv} \frac{A_{sv}}{s} h_0 + 0.8 f_y A_{sb} \sin \alpha_s \qquad (5\text{-}23)$$

3. 适用条件

通过斜截面受剪承载力计算，配置适量的腹筋，可以避免受弯构件发生剪压破坏。为了防止发生斜压破坏和斜拉破坏，我国《规范》给出了受剪承载力计算公式的适用条件。

（1）截面限制条件　当剪力较大而截面过小时，梁通常发生斜压破坏；当配箍率过大时，往往发生箍筋未屈服、斜压杆混凝土先压坏的斜压破坏；而斜压破坏取决于混凝土抗压强度和截面尺寸。为防止斜压破坏，对矩形、T 形和工字形截面受弯构件，我国《规范》规定截面尺寸应满足：

当 $\dfrac{h_w}{b} \leqslant 4$ 时

$$V \leqslant 0.25 \beta_c f_c b h_0 \qquad (5\text{-}24a)$$

当 $\dfrac{h_w}{b} \geqslant 6$ 时

$$V \leqslant 0.2 \beta_c f_c b h_0 \qquad (5\text{-}24b)$$

当 $4 < \dfrac{h_w}{b} < 6$ 时，按线性内插法确定。

式中 h_w——截面腹板高度，矩形截面取有效高度 h_0；T 形截面取有效高度减去翼缘高度；
　　　　　工字形截面取腹板净高，如图 5-17 所示。

　　　β_c——混凝土强度影响系数，见表 5-2。

表 5-2 混凝土强度影响系数 β_c

混凝土强度等级	不超过 C50	C55	C60	C65	C70	C75	C80
β_c	1.000	0.967	0.933	0.900	0.867	0.833	0.800

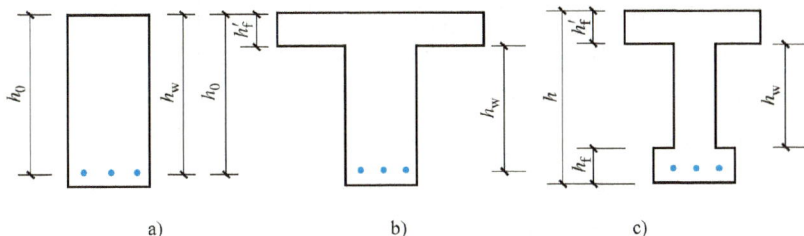

图 5-17 梁截面腹板高度

a) $h_w = h_0$ b) $h_w = h_0 - h'_f$ c) $h_w = h - h'_f - h_f$

（2）最小配箍率 当配箍率过小时，斜裂缝一旦出现，斜裂缝截面的混凝土退出工作，箍筋应力突然增大，导致箍筋很快屈服甚至拉断，造成裂缝急剧扩展而发生斜拉破坏。为防止斜拉破坏，我国《规范》规定：当 $V > V_c$ 时，梁的配箍率应满足

$$\rho_{sv} \geqslant \rho_{sv,min} = 0.24 \frac{f_t}{f_{yv}} \qquad (5-25)$$

（3）腹筋配置构造要求 为保证梁具有必要的受剪承载力，且每条斜裂缝至少有一定数量的箍筋或弯起钢筋穿越，以控制使用荷载下斜裂缝宽度，根据我国《规范》，箍筋和弯起钢筋配置应满足以下规定：

1）当 $V \leqslant V_c$ 时，可不进行斜截面受剪承载力计算，即可按构造要求配置箍筋。构造配箍条件是应满足表 5-3 最小直径 d_{min} 和表 5-4 最大箍筋间距 s_{max} 的要求。

表 5-3 梁中箍筋最小直径 d_{min} （单位：mm）

梁高 h	$h \leqslant 800$	$h > 800$
箍筋最小直径 d_{min}	6	8

表 5-4 梁中箍筋最大间距 s_{max} （单位：mm）

梁高 h	$V > 0.7 f_t b h_0$	$V \leqslant 0.7 f_t b h_0$
$150 < h \leqslant 300$	150	200
$300 < h \leqslant 500$	200	300
$500 < h \leqslant 800$	250	350
$h > 800$	300	400

2）对于按受剪承载力计算不需要配置箍筋的梁，当梁高 $h > 300$mm 时，应沿梁全长设置构造箍筋；当梁高 $h = 150 \sim 300$mm 时，可仅在构件端部 $l_0/4$ 范围内设置构造箍筋，l_0 为梁的跨度；但当在构件中部 $l_0/2$ 范围内有集中荷载时，应沿梁全长设置箍筋；当梁高 $h < 150$mm 时，可以不设置箍筋。

3）对于梁中配有按计算需要的纵向受压钢筋时，箍筋应符合以下规定：箍筋直径不应小于受压钢筋最大直径的 1/4，且必须做成封闭式，弯钩直线段长度不应小于 5 倍箍筋直径；箍筋间距不应大于 15 倍受压钢筋最小直径，且不应大于 400mm。当一层内的纵向受压钢筋多于 5 根且直径大于 18mm 时，箍筋间距不应大于 10 倍纵向受压钢筋的最小直径。当梁宽大于 400mm 且一层内的纵向受压钢筋多于 3 根时，或当梁宽不大于 400mm 且一层内的纵向受压钢筋多于 4 根时，应设置复合箍筋，如图 5-11c 所示。

4）为防止弯起钢筋的间距太大，出现斜裂缝与弯起钢筋不相交的情况，当按计算要求配置弯起钢筋时，第一排弯起钢筋的上弯点距支座边缘的水平距离 l_1 不应大于 s_{max}；前一排弯起钢筋下弯点至后一排弯起钢筋上弯点的水平距离 l_2 不应大于 s_{max}，如图 5-18 所示。

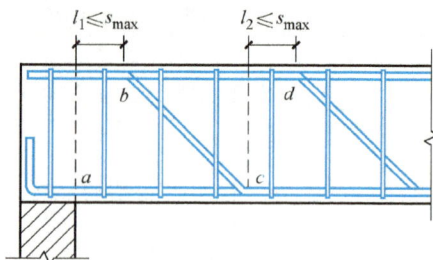

图 5-18　弯起钢筋间距

5.3.3　受剪承载力计算方法

1. 受剪计算截面

斜截面受剪承载力计算时，其剪力设计值 V 应按下列计算位置：

（1）支座边缘截面处　支座边缘截面处剪力最大。对于图 5-19 中 1—1 斜裂缝截面的受剪承载力计算，应取支座边缘截面处的剪力 V_1。

（2）截面尺寸或腹板宽度变化处截面　当截面尺寸或腹板宽度减小时，其受剪承载力会降低，可能会产生图 5-19 中 2—2 斜裂缝；此时，应取截面尺寸或腹板宽度变化处截面的剪力 V_2。

（3）箍筋直径或间距改变处截面　箍筋直径减小或间距增大，其受剪承载力降低，可能会产生图 5-19 中 3—3 斜裂缝；此时，应取截面尺寸或腹板宽度变化处截面的剪力 V_3。

（4）弯起钢筋弯起点处截面　未设置弯起钢筋区段的受剪承载力低于设置弯起钢筋区段的受剪承载力，可能会在弯起钢筋弯起点处产生图 5-19 中 4—4 斜裂缝；此时，应取弯起钢筋弯起点处截面的剪力 V_4。

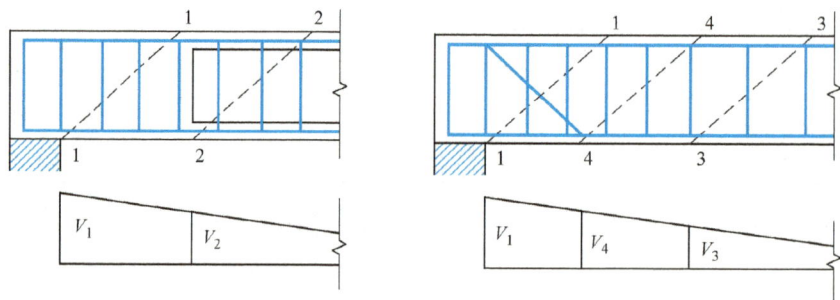

图 5-19　斜截面受剪承载力计算位置

2. 只配置箍筋梁的设计

进行钢筋混凝土梁设计时，一般先由高跨比、高宽比等构造要求，确定截面尺寸及材料的强度等级，再按正截面受弯承载力计算纵向钢筋用量，然后进行斜截面受剪承载力计算。斜截面受剪承载力计算步骤如下：

1）根据上述受剪计算截面，计算其剪力设计值 V。

2）按式（5-24）验算截面限制条件；如不满足，应加大截面尺寸或提高混凝土强度等级。

3）若 $V \leqslant V_c \leqslant 0.7f_t bh_0$ 或 $V \leqslant V_c = \dfrac{1.75}{\lambda+1.0}f_t bh_0$，可按构造要求配置箍筋，即按表 5-3 箍筋最小直径和表 5-4 箍筋最大间距的规定配置箍筋。

4）若 $V > V_c = 0.7f_t bh_0$ 或 $V > V_c = \dfrac{1.75}{\lambda+1.0}f_t bh_0$，则按下述计算箍筋数量：

① 对于矩形、T 形和工字形截面的一般受弯构件为

$$\frac{A_{sv}}{s} \geqslant \frac{V-0.7f_t bh_0}{f_{yv}h_0} \tag{5-26}$$

② 对集中荷载作用下的独立梁为

$$\frac{A_{sv}}{s} \geqslant \frac{V-\dfrac{1.75}{\lambda+1.0}f_t bh_0}{f_{yv}h_0} \tag{5-27}$$

5）根据计算出的 A_{sv}/s 值，确定箍筋肢数、直径和间距，并应满足表 5-3 箍筋最小直径、表 5-4 箍筋最大间距和式（5-25）最小配箍率的要求。

3. 同时配置箍筋和弯起钢筋梁的设计

当梁承受的剪力很大时，可以考虑将纵向钢筋在支座截面附近弯起，参与斜截面受剪。通常可按下列两种方法：

1）根据经验和构造要求配置箍筋，确定 V_{cs}；对于剪力 $V > V_{cs}$ 的区段，计算弯起钢筋的截面面积的公式为

$$A_{sb} = \frac{V-V_{cs}}{0.8f_y \sin\alpha_s} \tag{5-28}$$

式（5-28）中的剪力设计值 V 应根据弯起钢筋计算斜截面的位置确定。对于图 5-20 所示配置多排弯起钢筋的情况，则第一排弯起钢筋的截面面积为 $A_{sb1} = \dfrac{V_1-V_{cs}}{0.8f_y \sin\alpha_s}$，第二排弯起钢筋的截面面积为 $A_{sb2} = \dfrac{V_2-V_{cs}}{0.8f_y \sin\alpha_s}$，其 V_1、V_2 可按图 5-20 所示位置计算。

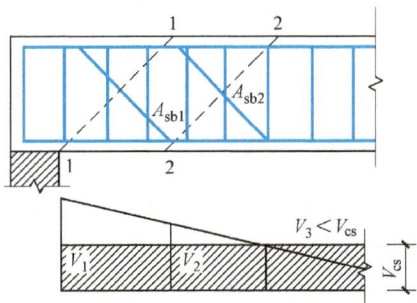

图 5-20　配置多排弯起钢筋

2）根据正截面受弯承载力计算所确定的纵向钢筋，选定弯起钢筋的面积 A_{sb}，再计算所需的箍筋；此时，按下述计算所需的箍筋：

① 对于矩形、T 形和工字形截面的一般受弯构件为

$$\frac{A_{sv}}{s} \geqslant \frac{V-0.7f_t bh_0-0.8f_y A_{sb}\sin\alpha_s}{f_{yv}h_0} \tag{5-29}$$

② 对集中荷载作用下的独立梁为

$$\frac{A_{sv}}{s} \geq \frac{V - \frac{1.75}{\lambda+1.0}f_t bh_0 - 0.8f_y A_{sb} \sin\alpha_s}{f_{yv}h_0} \qquad (5\text{-}30)$$

再根据 A_{sv}/s 值确定箍筋肢数、直径和间距，并应满足表 5-3 箍筋最小直径、表 5-4 箍筋最大间距和式 (5-25) 最小配箍率的要求。

【例 5-1】 如图 5-21 所示的简支梁，截面尺寸 $b \times h = 250\text{mm} \times 600\text{mm}$，净跨 $l_n = 5\text{m}$，承受均布设计荷载（包括自重），混凝土为 C30，纵向受拉钢筋为 HRB400，箍筋为 HPB300，环境类别为三 a 类环境，试确定所需配置的箍筋。

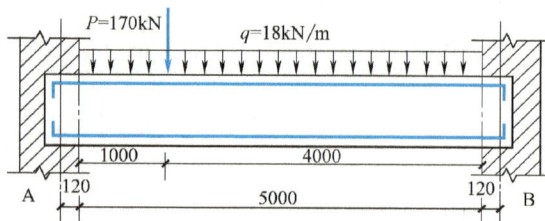

图 5-21 【例 5-1】图

解： 1) 确定材料强度设计值。由附表 2 和附表 6 查得 $f_c = 14.3\text{N/mm}^2$，$f_t = 1.43\text{N/mm}^2$，$f_y = 360\text{N/mm}^2$，$f_{yv} = 270\text{N/mm}^2$；由表 5-2 知 $\beta_c = 1.000$。

2) 计算支座边最大剪力设计值。净跨 $l_n = 5\text{m}$，则

$$V_A = \frac{1}{2}ql_n + \frac{4}{5}P = \left(\frac{1}{2} \times 18 \times 5 + \frac{4}{5} \times 170\right)\text{kN} = 181\text{kN}$$

$$V_B = \frac{1}{2}ql_n + \frac{1}{5}P = \left(\frac{1}{2} \times 18 \times 5 + \frac{1}{5} \times 170\right)\text{kN} = 79\text{kN}$$

3) 验算截面尺寸。

$$h_w = h_0 = h - a_s = (600-60)\text{mm} = 540\text{mm}$$

$\frac{h_w}{b} = \frac{540}{250} = 2.16 < 4$，属于厚腹梁；$0.25\beta_c f_c bh_0 = (0.25 \times 1.000 \times 14.3 \times 250 \times 540)\text{N} = 482.6\text{kN} > V_A = 181\text{kN}$，截面符合要求。

4) 验算是否可按构造配筋。

$$V_B = 79\text{kN} < 0.7f_t bh_0 = (0.7 \times 1.43 \times 250 \times 540)\text{N} = 135.1\text{kN} < V_A = 181\text{kN}$$

故 A 支座处需进行配箍计算，B 支座处可根据构造确定箍筋。

5) 计算所需箍筋。因 A 支座边集中荷载产生的剪力与支座总剪力的比值 $\frac{136}{181} = 75.1\% > 75\%$，故应按式 (5-27) 进行计算。

$$\lambda = \frac{a}{h_0} = \frac{1000}{540} = 1.85$$

$$\frac{A_{sv}}{s} \geq \frac{V - \frac{1.75}{\lambda+1.0}f_t bh_0}{f_{yv}h_0} = \left(\frac{181 \times 10^3 - \frac{1.75}{1.85+1.0} \times 1.43 \times 250 \times 540}{270 \times 540}\right)\text{mm}^2/\text{mm} = 0.43\text{mm}^2/\text{mm}$$

选用 φ8 双肢箍，$n = 2$，则

$$A_{sv} = n \times A_{sv1} = (2 \times 50.3)\text{mm}^2 = 100.6\text{mm}^2$$

$$s \leq \frac{A_{sv}}{0.43}\text{mm/mm}^2 = \frac{100.6}{0.43}\text{mm} = 234\text{mm}$$

根据表 5-3，s 不大于 250mm，取 $s=200$mm，则

$$\rho_{sv} = \frac{A_{sv}}{bs} = \frac{100.6}{250 \times 200} = 0.201\% > \rho_{sv,min} = 0.24\frac{f_t}{f_{yv}} = 0.24 \times \frac{1.43}{270} = 0.127\%$$

实配双肢 $\phi 8@200$。

B 支座处根据表 5-3 和表 5-4，选取双肢 $\phi 6@250$，则

$$\rho_{sv} = \frac{A_{sv}}{bs} = \frac{2 \times 28.3}{250 \times 250} = 0.091\% < \rho_{sv,min} = 0.24\frac{f_t}{f_{yv}} = 0.24 \times \frac{1.43}{270} = 0.127\%$$

不能满足最小配箍率要求，所以沿梁全长可实配双肢 $\phi 8@200$，配箍图如 5-22 所示。

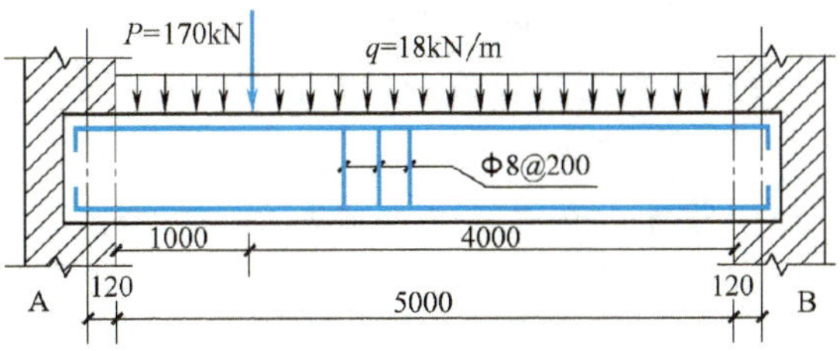

【例 5-2】 如图 5-23 所示的简支梁，截面尺寸 $b \times h = 250\text{mm} \times 650\text{mm}$，计算跨度为 6.9m，净跨 $l_n = 6.66$m，承受均布荷载设计值 $q = 70$kN/m（包括自重），混凝土为 C25，纵向受拉钢筋为 HRB400，箍筋为 HPB300，环境类别为一类，试求：

(1) 不设弯起钢筋时的受剪箍筋。

(2) 当箍筋为 $\phi 6@200$ 时，弯起钢筋应为多少？

图 5-22 【例 5-1】配箍图

(3) 利用现有纵向钢筋为弯起钢筋，求所需箍筋。

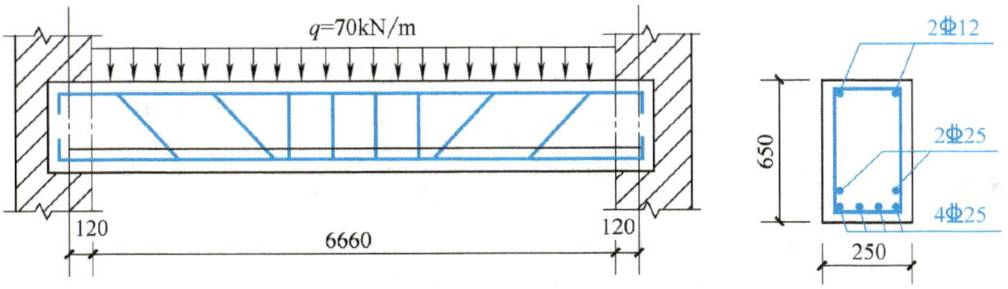

图 5-23 【例 5-2】图

解： 1. 问题（1）

1) 确定材料强度设计值。由附表 2 和附表 6 查得 $f_c = 11.9\text{N/mm}^2$，$f_t = 1.27\text{N/mm}^2$，$f_y = 360\text{N/mm}^2$，$f_{yv} = 270\text{N/mm}^2$；由表 5-2 知 $\beta_c = 1.000$。

2) 计算支座边最大剪力设计值。净跨 $l_n = 6.66$m，则

$$V = \frac{1}{2}ql_n = \left(\frac{1}{2} \times 70 \times 6.66\right)\text{kN} = 233.1\text{kN}$$

3) 验算截面尺寸。

$$h_w = h_0 = h - a_s = (650 - 60)\text{mm} = 590\text{mm}$$

$\dfrac{h_w}{b} = \dfrac{590}{250} = 2.36 < 4$，属于厚腹梁；$0.25\beta_c f_c bh_0 = (0.25 \times 1.000 \times 11.9 \times 250 \times 590)\text{N} = 438.8\text{kN} > V = 233.1\text{kN}$，截面符合要求。

4) 验算是否可按构造配筋。

$0.7f_t bh_0 = (0.7 \times 1.27 \times 250 \times 590)\text{N} = 131.1\text{kN} < V = 233.1\text{kN}$，故需进行配箍计算。

5）计算所需箍筋。

$$\frac{A_{sv}}{s} \geqslant \frac{V-0.7f_t bh_0}{f_{yv}h_0} = \left(\frac{233.1\times10^3 - 131.1\times10^3}{270\times590}\right) mm^2/mm = 0.64 mm^2/mm$$

选用 $\phi 8$ 双肢箍，$n=2$，则

$$A_{sv} = nA_{sv1} = (2\times50.3) mm^2 = 100.6 mm^2$$

$$s \leqslant \frac{A_{sv}}{0.64} mm/mm^2 = \frac{100.6}{0.64} mm = 157.2 mm，\ 取\ s = 150 mm$$

$$\rho_{sv} = \frac{A_{sv}}{bs} = \frac{100.6}{250\times150} = 0.268\% > \rho_{sv,min} = 0.24\frac{f_t}{f_{yv}} = 0.24\times\frac{1.27}{270} = 0.113\%$$

沿梁长实配双肢箍 $\phi 8@150$。

2. 问题（2）

1）验算所配箍筋是否满足最小配箍要求。

$$\rho_{sv} = \frac{A_{sv}}{bs} = \frac{56.6}{250\times200} = 0.113\% \geqslant \rho_{sv,min}$$

且满足表 5-3 和表 5-4 中关于箍筋间距和直径的要求，所以满足最小配箍要求。

2）计算 V_{cs}。已知 $n=2$，$A_{sv1} = 28.3 mm^2$ 及 $s = 200 mm$。

$$V_{cs} = 0.7f_t bh_0 + f_{yv}\frac{nA_{sv1}}{s}h_0 = \left(0.7\times1.27\times250\times590 + 270\times\frac{2\times28.3}{200}\times590\right) N = 176.2 kN$$

3）计算第一排弯起钢筋的截面面积。取 $\alpha_s = 45°$，则

$$A_{sb} = \frac{V-V_{cs}}{0.8f_y\sin\alpha_s} = \frac{(233.1-176.2)\times10^3}{0.8\times360\times\sin45°} mm^2 = 279.4 mm^2$$

弯起一根 $\Phi 25$ 的纵向钢筋 $A_s = 490.9 mm^2$，可以满足抗剪要求。

4）验算是否需要设置第二排弯起钢筋。如图 5-24 所示，设第一排弯起钢筋的上弯点至支座边缘距离为 50mm，弯起钢筋从梁底部的下层钢筋弯起至梁的上部，保护层取为 20mm，则底层钢筋中心线的位置距离梁的外表面距离为 $20mm + 6mm + \frac{25}{2}mm = 38.5mm$，所以，上部钢筋至下层钢筋的距离为 $650mm - 38.5mm - 38.5mm = 573mm$。如果弯起钢筋的弯起角度为

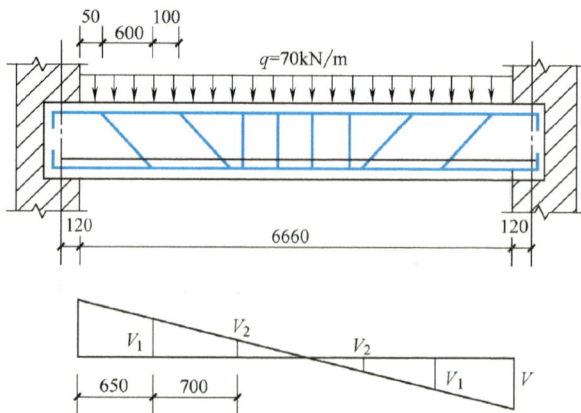

图 5-24 【例 5-2】的内力图

45°，则弯起钢筋弯起终点至弯起起点的水平距离为573mm，弯起钢筋弯起点至支座边缘的距离为573mm+50mm=623mm。弯起钢筋的弯起角度可在一定范围内调整，为了便于施工，取弯起钢筋弯起点至支座边缘的距离为650mm。弯起一根⻔25后，还需验算钢筋弯起点处截面的受剪承载力，即

$$V_1 = \left(\frac{\frac{6.66}{2} - 0.65}{\frac{6.66}{2}} \times 233.1 \right) \text{kN} = 187.6\text{kN} > 176.2\text{kN}$$

即弯起第一排的弯起点处的剪力值大于配置箍筋后梁的抗剪能力，不满足抗剪要求，故需要弯起第二排弯起钢筋。

$$A_{sb} = \frac{V_1 - V_{cs}}{0.8 f_y \sin\alpha_s} = \left[\frac{(187.6 - 176.2) \times 10^3}{0.8 \times 360 \times \sin 45°} \right] \text{mm}^2 = 56.0\text{mm}^2$$

仍需弯起一根⻔25的纵向钢筋 $A_s = 490.9\text{mm}^2 > A_{sb}$，满足要求。

第二排弯起钢筋的弯起终点距离第一排弯起钢筋的弯起起点不能超过250mm（按表5-4），取为100mm。

同样的方法验算是否需要第三排弯起钢筋。经验算，不需弯起第三排弯起钢筋。

3. 问题（3）

1）弯起一根⻔25的纵向钢筋，计算所需箍筋。

$$V_{sb} = 0.8 f_y A_{sb} \sin\alpha_s = (0.8 \times 360 \times 490.9 \times \sin 45°) \text{N} = 100.0\text{kN}$$

$$\frac{A_{sv}}{s} \geq \frac{V - 0.7 f_t b h_0 - V_{sb}}{f_{yv} h_0} = \frac{(233.1 - 131.1 - 100.0) \times 10^3}{270 \times 590} \text{mm}^2/\text{mm} = 0.013\text{mm}^2/\text{mm}$$

选用φ6双肢箍，$n = 2$，则

$$A_{sv} = nA_{sv1} = (2 \times 28.3) \text{mm}^2 = 56.6\text{mm}^2$$

$$s \leq \frac{A_{sv}}{0.013} \text{mm/mm}^2 = \frac{56.6}{0.013}\text{mm} = 4353.8\text{mm}, \quad \text{取} \ s = 250\text{mm}, \ \text{则有}$$

$$\rho_{sv} = \frac{A_{sv}}{bs} = \frac{56.6}{250 \times 250} = 0.091\% < \rho_{sv,min} = 0.24 \frac{f_t}{f_{yv}} = 0.24 \times \frac{1.27}{270} = 0.113\%$$

重新选取 $s = 150\text{mm}$，则有

$$\rho_{sv} = \frac{A_{sv}}{bs} = \frac{56.6}{250 \times 150} = 0.151\% > \rho_{sv,min}$$

实配双肢箍φ6@150。

2）弯起钢筋弯起起点以后的梁所需箍筋。由问题（2）可知 $V_1 = 187.6\text{kN}$，则

$$\frac{A_{sv}}{s} \geq \frac{V - 0.7 f_t b h_0}{f_{yv} h_0} = \frac{187.6 \times 10^3 - 131.1 \times 10^3}{270 \times 590} \text{mm}^2/\text{mm} = 0.355\text{mm}^2/\text{mm}$$

选用φ6双肢箍，$n = 2$，则

$$A_{sv} = nA_{sv1} = (2 \times 28.3) \text{mm}^2 = 56.6\text{mm}^2$$

$$s \leq \frac{A_{sv}}{0.355} \text{mm/mm}^2 = \left(\frac{56.6}{0.355} \right) \text{mm} = 159\text{mm}, \quad \text{取} \ s = 150\text{mm}$$

$$\rho_{sv} = \frac{A_{sv}}{bs} = \frac{56.6}{250 \times 150} = 0.151\% > \rho_{sv,min} = 0.24 \frac{f_t}{f_{yv}} = 0.24 \times \frac{1.1}{210} = 0.126\%$$

实配双肢箍φ6@150。

或者采用第二种方案，即箍筋采用φ6@200，此时

$$\rho_{sv} = \frac{A_{sv}}{bs} = \frac{56.6}{250 \times 200} = 0.113\% \geqslant \rho_{sv,min}$$

需要弯起第二排弯起钢筋，弯起一根⅋25钢筋。

$$V_{cs} + V_{sb} = \left(0.7 \times 1.27 \times 250 \times 590 + 270 \times \frac{2 \times 28.3}{150} \times 590 + 83.3 \right) N = 191.32 kN > V_1 = 187.6 kN$$

满足要求。

【例5-3】 图5-25所示为钢筋混凝土简支梁，采用C40混凝土，纵向钢筋为热轧HRB400级钢筋，箍筋为HPB300级钢筋，如果忽略梁的自重及架立钢筋的作用，环境类别为一类。试求此梁所能承受的最大荷载设计值 P。此时该梁为正截面破坏还是斜截面破坏？

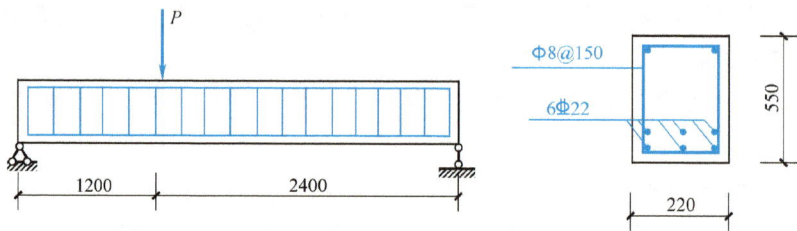

图5-25 【例5-3】图

解：1）确定材料强度设计值。由附表2和附表6查得 $f_c = 19.1 N/mm^2$，$f_t = 1.71 N/mm^2$，$f_y = 360 N/mm^2$，$f_{yv} = 270 N/mm^2$；$\alpha_1 = 1.0$，$\beta_c = 1.000$。

2）内力计算。

$$M_{max} = \frac{2}{3} P \times 1.2 m = 0.8 m \times P_1$$

$$V_{max} = \frac{2}{3} P_2$$

3）按正截面受弯承载力公式求 P_1。$h_0 = h - 60 mm = (550 - 60) mm = 490 mm$，由单筋矩形截面承载力计算式（4-14），得：

$$x = \frac{f_y A_s}{\alpha_1 f_c b} = \frac{360 \times 2281}{1.0 \times 19.1 \times 220} mm = 195.42 mm < \xi_b h_0 = (0.518 \times 490) mm = 253.8 mm$$

$$M = \alpha_1 f_c bx \left(h_0 - \frac{x}{2} \right) = 1.0 \times 19.1 \times 220 \times 195.42 \times \left(490 - \frac{195.42}{2} \right) N \cdot m = 0.8 m \times P_1$$

则 $P_1 = 402.7 kN$。

$$\rho_{min} = 0.45 \frac{f_t}{f_y} = 0.45 \times \frac{1.71}{360} = 0.2138\% > 0.2\%$$

$$A_{s,min} = \rho_{min} bh = (0.2138\% \times 220 \times 550) mm^2 = 258.698 mm^2 < A_s = 2281 mm^2$$

满足最小配筋率要求。

4）按斜截面受剪承载力公式求 P_2。剪跨比 $\lambda = \dfrac{a}{h_0} = \dfrac{1200}{490} = 2.45$，$1 < \lambda < 3$，箍筋为双肢 Φ8@150。

由

$$V = \frac{1.75}{\lambda + 1.0} f_t b h_0 + f_{yv} \frac{A_{sv}}{s} h_0 = \left(\frac{1.75}{2.45+1} \times 1.71 \times 220 \times 490 + 270 \times \frac{2 \times 50.3}{150} \times 490 \right) N = \frac{2}{3} P_2$$

则

$$P_2 = 273.35 \text{kN}$$

5）比较 P_1、P_2 值，显然 $P_2 < P_1$，故此梁按斜截面破坏控制。

$$\frac{h_w}{b} = \frac{490}{220} = 2.23 < 4，属于厚腹梁$$

$$0.25 \beta_c f_c b h_0 = (0.25 \times 1.000 \times 19.1 \times 220 \times 490) N = 514.75 \text{kN} > V_{max}$$

$$= \frac{2}{3} P_2 = \left(\frac{2}{3} \times 273.35 \right) \text{kN} = 182.23 \text{kN}$$

截面符合要求，故该梁不会发生斜压破坏。

又

$$\rho_{sv} = \frac{A_{sv}}{bs} = \frac{2 \times 50.3}{220 \times 150} = 0.305\% > \rho_{sv,min} = 0.24 \frac{f_t}{f_{yv}} = 0.24 \times \frac{1.71}{270} = 0.152\%$$

故该梁不会发生斜拉破坏。上述讨论说明此梁为剪压破坏控制。

5.4 受弯构件纵向钢筋构造要求

在剪力和弯矩共同作用下，梁会产生斜裂缝，还将导致与其相交的纵向钢筋拉力增大，发生斜截面受弯承载力不足及锚固不足的破坏。斜截面受弯承载力通常不进行计算，而是通过梁内纵向钢筋的弯起、截断、锚固及箍筋间距等构造措施保证。

5.4.1 抵抗弯矩图

抵抗弯矩图是按实际配置的纵向受力钢筋计算的梁各个正截面所能承受的弯矩图，简称 M_u 图，又称为材料图。当梁的截面、材料及钢筋截面面积确定后，其抵抗弯矩值为

$$M_u = f_y A_s \left(h_0 - \frac{f_y A_s}{2 \alpha_1 f_c b} \right) \quad (5\text{-}31)$$

为满足 $M_u \geqslant M$ 的要求，M_u 图必须包住 M 图，才能保证梁的正截面受弯承载力。

图 5-26 所示为承受均布荷载简支梁的配筋图、M 图和 M_u 图。该梁配置 $2\Phi25 + 1\Phi22$ 的纵向受拉钢筋，跨中截面的抵抗弯矩为 M_u（$M_u > M$）。如全部纵向钢筋沿梁长既不截断也不弯起，

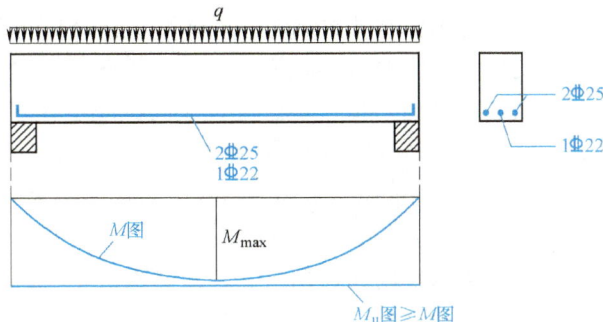

图 5-26 承受均布荷载简支梁的配筋图，M 图和 M_u 图

全部伸入支座且有足够的锚固长度，则在梁全长范围内均能满足 $M_u>M$。这种配筋方式构造简单，除跨中截面钢筋强度得到充分利用外，其余截面纵向钢筋应力均未达到抗拉强度设计值 f_y。为节省钢筋，对于跨度较大的梁，可根据 M 图的变化将一部分纵向钢筋截断或弯起，但此时应考虑纵向钢筋弯起或截断时 M_u 图的变化和有关配筋构造要求，确保纵向钢筋弯起或截断后的任何截面始终满足 $M_u>M$。

由式（5-31）求得截面抵抗弯矩 M_u，可近似得到每根或每组纵向钢筋的抵抗弯矩 M_{ui} 为

$$M_{ui} = \frac{A_{si}}{A_s} M_u \tag{5-32}$$

图 5-27 所示的简支梁，将编号①的 1Φ22 钢筋对应的抵抗弯矩记为 M_{u1}，编号②的 2Φ25 钢筋对应的抵抗弯矩记为 M_{u2}，则梁跨中 a 点对应的抵抗弯矩为 $M_u = M_{u1}+M_{u2}$。由于配置纵向钢筋时实际配筋面积通常都会大于计算面积，因此 M_u 略大于 M_{max}。在跨中 a 点处，①号、②号钢筋的强度被充分利用，通常将 a 点称为①号钢筋的充分利用点。

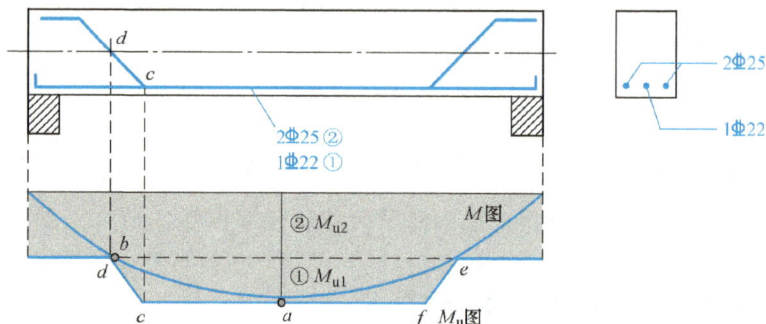

图 5-27　有弯起钢筋的抵抗弯矩图

受弯构件设计时，一般不宜将正弯矩作用区段的纵向钢筋截断，而是在支座附近将一部分纵向钢筋弯起作为抗剪腹筋，且伸入支座的纵向钢筋不宜小于跨中钢筋的 1/3，即将②号钢筋 2Φ25 全部伸入两端支座，在 M_u 图中 M_{u2} 为水平线，M_{u2} 图与 M 图的交点为 b，在该点②号钢筋的强度可得到充分发挥，则称 b 点为②号钢筋的充分利用点；而 b 点以外仅由②号钢筋即可满足受弯承载力要求，即 $M_{u2} \geqslant M$，可不需要①号钢筋，因此 b 点也称为①号钢筋的理论断点或不需要点，故可将①号钢筋弯起，作为抗剪弯起钢筋。

在图 5-27 中，如将①号钢筋在 c、f 点处弯起，由于弯起钢筋的力臂逐渐减小，近似认为弯起钢筋与梁轴线相交（交点为 d）后，弯起钢筋完全退出抗弯，即 $M_{u1}=0$。为保证正截面满足受弯承载力要求，d 点应在 b 点之外，即 M_u 图应全部覆盖 M 图。由弯起钢筋的弯起角度，从 d 点延伸至梁受拉区受拉纵向钢筋位置 c 点，c 点即为①号钢筋的弯起点，M_u 图中的 cd 段为①号钢筋弯起后渐变的抵抗弯矩，直至①号钢筋完全退出抗弯。

5.4.2　纵向钢筋的弯起

在剪力和弯矩共同作用下，与斜裂缝相交的纵向钢筋拉力增加，所以钢筋弯起时还要满足斜截面受弯承载力，即①号钢筋弯起后与弯起前的受弯承载力不应降低。

如图 5-28a 所示，斜裂缝在支座附近出现后，导致Ⅱ—Ⅱ截面处纵向钢筋拉应力与斜裂

缝顶端 Ⅰ—Ⅰ 截面位置的纵向钢筋拉应力相等，如纵向钢筋全部伸入支座，斜截面受弯承载力不会变化，但如果一部分纵向钢筋过早弯起，则可能会出现斜截面受弯承载力不足的问题。

如图 5-28b 所示，纵向钢筋弯起前 Ⅰ—Ⅰ 截面承担的弯矩为

$$M_{\mathrm{I}} = Tz = f_{\mathrm{y}} A_{\mathrm{s}} z \qquad (5\text{-}33)$$

如图 5-28c 所示，纵向钢筋弯起后 Ⅱ—Ⅱ 截面承担的弯矩为

$$M_{\mathrm{Ib}} = T_1 z + T_{\mathrm{b}} z_{\mathrm{b}} = f_{\mathrm{y}} (A_{\mathrm{s}} - A_{\mathrm{sb}}) z + f_{\mathrm{y}} A_{\mathrm{sb}} z_{\mathrm{b}} = f_{\mathrm{y}} A_{\mathrm{s}} z + f_{\mathrm{y}} A_{\mathrm{sb}} (z_{\mathrm{b}} - z) \qquad (5\text{-}34)$$

纵向钢筋弯起后，为保证斜截面受弯承载力，要求 $M_{\mathrm{Ib}} \geqslant M_{\mathrm{I}}$，即

$$z_{\mathrm{b}} \geqslant z \qquad (5\text{-}35)$$

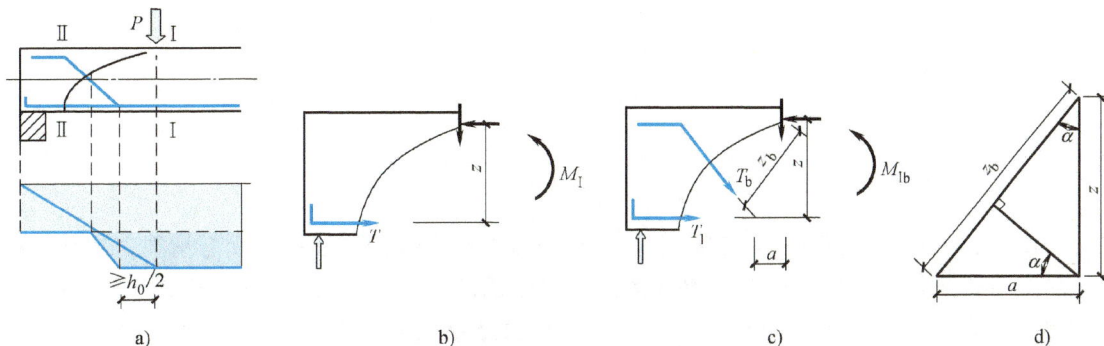

图 5-28　斜截面受弯承载力
a）斜截面受弯承载力　b）纵向钢筋弯起前 Ⅰ—Ⅰ 截面　c）纵向钢筋弯起后 Ⅱ—Ⅱ 截面　d）角度几何关系

设弯起钢筋弯起点到该钢筋充分利用截面 Ⅰ—Ⅰ 的距离为 a，由图 5-28d 可求得 z_{b} 的计算公式为

$$z_{\mathrm{b}} = a\sin\alpha + z\cos\alpha \qquad (5\text{-}36)$$

弯起钢筋角度通常为 $\alpha = 45°$ 或 $60°$，近似取 $z = 0.9h_0$，则 $a \geqslant (0.37 \sim 0.52) h_0$，《规范》取为

$$a \geqslant 0.5h_0 \qquad (5\text{-}37)$$

式（5-37）表明，纵向钢筋弯起时，为保证斜截面受弯承载力，钢筋弯起点到该钢筋充分利用点的距离不应小于 $0.5h_0$。

若连续梁将承受正弯矩的纵向钢筋弯起，此钢筋可作为支座承担负弯矩的钢筋，但也应满足 $a \geqslant 0.5h_0$。图 5-29 所示的梁中弯起钢筋 a、b，在正弯矩区段弯起时，满足弯起点至充分利用截面 4 的距离 $a \geqslant 0.5h_0$，且在梁顶的负弯矩区段中，其弯起点（相对于承担正弯矩时，它是弯起钢筋的弯起终点）至充分利用截面 4 的距离 $a \geqslant 0.5h_0$，否则，此弯起钢筋将不能用于承担支座截面的负弯矩。

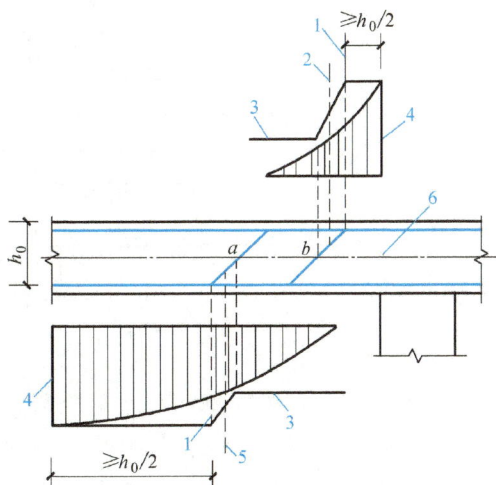

图 5-29　弯起钢筋弯起点与弯矩图的关系
1—在受拉区域中的弯起截面　2—按计算不需要钢筋"b"的截面　3—正截面受弯承载力图　4—按计算充分利用钢筋"a"和"b"的截面　5—按计算不需要钢筋"a"的截面　6—梁中心线

当弯起钢筋不能同时满足正截面和斜截面的承载力要求时，可单独设置仅作为抗剪的弯起钢筋，即如图 5-30b 所示的吊筋或鸭筋。由于弯筋的作用是将斜裂缝之间的混凝土斜压力传递到受压区混凝土中，以加强混凝土块体之间的共同工作，形成一拱形桁架，因而不允许设置如图 5-30a 所示的浮筋。

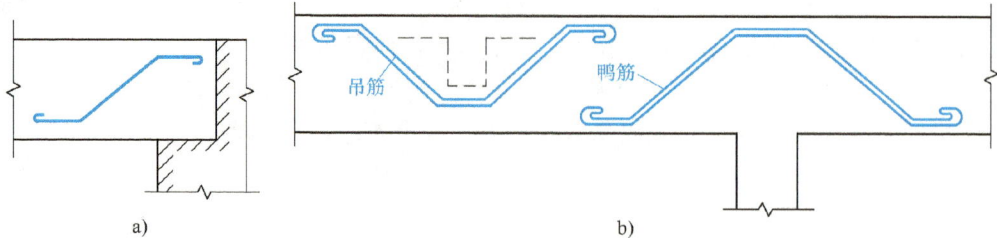

图 5-30　浮筋、吊筋与鸭筋
a）浮筋　b）吊筋与鸭筋

5.4.3　纵向钢筋的截断

梁的正、负纵向钢筋都是根据跨中或支座的最大弯矩值，按正截面受弯承载力的计算配置的。通常，正弯矩区段内的纵向钢筋采用弯起钢筋的形式弯向支座，用来抗剪或抵抗负弯矩，原因是梁的正弯矩图形的范围较大，受拉区几乎覆盖整个跨度，所以纵向钢筋不宜截断。对于支座附近负弯矩区段内的纵向钢筋，由于负弯矩区段的范围不大，往往采用截断的方式减少纵向钢筋的数量，但不宜在受拉区段截断。

图 5-31 中，假定 A—A 截面处所有钢筋的强度都充分利用，则截面 A—A 所对应的 e 点为纵向钢筋①的充分利用点，f 点为纵向钢筋②的充分利用点。B—B 和 C—C 截面为按计算不需要纵向钢筋①的截面，即为纵向钢筋①的理论断点。

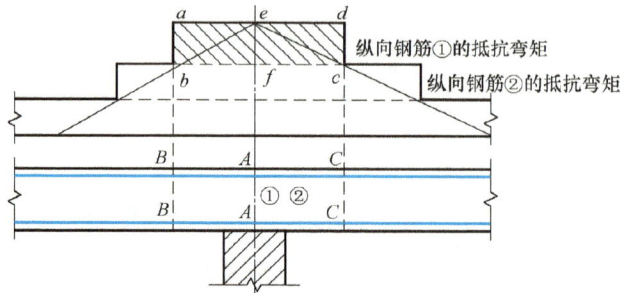

图 5-31　纵向钢筋截断的抵抗弯矩图

理论上讲，某一纵向钢筋可在理论断点处截断，但此时有可能在截断处产生斜裂缝，斜裂缝末端弯矩就是斜截面承担的弯矩，而此弯矩值比截断点处正截面弯矩值要大，虽然斜截面的箍筋也能承担一些弯矩，但为保证斜截面受弯承载力，纵向钢筋应从理论断点外再延长一段距离后再截断。

弯剪区段内的纵向钢筋还有一个黏结锚固的问题。如图 5-32 所示，当支座负弯矩区段出现斜裂缝后，纵向钢筋应力必然增大，随着应力不断增大，纵向钢筋销栓作用会将混凝土保护层撕裂，在梁上引起一系列针脚状斜向黏结裂缝。若纵筋黏结锚固长度不够，则这些黏结裂缝将会连通，形成纵向水平劈裂裂缝，造成构件发生黏结破坏。因此，纵向钢筋应从充分利用点向外延伸一定长度后再截断。

钢筋混凝土连续梁、框架梁的支座负弯矩纵向钢筋不宜在受拉区截断。如必须截断时，应从上述两个条件中确定较长的外伸长度作为纵筋的实际延伸长度，如图 5-33 所示，具体应符合表 5-5 的规定，取两者中较大者作为纵向钢筋的截断处。

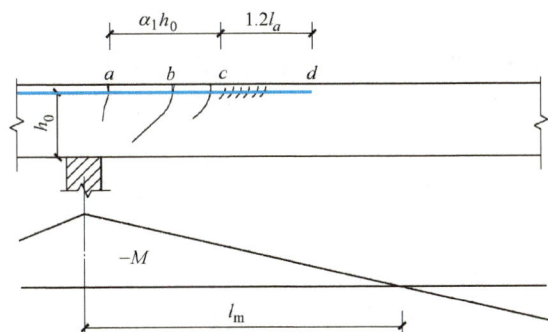

图 5-32 截断钢筋的黏结锚固

注：α_1 取值根据剪力大小和截断点位置等不同情况，可能取 0、1.0、1.3 或 1.7。

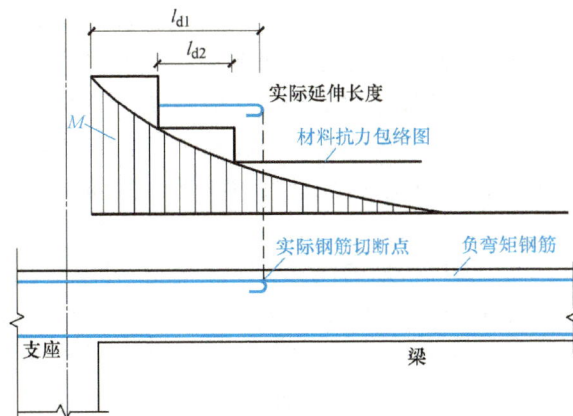

图 5-33 钢筋延伸长度和截断点

表 5-5 负弯矩钢筋的延伸长度 l_d

截面条件	充分利用点伸出 l_{d1}	理论截断截面伸出 l_{d2}
$V \leqslant 0.7f_t b h_0$	$1.2l_a$	$20d$
$V > 0.7f_t b h_0$	$1.2l_a + h_0$	$20d$、h_0 中较大者
$V > 0.7f_t b h_0$ 且断点仍在负弯矩受拉区	$1.2l_a + 1.7h_0$	$20d$、$1.3h_0$ 中较大者

5.4.4 纵向钢筋的锚固

1. 基本要求

《规范》规定，受拉钢筋基本锚固长度 l_{ab} 是以拔出试验为基础确定的，取决于钢筋强度设计值 f_y 及混凝土抗拉强度设计值 f_t，并与钢筋直径及外形有关，其计算公式为

$$l_{ab} = \alpha \frac{f_y}{f_t} d \tag{5-38}$$

式中 f_y——普通钢筋的抗拉强度设计值；

f_t——混凝土轴心抗拉强度设计值，当混凝土强度等级高于 C60 时，按 C60 取值；

d——锚固钢筋的直径；

α——锚固钢筋的外形系数，按表 5-6 取用。

受拉钢筋锚固长度 l_a 应根据锚固条件计算，且不应小于 200mm，其计算公式为

$$l_a = \zeta_a l_{ab} \tag{5-39}$$

式中 ζ_a——锚固长度修正系数。

表 5-6　锚固钢筋的外形系数

钢筋类型	光面钢筋	带肋钢筋	螺旋肋钢丝	三股钢绞线	七股钢绞线
α	0.16	0.14	0.13	0.16	0.17

注：光圆钢筋末端应做 180°弯钩，弯后平直段长度不应小于 $3d$，但作受压钢筋时可不做弯钩。

纵向受拉钢筋锚固长度修正系数 ζ_a 应按以下规定取用：

1）当带肋钢筋公称直径大于 25mm 时取 1.10。

2）环氧树脂涂层带肋钢筋取 1.25。

3）施工过程中易受扰动的钢筋取 1.10。

4）当纵向受力钢筋的实际配筋面积大于其设计计算面积时，修正系数取设计计算面积与实际配筋面积的比值，但对有抗震设防要求及直接承受动力荷载的结构构件，不应考虑此项修正。

5）锚固钢筋的保护层厚度为 $3d$ 时修正系数可取 0.80，保护层厚度不小于 $5d$ 时修正系数可取 0.70，中间按内插取值，此处 d 为锚固钢筋的直径。

当以上修正多于一项时，ζ_a 可按各项连乘计算，但不应小于 0.6。

当纵向受拉钢筋末端采用弯钩或机械锚固措施时，包括弯钩或锚固端头在内的锚固长度（投影长度）可取基本锚固长度 l_{ab} 的 60%。弯钩和机械锚固的形式和技术要求，应符合表 5-7 及图 5-34 的规定。

表 5-7　钢筋弯钩和机械锚固的形式和技术要求

锚固形式	技 术 要 求
90°弯钩	末端 90°弯钩，弯钩内径 $4d$，弯后直段长度 $12d$
135°弯钩	末端 135°弯钩，弯钩内径 $4d$，弯后直段长度 $5d$
一侧贴焊锚筋	末端一侧贴焊长 $5d$ 同直径钢筋
两侧贴焊锚筋	末端两侧贴焊长 $3d$ 同直径钢筋
焊端锚板	末端与厚度 d 的锚板穿孔塞焊
螺栓锚头	末端旋入螺旋锚头

注：1. 焊缝和螺纹长度应满足承载力要求。
　　2. 螺栓锚头或焊接锚板的承压净面积不应小于锚固钢筋计算截面面积的 4 倍。
　　3. 螺栓锚头的规格应符合相关标准的要求。
　　4. 螺栓锚头和焊接锚板的钢筋净间距不宜小于 $4d$，否则应考虑群锚效应的不利影响。
　　5. 截面角部的弯钩和一侧贴焊锚筋的布筋方向宜向截面内侧偏置。

混凝土结构中的纵向受压钢筋，当计算中充分利用钢筋的抗压强度时，其锚固长度应不小于相应受拉锚固长度的 0.7。受压钢筋不应采用末端弯钩和一侧贴焊锚筋的锚固措施。

2. 支座纵向钢筋的锚固

考虑到支座处存在横向压应力的有利作用，支座纵向钢筋锚固长度可比基本锚固长度略小。如图 5-35 所示，钢筋混凝土简支梁和连续梁简支端的下部纵向受拉钢筋，从支座边缘算起伸入支座内的锚固长度 l_{as} 应符合以下规定：

1）当 $V \leqslant 0.7 f_t b h_0$ 时

$$l_{as} \geqslant 5d \qquad\qquad (5\text{-}40a)$$

2）当 $V > 0.7 f_t b h_0$ 时

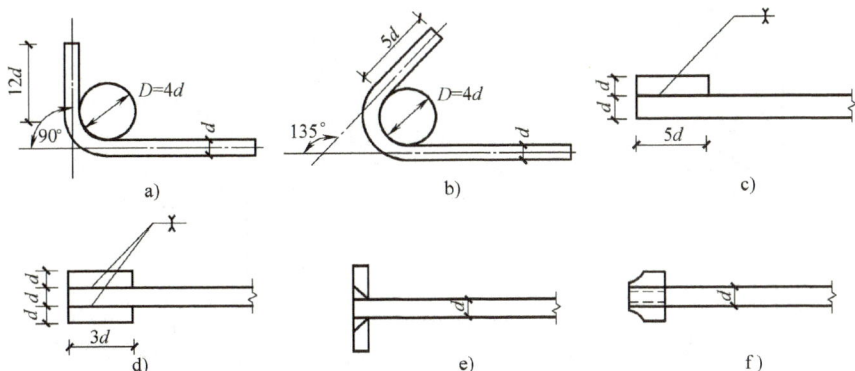

图 5-34　弯钩和机械锚固的形式和技术要求

a）90°弯钩　b）135°弯钩　c）一侧贴焊锚筋　d）两侧贴焊锚筋　e）穿孔塞焊端锚板　f）螺栓锚头

$$l_{as} \geq 12d（带肋钢筋）\qquad (5\text{-}40\text{b})$$
$$l_{as} \geq 15d（光圆钢筋）\qquad (5\text{-}40\text{c})$$

式中　d——锚固钢筋的直径。

伸入梁支座的纵向受力钢筋的数量，当梁宽 ≥ 100mm 时，不应少于 2 根，其纵向钢筋面积不宜小于跨中钢筋面积的 1/3。当纵向钢筋伸入支座的锚固长度不符合式（5-40）规定时，应采取弯钩或机械锚固措施，其弯钩或机械锚固的形式和技术要求，应符合表 5-7 及图 5-34 的规定。

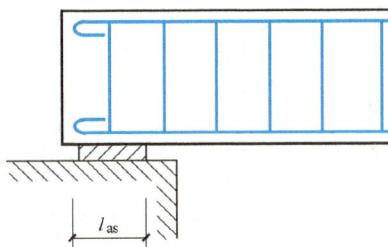

图 5-35　纵向钢筋的锚固长度

对于板，一般剪力较小，通常能满足 $V \leq 0.7f_t bh_0$。因此，《规范》规定板的简支端和中间支座下部纵向钢筋的锚固长度均取 $l_{as} \geq 5d$。

弯起钢筋在弯起的端部应留有足够的水平段锚固长度，其长度在受拉区不应小于 $20d$，在受压区不应小于 $10d$；对于光圆弯起钢筋，在末端应设置弯钩，如图 5-36 所示。

3. 梁柱节点的锚固

（1）梁上部纵筋的锚固

1）当采用直线锚固形式时，锚固长度不应小于 l_a，且应伸过柱中心线，伸过的长度不宜小于 $5d$，d 为梁上部纵向钢筋直径。

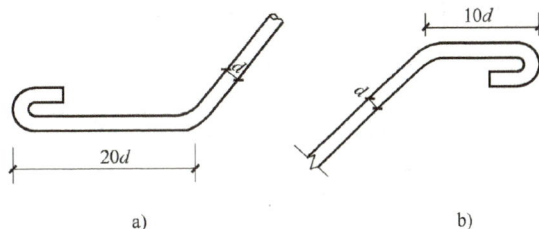

图 5-36　光圆弯起钢筋端部锚固

a）受拉区　b）受压区

2）当柱截面尺寸不满足直线锚固要求时，梁上部纵向钢筋可采用钢筋端部加机械锚头的锚固方式。梁上部纵向钢筋宜伸至柱外侧纵向钢筋内边，包括机械锚头在内的水平投影锚固长度不应小于 $0.4l_{ab}$，如图 5-37a 所示。

3）梁上部纵向钢筋也可采用 90°弯折锚固的方式，其包含弯弧在内的水平投影长度不应小于 $0.4l_{ab}$，同时，弯折钢筋在弯折平面内包含弧段的投影长度不应小于 $15d$，如图 5-37b 所示。

（2）梁下部纵向钢筋的锚固

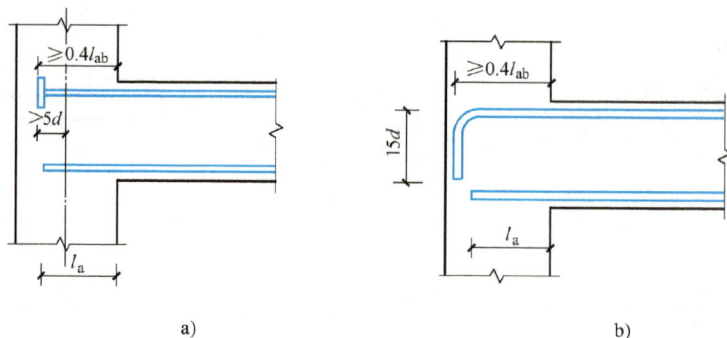

图 5-37　梁上部纵向钢筋在边柱节点内的锚固

a）钢筋端部加锚头锚固　b）钢筋末端 90° 弯折锚固

1）当计算中充分利用该钢筋的抗拉强度时，钢筋的锚固方式及长度应与上部钢筋的规定相同。

2）当计算中不利用该钢筋的强度或仅利用该钢筋的抗压强度时，伸入节点的锚固长度应分别符合中间节点梁下部纵向钢筋锚固的规定。

（3）梁中间支座纵向钢筋的锚固

1）梁的上部纵向钢筋应贯穿节点或支座，梁的下部纵向钢筋宜贯穿节点或支座。

2）当计算中不利用该钢筋强度时，其伸入支座的锚固长度，对带肋钢筋不小于 $12d$，对光圆钢筋不小于 $15d$，d 为钢筋最大直径。

3）当计算中充分利用该钢筋抗压强度时，应按受压钢筋锚固在中间支座内，其直线锚固长度不应小于 $0.7l_a$。

4）当计算中充分利用该钢筋抗拉强度时，可采用直线锚固在支座内，其锚固长度不应小于受拉钢筋锚固长度 l_a，如图 5-38a 所示。

5）纵筋可在节点或支座外梁中弯矩较小处设置搭接接头，搭接长度的起始点至支座边缘的距离不应小于 $1.5h_0$，如图 5-38b 所示。

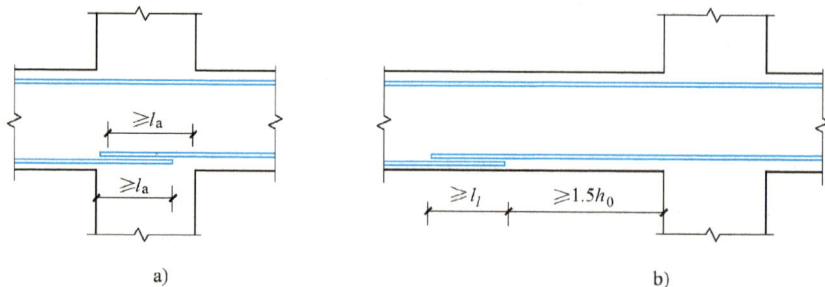

图 5-38　梁下部纵向钢筋在中间支座范围的锚固与搭接

a）下部纵向钢筋在中间支座中直线锚固　b）下部纵向钢筋在中间支座范围外的搭接

5.4.5　纵向钢筋的连接

钢筋的连接方式可采用绑扎搭接、机械连接或焊接。受力钢筋的连接接头宜设置在受力较小处，在同一根受力钢筋上宜少设接头。在结构的重要构件和关键传力部位，纵向受力钢筋不宜设置接头。机械连接及焊接接头的类型和质量应符合国家现行相关标准的规定。

纵向受拉钢筋的搭接长度 l_l 应根据位于同一连接区段内的钢筋搭接接头面积百分率，且不应小于 300mm，计算公式为

$$l_l = \zeta_l l_a \tag{5-41}$$

式中　ζ_l——纵向受拉钢筋搭接长度修正系数，按表 5-8 取用。

表 5-8　纵向受拉钢筋搭接长度修正系数

纵向搭接钢筋接头面积百分率(%)	≤25	50	100
ζ_l	1.2	1.4	1.6

同一构件中相邻纵向受力钢筋的绑扎搭接接头宜相互错开。钢筋绑扎搭接接头连接区段的长度为 1.3 倍搭接长度，凡搭接接头中点位于该连接区段长度内的搭接接头均属于同一连接区段，如图 5-39 所示。同一连接区段内纵向受力钢筋搭接接头面积百分率为该区段内有搭接接头的纵向受力钢筋与全部纵向受力钢筋截面面积的比值。

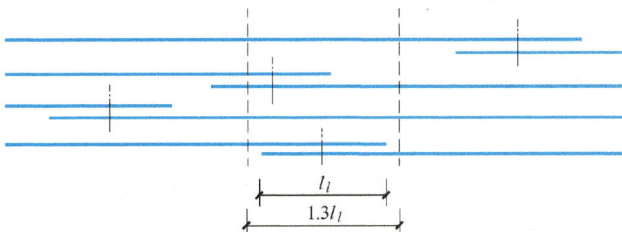

图 5-39　同一连接区段内的纵向受拉钢筋绑扎搭接接头

注：图中所示同一连接区段内的搭接接头钢筋为两根，当钢筋直径相同时，钢筋搭接接头面积百分率为 50%。

位于同一连接区段内的受拉钢筋搭接接头面积百分率：对梁类、板类及墙类构件，不宜大于 25%；对柱类构件，不宜大于 50%。当工程中确有必要增大受拉钢筋搭接接头面积百分率时，对梁类构件，不宜大于 50%；对板类、墙类、柱类及预制构件的拼接处，可根据实际情况放宽。

构件中纵向受压钢筋的搭接长度取受拉搭接长度的 0.7，且不应小于 200mm。当受压钢筋直径大于 25mm 时，还应在搭接接头两个端面外 100mm 的范围内各设两道箍筋。

以下情况不得采用绑扎搭接接头：当受拉钢筋直径大于 25mm 时，受压钢筋直径大于 28mm；需要进行疲劳验算的构件；轴心受拉构件和小偏心受拉构件的纵向受力钢筋。

纵向受力钢筋的机械连接接头宜相互错开，钢筋机械连接区段的长度为 $35d$，d 为连接钢筋的较小直径。机械连接套筒的保护层厚度宜满足有关钢筋最小保护层厚度的规定，且横向净间距不宜小于 25mm。直接承受动力荷载结构构件中的机械连接接头，除应满足设计要求的抗疲劳性能外，位于同一连接区段内的纵向钢筋接头面积百分率不应大于 50%。

细晶粒热轧带肋钢筋以及直径大于 28mm 的带肋钢筋，因其焊接质量不易保证，故焊接应经试验确定；余热处理钢筋不宜焊接。

5.5　伸臂梁设计示例

如图 5-40 所示，伸臂梁简支跨的跨度为 7m，承受均布荷载设计值 $q_1 = 70\text{kN/m}$，伸臂跨跨度为 1.86m，承受均布荷载设计值 $q_2 = 140\text{kN/m}$，梁截面尺寸 $b \times h = 250\text{mm} \times 650\text{mm}$，采用 C30 混凝土，纵向钢筋为热轧 HRB400 级钢筋，箍筋为 HPB300 级钢筋，环境类别为二 a 类，试设计此梁并进行钢筋布置。

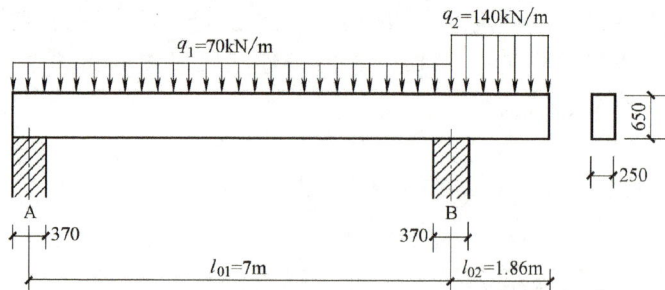

图 5-40 伸臂梁设计示例图

解： 1）弯矩和剪力设计值计算。

B 支座弯矩为

$$M_B = \frac{1}{2}q_2 l_{02}^2 = \left(\frac{1}{2} \times 140 \times 1.86^2\right) \text{kN} \cdot \text{m} = 242.2 \text{kN} \cdot \text{m}$$

A 支座剪力

$$V_A = \frac{\frac{1}{2}q_1 l_{01}^2 - \frac{1}{2}q_2 l_{02}^2}{l_{01}} \left(\frac{1}{2} \times 70 \times 7 - \frac{242.2}{7}\right) \text{kN} = 210.4 \text{kN}$$

A 支座右侧边缘剪力为 197.4kN。

简支跨跨中最大弯矩 M_C（剪力为零处）距 A 支座距离 x 为

$$x = \frac{V_A}{q_1} \left[\left(\frac{1}{2} \times 70 \times 7 - \frac{242.2}{7}\right) \div 70\right] \text{m} = 3\text{m}$$

$$M_C = V_A x - \frac{1}{2}q_1 x^2 = \left[\left(\frac{1}{2} \times 70 \times 7 - \frac{242.2}{7}\right) \times 3 - \frac{1}{2} \times 70 \times 3^2\right] \text{kN} \cdot \text{m} = 316.3 \text{kN} \cdot \text{m}$$

B 支座左侧处剪力

$$V_{B左} = \frac{\frac{1}{2}q_1 l_{01}^2 + \frac{1}{2}q_2 l_{02}^2}{l_{01}} = \left(\frac{1}{2} \times 70 \times 7 + \frac{242.2}{7}\right) \text{kN} = 279.6 \text{kN}$$

B 支座左侧边缘剪力为 266.7kN。

B 支座右侧处剪力

$$V_{B右} = (140 \times 1.86) \text{kN} = 260.4 \text{kN}$$

B 支座右侧边缘剪力为 234.5kN。

2）正截面承载力计算。C30 级混凝土 $f_c = 14.3 \text{N/mm}^2$，$f_t = 1.43 \text{N/mm}^2$，HRB400 级钢筋 $f_y = 360 \text{N/mm}^2$，HPB300 级钢筋 $f_{yv} = 270 \text{N/mm}^2$，查表 4-3，钢筋假设按两排布置 $h_0 = h - a_s = (650-65)\text{mm} = 585\text{mm}$。

$$\alpha_s = \frac{M}{\alpha_1 f_c b h_0^2} = \frac{316.3 \times 10^6}{1.0 \times 14.3 \times 250 \times 585^2} = 0.259 \leqslant \alpha_{s,max} = 0.384$$

跨中和 B 支座截面配筋计算见表 5-9。

3）斜截面承载力计算。验算截面尺寸：

$$0.25 f_c b h_0 = (0.25 \times 14.3 \times 250 \times 585)\text{N} = 522.84 \text{kN} > V_{max} = 266.7 \text{kN}$$

截面可用。

各支座处受剪配筋计算见表 5-10。

表 5-9　跨中和 B 支座截面配筋计算

截面	跨中截面 C	支座截面 B
弯矩设计值 $M/(\text{kN}\cdot\text{m})$	316.3	242.2
$\alpha_s=\dfrac{M}{\alpha_1 f_c bh_0^2}$	0.259	0.198
$\gamma_s=0.5(1+\sqrt{1-2\alpha_s})$	0.847	0.889
$A_s=\dfrac{M}{f_y\gamma_s h_0}/\text{mm}^2$	1773	1294
实配/mm^2	5Φ22(1900)	2Φ22+2Φ20(1388)

表 5-10　各支座受剪配筋计算

截面	A 支座边缘	B 支座左侧边缘	B 支座右侧边缘
V/kN	197.4	266.7	234.5
$\phi6@160,V_{cs}/\text{kN}$ $V_{cs}=0.7f_t bh_0+f_{yv}\dfrac{A_{sv}}{s}h_0$	202.7	202.7	202.7
第一排 $A_{sb1}=\dfrac{V-V_{cs}}{0.8f_y\sin45°}$	理论可不配弯起钢筋。此处考虑 V 与 V_{cs} 较接近,将一根纵向钢筋弯起伸入支座 A 中	377.2mm² 1Φ22(380mm²)	187.4mm² 1Φ22(380mm²)
剪力图	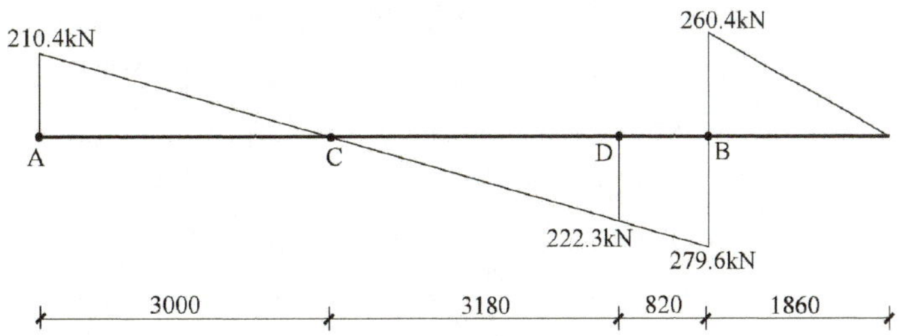		
弯起点处剪力设计值 V_2/kN	—	$V_2=\left[279.6\times\dfrac{(4000-820)}{4000}\right]\text{kN}$ $=222.3\text{kN}$	—
第二排 $A_{sb2}=\dfrac{V-V_{cs}}{0.8f_y\sin45°}$	—	96.3mm² 1Φ22(380mm²)	不需要弯起第二排
支座处钢筋弯起位置	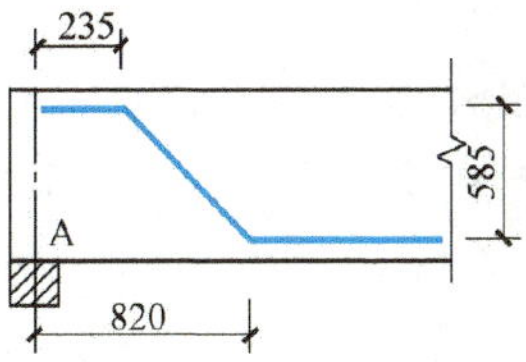	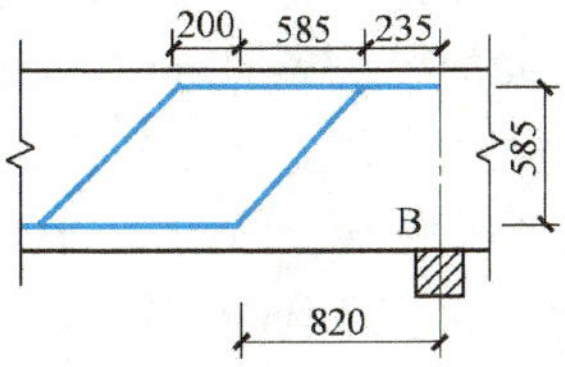 弯起第二排	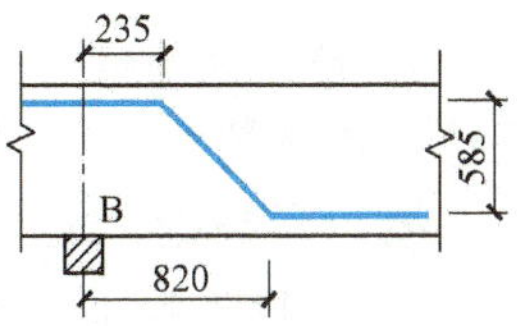 不需要弯起第二排

$$\rho_{sv} = \frac{A_{sv}}{bs} = \frac{nA_{sv1}}{bs} = \frac{57}{250 \times 160} = 0.143\% > \rho_{sv,min} = 0.24\frac{f_t}{f_{yv}} = 0.24 \times \frac{1.43}{270} = 0.127\%$$

4）抵抗弯矩图及钢筋布置。配筋方案：在选择纵向钢筋时，需考虑跨中、支座和弯起钢筋的协调。AB 跨中 5Φ22 钢筋中，弯起 2 根Φ22 钢筋伸入 B 支座作负弯矩钢筋，同时在 B 支座左侧作抗剪弯起钢筋，其余 3Φ22 均伸入两边支座；在 B 支座右侧，弯起 1 根Φ22 钢筋作抗剪弯起钢筋，这根钢筋可利用 AB 跨弯入 B 支座的②号钢筋。此外，在 B 支座另配置 2Φ20 负弯矩钢筋。弯起钢筋的弯起角度为 45°，弯起段的水平投影长度可按长为 650mm－65mm＝585mm 计算。具体钢筋布置情况如图 5-41 所示。

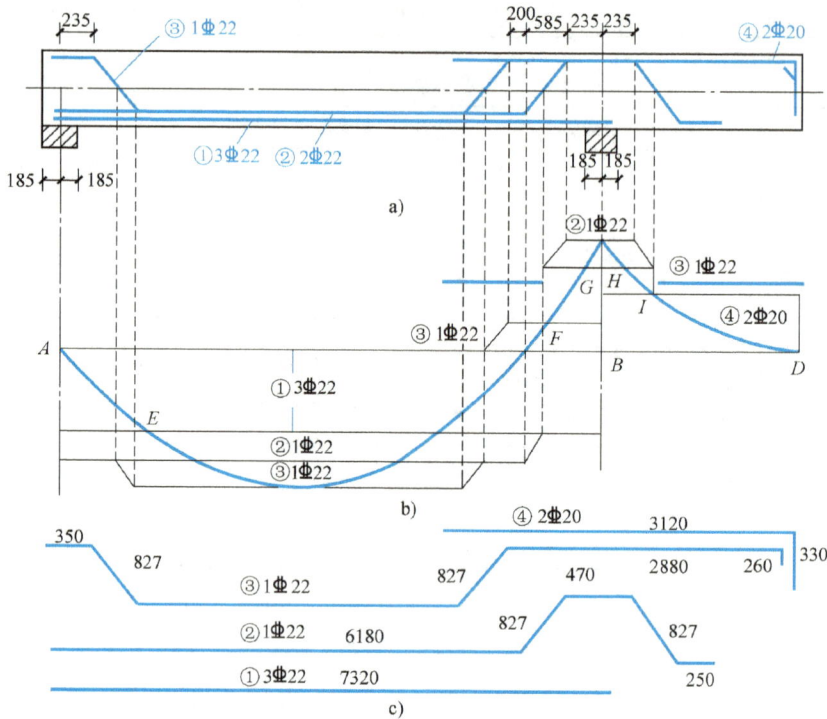

图 5-41　伸臂梁抵抗弯矩图及钢筋布置

本 章 小 结

1. 保证受弯构件斜截面承载力是防止斜截面破坏先于正截面破坏，达到"强剪弱弯"的要求。斜截面承载力包括斜截面受剪承载力和斜截面受弯承载力，斜截面受剪承载力通过计算和构造要求保证，斜截面受弯承载力则通过纵向钢筋和箍筋的构造要求保证。

2. 斜裂缝出现前后，梁的受力性能会发生明显的变化。斜裂缝出现前，梁视为匀质弹性体，剪弯段应力可用材料力学方法进行分析；斜裂缝出现后，截面引起应力重新分布，剪力主要由斜裂缝顶端的剪压区混凝土承担，与斜裂缝相交处的纵向钢筋拉应力也明显增大。

3. 随着剪跨比 λ 的增加，无腹筋梁斜截面的破坏形态会出现斜压破坏、剪压破坏和斜拉破坏。这三种破坏都是脆性破坏，只是脆性程度不同，因此，工程设计时都应予以避免。在相同的条件下，就脆性程度而言，剪压破坏＜斜压破坏＜斜拉破坏；就受剪承载力而言，斜压破坏>剪压破坏>斜拉破坏。

4. 梁中配置箍筋和弯起钢筋可以承担部分剪力，并限制斜裂缝的发展，提高剪压区混凝土的抗剪能力，也可提高骨料咬合力和纵向钢筋销栓力。因此，配置腹筋可以较大地提高梁的斜截面受剪承载力。

5. 斜截面受剪承载力的影响因素有剪跨比（跨高比）、混凝土强度等级、配箍率和箍筋强度、纵向钢筋配筋率、截面尺寸和形式等。

6. 我国《规范》给出的斜截面承载力计算公式是以剪压破坏形态为基础而建立的，设计时通过斜截面承载力计算可避免剪压破坏；受剪承载力计算公式有适用条件，即通过截面限制条件避免斜压破坏，通过最小配箍率和箍筋构造要求避免斜拉破坏。

7. 抵抗弯矩图（M_u 图）是按实际配置的纵向受力钢筋计算的梁各个正截面所能承受的弯矩图。为保证梁正截面受弯承载力，M_u 图必须包住 M 图，即 $M_u \geq M$。利用抵抗弯矩图可以确定梁中纵向钢筋的弯起点和截断位置，为保证梁斜截面受弯承载力，纵向钢筋弯起点至该钢筋充分利用点的距离应大于 $0.5h_0$。

思　考　题

1. 梁中斜裂缝是怎样形成的？它发生在梁的什么区段内？

2. 斜裂缝出现前后，无腹筋梁的应力状态会发生哪些变化？

3. 什么是广义剪跨比？什么是计算剪跨比？剪跨比对梁斜截面破坏形态有什么影响？

4. 梁斜截面破坏形态有哪几种？其破坏特征如何？

5. 梁中配置箍筋起什么作用？什么是配箍率？它对斜截面破坏形态有什么影响？

6. 斜截面受剪承载力的影响因素有哪些？其影响规律如何？

7. 普通楼板为什么不进行斜截面受剪承载力计算且不配置腹筋？

8. 不同荷载情况下矩形、T 形、工字形截面梁的斜截面受剪承载力计算公式有什么不同？

9. 梁斜截面受剪承载力计算公式有什么限制条件？其意义是什么？

10. 进行梁斜截面受剪承载力计算时，应取哪些计算截面？

11. 梁斜截面受剪承载力计算步骤有哪些？

12. 连续梁受剪性能与简支梁相比有什么不同？为什么可以采用同一受剪承载力计算公式？

13. 为什么要规定箍筋和弯起钢筋的最大间距？为什么箍筋直径不得小于最小直径？当箍筋满足最大间距和最小直径要求时，是否满足最小配箍率的要求？

14. 什么是抵抗弯矩图？如何绘制？它与设计弯矩图有什么关系？

15. 什么是纵向受力钢筋的充分利用点和理论断点？

16. 在连续梁中间支座附近将纵向受拉钢筋弯起抗剪同时抗弯时，在构造上应满足哪些要求？如不能同时满足，应如何解决？

17. 为保证梁斜截面受弯承载力，对纵向钢筋弯起有什么构造要求？

18. 如何确定纵向钢筋截断时的延伸长度？

19. 钢筋伸入支座的锚固长度有哪些要求？

20. 梁中钢筋的连接有哪些构造要求？

测 试 题

1. 填空题

（1）梁斜截面承载力包括斜截面_____承载力和斜截面_____承载力两方面。

（2）在荷载作用下，当梁剪弯段产生的主拉应力超过_____时，梁会出现斜裂缝，其斜裂缝开展方向大致垂直于_____。

（3）梁中斜裂缝按其出现位置的不同，可分为_____和_____两种形式。

（4）无腹筋梁斜截面破坏的主要形态有_____、_____和_____。

（5）条件相同的无腹筋梁，发生剪压破坏、斜压破坏、斜拉破坏时，梁斜截面受剪承载力的大致关系是：_____>_____>_____。

（6）无腹筋梁斜截面破坏形态主要受剪跨比 λ 的影响，当_____时发生斜拉破坏，当_____时发生剪压破坏，当_____时发生斜压破坏；但当_____后，受剪承载力趋于稳定，λ 的影响不明显。

（7）剪压破坏、斜压破坏、斜拉破坏都是脆性破坏，其脆性程度不同，其中_____最明显，_____次之，_____相对最小。

（8）有腹筋梁是指配置_____、_____、_____与_____的梁。

（9）随着混凝土强度等级的增加，梁斜截面受剪承载力_____；随着纵向钢筋配筋率的增加，梁斜截面受剪承载力_____；剪跨比 λ 较大时，随着配箍率 ρ_{sv} 的增加，梁斜截面受剪承载力_____。

（10）当剪跨比 λ 较大时，若配箍率 ρ_{sv} 过小或箍筋间距过大，梁则发生_____破坏；当配箍率 ρ_{sv} 过大或剪跨比 λ 较小时，梁则发生_____破坏；当配箍率 ρ_{sv} 适中或剪跨比 λ 较大时，梁则发生_____破坏。

（11）为了避免发生斜拉破坏，需要同时控制_____和_____；为了避免发生斜压破坏，需要控制_____。

（12）当梁按最小配箍率配置箍筋时，若以均布荷载作用为主，则梁的斜截面受剪承载力 V_u =_____；若以集中荷载作用为主，则梁的斜截面受剪承载力 V_u =_____。

（13）梁内配置箍筋的作用有：_____、_____、_____与_____。

（14）梁需配置多排弯起钢筋时，第二排弯起钢筋计算剪力取_____；当满足_____，可不必设置弯起钢筋。

（15）绘制抵抗弯矩图确定梁中弯起钢筋位置时，为了防止发生_____破坏，弯起钢筋的弯起点至其充分利用点的距离应不小于_____。

（16）梁中钢筋的连接方式可采用_____、_____或_____。

2. 是非题

（1）受弯构件斜截面承载力即指斜截面受剪承载力。　　　　　　　　（　　）

（2）当梁剪跨比较大（$\lambda>3$）时，梁一定发生斜拉破坏，因此设计时必须限制梁的剪跨比 $\lambda\leqslant3$。　　　　　　　　　　　　　　　　　　　　　　（　　）

（3）纵向受力钢筋的数量只会影响梁正截面承载力，不会影响斜截面承载力。（　　）

（4）箍筋不能提高梁斜压破坏时的承载力，即小剪跨比情况下，箍筋的作用很小。

（　　）

（5）截面尺寸对无腹筋梁受剪承载力有较大影响，在相同的条件下，梁高越大，相对受剪承载力越高。（　　）

（6）T形截面梁的翼缘大小对其受剪承载力没有影响。（　　）

（7）在受弯构件斜截面破坏形态中，斜拉破坏和斜压破坏为脆性破坏，剪压破坏为塑性破坏，因此，斜截面受剪承载力计算公式是按剪压破坏的受力特征建立的。（　　）

（8）进行受弯构件斜截面承载力计算时，验算截面尺寸是为了避免斜压破坏，验算最小配箍率和相关构造要求是为了避免斜拉破坏。（　　）

（9）对于T形截面独立梁，当梁上作用有多种荷载时，其中集中荷载在支座边缘截面所产生的剪力值大于总剪力值的85%，此时，该梁应采用集中荷载作用下的计算公式进行斜截面受剪承载力计算。（　　）

（10）工业与民用建筑中的楼板，一般不配置箍筋和弯起钢筋，可不必进行斜截面受剪承载力计算。（　　）

（11）弯起钢筋受剪承载力计算公式 $V_{sb} = 0.8f_yA_{sb}\sin\alpha$，其系数0.8是指与斜裂缝相交的弯起钢筋没有屈服。（　　）

（12）当梁按构造要求配置箍筋时，应满足箍筋最大间距和最小直径要求，同时还应满足最小配箍率要求。（　　）

（13）当梁中配置多排弯起钢筋时，前后两排弯起钢筋上弯点之间的距离应满足 $s \leqslant s_{max}$。（　　）

（14）伸臂梁中的负弯矩钢筋截断时，可在其理论断点处截断。（　　）

（15）绘制抵抗弯矩图时，若梁中配置了弯起钢筋，则该弯起钢筋承担的抵抗弯矩从其下弯点处开始减小。（　　）

3. 选择题

（1）集中荷载作用下的简支梁，其计算剪跨比 $\lambda = a/h_0$ 反映了（　　）。

A. 构件的几何尺寸　　　　　　　　　B. 梁的支承条件

C. 荷载的大小关系　　　　　　　　　D. 截面上正应力 σ 与剪应力 τ 的相对比值

（2）条件相同的无腹筋梁，发生剪压破坏、斜压破坏、斜拉破坏时，梁斜截面受剪承载力的大致关系是（　　）。

A. 斜压>剪压>斜拉　　　　　　　　　B. 剪压>斜压>斜拉

C. 斜压=剪压>斜拉　　　　　　　　　D. 斜压>剪压=斜拉

（3）受弯构件斜截面破坏有三种类型，其中属于脆性破坏的有（　　）。

A. 斜压破坏和斜拉破坏　　　　　　　B. 斜压、剪压和斜拉破坏

C. 剪压破坏　　　　　　　　　　　　D. 斜拉破坏

（4）无腹筋梁出现斜裂缝后，由（　　）传递剪力。

A. 梁机制和桁架机制　　　　　　　　B. 拱机制和桁架机制

C. 梁机制和拱机制　　　　　　　　　D. 梁机制、拱机制和桁架机制

（5）有腹筋梁出现斜裂缝后，由（　　）传递剪力。

A. 梁机制和桁架机制　　　　　　　　B. 拱机制和桁架机制

C. 梁机制和拱机制　　　　　　　　　　D. 梁机制、拱机制和桁架机制

（6）受弯构件斜截面承载力计算基本公式是依据哪种破坏形态建立的？（　　　）

A. 斜压破坏　　　B. 斜拉破坏　　　C. 剪压破坏　　　D. 弯剪破坏

（7）有腹筋梁的斜截面受剪承载力（　　　）。

A. 与配箍数量基本无关　　　　　　　B. 随配箍数量的增加而增加

C. 配箍数量达到一定值后，随配箍数量的增加而增加

D. 配箍数量在一定值以内时，随配箍数量的增加而增加

（8）提高梁的配箍率 ρ_{sv} 可以（　　　）。

A. 防止出现斜裂缝　　　　　　　　　B. 防止出现斜拉破坏

C. 防止出现剪压破坏　　　　　　　　D. 防止出现斜压破坏

（9）设计受弯构件时，若出现 $V \geq 0.25\beta_c f_c bh_0$ 时，应采取的最有效措施是（　　　）。

A. 加大截面尺寸　　　　　　　　　　B. 增加纵向受力钢筋

C. 提高混凝土强度等级　　　　　　　D. 设置弯起钢筋

（10）选择抗剪箍筋时，若箍筋间距 $s > s_{max}$，则会发生（　　　）。

A. 斜拉破坏　　　B. 斜压破坏　　　C. 剪压破坏　　　D. 受弯破坏

（11）条件相同的梁，当作用集中荷载或均布荷载时，其斜截面受剪承载力（　　　）。

A. 均布荷载作用时大　　　　　　　　B. 集中荷载作用时大

C. 有时均布荷载作用时大、有时集中荷载作用时大

D. 两者相同

（12）对 T 形和工字形截面梁进行斜截面受剪承载力计算时，下列说法正确的是（　　　）。

A. 考虑了翼缘对受剪承载力的影响　　B. 未考虑翼缘对受剪承载力的影响

C. 考虑了剪跨比对受剪承载力的影响　D. 未考虑翼缘和纵向钢筋对受剪承载力的影响

（13）计算某排弯起钢筋用量时，取用的剪力设计值为（　　　）。

A. 前排弯起钢筋上弯点处对应的剪力值

B. 支座边缘处对应的剪力值

C. 该排弯起钢筋下弯点处对应的剪力值

D. 前排弯起钢筋下弯点处对应的剪力值

（14）梁支座处设置多排弯起钢筋抗剪时，若满足了正截面抗弯和斜截面抗弯，却不满足斜截面抗剪，此时应在该支座处设置（　　　）。

A. 浮筋　　　B. 鸭筋　　　C. 吊筋　　　D. 支座负直筋

（15）抵抗弯矩图也称为材料图，其形状与（　　　）。

A. 梁的弯矩包络图相同　　　　　　　B. 梁内纵向钢筋的布置情况有关

C. 梁的剪力值大小有关　　　　　　　D. 梁内箍筋和弯起钢筋的用量有关

习　题

1. 有一两端支承在 240mm 厚砖墙上的矩形截面简支梁，截面尺寸为 $b \times h = 200\text{mm} \times 500\text{mm}$，混凝土保护层厚度 $c = 25\text{mm}$，混凝土强度等级为 C25，纵向钢筋采用 HRB400 级钢

筋，箍筋采用 HPB300 级钢筋，承受均布荷载设计值（包括自重在内）$q = 85\text{kN/m}$，梁的净跨 $l_n = 4\text{m}$，计算跨度 $l_0 = 4.24\text{m}$。求纵向受力钢筋和箍筋的用量。

2. 有一 T 形梁，截面尺寸为 $b \times h = 200\text{mm} \times 550\text{mm}$，$b'_f = 400\text{mm}$，$h'_f = 120\text{mm}$。支座截面承受剪力设计值 $V = 290\text{kN}$，其中集中荷载产生剪力 250kN，剪跨比为 2.5，混凝土强度等级为 C30，纵向钢筋采用 HRB400 级钢筋，箍筋采用 HPB300 级钢筋，环境类别为一类。求所需箍筋数量。

3. 钢筋混凝土简支梁，截面尺寸为 $b \times h = 200\text{mm} \times 500\text{mm}$，$a_s = 35\text{mm}$，混凝土强度等级为 C30，承受剪力设计值 $V = 1.4 \times 10^5\text{N}$，环境类别为一类，箍筋采用 HPB300 级钢筋。求所需受剪箍筋。若 $V = 6.2 \times 10^4\text{N}$ 及 $V = 3.8 \times 10^5\text{N}$，应如何处理？

4. 如图 5-42 所示的钢筋混凝土梁，截面尺寸为 $b \times h = 250\text{mm} \times 600\text{mm}$，$a_s = 60\text{mm}$，集中荷载设计值 $P = 100\text{kN}$，梁上永久荷载设计值 $g = 8\text{kN/m}$（包括自重），混凝土强度等级为 C30，环境类别为一类，箍筋采用 HPB300 级钢筋。求所需箍筋数量。

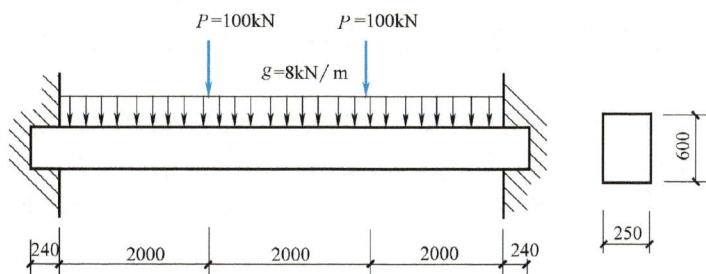

图 5-42　习题 4 图

第6章 受压构件承载力计算

【学习目标】

1. 掌握受压构件一般构造要求。

2. 了解轴心受压构件受力性能，掌握普通箍筋柱和螺旋箍筋柱设计计算方法。

3. 熟悉偏心受压构件受力性能，掌握两种偏心受压构件的判别方法。

4. 熟练掌握对称配筋、非对称配筋矩形截面偏心受压构件设计计算方法。

5. 了解对称配筋工字形截面偏心受压构件和双向偏心受压构件设计计算方法。

6. 掌握正截面承载力 N_u—M_u 相关曲线的概念及其应用。

7. 熟悉偏心受压构件斜截面承载力计算方法。

本章是本书的重点内容。重点是偏心受压构件承载力计算，难点是小偏心受压构件正截面承载力计算。

■ 6.1 概述

以承受轴向压力（简称为轴压力）N 为主的构件称为受压构件（compression members），它是工程结构中最常见的基本构件之一，如多层或高层建筑中的框架柱和剪力墙、工业厂房中的排架柱、桁架中的受压腹杆、人防地下室的柱等。受压构件在工程结构中起着非常重要的作用，一旦发生破坏，后果极其严重。

按受力位置的不同，受压构件可分为轴心受压构件（axially loaded compression members）和偏心受压构件（eccentrically loaded compression members）。当轴向压力作用点位于构件正截面形心时，称为轴心受压构件，简称轴压构件，如图 6-1a 所示；当轴向压力作用点不位于构件正截面形心或构件正截面上同时有弯矩和轴向压力共同作用时，称为偏心受压构件，简称偏压构件。偏心受压构件又分为单向偏心受压构件和双向偏心受压构件，当轴向压力作用点只对构件正截面的一个主轴有偏心距时，称为单向偏心受压构件，如图 6-1b 所示；当轴向压力作用点对构件正截面的两个主轴都有偏心距时，称为双向偏心受压构件，如图 6-1c 所示。

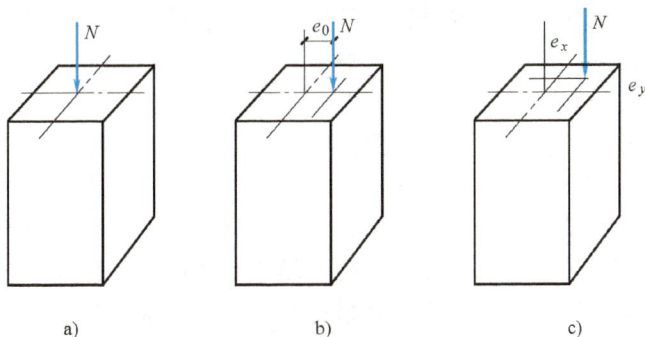

图 6-1 受压构件类型

a) 轴心受压构件 b) 单向偏心受压构件 c) 双向偏心受压构件

■ 6.2 受压构件一般构造要求

6.2.1 截面形式及尺寸

为便于制作模板，受压构件截面通常采用方形或矩形截面，建筑上有特殊需要时也可采用圆形或多边形，如公共建筑大厅的柱或桥墩、桩等。工业厂房结构中截面尺寸较大的柱，特别是承受较大荷载的装配式柱，为了减轻柱的自重和节约混凝土，常常采用工字形截面或双肢截面。有时为美观和使用方便，要求墙面平整，也可采用 T 形、L 形和十字形截面。

方形或矩形独立柱的截面尺寸，不宜小于 250mm×250mm，且柱的长细比宜控制在 $l_0/b \leqslant 30$，$l_0/h \leqslant 25$，其中 l_0 为柱的计算长度，b、h 为柱的短边和长边尺寸。圆形截面柱的直径不宜小于 350mm，长细比宜控制在 $l_0/d \leqslant 25$，其中 d 为圆形截面柱的直径。对于工字形截面柱，翼缘厚度不宜小于 120mm，因为翼缘太薄会使构件过早出现裂缝，同时在靠近柱脚处的混凝土容易在施工过程中撞坏，影响柱的承载力和耐久性；腹板厚度不宜小于 100mm，因为腹板太薄会使浇筑混凝土困难；地震区柱的截面尺寸应适当增大。

为方便施工，截面尺寸应满足建筑模数的要求，柱截面边长在 800mm 以下时，取 50mm 为模数；800mm 以上时，可取 100mm 为模数。

6.2.2 材料强度

混凝土强度直接影响受压构件的承载力。为了充分利用混凝土的抗压性能，节省钢材，减小构件截面尺寸，受压构件一般应采用强度等级较高的混凝土。目前，我国工程结构中柱的混凝土强度等级常用 C30～C50；在高层建筑结构中，混凝土强度等级常用 C50～C60，当截面尺寸受到限制时，也可采用 C60 以上的高强混凝土。

柱中纵向受力钢筋宜采用 HRB400、HRBF400、HRB500、HRBF500，不宜采用高强度的钢筋，原因在于钢筋抗压强度设计值受到混凝土峰值应变的限制。箍筋宜采用 HRB400、HRBF400、HPB300、HRB500、HRBF500 钢筋。

6.2.3 纵向钢筋

柱中纵向钢筋的作用是与混凝土共同承担由外荷载引起的内力（轴向压力和弯矩），提高柱的承载力，减小柱截面尺寸；改善柱破坏时的延性，防止发生突然脆性破坏；减小持续压应力下混凝土收缩徐变的影响；承担柱失稳破坏时凸出面的拉力以及荷载初始偏心、温度应变等因素引起的拉力等。

为增强钢筋骨架的刚度，方便施工，受压构件中宜采用直径较粗的钢筋。柱中纵向钢筋的直径不宜小于 12mm，通常为 16~32mm。

矩形截面柱的纵向钢筋根数不得少于 4 根，以便与箍筋形成钢筋骨架。轴心受压柱的纵向钢筋应沿截面的四周均匀布置，偏心受压柱中纵向钢筋应按计算要求布置在偏心方向的两侧。圆形截面柱的纵向钢筋根数不宜少于 8 根，不应少于 6 根，且沿周边均匀布置。

柱中纵向钢筋的净距不应小于 50mm，且不宜大于 300mm；偏心受压柱中垂直于弯矩作用平面的侧面上的纵向钢筋以及轴心受压柱中各边的纵向钢筋，其中距不宜大于 300mm。水平浇筑的预制柱，纵向钢筋的最小净距可按梁的相关规定取用。

偏心受压柱的截面高度不小于 600mm 时，在柱的侧面上应设置直径不小于 10mm 的纵向构造钢筋，以防止构件因温度变化和混凝土收缩应力产生裂缝，并相应设置复合箍筋或拉筋，如图 6-2 所示。

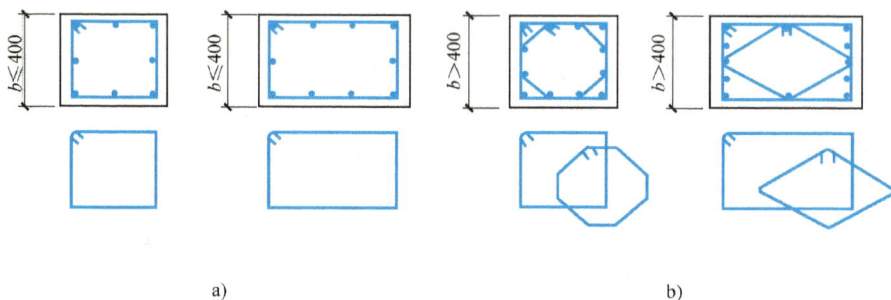

图 6-2 方形、矩形截面箍筋形式
a）普通箍筋 b）复合箍筋

柱中的纵向受力钢筋用量应满足最小配筋率的要求，见附表 13。纵向钢筋配筋率过小时，构件接近于素混凝土柱，破坏时呈脆性；同时，在荷载长期作用下，混凝土收缩和徐变容易引起钢筋过早屈服。从造价、施工方便和受力性能等方面考虑，柱中全部纵向钢筋配筋率不宜大于 5%，原因在于配筋率过大容易产生黏结裂缝，特别是突然卸载时混凝土容易拉裂。

纵向钢筋的连接接头宜设置在受力较小处，同一根受力钢筋上宜少设接头。在结构构件的关键传力部位，纵向钢筋不宜设置连接接头。钢筋连接可采用绑扎搭接、机械连接或焊接。当采用绑扎搭接时，受拉钢筋直径不宜大于 25mm，受压钢筋直径不宜大于 28mm。

6.2.4 箍筋

柱中箍筋的作用是为了架立纵向钢筋，形成骨架，防止纵向钢筋压屈；承担剪力和扭矩；并与纵向钢筋一起形成对核心混凝土的围箍约束。为保证箍筋对柱中核心混凝土的围箍约束作用，柱周边的箍筋应做成封闭式。

柱中箍筋的直径不应小于 $d/4$，且不应小于 6mm，d 为纵向钢筋的最大直径。箍筋间距不应大于 400mm 及构件截面的短边尺寸，且不应大于 $15d$，d 为纵向钢筋的最小直径。当柱截面短边尺寸大于 400mm 且各边纵向钢筋多于 3 根时，或当柱截面短边尺寸不大于 400mm 但各边纵向钢筋多于 4 根时，应设置复合箍筋，如图 6-2 所示。

当柱中全部纵向钢筋的配筋率大于 3% 时，箍筋直径不应小于 8mm，其间距不应大于 10d，且不应大于 200mm，d 为纵向钢筋的最小直径。箍筋末端应做成 135° 弯钩，且弯钩末端平直段长度不应小于箍筋直径的 10 倍。

在配有螺旋式或焊接环式箍筋的柱中，当正截面受压承载力计算中考虑间接钢筋的作用时，箍筋间距不应大于 80mm 及 $d_{cor}/5$，且不宜小于 40mm，d_{cor} 为按箍筋内表面的核心截面直径。

对于复杂截面形状的构件，不可采用具有内折角的箍筋，避免产生向外的拉力，致使折角处的混凝土破损，如图 6-3 所示。

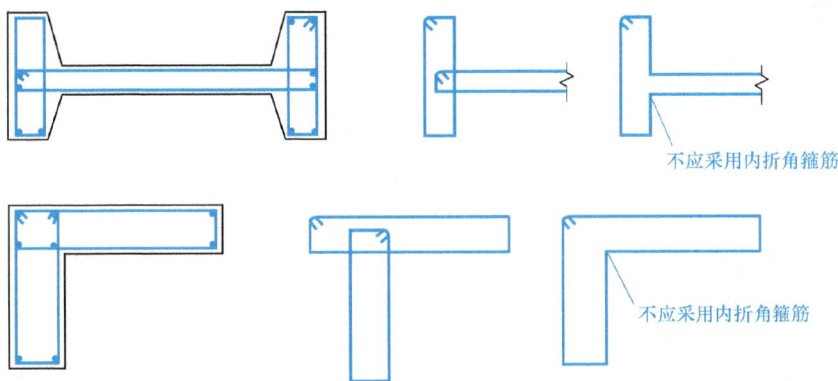

图 6-3　工字形、L 形截面箍筋形式

6.2.5　保护层厚度

受压构件的混凝土保护层厚度与结构所处的环境类别和设计使用年限有关。混凝土结构的环境类别见附表 10；柱的混凝土保护层最小厚度，如表 4-2 所示。

■ 6.3　轴心受压构件受力性能

根据长细比的不同，轴心受压构件可分为短柱和长柱。短柱是指长细比 $l_0/i \leqslant 28$（任意截面）或 $l_0/b \leqslant 8$（矩形截面）或 $l_0/d \leqslant 7$（圆形截面）的柱，其中 l_0 为柱的计算长度，i 为任意截面最小回转半径，b 为矩形截面短边边长，d 为圆形截面直径。很显然，短柱和长柱的承载力及其破坏形态不同。

6.3.1　轴心受压短柱受力性能

如图 6-4 所示，矩形截面轴心受压短柱的截面面积为 A，混凝土截面面积为 A_c，受压钢筋截面面积为 A'_s。为保证受压钢筋充分发挥作用，避免混凝土压碎时纵向钢筋受压屈曲，短柱丧失承载能力，需配置一定数量的箍筋。

在轴向压力 N 作用下，由于钢筋与混凝土之间存在着黏结力，短柱从加载到破坏，钢筋和混凝土共同受压、共同变形，即钢筋和混凝土压应变相同，整个截面压应变基本呈均匀分布。当混凝土压应力小于比例极限时，弹性系数 $\nu=1$。

由变形协调条件，可得

$$\varepsilon_s = \varepsilon_c = \varepsilon \qquad (6\text{-}1a)$$

由截面平衡条件，可得

$$N = \sigma_s' A_s' + \sigma_c A_c \qquad (6\text{-}1b)$$

由钢筋和混凝土的本构关系，可得

$$\sigma_s' = E_s \varepsilon_s \qquad (6\text{-}1c)$$

$$\sigma_c = E_c \varepsilon_c \qquad (6\text{-}1d)$$

将式（6-1c）、式（6-1d）代入式（6-1b），利用式（6-1a），并令 $\alpha_E = E_s/E_c$、$\rho' = A_s'/A_c$，可得

$$N = (1 + \alpha_E \rho') \varepsilon E_c A_c \qquad (6\text{-}1e)$$

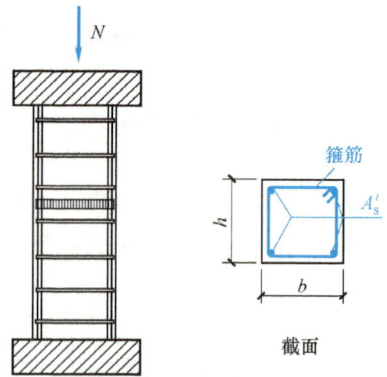

图 6-4 轴心受压试件

$$\sigma_s' = \frac{\alpha_E N}{A_c (1 + \alpha_E \rho')} \qquad (6\text{-}1f)$$

$$\sigma_c = \frac{N}{A_c (1 + \alpha_E \rho')} \qquad (6\text{-}1g)$$

由此可见，当轴向压力 N 较小时，混凝土和钢筋都处于弹性阶段，钢筋压应力 σ_s' 和混凝土压应力 σ_c 均与轴向压力 N 成正比关系，且钢筋压应力是混凝土压应力的 α_E 倍；短柱的压应变 ε 与轴向压力 N 也成比例关系，短柱处于弹性状态。

当混凝土压应力超过比例极限后，由于塑性变形的发展，弹性系数不断下降，即 $\nu < 1$，此时 $\sigma_c = \nu E_c \varepsilon_c$。同理，可推导得

$$N = (\nu + \alpha_E \rho') \varepsilon E_c A_c \qquad (6\text{-}2a)$$

$$\sigma_s' = \frac{\alpha_E N}{A_c (\nu + \alpha_E \rho')} \qquad (6\text{-}2b)$$

$$\sigma_c = \frac{\nu N}{A_c (\nu + \alpha_E \rho')} \qquad (6\text{-}2c)$$

此时，混凝土压应力增长缓慢，钢筋压应力增长加快，两者比例发生变化，截面出现应力重分布现象；压应变的增长速度比荷载增长速度要快，短柱截面轴压刚度下降，构件进入弹塑性阶段。纵向钢筋配筋率 ρ' 越小，这种现象越明显。

当纵向钢筋达到屈服时，则有

$$N = f_y' A_s' + \nu E_c A_c \varepsilon \qquad (6\text{-}3a)$$

$$\sigma_s' = f_y' \qquad (6\text{-}3b)$$

$$\sigma_c = \frac{N - f_y' A_s'}{A_c} \qquad (6\text{-}3c)$$

纵向钢筋达到屈服后，保持屈服强度不变，继续增加的荷载全部由混凝土承担，混凝土压应力增长加快，混凝土压应力与轴向压力 N 近似呈线性关系，截面出现更加明显的应力重分布现象。轴向压力与压应变关系曲线出现转折点，构件截面轴压刚度下降得更快。轴心受压短柱的弹塑性阶段由两部分构成，前半部分是由混凝土塑性引起的（弹性系数下降），后半部分是由混凝土塑性和钢筋塑性（屈服）共同引起的，如图 6-5 所示。

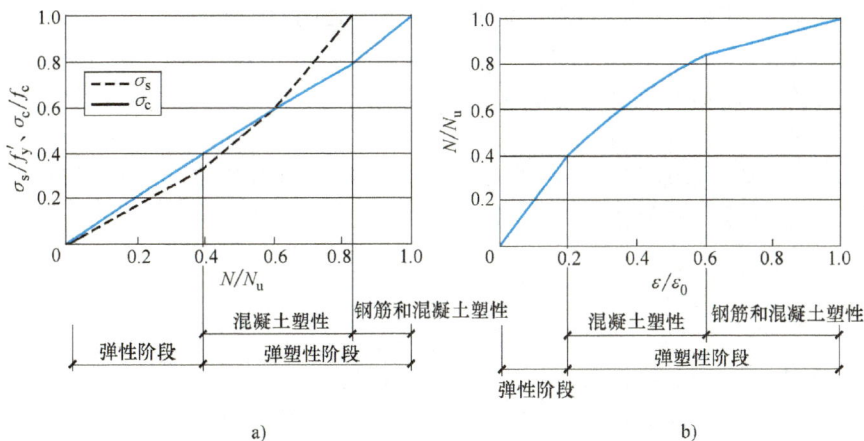

图 6-5 轴心受压短柱受力性能

a）混凝土、钢筋应力与轴力的关系 b）轴力与构件压应变的关系

当混凝土压应力 $\sigma_c > 0.8f_c$ 后，核心混凝土开始向外膨胀并推挤纵向钢筋，短柱外层混凝土开始剥落，使纵向钢筋在箍筋之间呈灯笼状向外扩张，最后柱四周出现明显的纵向裂缝，箍筋之间的纵向钢筋发生压屈，向外凸出，混凝土被压碎，即短柱破坏，如图 6-6 所示。

当混凝土压应变达到峰值应变 ε_0、压应力达到峰值强度 f_c 时，构件达到承载能力极限状态，其应力状态可作为正截面承载力计算依据，相应轴力用 N_u 表示，由平衡条件可得

$$N_u = f'_y A'_s + f_c A_c \qquad (6-4)$$

轴心受压短柱的混凝土峰值应变 $\varepsilon_0 = 0.002$，对于低强度纵向钢筋可以达到屈服，此时纵向钢筋应力为 $\sigma'_s = E_s \varepsilon'_s = (200 \times 10^3 \times 0.002)$ N/mm^2 = 400N/mm^2；而对于抗压强度较高的纵向钢筋，可能不会屈服，《规范》规定：当采用 500MPa 钢筋时，其钢筋抗压强度设计值取为 400N/mm^2。

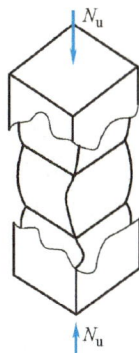

图 6-6 短柱破坏形态

6.3.2 收缩对轴心受压短柱的影响

混凝土具有收缩现象，而钢筋没有。短柱中的钢筋限制混凝土的收缩，将产生收缩应力。图 6-7 所示为一对称配筋且未受外荷载作用的钢筋混凝土短柱。在混凝土发生收缩前，钢筋和混凝土的应力均为零，如图 6-7a 所示。若钢筋与混凝土之间无黏结，混凝土会产生自由收缩应变 ε_{sh}，收缩后的变形如图 6-7b 所示，短柱的收缩变形为 $\varepsilon_{sh}l$，其应力为零；钢

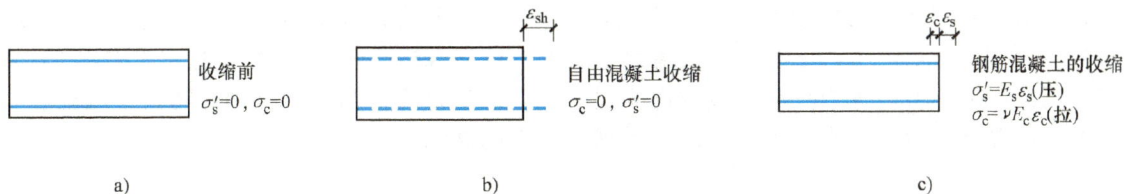

图 6-7 短柱收缩引起的应力分布

a）短柱收缩前 b）短柱收缩变形 c）钢筋与混凝土收缩

筋保持原长度不变，应力也为零。由于钢筋与混凝土之间存在黏结力，混凝土收缩将受到钢筋的约束，在短柱中会产生收缩应力，短柱最终变形如图 6-7c 所示。对比图 6-7b 和图 6-7c 可知，混凝土收缩将使钢筋产生压应变 ε_s 和相应的压应力 σ'_s，其反作用力会使自由收缩的混凝土产生拉应变 ε_c 和相应的拉应力 σ_c。

若 $\sigma_c < 0.4f_{tk}$，则弹性系数 $\nu = 1$。此时，短柱没有外荷载作用，钢筋受压和混凝土受拉均处于弹性阶段，由截面平衡条件，可得

$$\sigma'_s A'_s = \sigma_c A_c \tag{6-5a}$$

由变形协调条件，可得

$$\varepsilon_s + \varepsilon_c = \varepsilon_{sh} \tag{6-5b}$$

钢筋和混凝土的本构关系同式（6-1c）、式（6-1d）。

将式（6-1c）、式（6-1d）代入式（6-5a），利用式（6-5b），并令 $\alpha_E = E_s/E_c$、$\rho' = A'_s/A_c$，可推导得到钢筋压应力、压应变和混凝土拉应力、拉应变为

$$\sigma'_s = \frac{\varepsilon_{sh}E_s}{1+\alpha_E\rho'} , \quad \varepsilon_s = \frac{\varepsilon_{sh}}{1+\alpha_E\rho'} \tag{6-6a}$$

$$\sigma_c = \frac{\varepsilon_{sh}E_c}{1+\dfrac{1}{\alpha_E\rho'}} , \quad \varepsilon_c = \frac{\varepsilon_{sh}}{1+\dfrac{1}{\alpha_E\rho'}} \tag{6-6b}$$

若 $0.4f_{tk} < \sigma_c < f_{tk}$，则弹性系数为 $0.5 < \nu < 1$。此时，短柱中混凝土受拉已进入弹塑性阶段，但不会开裂，式（6-1d）则改写为 $\sigma_c = \nu E_c \varepsilon_c$。同理，可推导得到钢筋压应力、压应变和混凝土拉应力、拉应变为

$$\sigma'_s = \frac{\varepsilon_{sh}E_s}{1+\dfrac{\alpha_E\rho'}{\nu}} , \quad \varepsilon_s = \frac{\varepsilon_{sh}}{1+\dfrac{\alpha_E\rho'}{\nu}} \tag{6-7a}$$

$$\sigma_c = \frac{\varepsilon_{sh}E_c}{\dfrac{1}{\nu}+\dfrac{1}{\alpha_E\rho'}} , \quad \varepsilon_c = \frac{\varepsilon_{sh}}{1+\dfrac{\nu}{\alpha_E\rho'}} \tag{6-7b}$$

由此可见，混凝土收缩应变 ε_{sh} 越大，由收缩产生的钢筋压应力 σ'_s 和混凝土拉应力 σ_c 也越大。配筋率 ρ' 越大，钢筋压应力 σ'_s 越小，混凝土拉应力 σ_c 则越大。当配筋率 ρ' 超过一定限值时，混凝土拉应力将达到抗拉强度 f_{tk}，短柱会开裂。

若 $\sigma_c = f_{tk}$，则弹性系数为 $\nu = 0.5$，此时可得到配筋率 ρ' 的限值为

$$\rho'_{sh,lim} = \frac{f_{tk}}{\alpha_E(\varepsilon_{sh}E_c - 2f_{tk})} \tag{6-8}$$

以 C30 混凝土为例，$f_{tk} = 2.01\text{N/mm}^2$，$E_c = 3.0 \times 10^4 \text{N/mm}^2$，若混凝土收缩应变取偏大值 $\varepsilon_{sh} = 4 \times 10^{-4}$，$E_s = 2.0 \times 10^5 \text{N/mm}^2$，可得 $\alpha_E = 6.67$，则由式（6-8）可求得 $\rho'_{sh,lim} = 3.8\%$；若为 C40 混凝土，则 $\rho'_{sh,lim} = 4.7\%$。通常情况下，钢筋混凝土轴心受压柱的配筋率在 3% 以内，因此一般不会出现因配筋率过大而开裂的现象。如果构件两端受到刚性约束，或配筋率过大，或混凝土收缩过大，则会出现因收缩而产生的裂缝。

6.3.3　徐变对轴心受压短柱的影响

长期荷载作用下的混凝土具有徐变性质，而常温下的钢筋则不会发生徐变。在恒定 N

的长期作用下，混凝土徐变将使短柱中钢筋和混凝土的应力发生变化。如图 6-8 所示的对称配筋轴心受压短柱，在 N 作用初期，当 $\sigma_c < 0.5f_c$ 时，加载时立即产生的弹性变形为

$$\varepsilon_{ce}(t_0) = \varepsilon_{s0} = \varepsilon_{c0} \qquad (6\text{-}9\mathrm{a})$$

同理，采用换算截面法，可得钢筋和混凝土的初始压应力分别为

$$\sigma_{c0} = \frac{N}{(1+\alpha_E\rho')A_c} = \frac{N}{A_0} \qquad (6\text{-}9\mathrm{b})$$

$$\sigma'_{s0} = \frac{\alpha_E N}{(1+\alpha_E\rho')A_c} = \frac{\alpha_E N}{A_0} \qquad (6\text{-}9\mathrm{c})$$

$$\varepsilon_{s0} = \varepsilon_{c0} = \frac{N}{E_c A_0} \qquad (6\text{-}9\mathrm{d})$$

设 t 时间后混凝土的徐变系数为 $\varphi(t,t_0)$，由式（2-10）可知，t 时间后混凝土的徐变变形为 $\varepsilon_{cr}(t,t_0) = \varphi(t,t_0)\varepsilon_{ce}(t_0) = \varphi(t,t_0)\varepsilon_{c0}$，而钢筋的存在将使短柱的徐变变形小于混凝土的徐变变形。设 t 时间后短柱的徐变变形为 $\lambda\varphi(t,t_0)\varepsilon_{c0}$（$\lambda < 1$），则 t 时间后钢筋的压应力增量 $\Delta\sigma_{st}$ 为

$$\Delta\sigma_{st} = E_s\lambda\varphi(t,t_0)\varepsilon_{c0} \qquad (6\text{-}10\mathrm{a})$$

t 时间后，混凝土相当于产生一拉应力增量 $\Delta\sigma_{ct}$，$\Delta\sigma_{ct}$ 可近似取为

$$\Delta\sigma_{ct} = E_c(1-\lambda)\varphi(t,t_0)\varepsilon_{c0} \qquad (6\text{-}10\mathrm{b})$$

在 N 不变的情况下，由平衡关系 $\Delta\sigma_{ct}A_c = \Delta\sigma_{st}A_s$，可得

$$\lambda = \frac{1}{1+\alpha_E\rho'} \qquad (6\text{-}10\mathrm{c})$$

则

$$\Delta\sigma_{st} = \frac{\alpha_E\varphi(t,t_0)}{1+\alpha_E\rho'}\sigma_{c0} \qquad (6\text{-}11\mathrm{a})$$

$$\Delta\sigma_{ct} = \frac{\alpha_E\rho'\varphi(t,t_0)}{1+\alpha_E\rho'}\sigma_{c0} \qquad (6\text{-}11\mathrm{b})$$

由式（6-11）可知，徐变引起的混凝土应力增量是钢筋应力增量的 ρ' 倍；配筋率 ρ' 越大，因徐变引起的钢筋应力变化越小，而混凝土应力变化越大。

t 时间后，钢筋的压应力为

$$\sigma'_{st} = \sigma'_{s0} + \Delta\sigma_{st} = [1+\lambda\varphi(t,t_0)]\sigma'_{s0} = \left[1+\frac{\varphi(t,t_0)}{1+\alpha_E\rho'}\right]\sigma'_{s0} \qquad (6\text{-}12\mathrm{a})$$

由平衡条件 $\sigma_{ct}A_c + \sigma'_{st}A'_s = N$，并利用式（6-9），可得 t 时间混凝土的压应力为

$$\sigma_{ct} = \frac{N-\sigma'_{st}A'_s}{A_c} = \frac{N}{A_c(1+\alpha_E\rho')}\left[1-\frac{\alpha_E\rho'\varphi(t,t_0)}{1+\alpha_E\rho'}\right] = \left[1-\frac{\alpha_E\rho'\varphi(t,t_0)}{1+\alpha_E\rho'}\right]\sigma_{c0} \qquad (6\text{-}12\mathrm{b})$$

由式（6-12）可知，在 N 长期作用下，随着时间 t 的增加，徐变系数 $\varphi(t,t_0)$ 增大，钢筋压应力 σ'_{st} 不断增大，混凝土压应力 σ_{ct} 则不断减小，这种应力变化是在 N 不变的情况下发生的，称为徐变引起的应力重分布。这种应力重分布对混凝土的压应力起着卸荷的作用，对钢筋压应力起着增大的作用。配筋率 ρ' 越大，钢筋压应力 σ'_{st} 增长越少，混凝土压应力 σ_{ct} 减小就越多。若初始轴向压力 N 过大、配筋率 ρ' 过小，当徐变较大时，有可能使钢筋受压屈服。

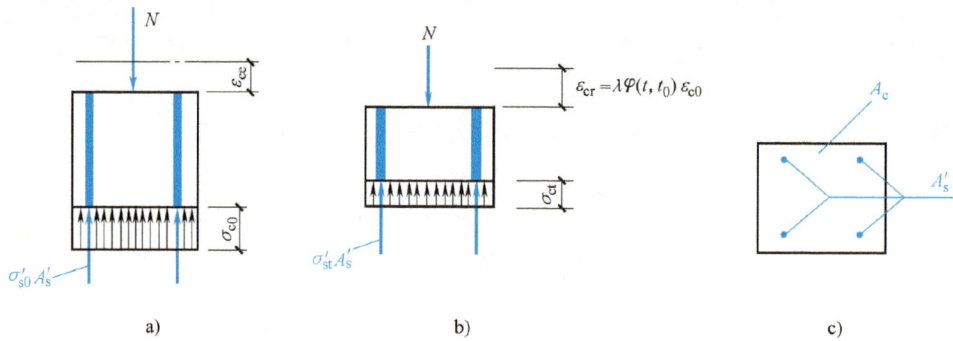

图 6-8　短柱徐变引起的应力分布

a）加载瞬间 $t=0$　b）加载后 t 时刻　c）截面

6.3.4　轴心受压长柱受力性能

轴向压力 N 作用下的长柱，各种偶然因素引起的初始偏心距导致柱中产生附加弯矩和相应的侧向挠度，侧向挠度又会增大偏心距，截面处于轴向压力和弯矩共同作用的复合受力状态。随着 N 的不断增加，附加弯矩和侧向挠度也不断增加，最终长柱在轴向压力和弯矩共同作用下发生破坏。破坏时，首先在长柱凹侧出现纵向裂缝，随后混凝土被压碎，纵筋被压屈向外凸出，凸侧混凝土出现垂直于纵轴方向的横向裂缝，侧向挠度急剧增大，如图 6-9 所示。

试验表明：在截面、材料及配筋相同的情况下，长柱的承载力低于短柱的承载力；且长细比越大承载力降低得越多，说明长细比对柱的承载力影响很大。

《规范》采用稳定系数 φ 表示长柱承载力的降低程度，即

$$\varphi = \frac{N_u^l}{N_u^s} \tag{6-13}$$

式中　N_u^l、N_u^s——长柱和短柱的承载力。

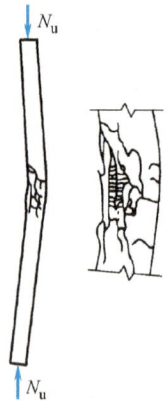

图 6-9　长柱破坏示意图

对于两端铰接的钢筋混凝土长柱，在轴向压力 N 较大时混凝土会开裂，截面刚度将降低，设其刚度为 $\beta E_c I$，则由欧拉公式可得到其临界承载力为

$$N_u^l = \frac{\pi^2 \beta E_c I}{l_0^2} \tag{6-14}$$

轴心受压短柱承载力公式采用式（6-4），若矩形截面尺寸为 $b \times h$，则有 $A_c = bh$，$I = hb^3/12$，$A_s' = \rho' bh$，从而可得

$$\varphi = \frac{N_u^l}{N_u^s} = \frac{\dfrac{\pi^2 \beta E_c I}{l_0^2}}{f_y' A_s' + f_c A_c} = \frac{\pi^2 \beta E_c}{12(f_c + \rho' f_y')(l_0/b)^2} \tag{6-15}$$

由此可见，稳定系数 φ 与混凝土强度等级、钢筋种类、配筋率和长细比有关。对于常用材料和配筋的情况下，主要与柱的长细比有关。其原因在于长细比越大，各种偶然因素造成的初始偏心距越大，从而产生的附加弯矩和相应的侧向挠度也越大。对于长细比很大的细长柱，还会发生失稳破坏。图 6-10 给出了稳定系数 φ 与柱长细比的关系，l_0/i 越大，φ 越小；当 $l_0/i<28$ 时，φ 值可近似取1，说明短柱不考虑纵向弯曲的影响。对于 l_0/i 相同的柱，由于混凝土强度等级、钢筋种类以及配筋率的不同，φ 的大小略有变化。

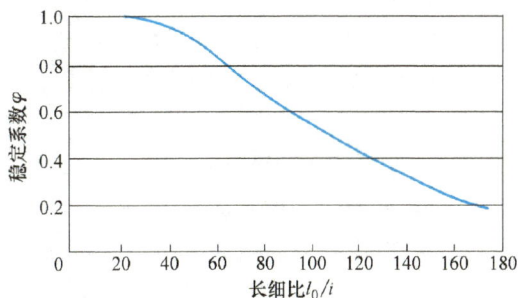

图 6-10　稳定系数与长细比的关系

此外，在长期荷载作用下，混凝土的徐变将使侧向挠度增加更多，从而使长柱承载力降低得更多，长期荷载在全部荷载中所占的比例越多，其承载力则降低得越多。

■ 6.4　轴心受压构件承载力计算

由于混凝土的不均匀性、施工制造的误差和荷载作用位置的偏差等原因，往往存在或多或少的偏心，致使实际工程中理想的轴心受压构件几乎不存在。而以承受永久荷载作用为主的等跨多层房屋的内柱以及桁架的受压腹杆等构件，常因实际存在的弯矩较小而忽略不计，近似地按轴心受压构件计算。

按照柱中箍筋配置方式及作用的不同，轴心受压构件又可分为普通箍筋柱（tied column）和螺旋箍筋柱（spiral column）。普通箍筋柱配有纵向钢筋和普通箍筋，截面形状多为正方形或矩形，也可采用圆形；螺旋箍筋柱配有纵向钢筋和螺旋式或焊接环式箍筋，截面形状多为圆形或多边形，如图 6-11 所示。

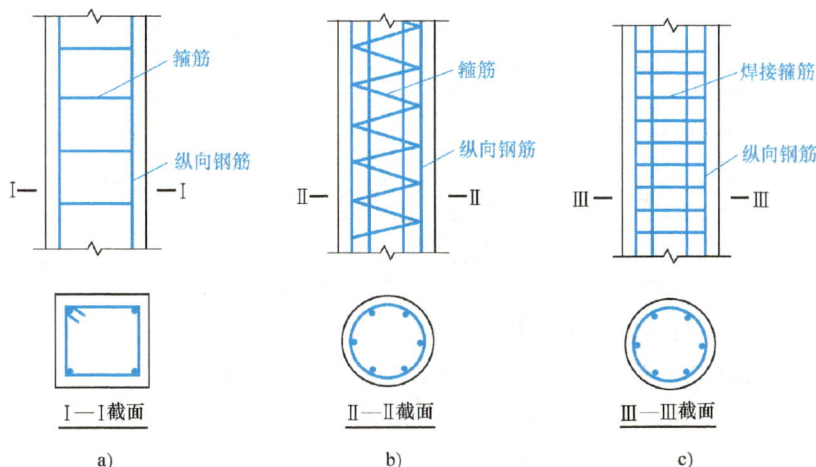

图 6-11　配有箍筋柱的示意图

a) 普通箍筋柱　b) 螺旋箍筋柱　c) 焊接环式箍筋柱

6.4.1 普通箍筋柱承载力计算

1. 计算公式

通过上述轴心受压构件受力性能分析，考虑长柱承载力的降低和可靠度的调整，《规范》给出的普通箍筋柱正截面承载力计算公式为

$$N \le N_u = 0.9\varphi(f_c A + f_y' A_s') \tag{6-16}$$

式中 N——轴向压力设计值；

0.9——可靠度调整系数；

φ——稳定系数，见表6-1；

A_s'——全部纵向钢筋的截面面积；

A——构件截面面积，当配筋率大于3%时，A 应改用 $A - A_s'$。

2. 稳定系数

在大量试验的基础上，《规范》给出的稳定系数 φ 值见表6-1。对于矩形截面，稳定系数 φ 的计算公式为

$$\varphi = \left[1 + 0.002\left(\frac{l_0}{b} - 8\right)^2\right]^{-1} \tag{6-17}$$

当 $l_0/b < 40$ 时，式（6-17）计算值与表6-1的 φ 值的误差不超过3.5%。由式（6-17）计算 φ 值时，对于任意截面，可取 $b = \sqrt{12}i$；对于圆形截面，可取 $b = \sqrt{3}d/2$。

表 6-1　轴心受压构件的稳定系数 φ

l_0/b	l_0/d	l_0/i	φ	l_0/b	l_0/d	l_0/i	φ
≤8	≤7	≤28	1.00	30	26	104	0.52
10	8.5	35	0.98	32	28	111	0.48
12	10.5	42	0.95	34	29.5	118	0.44
14	12	48	0.92	36	31	125	0.40
16	14	55	0.87	38	33	132	0.36
18	15.5	62	0.81	40	34.5	139	0.32
20	17	69	0.75	42	36.5	146	0.29
22	19	76	0.70	44	38	153	0.26
24	21	83	0.65	46	40	160	0.23
26	22.5	90	0.60	48	41.5	167	0.21
28	24	97	0.56	50	43	174	0.19

注：l_0 为构件的计算长度；b 为矩形截面的短边边长；d 为圆形截面的直径；i 为截面最小回转半径。

构件的计算长度 l_0 与构件两端支承情况有关。当两端铰支时，取 $l_0 = l$（l 是构件的实际长度）；当两端固定时，取 $l_0 = 0.5l$；当一端固定、一端铰支时，取 $l_0 = 0.7l$；当一端固定、一端自由时，取 $l_0 = 2l$。在实际工程中，构件两端的连接构造并非那样理想、简单，为便于设计计算，《规范》规定：排架柱、框架柱的计算长度按表6-2、表6-3确定。

3. 配筋率范围

如前所述，在 N 长期作用下，混凝土徐变将产生应力重分布，使钢筋压应力增大，混

凝土压应力减小；若配筋率 ρ' 过小，钢筋压应力则会随着徐变的增大而达到屈服。因此，我国《规范》规定了受压构件的最小配筋率，见附表 13。

表 6-2　刚性楼盖单层房屋排架柱、露天吊车柱和栈桥柱的计算长度

柱的类别		l_0		
		排架方向	垂直排架方向	
			有柱间支撑	无柱间支撑
无起重机房屋柱	单跨	$1.5H$	$1.0H$	$1.2H$
	两跨及多跨	$1.25H$	$1.0H$	$1.2H$
有起重机房屋柱	上柱	$2.0H_u$	$1.25H_u$	$1.5H_u$
	下柱	$1.0H_l$	$0.8H_l$	$1.0H_l$
露天起重机柱和栈桥柱		$2.0H_l$	$1.0H_l$	—

注：1. 表中 H 为从基础顶面算起的柱子全高；H_l 为从基础顶面至装配式吊车梁底面或现浇式吊车梁顶面的柱子下部高度；H_u 为从装配式吊车梁底面或从现浇式吊车梁顶面算起的柱子上部高度。

2. 表中有起重机房屋排架柱的计算长度，当计算中不考虑起重机荷载时，可按无起重机房屋柱的计算长度采用，但上柱的计算长度仍可按有起重机房屋采用。

3. 表中有起重机房屋排架柱的上柱在排架方向的计算长度仅适用于 $H_u/H_l \geqslant 0.3$ 的情况；当 $H_u/H_l < 0.3$ 时，计算长度宜采用 $2.5H_u$。

表 6-3　框架结构各层柱的计算长度

楼盖类型	柱的类别	l_0
现浇楼盖	底层柱	$1.0H$
	其余各层柱	$1.25H$
装配式楼盖	底层柱	$1.25H$
	其余各层柱	$1.5H$

注：表中 H 为底层柱从基础顶面到一层楼盖顶面的高度，对其余各层柱为上下两层楼盖顶面之间的高度。

实际工程中，受压构件存在着突然卸载的情况。突然卸载时钢筋回弹，由于混凝土徐变大部分不可恢复，荷载为零时，会使柱中钢筋受压，混凝土受拉，如图 6-12 所示。若配筋量过多，可能造成混凝土开裂，若纵向钢筋和混凝土的黏结力很强，可能同时产生纵向裂缝，

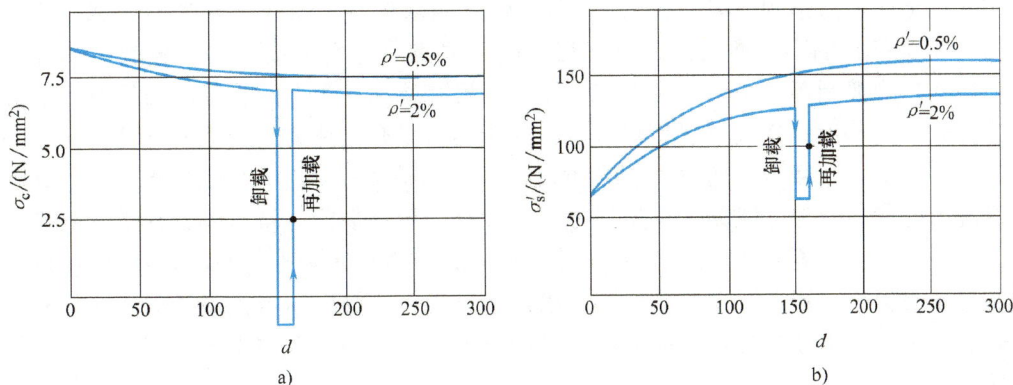

图 6-12　长期荷载作用下混凝土和钢筋的应力重分布

a）混凝土　b）钢筋

这种裂缝更为危险。若重新加载至原数值，则钢筋和混凝土的应力仍按原曲线变化。为了防止出现这种情况，同时考虑施工方便和经济合理，故轴心受压构件的纵向钢筋配筋率 ρ' 不宜超过 5%。

4. 设计计算方法

（1）截面设计

1）根据构造要求，初选材料强度等级，初选纵向钢筋配筋率 ρ'（$\rho' = A'_s/A$），并取稳定系数 $\varphi = 1$，由式（6-16）求出轴心受压柱的截面面积 A。

2）确定截面尺寸，正方形截面边长取 $b = h = \sqrt{A}$，也可采用矩形截面（$b \times h = A$）。

3）确定构件计算长度 l_0 和长细比 l_0/b，查表 6-1 确定实际的稳定系数 φ。

4）再由式（6-16）计算实际所需的纵向钢筋截面面积。

5）验算配筋率 $\rho'_{min} \leqslant \rho' \leqslant \rho'_{max}$。

6）按构造要求选配箍筋，并给出配筋图。

上述 1）、2）也可合并，直接按构造要求和已建工程，确定截面尺寸、材料强度等级。

（2）截面复核

1）按照已知条件，确定构件计算长度 l_0 和长细比 l_0/b。

2）由表 6-1 确定实际的稳定系数 φ。

3）验算配筋率 $\rho'_{min} \leqslant \rho' \leqslant \rho'_{max}$。

4）由式（6-16）验算构件所能承担的轴力值 N_u。

5）若满足 $N \leqslant N_u$，则构件安全，反之亦然。

6.4.2 螺旋箍筋柱承载力计算

当柱承受的轴向压力 N 很大，且建筑要求和其他原因导致截面尺寸受到限制，而采用普通箍筋柱不能满足其承载力要求，即使提高混凝土强度等级和增加配筋量效果也不显著时，可考虑采用螺旋箍筋柱或焊接环式箍筋柱。

1. 受力性能

螺旋箍筋柱和普通箍筋柱的受力性能有很大不同，图 6-13 所示为两种轴心受压柱的荷载—应变曲线。

在混凝土压应力达到临界应力 $0.8f_c$ 前，螺旋箍筋的应力很小，两者的荷载—应变曲线基本相同。随着 N 的不断增加，纵向钢筋屈服，混凝土达到峰值应变，螺旋箍筋外的混凝土保护层开始崩溃剥落，构件截面面积减小，N 略有减小。由于螺旋箍筋的约束，核心混凝土仍可继续承受荷载，其抗压强度超过 f_c，曲线逐渐回升，柱的承载力又逐渐增大，并超过普通箍筋柱的最大承载力。随着 N 的继续增加，螺旋箍筋的应力达到屈服，不能继续约束核心混凝土的横向变形，混凝土抗压强度不再提高，核心混凝土被压碎，柱即告破坏，N 达到第二次峰值。如图 6-13 所示，N 达到第二次峰值，柱的纵向压应变可达到 0.01 以上，其变形能力显著提高，说明螺旋箍筋柱具有很好的延性，其极限承载力高于截面尺寸相同的普通箍筋柱。在螺旋箍筋受到较大应力时，螺旋箍筋外的混凝土保护层已开裂，故在计算时不应考虑这部分混凝土的作用。

另有试验表明，螺旋箍筋柱的第二次峰值及相应的压应变值与螺旋箍筋的配箍率有关。配箍率越高，其值就越大，越能有效地约束核心混凝土的横向变形，使核心混凝土处于三向

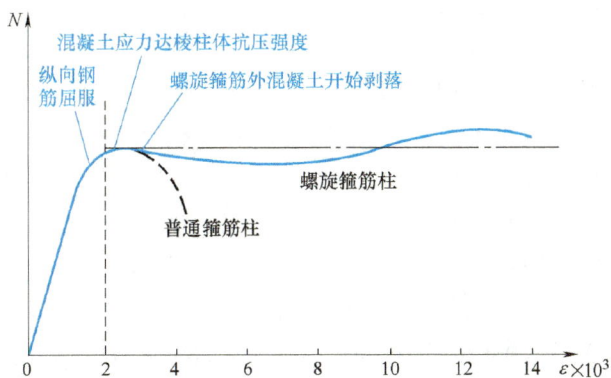

图 6-13　两种轴心受压柱的荷载—应变曲线

受压状态，这种受到约束的混凝土也称为"约束混凝土"（confined concrete）。由此可见，采用螺旋箍筋也能像直接配置纵向钢筋那样，起到提高柱承载力和变形能力的作用，故将配置的螺旋箍筋（spiral stirrups）也称为"间接钢筋"。

2. 计算公式

螺旋箍筋柱的核心混凝土处于三向受压状态，则混凝土抗压强度可采用式（2-4），也可偏安全地取用，其计算公式为

$$f_{cc} = f_c + 4\sigma_r \qquad (6\text{-}18)$$

如图 6-14 所示，在螺旋箍筋间距 s 范围内，由径向压应力 σ_r 的合力与箍筋拉力的平衡条件，可得

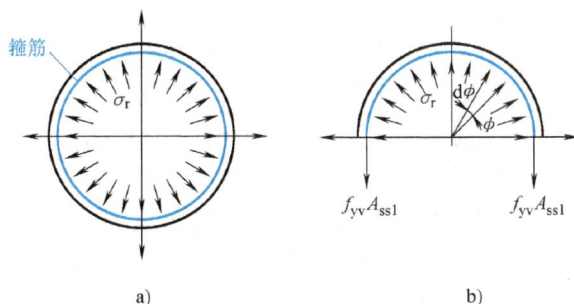

图 6-14　混凝土径向压力示意图

a）螺旋箍筋受到的径向压应力　b）应力平衡示意图

$$s\int_0^\pi \sigma_r \frac{d_{cor}}{2}\sin\phi \, \mathrm{d}\phi = 2f_{yv}A_{ss1} \qquad (6\text{-}19a)$$

即

$$\sigma_r s d_{cor} = 2f_{yv}A_{ss1} \qquad (6\text{-}19b)$$

则

$$\sigma_r = \frac{2f_{yv}A_{ss1}}{sd_{cor}} = \frac{2f_{yv}A_{ss1}d_{cor}\pi}{\dfrac{\pi d_{cor}^2}{4}s} = \frac{f_{yv}A_{ss0}}{2A_{cor}} \qquad (6\text{-}19c)$$

且

$$A_{ss0} = \frac{\pi d_{cor}A_{ss1}}{s} \qquad (6\text{-}19d)$$

式中　A_{ss1}——单根螺旋箍筋截面面积；

f_{yv}——螺旋箍筋抗拉强度设计值；

s——螺旋箍筋沿轴线方向的间距；

d_{cor}——构件核心混凝土的直径，按螺旋箍筋内表面确定；

A_{ss0}——螺旋箍筋换算截面面积；

A_{cor}——构件核心混凝土的截面面积，$A_{cor} = \pi d_{cor}^2 / 4$。

根据轴向平衡条件，可得

$$N_u = f_{cc}A_{cor} + f_y'A_s' = (f_c + 4\sigma_r)A_{cor} + f_y'A_s' \qquad (6\text{-}19e)$$

将式（6-19c）代入式（6-19e），并利用 $A_{ss0} = \pi d_{cor}A_{ss1}/s$，可得

$$N_u = f_cA_{cor} + 2f_{yv}A_{ss0} + f_y'A_s' \qquad (6\text{-}19f)$$

考虑到螺旋箍筋对混凝土约束作用的折减，并考虑可靠度调整系数 0.9 后，我国《规范》给出的螺旋箍筋柱或焊接环式箍筋柱承载力计算公式为

$$N \leqslant N_u = 0.9(f_cA_{cor} + 2\alpha f_{yv}A_{ss0} + f_y'A_s') \qquad (6\text{-}20)$$

式中　α——螺旋箍筋对混凝土约束的折减系数，当混凝土强度等级不超过 C50 时，取 $\alpha = 1.0$；当混凝土强度等级为 C80 时，取 $\alpha = 0.85$；其间线性内插确定。

3. 适用条件

1）为防止螺旋箍筋配置过多，使混凝土保护层过早剥落。《规范》规定，按式（6-20）算得的构件受压承载力设计值不应大于按式（6-16）算得的普通箍筋柱受压承载力设计值的 1.5 倍。

2）《规范》规定，凡属于下列情况之一，则不考虑螺旋箍筋的约束影响，按式（6-16）普通箍筋柱计算其受压承载力：

① 当 $l_0/d > 12$ 时，此时长细比较大，纵向弯曲对柱的承载力影响较大，破坏时混凝土横向变形不显著，即螺旋箍筋没有充分发挥作用。

② 当按式（6-20）计算得到的受压承载力小于按式（6-16）计算得到的受压承载力时，此时混凝土保护层过厚，而核心混凝土直径 d_{cor} 相对较小。

③ 当 $A_{ss0} < 25\%A_s'$ 时，此时螺旋箍筋配置太少或间距太大，对核心混凝土的约束作用不明显。螺旋箍筋的间距 s 不应大于 $d_{cor}/5$，且不大于 80mm，也不应小于 40mm。

【例 6-1】　某单位办公楼为六层现浇框架结构，层高 $H = 5.4$m，现已知第二层的一根中柱（按无侧移考虑）承受轴向压力设计值 $N = 1840$kN，混凝土强度等级为 C30（$f_c = 14.3$N/mm²），采用 HRB400 级钢筋（$f_y' = 360$N/mm²）。试求该柱截面尺寸及纵向钢筋面积。

解：1）假定 $\rho' = A_s'/A = 0.8\%$，$\varphi = 1.0$，则由式（6-16）可求得

$$A = \frac{N}{0.9\varphi(f_c + \rho'f_y')} = \frac{1840 \times 10^3}{0.9 \times 1.0 \times (14.3 + 0.008 \times 360)} \text{mm}^2 = 119 \times 10^3 \text{mm}^2$$

采用正方形截面，则 $b = h = \sqrt{119000}$ mm $= 345$mm，取 $b = h = 350$mm。

2）计算 l_0 及 φ。由表 6-3 得 $l_0 = 1.25H = (1.25 \times 5.4)$m $= 6.75$m，则 $\dfrac{l_0}{b} = \dfrac{6750}{350} = 19.29$。由表 6-1 查得 $\varphi = 0.78$。

3）求 A_s'。

$$A_s' = \frac{\frac{N}{0.9\varphi} - f_c A}{f_y'} = \frac{\frac{1840 \times 10^3}{0.9 \times 0.78} - 14.3 \times 350 \times 350}{360} \text{mm}^2 = 2415\text{mm}^2$$

选用 8 Φ 20，$A_s' = 2513\text{mm}^2$。箍筋选Φ8@250，配筋图如图 6-15 所示。

4）验算配筋率。

$$\rho' = \frac{A_s'}{bh} = \frac{2513}{350 \times 350} \times 100\% = 2.05\% > \rho_{\min} = 0.55\%$$

$$< \rho_{\max} = 5\%$$

图 6-15 【例 6-1】配筋图

【例 6-2】　某学生活动中心采用四层现浇框架结构，已知底层中柱（按无侧移考虑）的柱高 $H = 5.0\text{m}$，截面尺寸为 $b \times h = 250\text{mm} \times 250\text{mm}$，柱内配有 4 Φ 16 纵向钢筋（$A_s' = 804\text{mm}^2$，$f_y' = 360\text{N/mm}^2$），混凝土强度等级为 C30（$f_c = 14.3\text{N/mm}^2$）。柱承受轴向压力设计值 $N = 810\text{kN}$，试核算该柱是否安全。

解：1）求 l_0 及 φ。由表 6-3 得 $l_0 = 1.0H = 1.0 \times 5\text{m} = 5\text{m}$，则$\frac{l_0}{b} = \frac{5000}{250} = 20.0$，由表 6-1 查得 $\varphi = 0.75$。

2）验算配筋率。

$$\rho' = \frac{A_s'}{A} = \frac{804}{250 \times 250} = 1.29\% < 3\%$$

3）求 N_u。

$$N_u = 0.9\varphi (f_c A + f_y' A_s')$$
$$= [0.9 \times 0.75 \times (14.3 \times 250 \times 250 + 360 \times 804)] N = 798653\text{N} = 798.7\text{kN} < 810\text{kN}$$

所以该柱不安全。

【例 6-3】　某单位招待所底层门厅大堂采用现浇钢筋混凝土柱，考虑美观要求，柱截面采用圆形，直径 $d_c = 400\text{mm}$，从基础顶面至二层楼面高度为 4.5m，承受轴向压力设计值 $N = 2749\text{kN}$，混凝土强度等级为 C30（$f_c = 14.3\text{N/mm}^2$），纵向钢筋采用 HRB400 级钢筋（$f_y' = 360\text{N/mm}^2$），箍筋采用 HRB400 级钢筋（$f_{yv} = 360\text{N/mm}^2$）。试确定柱的配筋。

解：1）判断是否可采用螺旋箍筋柱。

$$l_0 = 1.0H = 1.0 \times 4.5\text{m} = 4.5\text{m}$$

$$\frac{l_0}{d_c} = \frac{4500}{400} = 11.25 < 12 \text{（可设计成螺旋箍筋柱）}$$

2）计算纵向钢筋截面面积 A_s'。

$$A = \frac{\pi d_c^2}{4} = \frac{3.142 \times 400^2}{4} \text{mm}^2 = 125680\text{mm}^2$$

假定 $\rho' = 0.025$，则 $A_s' = 0.025 \times 125680\text{mm}^2 = 3142\text{mm}^2$。

选用 10 Φ 20，$A_s' = 3142\text{mm}^2$。

3）求 A_{ss0}。查表 4-2 可知，室内正常环境（一类环境）时，柱的保护层最小厚度为 20mm。初选螺旋箍筋直径为 10mm，则有 $A_{ss1} = 78.5\text{mm}^2$。

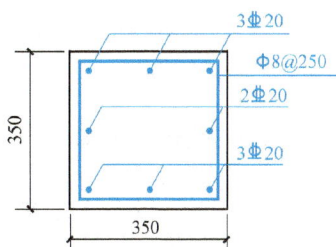

$$d_{cor} = (400-2\times20-2\times10)\,mm = 340mm$$

$$A_{cor} = \frac{\pi d_{cor}^2}{4} = \frac{3.142\times340^2}{4}\,mm^2 = 90804mm^2$$

由式（6-20）可得

$$A_{ss0} = \frac{\dfrac{N}{0.9}-(f_c A_{cor}+f_y' A_s')}{2\alpha f_{yv}}$$

$$= \frac{\dfrac{2749\times10^3}{0.9}-(14.3\times90804+360\times3142)}{2\times1.0\times360}\,mm^2 = 867.8mm^2$$

$$A_{ss0} > 0.25A_s' = 0.25\times3142mm^2 = 786mm^2 \qquad （满足要求）$$

4）确定螺旋箍筋直径和间距。由式（6-19d）可得

$$s = \frac{\pi d_{cor} A_{ss1}}{A_{ss0}} = \frac{3.142\times340\times78.5}{867.8}\,mm = 96.64mm$$

又 $s<0.2d_{cor} = 0.2\times340 = 68mm$ 及 $40mm \leqslant s \leqslant 80mm$，取 $s=60mm$。

5）复核混凝土保护层是否过早脱落

① 计算螺旋箍筋柱的轴向承载力设计值。

$$A_{ss0} = \frac{\pi d_{cor} A_{ss1}}{s} = \frac{3.142\times340\times78.5}{60}\,mm^2 = 1398mm^2$$

$$N_u = 0.9(f_c A_{cor}+2\alpha f_{yv} A_{ss0}+f_y' A_s')$$
$$= 0.9\times(14.3\times90804+2\times1.0\times360\times1398+360\times3142)\,N$$
$$= 3093kN$$

② 计算普通箍筋柱的轴向承载力设计值。按 $\dfrac{l_0}{d_c} = 11.25$ 查表6-1得 $\varphi = 0.961$。

$$N_u = 0.9\varphi(f_c A+f_y' A_s')$$
$$= 0.9\times0.961\times(14.3\times125680+360\times3142)\,N$$
$$= 2533kN$$

因 $1.5\times2533 = 3799.5kN > 2942kN$，说明该间接箍筋柱能承受的轴向压力设计值为 $N_u = 2942kN$，大于给定的轴向压力设计值 $N = 2749kN$，满足要求。

■ 6.5 偏心受压构件正截面受力性能

在实际工程结构中，偏心受压构件应用极其广泛，如多高层框架柱、单层厂房排架柱、实体剪力墙、联肢剪力墙中的大部分墙肢、水塔的筒壁和地下工程中的拱等。这类构件截面同时作用有轴向压力和弯矩，还作用有横向剪力，也称为压弯构件。

6.5.1 偏心受压短柱受力性能

与轴心受压构件一样，偏心受压短柱由于纵向弯曲引起的侧向挠度很小，通常可忽略其影响。

1. 破坏形态

如图 6-16 所示，轴向压力 N 和弯矩 M 共同作用的压弯构件，可与偏心距为 $e_0 = M/N$ 的偏心受压构件等同。当 $N = 0$ 时为受弯构件，当 $M = 0$ 时为轴心受压构件，偏心受压构件的受力性能、破坏形态应介于受弯构件与轴心受压构件之间。

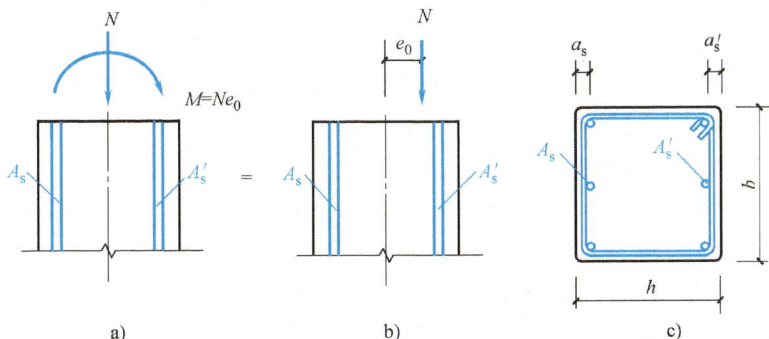

图 6-16   偏心受压构件与压弯构件

a) 压弯构件   b) 偏心受压构件   c) 截面配筋

构件纵向钢筋配置在截面偏心方向的两侧，离 N 较近一侧的纵向钢筋为受压钢筋，简称受压侧纵筋，其截面面积用 A_s' 表示；离 N 较远一侧的纵向钢筋，无论受拉还是受压，都简称受拉侧纵筋，其截面面积用 A_s 表示。为防止受压纵筋过早压屈，构件中应配置适量的箍筋。偏心受压构件正截面破坏形态与相对偏心距 e_0/h_0 的大小和纵向钢筋配筋率 ρ 有关。试验表明，偏心受压短柱的破坏形态有以下两种：

（1）受拉破坏   当相对偏心距 e_0/h_0 较大，且受拉侧纵筋配置不太多时，构件出现受拉破坏（tensile failure）。受拉破坏又称为大偏心受压破坏（compressive failure with large eccentricity）。

在 N 作用下，靠近 N 一侧的截面受压，另一侧截面受拉。随着 N 的增加，受拉区出现横向裂缝，钢筋应力及应变不断增长，且偏心距 e_0 越大，横向裂缝出现越早，开展及延伸也越快；随着 N 进一步增加，受拉区横向裂缝不断开展，破坏前主裂缝逐渐明显，受拉钢筋应力达到屈服，中和轴向靠近 N 作用的一侧移动，混凝土受压区高度不断减小。最后，受压区边缘混凝土达到其极限压应变 ε_{cu}，出现纵向裂缝，混凝土被压碎，构件即告破坏。破坏时，受压侧纵筋一般能达到屈服强度。

这种破坏形态类似于双筋截面适筋梁，具有明显的破坏预兆，属于延性破坏。构件破坏时正截面应变及应力分布如图 6-17a 所

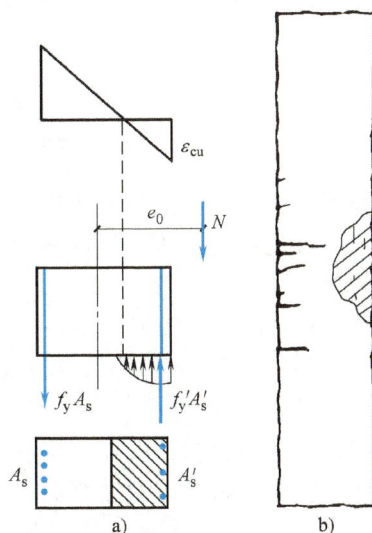

图 6-17   大偏心受压构件截面应力和破坏形态

a) 截面应力、应变   b) 受拉破坏形态

示；构件破坏情况如图 6-17b 所示。

（2）受压破坏 当相对偏心距 e_0/h_0 较小或很小时，或相对偏心距 e_0/h_0 虽较大，但受拉侧纵筋配置太多时，截面大部分受压或全部受压，构件最终发生受压破坏（compressive failure）。受压破坏又称为小偏心受压破坏（compressive failure with small eccentricity）。此时，可能会发生以下三种破坏情况：

1）当相对偏心距 e_0/h_0 较小或很小时，截面大部分受压或全部受压，如图 6-18a 或图 6-18b 所示。一般情况下，靠近 N 一侧的压应力较大，随着 N 的增加，这一侧混凝土被压碎，构件破坏，这一侧的受压钢筋也达到屈服强度，而受拉侧纵筋无论受拉还是受压，均未达到屈服，混凝土也未达到极限压应变。

2）当相对偏心距 e_0/h_0 较大，受拉侧纵筋配置得过多时，截面同样是部分受压、部分受拉，如图 6-18a 所示。这种情况类似于双筋截面超筋梁，破坏时，受压区边缘混凝土被压碎，受压钢筋达到屈服强度，而受拉侧纵筋始终不屈服，破坏无明显预兆。

3）当相对偏心距 e_0/h_0 很小，而受拉侧纵筋配置得过少，受压侧纵筋配置得过多时，N 可能介于截面几何形心和实际重心之间，离 N 较远一侧的压应力反而大，其边缘混凝土先被压碎，构件破坏，这种破坏称为"反向破坏"，如图 6-18c 所示。

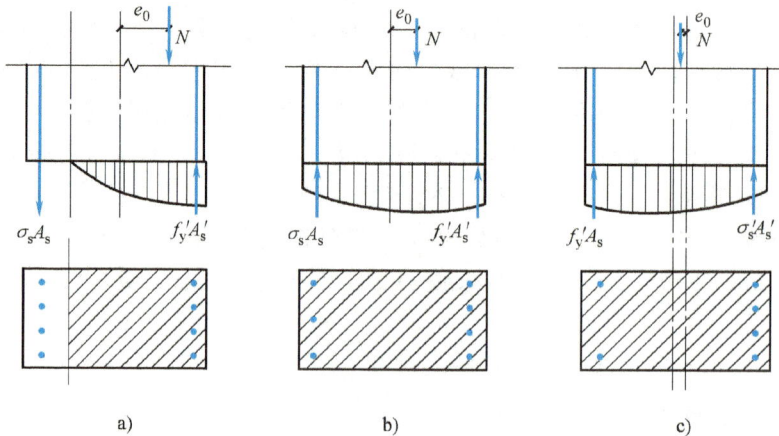

图 6-18 小偏心受压破坏截面受力情况
a）截面部分受压 b）截面全部受压 c）反向破坏

上述破坏特征都是混凝土先被压碎而破坏，破坏前均无明显预兆，故属于脆性破坏。受拉侧纵筋可能受拉也可能受压，但都不屈服。

2. 界限破坏

界限破坏（balanced failure）是介于受拉破坏与受压破坏之间的一种破坏形态，其特征是受拉侧纵筋达到屈服强度的同时，受压区边缘混凝土被压碎，构件即告破坏。界限破坏也属于受拉破坏。

试验表明，从加载至构件破坏，构件的截面平均应变都较好地符合平截面假定。因此，偏心受压构件界限破坏特征与双筋截面适筋梁、超筋梁完全相同。同理，可得到大、小偏心受压构件的判别条件，即当 $\xi \le \xi_b$ 时，为大偏心受压；当 $\xi > \xi_b$ 时，为小偏心受压。

3. 附加偏心距

由于荷载作用位置的不定性、混凝土质量的不均匀性及施工偏差等因素，实际工程构件中都会产生附加偏心距（accidental eccentricity）e_a。当计算偏心距为 $e_0 = M/N$ 较小时，e_a 的影响较为显著，但随着计算偏心距 e_0 的增大，e_a 对构件承载力的影响逐渐减小。参考国外规范和以往工程经验，我国《规范》取 $e_a = 20\text{mm}$ 与 $e_a = h/30$ 两者中的较大值，h 是指偏心方向的截面最大尺寸。

在偏心受压构件正截面承载力计算中，考虑附加偏心距 e_a 后的轴向压力偏心距用初始偏心距（initial eccentricity）e_i 表示，即

$$e_i = e_0 + e_a \tag{6-21}$$

6.5.2　偏心受压长柱受力性能

试验表明，偏心受压长柱会产生侧向变形和纵向弯曲，从而使柱中产生二阶弯矩，降低柱的承载能力，因此设计时必须予以考虑。在纵向弯曲影响下，偏心受压长柱可能发生两种破坏形式：一是材料破坏，即当长细比在一定范围内，构件破坏时材料达到极限强度，是材料强度耗尽而引起的破坏；二是失稳破坏，即当长细比很大时，构件纵向弯曲随压力增长呈非线性增长，破坏时构件侧向失去平衡，而材料强度并非完全耗尽。

对于截面及配筋、材料、支承条件和偏心距等完全相同，而长细比不同的 3 根柱，从加载到破坏的 N—M 关系图，如图 6-19 所示，图中 $ABCD$ 曲线是偏心受压构件正截面破坏时的承载力 N_u—M_u 关系曲线，其中 N_u 和 M_u 为正截面破坏时所能承担的轴向压力和相应的弯矩。

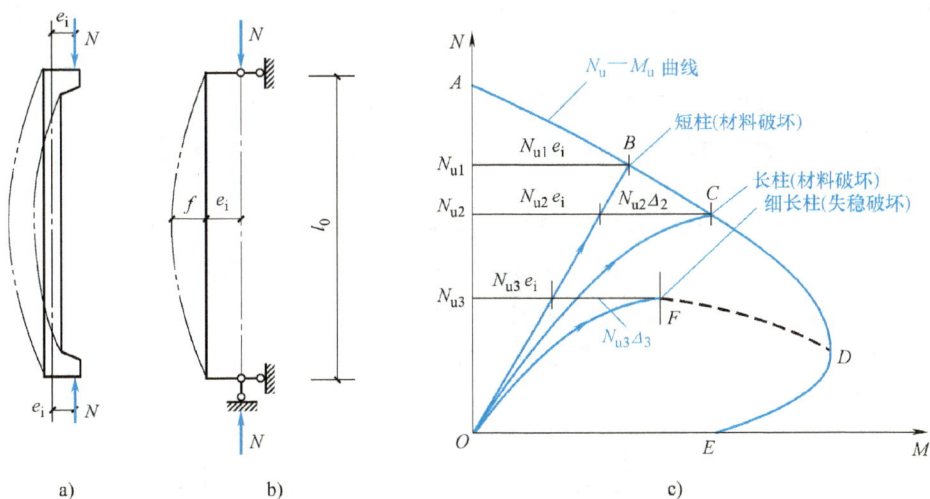

图 6-19　不同长细比柱从加载到破坏的 N—M 关系曲线

a）柱初始受力状态　b）柱的侧向挠曲变形　c）柱长细比对承载力的影响

1. 短柱

图 6-19 中直线 OB 为短柱从加载到破坏点 B 时的 N—M 关系曲线。由于短柱的纵向弯曲很小，可假定初始偏心距 e_i 自始至终是不变的，即 $M/N = e_0$ 为常数，所以其变化轨迹是直线，当 N 达到最大值时，N—M 关系曲线与 N_u—M_u 关系曲线相交。这表明，当 N 达到最大值时截面发生破坏，破坏是截面材料达到其极限强度而引起的，属于材料破坏。

2. 长柱

图 6-19 中曲线 *OC* 为长柱从加载到破坏点 *C* 时的 *N—M* 关系曲线。对于长柱，随着 *N* 的增加，初始偏心距 e_i 呈非线性变化，其变化轨迹呈曲线形状，即 *M/N* 是变量，这种非线性是柱的侧向挠曲变形引起的。当 *N* 达到最大值时，*N—M* 关系曲线与 $N_u—M_u$ 关系曲线相交，截面发生破坏，破坏也属于材料破坏。

3. 细长柱

图 6-19 中曲线 *OF* 为细长柱从加载到破坏点 *F* 时的 *N—M* 关系曲线。此时，*N—M* 关系曲线虽为曲线，但并没能与 $N_u—M_u$ 关系曲线相交，*N* 仅达到一定值（*F* 点）时构件承载力已达到极限。这表明：由于柱的长细比很大，纵向弯曲效应非常明显，引起偏心距急剧增大，微小的压力增量 Δ*N* 可引起不收敛的弯矩增量 Δ*M*，导致构件产生侧向失稳破坏。破坏时，构件中钢筋应力并未达到屈服，混凝土也未达到极限压应变值。

综上，这三种柱初始偏心距 e_i 虽相同，但长细比不同，其承载力完全不同，这充分表明长细比对构件承载力影响显著，构件长细比的增大会降低其正截面承载力。其原因在于长细比较大时，偏心受压构件纵向弯曲将引起不可忽略的二阶弯矩或附加弯矩。所以，在偏心受压构件承载力计算时，不能忽略构件纵向弯曲的影响，并应避免发生失稳破坏。

6.5.3　偏心受压构件二阶弯矩

对于长细比较大且两端铰接的长柱，若初始偏心距为 e_i，在 *N* 作用下，由于侧向挠度的影响，各个截面所受的弯矩不再是 Ne_i，而变为 $N(e_i+y)$，其中 *y* 为构件任意点的水平侧向挠度；对于柱跨中截面，侧向挠度最大的截面弯矩为 $N(e_i+f)$，如图 6-19 所示。在偏心受压构件计算中，将截面弯矩中的 Ne_i 称为一阶弯矩或初始弯矩，而将截面弯矩中的 *Ny* 或 *Nf* 称为二阶弯矩或附加弯矩。

《规范》规定：弯矩作用平面内截面对称的偏心受压构件，当同一主轴方向的杆端弯矩比 M_1/M_2 不大于 0.9 且设计轴压比 $n=N/f_cA$ 不大于 0.9 时，若构件的长细比满足式（6-22）的要求，可不考虑该方向构件自身挠曲产生的二阶弯矩影响；否则，应考虑二阶弯矩的影响，需按截面的两个主轴方向分别考虑构件自身挠曲产生的二阶弯矩影响。

$$l_0/i \leqslant 34-12\left(\frac{M_1}{M_2}\right) \qquad (6-22)$$

式中　M_1、M_2——偏心受压构件两端截面按结构弹性分析确定的对同一主轴的组合弯矩设计值，绝对值较大端为 M_2，绝对值较小端为 M_1，当构件按单曲率弯曲时，M_1/M_2 为正，如图 6-20a 所示，否则为负，如图 6-20b 所示；

　　　　l_0——构件计算长度，可近似取偏心受压构件相应主轴方向上下支撑点之间的距离；

　　　　i——偏心方向的截面回转半径。

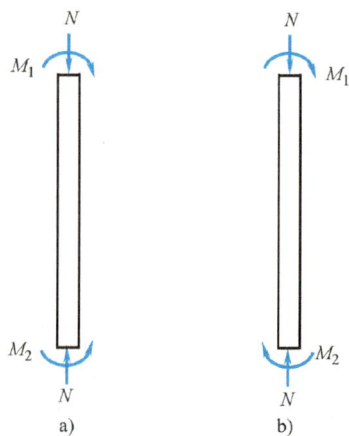

图 6-20　偏心受压构件的弯曲

a）单曲率弯曲　b）双曲率弯曲

6.5.4 偏心受压长柱设计弯矩

对于不满足式（6-22）的长柱，在确定偏心受压构件的内力设计值时，需考虑构件侧向挠度引起的二阶弯矩影响。工程设计时，通常采用增大系数法考虑该影响。《规范》规定：除排架结构柱外，其他偏心受压构件考虑轴向压力在挠曲杆件中产生的二阶效应后，控制截面的弯矩设计值计算公式为

$$M = C_m \eta_{ns} M_2 \tag{6-23}$$

式中　C_m——柱端截面偏心距调节系数，当计算值小于 0.7 时，取 0.7；

η_{ns}——弯矩增大系数；

M_2——柱端最大弯矩。

注意：当 $C_m \eta_{ns}$ 小于 1.0 时，取 1.0。

1. 偏心距调节系数 C_m

对于弯矩作用平面内截面对称的偏心受压构件，同一主轴方向两端的杆端弯矩大多不相同，但也存在单曲率弯曲（M_1/M_2 为正）时两者大小接近的情况，即 M_1/M_2 比值大于 0.9。此时，在柱两端方向、大小几乎相同的弯矩作用下，该柱将产生最大的偏心距，使该柱处于最不利受力状态。因此，在这种情况下，需考虑偏心距调节系数，《规范》规定偏心距调节系数计算公式为

$$C_m = 0.7 + 0.3 \frac{M_1}{M_2} \geq 0.7 \tag{6-24}$$

2. 弯矩增大系数 η_{ns}

弯矩增大系数 η_{ns} 主要考虑侧向挠度对其承载力降低的影响。如图 6-19 所示，考虑柱侧向挠度 f 后，柱中截面弯矩可表示为

$$M = N(e_i + f) = N \frac{e_i + f}{e_i} e_i = N \eta_{ns} e_i \tag{6-25a}$$

$$\eta_{ns} = 1 + \frac{f}{e_i} \tag{6-25b}$$

大量试验表明，图 6-19 所示的两端铰接柱，其挠曲方程近似符合正弦曲线，即

$$y = f \sin \frac{\pi x}{l_0} \tag{6-25c}$$

柱截面曲率为

$$\phi = -\frac{d^2 y}{dx^2} = f \frac{\pi^2}{l_0^2} \sin \frac{\pi x}{l_0} \tag{6-25d}$$

跨中截面 $x = 0.5 l_0$，则柱跨中截面曲率为

$$\phi = f \frac{\pi^2}{l_0^2} \approx 10 \frac{f}{l_0^2} \tag{6-25e}$$

则

$$f = \frac{l_0^2}{10} \phi \tag{6-25f}$$

界限破坏时，受拉钢筋达到屈服，混凝土达到极限压应变 $\varepsilon_{cu} = 0.0033$；对于常用的

HRB400、HRB500 级钢筋，取 $\varepsilon_s = \varepsilon_y = f_y / E_s = 0.00225$，考虑荷载长期作用下混凝土徐变的影响，取徐变引起的应变增大系数为 1.25，则 $\varepsilon_c = 1.25 \times 0.0033$，可得界限破坏时的截面曲率为

$$\phi_b = \frac{\varepsilon_c + \varepsilon_s}{h_0} = \frac{\varphi \varepsilon_{cu} + f_y / E_s}{h_0} = \frac{1}{157 h_0} \tag{6-25g}$$

小偏心受压构件达到极限承载力时，受拉侧钢筋并未达到屈服，即 $\varepsilon_s < \varepsilon_y$，受压区边缘混凝土的压应变 $\varepsilon_c < \varepsilon_{cu} = 0.0033$，则截面破坏时的曲率 ϕ 也小于界限破坏时的曲率 ϕ_b。试验进一步表明：大偏心受压破坏时，实测的截面曲率 ϕ 与界限破坏时的曲率 ϕ_b 相差不大；小偏心受压破坏时，截面曲率 ϕ 随着偏心距的减小而降低。为此，参考国外规范和相关试验结果，我国《规范》引入一个修正系数 ζ_c 对界限破坏时的曲率 ϕ_b 予以修正，即

$$\zeta_c = \frac{0.5 f_c A}{N} \tag{6-26}$$

式中 ζ_c——偏心受压构件截面曲率修正系数；当 $\zeta_c > 1.0$ 时，取 $\zeta_c = 1.0$。

则

$$\phi = \phi_b \zeta_c = \frac{1}{157 h_0} \zeta_c \tag{6-27a}$$

从而，式（6-25f）可改写为

$$f = \frac{l_0^2}{10} \phi = \frac{l_0^2}{10} \phi_b \zeta_c = \frac{l_0^2}{1570 h_0} \zeta_c \tag{6-27b}$$

取 $h = 1.1 h_0$，将式（6-27b）代入式（6-25b），可得弯矩增大系数 η_{ns} 的计算公式为

$$\eta_{ns} = 1 + \frac{1}{1297 e_i / h_0} \left(\frac{l_0}{h} \right)^2 \zeta_c \tag{6-27c}$$

考虑附加偏心距后，以 $\dfrac{M_2}{N} + e_a$ 代替 e_i，最终《规范》偏安全的计算公式为

$$\eta_{ns} = 1 + \frac{1}{1300 \left(\dfrac{M_2}{N} + e_a \right) / h_0} \left(\frac{l_0}{h} \right)^2 \zeta_c \tag{6-28}$$

式中 h——柱的截面高度；对环形截面，取外直径；对圆形截面，取直径。

■ 6.6 偏心受压构件正截面承载力计算

6.6.1 矩形截面偏心受压构件正截面承载力计算

矩形截面偏心受压构件正截面承载力计算，采用与受弯构件正截面承载力计算相同的 4 个基本假定，混凝土压应力也同样采用等效矩形应力图形，其计算图形如图 6-21 所示。

1. 基本公式及适用条件

（1）大偏心受压构件　由图 6-21a 的截面平衡条件，可得到基本公式为

$$N \leqslant N_u = \alpha_1 f_c b x + f_y' A_s' - f_y A_s \tag{6-29a}$$

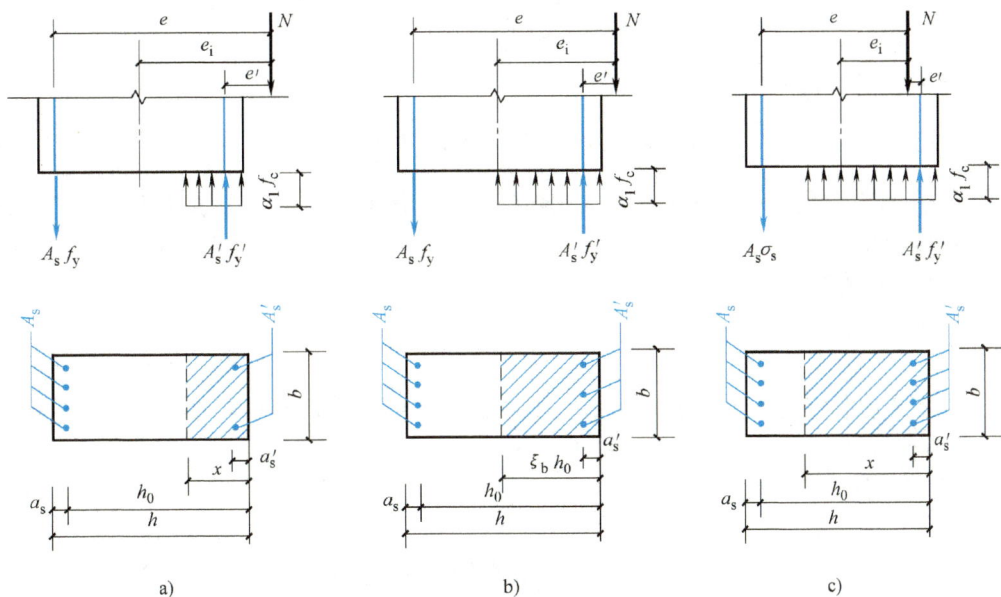

图 6-21　矩形截面偏心受压构件正截面承载力计算图形
a）大偏心受压构件　b）界限偏心受压构件　c）小偏心受压构件

$$Ne \leqslant N_u e = \alpha_1 f_c bx \left(h_0 - \frac{x}{2} \right) + f_y' A_s' \left(h_0 - a_s' \right) \tag{6-29b}$$

$$e = e_i + \frac{h}{2} - a_s \tag{6-29c}$$

式中　e——轴向压力 N 作用点至受拉钢筋合力点的距离。

　　适用条件同双筋截面适筋梁，即：为保证受拉钢筋达到屈服，要求 $x \leqslant \xi_b h_0$；为保证受压钢筋达到屈服，要求 $x \geqslant 2a_s'$。设计计算时，若出现 $x < 2a_s'$，说明受压钢筋没有达到屈服，与双筋截面梁类似，可偏安全地取 $x = 2a_s'$，并对受压钢筋合力点取矩，可得

$$Ne' \leqslant N_u e' = f_y A_s \left(h_0 - a_s' \right) \tag{6-30a}$$

$$e' = e_i - \frac{h}{2} + a_s' \tag{6-30b}$$

式中　e'——轴向压力 N 作用点至受压钢筋合力点的距离。

　　（2）小偏心受压构件

　　1）基本公式。小偏心受压构件，受拉侧纵筋可能受拉也可能受压，但都不屈服，其钢筋应力用 σ_s 表示，以拉为正、压为负。由图 6-21c 的截面平衡条件，可得到基本公式为

$$N \leqslant N_u = \alpha_1 f_c bx + f_y' A_s' - \sigma_s A_s \tag{6-31a}$$

$$Ne \leqslant N_u e = \alpha_1 f_c bx \left(h_0 - \frac{x}{2} \right) + f_y' A_s' \left(h_0 - a_s' \right) \tag{6-31b}$$

式中　x——受压区计算高度，当 $x > h$ 时，取 $x = h$。

　　由式（6-31）可知，进行小偏心受压构件承载力计算时，关键是确定钢筋应力 σ_s。根据平截面假定，由图 4-12 所示截面应变分布的几何关系，可得

$$\frac{\varepsilon_{cu}}{\varepsilon_s} = \frac{x_c}{h_0 - x_c} \tag{6-32a}$$

由 $x = \beta_1 x_c$ 和 $\sigma_s = E_s \varepsilon_s$，可得

$$\sigma_s = \varepsilon_{cu} E_s \left(\frac{\beta_1 h_0}{x} - 1 \right) = \varepsilon_{cu} E_s \left(\frac{\beta_1}{\xi} - 1 \right) \tag{6-32b}$$

将式（6-32b）代入式（6-31）中求解时，将会出现 ξ 或 x 的三次方程。为简化计算，根据试验资料和计算分析，当 $\xi = \xi_b$ 时，$\sigma_s = f_y$；当 $\xi = \beta_1$ 时，$\sigma_s = 0$；考虑这两个边界条件，可采用近似线性关系表达，即

$$\sigma_s = \frac{\xi - \beta_1}{\xi_b - \beta_1} f_y \tag{6-33}$$

β_1 的含义及取值见 4.4.3 节。按式（6-33）计算的 σ_s 应满足 $-f_y' \leq \sigma_s \leq f_y$，正号代表拉应力，负号代表压应力；当 $\xi \geq 2\beta_1 - \xi_b$ 时，取 $\sigma_s = -f_y'$。

2）适用条件。

$$\xi_b h_0 < x \leq h \tag{6-34}$$

3）反向破坏。反向破坏时的截面应力分布图形如图 6-18c 所示。考虑到偏心方向与破坏方向相反，计算时不考虑弯矩增大系数，并取初始偏心距 $e_i = e_0 - e_a$，以确保安全。为避免反向破坏，《规范》规定，当 $N > f_c bh$ 时，小偏心受压构件除按式（6-31）计算外，还应满足以下条件

$$Ne' \leq f_c bh \left(h_0' - \frac{h}{2} \right) + f_y' A_s (h_0' - a_s) \tag{6-35a}$$

$$e' = \frac{h}{2} - a_s' - (e_0 - e_a) \tag{6-35b}$$

式中　h_0'——钢筋 A_s' 合力点至离轴向压力 N 较远一侧边缘的距离，$h_0' = h - a_s'$。

为了避免远离轴向压力 N 一侧的混凝土先压坏，当 $N > f_c bh$ 时，先按式（6-35）计算 A_s，再与最小配筋率计算的 $A_s = \rho_{min} bh$ 或 $A_s = \rho_{min}' bh$ 相比较，然后取两者较大值作为 A_s 配筋。

2. 不对称配筋矩形截面设计计算方法

偏心受压构件正截面承载力设计计算方法，同样分为截面设计与截面复核两类问题。

（1）判别偏心受压类型　对于截面复核，可采用计算公式直接求出 ξ，然后与界限相对受压区高度 ξ_b 进行比较，判别大、小偏心受压破坏。对于截面设计，采用计算公式不能直接求出 ξ，可借助于界限偏心距进行判别。图 6-21b 所示为界限偏心受压状态下的矩形截面应力分布，此时混凝土受压区相对高度为 ξ_b，受拉钢筋达到屈服 $\sigma_s = f_y$。由截面平衡条件，可得

$$N_b = \alpha_1 f_c bh_0 \xi_b + f_y' A_s' - f_y A_s \tag{6-36a}$$

$$M_b = \alpha_1 f_c bh_0 \xi_b \left(\frac{h}{2} - \frac{\xi_b h_0}{2} \right) + f_y' A_s' \left(\frac{h}{2} - a_s' \right) + f_y A_s \left(\frac{h}{2} - a_s \right) \tag{6-36b}$$

由此，可得界限偏心距 e_{0b} 为

$$e_{0b} = \frac{M_b}{N_b} = \frac{\alpha_1 f_c bh_0 \xi_b \left(\dfrac{h}{2} - \dfrac{\xi_b h_0}{2} \right) + f_y' A_s' \left(\dfrac{h}{2} - a_s' \right) + f_y A_s \left(\dfrac{h}{2} - a_s \right)}{\alpha_1 f_c bh_0 \xi_b + f_y' A_s' - f_y A_s} \tag{6-36c}$$

将 $A_s = \rho b h_0$、$A_s' = \rho' b h_0$、$a_s' = a_s$ 代入式（6-36c），可得相对界限偏心距为

$$\frac{e_{0b}}{h_0} = \frac{\alpha_1 f_c \xi_b \left(\dfrac{h}{h_0} - \xi_b\right) + (\rho' f_y' + \rho f_y)\left(\dfrac{h}{h_0} - \dfrac{2a_s}{h_0}\right)}{2\alpha_1 f_c \xi_b + 2(\rho' f_y' - \rho f_y)} \tag{6-36d}$$

由式（6-36d）可知，影响界限偏心距的因素很多，在给定截面、材料及配筋时，则相对界限偏心距为定值。实际工程中，通常取 $h = 1.05h_0$、$a_s = a_s' = 0.05h_0$、$f_y = f_y'$、混凝土强度等级为 C25~C50、钢筋级别为 HRB400 和 HRB500，并取配筋率 ρ 和 ρ' 的下限等，代入式（6-36d），可求得 $e_{0b} \approx 0.3h_0$。当 $e_i \leqslant 0.3h_0$ 时，截面总是发生小偏心受压破坏。当 $e_i > 0.3h_0$ 时，截面可能为小偏心受压破坏，也可能为大偏心受压破坏；通常当受拉侧钢筋配置过多时，会发生小偏心受压破坏；而工程设计时，受拉侧钢筋的配置数量一般接近最小配筋率 ρ_{min}，此时相对界限偏心距 e_{0b}/h_0 总是接近 0.3 这一数值。

因此，当 $e_i \leqslant 0.3h_0$ 时，截面为小偏心受压破坏。当 $e_i > 0.3h_0$ 时，截面可先按大偏心受压破坏进行计算，计算过程中求得 $(x)\xi$ 后，再根据 $(x)\xi$ 值确定属于哪一种破坏。

（2）截面设计　已知：截面尺寸 $b \times h$，构件计算长度 l_0，混凝土抗压强度设计值 f_c，钢筋抗压强度设计值 f_y' 和抗拉强度设计值 f_y，柱端弯矩设计值 M_1、M_2 和轴向压力设计值 N，要求计算钢筋截面面积 A_s、A_s' 并配置钢筋。

1）计算步骤。

① 计算柱控制截面的弯矩设计值 M。由式（6-22）确定是否需要考虑附加弯矩的影响；若需要考虑附加弯矩的影响，则由式（6-24）计算偏心距调节系数 C_m，由式（6-28）计算弯矩增大系数 η_{ns}；最后由式（6-23）计算柱控制截面的弯矩设计值 M。

② 计算偏心距。通过计算偏心距 $e_0 = M/N$ 和附加偏心距 e_a，再由式（6-21）计算初始偏心距 e_i。

③ 初步判别偏心受压类型。当 $e_i > 0.3h_0$ 时，先按大偏心受压公式计算；当 $e_i \leqslant 0.3h_0$ 时，先按小偏心受压公式计算。

④ 计算钢筋截面面积 A_s 和 A_s'。应用下述计算公式计算钢筋截面面积 A_s 和 A_s'；计算过程中，应检查是否满足 $x \leqslant x_b = \xi_b h_0$，核定初步判定的偏心受压类型是否正确，如果不正确则需要重新计算。

⑤ 验算最小配筋率。计算出的 A_s 及 A_s' 必须满足最小配筋率的规定，同时 $(A_s + A_s')$ 不宜大于 $5\% bh$。

⑥ 对于小偏心受压构件，尚应按轴心受压构件验算垂直于弯矩作用平面的受压承载力。

2）大偏心受压构件。

情况 I：A_s 和 A_s' 均未知

由式（6-29）可知，方程有 x、A_s、A_s' 三个未知数，不能直接求解方程得 A_s 和 A_s'；与矩形截面双筋梁类似，为使钢筋总用量 $(A_s + A_s')$ 最小，令 $x = x_b = \xi_b h_0$ 代入式（6-29b），可得钢筋 A_s' 为

$$A_s' = \frac{Ne - \alpha_1 f_c b x_b (h_0 - 0.5 x_b)}{f_y'(h_0 - a_s')} = \frac{Ne - \alpha_1 f_c b h_0^2 \xi_b (1 - 0.5\xi_b)}{f_y'(h_0 - a_s')} \tag{6-37}$$

① 若 $A_s' \geqslant \rho_{min}' bh$，则将计算的 A_s' 及 $x = \xi_b h_0$ 代入式（6-29a），可得

$$A_s = \frac{\alpha_1 f_c b h_0 \xi_b - N}{f_y} + \frac{f_y'}{f_y} A_s' \qquad (6\text{-}38)$$

② 若求得 $A_s' < \rho_{min}' bh$ 或为负值，则取 $A_s' = \rho_{min}' bh$，按已知 A_s' 计算 A_s，即按情况 Ⅱ 计算。

③ 若 $A_s \geqslant \rho_{min} bh$，则按计算的 A_s 进行配筋；若 $A_s < \rho_{min} bh$ 或为负值，则取 $A_s = \rho_{min} bh$ 进行配筋。

情况 Ⅱ：A_s' 已知，A_s 未知

由式（6-29）可知，方程仅有 x、A_s 两个未知数，联立式（6-29a）、式（6-29b）可直接求解出 x、A_s。通常先由式（6-29b）求解 x，然后进行验算适用条件，即

① 若 $2a_s' \leqslant x \leqslant \xi_b h_0$，则将 x 代入式（6-29a），可求得 A_s，即

$$A_s = \frac{\alpha_1 f_c b x + f_y' A_s' - N}{f_y} \geqslant \rho_{min} bh \qquad (6\text{-}39)$$

② 若 $x > \xi_b h_0$，说明给定的 A_s' 偏少，应按 A_s' 和 A_s 均未知重新计算，即按情况 Ⅰ 计算。

③ 若 $x < 2a_s'$，说明受压钢筋应力达不到屈服，则由式（6-30）可得

$$A_s = \frac{N\left(e_i - \dfrac{h}{2} + a_s'\right)}{f_y(h_0 - a_s')} \geqslant \rho_{min} bh \qquad (6\text{-}40)$$

若以上求得的 $A_s < \rho_{min} bh$，应按 $A_s = \rho_{min} bh$ 进行配筋。

3）小偏心受压构件。将式（6-33）代入式（6-31a），并将 $x = \xi h_0$ 代入式（6-31），则小偏心受压构件的基本公式可改写为

$$N \leqslant N_u = \alpha_1 f_c b \xi h_0 + f_y' A_s' - \frac{\xi - \beta_1}{\xi_b - \beta_1} f_y A_s \qquad (6\text{-}41a)$$

$$Ne \leqslant \alpha_1 f_c b h_0^2 \xi (1 - 0.5\xi) + f_y' A_s'(h_0 - a_s') \qquad (6\text{-}41b)$$

由式（6-41）可知，方程共有 ξ、A_s、A_s' 三个未知数，无法直接求解，必须补充一个条件才能求解。由式（6-33）可知：当 $\xi = \xi_b$ 时，$\sigma_s = f_y$；当 $\xi = \beta_1$ 时，$\sigma_s = 0$；当 $\xi = 2\beta_1 - \xi_b$ 时，$\sigma_s = -f_y'$；这说明随着 ξ 的变化，受拉侧钢筋的应力 σ_s 会出现以下三种情形，如图 6-22 所示：

① 当 $\xi_b < \xi \leqslant \beta_1$ 时，则 $0 \leqslant \sigma_s < f_y$，表明钢筋受拉且不屈服。

② 当 $\beta_1 < \xi < 2\beta_1 - \xi_b$ 时，则 $-f_y' < \sigma_s < 0$，表明钢筋受压且不屈服。

③ 当 $\xi \geqslant 2\beta_1 - \xi_b$ 时，则 $\sigma_s = -f_y'$，表明钢筋受压且屈服。

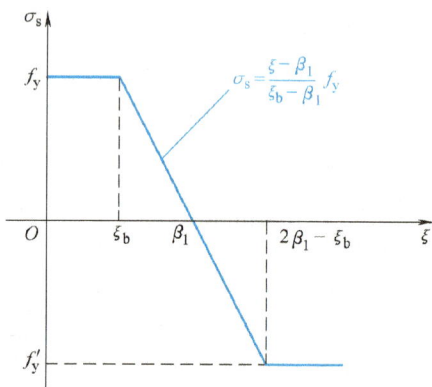

图 6-22 钢筋应力 σ_s 随 ξ 变化的关系

情况 Ⅰ：A_s 和 A_s' 均未知

为避免反向破坏，当 $N > f_c bh$ 时，先按式（6-35）计算 A_s，然后与 $A_s = \rho_{min} bh$ 相比较，取两者较大值作为 A_s 配筋。确定 A_s 后，式（6-41）中仅有 ξ 和 A_s' 两个未知数，可得唯一解。根据所求 ξ 的情况，再相应求 σ_s 及 A_s'。

① 若 $\xi_b < \xi \leqslant 2\beta_1 - \xi_b$，则将 ξ 直接代入式（6-41b）计算 A_s'。

② 若 $2\beta_1-\xi_b<\xi\leqslant h/h_0$，此时 $\sigma_s=-f_y'$，则式（6-31a）可改写为

$$N\leqslant N_u=\alpha_1 f_c b h_0+f_y'A_s'+f_y'A_s \tag{6-42}$$

将式（6-42）与式（6-41b）联解，可求得 ξ 和 A_s'。

③ 若 $\xi>h/h_0$，此时为全截面受压，取 $x=h$ 代入式（6-31b）直接求得 A_s' 为

$$A_s'=\frac{Ne-\alpha_1 f_c bh(h_0-0.5h)}{f_y'(h_0-a_s')} \tag{6-43}$$

以上求得的 $A_s'\geqslant\rho_{\min}'bh$，否则应取 $A_s'=\rho_{\min}'bh=0.002bh$。

最后，当 l_0/b 较大时，还应按轴压情况验算垂直于弯矩作用平面的受压承载力，其步骤如下：由 l_0/b 确定稳定系数 φ，然后按式（6-16）计算承载力，并应大于偏心受压构件的轴向压力；计算时，截面高度取短边尺寸 b，纵向钢筋截面面积取偏心受压计算的全部纵向钢筋截面面积 A_s+A_s'。

情况 Ⅱ：已知 A_s，求 A_s'

由式（6-41）直接求解 ξ 和 A_s'，根据所求 ξ 的情况，再相应求 A_s'，步骤同情况 Ⅰ。

（3）截面复核　已知：截面尺寸 $b\times h$，纵向钢筋截面面积 A_s 和 A_s'，构件计算长度 l_0，混凝土抗压强度设计值 f_c，钢筋抗压强度设计值 f_y' 和抗拉强度设计值 f_y。此时，截面复核的情况有：

1）给定轴向压力设计值 N，求弯矩设计值 M 或偏心距 e_0。将已知条件代入式（6-36a），求出界限偏心受压状态时的界限压力 N_b。

① 若 $N\leqslant N_b$，则为大偏心受压构件，可按式（6-29a）求出受压区高度 x，进行判别和计算：

若 $2a_s'\leqslant x\leqslant\xi_b h_0$，将 x 代入式（6-29b）求出 e，再由式（6-29c）求得 e_i，由式（6-21）求得 e_0；进而，弯矩设计值 $M=Ne_0$。

若 $x<2a_s'$，则取 $x=2a_s'$，由式（6-30a）求出 e'，再由式（6-30b）求得 e_i，由式（6-21）求得 e_0；进而，弯矩设计值 $M=Ne_0$。

若 $x>\xi_b h_0$，应按小偏心受压构件进行截面复核。

② 若 $N>N_b$，则为小偏心受压构件，可按式（6-41a）求出相对受压区高度 ξ，进行判别和计算：

若 $\xi_b<\xi\leqslant2\beta_1-\xi_b$，则将 ξ 代入式（6-41b）求出 e。

若 $2\beta_1-\xi_b<\xi\leqslant h/h_0$，则由式（6-42）重新计算 ξ，再将 ξ 代入式（6-41b）求出 e。

若 $\xi>h/h_0$，取 $x=h$，即 $\xi=h/h_0$ 代入式（6-41b）求出 e。

将上述求出的 e，通过式（6-29c）求得 e_i，由式（6-21）求得 e_0；进而，弯矩设计值 $M=Ne_0$。

2）给定截面偏心距 e_0，求轴向压力设计值 N。

由截面偏心距 e_0 通过式（6-21）可求得 e_i。由于已知截面配筋 A_s 和 A_s'，可按图 6-21a 对 N 作用点取矩，根据平衡条件可得

$$f_y A_s e-f_y'A_s'e'=\alpha_1 f_c bx(e'-a_s'+0.5x) \tag{6-44a}$$

由图 6-21a 几何关系，得 $e=e_i+0.5h-a_s$ 和 $e'=e_i-0.5h+a_s'$ 代入式（6-44a），可得

$$f_y A_s(e_i+0.5h-a_s)-f_y'A_s'(e_i-0.5h+a_s')=\alpha_1 f_c bx(e_i-0.5h+0.5x) \tag{6-44b}$$

由式（6-44b）可求得 x，但应根据轴向压力 N 的作用位置确定 e' 的正负号，当 N 作用

在 A_s 和 A_s' 之间时取正号，当 N 作用在 A_s 和 A_s' 之外时取负号，e' 取绝对值。

① 当 $x \leq \xi_b h_0$ 时，则为大偏心受压构件，若同时 $x \geq 2a_s'$，即将 x 代入式（6-29a）可求出轴向压力设计值 N；若 $x < 2a_s'$，则由式（6-30a）可求出轴向压力设计值 N。

② 当 $x > \xi_b h_0$ 时，则为小偏心受压构件，将已知数据代入式（6-41）联解，重新求 ξ 及 N。

若 $\xi \leq 2\beta_1 - \xi_b$，则将 ξ 代入式（6-41a）可求出轴向压力设计值 N。

若 $2\beta_1 - \xi_b < \xi \leq h/h_0$，则由式（6-42）、式（6-41b）联解计算 ξ 及轴向压力设计值 N。

若 $\xi > h/h_0$，取 $x = h$，即 $\xi = h/h_0$ 代入式（6-41a）计算轴向压力设计值 N。

同时还应考虑反向破坏情况，按式（6-35）求出轴向压力设计值 N，并与上述所求的 N 值进行比较，取两者较小值作为轴向压力设计值 N。

对于小偏心受压构件，还应按轴心受压构件验算垂直于弯矩作用平面的受压承载力。

【例6-4】 矩形截面偏心受压柱的截面尺寸 $b \times h = 300\text{mm} \times 400\text{mm}$，柱的计算长度 $l_0 = 2.8\text{m}$，$a_s = a_s' = 40\text{mm}$，混凝土强度等级为 C30（$f_c = 14.3\text{N/mm}^2$，$\alpha_1 = 1.0$），用 HRB400 级钢筋配筋（$f_y = f_y' = 360\text{N/mm}^2$），承受轴向压力设计值 $N = 340\text{kN}$，弯矩设计值 $M_2 = 200\text{kN} \cdot \text{m}$。试计算所需的钢筋截面面积 A_s 和 A_s'（按两端弯矩相等 $M_1/M_2 = 1$ 的框架柱考虑）。

解： 1）求框架柱设计弯矩 M。由于 $M_1/M_2 = 1$，$i = \sqrt{\dfrac{I}{A}} = \sqrt{\dfrac{\frac{bh^3}{12}}{bh}} = \sqrt{\dfrac{1}{12}} h = 115.5\text{mm}$，$\dfrac{l_0}{i} = \dfrac{2800}{115.5} = 24.24 > 34 - 12\left(\dfrac{M_1}{M_2}\right) = 22$，因此，需要考虑附加弯矩的影响。

$$\zeta_c = \frac{0.5 f_c A}{N} = \frac{0.5 \times 14.3 \times 300 \times 400}{340 \times 10^3} = 2.52 > 1，取 \zeta_c = 1$$

$$C_m = 0.7 + 0.3 \frac{M_1}{M_2} = 1$$

$$e_a = \frac{h}{30} = \frac{400}{30}\text{mm} = 13.33\text{mm} < 20\text{mm}，取 e_a = 20\text{mm}$$

$$\eta_{ns} = 1 + \frac{1}{1300\left(\dfrac{M_2}{N} + e_a\right)/h_0}\left(\frac{l_0}{h}\right)^2 \zeta_c = 1 + \frac{1}{1300 \times \left(\dfrac{200 \times 10^6}{340 \times 10^3} + 20\right)/360} \times \left(\frac{2800}{400}\right)^2 \times 1 = 1.022$$

C_m、η_{ns}、M_2 代入式（6-23）得

$$M = C_m \eta_{ns} M_2 = (1 \times 1.022 \times 200)\text{kN} \cdot \text{m} = 204.4\text{kN} \cdot \text{m}$$

2）求 e_i，判别大、小偏心受压。

$$e_0 = \frac{M}{N} = \frac{204.4 \times 10^6}{340 \times 10^3}\text{mm} = 601\text{mm}$$

$$e_i = e_0 + e_a = (601 + 20)\text{mm} = 621\text{mm}$$

由于 $e_i = 621\text{mm} > 0.3h_0 = (0.3 \times 360)\text{mm} = 108\text{mm}$，按大偏心受压计算。

3）计算 A_s'。

$$e = \frac{h}{2} + e_i - a_s = \left(\frac{400}{2} + 621 - 40\right)\text{mm} = 781\text{mm}$$

$$A'_s = \frac{Ne - \xi_b (1-0.5\xi_b) \alpha_1 f_c b h_0^2}{f'_y (h_0 - a'_s)}$$

$$= \left[\frac{340 \times 10^3 \times 781 - 0.518 \times (1-0.5 \times 0.518) \times 1.0 \times 14.3 \times 300 \times 360^2}{360 \times (360-40)} \right] mm^2$$

$$= 453 mm^2 > \rho'_{1min} bh = (0.002 \times 300 \times 400) mm^2 = 240 mm^2$$

4）计算 A_s。

$$A_s = \frac{\xi_b \alpha_1 f_c b h_0 + f'_y A'_s - N}{f_y} = \frac{0.518 \times 1.0 \times 14.3 \times 300 \times 360 + 360 \times 453 - 340 \times 10^3}{360} mm^2$$

$$= 1731 mm^2$$

5）选择钢筋。受拉钢筋选用 4 Φ 25，$A_s = 1964 mm^2$；受压钢筋选用 2 Φ 20，$A'_s = 628 mm^2$。柱截面配筋图如图 6-23 所示。

6）验算配筋率。全部纵向钢筋配筋率：

$$\rho = \frac{A_s + A'_s}{A} = \frac{1964 + 628}{300 \times 400} = 2.16\% > 0.55\%，符合要求。$$

【例 6-5】　由于构造要求，在例 6-4 中的截面上已配置受压钢筋 $A'_s = 942 mm^2$（3 Φ 20），试计算所需的受拉钢筋截面面积 A_s。

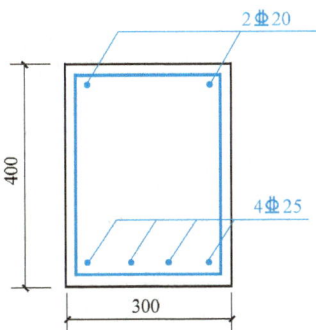

图 6-23　【例 6-4】柱截面配筋图

解：η_{ns}、e_i 等的计算与例 6-4 相同。A_s 按下述计算：

由式（6-29b）得

$$Ne = \alpha_1 \alpha_s f_c b h_0^2 + f'_y A'_s (h_0 - a'_s)$$

$$\alpha_s = \frac{Ne - f'_y A'_s (h_0 - a'_s)}{\alpha_1 f_c b h_0^2}$$

$$= \frac{340 \times 10^3 \times 781 - 360 \times 942 \times (360-40)}{1.0 \times 14.3 \times 300 \times 360^2}$$

$$= 0.282$$

$$\xi = 1 - \sqrt{1-2\alpha_s} = 1 - \sqrt{1-2 \times 0.282} = 0.340$$

$2a'_s = (2 \times 40) mm = 80 mm < x = \xi h_0 = (0.340 \times 360) mm = 122.4 mm < \xi_b h_0 = (0.518 \times 360) mm = 186.48 mm$

由式（6-29a）得

$$A_s = \frac{\alpha_1 f_c b x + f'_y A'_s - N}{f_y}$$

$$= \left(\frac{1.0 \times 14.3 \times 300 \times 122.4 + 360 \times 942 - 340 \times 10^3}{360} \right) mm^2$$

$$= 1456 mm^2$$

选用 4 Φ 22，$A_s = 1520 mm^2$。柱截面配筋图如图 6-24 所示。

【例 6-6】　矩形截面偏心受压柱的截面尺寸 $b \times h = 350 mm \times 500 mm$，柱的计算长度 $l_0 = 6m$，$a_s = a'_s = 40 mm$，混凝土强度等级为 C30（$f_c = 14.3 N/mm^2$，$\alpha_1 = 1.0$），用 HRB400 级钢筋配筋，承受轴向压力设计值 $N = 1359 kN$，弯矩设计值 $M_1 = M_2 = 90 kN \cdot m$。试计算所需的钢

筋截面面积 A_s 和 A_s'。

解： 1）计算 η_{ns} 和 e_i。由于 $M_1/M_2 = 1$，$i = \sqrt{\dfrac{I}{A}} = \sqrt{\dfrac{\dfrac{bh^3}{12}}{bh}} = $

$\sqrt{\dfrac{1}{12}}h = 144.3\text{mm}$，$\dfrac{l_0}{i} = \dfrac{6000}{144.3} = 41.58 > 34 - 12\left(\dfrac{M_1}{M_2}\right) = 22$，因此，

需要考虑附加弯矩影响。

$$\zeta_c = \frac{0.5 f_c A}{N} = \frac{0.5 \times 14.3 \times 350 \times 500}{1359 \times 10^3} = 0.92 < 1$$

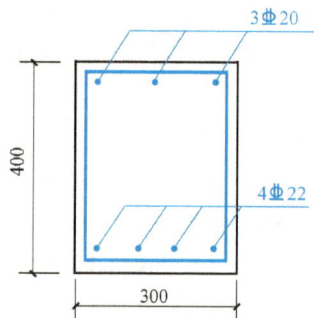

图 6-24 【例 6-5】
柱截面配筋图

$$C_m = 0.7 + 0.3\frac{M_1}{M_2} = 1$$

$$e_a = \frac{h}{30} = \frac{500}{30}\text{mm} = 16.7\text{mm} < 20\text{mm}，\ \text{取}\ e_a = 20\text{mm}$$

$$\eta_{ns} = 1 + \frac{1}{1300\left(\dfrac{M_2}{N} + e_a\right)/h_0}\left(\frac{l_0}{h}\right)^2 \zeta_c$$

$$= 1 + \frac{1}{1300 \times \left(\dfrac{90 \times 10^6}{1359 \times 10^3} + 20\right)/460} \times \left(\frac{6000}{500}\right)^2 \times 0.92 = 1.54$$

将 C_m、η_{ns}、M_2 代入式（6-23）得

$$M = C_m \eta_{ns} M_2 = (1 \times 1.54 \times 90)\text{kN} \cdot \text{m} = 138.6\text{kN} \cdot \text{m}$$

2）求 e_i，判别大、小偏心受压。

$$e_0 = \frac{M}{N} = \frac{138.6 \times 10^6}{1359 \times 10^3}\text{mm} = 102\text{mm}$$

$$e_i = e_0 + e_a = (102 + 20)\text{mm} = 122\text{mm}$$

由于 $e_i = 122\text{mm} < 0.3h_0 = (0.3 \times 460)\text{mm} = 138\text{mm}$，可按小偏心受压计算。

3）计算 A_s、A_s'。

$$e = \frac{h}{2} + e_i - a_s = \left(\frac{500}{2} + 122 - 40\right)\text{mm} = 332\text{mm}$$

因 $N = 1359\text{kN} < f_c bh = (14.3 \times 350 \times 500)\text{N} = 2502.5\text{kN}$，可不验算反向破坏。为节省钢筋，受拉区按最小配筋率配置钢筋，$A_s = \rho_{min} bh = (0.002 \times 350 \times 500)\text{mm}^2 = 350\text{mm}^2$，选 3 ⊈ 14（$A_s = 461\text{mm}^2$）。

$$\sigma_s = \frac{\xi - \beta_1}{\xi_b - \beta_1} f_y = \frac{\dfrac{x}{460\text{mm}} - 0.8}{0.518 - 0.8} \times 360\text{N/mm}^2 = 1021.28\text{N/mm}^2 - 2.78\text{N/mm}^3 x$$

代入式（6-31a）和式（6-31b）联立求解

$$1359 \times 10^3 \text{N} = 1 \times 14.3\text{N/mm}^2 \times 350\text{mm} \times x + 360\text{N/mm}^2 \times A_s' - (1021.28\text{N/mm}^2 - 2.78\text{N/mm}^3 x) \times 461\text{mm}^2$$

$$(1359 \times 10^3 \times 332)\text{N} \cdot \text{mm} = 1 \times 14.3\text{N/mm}^2 \times 350\text{mm} \times x \times \left(460\text{mm} - \frac{x}{2}\right) + 360\text{N/mm}^2 \times A_s' \times (460\text{mm} - 40\text{mm})$$

求得：$x = 295\text{mm}$。

$$\xi_b h_0 = 0.518 \times 460\text{mm} = 238.3\text{mm} < x = 295\text{mm} < (2\beta_1 - \xi_b) h_0 = 497.7\text{mm}$$

$$A'_s = -68.7\text{mm}^2 < \rho'_{min} bh = (0.002 \times 350 \times 500)\text{mm}^2 = 350\text{mm}^2$$

故应按最小配筋率配置钢筋。

因采用 HRB400 级钢筋，全部纵向钢筋的最小配筋率为 0.55%，即

$A_s + A'_s \geqslant 0.0055 bh = (0.0055 \times 350 \times 500)\text{mm}^2 = 962.5\text{mm}^2$，受

拉钢筋已配 3 Φ 14（$A_s = 461\text{mm}^2$），故受压钢筋选 2 Φ 18（$A_s = 509\text{mm}^2$）。柱截面配筋图如图 6-25 所示。

4）验算垂直于弯矩作用平面承载力。由 $\dfrac{l_0}{b} = \dfrac{6000}{350} = 17.14$，

查表 6-1 得 $\varphi = 0.836$。

$$0.9\varphi[f_c A + f'_y(A_s + A'_s)]$$
$$= \{0.9 \times 0.836 \times [14.3 \times 350 \times 500 + 360 \times (461 + 509)]\}\text{N}$$
$$= 2145.6\text{kN} > 1359\text{kN}$$

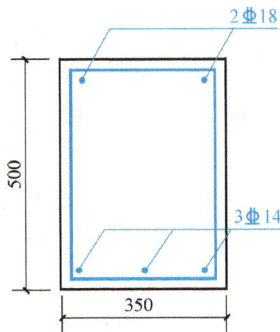

图 6-25 【例 6-6】柱截面配筋图

满足要求。

【例 6-7】 矩形截面偏心受压柱的截面尺寸 $b \times h = 400\text{mm} \times 500\text{mm}$，$a_s = a'_s = 40\text{mm}$，混凝土强度等级为 C35（$f_c = 16.7\text{N/mm}^2$，$\alpha_1 = 1.0$），用 HRB400 级钢筋配筋，$A_s = 1256\text{mm}^2$（4 Φ 20），$A'_s = 1520\text{mm}^2$（4 Φ 22），柱的计算长度 $l_0 = 7.2\text{m}$，承受轴向压力设计值 $N = 1200\text{kN}$，弯矩设计值 $M = 396\text{kN·m}$。试复核该截面。

解：1）判断大、小偏心受压。

$$h_0 = h - a_s = (500 - 40)\text{mm} = 460\text{mm}$$
$$N_b = \alpha_1 f_c b h_0 \xi_b + f'_y A'_s - f_y A_s$$
$$= (1.0 \times 16.7 \times 400 \times 460 \times 0.518 + 360 \times 1520 - 360 \times 1256)\text{N}$$
$$= 1686.75\text{kN} > N = 1200\text{kN}$$

故为大偏心受压柱。

2）求 x。

$$x = \frac{N - f'_y A'_s + f_y A_s}{\alpha_1 f_c b} = \frac{1200 \times 10^3 - 360 \times 1520 + 360 \times 1256}{1.0 \times 16.7 \times 400}\text{mm} = 165.4\text{mm}$$

$$2a'_s = 2 \times 40\text{mm} = 80\text{mm} < x < \xi_b h_0 = 0.518 \times 460 = 238\text{mm}$$

3）求 e_0。

$$e = \frac{\alpha_1 f_c bx(h_0 - 0.5x) + f'_y A'_s(h_0 - a'_s)}{N}$$

$$= \left[\frac{1.0 \times 16.7 \times 400 \times 165.4 \times (460 - 0.5 \times 165.4) + 360 \times 1520 \times (460 - 40)}{1200 \times 10^3} \right]\text{mm}$$

$$= 538.9\text{mm}$$

$$e_a = \frac{h}{30} = \frac{500}{30}\text{mm} = 16.7\text{mm} < 20\text{mm}, \text{ 取 } e_a = 20\text{mm}$$

因　$e = e_i + \dfrac{h}{2} - a_s$

$$e_i = e - \frac{h}{2} + a_s = \left(538.9 - \frac{500}{2} + 40\right) \text{mm} = 328.9 \text{mm}$$

又因 $\quad e_i = e_0 + e_a$

$$e_0 = e_i - e_a = (328.9 - 20) \text{mm} = 308.9 \text{mm}$$

截面弯矩设计值为

$$M = Ne_0 = (1200 \times 308.9) \text{kN} \cdot \text{mm} = 370.68 \text{kN} \cdot \text{m} < 396 \text{kN} \cdot \text{m}$$

可见该截面不满足要求。

3. 对称配筋矩形截面设计计算方法

实际工程中大多采用对称配筋。对称配筋便于施工，不易出错，尤其是装配式柱可保证正确吊装。同时，可抵御不同荷载组合下柱中所产生的变号弯矩作用。

（1）判别偏心受压类型　对称配筋时，$A_s = A_s'$，$f_y = f_y'$，$a_s = a_s'$，由式（6-29a）可得

$$x = \frac{N}{\alpha_1 f_c b} \text{ 或 } \xi = \frac{N}{\alpha_1 f_c b h_0} \tag{6-45}$$

由式（6-36a）可得

$$N_b = \alpha_1 f_c b \xi_b h_0 \tag{6-46}$$

因此，当 $x \leqslant \xi_b h_0$ 或 $N \leqslant N_b$ 时，按大偏心受压计算；当 $x > \xi_b h_0$ 或 $N > N_b$ 时，按小偏心受压计算。

（2）截面设计

1）大偏心受压构件。由式（6-45）计算出 x，然后进行判别和计算。

① 若 $2a_s' \leqslant x \leqslant \xi_b h_0$，则将 x 代入式（6-29b），可求得 $A_s = A_s'$，即

$$A_s = A_s' = \frac{Ne - \alpha_1 f_c b x \left(h_0 - \dfrac{x}{2}\right)}{f_y'(h_0 - a_s')} \tag{6-47}$$

② 若 $x < 2a_s'$ 时，取 $x = 2a_s'$，由式（6-30a）可求得 $A_s = A_s'$，即

$$A_s = A_s' = \frac{Ne'}{f_y(h_0 - a_s')} = \frac{N\left(e_i - \dfrac{h}{2} + a_s'\right)}{f_y(h_0 - a_s')} \tag{6-48}$$

所求的 A_s、A_s' 必须满足最小配筋率的要求，即 $A_s \geqslant \rho_{\min} bh$、$A_s' \geqslant \rho_{\min}' bh$。否则应取 $A_s = \rho_{\min} bh$、$A_s' = \rho_{\min}' bh$，并按有关构造要求配置钢筋。

2）小偏心受压构件。将 $A_s = A_s'$、$f_y = f_y'$、$a_s = a_s'$ 代入式（6-41），可得

$$N = \alpha_1 f_c b h_0 \xi + f_y' A_s' - \frac{\xi - \beta_1}{\xi_b - \beta_1} f_y' A_s' \tag{6-49a}$$

$$Ne = \alpha_1 f_c b h_0^2 \xi (1 - 0.5\xi) + f_y' A_s'(h_0 - a_s') \tag{6-49b}$$

由式（6-49a）可得

$$f_y A_s = f_y' A_s' = (N - \alpha_1 f_c b h_0 \xi) \frac{\xi_b - \beta_1}{\xi_b - \xi} \tag{6-49c}$$

将（6-49c）代入式（6-49b），经整理可得

$$\frac{\xi_b - \xi}{\xi_b - \beta_1} Ne = \alpha_1 f_c b h_0^2 \xi (1 - 0.5\xi) \frac{\xi_b - \xi}{\xi_b - \beta_1} + (N - \alpha_1 f_c b h_0 \xi)(h_0 - a_s') \tag{6-49d}$$

式（6-49d）是一个 ξ 的三次方程，计算复杂，为简化计算，令

$$y=\xi(1-0.5\xi)\frac{\xi_{\mathrm{b}}-\xi}{\xi_{\mathrm{b}}-\beta_1} \tag{6-49e}$$

将式（6-49e）代入式（6-49d），可得

$$\frac{Ne}{\alpha_1 f_{\mathrm{c}}bh_0^2}\left(\frac{\xi_{\mathrm{b}}-\xi}{\xi_{\mathrm{b}}-\beta_1}\right)-\left(\frac{N}{\alpha_1 f_{\mathrm{c}}bh_0^2}-\frac{\xi}{h_0}\right)(h_0-a_{\mathrm{s}}')=y \tag{6-49f}$$

当材料强度给定时，ξ_{b} 和 β_1 已知，则由式（6-49f）可画出 y 与 ξ 的关系曲线，如图 6-26 所示。

由图 6-26 可知，在小偏心受压（$\xi_{\mathrm{b}} \le \xi \le 2\beta_1-\xi_{\mathrm{b}}$）的区段内，$y$ 与 ξ 的关系曲线逼近于直线关系，对于常用钢筋，y 与 ξ 的线性方程可近似取为

$$y=0.43\frac{\xi-\xi_{\mathrm{b}}}{\beta_1-\xi_{\mathrm{b}}} \tag{6-49g}$$

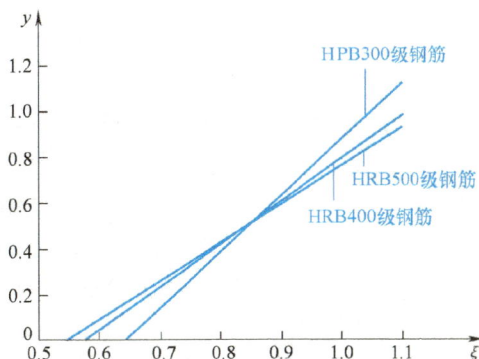

图 6-26　参数 y 与 ξ 的关系曲线

将式（6-49g）代入式（6-49f），经整理后，可得到求解 ξ 的近似公式为

$$\xi=\frac{N-\xi_{\mathrm{b}}\alpha_1 f_{\mathrm{c}}bh_0}{\dfrac{Ne-0.43\alpha_1 f_{\mathrm{c}}bh_0^2}{(\beta_1-\xi_{\mathrm{b}})(h_0-a_{\mathrm{s}}')}+\alpha_1 f_{\mathrm{c}}bh_0}+\xi_{\mathrm{b}} \tag{6-50}$$

将按式（6-50）算得的 ξ 代入式（6-49b），即可求得

$$A_{\mathrm{s}}=A_{\mathrm{s}}'=\frac{Ne-\alpha_1 f_{\mathrm{c}}bh_0^2\xi(1-0.5\xi)}{f_{\mathrm{y}}'(h_0-a_{\mathrm{s}}')} \tag{6-51}$$

当所求的 $A_{\mathrm{s}}=A_{\mathrm{s}}'<0$ 时，表明柱截面尺寸较大，应按最小配筋率配筋，即取 $A_{\mathrm{s}}=A_{\mathrm{s}}'=0.002bh$；当所求的 $A_{\mathrm{s}}=A_{\mathrm{s}}'>0.05bh$ 时，表明柱截面尺寸过小，宜加大柱截面尺寸。

（3）截面复核　对称配筋与非对称配筋的截面复核方法基本相同，这里不再重复。由于 $A_{\mathrm{s}}=A_{\mathrm{s}}'$，因此可不必进行反向破坏的验算。

【例 6-8】　已知条件同例 6-4，但要求设计成对称配筋。

解：1）求框架柱设计弯矩 M。由于 $M_1/M_2=1$，$i=\sqrt{\dfrac{I}{A}}=$

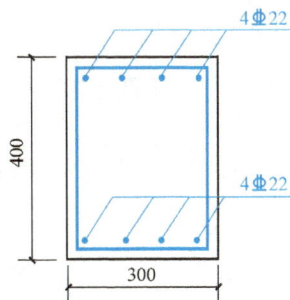

图 6-27　【例 6-8】
柱截面配筋图

$\sqrt{\dfrac{\frac{bh^3}{12}}{bh}}=\sqrt{\dfrac{1}{12}}h=115.5\mathrm{mm}$，$\dfrac{l_0}{i}=\dfrac{2800}{115.5}=24.24>34-12\left(\dfrac{M_1}{M_2}\right)=22$，

因此，需要考虑附加弯矩影响。

$$\xi_{\mathrm{c}}=\frac{0.5f_{\mathrm{c}}A}{N}=\frac{0.5\times14.3\times300\times400}{340\times10^3}=2.52>1，取 \xi_{\mathrm{c}}=1$$

$$C_{\mathrm{m}}=0.7+0.3\frac{M_1}{M_2}=1$$

$$e_a = \frac{h}{30} = \frac{400}{30}\text{mm} = 13.33\text{mm} < 20\text{mm}, \quad \text{取 } e_a = 20\text{mm}$$

$$\eta_{ns} = 1 + \frac{1}{1300\left(\frac{M_2}{N} + e_a\right)/h_0}\left(\frac{l_0}{h}\right)^2 \zeta_c$$

$$= 1 + \frac{1}{1300 \times \left(\frac{200 \times 10^6}{340 \times 10^3} + 20\right)/360} \times \left(\frac{2800}{400}\right)^2 \times 1 = 1.022$$

将 C_m、η_{ns}、M_2 代入式（6-23）得

$$M = C_m \eta_{ns} M_2 = (1 \times 1.022 \times 200)\text{kN} \cdot \text{m} = 204.4\text{kN} \cdot \text{m}$$

2）判别大、小偏心受压。

$$x = \frac{N}{\alpha_1 f_c b} = \left(\frac{340 \times 10^3}{1.0 \times 14.3 \times 300}\right)\text{mm} = 79.3\text{mm}$$

$$x < \xi_b h_0 = (0.518 \times 360)\text{mm} = 186\text{mm}, \quad \text{且 } x < 2a_s' = (2 \times 40)\text{mm} = 80\text{mm}$$

故为大偏心受压破坏。

3）求 A_s 和 A_s'

$$e_0 = \frac{M}{N} = \frac{204.4 \times 10^6}{340 \times 10^3}\text{mm} = 601\text{mm}$$

$$e_i = e_0 + e_a = (601 + 20)\text{mm} = 621\text{mm}$$

$$e' = e_i - \frac{h}{2} + a_s' = \left(621 - \frac{400}{2} + 40\right)\text{mm} = 461\text{mm}$$

则由式（6-48）得

$$A_s = A_s' = \frac{Ne'}{f_y(h_0 - a_s')}$$

$$= \frac{340 \times 10^3 \times 461}{360 \times (360 - 40)}\text{mm}^2 = 1361\text{mm}^2$$

A_s 和 A_s' 各选用 4 ⌀ 22，$A_s = A_s' = 1520\text{mm}^2$。柱截面配筋图如图 6-27 所示。

【例 6-9】 已知条件同例 6-6，但采用对称配筋。

解： 1）计算 η_{ns} 和 e_i。由于 $M_1/M_2 = 1$，$i = \sqrt{\frac{I}{A}} = \sqrt{\frac{\frac{bh^3}{12}}{bh}} = \sqrt{\frac{1}{12}}h = 144.3\text{mm}$，$\frac{l_0}{i} = \frac{6000}{144.3} =$

$41.58 > 34 - 12\left(\frac{M_1}{M_2}\right) = 22$，因此，需要考虑附加弯矩影响。

$$\zeta_c = \frac{0.5 f_c A}{N} = \frac{0.5 \times 14.3 \times 350 \times 500}{1359 \times 10^3} = 0.92 < 1$$

$$C_m = 0.7 + 0.3\frac{M_1}{M_2} = 1$$

$$e_a = \frac{h}{30} = \frac{500}{30}\text{mm} = 16.7\text{mm} < 20\text{mm}, \text{取 } e_a = 20\text{mm}$$

$$\eta_{ns} = 1 + \frac{1}{1300 \times \left(\frac{M_2}{N} + e_a\right)/h_0} \left(\frac{l_0}{h}\right)^2 \zeta_c$$

$$= 1 + \frac{1}{1300 \times \left(\frac{90 \times 10^6}{1359 \times 10^3} + 20\right)/460} \times \left(\frac{6000}{500}\right)^2 \times 0.92 = 1.54$$

将 C_m、η_{ns}、M_2 代入式（6-23）得

$$M = C_m \eta_{ns} M_2 = (1 \times 1.54 \times 90) \, \text{kN} \cdot \text{m} = 138.6 \, \text{kN} \cdot \text{m}$$

$$e_0 = \frac{M}{N} = \frac{138.6 \times 10^6}{1359 \times 10^3} \, \text{mm} = 102 \, \text{mm}$$

$$e_i = e_0 + e_a = (102 + 20) \, \text{mm} = 122 \, \text{mm}$$

$$e = \frac{h}{2} + e_i - a_s = \left(\frac{500}{2} + 122 - 40\right) \, \text{mm} = 332 \, \text{mm}$$

2）判别大、小偏心受压。

$$x = \frac{N}{\alpha_1 f_c b} = \left(\frac{1359 \times 10^3}{1.0 \times 14.3 \times 350}\right) \, \text{mm} = 271.5 \, \text{mm}$$

$$x > \xi_b h_0 = (0.518 \times 460) \, \text{mm} = 238.3 \, \text{mm}$$

故为小偏心受压破坏。

3）求 A_s 和 A_s'。

方法一：

x 的第一次近似值按 $x = \dfrac{h + \xi_b h_0}{2}$ 取值

$$x_1 = \frac{h + \xi_b h_0}{2} = \left(\frac{500 + 238.3}{2}\right) \, \text{mm} = 369.2 \, \text{mm}$$

$$A_s = A_s' = \frac{Ne - \alpha_1 f_c bx \left(h_0 - \frac{x}{2}\right)}{f_y'(h_0 - a_s')}$$

$$= \left[\frac{1359 \times 10^3 \times 332 - 1.0 \times 14.3 \times 350 \times 369.2 \times \left(460 - \frac{369.2}{2}\right)}{360 \times (460 - 40)}\right] \, \text{mm}^2$$

$$= -381.7 \, \text{mm}^2$$

$$\sigma_s = \frac{\xi - \beta_1}{\xi_b - \beta_1} f_y = \frac{\frac{x}{h_0} - 0.8}{0.518 - 0.8} \times 360 \, \text{N/mm}^2 = \left(\frac{\frac{369.2}{460} - 0.8}{0.518 - 0.8} \times 360\right) \, \text{N/mm}^2 = -3.33 \, \text{N/mm}^2$$

x 的第二次近似值为

$$x_2 = \frac{N - f_y' A_s' + \sigma_s A_s}{\alpha_1 f_c b} = \left[\frac{1359 \times 10^3 - 360 \times (-381.7) + (-3.33) \times (-381.7)}{1.0 \times 14.3 \times 350}\right] \, \text{mm} = 299.2 \, \text{mm}$$

$$A_s = A_s' = \left[\frac{1359 \times 10^3 \times 332 - 1.0 \times 14.3 \times 350 \times 299.2 \times \left(460 - \frac{299.2}{2}\right)}{360 \times (460 - 40)}\right] \, \text{mm}^2 = -90.2 \, \text{mm}^2$$

x 的第三次近似值为

$$x_3 = \frac{N-f_y'A_s'+\sigma_s A_s}{\alpha_1 f_c b} = \left[\frac{1359\times10^3-360\times(-90.2)+(-3.33)\times(-90.2)}{1.0\times14.3\times350}\right]\text{mm}=278.1\text{mm}$$

$$A_s=A_s'=\left[\frac{1359\times10^3\times332-1.0\times14.3\times350\times278.1\times\left(460-\frac{278.1}{2}\right)}{360\times(460-40)}\right]\text{mm}^2$$
$$=29.5\text{mm}^2$$

x 的第四次近似值为

$$x_4 = \frac{N-f_y'A_s'+\sigma_s A_s}{\alpha_1 f_c b} = \left[\frac{1359\times10^3-360\times29.5+(-3.33)\times29.5}{1.0\times14.3\times350}\right]\text{mm}=269.4\text{mm}$$

$$A_s=A_s'=\left[\frac{1359\times10^3\times332-1.0\times14.3\times350\times269.4\times\left(460-\frac{269.4}{2}\right)}{360\times(460-40)}\right]\text{mm}^2$$
$$=83.1\text{mm}^2$$

x 的第五次近似值为

$$x_5 = \frac{N-f_y'A_s'+\sigma_s A_s}{\alpha_1 f_c b} = \left[\frac{1359\times10^3-360\times83.1+(-3.33)\times83.1}{1.0\times14.3\times350}\right]\text{mm}=265.5\text{mm}$$

$$A_s=A_s'=\left[\frac{1359\times10^3\times332-1.0\times14.3\times350\times265.5\times\left(460-\frac{265.5}{2}\right)}{360\times(460-40)}\right]\text{mm}^2$$
$$=108\text{mm}^2$$

x 的第六次近似值为

$$x_6 = \frac{N-f_y'A_s'+\sigma_s A_s}{\alpha_1 f_c b} = \left(\frac{1359\times10^3-360\times108+(-3.33)\times108}{1.0\times14.3\times350}\right)\text{mm}=263.7\text{mm}$$

$$A_s=A_s'=\left[\frac{1359\times10^3\times332-1.0\times14.3\times350\times263.7\times\left(460-\frac{263.7}{2}\right)}{360\times(460-40)}\right]\text{mm}^2$$
$$=119.6\text{mm}^2$$

x 的第七次近似值为

$$x_7 = \frac{N-f_y'A_s'+\sigma_s A_s}{\alpha_1 f_c b} = \left(\frac{1359\times10^3-360\times119.6+(-3.33)\times119.6}{1.0\times14.3\times350}\right)\text{mm}=262.8\text{mm}$$

$$A_s=A_s'=\left[\frac{1359\times10^3\times332-1.0\times14.3\times350\times262.8\times\left(460-\frac{262.8}{2}\right)}{360\times(460-40)}\right]\text{mm}^2$$
$$=125.5\text{mm}^2$$

可见第七次近似值与第六次近似值基本相等（两者误差不超过 5%）。

考虑到受压柱选用钢筋最小配筋率的要求，一侧纵向钢筋的最小配筋率为 0.2%，故

$$A_s = A_s' \geqslant 0.2\% bh = (0.2\% \times 350 \times 500)\,\text{mm}^2 = 350\,\text{mm}^2$$

因采用 HRB400 级钢筋，全部纵向钢筋的最小配筋率为 0.55%，故

$$A_s + A_s' \geqslant 0.0055bh = (0.0055 \times 350 \times 500)\,\text{mm}^2 = 962.5\,\text{mm}^2$$

各选用 2 Φ 18，$A_s = A_s' = 509\,\text{mm}^2$。

方法二：

若按式（6-50）计算 ξ，则

$$\xi = \frac{N - \xi_b \alpha_1 f_c bh_0}{\dfrac{Ne - 0.43\alpha_1 f_c bh_0^2}{(0.8 - \xi_b)(h_0 - a_s')} + \alpha_1 f_c bh_0} + \xi_b$$

$$= \frac{1359 \times 10^3 - 0.518 \times 1.0 \times 14.3 \times 350 \times 460}{\dfrac{1359 \times 10^3 \times 332 - 0.43 \times 1.0 \times 14.3 \times 350 \times 460^2}{(0.8 - 0.518) \times (460 - 40)} + 1.0 \times 14.3 \times 350 \times 460} + 0.518$$

$$= 0.5914$$

$$x = \xi h_0 = (0.5914 \times 460)\,\text{mm} = 272\,\text{mm}$$

代入式（6-51）得

$$A_s = A_s' = \frac{Ne - \alpha_1 f_c bh_0^2 \xi(1 - 0.5\xi)}{f_y'(h_0 - a_s')}$$

$$= \left[\frac{1359 \times 10^3 \times 332 - 1.0 \times 14.3 \times 350 \times 460^2 \times 0.5914 \times (1 - 0.5 \times 0.5914)}{360 \times (460 - 40)} \right]\,\text{mm}^2 = 66.6\,\text{mm}^2$$

考虑到受压柱选用钢筋最小配筋率的要求，一侧纵向钢筋的最小配筋率为 0.2%，故

$$A_s = A_s' \geqslant 0.2\% bh = (0.2\% \times 350 \times 500)\,\text{mm}^2 = 350\,\text{mm}^2$$

因采用 HRB400 级钢筋，全部纵向钢筋的最小配筋率为 0.55%，故

$$A_s + A_s' \geqslant 0.0055bh = (0.0055 \times 350 \times 500)\,\text{mm}^2 = 962.5\,\text{mm}^2$$

各选用 2 Φ 18，$A_s = A_s' = 509\,\text{mm}^2$。

柱截面配筋图如图 6-9 所示。

6.6.2 工字形截面偏心受压构件正截面承载力计算

单层工业厂房常用排架结构，为节省混凝土、减轻自重，便于吊装，当柱截面高度超过 600mm 时，尤其是尺寸较大的装配式柱通常采用工字形截面。工字形截面柱的破坏特征与矩形截面相似，也分为大偏心受压破坏和小偏心受压破坏，其正截面承载力计算方法也类似，区别仅在于受压翼缘参与受力。

1. 不对称配筋工字形截面

（1）大偏心受压构件　如图 6-29 所示，根据受压区高度 x 的不同，工字形截面大偏心受压构件可分为下列情况：

1）中和轴位于受压翼缘时，即 $x \leqslant h_f'$。此时，相当于 $b_f' \times h$ 的矩形截面。根据图 6-29a

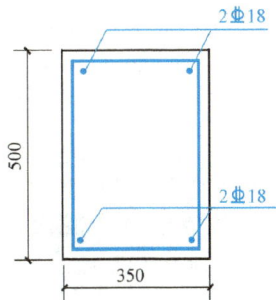

图 6-28 【例 6-9】
柱截面配筋图

所示的截面平衡条件，可得

$$N \leqslant N_u = \alpha_1 f_c b_f' x + f_y' A_s' - f_y A_s \tag{6-52a}$$

$$Ne \leqslant N_u e = \alpha_1 f_c b_f' x (h_0 - 0.5x) + f_y' A_s' (h_0 - a_s') \tag{6-52b}$$

2）中和轴位于腹板时，即 $x > h_f'$。此时，混凝土受压区为 T 形截面。根据图 6-29b 的截面平衡条件，可得

$$N \leqslant N_u = \alpha_1 f_c [bx + (b_f' - b) h_f'] + f_y' A_s' - f_y A_s \tag{6-53a}$$

$$Ne \leqslant N_u e = \alpha_1 f_c [bx(h_0 - 0.5x) + (b_f' - b) h_f'(h_0 - 0.5h_f')] + f_y' A_s'(h_0 - a_s') \tag{6-53b}$$

上述公式的适用条件同矩形截面，即应满足 $2a_s' \leqslant x \leqslant \xi_b h_0$。

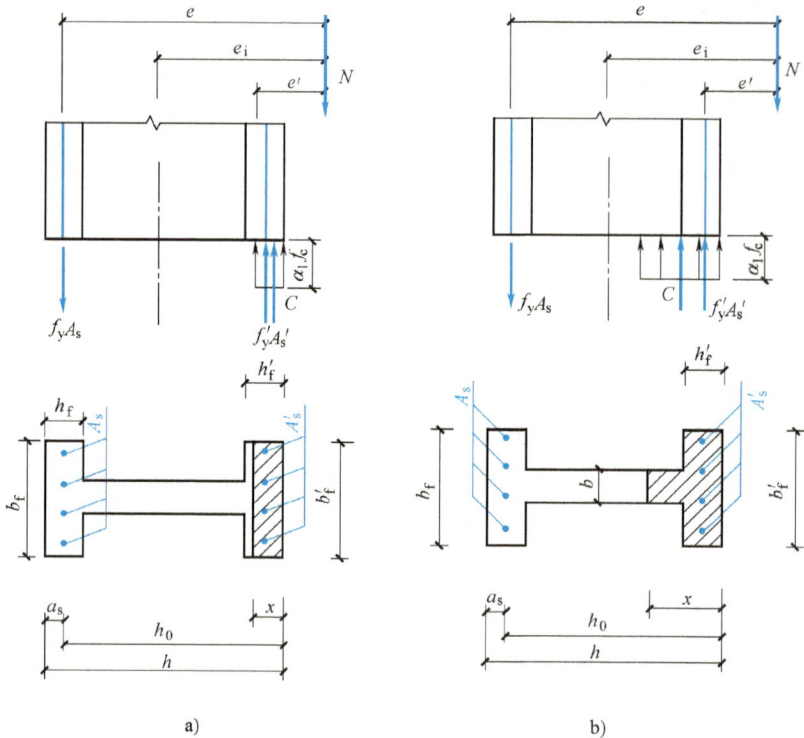

a)   b)

图 6-29 工字形截面大偏心受压构件应力图形

a）中和轴在受压翼缘   b）中和轴在腹板

（2）小偏心受压构件 如图 6-30 所示，根据受压区高度 x 的不同，工字形截面小偏心受压构件可分为下列情况：

1）中和轴位于腹板时，即 $h_f' < x \leqslant h - h_f$。此时，混凝土受压区为 T 形截面。根据图 6-30a 平衡条件，可得

$$N \leqslant N_u = \alpha_1 f_c [bx + (b_f' - b) h_f'] + f_y' A_s' - \sigma_s A_s \tag{6-54a}$$

$$Ne \leqslant N_u e = \alpha_1 f_c [bx(h_0 - 0.5x) + (b_f' - b) h_f'(h_0 - 0.5h_f')] + f_y' A_s'(h_0 - a_s') \tag{6-54b}$$

上述公式的适用条件为：$\xi_b h_0 < x < h - h_f$。

2）中和轴位于压应力较小一侧翼缘时，即 $h - h_f < x \leqslant h$。此时，混凝土受压区为工字形截面。根据图 6-30b 平衡条件，可得

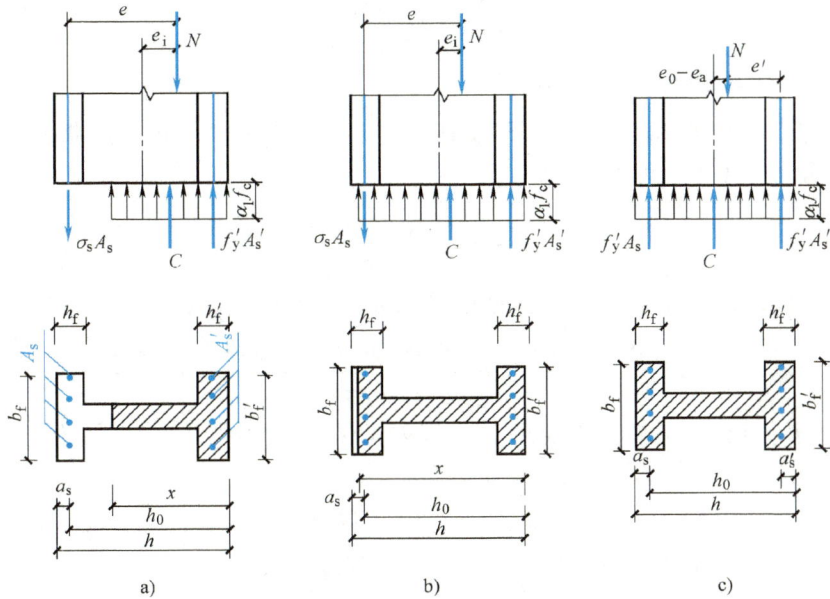

图 6-30　工字形截面小偏心受压构件应力图形

a) 中和轴在腹板　b) 中和轴在压应力较小一侧翼缘　c) 反向破坏

$$N \leqslant N_u = \alpha_1 f_c A_c + f_y' A_s' - \sigma_s A_s \tag{6-55a}$$

$$Ne \leqslant N_u e = \alpha_1 f_c S_c + f_y' A_s' (h_0 - a_s') \tag{6-55b}$$

式中　A_c、S_c——混凝土受压区面积及其对 A_s 合力作用点的面积矩，即

$$A_c = bx + (b_f' - b) h_f' + (b_f - b)(h_f + x - h) \tag{6-55c}$$

$$S_c = bx(h_0 - 0.5x) + (b_f' - b) h_f' (h_0 - 0.5h_f') + (b_f - b)(h_f + x - h)[h_f - a_s - 0.5(h_f + x - h)]$$

$$\tag{6-55d}$$

上述公式中 σ_s 采用式（6-33），即 $\sigma_s = \dfrac{\xi - \beta_1}{\xi_b - \beta_1} f_y$，且 $-f_y' \leqslant \sigma_s \leqslant f_y$。

3）反向破坏，即当 $x > h$ 时。此时，混凝土受压区为工字形截面。根据图 6-30c 平衡条件，可得

$$N_u e' \leqslant N_u e' = \alpha_1 f_c A + f_y' A_s (h_0' - a_s) \tag{6-56}$$

式中，$e' = \dfrac{h}{2} - a_s' - (e_0 - e_a)$；$A = bh(h_0' - 0.5h) + (b_f - b) h_f (h_0' - 0.5h_f) + (b_f' - b) h_f' (0.5h_f' - a_s')$。

2. 对称配筋工字形截面

实际工程中，工字形截面通常采用对称配筋，此时 $A_s = A_s'$，$f_y = f_y'$，$a_s = a_s'$。

1）当 $N \leqslant \alpha_1 f_c b_f' h_f'$ 时，此时中和轴位于受压翼缘，即 $x < h_f'$，可按宽度为 b_f' 的矩形截面计算，一般截面尺寸情况下满足 $x < \xi h_0$，属于大偏心受压破坏，则由式（6-52a）可得

$$x = \frac{N}{\alpha_1 f_c b_f'} \tag{6-57}$$

若 $2a_s' \leqslant x \leqslant h_f'$，则由式（6-52b）可得

$$A_s = A'_s = \frac{Ne - \alpha_1 f_c b'_f x (h_0 - 0.5x)}{f'_y (h_0 - a'_s)} \tag{6-58}$$

若 $x < 2a'_s$，同样近似取 $x = 2a'_s$ 计算。

2）当 $\alpha_1 f_c b'_f h'_f < N \le \alpha_1 f_c [\xi_b b h_0 + (b'_f - b) h'_f]$ 时，此时中和轴已进入腹板，即 $x > h'_f$，则按式（6-53a）重新计算 x，可得

$$x = \frac{N - \alpha_1 f_c (b'_f - b) h'_f}{\alpha_1 f_c b} \tag{6-59}$$

若所求的 $x \le \xi_b h_0$，表明截面为大偏心受压破坏，则由式（6-53b）可得

$$A_s = A'_s = \frac{Ne - \alpha_1 f_c (b'_f - b) h'_f (h_0 - 0.5 h'_f) - \alpha_1 f_c b x (h_0 - 0.5x)}{f'_y (h_0 - a'_s)} \tag{6-60}$$

3）当 $N > \alpha_1 f_c [\xi_b b h_0 + (b'_f - b) h'_f]$ 时，通常为 $x > \xi_b h_0$ 的小偏心受压破坏。与矩形截面类似，为避免求解 ξ 的三次方程，近似计算 ξ 的公式为

$$\xi = \frac{N - \alpha_1 f_c b h_0 \xi_b - \alpha_1 f_c (b'_f - b) h'_f}{\dfrac{Ne - 0.43 \alpha_1 f_c b h_0^2 - \alpha_1 f_c (b'_f - b) h'_f (h_0 - 0.5 h'_f)}{(\beta_1 - \xi_b)(h_0 - a'_s)} + \alpha_1 f_c b h_0} + \xi_b \tag{6-61}$$

若 $x = \xi h_0 \le h - h_f$，则将 x 代入式（6-54b）计算 $A_s = A'_s$；若 $x = \xi h_0 > h - h_f$，则将 x 代入式（6-55b）计算 $A_s = A'_s$。

【例 6-10】 对称配筋工字形截面柱，$b_f = b'_f = 400mm$，$b = 100mm$，$h_f = h'_f = 120mm$，$h = 800mm$，$a_s = a'_s = 40mm$，柱的计算长度 $l_0 = 4.5m$，混凝土强度等级为 C30（$f_c = 14.3N/mm^2$，$\alpha_1 = 1.0$），采用 HRB400 级钢筋配筋，承受轴向压力设计值 $N = 750kN$，弯矩设计值 $M_1 = M_2 = 550kN \cdot m$。试计算所需的钢筋截面面积 A_s 和 A'_s。

解：1）计算 η_{ns} 和 e_i

由于 $M_1/M_2 = 1$，

$$I = \frac{b_f h^3}{12} - \frac{(b_f - b)(h - h_f - h'_f)^3}{12}$$

$$= \left[\frac{400 \times 800^3}{12} - \frac{(400-100)(800-120-120)^3}{12} \right] mm^4 = 12676266666.7 mm^4$$

$i = \sqrt{\dfrac{I}{A}} = \sqrt{\dfrac{12676266666.7}{400 \times 800 - 300 \times 560}} = 288.8mm$，$\dfrac{l_0}{i} = \dfrac{4500}{288.8} = 15.58 < 34 - 12\left(\dfrac{M_1}{M_2}\right) = 22$，因此，不需要考虑附加弯矩影响，即 $\eta_{ns} = 1$。

$$C_m = 0.7 + 0.3 \frac{M_1}{M_2} = 1$$

$e_a = \dfrac{h}{30} = \dfrac{800}{30} mm = 26.7mm > 20mm$，取 $e_a = 26.7mm$

$$M = C_m \eta_{ns} M_2 = (1 \times 1.0 \times 550) kN \cdot m = 550 kN \cdot m$$

2）判别大、小偏心受压。

$$x = \frac{N - \alpha_1 f_c (b'_f - b) h'_f}{\alpha_1 f_c b}$$

$$= \left[\frac{750 \times 10^3 - 1.0 \times 14.3 \times (400-100) \times 120}{1.0 \times 14.3 \times 100} \right] \mathrm{mm} = 164\mathrm{mm}$$

$$h'_\mathrm{f} = 120\mathrm{mm} < x < \xi_\mathrm{b} h_0 = (0.518 \times 760)\mathrm{mm} = 393.7\mathrm{mm}$$

故为大偏心受压破坏。

3）计算 $A_\mathrm{s} = A'_\mathrm{s}$。

$$e_0 = \frac{M}{N} = \frac{550 \times 10^6}{750 \times 10^3}\mathrm{mm} = 733.3\mathrm{mm}$$

$$e_\mathrm{i} = e_0 + e_\mathrm{a} = (733.3 + 26.7)\mathrm{mm} = 760\mathrm{mm}$$

$$e = e_\mathrm{i} + \frac{h}{2} - a_\mathrm{s} = \left(760 + \frac{800}{2} - 40\right)\mathrm{mm} = 1120\mathrm{mm}$$

$$A_\mathrm{s} = A'_\mathrm{s} = \frac{Ne - \alpha_1 f_\mathrm{c}(b'_\mathrm{f}-b)h'_\mathrm{f}\left(h_0 - \frac{h'_\mathrm{f}}{2}\right) - \alpha_1 f_\mathrm{c} bx\left(h_0 - \frac{x}{2}\right)}{f'_\mathrm{y}(h_0 - a'_\mathrm{s})}$$

$$= \left[\frac{750 \times 10^3 \times 1120 - 1.0 \times 14.3 \times (400-100) \times 120 \times \left(760 - \frac{120}{2}\right) - 1.0 \times 14.3 \times 100 \times 164 \times \left(760 - \frac{164}{2}\right)}{360 \times (760-40)} \right] \mathrm{mm}^2$$

$$= 1237\mathrm{mm}^2$$

A_s 和 A'_s 各选用 4 Φ 20，$A_\mathrm{s} = A'_\mathrm{s} = 1256\mathrm{mm}^2$。配筋图如图 6-31 所示。

$$A = bh + (b_\mathrm{f}-b)h_\mathrm{f} + (b'_\mathrm{f}-b)h'_\mathrm{f} = [100 \times 800 + (400-100) \times 120 + (400-100) \times 120]\mathrm{mm}^2 = 152000\mathrm{mm}^2$$

全部钢筋配筋率为

$$\rho = \frac{A_\mathrm{s} + A'_\mathrm{s}}{A} = \frac{1256 \times 2}{152000} = 1.65\% > 0.55\%$$

满足要求。

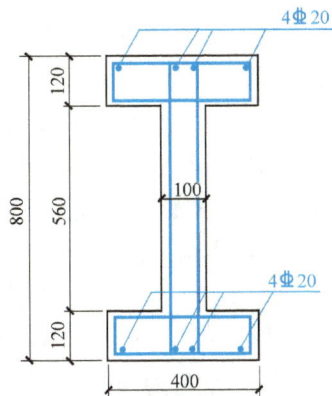

图 6-31 【例 6-10】配筋图

6.6.3 偏心受压构件正截面承载力 N_u—M_u 相关曲线

对于给定截面、材料及配筋的偏心受压构件，无论大偏心受压还是小偏心受压，当达到承载能力极限状态时，截面所能承受的内力设计值并非是独立的，而是相关的。轴向压力 N 与弯矩 M 对构件的作用效应存在着叠加与制约的关系，也就是说，当给定 N 时，有其唯一对应的弯矩 M，或者说构件可在不同 N 和 M 组合下达到其承载能力极限状态。以下用对称配筋矩形截面进行分析：

1. 大偏心受压破坏的 N_u—M_u 相关曲线

对称配筋时，$A_\mathrm{s} = A'_\mathrm{s}$，$f_\mathrm{y} = f'_\mathrm{y}$，$a_\mathrm{s} = a'_\mathrm{s}$，由式（6-29a）可得 $N_\mathrm{u} = \alpha_1 f_\mathrm{c} bx$，则 $x = \frac{N_\mathrm{u}}{\alpha_1 f_\mathrm{c} b}$，将其和式（6-29c）一起代入式（6-29b），可得

$$N_\mathrm{u}\left(e_\mathrm{i} + \frac{h}{2} - a_\mathrm{s}\right) = \alpha_1 f_\mathrm{c} b \frac{N_\mathrm{u}}{\alpha_1 f_\mathrm{c} b}\left(h_0 - \frac{N_\mathrm{u}}{2\alpha_1 f_\mathrm{c} b}\right) + f'_\mathrm{y} A'_\mathrm{y}(h_0 - a'_\mathrm{s}) \tag{6-62}$$

由式（6-25a）知 $M_u=N_u\eta_{ns}e_i$，取 $\eta_{ns}=1$，得 $M_u=N_ue_i$，则由式（6-62）经整理后可得

$$M_u=-\frac{N_u^2}{2\alpha_1f_cb}+\frac{h}{2}N_u+f_y'A_s'(h_0-a_s')\qquad(6\text{-}63)$$

式（6-63）为对称配筋矩形截面大偏心受压构件的 N_u—M_u 相关曲线方程，如图 6-32 中曲线 AB 所示，其中 B 点近似为界限破坏点，A 点 $N_u=0$，其 M_u 值为纯弯构件正截面受弯承载力。由此可见，N_u 与 M_u 为二次函数关系，M_u 随着 N_u 增大而增大。

2. 小偏心受压破坏的 N_u—M_u 相关曲线

对称配筋时，$A_s=A_s'$，$f_y=f_y'$，$a_s=a_s'$，由式（6-41a）可求得

$$\xi=\frac{\xi_b-\beta_1}{\alpha_1f_cbh_0(\xi_b-\beta_1)-f_y'A_s'}N_u-\frac{\xi_bf_y'A_s'}{\alpha_1f_cbh_0(\xi_b-\beta_1)-f_y'A_s'}\qquad(6\text{-}64)$$

令 $\delta_1=\dfrac{\xi_b-\beta_1}{\alpha_1f_cbh_0\ (\xi_b-\beta_1)\ -f_y'A_s'}$，$\delta_2=-\dfrac{\xi_bf_y'A_s'}{\alpha_1f_cbh_0\ (\xi_b-\beta_1)\ -f_y'A_s'}$，则 $\xi=\delta_1N_u+\delta_2$，将其代入式（6-41b），同样取 $M_u=N_ue_i$，经整理可得

$$M_u=\alpha_1f_cbh_0^2\left[(\delta_1N_u+\delta_2)-0.5(\delta_1N_u+\delta_2)^2\right]-(0.5h-a_s)N_u+f_y'A_s'(h_0-a_s')\qquad(6\text{-}65)$$

式（6-65）为对称配筋矩形截面小偏心受压构件的 N_u—M_u 相关曲线方程，如图 6-32 中曲线 BC 所示，其中 B 点为界限破坏点，C 点 $M_u=0$，其 N_u 值为轴心受压构件受压承载力。由此可见，N_u 与 M_u 也为二次函数关系，M_u 随着 N_u 增大而减小。

3. N_u—M_u 相关曲线分析

如图 6-32 所示，N_u—M_u 相关曲线具有以下特点：

1）相关曲线上任一点坐标（N,M）代表截面承载力的一组内力组合。若一组内力（N,M）位于曲线内侧，说明截面未达到承载能力极限状态，是安全的；若（N,M）位于曲线外侧，则表明截面承载力不足。

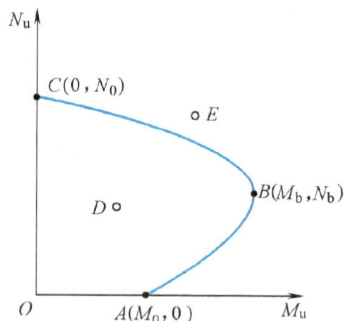

图 6-32　矩形截面对称配筋时的 N_u—M_u 相关曲线

2）当 $M_u=0$ 时，受压承载力 N_u 达到最大，即为轴心受压承载力 N_0（C 点）；当 $N_u=0$ 时，即为纯弯承载力 M_0（A 点）。

3）截面受弯承载力 M_u 与轴向压力 N 大小有关：当轴向压力 N 较小时，即 $N\leq N_b$ 时，M_u 随 N 的增加而增加（AB 段）；当轴向压力 N 较大时，即 $N>N_b$ 时，M_u 随 N 的增加而减小（BC 段）。

4）截面受弯承载力 M_u 在 B 点（N_b，M_b）达到最大，该点近似为界限破坏；AB 段（$N\leq N_b$）为受拉破坏，即大偏心受压破坏；BC 段（$N>N_b$）为受压破坏，即小偏心受压破坏。

5）对称配筋矩形截面偏心受压构件，若截面尺寸和材料强度给定，N_u—M_u 相关曲线随配筋量的增加而向外侧扩大，但界限破坏时的压力 N_b 与配筋量无关，而受弯承载力 M_b 随配筋量的增加而增大，如图 6-33 所示。

利用 N_u—M_u 相关曲线可制成偏心受压构件设计图表，供设计计算时查用。图 6-33 所示为一给定截面和材料的对称配筋矩形截面偏心受压构件的 N_u—M_u 相关曲线设计图表，图中各曲线对应不同的配筋面积，当已知轴向压力 N 和弯矩设计值 M 时，可从图中查出配筋面积。

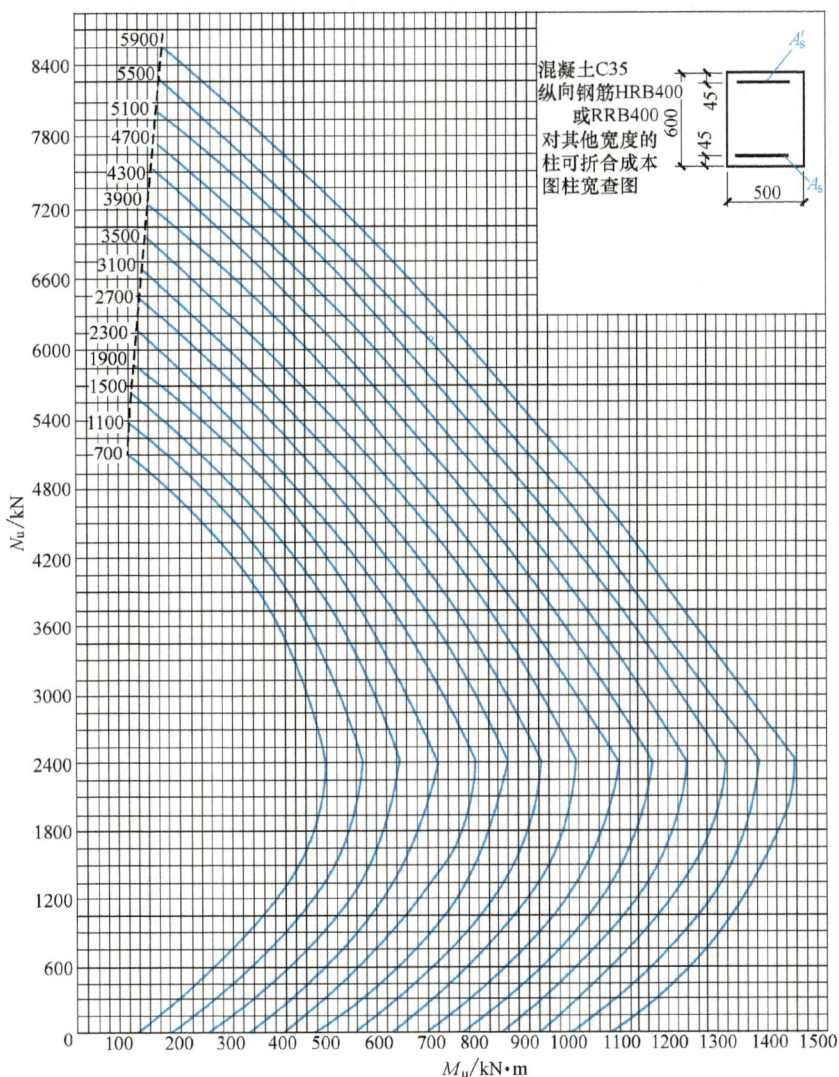

图 6-33　配筋量变化的 N_u—M_u 曲线

6.6.4　双向偏心受压构件承载力计算

在实际工程中，经常会遇到双向偏心受压构件，如多层框架的角柱、抗震设计的框架柱和水塔的支柱等。试验表明，双向偏心受压构件的正截面破坏形态与单向偏心受压构件相似，也可分为大偏心受压破坏和小偏心受压破坏。因此，计算单向偏心受压构件正截面承载力的基本假定，也同样适用于双向偏心受压构件。双向偏心受压构件正截面破坏时，其中和轴与截面主轴斜交，即与主轴呈一斜角，受压区形状较复杂，可能是三角形、梯形或五边形，如图 6-34 所示。同时，钢筋应力也不均匀，有的达到屈服强度，有的未达到屈服强度，且距中和轴越近，其应力越小。由此可见，计算相当烦琐。目前，工程设计时常采用简化的近似计算方法，便于手算，并能达到一般设计所要求的精度。

近似简化方法（倪克勤公式）是应用弹性阶段应力叠加原理推导的。设计时，首先拟定构件截面尺寸和钢筋布置方案，并假定材料处于弹性阶段，根据材料力学原理可推导出双向偏心受压构件正截面承载力的计算公式。

设构件截面能承受的最大正应力为 σ，截面换算面积为 A_0，两个方向的换算截面抵抗矩为 W_x 及 W_y，由图 6-35 可得到不同情况下截面的破坏条件如下：

1）当轴心受压时

$$\sigma = \frac{N_{u0}}{A_0} \qquad\qquad (6\text{-}66a)$$

2）当单向偏心受压时

$$\sigma = \left(\frac{1}{A_0} + \frac{e_{ix}}{W_x}\right)N_{ux} \qquad\qquad (6\text{-}66b)$$

$$\sigma = \left(\frac{1}{A_0} + \frac{e_{iy}}{W_y}\right)N_{uy} \qquad\qquad (6\text{-}66c)$$

3）当双向偏心受压时

$$\sigma = \left(\frac{1}{A_0} + \frac{e_{ix}}{W_x} + \frac{e_{iy}}{W_y}\right)N_u \qquad\qquad (6\text{-}66d)$$

将式（6-66d）改写，并利用式（6-66a）~式（6-66c），可得

$$\frac{\sigma}{N_u} = \frac{1}{A_0} + \frac{e_{ix}}{W_x}\frac{1}{A_0} + \frac{e_{iy}}{W_y}\frac{1}{A_0} - \frac{1}{A_0} = \frac{\sigma}{N_{ux}} + \frac{\sigma}{N_{uy}} - \frac{\sigma}{N_{u0}}$$

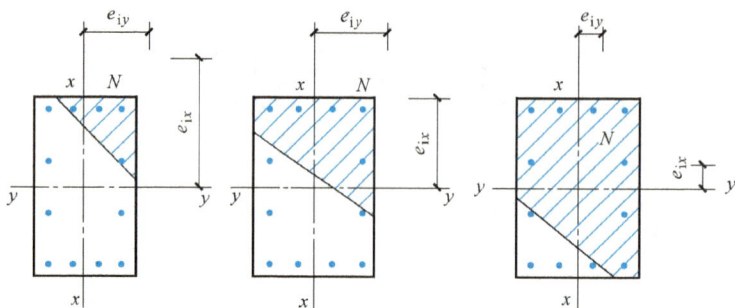

图 6-34 双向偏心受压构件受压区形状

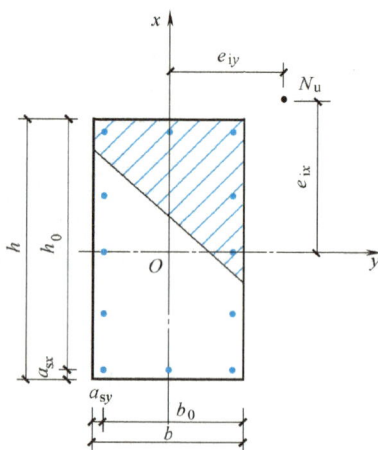

图 6-35 双向偏心受压构件截面

故得

$$N \leqslant N_u = \frac{1}{\dfrac{1}{N_{ux}} + \dfrac{1}{N_{uy}} - \dfrac{1}{N_{u0}}} \qquad\qquad (6\text{-}67)$$

式中　N_{ux}、N_{uy}——轴向压力作用于 x 轴和 y 轴，并考虑相应的计算偏心距 e_{ix}、e_{iy} 后，按全部纵向钢筋计算的构件偏心受压承载力设计值；

　　　　N_{u0}——轴心受压构件截面承载力设计值，按式（6-16）计算，此时考虑全部纵向钢筋，但不考虑稳定系数 φ 及系数 0.9。

具体计算时，求 N_{ux}、N_{uy} 比较复杂，因为位于中和轴上的钢筋应力为零，两边的钢筋分别受拉和受压，而中和轴的位置又与受拉钢筋和受压钢筋的数量有关，致使中和轴的位置需要经过试算才能得到。因此，式（6-67）便于截面复核，不便于截面设计。

■ 6.7 偏心受压构件斜截面承载力计算

试验表明，在一定程度上，轴向压力 N 的存在对偏心受压构件抗剪是有利的，可阻滞斜裂缝的出现和发展，使裂缝宽度减小，受压区高度增大，斜裂缝倾角变小而水平投影长度基本不变，纵向钢筋拉力降低，从而使斜截面受剪承载力有所提高。但是，N 对构件抗剪的有利作用也是有限的，当轴压比 $N/f_c bh = 0.3$ 左右时，受剪承载力达到最大值；再增加 N，构件受剪承载力反而会随 N 的增大而降低，并转化为带有斜裂缝的小偏心受压破坏，如图 6-36 所示。

通过试验资料分析和可靠度计算，《规范》规定，对矩形、T 形和工字形截面偏心受压构件，其斜截面受剪承载力计算公式为

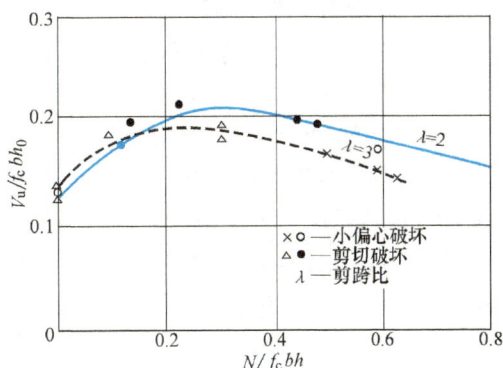

图 6-36 受剪承载力与轴向压力的关系

$$V \leqslant V_u = \frac{1.75}{\lambda+1.0}f_t bh_0 + f_{yv}\frac{A_{sv}}{s}h_0 + 0.07N \tag{6-68}$$

式中 λ——偏心受压构件计算截面的剪跨比，取 $\lambda = M/Vh_0$；

N——与剪力设计值 V 相对应的轴向压力设计值，当 $N>0.3f_cA$ 时，取 $N=0.3f_cA$，这里 A 为构件截面面积。

具体计算时，剪跨比 λ 按下列规定取用：

1）框架柱：当反弯点在层高范围时，根据广义剪跨比的定义 $\lambda=M/Vh_0$，可取 $\lambda=H_n/2h_0$；当 $\lambda<1$ 时，取 $\lambda=1$；当 $\lambda>3$ 时，取 $\lambda=3$；此处，H_n 为柱净高。

2）其他偏心受压构件：当承受均布荷载时，取 $\lambda=1.5$；当承受集中载时，取 $\lambda=a/h_0$；当 $\lambda<1.5$ 时，取 $\lambda=1.5$；当 $\lambda>3$ 时，取 $\lambda=3$；a 为集中荷载至支座边缘的距离。

当满足式（6-69）要求时，通常可不进行斜截面受剪承载力计算，可根据构造要求配置箍筋。

$$V \leqslant \frac{1.75}{\lambda+1.0}f_t bh_0 + 0.07N \tag{6-69}$$

同样，偏心受压构件的截面尺寸尚应符合规定要求。

本 章 小 结

1. 构造要求是钢筋混凝土受压构件设计的一个重要组成部分，它包括截面形式及尺寸、材料强度、钢筋要求及布置、混凝土保护层厚度等。

2. 对于轴心受压构件，根据长细比的不同，可分为短柱和长柱；根据箍筋配置方式和作用的不同，可分为普通箍筋柱和螺旋箍筋柱。

1）对于矩形截面轴心受压短柱，在弹性阶段，钢筋压应力是混凝土压应力的 α_E 倍；在弹塑性阶段，混凝土应力增长缓慢，钢筋应力增长加快，截面出现应力重分布现象；在破

坏阶段，抗压强度在400MPa及以下的钢筋能达到屈服，混凝土被压碎。

2）混凝土收缩将使轴心受压短柱中的钢筋产生压应力，使混凝土产生拉应力；且混凝土收缩应变越大，钢筋压应力和混凝土拉应力也越大；而配筋率越大，钢筋压应力越小，混凝土拉应力则越大。

3）在荷载长期作用下，混凝土徐变将使钢筋压应力不断增大，混凝土压应力不断减小；且配筋率越大，钢筋压应力增长越少，混凝土压应力减小就越多。

4）在截面、材料及配筋相同的情况下，长柱的承载力低于短柱的承载力；且长细比越大，承载力降低得越多，《规范》用稳定系数 φ 考虑长细比的影响。

5）螺旋箍筋对柱的核心混凝土具有约束作用，使其处于三向受压状态，可提高柱的承载力和变形能力。工程设计时，应重点注意计算公式的适应条件。

3. 偏心受压构件正截面破坏形态分为大偏心受压破坏和小偏心受压破坏，大偏心受压破坏又称为受拉破坏，小偏心受压破坏又称为受压破坏。

1）当相对偏心距 e_0/h_0 较大，且受拉侧纵筋配置不太多时，构件出现受拉破坏；其破坏特征是受拉侧钢筋首先屈服，之后受压区混凝土压碎，受压侧纵筋能达到屈服强度。当相对偏心距 e_0/h_0 较小或很小时，或相对偏心距 e_0/h_0 虽较大但受拉侧纵筋配置太多时，截面大部分受压或全部受压，构件最终发生受压破坏；其破坏特征是受压侧钢筋屈服，受压区混凝土先被压碎，而受拉侧钢筋无论受拉还是受压均不屈服。

2）界限破坏是受拉侧纵筋达到屈服强度的同时，受压区混凝土被压碎，构件即告破坏。由此，可作为大、小偏心受压破坏的判别条件，即当 $\xi \leqslant \xi_b$ 时，属于大偏心受压破坏；当 $\xi > \xi_b$ 时，属于小偏心受压破坏。不对称配筋截面设计时，因无法求出 ξ，可近似用初始偏心距判别，即当 $e_i > 0.3h_0$ 时，可先按大偏心受压设计；当 $e_i \leqslant 0.3h_0$ 时，可先按小偏心受压设计；求得 ξ 后，再确定属于哪一种破坏。

3）由于荷载作用位置的不定性、混凝土质量的不均匀性及施工偏差等因素，在偏心受压构件正截面承载力计算时，应考虑附加偏心距 e_a 的影响，我国《规范》取 $e_a = 20\mathrm{mm}$ 与 $e_a = h/30$ 两者中的较大值；初始偏心距为 $e_i = e_0 + e_a$，计算偏心距为 $e_0 = M/N$。

4）根据长细比的不同，偏心受压构件可分为短柱、长柱和细长柱；短柱、长柱属于材料破坏，细长柱属于失稳破坏；随着长细比的增大，将使构件正截面承载力降低，其原因在于纵向弯曲引起不可忽略的二阶弯矩；因此，在偏心受压长柱承载力计算时，《规范》通过偏心距调节系数和弯矩增大系数考虑纵向弯曲的影响，并要求避免发生失稳破坏。

5）偏心受压构件正截面承载力计算，采用与受弯构件相同的四个基本假定；大、小偏心受压构件的基本公式实际上是统一的，不同的是小偏心受压计算公式中受拉侧钢筋应力 σ_s 不确定，在 $-f_y' \leqslant \sigma_s \leqslant f_y$ 范围内变化，致使小偏心受压构件承载力计算较为复杂。

6）不对称配筋和对称配筋的矩形、工字形截面偏心受压构件，在进行截面设计和截面复核时，应注意大、小偏心受压破坏的判别方法，针对不同情况运用相应的计算公式，并要重点关注计算公式的适用条件以及不满足时的处理方法，熟练掌握其计算方法和计算步骤。

7）从正截面承载力 N_u—M_u 相关曲线可知：当大偏心受压时，即 $N \leqslant N_b$ 时，M_u 随 N 的增加而增加；当小偏心受压时，即 $N > N_b$ 时，M_u 随 N 的增加而减小。界限破坏时的 N_b 与配筋量无关，而受弯承载力 M_b 随配筋量的增加而增大。

8）工程设计时，双向偏心受压构件常采用简化的近似计算方法，即倪克勤公式。该方法便于截面复核，而截面设计时则需要进行多次试算。

9）偏心受压构件由于剪力值相对较小，可不进行斜截面承载力计算；轴向压力 N 的存在对构件抗剪是有利的，但这有利作用是有限的，当轴压比 $N/f_c bh = 0.3$ 左右时，受剪承载力则达到最大值。

思　考　题

1. 柱中纵向钢筋、箍筋和纵向构造钢筋的作用是什么？其直径、根数及布置等有哪些要求？

2. 柱中纵向钢筋的最小配筋率 ρ_{min} 和最大配筋率 ρ_{max} 是如何规定的？

3. 柱中箍筋为什么要做成封闭式？什么情况下设置复合箍筋？

4. 轴心受压构件和偏心受压构件的长细比是如何定义的？对其承载力有什么影响？

5. 轴心受压构件纵向受力钢筋为什么宜采用抗压强度 400MPa、500MPa 的钢筋？

6. 混凝土收缩、徐变对轴心受压构件的受力性能有什么影响？

7. 轴心受压短柱与轴心受压长柱的破坏有什么不同？其原因是什么？影响稳定系数 φ 的主要因素是什么？

8. 普通箍筋柱与螺旋箍筋柱正截面承载力计算有什么不同？螺旋箍筋柱正截面承载力提高的原因是什么？其计算公式的适用条件有哪些？

9. 试说明大、小偏心受压破坏的发生条件、破坏过程和破坏性质。

10. 什么是界限破坏？其界限相对受压区高度 ξ_b 是如何确定的？如何判别大、小偏心受压破坏？

11. 偏心受压长柱和偏心受压短柱的破坏有什么异同？什么是偏心受压长柱的二阶弯矩？《规范》是怎样考虑偏心受压长柱的二阶效应的？

12. 受压构件考虑纵向弯曲的影响，为什么轴心受压构件和偏心受压构件采用不同的表达式？

13. 建立偏心受压构件正截面承载力计算公式时，采用了哪些基本假定？不对称配筋矩形截面大、小偏心受压破坏时的截面应力计算图形如何？并标明钢筋和受压区混凝土的应力值。

14. 不对称配筋矩形截面设计时，大、小偏心受压破坏如何判别？对称配筋时，如何进行判别？

15. 大偏心受压构件和双筋截面适筋梁的计算公式有什么异同？小偏心受压构件和大偏心受压构件的计算公式有什么异同？其各自的适用条件是什么？

16. 不对称配筋矩形截面大偏心受压构件，进行截面设计时：

（1）什么情况下，假定 $x = \xi_b h_0$？若求得 $A_s' < \rho_{min}' bh$ 或 $A_s < \rho_{min} bh$，应如何处理？

（2）当 A_s' 已知时，可否也假定 $x = \xi_b h_0$ 求 A_s？

（3）计算时，若出现 $x < 2a_s'$，说明什么？如何处理？

17. 小偏心受压构件承载力计算时，受拉侧钢筋可能有几种受力状态？其应力 σ_s 如何确定？且计算的 σ_s 应满足什么条件？

18. 不对称配筋矩形截面小偏心受压构件，进行截面设计时：

（1）受拉侧钢筋截面面积 A_s 如何确定？

（2）计算时，若 $2\beta_1-\xi_b<\xi\leq h/h_0$，此时说明什么？$\sigma_s$ 如何取值？A'_s 如何计算？

（3）若 $\xi>h/h_0$，且 $\xi\geq 2\beta_1-\xi_b$，此时说明什么？σ_s 如何取值？A'_s 如何计算？

19. 为什么偏心受压构件一般采用对称配筋？它与不对称配筋在承载力计算时有什么不同？总用钢量哪种配筋方式计算偏多？

20. 对称配筋矩形截面偏心受压构件，进行截面设计时：

（1）若所求的 $A_s=A'_s<0$，则表明什么？应如何处理？

（2）若所求的 $A_s=A'_s>\rho_{max}bh$，则表明什么？应如何处理？

21. 对于小偏心受压构件，为什么还应按轴心受压构件验算垂直于弯矩作用平面的受压承载力？

22. 对称配筋工字形截面偏心受压构件进行截面设计时，如何判别中和轴的位置？针对中和轴的不同位置，如何确定实际受压区高度 x？如何计算 $A_s=A'_s$？

23. 偏心受压构件正截面承载力 N_u—M_u 相关曲线具有哪些特点？工程设计中如何运用？

24. 有 3 根截面、材料和总配筋量 $A_s+A'_s$ 相同的偏心受压短柱，若 $\chi=\dfrac{A_s}{A_s+A'_s}$，试绘制 $\chi>0.5$、$\chi=0.5$、$\chi<0.5$ 三种情况下正截面承载力 N_u—M_u 相关曲线，并加以说明。

25. 轴向压力 N 对偏心受压构件斜截面承载力有什么影响？如何计算？其计算公式的适用条件是什么？

测 试 题

1. 填空题

（1）方形或矩形独立柱的截面尺寸，不宜小于＿＿＿＿＿＿mm；为避免柱的长细比过大，承载力降低过多，常取 $l_0/b\leq$＿＿＿＿，$l_0/h\leq$＿＿＿＿，其中 l_0 为柱的计算长度，b、h 为柱的短边和长边尺寸。

（2）圆形截面柱的直径不宜小于＿＿＿＿ mm，长细比宜控制在 $l_0/d\leq$＿＿＿＿，其中 d 为圆形截面柱的直径。

（3）矩形截面柱的纵向钢筋根数不得少于＿＿＿＿根，以便与箍筋形成钢筋骨架。圆形截面柱中纵向钢筋的根数不宜少于＿＿＿＿根，不应少于＿＿＿＿根，且沿周边均匀布置。

（4）《规范》规定，受压构件全部纵向钢筋的配筋率不应小于＿＿＿＿，且不宜超过＿＿＿＿；一侧纵向钢筋的配筋率不应小于＿＿＿＿。

（5）对于轴心受压短柱，当轴向压力 N 较小时，钢筋压应力是混凝土压应力的＿＿＿＿倍；继续加载，当混凝土压应力超过比例极限后，混凝土压应力增长＿＿＿＿，钢筋压应力增长＿＿＿＿，截面出现应力＿＿＿＿现象。

（6）混凝土收缩将使轴心受压短柱中的钢筋产生压应力，使混凝土产生拉应力；且混凝土收缩应变越大，钢筋压应力和混凝土拉应力也越＿＿＿＿；而配筋率越大，钢筋压应力越＿＿＿＿，混凝土拉应力则越＿＿＿＿。

（7）在轴向压力 N 长期作用下，轴心受压短柱混凝土的徐变将使钢筋压应力不断_____，混凝土压应力不断_____；且配筋率越大，钢筋压应力增长越_____，混凝土压应力减小就越_____。

（8）轴心受压短柱在轴向压力 N 作用下，间隔相当长的时间后卸去 N，则钢筋受_____应力，混凝土受_____应力，短柱的长度比原来_____。

（9）试验表明，在截面、材料及配筋相同的情况下，轴心受压长柱的承载力比轴心受压短柱的承载力要_____。轴心受压构件承载力计算时，《规范》通过_____系数考虑_____对轴心受压长柱承载力的影响。

（10）某普通箍筋轴心受压圆柱承载力不足，若混凝土强度等级、纵向钢筋数量不能改变，可采用_____或_____方法提高其承载力。

（11）偏心受压构件正截面破坏形态有_____和_____。当相对偏心距 e_0/h_0 较大，且受拉侧钢筋不太多时，发生_____破坏，也称为_____破坏，其破坏性质属于_____。

（12）当相对偏心距 e_0/h_0 较小或很小时，或相对偏心距 e_0/h_0 虽较大但受拉侧纵筋配置太多时，发生_____破坏，也称为_____破坏，此时截面大部分_____或全部_____，其破坏性质属于_____。

（13）实际工程中，由于荷载作用位置的不定性、_____及施工偏差等因素，在偏心受压构件正截面承载力计算中，应计入轴向压力 N 在偏心方向的附加偏心距 e_a，其值取为_____和_____两者中的较大值。

（14）在纵向弯曲的影响下，偏心受压构件可能发生两种破坏形式：_____和_____；且短柱和长柱属于_____，细长柱属于_____。

（15）柱的截面尺寸为 $b×h$，且 b 小于 h，若柱的计算长度为 l_0，则按偏心受压构件计算时，其长细比取_____；当按轴心受压构件计算时，其长细比取_____。

（16）偏心受压长柱承载力计算时，为考虑侧向挠曲的影响，通常采用_____法计算控制截面的弯矩设计值，即对柱端最大弯矩乘以_____系数和_____系数。

（17）偏心受压构件承载力计算时，其大、小偏心受压破坏的判断条件是：当_____为大偏心受压破坏；当_____为小偏心受压破坏。不对称配筋截面设计时，通常采用的判别条件是：当_____可先按大偏心受压设计，当_____可先按小偏心受压设计，计算求得 ξ 后，再确定属于哪一种破坏。

（18）不对称配筋偏心受压构件截面设计时，若求 A_s、A'_s，则对于大偏心受压构件，当_____时，用钢量最少；对于小偏心受压构件，当_____时，用钢量最少。

（19）小偏心受压构件承载力计算时，受拉侧钢筋的应力 σ_s 会出现三种情况。当 $\xi_b<\xi\leq\beta_1$ 时，则 $0\leq\sigma_s<f_y$，表明钢筋_____；当 $\beta_1<\xi<2\beta_1-\xi_b$ 时，则 $-f'_y<\sigma_s<0$，表明钢筋_____；当 $\xi\geq2\beta_1-\xi_b$ 时，则 $\sigma_s=-f'_y$，表明钢筋_____。

（20）当相对偏心距 e_0/h_0 很小，而受拉侧纵筋配置得_____，受压侧纵筋配置得_____时，可能会发生反向破坏。为避免反向破坏，《规范》规定，当_____时，小偏心受压构件承载力计算时，还应满足 $Ne'\leq f_c bh\left(h'_0-\dfrac{h}{2}\right)+f'_y A_s(h'_0-a_s)$。

（21）对称配筋矩形截面偏心受压短柱，若已知 $b×h$（h_0）、f_c、f_y、f_y'、A_s、A_s'，则短柱所能承受的最大轴向压力为_____，所能承受的最大弯矩为_____。

（22）对称配筋矩形截面偏心受压构件，已知 $b×h$（h_0）、f_c、f_y、f_y'，若给定 N，则 M 越大，配筋面积越_____；若判定为大偏心受压构件，给定 M，则 N 越大，配筋面积越_____；若判定为小偏心受压构件，给定 M，则 N 越大，配筋面积越_____。

（23）对称配筋矩形截面偏心受压构件，无论大偏心受压破坏还是小偏心受压破坏，在 N_u—M_u 相关曲线上，N_u 与 M_u 均为_____关系；对于大偏心受压破坏，M_u 随着 N_u 增大而_____；对于小偏心受压破坏，M_u 随着 N_u 增大而_____；

（24）若截面和材料给定，对称配筋矩形截面偏心受压构件正截面承载力 N_u—M_u 相关曲线随_____的增加而向外侧扩大，但界限破坏时的压力 N_b 与_____无关，而受弯承载力 M_b 随_____的增加而增大。

（25）《规范》规定，矩形截面偏心受压构件为避免_____，其截面尺寸应符合 $V \leqslant 0.25\beta_c f_c b h_0$；当 $V \leqslant \dfrac{1.75}{\lambda+1.0} f_t b h_0 + 0.07N$ 时，通常可按_____配置箍筋，当 $N > 0.3 f_c A$ 时，取_____。

2. 是非题

（1）柱中纵向钢筋宜采用直径较粗的钢筋，直径不宜小于 12mm。　　　　　（　　）

（2）柱中箍筋应做成封闭式，目的主要是约束核心混凝土。　　　　　（　　）

（3）轴心受压短柱随着轴向压力 N 的不断增加，当混凝土压应力超过比例极限后，且钢筋达到屈服前，其混凝土压应力的增长速度比钢筋的压应力增长速度要快。（　　）

（4）在轴心受压构件中采用高强钢筋是能够充分发挥作用的。　　　　　（　　）

（5）混凝土收缩将会使轴心受压短柱中的钢筋产生压应力、混凝土产生拉应力，且配筋率越大，钢筋的压应力越小，混凝土的拉应力则越大。　　　　　（　　）

（6）轴心受压短柱在轴向压力 N 长期作用下，混凝土徐变将产生应力重分布，使钢筋压应力增大，混凝土压应力减小，且配筋率越大，钢筋压应力增大越少，混凝土压应力减小就越多。　　　　　（　　）

（7）实际工程中没有真正的轴心受压构件。　　　　　（　　）

（8）在条件相同的情况下，长细比越大，轴心受压构件承载力越低，稳定系数 φ 值越高。　　　　　（　　）

（9）螺旋箍筋既能提高轴心受压构件的承载力，又能提高其稳定性，但不宜配置过多。　　　　　（　　）

（10）在截面、材料和纵向钢筋等相同的条件下，螺旋箍筋柱承载力要比普通箍筋柱承载力低。　　　　　（　　）

（11）偏心受压构件正截面的破坏形态与相对偏心距 e_0/h_0 的大小和纵向钢筋配筋率 ρ 有关。　　　　　（　　）

（12）大、小偏心受压构件具有共同的破坏特征，即破坏时受压区混凝土均被压碎，受压钢筋均达到屈服。　　　　　（　　）

（13）所用材料相同时，偏心受压构件的界限相对受压区高度 ξ_b 值与受弯构件相同。　　　　　（　　）

（14）偏心受压构件破坏时，随着偏心距的增加，其受压承载力和受弯承载力都减小。
（　　）

（15）工程设计中，《规范》通过增大控制截面的弯矩设计值，解决偏心受压构件纵向弯曲所产生的二阶效应问题。（　　）

（16）不对称配筋矩形截面偏心受压构件，进行截面设计时，当 $e_i>0.3h_0$ 时，可准确判定为大偏心受压破坏。（　　）

（17）对称配筋矩形截面偏心受压构件，进行截面设计时，当 $x=\dfrac{N}{\alpha_1 f_c b}\leqslant \xi_b h_0$ 时，可准确判定为大偏心受压破坏。（　　）

（18）大偏心受压构件承载力计算时，若出现 $x<2a_s'$，则说明受压侧钢筋已达到屈服。
（　　）

（19）小偏心受压构件承载力计算时，必须避免反向破坏。（　　）

（20）不对称配筋矩形截面大偏心受压构件，若已知 A_s' 求 A_s，当计算中出现 $x>\xi_b h_0$ 时，则说明给定的受压侧钢筋偏少。（　　）

（21）对称配筋矩形截面大偏心受压构件，受拉侧钢筋和受压侧钢筋均达到屈服，材料利用是经济的。（　　）

（22）在截面尺寸、材料强度相同的情况下，不对称配筋偏心受压构件的总用钢量要多于对称配筋偏心受压构件的总用钢量。（　　）

（23）偏心受压构件发生界限破坏时，受拉侧钢筋、受压侧钢筋和混凝土的强度均得到充分利用，此时截面受弯承载力最大。（　　）

（24）对偏心受压构件来说，轴向压力 N 一定时，弯矩 M 越大越不利，所需纵向钢筋越多。（　　）

（25）轴向压力 N 的存在，对偏心受压构件斜截面承载力是有利的，故轴向压力 N 越大，其斜截面承载力越大。（　　）

3. 选择题

（1）轴心受压短柱在钢筋屈服前，随着轴向压力 N 的增大，混凝土压应力的增长速率（　　）。
A. 比钢筋增长快　　　B. 比钢筋增长慢　　　C. 线性增长　　　D. 一样快

（2）混凝土收缩将使轴心受压短柱的（　　）。
A. 钢筋压应力增大、混凝土压应力减小　　　B. 钢筋、混凝土压应力均增大
C. 钢筋压应力减小、混凝土压应力增大　　　D. 钢筋、混凝土压应力均减小

（3）混凝土收缩将使轴心受压短柱的（　　）。
A. 混凝土塑性提前出现、钢筋提前达到屈服
B. 混凝土塑性推迟出现、钢筋提前达到屈服
C. 混凝土塑性提前出现、钢筋推迟达到屈服
D. 混凝土塑性推迟出现、钢筋推迟达到屈服

（4）配筋率越大，混凝土徐变将使轴心受压短柱的（　　）。
A. 钢筋应力变化越小、混凝土应力变化越大　　　B. 钢筋和混凝土应力变化均越小
C. 钢筋应力变化越大、混凝土应力变化越小　　　D. 钢筋和混凝土应力变化均越大

（5）有 2 根轴心受压短柱，若配筋率大，则混凝土徐变将使混凝土的应力重分布程度（　　）。

A. 越大　　　　　　　B. 越小　　　　　　　C. 不变　　　　　　　D. 不肯定

（6）轴心受压构件的稳定系数 φ 主要与（　　）有关。

A. 长细比　　　　　　B. 配筋率　　　　　　C. 荷载　　　　　　　D. 混凝土强度

（7）在截面、材料及配筋相同的情况下，轴心受压长柱承载力比轴心受压短柱承载力要（　　）。

A. 高　　　　　　　　B. 低　　　　　　　　C. 一样大　　　　　　D. 不确定

（8）螺旋箍筋柱的混凝土抗压强度高于 f_c，是因为（　　）。

A. 螺旋箍筋参与受压　　　　　　　　　　　B. 螺旋箍筋与混凝土的黏结更好

C. 螺旋箍筋使混凝土密实　　　　　　　　　D. 螺旋箍筋约束了混凝土横向变形

（9）按螺旋箍筋柱计算的承载力不得超过普通箍筋柱的 1.5 倍，这是为了（　　）。

A. 限制截面尺寸　　　　　　　　　　　　　B. 防止发生脆性破坏

C. 保证柱的延性　　　　　　　　　　　　　D. 防止柱外层混凝土过早脱落

（10）某圆形截面螺旋箍筋柱，长细比为 $l_0/d = 13$，若按螺旋箍筋柱计算，其承载力为 550kN，若按普通箍筋柱计算，其承载力为 400kN，则该柱的承载力为（　　）。

A. 400kN　　　　　　B. 475kN　　　　　　C. 500kN　　　　　　D. 550kN

（11）某圆形截面螺旋箍筋柱，长细比为 $l_0/d = 10$，若按螺旋箍筋柱计算，其承载力为 480kN，若按普通箍筋柱计算，其承载力为 500kN，则该柱的承载力为（　　）。

A. 480kN　　　　　　B. 490kN　　　　　　C. 495kN　　　　　　D. 500kN

（12）对于偏心受压构件，下列哪种情况会发生受拉破坏？（　　）

A. e_0/h_0 较大、受拉侧纵向钢筋配置较多

B. e_0/h_0 较大、受拉侧纵向钢筋配置不多

C. e_0/h_0 较小、受压侧纵向钢筋配置较多

D. e_0/h_0 较小、受压侧纵向钢筋配置不多

（13）大、小偏心受压破坏的根本区别是（　　）。

A. 截面破坏时，受拉侧钢筋是否屈服

B. 偏心距的大小

C. 截面破坏时，受压侧钢筋是否屈服

D. 受压边缘混凝土是否达到极限压应变

（14）大偏心受压构件的破坏特征是（　　）。

A. 受拉侧钢筋先屈服，随后受压侧钢筋屈服，混凝土被压碎

B. 受压侧钢筋先屈服，随后受拉侧钢筋屈服，混凝土被压碎

C. 受压侧钢筋和混凝土应力不定，而受拉侧钢筋屈服

D. 受拉侧钢筋和混凝土应力不定，而受压侧钢筋屈服

（15）大偏心受压构件的判断条件是（　　）。

A. $e_i < 0.3h_0$　　　　B. $e_i > 0.3h_0$　　　　C. $\xi \leqslant \xi_b$　　　　D. $\xi > \xi_b$

（16）矩形截面大偏心受压构件截面设计时，若 $x < 2a_s'$，则 A_s 应按下列哪种情况计算？（　　）

A. 按 $x=2a'_s$ 计算

B. 按 $x=2a'_s$ 计算，再按 $A'_s=0$ 计算，两者取大值

C. 按 $x=\xi_b h_0$ 计算

D. 按最小配筋率及构造要求确定

（17）下述哪种情况可直接用 ξ 判别大、小偏心受压？（   ）

A. 对称配筋   B. 对称及不对称配筋

C. 不对称配筋   D. 对称与不对称配筋时均不可

（18）某不对称配筋矩形截面偏心受压构件，计算得 $A_s=-462\text{mm}^2$，则（   ）。

A. 按 $A_s=\rho_{\min}bh$ 配置钢筋

B. 按 $A_s=462\text{mm}^2$ 配置钢筋

C. 按 $A_s=\rho'_{\min}bh$ 配置钢筋

D. 可以不配置钢筋

（19）偏心受压构件的受弯承载力（   ）。

A. 随轴向压力 N 的增加而增加

B. 小偏心受压时，随轴向压力 N 的增加而增加

C. 随轴向压力 N 的减少而增加

D. 大偏心受压时，随轴向压力 N 的增加而增加

（20）条件相同的钢筋混凝土构件，当发生（   ）破坏时，截面受弯承载力最大。

A. 大偏心受压   B. 纯弯   C. 小偏心受压   D. 界限

（21）随着 N 和 M 的变化，小偏心受压构件会发生下列哪种情况？（   ）

A. M 不变，N 越大越危险   B. M 不变，N 越小越危险

C. N 不变，M 越小越危险   D. B 和 C

（22）对称配筋矩形截面偏心受压构件，若 $M_2>M_1$，$N_2>N_1$，对于大偏心受压下列哪组内力最不利？（   ）

A. M_1，N_1 B. M_2，N_1 C. M_1，N_2 D. M_2，N_2

（23）对称配筋矩形截面偏心受压构件，若 $M_2>M_1$，$N_2>N_1$，对于小偏心受压下列哪组内力最不利？（   ）

A. M_1，N_1 B. M_2，N_1 C. M_1，N_2 D. M_2，N_2

（24）对称配筋矩形截面偏心受压构件，若作用有两组内力，且 $M_2>M_1$，$N_1>N_2$，均为大偏心受压情况；在（M_1，N_1）作用下构件将破坏，则在（M_2，N_2）作用下（   ）。

A. 构件不会破坏   B. 不能判断是否破坏

C. 构件将破坏   D. 构件会有一定变形，但不会破坏

（25）对称配筋矩形截面小偏心受压构件，若承受下列四组内力设计值，则按哪组内力设计值计算得到的配筋量最大？（   ）

A. $M=525\text{kN}\cdot\text{m}$，$N=2050\text{kN}$ B. $M=525\text{kN}\cdot\text{m}$，$N=3060\text{kN}$

C. $M=525\text{kN}\cdot\text{m}$，$N=3050\text{kN}$ D. $M=525\text{kN}\cdot\text{m}$，$N=3070\text{kN}$

（26）在截面、材料等相同的情况下，不对称配筋偏心受压构件的总用钢量要比对称配筋偏心受压构件的总用钢量（   ）。

A. 多   B. 少   C. 一样   D. 不确定

（27）对称配筋矩形截面偏心受压构件，当配筋率增加时，大、小偏心受压界限状态的（   ）。

A. N_b 增加、M_b 增加 B. N_b 不变、M_b 增加

C. N_b 增加、M_b 不变 D. N_b 不变、M_b 不变

（28）对称配筋矩形截面偏心受压构件，下列说法错误的是（   ）。

A. 对大偏心受压，若 N 不变，M 越大，则所需纵向钢筋越多

B. 对大偏心受压，当 M 不变，N 越大，则所需纵向钢筋越多

C. 对小偏心受压，若 N 不变，M 越大，则所需纵向钢筋越多

D. 对小偏心受压，当 M 不变，N 越大，则所需纵向钢筋越多

（29）偏心受压构件的抗剪能力随轴向压力 N 的增加而（   ）。

A. 减小 B. 不变

C. 线性增加 D. 在一定范围内增加

习　　题

1. 已知某多层三跨现浇框架结构的第二层内柱，轴向压力设计值 $N=1100$kN，混凝土强度等级为 C30，采用 HRB400 级钢筋，柱截面尺寸为 350mm×350mm，楼层高 $H=5$m，环境类别为一类，求所需纵向钢筋面积。

2. 某框架结构多层房屋，门厅柱由于建筑和使用要求，采用圆形截面现浇钢筋混凝土柱，直径不超过 350mm，承受轴向压力设计值 $N=2200$kN，计算长度 $l_0=4$m，混凝土强度等级为 C30，柱中纵向钢筋采用 HRB400 级钢筋，箍筋用 HPB300 级钢筋，环境类别为一类，试设计该柱截面。

3. 已知柱的轴向压力设计值 $N=800$kN，柱端弯矩 $M_1=380$kN·m，$M_2=420$kN·m，截面尺寸 $b=400$mm，$h=550$mm，$a_s=a_s'=40$mm，混凝土强度等级为 C30，采用 HRB400 级钢筋，计算长度 $l_0=6.3$m，求钢筋截面面积 A_s' 及 A_s。

4. 已知柱的轴向压力设计值 $N=550$kN，弯矩 $M_1=M_2=450$kN·m，截面尺寸 $b=300$mm，$h=500$mm，$a_s=a_s'=40$mm，混凝土强度等级为 C35，采用 HRB400 级钢筋，计算长度 $l_0=7.2$m，求钢筋截面面积 A_s' 及 A_s。

5. 已知柱的轴向压力设计值 $N=3170$kN，弯矩 $M_1=M_2=84$kN·m，截面尺寸 $b=400$mm，$h=600$mm，$a_s=a_s'=40$mm，混凝土强度等级为 C35，采用 HRB400 级钢筋，计算长度 $l_0=6.0$m，求钢筋截面面积 A_s' 及 A_s。

6. 已知轴向压力设计值 $N=7500$kN，弯矩 $M_1=M_2=1800$kN·m，截面尺寸 $b=800$mm，$h=1000$mm，$a_s=a_s'=40$mm，混凝土强度等级为 C30，采用 HRB400 级钢筋，计算长度 $l_0=6.0$m，采用对称配筋（$A_s'=A_s$），求钢筋截面面积 A_s' 及 A_s。

7. 某框架柱，截面尺寸 $b=450$mm，$h=500$mm，$a_s=a_s'=40$mm，柱计算高度为 6.0m，混凝土强度等级为 C30，采用 HRB400 级钢筋，已知柱承受轴向压力设计值 $N=3600$kN，柱端弯矩 $M_1=400$kN·m，$M_2=420$kN·m，环境类别为一类，试求柱所需的纵向钢筋截面面积 A_s' 及 A_s。

8. 条件同习题 7，拟采用对称配筋，试计算柱所需的纵向钢筋截面面积 $A_s'=A_s$。

9. 已知柱承受轴向压力设计值 $N = 3100\text{kN}$，弯矩 $M_1 = M_2 = 85\text{kN} \cdot \text{m}$，截面尺寸 $b = 400\text{mm}$，$h = 600\text{mm}$，$a_s = a_s' = 40\text{mm}$，混凝土强度等级为 C20，采用 HRB400 级钢筋，配有 $A_s' = 1964\text{mm}^2$（4 Φ 25），$A_s = 603\text{mm}^2$（3 Φ 16），计算长度 $l_0 = 6.0\text{m}$，试复核截面是否安全。

10. 已知某单层工业厂房的工字形截面边柱，下柱高 5.7m，截面尺寸 $b = 80\text{mm}$，$h = 700\text{mm}$，$b_f = b_f' = 350\text{mm}$，$h_f = h_f' = 150\text{mm}$，$a_s = a_s' = 40\text{mm}$，对称配筋，混凝土强度等级为 C35，采用 HRB400 级钢筋；柱截面控制内力 $N = 870\text{kN}$，$M_1 = M_2 = 420\text{kN} \cdot \text{m}$，求钢筋截面面积。

11. 已知某工业厂房的工字形截面柱，柱计算高度为 8m，截面尺寸 $b = 100\text{mm}$，$h = 800\text{mm}$，$b_f = b_f' = 400\text{mm}$，$h_f = h_f' = 100\text{mm}$，$a_s = a_s' = 40\text{mm}$，对称配筋，混凝土强度等级为 C40，采用 HRB400 级钢筋，柱截面控制内力 $N = 2500\text{kN}$，$M_1 = M_2 = 800\text{kN} \cdot \text{m}$，求钢筋截面面积。

第7章　受拉构件承载力计算

【学习目标】
1. 了解轴心受拉构件受力过程，掌握轴心受拉构件承载力计算方法。
2. 熟悉偏心受拉构件分类、判别方法和受力过程。
3. 掌握偏心受拉构件正截面和斜截面承载力计算方法。

本章重点是偏心受拉构件正截面承载力计算方法，难点是偏心受拉构件受力过程。

7.1　概述

承受轴向拉力（简称轴拉力）或承受轴向拉力与弯矩共同作用的构件称为受拉构件（tension member）。根据轴向拉力的作用位置，分为轴心受拉构件和偏心受拉构件，如图 7-1 所示。

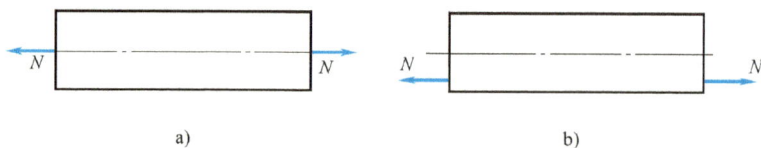

图 7-1　受拉构件
a）轴心受拉　b）偏心受拉

轴向拉力作用在截面形心的构件称为轴心受拉构件，简称轴拉构件。实际工程中，理想的轴心受拉构件是不存在的，但对偏心较小的构件，可近似按轴心受拉构件计算，如圆形水池的池壁、有内压力的环形管壁、桁架或拱的拉杆等，如图 7-2 所示。

轴向拉力作用点偏离构件截面形心或同时作用有轴向拉力和弯矩的构件称为偏心受拉构件，简称偏拉构件。如矩形水池的池壁、地下压力水管、双肢柱的受拉肢杆等，均属于偏心受拉构件，如图 7-3 所示。偏心受拉构件除轴向拉力作用外，还同时承受弯矩和剪力作用。

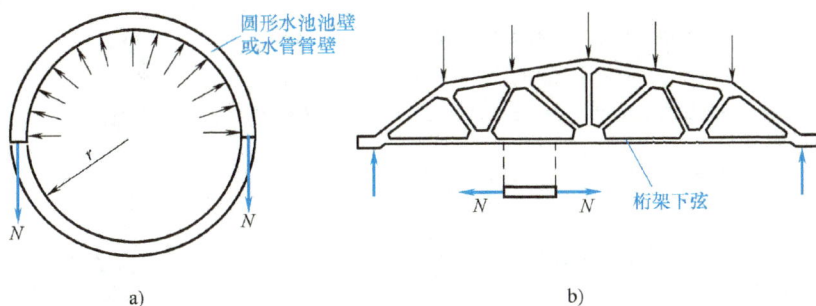

图 7-2 实际工程中的轴拉构件

a）圆形水池 b）桁架

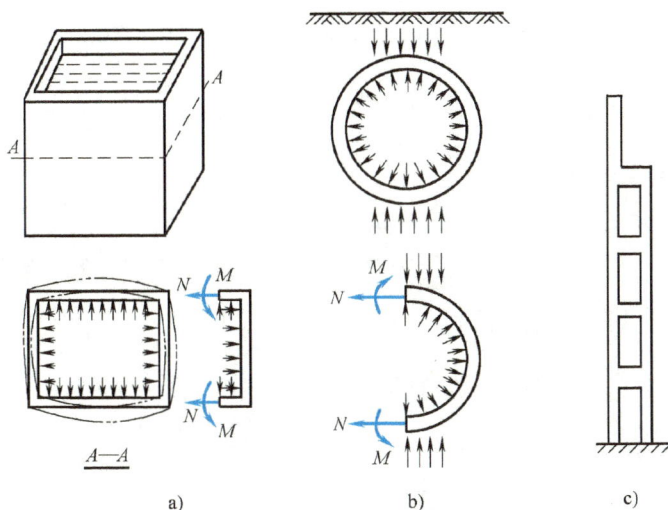

图 7-3 实际工程中的偏心受拉构件

a）矩形水池 b）地下压力水管 c）双肢柱

■ 7.2 轴心受拉构件承载力计算

7.2.1 轴心受拉构件受力过程

如图 7-4 所示的钢筋混凝土轴心受拉构件，两端承受轴向拉力 N，混凝土截面面积为 A_c，对称配筋，钢筋截面面积为 A_s。轴心受拉构件受力过程可分为三个阶段：共同工作阶段、带裂缝工作阶段、破坏阶段。

1. 第 I 阶段——共同工作阶段

从加载至混凝土即将开裂为共同工作阶段。开裂前，钢筋与混凝土共同承受轴向拉力 N 的作用。由变形协调条件，距构件端部一定距离的截面，混凝土应变和钢筋应变相等，即

$$\varepsilon_c = \varepsilon_s \qquad (7\text{-}1)$$

开裂前，钢筋受力较小，钢筋应力—应变关系可取图 4-10 线弹性本构关系，而混凝土受拉可能已进入弹塑性阶段，可用式（2-7b）割线模量 $E'_c = \nu E_c$ 表示其弹塑性本构关系，则

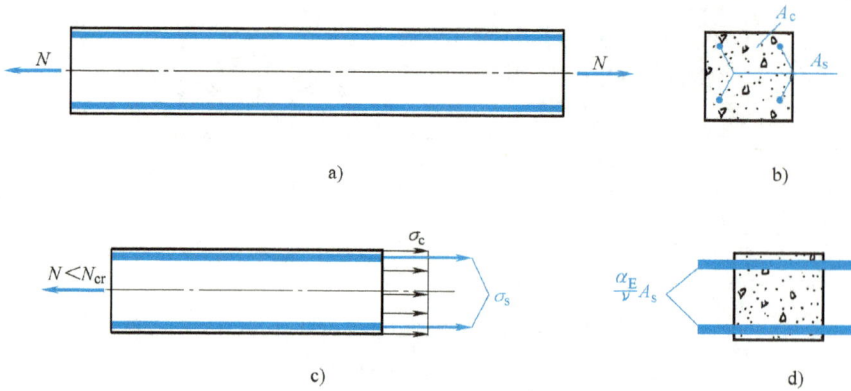

图 7-4 轴心受拉构件受力分析示意图

a）轴心受拉构件 b）截面 c）开裂前截面受力 d）换算截面

$$\sigma_{c} = \nu E_{c} \varepsilon_{c} \qquad (7\text{-}2a)$$

$$\sigma_{s} = E_{s} \varepsilon_{s} \qquad (7\text{-}2b)$$

由图 7-4c 的截面平衡条件，可得

$$N = \sigma_{c} A_{c} + \sigma_{s} A_{s} \qquad (7\text{-}3)$$

将式（7-1）、式（7-2）代入式（7-3），并令 $\alpha_{E} = E_{s}/E_{c}$，$\rho = A_{s}/A_{c}$，可得

$$N = \sigma_{c}\left(A_{c} + \frac{\alpha_{E}}{\nu}A_{s}\right) = \sigma_{c} A_{c}\left(1 + \rho\frac{\alpha_{E}}{\nu}\right) = \sigma_{c} A_{0} \qquad (7\text{-}4)$$

由式（7-3）、式（7-4）可得到开裂前轴心受拉构件中混凝土拉应力 σ_{c} 和钢筋拉应力 σ_{s} 分别为

$$\sigma_{c} = \frac{N}{A_{0}} = \frac{N}{A_{c}\left(1 + \dfrac{\alpha_{E}\rho}{\nu}\right)} \qquad (7\text{-}5a)$$

$$\sigma_{s} = \frac{\alpha_{E}}{\nu}\sigma_{c} = \frac{N}{A_{c}\left(\rho + \dfrac{\nu}{\alpha_{E}}\right)} \qquad (7\text{-}5b)$$

式中 α_{E}——钢筋弹性模量与混凝土弹性模量之比；

ρ——轴心受拉构件纵向钢筋配筋率；

A_{0}——混凝土换算截面面积，$A_{0} = A_{c} + \dfrac{\alpha_{E}}{\nu}A_{s}$；

ν——混凝土弹性系数，详见式（2-7b）符号解释。

随着轴向拉力 N 的不断增加，混凝土拉应力 σ_{c} 也随之增加，弹性系数 ν 不断减小。当 $\sigma_{c} = f_{t}$ 时，混凝土达到抗拉强度，如图 7-5a 所示。若继续加载，混凝土将开裂，此时弹性系数为 $\nu = 0.5$，则可得开裂轴力 N_{cr} 以及开裂前瞬间钢筋和混凝土拉应力为

$$N_{cr} = f_{t} A_{c}(1 + 2\rho\alpha_{E}) \qquad (7\text{-}6a)$$

$$\sigma_{s,开裂前} = 2\alpha_{E} f_{t} \qquad (7\text{-}6b)$$

$$\sigma_{c} = f_{t} \qquad (7\text{-}6c)$$

混凝土即将开裂前瞬间的这一特定状态称为抗裂极限状态（cracking limit states），它是

进行轴心受拉构件截面抗裂计算的依据。

2. 第Ⅱ阶段——带裂缝工作阶段

从混凝土开裂后到钢筋即将屈服为带裂缝工作阶段。开裂瞬间，裂缝截面处混凝土拉应力由 $\sigma_c = f_t$ 突变为 $\sigma_c = 0$，如图 7-5b 所示，原先由混凝土承担的拉力 $f_t A_c$ 全部转交给钢筋承担，使裂缝截面处的钢筋应力有一突然增量为

$$\Delta \sigma_s = \frac{f_t A_c}{A_s} = \frac{f_t}{\rho} \tag{7-7}$$

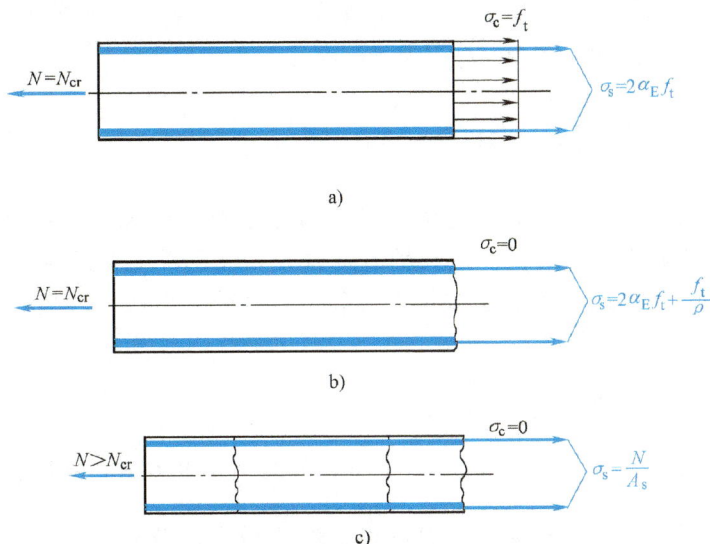

图 7-5 轴心受拉构件开裂前瞬间和开裂后的受力情况

a）开裂前瞬间 b）开裂后瞬间 c）开裂后

由式（7-7）可见，应力增量 $\Delta \sigma_s$ 与配筋率 ρ 有关，配筋率越高，应力增量越小。混凝土开裂引起截面应力重分布，这是钢筋混凝土构件所共有的弹塑性受力特征之一。开裂后钢筋应力为

$$\sigma_{s,\text{开裂后}} = 2\alpha_E f_t + \frac{f_t}{\rho} = \frac{N_{cr}}{A_s} \tag{7-8}$$

混凝土开裂后，若配筋量足够，钢筋仍可承受轴向拉力，拉力可进一步增加，但裂缝截面处混凝土应力始终为零，全部拉力由钢筋承担，如图 7-5c 所示。此时，裂缝截面处的钢筋应力为

$$\sigma_s = \frac{N}{A_s} \tag{7-9}$$

对于使用阶段允许出现裂缝的构件，应以此阶段应力状态作为裂缝宽度计算的依据。

3. 第Ⅲ阶段——破坏阶段

从钢筋屈服到构件破坏为破坏阶段。钢筋一旦屈服，在裂缝截面处钢筋应力保持不变，轴向拉力维持 N_y，而钢筋应变不断增加，变形或裂缝宽度则迅速增加，当增大到不适于继续承载时，则认为构件达到了承载能力极限状态，此时应力状态作为正截面承载力计算的依据，相应轴力用 N_u 表示，即

$$N_u = N_y = f_y A_s \tag{7-10}$$

7.2.2 轴心受拉构件正截面承载力计算

轴心受拉构件破坏时，全部拉力由钢筋承担，则轴心受拉构件正截面承载力计算公式为

$$N \leqslant N_u = f_y A_s \tag{7-11}$$

式中 N——轴向拉力设计值；

N_u——轴心受拉构件承载力设计值。

A_s——全部纵向受拉钢筋截面面积，应满足 $A_s \geqslant \rho_{min} A$，$\rho_{min}$ 为受拉钢筋最小配筋率，取值为 $\rho_{min} = \max(0.9 f_t / f_y, 0.004)$。

■ 7.3 偏心受拉构件正截面承载力计算

偏心受拉构件纵向钢筋布置方式与偏心受压构件相同。对于矩形截面，离轴向拉力 N 较近一侧的纵向钢筋截面面积为 A_s，远离轴向拉力 N 一侧的纵向钢筋截面面积为 A_s'。根据轴向拉力 N 作用位置的不同，偏心受拉构件可分为两种破坏形态：大偏心受拉破坏和小偏心受拉破坏。

7.3.1 大偏心受拉构件正截面承载力计算

当轴向拉力 N 作用在 A_s 合力点与 A_s' 合力点之外时，发生大偏心受拉破坏，简称大偏拉破坏，如图 7-6a 所示。此时，轴向拉力 N 的偏心距 e_0 较大，当 $e_0 > \dfrac{h}{2} - a_s$ 时，属于大偏心受拉破坏。

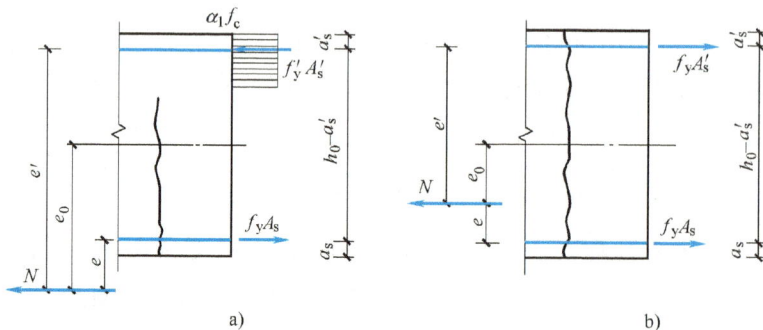

图 7-6 偏拉构件承载力计算图形

a）大偏心受拉 b）小偏心受拉

大偏心受拉破坏时，构件截面为部分受拉、部分受压，离 N 较近的一侧纵向钢筋受拉，离 N 较远的一侧纵向钢筋受压。当受拉区混凝土开裂后，不会形成贯通整个截面的裂缝。当纵向受拉钢筋数量合适时，受拉钢筋首先达到屈服，然后受压钢筋也达到屈服，受压区混凝土达到极限压应变而破坏，其破坏形态与大偏心受压破坏类似。当纵向受拉钢筋数量过多时，首先是受压区混凝土达到极限压应变而破坏，受压钢筋也能达到屈服，但受拉钢筋始终不屈服，破坏具有脆性性质，设计时应避免。

1. 计算公式

由图 7-6a 的截面平衡条件，可得大偏心受拉构件正截面承载力计算公式为

$$N \leqslant N_u = f_y A_s - f'_y A'_s - \alpha_1 f_c bx \tag{7-12a}$$

$$Ne \leqslant N_u e = \alpha_1 f_c bx \left(h_0 - \frac{x}{2} \right) + f'_y A'_s (h_0 - a'_s) \tag{7-12b}$$

式中　e——轴向拉力 N 至受拉钢筋 A_s 合力点的距离，$e = e_0 - \dfrac{h}{2} + a_s$。

2. 适用条件

1）为保证受拉钢筋达到屈服强度 f_y，应满足 $\xi \leqslant \xi_b$。

2）为保证受压钢筋达到屈服强度 f'_y，应满足 $x \geqslant 2a'_s$。

3）A_s、A'_s 应不小于 $\rho_{min} bh$，其中 $\rho_{min} = \max(0.45 f_t / f_y, 0.002)$。

3. 设计计算方法

（1）截面设计　大偏心受拉构件截面设计方法与大偏心受压构件类似。

情况 I：A_s、A'_s 均未知，求 A_s 和 A'_s

此时，同样需补充条件进行求解。为使（$A_s + A'_s$）最小，可令 $\xi = \xi_b$，然后由式（7-12b）和式（7-12a）求解，即

$$A'_s = \frac{Ne - \alpha_1 f_c bh_0^2 \xi_b (1 - 0.5\xi_b)}{f'_y (h_0 - a'_s)} = \frac{Ne - \alpha_{s,max} \alpha_1 f_c bh_0^2}{f'_y (h_0 - a'_s)} \tag{7-13a}$$

$$A_s = \frac{\alpha_1 f_c bh_0 \xi_b + f'_y A'_s + N}{f_y} \tag{7-13b}$$

若计算出的 $A'_s < \rho_{min} bh$，则取 $A'_s = \rho_{min} bh$，按已知 A'_s 求 A_s，即按情况 II 求解。

情况 II：已知 A'_s，求 A_s

由式（7-12b）求出 x，然后检查适用条件，即

① 若 $2a'_s \leqslant x \leqslant \xi_b h_0$，则将 x 代入式（7-12a）直接求出 A_s。

② 若 $x > \xi_b h_0$，说明受拉钢筋不能达到屈服，表明给定的受拉钢筋过少，应按 A_s、A'_s 均未知重新计算，即按情况 I 重新计算。

③ 若 $x < 2a'_s$，说明受压钢筋不能达到屈服，可取 $x = 2a'_s$，由图 7-6a 可得：

$$A_s = \frac{Ne'}{f_y (h_0 - a'_s)} \tag{7-14}$$

式中　e'——轴向拉力 N 至受压钢筋 A'_s 合力点的距离，$e' = e_0 + \dfrac{h}{2} - a'_s$。

对称配筋时，$A_s = A'_s$，$f_y = f'_y$，由式（7-12a）可知，必然会求得 x 为负值，此时按 $x < 2a'_s$ 的情况，即式（7-14）计算配筋。

（2）截面复核　若构件截面尺寸、配筋、材料强度及荷载引起的内力（M、N）均为已知，由图 7-6a，可对轴向拉力 N 作用点取矩，可得

$$f'_y A'_s e' + \alpha_1 f_c bx (e' + a'_s - 0.5x) = f_y A_s e \tag{7-15}$$

由式（7-15）可求得 x，然后检查适用条件：

① 若 $2a'_s \leqslant x \leqslant \xi_b h_0$，则将 x 代入式（7-12a）直接求出 N_u。

② 若 $x > \xi_b h_0$，说明受拉钢筋不能达到屈服，则应将式（7-12a）中 f_y 改为 σ_s。此时，

先计算钢筋应力 σ_s，同偏心受压构件计算方法一样，即

$$\sigma_s = \frac{\xi - 0.8}{\xi_b - 0.8} f_y \tag{7-16}$$

将式 (7-16) 求得 σ_s 代入到式 (7-12a) 中，即可求出 N_u。

③ 若 $x < 2a_s'$，说明受压钢筋不能达到屈服，此时取 $x = 2a_s'$，N_u 计算公式为

$$N_u e' = f_y A_s (h_0 - a_s') \tag{7-17}$$

7.3.2 小偏心受拉构件正截面承载力计算

当轴向拉力 N 作用在 A_s 合力点与 A_s' 合力点之间时，发生小偏心受拉破坏，简称小偏拉破坏，如图 7-6b 所示。此时，轴向拉力 N 的偏心距 e_0 较小，当 $0 < e_0 \leqslant \frac{h}{2} - a_s$ 时，属于小偏心受拉破坏。当 $e_0 = 0$ 时，为轴心受拉构件。

小偏心受拉破坏时，构件截面均承受拉应力，但 A_s 一侧的拉应力较大，A_s' 一侧的拉应力较小。随着轴向拉力 N 的增加，A_s 一侧先出现裂缝，并很快贯通整个截面，拉力全部转交给钢筋承担。破坏时，A_s、A_s' 的应力与 N 的作用位置以及 A_s 和 A_s' 的比值有关，或者均达到屈服，或者仅一侧钢筋达到屈服，而另一侧钢筋未达到屈服。

1. 计算公式

由图 7-6b 的截面平衡关系，可得小偏心受拉构件正截面承载力计算公式为

$$N \leqslant N_u = f_y A_s + f_y A_s' \tag{7-18}$$

$$Ne' \leqslant N_u e' = f_y A_s (h_0 - a_s') \tag{7-19a}$$

$$Ne \leqslant N_u e = f_y A_s' (h_0 - a_s') \tag{7-19b}$$

式中　e——轴向拉力 N 至 A_s 合力点的距离，$e = \frac{h}{2} - e_0 - a_s$；

　　　e'——轴向拉力 N 至 A_s' 合力点的距离，$e' = \frac{h}{2} + e_0 - a_s'$。

2. 适用条件

1）保证 A_s 和 A_s' 均达到屈服。式 (7-18)、式 (7-19) 是在 A_s 和 A_s' 均达到屈服的前提下得到的。由式 (7-19a) 和式 (7-19b) 相比，可得到 A_s 和 A_s' 均达到屈服的适用条件为

$$\frac{A_s'}{A_s} = \frac{e}{e'} \tag{7-20}$$

2）A_s、A_s' 应不小于 $\rho_{min} bh$，其中 $\rho_{min} = \max(0.45 f_t / f_y, 0.002)$。

3. 设计计算方法

（1）截面设计

1）非对称配筋。为使 A_s 和 A_s' 均达到屈服，必须满足式 (7-20)。由式 (7-19b)、式 (7-19a) 可得

$$A_s' = \frac{Ne}{f_y (h_0 - a_s')} \tag{7-21a}$$

$$A_s = \frac{Ne'}{f_y (h_0 - a_s')} \tag{7-21b}$$

将 $e=\dfrac{h}{2}-e_0-a_s$ 和 $e'=\dfrac{h}{2}+e_0-a'_s$ 代入式（7-21a）和式（7-21b），同时设 $a_s=a'_s$，并利用 $e_0=M/N$，则有

$$A_s=\frac{N(h-2a'_s)}{2f_y(h_0-a'_s)}+\frac{M}{f_y(h_0-a'_s)}=\frac{N}{2f_y}+\frac{M}{f_y(h_0-a'_s)} \tag{7-22a}$$

$$A'_s=\frac{N(h-2a_s)}{2f_y(h_0-a'_s)}-\frac{M}{f_y(h_0-a'_s)}=\frac{N}{2f_y}-\frac{M}{f_y(h_0-a'_s)} \tag{7-22b}$$

由式（7-22）可见，右边第一项代表轴向拉力 N 所需要的配筋，第二项反映弯矩 M 对配筋的影响。显然，M 的存在使 A_s 增大，使 A'_s 减小。设计时，若有不同的内力组合（N，M），应按（N_{max}，M_{max}）的内力组合计算 A_s，而按（N_{max}，M_{min}）的内力组合计算 A'_s。

2）对称配筋。此时，受拉钢筋达到屈服，而受压钢筋达不到屈服，故设计时 A_s 和 A'_s 均应按式（7-21b）计算配筋，即由式（7-21b）求出 A_s 后，再按 $A_s=A'_s$ 求出 A'_s。

以上计算出的配筋均应满足受拉钢筋最小配筋率的要求。

（2）截面复核

1）非对称配筋。

① 若 $\dfrac{A'_s}{A_s}=\dfrac{e}{e'}$，则受拉钢筋和受压钢筋均达到屈服，则由式（7-18）计算受拉承载力 N_u。

② 若 $\dfrac{A'_s}{A_s}>\dfrac{e}{e'}$，则受压钢筋不能达到屈服，则由式（7-19a）计算受拉承载力 N_u。

③ 若 $\dfrac{A'_s}{A_s}<\dfrac{e}{e'}$，则受拉钢筋不能达到屈服，应采用式（7-19b）计算受拉承载力 N_u。

④ 或者按式（7-19a）、式（7-19b）同时计算受拉承载力，然后取其中较小值作为受拉承载力 N_u。

2）对称配筋。此时，受拉钢筋达到屈服，而受压钢筋不能达到屈服，则由式（7-19a）计算受拉承载力 N_u。

【例 7-1】 某矩形水池，壁板厚为 300mm，每米板宽上承受轴向拉力设计值 $N=200$kN，承受弯矩设计值 $M=80$kN·m，混凝土采用 C25 级，钢筋为 HRB400 级，设 $a_s=a'_s=30$mm，试设计水池壁板配筋。

解：1）设计参数。已知：$f_c=11.9$N/mm²，$f_t=1.27$N/mm²，$f_y=f'_y=360$N/mm²，$\xi_b=0.518$，$\alpha_{s,max}=0.384$，$\alpha_1=1.0$，取 $b=1000$mm，则 $h_0=h-a_s=(300-30)$mm$=270$mm。

2）判断大、小偏心受拉类型。

$$e_0=\frac{M}{N}=\frac{80\times10^6}{200\times10^3}\text{mm}=400\text{mm}>\frac{h}{2}-a_s=(150-30)\text{mm}=120\text{mm}$$

为大偏心受拉构件。

$$e=e_0-\frac{h}{2}+a_s=(400-150+30)\text{mm}=280\text{mm}$$

3）计算钢筋。取 $x=\xi_b h_0$ 可使总配筋最小，将 $\alpha_{s,max}=0.384$ 代入式（7-13a），则

$$A'_s = \frac{Ne - \alpha_{s,max}\alpha_1 f_c bh_0^2}{f'_y(h_0 - a'_s)} = \left[\frac{200\times10^3\times280 - 0.384\times1.0\times11.9\times1000\times270^2}{360\times(270-30)}\right]mm^2 = -3207.5mm^2 < 0$$

按最小配筋率配置受压钢筋，有

$$\rho_{min} = \max(0.45f_t/f_y, 0.002) = \max(0.45\times1.27/360, 0.002)$$
$$= \max(0.0016, 0.002) = 0.002$$

$$A'_s = \rho_{min}bh = (0.002\times1000\times300)mm^2 = 600mm^2$$

选配Φ12@180，$A'_s = 628mm^2$，满足要求。

再按A'_s已知情况计算，即

$$\alpha_s = \frac{Ne - f'_y A'_s(h_0 - a'_s)}{\alpha_1 f_c bh_0^2} = \frac{200\times10^3\times280 - 360\times628\times(270-30)}{1.0\times11.9\times1000\times270^2} = 0.002$$

$$\xi = 1 - \sqrt{1-2\alpha_s} = 0.002$$
$$x = \xi h_0 = 0.54mm < 2a'_s = 60mm$$

取 $x = 2a'_s = 60mm$，按式（7-14）计算受拉钢筋，即

$$e' = e_0 + \frac{h}{2} - a'_s = (400+150-30)mm = 520mm$$

$$A_s = \frac{Ne'}{f_y(h_0 - a'_s)} = \frac{200\times10^3\times520}{360\times(270-30)}mm^2 = 1204mm^2$$

选配Φ16@150，$A_s = 1340mm^2$，配筋图如图7-7所示。

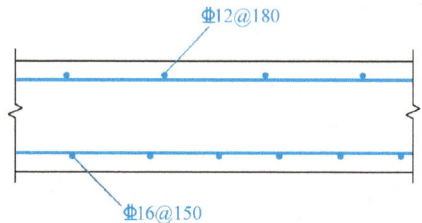
图7-7 【例7-1】配筋图

【例7-2】 矩形截面偏心受拉构件，截面尺寸为 $b\times h = 250mm\times400mm$，承受轴向拉力设计值 $N = 500kN$，弯矩设计值 $M = 40kN\cdot m$，混凝土采用C25级，钢筋采用HRB400级，$a_s = a'_s = 45mm$，试设计构件的配筋。

解：1）设计参数。已知：$f_c = 11.9N/mm^2$，$f_t = 1.27N/mm^2$，$f_y = f'_y = 360N/mm^2$，$h_0 = h - a_s = (400-45)mm = 355mm$。

2）判断偏心受拉构件类型。

$$e_0 = \frac{M}{N} = \frac{40\times10^6}{500\times10^3}mm = 80mm < \frac{h}{2} - a_s = (200-45)mm = 155mm$$

为小偏心受拉构件。

3）计算钢筋。

$$e = \frac{h}{2} - e_0 - a_s = (200-80-45)mm = 75mm$$

$$e' = \frac{h}{2} + e_0 - a'_s = (200+80-45)mm = 235mm$$

代入式（7-21a）、式（7-21b），即

$$A'_s = \frac{Ne}{f_y(h_0 - a'_s)} = \frac{500\times10^3\times75}{360\times(355-45)}mm^2 = 336.0mm^2$$

$$A_s = \frac{Ne'}{f_y(h_0 - a'_s)} = \frac{500\times10^3\times235}{360\times(355-45)}mm^2 = 1052.9mm^2$$

受拉侧选配 3 ⊈ 22 钢筋，$A_s = 1140\text{mm}^2$；受压侧选配 2 ⊈ 16 钢筋，$A_s' = 402\text{mm}^2$。

$$\rho_{\min} = \max(0.45f_t/f_y, 0.002) = \max(0.45 \times 1.27/360, 0.002) = 0.002$$

$$\begin{matrix} A_s \\ A_s' \end{matrix} > \rho_{\min}bh = (0.002 \times 250 \times 400)\text{mm}^2 = 200\text{mm}^2$$

满足最小配筋率要求。配筋图如图 7-8 所示。

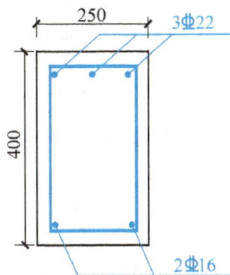

图 7-8 【例 7-2】配筋图

■ 7.4 偏心受拉构件斜截面承载力计算

偏心受拉构件在承受弯矩 M 和轴向拉力 N 时，还存在剪力 V 作用。轴向拉力 N 增加了构件的主拉应力，使斜裂缝提前出现，在小偏心受拉情况下甚至形成贯通全截面的斜裂缝，致使斜截面受剪承载力降低。因此，需验算斜截面受剪承载力。

受剪承载力的降低与轴向拉力 N 的大小有关，轴向拉力 N 对斜截面受剪承载力的不利影响为 $0.06N \sim 0.16N$，考虑到试验条件与实际工程的差别，通过可靠度分析计算，取这种不利影响为 $0.2N$。《规范》规定，矩形、T 形、工字形截面偏心受拉构件斜截面承载力计算公式为

$$V \leqslant V_u = \frac{1.75}{\lambda + 1.0} f_t b h_0 + f_{yv} \frac{A_{sv}}{s} h_0 - 0.2N \tag{7-23}$$

式中 N——与剪力设计值 V 相对应的轴向拉力设计值；

其余符号意义同前。

当式（7-23）右边的计算值小于 $f_{yv}A_{sv}h_0/s$ 时，考虑剪压区完全消失，斜裂缝将贯通全截面，剪力全部由箍筋承担，此时受剪承载力应取 $f_{yv}A_{sv}h_0/s$；为防止斜拉破坏，避免箍筋过少过稀，保证箍筋能承担一定数量的剪力，则提高箍筋最小配筋率，取 $\rho_{sv,\min} = 0.36f_t/f_{yv}$，即 $f_{yv}A_{sv}h_0/s$ 的值不得小于 $0.36f_t b h_0$。同时，偏心受拉构件的截面尺寸应满足限制条件，即 $V \leqslant 0.25\beta_c f_c b h_0$，符号意义和具体计算步骤同 5.3.2 节。

本 章 小 结

1. 轴心受拉构件的受力过程分为三个阶段，即共同工作阶段、带裂缝工作阶段和破坏阶段。第 I 阶段：从加载到混凝土即将开裂；第 II 阶段：从混凝土开裂到钢筋即将屈服；第 III 阶段：从钢筋屈服到构件破坏，即纵向受拉钢筋全部达到屈服，构件裂缝贯通整个截面。

2. 与受弯构件类似，第 I 阶段末的应力状态是截面抗裂计算的依据，第 II 阶段的应力状态是构件裂缝宽度计算的依据，第 III 阶段末的应力状态是正截面承载力计算的依据。

3. 根据轴向拉力 N 作用位置的不同，偏心受拉构件破坏形态分为大偏心受拉破坏和小偏心受拉破坏。与偏心受压构件相反，靠近 N 侧的纵向钢筋截面面积为 A_s，远离 N 侧的纵向钢筋截面面积为 A_s'。当 N 作用在 A_s 合力点与 A_s' 合力点之外时，发生大偏心受拉破坏；当 N 作用在 A_s 合力点与 A_s' 合力点之内时，发生小偏心受拉破坏。

4. 当 $e_0 > \dfrac{h}{2} - a_s$ 时，属于大偏心受拉破坏；大偏心受拉破坏的计算与大偏心受压破坏类似，即为保证大偏心受拉构件的受拉钢筋和受压钢筋均能达到屈服，应满足 $2a_s' \leqslant x \leqslant \xi_b h_0$，若不满足应加以处理。

5. 当 $0 < e_0 \leqslant \dfrac{h}{2} - a_s$ 时，属于小偏心受拉破坏；当 $e_0 = 0$ 时，为轴心受拉构件。小偏心受拉构件为全截面受拉，截面设计时按受拉钢筋和受压钢筋均达到屈服进行计算，截面复核时先判别受拉钢筋和受压钢筋是否达到屈服，然后按相应的公式进行计算。

6. 偏心受拉构件同时作用剪力 V 和轴向拉力 N 时，N 使斜裂缝更易出现，导致斜截面受剪承载力降低。受剪承载力的降低程度与 N 的大小有关。

思 考 题

1. 实际工程中，哪些构件可按轴心受拉构件计算？哪些构件应按偏心受拉构件计算？
2. 轴心受拉构件受力过程经历了哪几个阶段？每个阶段是怎样划分的？
3. 大、小偏心受拉破坏是如何划分的？其受力特点和破坏特征有什么不同？
4. 偏心受拉构件破坏形态是否仅与轴向拉力 N 的作用位置有关？与钢筋用量有无关系？
5. 在大偏心受拉构件正截面承载力计算时，要求满足 $\xi \leqslant \xi_b$，其 ξ_b 的取值为什么与受弯构件相同？
6. 非对称配筋大偏心受拉构件，若计算中出现 $x < 2a_s'$，应如何计算？出现这种现象的原因是什么？
7. 小偏心受拉构件达到承载能力极限状态时，受拉钢筋和受压钢筋均能达到屈服的条件是什么？
8. 试说明对称配筋矩形截面偏心受拉构件，在小偏心受拉情况下，受拉钢筋不可能达到 f_y；在大偏心受拉情况下，受压钢筋不可能达到 f_y，也不可能出现 $\xi > \xi_b$ 的情况。
9. 试从破坏形态、截面应力、计算公式及计算步骤分析大偏心受拉构件与大偏心受压构件有什么异同？
10. 轴向拉力对受剪承载力有什么影响？当斜裂缝贯穿全截面时，如何计算受剪承载力？

测 试 题

1. 填空题

（1）根据轴向拉力 N 的作用位置，受拉构件可分为_____和_____构件。

（2）轴心受拉构件受力过程可分为三个阶段，第 Ⅰ 阶段为_____，第 Ⅱ 阶段为_____，第 Ⅲ 阶段为_____。

（3）偏心受拉构件按其破坏形态分为大偏心受拉和小偏心受拉两种情况，当 N 作用在 A_s 合力点与 A_s' 合力点之外时，发生_____；当 N 作用在 A_s 合力点与 A_s' 合力点之间时，发生_____。

（4）进行偏心受拉构件正截面承载力计算时，若_____，为大偏心受拉；若_____，为小偏心受拉。

（5）当 N 作用在 A_s 外侧时，截面会开裂，但仍然有_____存在，这种情况称为_____。

（6）大偏心受拉正截面承载力计算公式的适用条件是_____、_____和_____，若计算过程中出现 $x < 2a'_s$，说明_____，此时可假定_____。

（7）小偏心受拉构件破坏时，全截面_____，裂缝_____，拉力全部由_____承担。

（8）小偏心受拉构件截面设计时，受拉钢筋和受压钢筋均达到屈服的适用条件为_____。

（9）偏心受拉构件有剪力 V 和轴向拉力 N 作用共同时，N 使_____更易出现，导致斜截面受剪承载力_____，受剪承载力的降低程度与 N 的_____有关。

（10）偏心受拉构件斜截面承载力计算时，为防止斜拉破坏，避免箍筋过少过稀，$f_{yv}A_{sv}h_0/s$ 值不得小于_____；为防止斜压破坏，截面尺寸应满足_____。

2. 是非题

（1）轴心受拉构件即将开裂时，截面钢筋应力等于 $2f_t$。（　　）

（2）轴心受拉构件开裂瞬间，裂缝截面的钢筋应力会有一突然增量，其值与 f_t 成反比关系、与 ρ 成正比关系。（　　）

（3）轴心受拉构件开裂后，裂缝之间截面的钢筋应力沿构件长度为不均匀分布，其中裂缝截面最大。（　　）

（4）轴心受拉构件开裂后，裂缝之间截面钢筋周围的混凝土应力沿构件长度为不均匀分布，其中裂缝截面最大。（　　）

（5）大偏心受拉构件的设计计算方法与大偏心受压构件类似。（　　）

（6）大偏心受拉构件截面设计时，若计算出的 $A'_s < \rho_{min}bh$，则取 $A'_s = \rho_{min}bh$，再按已知 A'_s 求 A_s 的情况进行求解。（　　）

（7）若 $\xi > \xi_b$，说明是小偏心受拉破坏。（　　）

（8）小偏心受拉构件截面设计中，计算出的钢筋用量为 $A_s > A'_s$。（　　）

（9）小偏心受拉构件与相同配筋量的轴心受拉构件，对称配筋时其轴向承载力两者相同。（　　）

（10）截面尺寸、配筋（双筋）、材料强度等级相同的受弯构件、大偏心受压构件和大偏心受拉构件，其受压区高度 x 应满足：大偏心受压>受弯>大偏心受拉。（　　）

3. 选择题

（1）下列哪个阶段的应力状态可作为轴心受拉构件截面抗裂计算的依据？（　　）

A. 第Ⅰ阶段末　　　B. 第Ⅱ阶段　　　C. 第Ⅱ阶段末　　　D. 第Ⅲ阶段末

（2）下列哪个阶段的应力状态可作为轴心受拉构件裂缝宽度计算的依据？（　　）

A. 第Ⅰ阶段末　　　B. 第Ⅱ阶段　　　C. 第Ⅱ阶段末　　　D. 第Ⅲ阶段末

（3）下列哪个阶段的应力状态可作为轴心受拉构件正截面承载力计算的依据？（　　）

A. 第Ⅰ阶段末　　　B. 第Ⅱ阶段　　　C. 第Ⅱ阶段末　　　D. 第Ⅲ阶段末

（4）两个轴心受拉构件，若截面尺寸、混凝土强度等级和钢筋级别均相同，但纵向钢筋配筋率 ρ 不同，则即将开裂时（　　）。

A. 配筋率 ρ 大的构件，钢筋应力 σ_s 大　　　　B. 钢筋直径大的构件，钢筋应力 σ_s 小

C. 配筋率 ρ 大的构件，钢筋应力 σ_s 小　　　　D. 两个构件的钢筋应力 σ_s 相同

（5）判别大、小偏心受拉构件的依据是（　　）。

A. 截面破坏时，受拉钢筋是否屈服　　　　B. 轴向拉力 N 的作用位置

C. 截面破坏时，受压钢筋是否屈服　　　　D. 受压一侧的混凝土是否压碎

（6）对于钢筋混凝土偏心受拉构件（　　）。

A. 小偏心受拉构件无受压区，大偏心受拉构件有受压区

B. 大、小偏心受拉构件均无受压区

C. 小偏心受拉构件有受压区，大偏心受拉构件无受压区

D. 大、小偏心受拉构件均有受压区

（7）大偏心受拉构件截面设计时，若已知 A_s' 求 A_s，计算过程中出现 $x>\xi_b h_0$，则表明（　　）。

A. 给定的受压钢筋过多　　　　B. 给定的受压钢筋过少

C. 给定的受压钢筋适量　　　　D. 无法进行计算

（8）大偏心受拉构件的破坏特征与（　　）构件类似。

A. 大偏心受压　　B. 小偏心受压　　C. 小偏心受拉　　D. 受扭

（9）对于小偏心受拉构件，当轴向拉力值一定时，正确的是（　　）。

A. 若 e_0 改变，则钢筋用量 A_s+A_s' 不变　　　　B. 若 e_0 改变，则钢筋用量 A_s+A_s' 改变

C. 若 e_0 增大，则钢筋用量 A_s+A_s' 增大　　　　D. 若 e_0 增大，则钢筋用量 A_s+A_s' 减少

（10）偏心受拉构件受弯承载力（　　）。

A. 大偏心受拉时，随轴向拉力增加而增加　　　　B. 随轴向拉力减少而增加

C. 小偏心受拉时，随轴向拉力增加而增加　　　　D. 随轴向拉力增加而增加

习　题

1. 矩形截面偏心受拉构件，截面尺寸为 $b\times h=300\text{mm}\times400\text{mm}$，采用 C20 级混凝土，HRB400 级钢筋，承受轴向拉力设计值 $N=550\text{kN}$，弯矩设计值 $M=50\text{kN}\cdot\text{m}$，环境类别为一类，试计算该截面配筋。

2. 已知某矩形构件，截面尺寸为 $b\times h=300\text{mm}\times400\text{mm}$，对称配筋（$A_s=A_s'$），且上下各配置 3Φ20 的 HRB400 级钢筋，采用 C30 级混凝土，承受弯矩 $M=80\text{kN}\cdot\text{m}$，环境类别为一类，试确定该截面所能承受的最大轴向拉力和最大轴向压力。

3. 某矩形水池，壁厚 180mm，池壁跨中水平方向每米宽度上最大弯矩 $M=420\text{kN}\cdot\text{m}$，相应的轴向拉力 $N=290\text{kN}$，采用 C30 级混凝土，HRB400 级钢筋，环境类别为一类，求池壁水平方向所需的钢筋。

第8章　受扭构件承载力计算

【学习目标】
1. 了解受扭构件分类，熟悉受扭构件受力特点和破坏机理。
2. 掌握纯扭构件开裂扭矩和受扭承载力计算。
3. 熟悉剪扭构件承载力的相关性，掌握弯剪扭构件承载力设计计算方法。
4. 熟悉受扭构件构造要求。

本章重点是弯剪扭构件承载力设计计算方法，难点是空间桁架模型和剪扭相关性。

■ 8.1　概述

截面上仅作用有扭矩的构件称为纯扭构件（pure torsion member）。实际工程中，纯扭构件极其少见，多数情况下处于复合受扭状态，即除扭矩作用外，往往还同时承受弯矩和剪力等作用。通常，同时承受弯矩与扭矩作用的构件称为弯扭构件，同时承受剪力与扭矩作用的构件称为剪扭构件，同时承受弯矩、剪力与扭矩作用的构件称为弯剪扭构件，这些构件与纯扭构件统称为受扭构件。根据扭矩产生的原因，作用在结构构件上的扭矩可分为平衡扭矩（equilibrium torsion）和协调扭矩（compatibility torsion）两类。

平衡扭矩出现在静定结构中，由荷载作用引起，可由静力平衡条件求得，与其抗扭刚度无关。如果截面受扭承载力不足，构件就会破坏。常见的平衡扭矩有雨篷梁（见图8-1）、受竖向轮压及水平制动力作用的吊车梁（见图8-2）等。

协调扭矩出现在超静定结构中，由相邻构件的变形受到约束而产生，与其抗扭刚度有关，不是定值。如图8-3所示的现浇框架边梁，由于次梁在支座（边梁）处的转角，使边梁受扭；这种由变形协调关系所产生的扭矩，随构件本身抗扭刚度的降

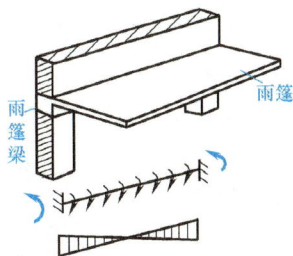

图8-1　雨篷梁

低而减小；边梁一旦开裂，其抗扭刚度明显降低，边梁对次梁转角的约束作用也减小，其扭矩也会减小。

本章介绍的受扭构件承载力计算主要针对平衡扭矩作用下的弯剪扭构件。

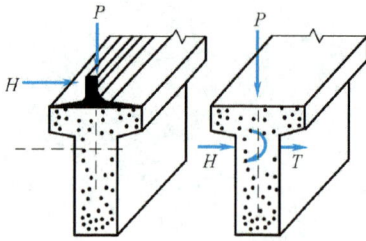

图 8-2 吊车梁

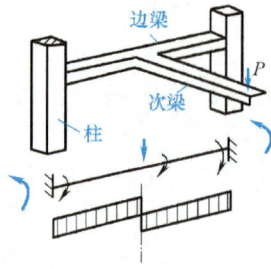

图 8-3 现浇框架边梁

8.2 纯扭构件开裂扭矩

8.2.1 构件开裂前应力状态

对于钢筋混凝土矩形截面纯扭构件，扭矩较小时，截面应力分布与弹性扭转理论基本一致。构件开裂前，钢筋应力较小，分析时可忽略其影响，如同素混凝土构件。由材料力学可知，构件发生扭转时，横截面上只有剪应力而无正应力，最大剪应力 τ_{max} 在截面长边的中点，其值为

$$\tau_{max} = \frac{T}{W_{te}} = \frac{T}{\alpha b^2 h} \tag{8-1}$$

式中 W_{te}——矩形截面受扭弹性抵抗矩；$W_{te} = \alpha b^2 h$，系数 α 与截面长边 h 和截面短边 b 的比值 h/b 有关，当 $h/b = 1$ 时，$\alpha = 0.208$；当 $h/b \to \infty$ 时，$\alpha = 0.333$；常用截面的 α 在 0.25 左右。

根据材料力学知识可知，构件侧面产生的主拉应力 σ_{tp} 和主压应力 σ_{cp} 在数值上与最大剪应力 τ_{max} 相等，即 $\sigma_{tp} = \sigma_{cp} = \tau_{max}$，主压应力迹线与构件呈 45°，如图 8-4a 所示。在扭矩作用下，截面上剪应力呈环状分布，因此主拉应力和主压应力迹线沿构件表面呈螺旋状。若是素混凝土构件，当主拉应力 σ_{tp} 达到混凝土抗拉强度 f_t 时，则在构件长边某个薄弱部位出

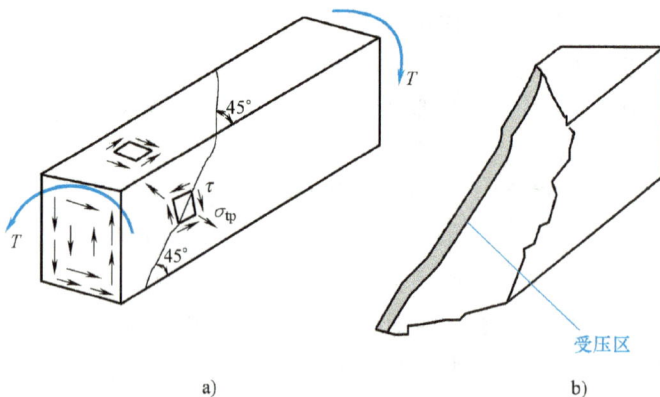

图 8-4 纯扭构件的受力情况及破坏面

a）应力状态及裂缝走向 b）空间扭曲破坏面

现裂缝，裂缝两端迅速沿主压应力迹线方向延伸，并延伸至该长边的上下边缘，然后在两个短边又大致沿 45°方向延伸，最后形成三面开裂、一面受压的空间扭曲破坏面，如 8-4b 所示。

8.2.2 矩形截面构件开裂扭矩

按弹性理论，当截面某一点的主拉应力 σ_{tp} 达到混凝土抗拉强度 f_t 时，构件开裂，此时的扭矩即为弹性开裂扭矩 $T_{cr,e}$。由式（8-1）得

$$T_{cr,e} = W_{te} f_t \tag{8-2}$$

按塑性理论，当截面上所有点的主拉应力 σ_{tp} 达到混凝土抗拉强度 f_t 时，即各点剪应力 τ 均达到最大值 τ_{max} 时，构件才丧失承载能力而破坏。此时截面上的剪应力分布如图 8-5 所示。为便于计算，将整个截面分为四个区域，则每个区域的剪应力大小和方向相同；分别计算各区域剪应力的合力及其对截面形心（扭转中心）的力偶，其力偶矩的总和即为塑性开裂扭矩 $T_{cr,p}$。

由图 8-5b，可得

$$T_{cr,p} = 2F_1 d_1 + 2F_2 d_2 \tag{8-3a}$$

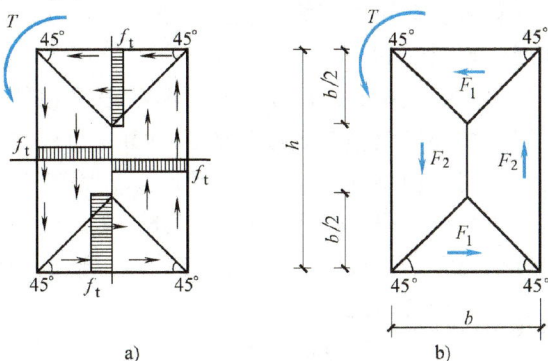

图 8-5 纯扭构件剪应力分布

a）剪应力塑性分布 b）剪应力分块计算图形

式中 F_1——三角形区域剪力的合力，$F_1 = \dfrac{b^2}{4} f_t$；

d_1——F_1 到截面形心的距离，$d_1 = \dfrac{h}{2} - \dfrac{b}{6}$；

F_2——梯形区域剪力的合力，$F_1 = \dfrac{b}{4}(2h-b) f_t$；

d_2——F_2 到截面形心的距离，$d_2 = \left(\dfrac{3h-b}{2h-b}\right)\dfrac{b}{6}$。

则塑性开裂扭矩 $T_{cr,p}$ 为

$$T_{cr,p} = 2F_1 d_1 + 2F_2 d_2 = \frac{b^2(3h-b)}{6} f_t = W_t f_t \tag{8-3b}$$

式中 W_t——矩形截面受扭塑性抵抗矩，即

$$W_t = \frac{b^2}{6}(3h-b) \tag{8-4}$$

实际上，混凝土既非理想弹性材料，也非理想塑性材料，而是介于两者之间的弹塑性材料。试验表明，实测的开裂扭矩要大于式（8-2）计算值、小于式（8-3）计算值，即 T_{cr} 介于 $T_{cr,e}$ 和 $T_{cr,p}$ 之间。我国《规范》给出的开裂扭矩计算公式以弹塑性理论为基础，考虑到混凝土的塑性不足，对混凝土抗拉强度进行适当折减。试验表明，素混凝土纯扭构件，折减系数为 0.87~0.97；钢筋混凝土纯扭构件，折减系数为 0.86~0.97；高强度混凝土的折减系数为 0.7，低强度混凝土的折减系数为 0.8。我国《规范》偏安全的取折减系数为 0.7，则矩形截面构件的开裂扭矩为

$$T_{cr} = 0.7 f_t W_t \qquad (8\text{-}5)$$

8.2.3 其他截面构件开裂扭矩

实际工程中，除矩形截面外，受扭构件常用的截面形式还有 T 形、工字形和箱形截面。

1. T 形、工字形截面纯扭构件

T 形、工字形截面受扭构件，其腹板 bh 部分是抗扭主体，而参与腹板抗扭的有效翼缘宽度 b_f' 一般不超过翼缘厚度 h_f' 的 3 倍。我国《规范》规定：T 形、工字形截面受扭构件承载力计算时，取用的翼缘宽度应符合 $b_f' \le b + 6h_f'$ 及 $b_f \le b + 6h_f$，且 $h_w/b \le 6$，这里 h_w 为截面腹板高度，如图 5-17 所示。

如图 8-6 所示，T 形、工字形截面受扭构件同样可按处于全塑性状态时的截面剪应力分布情况，采用划分区域的方法进行计算。为简化计算，可划分为腹板部分和翼缘部分，总的受扭塑性抵抗矩等于腹板部分和翼缘部分各矩形区域的受扭塑性抵抗矩之和，即

$$W_t = W_{tw} + W_{tf} + W_{tf}' \qquad (8\text{-}6)$$

式中　W_{tw}——腹板部分矩形截面的受扭塑性抵抗矩，即

$$W_{tw} = \frac{b^2}{6}(3h - b) \qquad (8\text{-}7a)$$

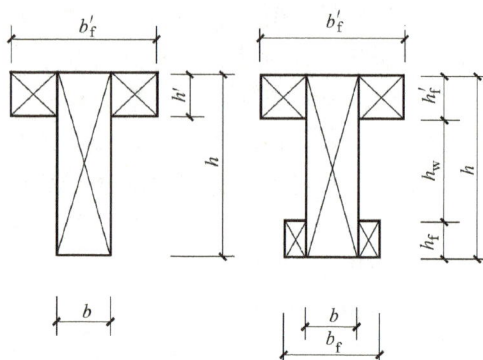

图 8-6　T 形、工字形截面的区域划分图

W_{tf}——受拉翼缘矩形截面的受扭塑性抵抗矩，即

$$W_{tf} = \frac{h_f^2}{2}(b_f - b) \qquad (8\text{-}7b)$$

W_{tf}'——受压翼缘矩形截面的受扭塑性抵抗矩，即

$$W_{tf}' = \frac{h_f'^2}{2}(b_f' - b) \qquad (8\text{-}7c)$$

按式 (8-6) 计算 W_t 后，可按 $T_{cr} = 0.7 f_t W_t$ 计算 T 形、工字形截面构件的开裂扭矩。

2. 箱形截面纯扭构件

在扭矩作用下，矩形截面沿周边的剪应力较大，而中心部分较小。因此，对于封闭的箱形截面，其受扭承载力与尺寸相同的矩形实心截面基本相同。实际工程中，当截面尺寸较大时，往往采用箱形截面，这样可减轻结构自重，节省材料，如桥梁结构中常采用箱形截面梁。

对于常见的箱形截面，如图 8-7 所示，其总的截面受扭塑性抵抗矩可取实心矩形截面与内部空心矩形截面受扭塑性抵抗矩之差，即

$$W_t = \frac{b_h^2}{6}(3h_h - b_h) - \frac{b_w^2}{6}(3h_w - b_w) \qquad (8\text{-}8)$$

式中　b_h、h_h——箱形截面的宽度和高度；
　　　b_w、h_w——空心截面的宽度和高度。

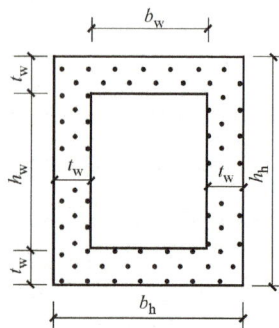

图 8-7　箱形截面

为避免箱形截面的壁厚过薄，从而对箱形壁板的受力产生不利影响，我国《规范》规定箱形截面壁厚应满足：$t_w \geq b_h/7$，且 $h_w/t_w \leq 6$，这里 t_w 为壁厚；h_w 为截面腹板高度，取腹板净高。

按式（8-8）计算 W_t 后，可按 $T_{cr} = 0.7 f_t W_t$ 计算箱形截面构件的开裂扭矩。

■ 8.3 纯扭构件承载力计算

8.3.1 受扭构件配筋方式

由图 8-4a 可知，纯扭构件的主拉应力方向和裂缝走向呈螺旋状，因此最有效的配筋方式是垂直于斜裂缝方向配置螺旋形钢筋，但这种配筋方式施工复杂，且承受反向扭矩时会完全失去作用。所以，实际工程中通常采用封闭箍筋和受扭纵向钢筋共同组成的空间配筋方式，如图 8-8 所示。

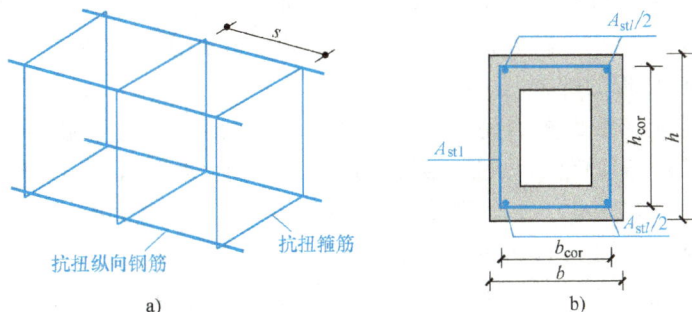

图 8-8 受扭构件配筋方式
a）抗扭钢筋骨架 b）截面及配筋

8.3.2 受扭构件破坏形态

受扭构件中配置适当的箍筋和纵向钢筋后，混凝土一旦开裂，钢筋可继续承受拉力，这对提高受扭构件承载力具有很大作用。随着配筋量的变化，受扭构件会出现以下四种破坏形态：

1. 少筋破坏

当配筋数量过少时，其破坏特征与素混凝土构件相似，构件一旦开裂，裂缝就迅速向相邻两侧呈螺旋形延伸，最后受压面的混凝土被压碎，构件破坏。这种破坏急速而突然，没有任何预兆，属于受拉脆性破坏，设计时应避免。破坏时的极限扭矩等于开裂扭矩，取决于混凝土的抗拉强度。

2. 适筋破坏

当配筋数量适当时，第一条斜裂缝出现后构件并不立即破坏，而后陆续出现多条大体平行的螺旋形裂缝，其中一条发展为临界斜裂缝，与其相交的纵向钢筋和箍筋达到屈服，最后受压面的混凝土被压碎，构件破坏。这种破坏类似于受弯构件适筋破坏，具有明显的预兆，属于塑性破坏。破坏时的极限扭矩取决于纵向钢筋和箍筋的配筋量。

3. 完全超筋破坏

当配筋数量过多时，破坏前构件的螺旋形裂缝多而密，且裂缝宽度很小，在裂缝间混凝土被压碎时，纵向钢筋和箍筋均未达到屈服。这种破坏类似于受弯构件超筋破坏，没有预兆，属于受压脆性破坏，设计时应避免。破坏时的极限扭矩取决于混凝土抗压强度。

4. 部分超筋破坏

当配筋比例不适当时，即箍筋和纵向钢筋一种过多而另一种适当时，在构件破坏前，仅有配筋适当的钢筋达到受拉屈服，而另一种钢筋直到裂缝间混凝土被压碎仍未达到屈服，破坏具有一定的塑性，且介于完全超筋破坏和适筋破坏之间，这种构件在设计时允许使用，但不经济。

工程设计时，为保证受扭构件具有一定的塑性，通过规定最小配筋率避免少筋破坏，通过限制截面尺寸避免超筋破坏，通过限制纵向钢筋和箍筋的配筋强度比控制部分超筋破坏。

8.3.3 纵向钢筋与箍筋的配筋强度比

受扭钢筋由封闭箍筋和受扭纵向钢筋两部分组成，两者的配筋比例对其受扭性能和极限受扭承载力具有较大影响。因此，应将两种钢筋的用量比控制在合理的范围内，即受扭纵向钢筋和受扭箍筋应有合理的配置。

如图 8-8 所示，矩形截面短边为 b，长边为 h，沿截面周边配置箍筋的单肢截面面积为 A_{st1}，间距为 s；箍筋内表面范围内核心部分的短边尺寸为 b_{cor}，长边尺寸为 h_{cor}，则受扭箍筋一圈的周长 $u_{cor}=2(h_{cor}+b_{cor})$，即为截面核心的外周长。所谓截面核心是指受扭箍筋内皮以内的截面面积，则截面核心部分的面积 $A_{cor}=b_{cor}h_{cor}$。

若受扭箍筋能充分利用并达到屈服，则单肢箍筋抗拉力为 $N_{sv1}=f_{yv}A_{st1}$，f_{yv} 为受扭箍筋抗拉强度设计值。设想将 A_{st1} 沿构件长度均匀分布，则受扭箍筋沿构件长度方向单位长度内的抗拉力为

$$\frac{N_{sv1}}{s}=\frac{f_{yv}A_{st1}}{s} \tag{8-9a}$$

若沿截面周边对称布置的全部受扭纵向钢筋截面面积为 A_{stl}，则其抗拉力为 $N_{st}=f_yA_{stl}$，f_y 为受扭纵向钢筋的抗拉强度设计值。设想将 A_{stl} 沿截面核心周长 u_{cor} 均匀分布，则受扭纵向钢筋沿截面核心周长单位长度内的抗拉力为

$$\frac{N_{st}}{u_{cor}}=\frac{f_yA_{stl}}{u_{cor}} \tag{8-9b}$$

定义纵向钢筋与箍筋的配筋强度比 ζ 为

$$\zeta=\frac{f_yA_{stl}s}{f_{yv}A_{st1}u_{cor}} \tag{8-10}$$

试验表明，当 $0.5 \leqslant \zeta \leqslant 2.0$ 时，受扭破坏时纵向钢筋和箍筋基本能达到屈服。我国《规范》要求设计时应满足条件，即

$$0.6 \leqslant \zeta \leqslant 1.7 \tag{8-11}$$

当 $\zeta<0.6$ 时，意味着箍筋过多（或纵向钢筋过少），破坏时箍筋达不到屈服，应改变配筋提高 ζ 值；当 $\zeta>1.7$ 时，意味着纵向钢筋过多（或箍筋过少），破坏时纵向钢筋达不到屈服，此时应取 $\zeta=1.7$。工程设计中，通常取 $\zeta=1.0\sim1.3$。

8.3.4 纯扭构件受扭承载力计算

1. 矩形截面纯扭构件力学模型

试验表明，矩形截面纯扭构件开裂后，原先由混凝土承担的主拉应力转由受扭箍筋和受扭纵向钢筋共同承担；随着荷载的不断增加，初始裂缝逐渐向两边延伸并陆续出现新的螺旋形裂缝；在裂缝充分发展且钢筋接近屈服时，截面核心混凝土部分将退出工作。因此，实心矩形截面构件可比拟为箱形截面构件。此时，具有螺旋形裂缝的混凝土箱壁与纵向钢筋和箍筋共同组成空间桁架，以抵抗外扭矩作用，如图8-9所示。其中纵向钢筋相当于受拉弦杆，箍筋相当于受拉腹杆，而斜裂缝之间的受压混凝土相当于斜压腹杆，且斜压腹杆与构件轴线的倾斜角为 φ。假定桁架节点为铰接，在每个节点处，斜向压力由纵向钢筋和箍筋的拉力所平衡。

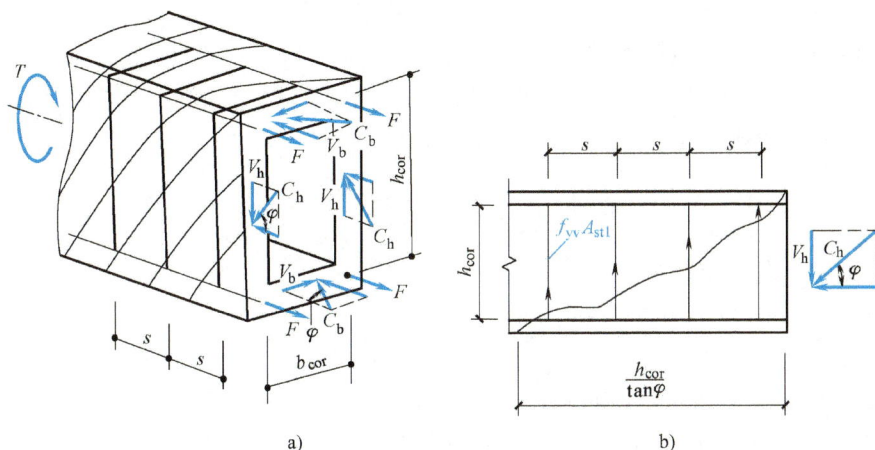

图 8-9 变角空间桁架模型

a）箱形截面受扭 b）桁架标注和节点受力

设作用在箱形截面长边和短边上斜压杆的总压力为 C_h 和 C_b，其竖向分力为剪力 V_h 和 V_b，对构件轴线取矩可得

$$T = V_h b_{cor} + V_b h_{cor} \tag{8-12a}$$

假定纵向钢筋集中配置于四角，每根纵向钢筋中的拉力为 F，则由轴向力平衡条件得

$$4F = f_y A_{stl} = \frac{2(V_h + V_b)}{\tan\varphi} \tag{8-12b}$$

根据图8-9b中节点力的平衡，可得

$$V_h = C_h \sin\varphi = \frac{A_{st1}}{s} \frac{h_{cor}}{\tan\varphi} f_{yv} \tag{8-12c}$$

$$V_b = C_b \sin\varphi = \frac{A_{st1}}{s} \frac{b_{cor}}{\tan\varphi} f_{yv} \tag{8-12d}$$

将式（8-12c）和式（8-12d）代入式（8-12b），可得

$$\tan^2\varphi = \frac{f_{yv} A_{st1} u_{cor}}{f_y A_{stl} s} = \frac{1}{\zeta} \text{或} \tan\varphi = \sqrt{\frac{1}{\zeta}} \tag{8-13}$$

将式（8-12c）和式（8-12d）代入式（8-12a），并利用式（8-13），可得

$$T = 2\sqrt{\zeta} \frac{f_{yv}A_{st1}}{s}A_{cor} \tag{8-14}$$

式中 T——扭矩设计值。

由式（8-13）可见，当 $\zeta = 1$ 时，$\varphi = 45°$，试验表明 φ 为 $30° \sim 60°$。由于 φ 随纵向钢筋与箍筋的配筋强度比 ζ 值而变化，所以称为变角空间桁架模型（variable angle space truss model）。而式（8-14）是按变角空间桁架模型推导得到的钢筋混凝土受扭构件极限承载力计算公式，它从本质上说明了极限扭矩与截面配筋之间的关系。

2. 矩形截面纯扭构件承载力计算

根据试验结果的统计分析，并参考变角空间桁架模型，我国《规范》给出了半理论半经验的钢筋混凝土纯扭构件承载力计算公式，即

$$T \leqslant T_u = T_c + T_s \tag{8-15}$$

由式（8-15）可见，纯扭构件承载力 T_u 由混凝土承担的扭矩 T_c 和钢筋承担的扭矩 T_s 两部分组成，其中 T_c 参照式（8-5），可写成 $T_c = \alpha_1 f_t W_t$；T_s 可用变角空间桁架模型推导的式（8-14）表示，写成 $T_s = \alpha_2\sqrt{\zeta}f_{yv}A_{st1}A_{cor}/s$，则式（8-15）可写为

$$T \leqslant T_u = \alpha_1 f_t W_t + \alpha_2\sqrt{\zeta}\frac{f_{yv}A_{st1}}{s}A_{cor} \tag{8-16}$$

式（8-16）可进一步写为

$$\frac{T_u}{f_t W_t} = \alpha_1 + \alpha_2\sqrt{\zeta}\frac{f_{yv}A_{st1}}{f_t W_t s}A_{cor} \tag{8-17}$$

图 8-10 所示是钢筋混凝土矩形截面纯扭构件的试验结果，图中纵、横坐标分别采用无量纲的 $\dfrac{T_u}{f_t W_t}$ 和 $\dfrac{\sqrt{\zeta}f_{yv}A_{st1}A_{cor}}{f_t W_t s}$。对试验结果进行统计回归，可得 $\alpha_1 = 0.35$，$\alpha_2 = 1.2$。则矩形截面纯扭构件承载力计算公式可表示为

$$T \leqslant T_u = 0.35 f_t W_t + 1.2\sqrt{\zeta}\frac{f_{yv}A_{st1}}{s}A_{cor} \tag{8-18}$$

同样，为避免少筋破坏和完全超筋破坏，按式（8-18）进行受扭构件承载力计算时还需满足相应的适用条件和构造要求，详见本章 8.4.4。

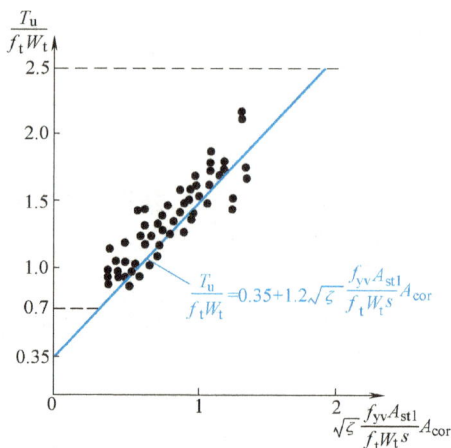

图 8-10　计算公式和试验值的比较

3. 其他截面纯扭构件承载力计算

（1）T 形、工字形截面纯扭构件　计算 T 形、工字形截面纯扭构件承载力时，可像计算开裂扭矩一样将截面划分为几块矩形截面，并按照各块矩形截面受扭塑性抵抗矩的比例分配总扭矩 T，以求得各块矩形截面所应承担的扭矩。各块矩形截面所承担的扭矩设计值分别为

$$T_w = \frac{W_{tw}}{W_t}T \tag{8-19a}$$

$$T_f = \frac{W_{tf}}{W_t}T \tag{8-19b}$$

$$T'_f = \frac{W'_{tf}}{W_t}T \qquad (8\text{-}19c)$$

式中　T_w——腹板所承受的扭矩设计值；

　　　T_f——受拉翼缘所承受的扭矩设计值；

　　　T'_f——受压翼缘所承受的扭矩设计值。

求得各块矩形所承担的扭矩后，即可按式（8-18）进行各块矩形截面受扭承载力计算，算出各块所需的受扭钢筋数量及布置。

（2）箱形截面纯扭构件　由上述变角空间桁架模型和试验研究可知，具有一定壁厚（$t_w \geq 0.4b_h$）的箱形截面，当截面尺寸、材料和配筋与实心矩形截面均相同时，两者的受扭承载力近似相等。当壁厚较薄时，其受扭承载力则小于实心矩形截面的受扭承载力。因此，箱形截面受扭承载力计算公式可以在式（8-18）的基础上，对 T_c 项乘以折减系数，即

$$T \leq T_u = 0.35\alpha_h f_t W_t + 1.2\sqrt{\zeta}\frac{f_{yv}A_{st1}}{s}A_{cor} \qquad (8\text{-}20)$$

式中　α_h——箱形截面壁厚系数，$\alpha_h = 2.5t_w/b_h$，当 $\alpha_h > 1$ 时，取 $\alpha_h = 1$。

8.4　复合受扭构件承载力计算

8.4.1　弯剪扭构件破坏形态

弯矩、剪力和扭矩共同作用的构件，受力性能十分复杂，三者之间存在相关性。扭矩作用下，纵向钢筋产生的拉应力与弯矩作用产生的拉应力叠加，使得构件底部纵向钢筋拉应力增大，受弯承载力降低，如图8-11a所示；而扭矩和剪力产生的剪应力总会在构件的一个侧面上叠加，使其承载力总是小于剪力和扭矩单独作用时的承载力，如图8-11b所示。

弯剪扭构件由于构件所承受弯矩 M、剪力 V 和扭矩 T 之间的比例和截面配筋情况的不同，其破坏形态也不同。主要破坏形态有以下三种：

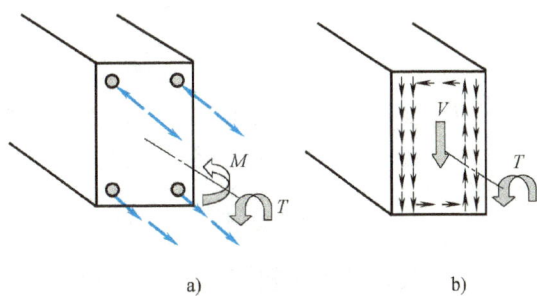

图8-11　弯剪扭构件受力分析
a）弯扭应力叠加　b）剪扭应力叠加

1. 弯型破坏

当弯矩 M 较大，剪力 V 和扭矩 T 较小时，若配筋适当，弯矩起主导作用，发生弯型破坏，如图8-12a所示。此时，裂缝首先从弯曲受拉底部出现，然后在两个侧面向背斜向发展，构件底部受拉，顶部受压，如同受弯构件的弯曲破坏。构件破坏时，与螺旋形裂缝相交的纵向钢筋和箍筋均达到受拉屈服，顶部混凝土压碎。

2. 扭型破坏

当扭矩 T 较大，弯矩 M 和剪力 V 较小，且构件顶部纵向钢筋少于底部纵向钢筋时，扭矩起主导作用，发生扭型破坏，如图8-12b所示。此时，扭矩引起顶部纵向钢筋的拉应力较

大，而弯矩引起的压应力较小，使构件顶部纵向钢筋的拉应力大于底部纵向钢筋。破坏时，截面顶部纵向钢筋先达到屈服，然后底部混凝土压碎，承载力由底部纵向钢筋控制。对于顶部纵向钢筋和底部纵向钢筋相同的对称配筋，则总是构件底部纵向钢筋先达到屈服，即发生弯型破坏，而不会出现扭型破坏。

3. 剪扭型破坏

当弯矩 M 较小，剪力 V 和扭矩 T 均较大时，发生剪扭型破坏，如图 8-12c 所示。此时，

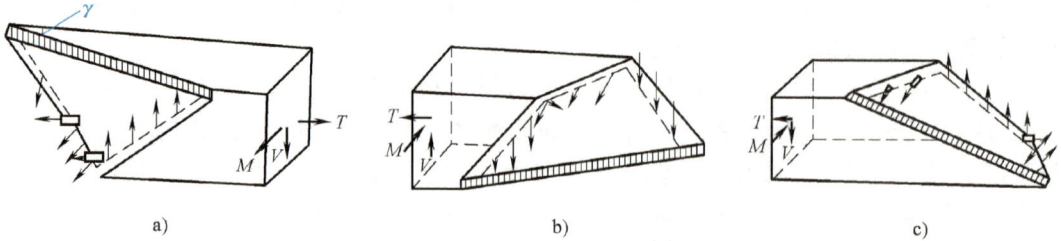

图 8-12　弯剪扭构件破坏形态

a) 弯型破坏　b) 扭型破坏　c) 剪扭型破坏

在扭矩和剪力的共同作用下，总会在构件的一个侧面上产生剪应力的叠加，裂缝首先在剪应力较大一侧的长边中点出现，然后向顶部和底部扩展，最后另一侧长边的混凝土被压碎破坏。如果配筋适当，与螺旋形裂缝相交的纵向钢筋和箍筋均可达到屈服。当扭矩 T 较大时，以受扭破坏为主；当剪力 V 较大时，以受剪破坏为主。

8.4.2　剪扭构件承载力计算

1. 剪扭构件承载力相关性

试验表明，当剪力 V 与扭矩 T 共同作用时，剪力的存在将使构件的受扭承载力降低，而扭矩的存在也会使构件的受剪承载力降低，如图 8-13 所示，两者的相关关系可用 1/4 圆曲线表示，即

$$\left(\frac{V_c}{V_{c0}}\right)^2+\left(\frac{T_c}{T_{c0}}\right)^2=1 \tag{8-21}$$

式中　V_c、T_c——无腹筋剪扭构件的受剪及受扭承载力；

T_{c0}——仅受扭时混凝土的受扭承载力，即 $T_{c0}=0.35f_tW_t$；

V_{c0}——仅受剪时混凝土的受剪承载力，即 $V_{c0}=0.7f_tbh_0$ 或 $V_{c0}=\frac{1.75}{\lambda+1}f_tbh_0$。

这种非线性关系比较复杂。为简化计算，采用图 8-14 所示的 AB、BC、CD 三折线代替 1/4 圆曲线。图中直线 AB 段：当 $V_c/V_{c0}\leq0.5$ 时，取 $T_c/T_{c0}=1$，即受扭承载力不降低；图中直线 CD 段：当 $T_c/T_{c0}\leq0.5$ 时，取 $V_c/V_{c0}=1$，即受剪承载力不降低；图中斜线 BC 段：斜线上任一点均满足 $(T_c/T_{c0})+(V_c/V_{c0})=1.5$，即受扭及受剪承载力均降低。

设 $\beta_t=T_c/T_{c0}$，则有 $V_c/V_{c0}=1.5-\beta_t$，将 $(T_c/T_{c0})+(V_c/V_{c0})=1.5$ 改写为

$$\frac{T_c}{T_{c0}}\left(1+\frac{T_{c0}}{T_c}\frac{V_c}{V_{c0}}\right)=1.5$$

并近似用剪扭设计值之比 V/T 代替 V_c/T_c，即取 $V/T=V_c/T_c$，可得到

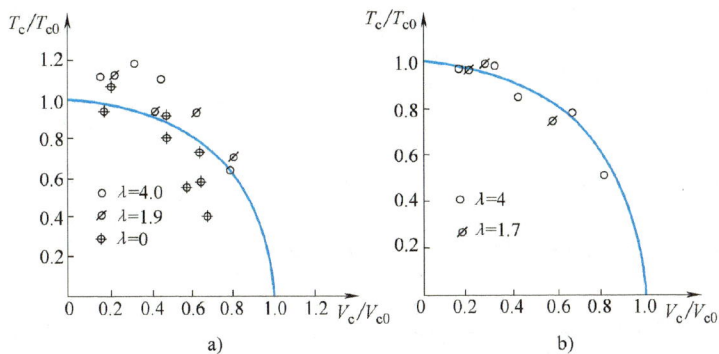

图 8-13　剪扭构件承载力相关性

a）无腹筋构件　b）有腹筋构件

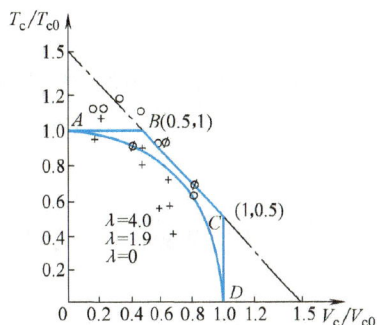

图 8-14　剪扭承载力近似相关关系

$$\beta_t = \cfrac{1.5}{1+\cfrac{V_c}{V_{c0}}\cfrac{T_{c0}}{T_c}} = \cfrac{1.5}{1+\cfrac{V}{T}\cfrac{T_{c0}}{V_{c0}}} \tag{8-22}$$

将 $T_{c0} = 0.35 f_t W_t$ 和 $V_{c0} = 0.7 f_t b h_0$ 或 $V_{c0} = \cfrac{1.75}{\lambda+1} f_t b h_0$ 代入式（8-22），可得

1）对于一般剪扭构件

$$\beta_t = \cfrac{1.5}{1+0.5\cfrac{V}{T}\cfrac{W_t}{b h_0}} \tag{8-23a}$$

2）对于集中荷载作用下的独立剪扭构件

$$\beta_t = \cfrac{1.5}{1+0.2(\lambda+1)\cfrac{V}{T}\cfrac{W_t}{b h_0}} \tag{8-23b}$$

式中　β_t——剪扭构件的混凝土受扭承载力降低系数；当 $\beta_t < 0.5$ 时，取 $\beta_t = 0.5$；当 $\beta_t > 1.0$ 时，取 $\beta_t = 1.0$；

　　　λ——剪扭构件的计算剪跨比；即 $\lambda = a/h_0$，当 $\lambda < 1.5$，取 $\lambda = 1.5$；当 $\lambda > 3$，取 $\lambda = 3$。

2. 矩形截面剪扭构件承载力计算

矩形截面剪扭构件的受扭承载力和受剪承载力可分别表示为混凝土部分和箍筋部分的受扭承载力和受剪承载力叠加，即

$$T \le T_u = T_c + T_s \tag{8-24a}$$

$$V \le V_u = V_c + V_s \tag{8-24b}$$

式中　T_u、V_u——剪扭构件的受扭和受剪承载力；

　　　T_c、V_c——剪扭构件中混凝土的受扭承载力和受剪承载力；

　　　T_s、V_s——剪扭构件中箍筋的受扭承载力和受剪承载力。

由 $\beta_t = T_c/T_{c0}$ 和 $V_c/V_{c0} = 1.5 - \beta_t$，可得：$T_c = \beta_t T_{c0}$，$V_c = (1.5 - \beta_t) V_{c0}$，则矩形截面剪扭构件的受扭承载力计算公式为

$$T \leqslant T_u = 0.35\beta_t f_t W_t + 1.2\sqrt{\zeta}\,\frac{f_{yv}A_{st1}}{s}A_{cor} \tag{8-25}$$

对于一般剪扭构件，其受剪承载力计算公式为

$$V \leqslant V_u = (1.5-\beta_t)0.7f_t b h_0 + f_{yv}\frac{nA_{sv1}}{s}h_0 \tag{8-26a}$$

对于集中荷载作用下的独立剪扭构件，其受剪承载力计算公式为

$$V \leqslant V_u = (1.5-\beta_t)\frac{1.75}{\lambda+1}f_t b h_0 + f_{yv}\frac{nA_{sv1}}{s}h_0 \tag{8-26b}$$

需要注意的是，对于一般剪扭构件，计算时 β_t 用式（8-23a）；对于集中荷载作用下的独立剪扭构件，计算时 β_t 用式（8-23b）。

3. 其他截面剪扭构件承载力计算

（1）T 形、工字形截面剪扭构件　计算 T 形、工字形截面剪扭承载力时，同样将整体截面进行划分，按腹板矩形截面和翼缘矩形截面分别计算。

对于翼缘矩形截面，不考虑受剪作用，按纯扭构件式（8-18）计算受扭承载力，式中的 T、W_t 分别用 T_f、W_{tf}（受拉翼缘）或 T'_f、W'_{tf}（受压翼缘）代替。

对于腹板矩形截面，进行剪扭构件受扭承载力计算时，按式（8-25）计算受扭承载力，式中的 T、W_t 用 T_w、W_{tw} 代替；进行剪扭构件受剪承载力计算时，按式（8-26a）或式（8-26b）计算受剪承载力，对一般剪扭构件按式（8-23a）计算 β_t，对集中荷载作用下的独立剪扭构件按式（8-23b）计算 β_t，式中的 T、W_t 分别用 T_w、W_{tw} 代替。

（2）箱形截面剪扭构件　箱形截面剪扭构件的受剪承载力和受扭承载力与实心矩形截面基本相同，其受扭承载力计算公式为

$$T \leqslant T_u = 0.35\alpha_h\beta_t f_t W_t + 1.2\sqrt{\zeta}\,\frac{f_{yv}A_{st1}}{s}A_{cor} \tag{8-27}$$

式中　α_h——箱形截面壁厚系数，$\alpha_h = 2.5t_w/b_h$；

其受剪承载力计算，对于一般剪扭构件仍按式（8-26a）计算，对于集中荷载作用下的独立剪扭构件仍按式（8-26b）计算，但按式（8-23a）和式（8-23b）计算 β_t 时，b 取箱形两侧壁厚之和 $2t_w$，W_t 用 $\alpha_h W_t$ 代替。

8.4.3　弯扭构件承载力计算

与剪扭构件相似，弯扭构件承载力之间也存在一定的相关性，但相对比较复杂。影响弯扭构件承载力和破坏特征的因素有：弯矩与扭矩的相对比值 M/T，截面尺寸和形式，配筋形式和数量，纵向钢筋与箍筋强度比 ζ，混凝土强度等级等。若用无量纲 T/T_0 和 M/M_0 为纵、横坐标，T_0、M_0 分别为构件纯扭和纯弯时的极限扭矩和极限弯矩，则相关曲线如图 8-15 所示。

令 γ 为纵向钢筋配筋强度比，即 $\gamma = f_y A_s/f'_y A'_s$，当 $\gamma = 1$ 时为对称配筋。

当 M/T 较大且剪力 V 不起控制作用时，发生弯型破坏，此时承载力受底部受拉纵向钢

筋控制，受弯承载力随扭矩的增大而逐渐降低，如图 8-15 曲线中的 $m—a$、$m—b$ 和 $m—c$。

当 M/T 和 V/T 均较小，且 $\gamma>1$ 时，发生扭型破坏，此时受扭承载力随弯矩的增大而有一定的提高，如图 8-15 曲线中的 $a—b$ 和 $a—c$；但当 $\gamma=1$ 时，发生弯型破坏，如图 8-15 曲线中的 $m—a$。

根据曲线关系给出的相关公式在实际应用时非常麻烦，为简化设计，我国《规范》对弯扭构件承载力计算采用简单的叠加法。首先，按纯弯和纯扭承载力公式分别计算所需要的纵向钢筋和箍筋；然后，按受弯构件相应的要求配置纵向钢筋，按受扭构件相应的要求配置纵向钢筋和箍筋，而受弯纵向钢筋配置在截面受拉区，受扭纵向钢筋则必须沿截面周边均匀布置；最后，将受弯配置的纵向钢筋和受扭配置的纵向钢筋在截面同一位置处进行面积叠加，再依此确定纵向钢筋直径和根数，即为弯扭构件所配置的纵向钢筋。

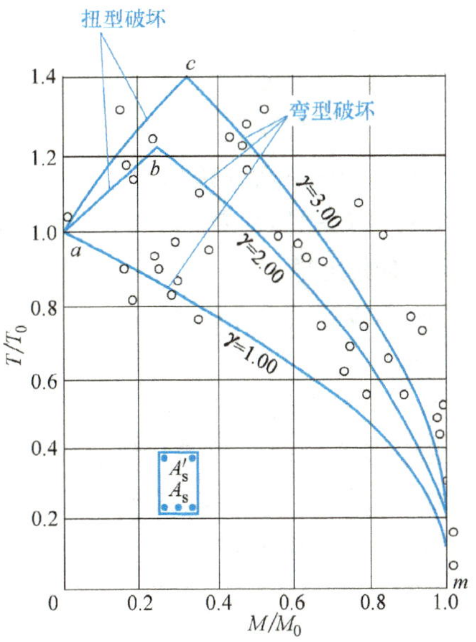

图 8-15 弯扭构件承载力相关性

8.4.4 适用条件和构造要求

1. 截面限制条件

为避免配筋过多产生超筋破坏，对于 h_w/b 不大于 6 的矩形、T 形、工字形截面和 h_w/t_w 不大于 6 的箱形截面，其截面尺寸应满足条件，即

1）当 $\dfrac{h_w}{b}\leqslant 4$ 或 $\dfrac{h_w}{t_w}\leqslant 4$ 时

$$\frac{V}{bh_0}+\frac{T}{0.8W_t}\leqslant 0.25\beta_c f_c \tag{8-28a}$$

式中 β_c——混凝土强度影响系数，取值同受剪截面限制条件，见表 5-2。

2）当 $\dfrac{h_w}{b}=6$ 或 $\dfrac{h_w}{t_w}=6$ 时

$$\frac{V}{bh_0}+\frac{T}{0.8W_t}\leqslant 0.2\beta_c f_c \tag{8-28b}$$

3）当 $4<\dfrac{h_w}{b}<6$ 或 $4<\dfrac{h_w}{t_w}<6$ 时，按线性内插法取用。

2. 最小配筋率

为避免配筋过少产生少筋破坏，我国《规范》规定了受扭箍筋和受扭纵向钢筋应满足最小配筋率的要求，即剪扭构件的配箍率应满足要求，即

$$\rho_{sv}=\frac{nA_{st1}}{bs}\geqslant\rho_{sv,\min}=0.28\frac{f_t}{f_{yv}} \tag{8-29}$$

受扭纵向钢筋的配筋率应满足要求，即

$$\rho_{tl} = \frac{A_{stl}}{bh} \geq \rho_{tl,min} = 0.6 \frac{f_t}{f_y} \sqrt{\frac{T}{Vb}} \qquad (8\text{-}30)$$

当 $T/Vb > 2.0$ 时，取 $T/Vb = 2.0$。

式中 b——受剪截面宽度；对矩形截面取截面宽度，对 T 形和工字形截面取腹板宽度，箱形截面取短边尺寸 b_h。

受弯计算的纵向钢筋配筋率也应满足其最小配筋率的要求。

3. 构造要求

1）当满足要求时，即

$$\frac{V}{bh_0} + \frac{T}{W_t} \leq 0.7f_t \qquad (8\text{-}31)$$

截面可不进行剪扭承载力计算，仅按受扭构件的最小纵向钢筋配筋率、最小配箍率和表 5-3 箍筋最小直径、表 5-4 箍筋最大间距要求配置受扭箍筋和受扭纵向钢筋。

2）当满足要求时，即

$$V \leq 0.35f_t bh_0 \qquad (8\text{-}32a)$$

$$V \leq \frac{0.875}{\lambda + 1} f_t bh_0 \qquad (8\text{-}32b)$$

可忽略剪力的影响，不进行受剪承载力计算，仅按纯扭构件承载力计算受扭纵向钢筋、箍筋数量，并按受弯构件正截面承载力计算受弯纵向钢筋的截面面积，然后将纵向钢筋叠加后配置。

3）当满足要求时，即

$$T \leq 0.175f_t W_t \qquad (8\text{-}33)$$

可忽略扭矩的影响，不进行受扭承载力计算，仅按受弯构件正截面承载力计算纵向钢筋截面面积，按受弯构件斜截面承载力计算箍筋数量。

4）配筋构造要求。图 8-16 所示为受扭构件的配筋形式和构造要求。

受扭纵向钢筋应沿截面周边均匀对称布置，其间距不应大于 200mm，也不应大于截面宽度 b，且截面四角处必须配置纵向钢筋，其两端伸入到支座内应按受拉钢筋锚固要求。

受扭箍筋必须采用封闭式并沿截面周边布置。当采用复合箍筋时，位于截面内部的箍筋不应计入受扭箍筋所需的箍筋面积。箍筋末端弯钩应大于 135°（采用绑扎骨架时），且弯钩端平直长度应大于 $5d_{sv}$（d_{sv} 为箍筋直径）和 50mm，以使箍筋末端锚固在截面核心混凝土内。

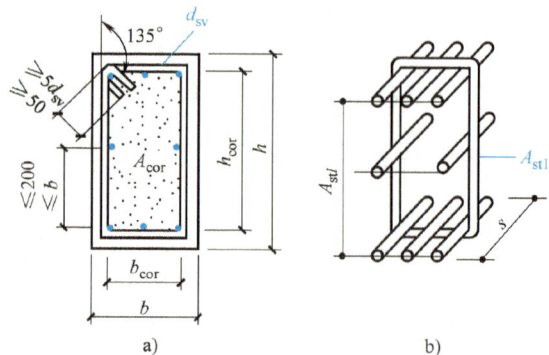

图 8-16 受扭构件构造要求

a）钢筋间距和箍筋弯钩 b）钢筋布置

8.4.5 弯剪扭构件承载力计算

以矩形截面弯剪扭构件为例，若已知弯矩 M、剪力 V 和扭矩 T，则构件承载力计算步骤如下：

1）初步选定截面尺寸，可按式（8-4）计算 W_t。

2）确定材料强度等级，查附表 2 和附表 6 可得 f_t、f_y、f_{yv}。

3）按式（8-28）验算截面尺寸，若不满足，则需加大截面尺寸或提高混凝土强度等级。

4）按式（8-31）验算是否需要进行剪扭承载力计算，若不满足，则需进行剪扭承载力计算；若满足，则按构造要求配置剪扭所需的箍筋和纵向钢筋。

5）按式（8-32）验算是否可忽略剪力的影响，若满足，可不进行受剪承载力计算，仅按弯扭构件进行承载力计算，即按纯扭构件承载力计算受扭纵向钢筋、箍筋截面面积，按受弯构件正截面承载力计算受弯纵向钢筋截面面积，然后在截面相应部位进行叠加，确定最终的纵向钢筋、箍筋数量。

6）按式（8-33）验算是否可忽略扭矩的影响，若满足，可不进行受扭承载力计算，仅按受弯构件进行承载力计算，即按正截面承载力计算受弯纵向钢筋数量，按斜截面承载力计算受剪箍筋数量。

7）若不满足上述条件，则按弯剪扭构件进行承载力计算：

① 确定箍筋数量。

a. 选定纵向钢筋与箍筋的配筋强度比 ζ，一般取 ζ 为 1.2 左右。

b. 按式（8-23a）或式（8-23b）计算 β_t。

c. 按式（8-26a）或式（8-26b）计算所需的受剪箍筋数量 nA_{sv1}/s。

d. 按式（8-25）计算所需的受扭箍筋数量 A_{st1}/s。

e. 进行单肢箍筋用量叠加，即 $\dfrac{A_{sv}}{s}=\dfrac{A_{sv1}}{s}+\dfrac{A_{st1}}{s}$，如图 8-17 所示。

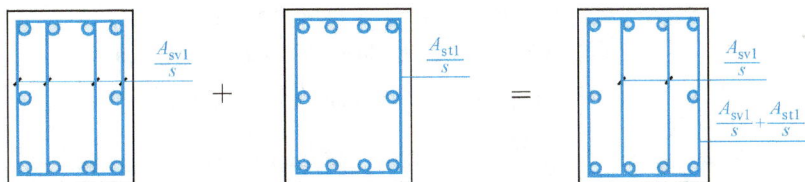

图 8-17 弯剪扭构件箍筋配置

f. 按式（8-29）验算最小配箍率。

g. 按 $\dfrac{A_{sv}}{s}$ 选用最终箍筋的直径和间距，且应符合相应的构造要求。

② 确定纵向钢筋数量。

a. 按受弯构件正截面承载力计算受弯纵向钢筋截面面积 A_s、A_s'，并满足适筋要求。

b. 按式（8-10）配筋强度比 ζ 公式，代入前面算得的 A_{st1} 等，计算受扭纵向钢筋截面面积 A_{stl}。

c. 按式（8-30）验算受扭纵向钢筋的配筋率。

d. 各层纵向钢筋用量进行叠加，根据叠加后的纵向钢筋用量再选配钢筋，并应满足构造要求。

受弯纵向钢筋配置在截面的受拉区、受压区，而受扭纵向钢筋应在截面周边对称均匀布置，其间距不应大于200mm，也不应大于截面宽度b。若受扭纵向钢筋分三层配置，则每一层受扭纵向钢筋的面积为$A_{stl}/3$；叠加时截面底部所需的受拉纵向钢筋面积为$(A_{stl}/3)+A_s$，截面上部所需受压纵向钢筋面积为$(A_{stl}/3)+A'_s$，中间所配的纵向钢筋面积为$A_{stl}/3$，如图8-18所示。

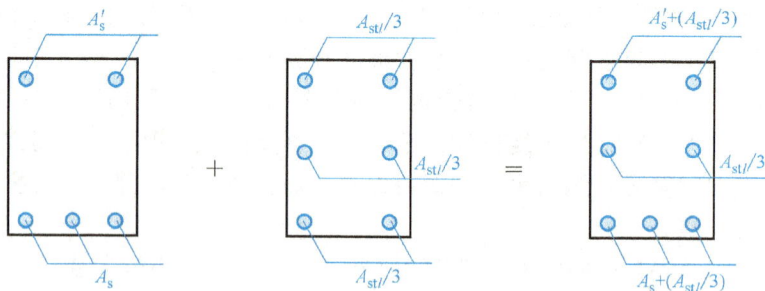

图8-18 弯剪扭构件纵筋配置

【例8-1】 钢筋混凝土矩形截面弯剪扭构件，$b×h=200mm×400mm$，扭矩设计值$T=12kN·m$，剪力设计值$V=54kN$，弯矩设计值$M=75kN·m$，混凝土强度等级为C30，纵向钢筋为HRB400级，箍筋为HPB300级，保护层厚度为25mm，试配置纵向钢筋及箍筋，并画出截面配筋图。

解：1）确定材料强度设计值。查附表2和附表6可得：$f_c=14.3N/mm^2$，$f_t=1.43N/mm^2$，$f_y=360N/mm^2$，$f_{yv}=270N/mm^2$。

2）计算截面几何特性。$h_0=h-a_s=(400-45)mm=355mm$，假设箍筋直径为8mm，则

$$b_{cor}=(200-2×25-2×8)mm=134mm$$

$$h_{cor}=(400-2×25-2×8)mm=334mm$$

$$u_{cor}=2(b_{cor}+h_{cor})=[2×(134+334)]mm=936mm$$

$$A_{cor}=b_{cor}h_{cor}=(134×334)mm^2=44756mm^2$$

$$W_t=\frac{b^2}{6}(3h-b)=\left[\frac{200^2}{6}(3×400-200)\right]mm^3=6.67×10^6mm^3$$

3）验算是否可不考虑剪力。

$V=54kN>0.35f_tbh_0=(0.35×1.43×200×355)N=35.54kN$，不可忽略

4）验算是否可不考虑扭矩。

$T=12kN·m>0.175f_tW_t=(0.175×1.43×6.67×10^6)N·mm=1.70kN·m$，不可忽略

5）验算截面限制条件。

$$\frac{h_w}{b}=\frac{h_0}{b}=\frac{355}{200}=1.775<4$$

$$\frac{V}{bh_0}+\frac{T}{0.8W_t}=\left(\frac{54×10^3}{200×355}+\frac{12×10^6}{0.8×6.67×10^6}\right)N/mm^2=3.01N/mm^2$$

$0.25\beta_cf_c=(0.25×1.0×14.3)N/mm^2=3.58N/mm^2$，截面符合要求

6）验算是否通过计算配置箍筋。

$$\frac{V}{bh_0}+\frac{T}{W_t}=\left(\frac{54×10^3}{200×355}+\frac{12×10^6}{6.67×10^6}\right)N/mm^2$$

$$= 2.56 \text{N/mm}^2 > 0.7 f_t = (0.7 \times 1.43) \text{N/mm}^2 = 1.0 \text{N/mm}^2$$

必须按计算配置箍筋

7）计算受弯所需纵向钢筋。

$$\alpha_s = \frac{M}{\alpha_1 f_c b h_0^2} = \frac{75 \times 10^6}{1.0 \times 14.3 \times 200 \times 355^2} = 0.208 < \alpha_{s,\max}$$

$$\gamma_s = 0.882$$

$$A_s = \frac{M}{f_y \gamma_s h_0} = \frac{75 \times 10^6}{360 \times 0.882 \times 355} \text{mm}^2 = 665 \text{mm}^2$$

暂不配置钢筋，待抗扭纵向钢筋确定后再统一配置。

8）计算受剪和受扭所需箍筋。

$$\beta_t = \frac{1.5}{1.0 + 0.5 \dfrac{V W_t}{T b h_0}} = \frac{1.5}{1.0 + 0.5 \dfrac{54 \times 10^3 \times 6.67 \times 10^6}{12 \times 10^6 \times 200 \times 355}} = 1.24 > 1, \text{取} \beta_t = 1$$

$$V = 0.7(1.5 - \beta_t) f_t b h_0 + f_{yv} \frac{A_{sv}}{s} h_0$$

$$= \left[0.7 \times (1.5 - 1) \times 1.43 \times 200 \times 355 + 270 \times \frac{A_{sv}}{s} \times 355 \right] \text{N}$$

$$= 54 \times 10^3 \text{N}$$

$$\frac{A_{sv}}{s} = 0.193 \text{mm}^2/\text{mm}, \frac{A_{sv1}}{s} = \frac{A_{sv}}{2s} = 0.097 \text{mm}^2/\text{mm}$$

选取 $\zeta = 1.2$，则

$$T = 0.35 \beta_t f_t W_t + 1.2 \sqrt{\zeta} f_{yv} \frac{A_{st1}}{s} A_{cor}$$

$$= \left(0.35 \times 1 \times 1.43 \times 6.67 \times 10^6 + 1.2 \times \sqrt{1.2} \times 270 \times \frac{A_{st1}}{s} \times 44756 \right) \text{N} \cdot \text{m}$$

$$= 12 \times 10^6 \text{N} \cdot \text{m}$$

$$\frac{A_{st1}}{s} = 0.545 \text{mm}^2/\text{mm}$$

$$\frac{A_{sv1}}{s} + \frac{A_{st1}}{s} = (0.097 + 0.545) \text{mm}^2/\text{mm} = 0.642 \text{mm}^2/\text{mm}$$

采用箍筋直径$\phi 8$，单肢面积为 50.3mm^2。

$$s = \frac{50.3}{0.642} \text{mm} = 78 \text{mm}, \text{取} 70 \text{mm} < s_{\max} = 200 \text{mm}$$

$$\rho_{sv} = \frac{n A_{sv1}}{bs} = \frac{2 \times 50.3}{200 \times 70} = 0.719\% > \rho_{sv,\min} = 0.28 \frac{f_t}{f_{yv}} = 0.28 \times \frac{1.43}{300} = 0.133\%$$

满足要求。

9）计算受扭所需纵向钢筋。由 $\dfrac{A_{st1}}{s} = 0.545 \text{mm}^2/\text{mm}$，则

$$A_{stl} = \zeta \frac{f_{yv} A_{st1} u_{cor}}{f_y s} = \left(1.2 \times \frac{270 \times 0.545 \times 936}{360}\right) mm^2 = 459.1 mm^2$$

$$\rho_{tl,min} = 0.6 \sqrt{\frac{T}{Vb}} \frac{f_t}{f_y} = 0.6 \times \sqrt{\frac{12 \times 10^6}{54 \times 10^3 \times 200}} \times \frac{1.43}{360} = 0.251\%$$

$$A_{stl,min} = \rho_{tl,min} bh = (0.251\% \times 200 \times 400) mm^2 = 200.8 mm^2 < 459.1 mm^2$$

10）配筋。底边纵向钢筋总数量：

$$A_s + \frac{A_{stl}}{3} = \left(665 + \frac{459.1}{3}\right) mm^2 = 818.0 mm^2，选用 3 \underline{\Phi} 20，截面面积为 942 mm^2$$

受压区和腹部配筋：

$$\frac{2A_{stl}}{3} = \left(\frac{2 \times 459.1}{3}\right) mm^2 = 306.1 mm^2，选用 4 \underline{\Phi} 10，截面面积为 314 mm^2$$

构件最终的配筋图如图 8-19 所示。

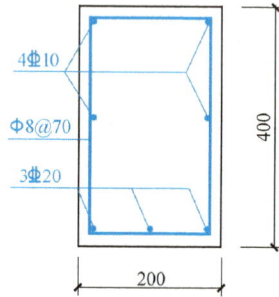

图 8-19 【例 8-1】配筋图

本 章 小 结

1. 截面上仅作用有扭矩的构件称为纯扭构件，而同时承受弯矩、剪力和扭矩等复合作用的构件统称为受扭构件。根据产生的原因，扭矩可分为平衡扭矩和协调扭矩。

2. 扭矩作用下的矩形截面纯扭构件，当主拉应力超过混凝土抗拉强度时，构件开裂；若为素混凝土构件，破坏面为三面开裂、一面受压的空间扭曲面，受扭承载力很低。

3. 钢筋混凝土受扭构件采用封闭箍筋和受扭纵向钢筋共同组成的空间配筋方式。根据所配箍筋和纵向钢筋数量的变化，构件会发生少筋破坏、适筋破坏、部分超筋破坏和完全超筋破坏，其中适筋破坏和部分超筋破坏具有较好的塑性，钢筋强度能充分或基本充分利用，而少筋破坏和完全超筋破坏属于脆性破坏，设计时应避免。

4. 受扭构件承载力计算时，为使受扭纵向钢筋和受扭箍筋在破坏时均能达到屈服，纵向钢筋与箍筋的配筋强度比 ζ 应满足 $0.6 \leqslant \zeta \leqslant 1.7$，最佳比为 $\zeta = 1.2$。

5. 变角空间桁架模型没有考虑开裂后混凝土截面部分的受扭作用，与试验结果存在一定差异。我国《规范》给出的受扭构件承载力计算公式，本书式（8-18），是根据试验结果并参考变角空间桁架模型得到的，较好地反映了影响构件受扭承载力的主要因素。

6. 根据构件所承受弯矩、剪力和扭矩的比例和截面配筋的不同，弯剪扭构件会发生以下三种破坏形态：弯型破坏、扭型破坏和剪扭型破坏。

7. 弯剪扭构件承载力计算是一个非常复杂的问题，根据剪扭和弯扭构件的试验结果，我国《规范》规定了部分相关、部分叠加的计算原则，即对剪扭构件考虑混凝土受扭承载力降低系数 β_t，分别按受剪和受扭承载力计算箍筋数量，按受弯和受扭承载力计算纵向钢筋数量，然后再叠加进行配筋。

8. 进行受扭构件承载力计算时，应注意基本公式的适用条件及构造要求。

思　考　题

1. 什么是纯扭构件？什么是受扭构件？实际工程中绝大多数是哪种构件？
2. 什么是平衡扭矩？什么是协调扭矩？各有什么特点？试举例说明。
3. 矩形截面素混凝土纯扭构件有什么破坏特点？其截面承载力如何计算？
4. 纯扭构件的开裂扭矩如何计算？截面受扭塑性抵抗矩是依据什么假定推导的？此假定与实际情况有什么差异？
5. T形、工字形和箱形截面受扭塑性抵抗矩如何计算？其开裂扭矩如何计算？
6. 矩形截面钢筋混凝土受扭构件有哪几种破坏形态？其破坏条件和破坏特征是什么？
7. 受扭纵向钢筋和箍筋的配筋强度比是如何定义的？起什么作用？有什么限制条件？
8. 什么是变角空间桁架模型？它主要表明什么关系？
9. 影响矩形截面钢筋混凝土纯扭构件承载力的主要因素有哪些？
10. 弯剪扭构件有哪几种破坏形态？其破坏条件和破坏特征是什么？
11. 剪扭构件承载力之间的相关性如何？我国《规范》是如何考虑其相关性的？
12. 弯扭构件承载力之间是否也有相关性？我国《规范》对其承载力计算采用什么方法？
13. 弯剪扭构件承载力计算中，为什么要规定截面尺寸限制条件？受扭构件的纵向钢筋和箍筋各有哪些构造要求？
14. 弯剪扭构件承载力计算中，当满足什么条件时可不进行剪扭承载力计算？当满足什么条件时可忽略剪力的影响？当满足什么条件时可忽略扭矩的影响？
15. T形、工字形和箱形截面受扭构件承载力如何计算？

测　试　题

1. 填空题
（1）平衡扭矩由_____作用直接引起，可由静力平衡条件求得，与其_____无关；而协调扭矩是由相邻构件的变形受到约束而产生的，与其_____有关。
（2）矩形截面素混凝土纯扭构件，其破坏首先是在截面_____中点最薄弱处开裂，并向两边延伸产生斜裂缝，然后再向截面两个_____大致沿 45° 方向延伸，最后形成_____开裂、_____受压的空间扭曲破坏面，其破坏性质属于_____。
（3）实测的矩形截面素混凝土纯扭构件开裂扭矩，要比弹性开裂扭矩计算值

_____、比塑性开裂扭矩计算值_____，我国《规范》给出的计算公式是_____。

（4）计算 T 形、工字形截面受扭构件的受扭塑性抵抗矩，采用划分区域的方法进行计算。为简化计算，一般划分为_____和_____。

（5）箱形截面抵抗扭矩的能力与尺寸同样的实心截面基本_____，其截面受扭塑性抵抗矩可取截面与_____受扭塑性抵抗矩之差。

（6）钢筋混凝土受扭构件一般采用_____和_____组成的空间配筋方式，其中_____应沿截面周边均匀布置。

（7）根据所配箍筋和纵向钢筋数量的多少，受扭构件会发生四种破坏形态，即_____、_____、_____和_____。

（8）受扭构件发生四种破坏形态时，其破坏性质分别是：少筋破坏属于_____，适筋破坏属于_____，部分超筋破坏属于_____，完全超筋破坏属于_____。

（9）保证受扭构件具有一定的塑性，设计时应使构件处于_____和_____范围内，即受扭纵向钢筋和受扭箍筋应有合理的配置。

（10）纵向钢筋和受扭箍筋在破坏时均能达到屈服，纵向钢筋与箍筋的配筋强度比应满足条件_____，最佳比为_____。

（11）受扭构件的纵向钢筋与箍筋的配筋强度比 ζ 值，当 $\zeta < 0.6$ 时，说明_____，应_____提高 ζ 值；当 $\zeta > 1.7$ 时，说明_____，此时应取 $\zeta =$ _____。

（12）根据构件所承受弯矩、剪力和扭矩之间的比例和截面配筋情况的不同，弯剪扭构件将发生三种破坏形态，即_____、_____和_____。

（13）剪扭构件承载力之间具有相关性，即由于扭矩的存在，截面受剪承载力_____；由于剪力的存在，截面受扭承载力_____。

（14）按变角空间桁架模型推导的受扭构件承载力计算公式，从本质上说明了_____和_____之间的关系，但该模型没有考虑开裂后_____的受扭作用，因而与试验结果存在一定差异。

（15）我国《规范》对弯剪扭构件承载力计算采用了部分相关、部分叠加的计算原则，即对剪扭构件考虑_____系数，分别按受剪和受扭承载力计算_____数量，按受弯和受扭承载力计算_____数量，然后再_____进行配筋。

（16）计算 T 形、工字形截面剪扭承载力计算时，将整体截面划分为_____截面和_____截面分别计算。对于_____截面，不考虑受剪作用，按纯扭构件计算受扭承载力；对于_____截面，按剪扭构件计算受扭承载力。

（17）当 $\dfrac{V}{bh_0} + \dfrac{T}{0.8W_t} > 0.25\beta_c f_c$ 时，采取的措施是_____或_____，其中 β_c 是反映_____的系数。

（18）当 $\dfrac{V}{bh_0} + \dfrac{T}{W_t} \leqslant 0.7f_t W_t$ 时，构件可不进行_____承载力计算，受扭箍筋和受扭纵向钢筋按箍筋和纵向钢筋的_____规定和箍筋_____、箍筋_____要求配置。

（19）当 $V \leqslant 0.35 f_t b h_0$ 或 $V \leqslant \dfrac{0.875}{\lambda+1} f_t b h_0$ 时，可忽略＿＿＿＿＿的影响，按纯扭构件进行受扭承载力计算；当 $T \leqslant 0.175 f_t W_t$ 时，可忽略＿＿＿＿＿＿的影响，按受弯构件进行正截面和斜截面承载力计算。

（20）受扭构件配置的受扭箍筋必须采用＿＿＿＿＿形式，其末端应做成不小于 135° 的＿＿＿＿＿＿。

2. 是非题

（1）构件中的平衡扭矩和协调扭矩均可以通过静力平衡条件求得。　　　（　　）

（2）矩形截面纯扭构件的第一条裂缝一般先从截面长边角点出现。　　　（　　）

（3）对于矩形截面素混凝土纯扭构件，最终的破坏是形成三面开裂、一面受压的空间扭曲破坏面。　　　（　　）

（4）矩形截面素混凝土纯扭构件的开裂扭矩就是其破坏扭矩。　　　（　　）

（5）矩形截面受扭构件的箍筋必须采用封闭式，也可采用多肢配箍形式。　　　（　　）

（6）钢筋混凝土受扭构件发生部分超筋破坏，其性质是受拉脆性破坏。　　　（　　）

（7）设计钢筋混凝土受扭构件时，应使构件处于适筋和部分超筋范围内。　　　（　　）

（8）我国《规范》要求纵向钢筋与箍筋的配筋强度比 $0.6 \leqslant \zeta \leqslant 1.7$，是为了防止超筋破坏。　　　（　　）

（9）按变角空间桁架模型推导的钢筋混凝土受扭构件极限承载力计算公式，从本质上反映了极限扭矩与配筋之间的关系。　　　（　　）

（10）变角空间桁架模型的混凝土斜压杆倾角 φ 与纵向钢筋和箍筋的配筋强度比 ζ 相关。　　　（　　）

（11）我国《规范》给出的钢筋混凝土受扭构件承载力计算公式，是一个半理论半经验的公式。　　　（　　）

（12）T 形、工字形截面各部分所承受的扭矩按其截面面积进行分配。　　　（　　）

（13）矩形实心截面与箱形截面受扭构件，当尺寸、材料及配筋均相同时，两者的受扭承载力近似相等。　　　（　　）

（14）在钢筋混凝土剪扭和纯扭构件中，混凝土部分所承担的抗扭能力是不同的。　　　（　　）

（15）同时承受剪力和扭矩作用的构件，其承载力总是小于剪力或扭矩单独作用时的承载力。　　　（　　）

（16）钢筋混凝土剪扭构件承载力计算时，混凝土承载力考虑剪扭相关性，而钢筋承载力按纯扭和纯剪承载力叠加计算。　　　（　　）

（17）钢筋混凝土弯剪扭构件中，剪力和扭矩由箍筋承担，纵向钢筋仅承担由弯矩产生的拉力。　　　（　　）

（18）我国《规范》规定的受扭构件最小配筋率，是为了防止少筋破坏。　　　（　　）

（19）我国《规范》规定的受扭构件截面限制条件，是为了防止超筋破坏。　　　（　　）

（20）雨篷板是受弯构件，雨篷梁也是受弯构件。　　　（　　）

3. 选择题

（1）作用在构件上的平衡扭矩和协调扭矩（　　　）。

A. 均与构件的抗扭刚度无关

B. 均与构件的抗扭刚度有关

C. 平衡扭矩与其抗扭刚度无关、协调扭矩与其抗扭刚度有关

D. 平衡扭矩与其抗扭刚度有关、协调扭矩与其抗扭刚度无关

（2）根据弹性理论，矩形截面素混凝土纯扭构件的最大剪应力位于（　　）。

A. 截面重心　　　　　B. 长边中点　　　　　C. 短边中点　　　　　D. 角部

（3）计算受扭构件开裂扭矩时，假定截面上剪应力分布为（　　）。

A. 外边剪应力大，中间剪应力小　　　　　B. 各点都达到 f_t

C. 外边剪应力小，中间剪应力大　　　　　D. 各点都达到 f_c

（4）实测的混凝土纯扭构件开裂扭矩（　　）。

A. 等于弹性开裂扭矩

B. 等于塑性开裂扭矩

C. 介于弹性开裂扭矩和塑性开裂扭矩两者之间

D. 高强度混凝土等于弹性开裂扭矩，低强度混凝土等于塑性开裂扭矩

（5）钢筋混凝土纯扭构件需同时配置（　　）。

A. 封闭箍筋和沿周边均匀分布的纵向钢筋

B. 封闭箍筋和弯起钢筋

C. 梁底纵向钢筋和沿周边均匀分布的纵向钢筋

D. 梁底纵向钢筋和弯起钢筋

（6）对于钢筋混凝土受扭构件，按工程设计要求，应保证其发生（　　）。

A. 脆性破坏　　　　　B. 延性破坏　　　　　C. 少筋破坏　　　　　D. 超筋破坏

（7）对于钢筋混凝土纯扭构件，当配筋数量过少时，将发生（　　）。

A. 适筋破坏　　　　　　　　　　B. 少筋破坏

C. 完全超筋破坏　　　　　　　　D. 部分超筋破坏

（8）对于钢筋混凝土纯扭构件，当配筋数量过多时，将发生（　　）。

A. 适筋破坏　　　　　　　　　　B. 少筋破坏

C. 完全超筋破坏　　　　　　　　D. 部分超筋破坏

（9）对于钢筋混凝土纯扭构件，当配筋强度比不合适时，将发生（　　）。

A. 适筋破坏　　　　　　　　　　B. 少筋破坏

C. 完全超筋破坏　　　　　　　　D. 部分超筋破坏

（10）纯扭构件的纵向钢筋和箍筋配筋强度比为 $0.6 \leq \zeta \leq 1.7$，则构件破坏时（　　）。

A. 纵向钢筋和箍筋均能达到屈服　　　　　B. 仅纵向钢筋达到屈服

C. 纵向钢筋和箍筋都不能达到屈服　　　　D. 仅箍筋达到屈服

（11）纯扭构件的纵向钢筋和箍筋配筋强度比 $\zeta =$（　　），构件将发生部分超筋破坏。

A. 1.2　　　　　B. 1.7　　　　　C. 0.6　　　　　D. 2.0

（12）我国《规范》给出的受扭构件承载力计算是依据试验结果和变角空间桁架模型建立的半理论半经验公式，公式中反映斜压杆角度 φ 变化的参数是（　　）。

A. 系数 1.2　　　B. 配筋强度比 ζ　　　C. 核心面积 A_{cor}　　　D. $f_{yv}A_{st1}/s$

（13）当弯矩较大，剪力和扭矩较小时，则钢筋混凝土弯剪扭构件发生（　　）。

A. 弯型破坏　　　　　　　B. 弯扭型破坏　　　　C. 扭型破坏　　　　　　D. 剪扭型破坏

（14）当扭矩较大，弯矩和剪力较小，则钢筋混凝土弯剪扭构件发生（　　　）。

A. 弯型破坏　　　　　　　B. 弯扭型破坏　　　　C. 扭型破坏　　　　　　D. 剪扭型破坏

（15）当弯矩较小，剪力和扭矩均较大时，则钢筋混凝土弯剪扭构件发生（　　　）。

A. 弯型破坏　　　　　　　B. 弯扭型破坏　　　　C. 扭型破坏　　　　　　D. 剪扭型破坏

（16）钢筋混凝土剪扭构件承载力的相关性（　　　）。

A. 与混凝土和钢筋承载力均相关

B. 仅与混凝土承载力相关，而与钢筋承载力不相关

C. 与混凝土和钢筋承载力都不相关

D. 与混凝土承载力不相关，而与钢筋承载力相关

（17）剪扭构件混凝土受扭承载力降低系数 $\beta_t = 1$ 时，（　　　）。

A. 混凝土受扭承载力为纯扭时的一半

B. 混凝土受扭承载力和受剪承载力均不变

C. 混凝土受剪承载力不变

D. 混凝土受剪承载力为纯剪时的一半

（18）T形和工字形截面剪扭构件可划分成矩形块计算，此时（　　　）。

A. 腹板承受截面的全部剪力和扭矩

B. 翼缘承受截面的全部剪力和扭矩

C. 截面的全部剪力由腹板承受，截面的全部扭矩由腹板和翼缘共同承受

D. 截面的全部扭矩由腹板承受，截面的全部剪力由腹板和翼缘共同承受

（19）对于钢筋混凝土弯剪扭构件，当满足 $T \leqslant 0.175 f_t W_t$ 时，仅按下列哪种情况进行承载力计算？（　　　）

A. 弯矩作用下　　　　　　　　　　　B. 弯矩和剪力作用下

C. 弯矩和扭矩作用下　　　　　　　　D. 扭矩作用

（20）设计钢筋混凝土弯剪扭构件时，当 $\dfrac{V}{bh_0} + \dfrac{T}{0.8W_t} > 0.25\beta_c f_c$ 时应采取哪种措施？（　　　）

A. 增大截面尺寸　　　　　　　　　　B. 增加受扭纵向钢筋和箍筋

C. 增加受扭箍筋　　　　　　　　　　D. 增加纵向钢筋和箍筋配筋强度比

习　　题

1. 已知矩形截面纯扭构件的截面尺寸 $b \times h = 250\text{mm} \times 400\text{mm}$，设计扭矩 $T = 13\text{kN} \cdot \text{m}$，混凝土强度等级为 C25，箍筋采用 HPB300 级钢筋，纵向钢筋均采用 HRB400 级钢筋，混凝土保护层厚度为 25mm，试计算其配筋。

2. 若已知条件同上题，但还承受弯矩设计值 $M = 48\text{kN} \cdot \text{m}$，求截面纵向钢筋数量。

3. 承受均布荷载的雨篷梁，截面尺寸 $b \times h = 250\text{mm} \times 500\text{mm}$，作用于雨篷梁上的弯矩、剪力和扭矩设计值分别为 $M = 114\text{kN} \cdot \text{m}$，$V = 120\text{kN}$，$T = 15\text{kN} \cdot \text{m}$，混凝土强度等级为 C30，纵向钢筋采用 HRB400 级钢筋，箍筋采用 HPB300 级钢筋，一类环境，试计算所需的纵向钢筋和箍筋。

4. T 形截面梁的截面尺寸如图 8-20 所示，扭矩设计值 $T = 12 \text{kN} \cdot \text{m}$，剪力设计值 $V = 80 \text{kN}$，弯矩设计值 $M = 120 \text{kN} \cdot \text{m}$，混凝土强度等级为 C30，箍筋采用 HPB300 级钢筋，纵向钢筋采用 HRB400 级钢筋，保护层厚度为 25mm，试配置纵向钢筋及箍筋，并画出截面配筋图。

5. 某雨篷剖面如图 8-21 所示，雨篷板上承受均布恒荷载设计值（包括板自重）$q = 3.5 \text{kN/m}^2$，在雨篷自由端沿板宽方向每米承受活荷载设计值 $p = 1.5 \text{kN/m}$。雨篷梁计算跨度为 2.5m，截面尺寸 $b \times h = 240 \text{mm} \times 240 \text{mm}$，混凝土强度等级为 C30，箍筋采用 HRB400 级钢筋，纵向钢筋采用 HRB400 级钢筋，环境类别为二 a 类。经计算知：雨篷梁弯矩设计值 $M = 15 \text{kN} \cdot \text{m}$，剪力设计值 $V = 16 \text{kN}$，试确定雨篷梁端的扭矩设计值并进行配筋。

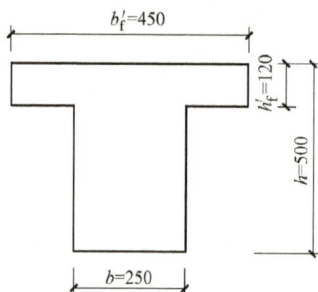

图 8-20　习题 4 截面尺寸图　　　　图 8-21　习题 5 雨篷剖面图

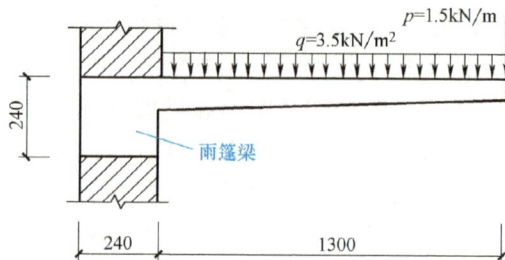

第9章 正常使用阶段验算及结构耐久性设计

【学习目标】

1. 了解构件变形和裂缝宽度验算的目的和要求。
2. 掌握构件截面刚度的分析计算，包括短期刚度和长期刚度的分析计算。
3. 熟悉"最小刚度原则"，掌握钢筋混凝土受弯构件挠度验算方法。
4. 熟悉最大裂缝宽度、裂缝控制等级等概念，掌握钢筋混凝土构件裂缝宽度验算方法。
5. 熟悉减小构件变形和裂缝宽度的主要措施。
6. 熟悉结构工作的环境类别和混凝土耐久性设计方法。

本章重点是构件挠度和裂缝宽度的验算方法，难点是验算公式的推导过程。

9.1 概述

前面介绍的是钢筋混凝土构件承载力计算，目的是满足结构安全性的要求，但对某些构件还需进行正常使用极限状态验算和耐久性设计，以满足结构适用性及耐久性的要求。对于一般常见的结构构件，正常使用阶段验算主要包括变形（deformations）和裂缝（crack）控制验算，以及结构耐久性的设计。

与承载能力极限状态不同，结构构件超过正常使用极限状态时，对生命财产的危害程度相对要低，其对应的目标可靠指标 [β] 值也要小些。因此，本章的挠度、裂缝宽度称为"验算"而不是"计算"。在进行验算时，荷载采用标准组合或准永久组合，并应考虑荷载长期作用的影响，材料强度应采用标准值。

混凝土结构的使用功能不同，对变形和裂缝控制的要求也不同。在正常使用条件下，结构构件应控制变形，因为变形过大会影响结构的使用功能，造成非结构构件损坏、用户心理不适等。此外，在正常使用条件下，普通钢筋混凝土构件一般是带裂缝工作的，所以应控制裂缝宽度，因为裂缝宽度过大，不仅会影响结构外观，造成用户心理不安，而且有可能导致钢筋锈蚀，降低结构的安全性和耐久性。另外，有些结构要求在使用中不能出现裂缝，如储液池、核反应堆等，由于混凝土抗拉强度很低，而普通钢筋混凝土结构不出现裂缝是很难保证的，因此对有严格抗裂、抗渗要求的结构，宜优先采用预应力混凝土结构。

　　钢筋混凝土结构中的裂缝按其形成的原因可分为两类：一类是由于外荷载作用引起的裂缝；另一类是由于非荷载因素引起的裂缝，如温差变形、混凝土收缩变形及地基不均匀沉降等引起的裂缝。由于变形裂缝问题相对比较复杂，至今没有一致的认识和解决的方法，所以本章主要讨论由于外荷载作用引起的裂缝。

　　混凝土结构在使用过程中，除直接承受荷载作用外，还会遭受工作环境作用，导致构件开裂、钢筋锈蚀、混凝土剥蚀和磨损等，随着时间的不断推移，其结构材料性能会逐渐劣化并影响使用性能或承载能力。混凝土结构耐久性设计，就是在设计使用年限内，在预期的使用、维修条件下，确保结构具有维持其使用性能的能力。

■ 9.2　受弯构件挠度验算

9.2.1　变形控制的目的

　　控制结构构件的变形，主要基于以下考虑：

1. 保证结构使用功能要求

　　结构构件变形过大，将影响其使用功能，甚至完全丧失。如屋面结构挠度过大，会造成积水甚至渗漏；桥梁和吊车梁挠度过大，会妨碍车辆和起重机的正常运行；支承精密仪器设备的梁板结构挠度过大，会影响仪器设备调平和使用。

2. 防止结构构件产生不利影响

　　结构构件变形过大，会使其受力性能与设计假定不符。如支承在砖墙上的梁端产生过大转角，会使支承面积减小，支承反力偏心增大，造成墙体开裂，甚至破坏等。

3. 避免非结构构件损坏

　　结构构件变形过大，会导致上部的非结构构件破坏。如支承梁板的挠度过大，会导致隔墙开裂、装修损坏，影响门窗正常启闭等。

4. 满足外观和用户心理要求

　　结构构件变形过大，会影响观瞻和用户心理的不适和不安。根据经验，用户心理能承受的最大挠度大致为 $l_0/250$，l_0 为构件（梁）的计算跨度。

9.2.2　截面弯曲刚度

1. 弹性匀质梁挠度计算公式

　　由材料力学知识可知，弹性匀质梁最大挠度的计算公式为

$$f = S\frac{Ml_0^2}{B} = S\phi l_0^2 \tag{9-1}$$

式中　S——挠度系数，与荷载形式、支承条件有关；如均布荷载作用下的简支梁，$S=5/48$；跨中集中荷载作用的简支梁，$S=1/12$；

　　　M——跨中最大弯矩；

　　　B——梁的截面弯曲刚度；即 $B=EI$ 或 $B=M/\phi$；

　　　ϕ——梁的截面曲率，即 $\phi=1/r=M/B$；

　　　r——梁的截面曲率半径。

2. 截面弯曲刚度

由 $B = M/\phi$ 可知，梁的截面弯曲刚度（flexural rigidity）是使截面产生单位转角所需施加的弯矩，它体现了截面抵抗弯曲变形的能力。对于弹性匀质梁，截面弯曲刚度 B 为常数。

图 9-1 所示是钢筋混凝土适筋梁的弯矩 M—截面曲率 ϕ 关系曲线，由图可见，曲线具有两次明显的转折。随着 M 的增大，截面弯曲刚度 B 不断减小，此时 B 已不是常数而是变化的，其主要特点如下：

（1）第 I 阶段 截面开裂前，梁承受 M 较小，M—ϕ 关系曲线接近直线变化，其斜率即为截面弯曲刚度 $B = E_c I_0$，I_0 为换算截面惯性矩；达到开裂弯矩 M_{cr} 时，由于受拉区混凝土有一定的塑性变形，截面弯曲刚度略有下降，此时可近似取 $B = 0.85 E_c I_0$。

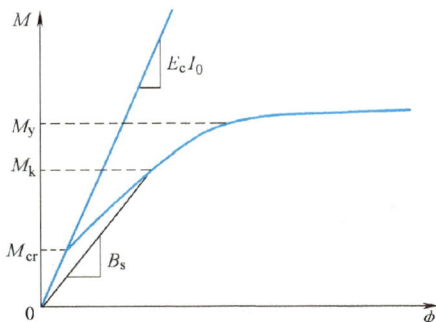

图 9-1 适筋梁弯矩 M—截面
曲率 ϕ 关系曲线

（2）第 II 阶段 截面开裂后，M—ϕ 关系曲线发生第一次转折，随着 M 的增大，曲率 ϕ 增加速度较快，截面弯曲刚度 B 随 M 的增加而不断降低。

（3）第 III 阶段 钢筋屈服后，M—ϕ 关系曲线出现第二次转折，M 增加很少，而曲率 ϕ 剧增，截面弯曲刚度 B 急剧降低，关系曲线趋于水平。

3. 截面平均曲率

受弯构件挠度验算的关键是计算截面弯曲刚度 B。由第 4 章可知，正常使用阶段的梁一般都处于带裂缝工作阶段，则计算截面弯曲刚度 B 需要考虑带裂缝工作的情况。试验表明，从裂缝出现到裂缝稳定，梁纯弯段的裂缝基本等间距分布，钢筋和混凝土沿构件长度方向的应变分布如图 9-2 所示，并具有以下特征：

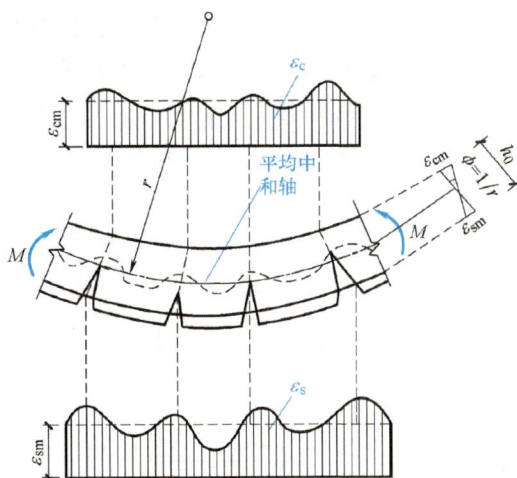

图 9-2 梁纯弯段截面应变分布和中和轴位置
a）受压区边缘混凝土压应变分布
b）中和轴位置 c）钢筋拉应变分布

1）在裂缝截面，纵向受拉钢筋的应力 σ_s 和应变 ε_s 最大；在裂缝之间，由于混凝土参与工作，σ_s 和 ε_s 则随距裂缝截面距离的增大而减小，沿轴线方向呈波浪形变化。设 ε_{sm} 为纯弯段内钢筋的平均应变，则 $\varepsilon_{sm} = \Psi \varepsilon_s$，$\Psi$ 为纵向受拉钢筋应变不均匀系数。

2）在裂缝截面，受压区边缘的混凝土应力 σ_c 和应变 ε_c 最大；在裂缝之间，σ_c 和 ε_c 沿轴线方向的分布与钢筋类似，也是呈波浪形变化的，但波动幅度要小得多，其最大值与平均应变 ε_{cm} 值相差不大。设 ε_{cm} 为纯弯段内受压区边缘混凝土的平均应变，则 $\varepsilon_{cm} = \Psi_c \varepsilon_c$，其中 Ψ_c 为受压区边缘混凝土应变不均匀系数。

3）构件开裂后，纯弯段中和轴高度和曲率沿轴线也是呈波浪形变化的，因此，截面弯曲刚度 B 沿轴线方向也是变化的。为便于梁挠度计算，可采用沿梁轴线方向的平均弯曲刚度。大量试验表明，平均应变沿截面高度的分布仍符合平截面假定，则截面平均曲率可表示为

$$\overline{\phi} = \frac{\varepsilon_{sm} + \varepsilon_{cm}}{h_0} \tag{9-2}$$

9.2.3　受弯构件短期刚度

1. 刚度公式的建立

在短期荷载作用下，梁纯弯段的平均弯曲刚度称为短期刚度（short-term rigidity），用 B_s 表示。短期刚度采用荷载准永久组合，则 B_s 可表示为

$$B_s = \frac{M_q}{\overline{\phi}} = \frac{M_q h_0}{\varepsilon_{sm} + \varepsilon_{cm}} \tag{9-3}$$

式中　M_q——按荷载准永久组合计算的弯矩值。

在荷载准永久组合作用下，裂缝截面处纵向受拉钢筋的拉应变 ε_{sq} 和受压区边缘的混凝土压应变 ε_{cq} 计算公式为

$$\varepsilon_{sq} = \frac{\sigma_{sq}}{E_s} \tag{9-4a}$$

$$\varepsilon_{cq} = \frac{\sigma_{cq}}{\nu E_c} \tag{9-4b}$$

式中　σ_{sq}——按荷载准永久组合计算的裂缝截面处纵向受拉钢筋重心处的拉应力；

　　　σ_{cq}——按荷载准永久组合计算的裂缝截面处受压区边缘混凝土的压应力；

　　　ν——混凝土弹性系数，见式（2-7b）符号解释。

如图 9-3 所示，由工字形截面梁第 Ⅱ 阶段裂缝截面的应力图形，通过平衡关系可计算 σ_{sq}、σ_{cq}。

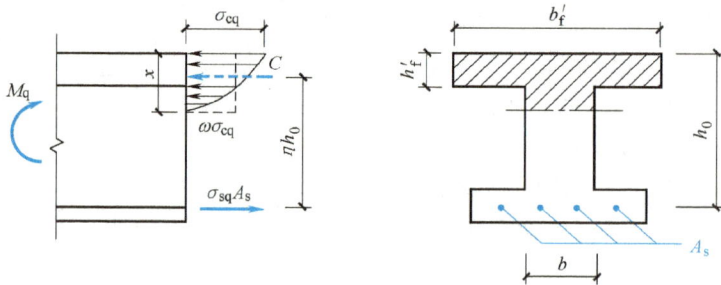

图 9-3　工字形截面应力分布图

（1）钢筋应力 σ_{sq}　对受压区合力作用点取矩，得

$$M_q = \sigma_{sq} A_s \eta h_0 \tag{9-5a}$$

则有

$$\sigma_{sq} = \frac{M_q}{A_s \eta h_0} \tag{9-5b}$$

从而
$$\varepsilon_{sm} = \Psi\varepsilon_{sq} = \Psi\frac{\sigma_{sq}}{E_s} = \Psi\frac{M_q}{E_s A_s \eta h_0} \tag{9-5c}$$

式中 η——裂缝截面处的内力臂系数。

（2）混凝土应力 σ_{cq} 由于受压区混凝土的应力图形为曲线分布，应进行矩形等效。计算 σ_{cq} 时引入系数 ω，等效后的受压区混凝土面积为 $(b_f'-b)h_f'+bx=(\gamma_f'+\xi)bh_0$，则混凝土压应力的合力为

$$C = \omega\sigma_{cq}[(\gamma_f'+\xi)bh_0] \tag{9-6a}$$

式中 ω——应力图形丰满程度系数；

γ_f'——受压区翼缘加强系数，$\gamma_f' = \dfrac{(b_f'-b)h_f'}{bh_0}$；若为矩形截面，则 $\gamma_f'=0$。

对受拉钢筋合力作用点取矩，得

$$M_q = C\eta h_0 = \omega\sigma_{cq}[(\gamma_f'+\xi)bh_0]\eta h_0 \tag{9-6b}$$

则有
$$\sigma_{cq} = \frac{M_q}{(\gamma_f'+\xi)\omega\eta bh_0^2} \tag{9-6c}$$

从而
$$\varepsilon_{cm} = \Psi_c\frac{\sigma_{cq}}{\nu E_c} = \Psi_c\frac{M_q}{(\gamma_f'+\xi)\omega\eta\nu bh_0^2 E_c} \tag{9-6d}$$

为简化计算，令 $\zeta = \dfrac{(\gamma_f'+\xi)\omega\eta\nu}{\Psi_c}$，则 ε_{cm} 可改写为

$$\varepsilon_{cm} = \frac{M_q}{\zeta bh_0^2 E_c} \tag{9-6e}$$

式中 ζ——受压区边缘混凝土平均应变综合系数，它综合反映了受压区混凝土塑性、应力图形完整性、内力臂系数及裂缝之间混凝土应变的不均匀性等因素影响。按材料力学，ζ 也可称为截面弹塑性抵抗矩系数。

将式（9-5c）、式（9-6e）代入式（9-3），并取 $\alpha_E = E_s/E_c$，$\rho = A_s/bh_0$，经整理可得到受弯构件短期刚度 B_s 为

$$B_s = \frac{M_q h_0}{\varepsilon_{sm}+\varepsilon_{cm}} = \frac{E_s A_s h_0^2}{\dfrac{\Psi}{\eta}+\dfrac{\alpha_E\rho}{\zeta}} \tag{9-7}$$

2. 参数 η、ζ 和 Ψ

（1）裂缝截面处的内力臂系数 η 试验结果和理论分析表明，在正常使用阶段弯矩 $M = (0.5\sim0.7)M_u$ 的范围内，裂缝截面的相对受压区高度 ξ 变化很小，内力臂 ηh_0 变化也不大，对常用的混凝土强度等级及配筋率，η 在 $0.83\sim0.93$ 之间波动，其平均值为 0.87。我国《规范》为简化计算，取 $\eta=0.87$，则按荷载准永久组合计算的裂缝截面处纵向受拉钢筋重心处的拉应力为

$$\sigma_{sq} = \frac{M_q}{0.87A_s h_0} \tag{9-8}$$

（2）受压区边缘混凝土平均应变综合系数 ζ 试验结果和理论分析表明，在正常使用阶段弯矩 $M=(0.5\sim0.7)M_u$ 的范围内，弯矩的变化对系数 ζ 的影响很小，ζ 值主要与 ρ、α_E 和

受压区截面形状有关。如图 9-4 所示，根据试验结果回归分析，可得

$$\frac{\alpha_E \rho}{\zeta} = 0.2 + \frac{6\alpha_E \rho}{1+3.5\gamma_f'} \quad (9-9)$$

将式（9-9）和 $\eta = 0.87$ 代入式（9-7），可得到荷载准永久组合作用下受弯构件短期刚度的计算公式为

$$B_s = \frac{E_s A_s h_0^2}{1.15\Psi + 0.2 + \dfrac{6\alpha_E \rho}{1+3.5\gamma_f'}} \quad (9-10)$$

（3）纵向受拉钢筋应变不均匀系数 Ψ

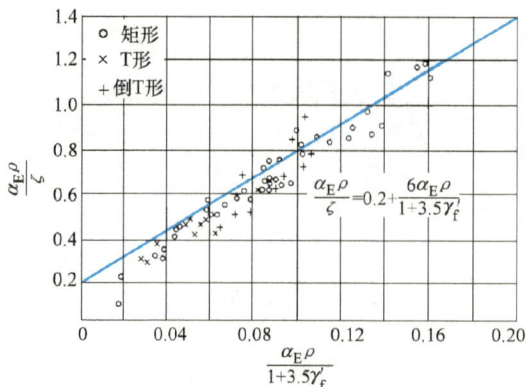

图 9-4　受压区边缘混凝土平均应变综合系数

系数 Ψ 为裂缝间钢筋的平均应变（或平均应力）与裂缝截面钢筋应变（或应力）之比，即 $\Psi = \varepsilon_{sm}/\varepsilon_{sq} = \sigma_{sm}/\sigma_{sq}$。正如前述，受弯构件纯弯段内钢筋应变是不均匀的，裂缝截面处最大，离开裂缝截面会逐渐减小，这主要是裂缝间受拉混凝土参与工作的缘故。因此，Ψ 的物理意义是反映裂缝间受拉混凝土对纵向受拉钢筋应变的影响程度。

Ψ 越小，裂缝间的混凝土协助钢筋抗拉的作用越强；当 $\Psi = 1$ 时，表明此时裂缝间受拉混凝土全部退出工作，不再协助钢筋受拉。试验结果分析表明，Ψ 值与混凝土强度、配筋率、钢筋与混凝土的黏结强度、构件截面尺寸以及裂缝截面的钢筋应力等因素有关。

根据试验结果的统计分析，系数 Ψ 与弯矩的关系如图 9-5 所示，其回归统计公式为

$$\Psi = \omega_1 \left(1 - \frac{M_{cr}}{M_q}\right) = 1.1\left(1 - \frac{M_{cr}}{M_q}\right) \quad (9-11a)$$

式中　M_{cr}——混凝土截面的开裂弯矩，考虑混凝土收缩影响乘以 0.8 的降低系数；

ω_1——与钢筋和混凝土黏结强度有关的系数，由试验取 1.1。

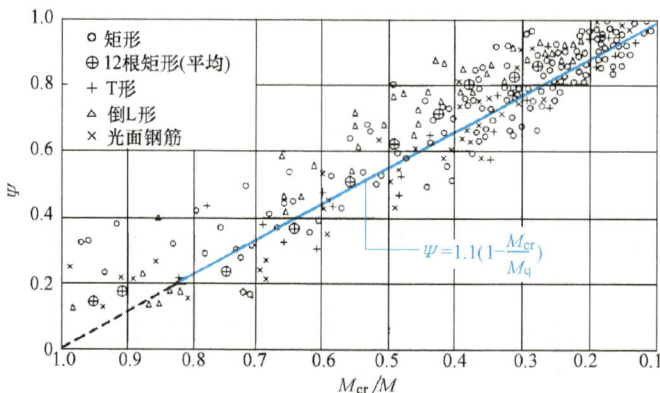

图 9-5　系数 Ψ 与弯矩的关系

对于矩形、T 形、倒 T 形和工字形截面受弯构件，开裂弯矩 M_{cr}（见图 9-6e）计算公式为

$$M_{cr} = 0.8 f_{tk} A_{te} \eta_{cr} h \quad (9-11b)$$

式中 η_{cr}——截面开裂时的内力臂系数；

A_{te}——有效受拉混凝土截面面积。对于矩形、T形（见图9-6a、图9-6b），$A_{te} = 0.5bh$；对于受拉区有翼缘的截面，如倒T形、工字形（见图9-6c、图9-6d），$A_{te} = 0.5bh + (b_f - b) h_f$。

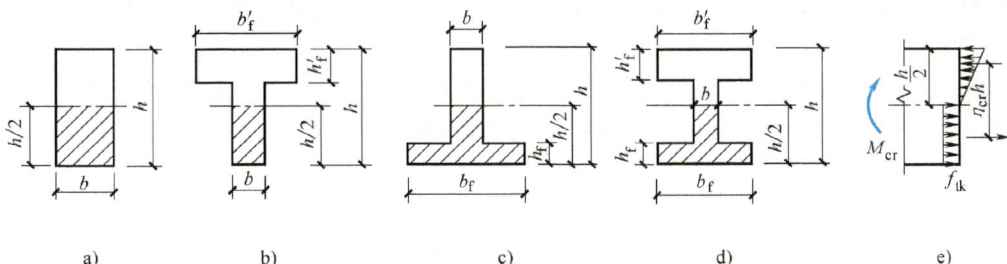

图 9-6　有效受拉混凝土截面面积

a）矩形　b）T形　c）倒T形　d）工字形　e）应力图形

将式（9-5a）和式（9-11b）代入式（9-11a），可得

$$\Psi = 1.1 \left(1 - \frac{0.8 f_{tk} A_{te} \eta_{cr} h}{\sigma_{sq} A_s \eta h_0} \right) \tag{9-11c}$$

取 $\eta_{cr}/\eta = 0.67$，$h/h_0 = 1.1$，$\rho_{te} = A_s/A_{te}$，代入式（9-11c）可得

$$\Psi = 1.1 - \frac{0.65 f_{tk}}{\rho_{te} \sigma_{sq}} \tag{9-12}$$

式中 ρ_{te}——按有效受拉混凝土截面面积计算的纵向受拉钢筋配筋率，$\rho_{te} = A_s/A_{te}$，当 $\rho_{te} < 0.01$，取 $\rho_{te} = 0.01$。

当计算出的 Ψ 值过小时，会过高地估计混凝土协助钢筋的抗拉作用。因此，我国《规范》规定：$\Psi < 0.2$ 时，取 $\Psi = 0.2$；当 $\Psi > 1.0$ 时，取 $\Psi = 1.0$；对直接承受重复荷载的构件，取 $\Psi = 1.0$。

3. 短期刚度的影响因素

由式（9-10）分析可知，影响受弯构件短期刚度 B_s 的主要因素如下：

1）其他条件相同时，截面有效高度 h_0 对 B_s 的影响最大。因此，提高截面弯曲刚度最有效的措施是增大截面高度。在工程实践中，通常根据受弯构件高跨比的合理取值，预先进行构件挠度控制，其高跨比的合理取值是由工程实践经验总结得到的。

2）在常用配筋率下，混凝土强度等级对 B_s 影响不大；而增大受拉钢筋配筋率，B_s 略有增大。

3）其他条件相同时，截面形状对 B_s 有影响，有受拉翼缘或受压翼缘时，B_s 有所增大。

4）其他条件相同时，M_q 越大，B_s 越小。

9.2.4 受弯构件长期刚度

受弯构件按荷载准永久组合并考虑荷载长期作用影响所求得的截面弯曲刚度，称为长期刚度（long-term rigidity），用 B 表示。在荷载长期作用下，随着时间的增长，受弯构件的刚度会逐渐降低，挠度不断增大。其主要原因如下：

1）受压区混凝土徐变，使受压区应变随时间增长而增大，因而曲率增大、刚度减小。

2）混凝土收缩时，受拉区因纵向钢筋的约束，其收缩变形小于受压区，使刚度减小。

3）钢筋与混凝土之间的黏结滑移徐变、裂缝间受拉混凝土的应力松弛，导致受拉混凝土不断退出工作，使钢筋的平均应力和平均应变随时间增长，刚度减小。

在上述原因中，受压区混凝土徐变是最主要的原因。影响混凝土徐变的因素主要有受压钢筋配筋率、加载龄期、温度、湿度及养护条件等，这些因素对荷载长期作用下的受弯构件挠度均有影响，此过程往往会持续数年之久。

实际工程中，有相当一部分荷载会长期作用在受弯构件上，如一般民用建筑中，结构自重几乎占总荷重的60%以上。所以，计算受弯构件挠度时必须采用长期刚度B，即

$$B = \frac{B_s}{\theta} \tag{9-13}$$

式中 θ——考虑荷载长期作用对挠度增大的影响系数，简称挠度增大系数。

根据长期试验观测结果，可根据纵向受压钢筋配筋率ρ'（$\rho' = A_s'/bh_0$）与纵向受拉钢筋配筋率ρ（$\rho = A_s/bh_0$）值的关系，确定θ的取值。我国《规范》建议，对于矩形、T形和工字形截面受弯构件，θ计算公式为

$$\theta = 2.0 - 0.4 \frac{\rho'}{\rho} \tag{9-14}$$

当$\rho' = 0$时，$\theta = 2.0$；当$\rho' = \rho$时，$\theta = 1.6$；当$\rho'/\rho > 1$，取$\rho'/\rho = 1$。由此可见，在截面受压区增加受压钢筋，即增大ρ'，可使θ减小，长期刚度B提高。对翼缘位于受拉区的倒T形梁，θ值应增加20%。

由第3章知，按荷载标准组合计算的弯矩值为M_k，因$M_k > M_q$，当实际工程中需要对受弯构件挠度控制有更高要求时，可按下列方法确定相应的弯曲刚度计算公式。

全部使用荷载作用取M_k，荷载长期作用取M_q，荷载短期作用取（$M_k - M_q$），设短期荷载与长期荷载分布形式相同，参照式（9-1），受弯构件在M_k作用下的长期挠度为

$$f = \theta S \frac{M_q}{B_s} l_0^2 + S \frac{(M_k - M_q)}{B_s} l_0^2 \tag{9-15}$$

式（9-15）中，等号右边第一项为荷载准永久组合计算的弯矩M_q所产生的挠度，第二项为荷载短期组合弯矩（$M_k - M_q$）所产生的挠度。如将式（9-15）表示为$f = S \frac{M_k}{B_l} l_0^2$，则可推导出折算弯曲刚度为

$$B_l = \frac{M_k}{M_k + (\theta - 1) M_q} B_s \tag{9-16}$$

式（9-16）为荷载标准组合并考虑准永久荷载长期作用影响的刚度，实质上是考虑荷载长期作用部分使刚度降低的因素后，对短期刚度B_s进行修正。

9.2.5 受弯构件挠度验算

1. 最小刚度原则

如图9-7所示，承受对称集中荷载的简支梁，除荷载之间的纯弯段外，剪跨区各截面的弯矩是不相等的，越靠近支座，弯矩越小，其刚度越大；在支座附近，截面不出现裂缝，其刚度则很大。由此可见，沿梁长各截面的平均刚度是变值，这给挠度计算带来不便。为简化

计算，对于等截面梁，可假定各同号弯矩区段内的刚度相等，并取该区段内最大弯矩 M_{max} 处的最小刚度 B_{min} 来计算，即按 $M_q/B_{min}=M_{max}/B_{min}$ 计算，这就是"最小刚度原则"（principle of minimum rigidity）。

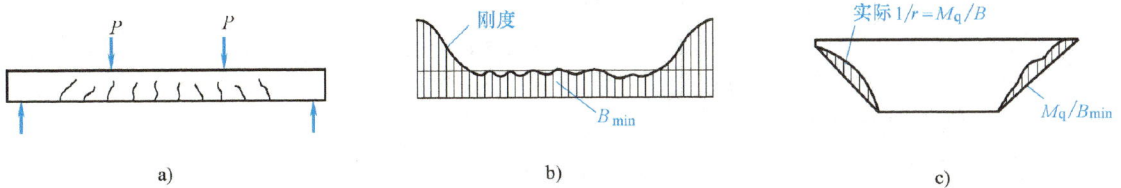

图 9-7　沿梁长的刚度和曲率分布

a）对称荷载作用下简支梁　b）沿梁长的刚度分布　c）沿梁长的曲率分布

采用最小刚度原则计算受弯构件挠度是偏于安全的，当支座截面刚度与跨中截面刚度之比不大于 2 或不小于 1/2 时，其误差不超过 5%。另外，计算时，只考虑弯曲变形的影响，没有考虑剪切变形的影响；对于弹性匀质梁，剪切变形一般很小，但在剪跨已出现斜裂缝的钢筋混凝土梁中，剪切变形将很大，会使计算的挠度值偏小。一般情况下，上述挠度值偏大和偏小的因素可以相互抵消。试验表明，采用最小刚度原则是可以满足工程要求的。

在斜裂缝出现较早、较多且延伸较长的薄腹梁中，如受荷载较大的 T 形、工字形截面，斜裂缝的不利影响较大，按上述方法计算的挠度值可能偏小较多。由于试验数据不足，目前尚无具体的修正方法，计算时应考虑剪切变形的影响酌情增大。

对于简支梁，取最大正弯矩截面的刚度作为梁的截面刚度；对于带悬挑的简支梁、连续梁或框架梁，取最大正弯矩和最小负弯矩的截面刚度，分别作为相应弯矩区段的刚度。

2. 挠度验算

当用 B_{min} 代替弹性均质梁的截面弯曲刚度后，梁的挠度计算就十分简便，梁挠度的验算公式为

$$f=S\frac{M_q}{B}l_0^2 \leq f_{lim} \tag{9-17}$$

式中　f_{lim}——受弯构件的挠度限值，按附表 11 采用。

【例 9-1】　某门厅入口悬挑板如图 9-8 所示。其中，$l_0=3m$，板厚 $h=200mm$，板上均布荷载标准值：永久荷载 $g_k=8kN/mm^2$，可变荷载 $q_k=0.5kN/mm^2$（准永久值系数为 1.0），配置 ⌀ 16 @ 200 的纵向受拉钢筋（$E_s=2.0\times10^5 N/mm^2$），间距为 200mm，混凝土强度等级为 C30（$f_{tk}=2.01N/mm^2$，$E_c=3.0\times10^4 N/mm^2$），一类环境。试验算板的最大挠度是否满足《规范》允许挠度值 $l_0/100$ 的要求。

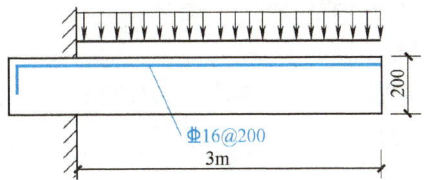

图 9-8　【例 9-1】悬挑板示意图

解： 取 1m 板宽作为计算单元。

1）求荷载准永久组合作用下的弯矩。

$$M_q=\frac{1}{2}(g_k+\psi_q p_k)l_0^2=\left[\frac{1}{2}\times(8\times1+1.0\times0.5\times1)\times3^2\right]kN\cdot m=38.25kN\cdot m$$

2）计算 Ψ。⌀ 16@ 200（$A_s=1005mm^2$），$b=1000mm$，$h_0=(200-15-8)mm=177mm$。

$$\rho_{te}=\frac{A_s}{0.5bh}=\frac{1005}{0.5\times1000\times200}=0.01005$$

$$\sigma_{sq}=\frac{M_q}{0.87h_0A_s}=\frac{38.25\times10^6}{0.87\times177\times1005}N/mm^2=247.16N/mm^2$$

$$\Psi=1.1-\frac{0.65f_{tk}}{\rho_{te}\sigma_{sq}}=1.1-\frac{0.65\times2.01}{0.01005\times247.16}=0.5740$$

3）计算 B_s。

$$\alpha_E=\frac{E_s}{E_c}=\frac{2.0\times10^5}{3.0\times10^4}=6.67$$

$$\rho=\frac{A_s}{bh_0}=\frac{1005}{1000\times177}=0.00568$$

$$B_s=\frac{E_sA_sh_0^2}{1.15\Psi+0.2+\dfrac{6\alpha_E\rho}{1+3.5\gamma'_f}}$$

$$=\left(\frac{2.0\times10^5\times1005\times177^2}{1.15\times0.5740+0.2+\dfrac{6\times6.67\times0.00568}{1+3.5\times0}}\right)N\cdot mm^2$$

$$=5.79\times10^{12}N\cdot mm^2$$

4）计算 B。当 $\rho'=0$ 时，$\theta=2.0$，则

$$B=\frac{B_s}{\theta}=\frac{5.79\times10^{12}}{2}N\cdot mm^2=2.90\times10^{12}N\cdot mm^2$$

5）变形验算。

$$f=\frac{M_ql_0^2}{4B}=\frac{38.25\times10^6\times3000^2}{4\times2.90\times10^{12}}mm=29.68mm<\frac{l_0}{100}=\frac{3000}{100}mm=30mm$$

故满足要求。

【例 9-2】 受均布荷载作用的 T 形截面简支梁如图 9-9，计算跨度 $l_0=6m$。荷载标准值：永久荷载 $g_k=59kN/m$，可变荷载 $q_k=20kN/m$（准永久值系数为 0.5）。混凝土强度等级为 C30（$f_{tk}=2.01N/mm^2$，$E_c=3.0\times10^4N/mm^2$），纵向钢筋为 HRB400 级钢筋，一类环境。试验算此梁的最大挠度是否满足挠度值 $l_0/200$ 的要求。

解：1）求荷载准永久组合弯矩。

$$M_q=\frac{1}{8}(g_k+\psi_q p_k)l_0^2=\left[\frac{1}{8}\times(59+0.5\times20)\times6^2\right]kN\cdot m=310.5kN\cdot m$$

2）计算 Ψ。$A_s=2945mm^2$，$A'_s=628mm^2$，$b=200mm$，$h=600mm$，$h_0=540mm$。

$$\rho_{te}=\frac{A_s}{0.5bh}=\frac{2945}{0.5\times200\times600}=0.0491$$

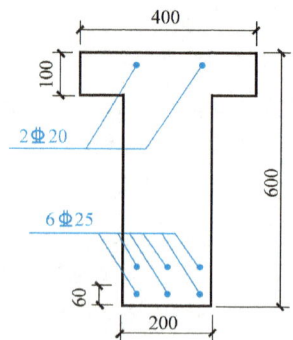

图 9-9 【例 9-2】受均布荷载作用的 T 形截面简支梁示意图

$$\sigma_{sq} = \frac{M_q}{0.87 h_0 A_s} = \frac{310.5 \times 10^6}{0.87 \times 540 \times 2945} N/mm^2 = 224.4 N/mm^2$$

$$\Psi = 1.1 - \frac{0.65 f_{tk}}{\rho_{te} \sigma_{sq}} = 1.1 - \frac{0.65 \times 2.01}{0.0491 \times 224.4} = 0.981$$

3）计算 B_s。

$$\alpha_E = \frac{E_s}{E_c} = \frac{2.0 \times 10^5}{3.0 \times 10^4} = 6.67$$

$$\rho = \frac{A_s}{bh_0} = \frac{2945}{200 \times 540} = 0.0273$$

$$\gamma'_f = \frac{(b'_f - b) h'_f}{bh_0} = \frac{(400 - 200) \times 100}{200 \times 540} = 0.185$$

$$B_s = \frac{E_s A_s h_0^2}{1.15\Psi + 0.2 + \dfrac{6\alpha_E \rho}{1 + 3.5\gamma'_f}}$$

$$= \left(\frac{2.0 \times 10^5 \times 2945 \times 540^2}{1.15 \times 0.981 + 0.2 + \dfrac{6 \times 6.67 \times 0.0273}{1 + 3.5 \times 0.185}} \right) N \cdot mm^2$$

$$= 8.63 \times 10^{13} N \cdot mm^2$$

4）计算 B。

$$\rho' = \frac{A'_s}{bh_0} = \frac{628}{200 \times 540} = 0.00581$$

$$\rho = 0.0273$$

由式（9-4）得

$$\theta = 2.0 - 0.4 \frac{\rho'}{\rho} = 2.0 - 0.4 \times \frac{0.00581}{0.0273} = 1.91$$

$$B = \frac{B_s}{\theta} = \frac{8.63 \times 10^{13}}{1.91} N \cdot mm^2 = 4.51 \times 10^{13} N \cdot mm^2$$

5）变形验算。

$$f = \frac{5}{48} \frac{M_q l_0^2}{B} = \frac{5}{48} \times \frac{310.5 \times 10^6 \times 6000^2}{4.51 \times 10^{13}} mm = 25.82 mm$$

$$< \frac{l_0}{200} = \frac{6000}{200} = 30 mm$$

故满足要求。

9.3　构件裂缝宽度验算

9.3.1　裂缝控制的目的

混凝土抗拉强度远低于抗压强度，在拉应力不大的情况下，钢筋混凝土构件就会出现裂缝。通常认为小于 0.05mm 的裂缝为微观裂缝，反之为宏观裂缝，本节内容主要控制宏观裂缝。控制结构构件的裂缝，主要基于以下考虑：

1. 保证结构使用功能要求

结构构件裂缝的出现，会降低刚度，增大变形，甚至影响正常使用。如储液（气）罐或压力管道，裂缝出现会直接影响其使用功能。

2. 满足结构耐久性的要求

结构构件裂缝的出现，会影响结构的耐久性，这是控制裂缝最主要的目的。当裂缝过宽时，气体和水分、腐蚀介质侵入裂缝，会引起钢筋锈蚀，不仅削弱钢筋面积，还会因钢筋体积膨胀，引起保护层剥落，构件性能退化，影响结构使用寿命。

3. 满足结构外观的要求

结构构件裂缝过宽，会影响观瞻，令人产生不安全感，这是控制裂缝宽度的主要依据，也是评价结构质量的重要因素。调查表明，裂缝宽度在 0.3mm 以下，对外观没有影响，大多数人均能接受。

9.3.2 裂缝出现、分布和开展过程

如图 9-10 所示的轴心受拉构件，裂缝出现前，钢筋和混凝土共同承受轴向拉力 N，沿构件长度方向，钢筋和混凝土的应力分布大致是均匀的（见图 9-10a）。

当混凝土拉应力达到其抗拉强度标准值 f_{tk} 时，构件最薄弱处首先出现第一条（批）裂缝；开裂后，裂缝截面的混凝土退出工作，应力为零，原来受拉而张紧的混凝土向裂缝两侧回缩；原由混凝土承担的拉力转由钢筋承担，使裂缝截面处的钢筋应力有一骤增（见图 9-10b）；裂缝截面处，钢筋与混凝土的黏结局部破坏，发生相对滑移，使裂缝一出现就有一定的宽度。

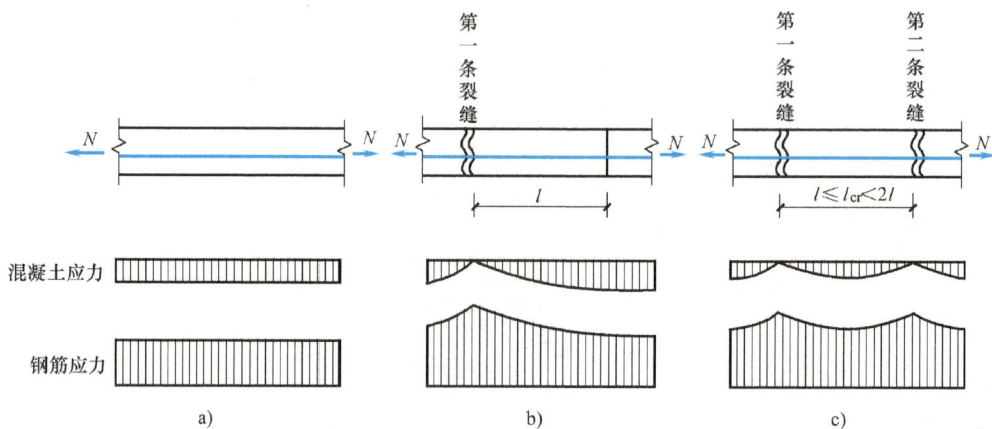

图 9-10 轴心受拉构件裂缝开展、分布及应力变化情况

a) 开裂前 b) 出现第一条裂缝 c) 产生相邻裂缝

在裂缝两侧截面，由于钢筋与混凝土之间的黏结作用，将阻止混凝土的回缩；距离裂缝截面越远，混凝土的回缩越小，混凝土拉应力由裂缝处的零逐渐增大，而钢筋拉应力则逐渐下降。当距离裂缝一定距离 l 后，混凝土和钢筋恢复到原先相同的应力状态，黏结应力消失，钢筋与混凝土各自的应力又趋于均匀分布（见图 9-10b），l 称为黏结应力传递长度。

当轴向拉力 N 稍有增加时，在第一条（批）裂缝两侧的某一薄弱截面处又出现第二条（批）裂缝（见图 9-10c），第二条（批）裂缝截面及其附近，又发生上述应力变化。显然，在裂缝两侧距离为 l 的范围内是不可能出现新裂缝的，这是因为通过黏结作用，传递给混凝土的拉应力不会超过混凝土抗拉强度标准值 f_{tk}，不足以使混凝土开裂。随着 N 的增加，在两相邻裂缝间距大于 $2l$ 的范围内，还将出现新的裂缝。在构件开裂后，当超过开裂荷载 50% 以上时，裂缝分布趋于稳定。经分析可知，裂缝的最小间距为 l，最大间距为 $2l$，平均间距可近似取 $l_m = 1.5l$。

9.3.3　平均裂缝间距

由上可知，平均裂缝间距（mean crack spacing）可取 $l_m = 1.5l$，而黏结应力传递长度 l 可通过平衡条件求得。如图 9-11 所示，取轴心受拉构件的裂缝段为隔离体，构件一端已出现第一条（批）裂缝（图 9-11a 中 1—1 截面），另一端即将出现第二条（批）裂缝（图 9-11a 中 2—2 截面）。裂缝 1—1 截面钢筋受拉，其拉应力为 σ_{s1}，混凝土应力为零；即将出现裂缝的 2—2 截面，混凝土应力达到抗拉强度标准值 f_{tk}，钢筋的拉应力为 σ_{s2}。由图 9-11a 的平衡条件可得

$$\sigma_{s1} A_s = \sigma_{s2} A_s + f_{tk} A_c \tag{9-18a}$$

式中　A_c——轴心受拉构件混凝土截面面积。

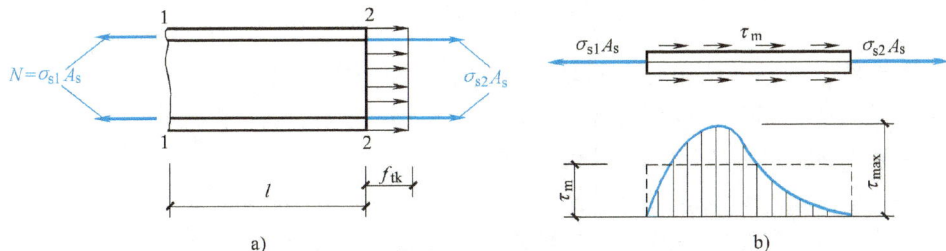

图 9-11　轴心受拉构件隔离体和钢筋应力

a）轴心受拉构件隔离体　b）钢筋应力

如图 9-11b 所示，再取 l 段的钢筋为隔离体，设长度 l 范围的平均黏结应力为 τ_m，受拉钢筋截面周长为 $u = \pi d$，d 为钢筋直径，则钢筋表面积为 ul。由图 9-11b 的平衡条件可得

$$\sigma_{s1} A_s - \sigma_{s2} A_s = \tau_m u l \tag{9-18b}$$

由式（9-18a）和式（9-18b）可得

$$\tau_m u l = f_{tk} A_c \tag{9-18c}$$

设 $\rho = A_s / A_c$，并引入 $A_s = \pi d^2 / 4$，可得

$$l = \frac{f_{tk} A_c}{\tau_m u} = \frac{f_{tk} A_c}{\tau_m \pi d} = \frac{1}{4} \frac{f_{tk}}{\tau_m} \frac{d}{\rho} \tag{9-19a}$$

试验表明，黏结应力 τ_m 与混凝土抗拉强度标准值 f_{tk} 近乎成正比关系，即取 f_{tk}/τ_m 为常数，由 $l_m = 1.5l$，则平均裂缝间距可表示为

$$l_m = k_1 \frac{d}{\rho} \tag{9-19b}$$

式中　k_1——经验系数（常数）。

式（9-19b）是按黏结滑移理论得到的平均裂缝间距计算公式。该式表明，平均裂缝间距 l_m 与混凝土强度无关，而与 d/ρ 呈线性关系。当配筋率 ρ 相同时，钢筋直径越细，裂缝间距就越小；当 d/ρ 趋于零时，l_m 则趋于零，这并不符合实际情况。另外，试验表明：裂缝间距还与混凝土保护层厚度有关；保护层厚的构件，l_m 也大。综合考虑上述两种情况，则平均裂缝间距公式可修正为

$$l_m = k_2 c_s + k_1 \frac{d}{\rho} \qquad (9\text{-}19c)$$

式中 k_2、k_1——由试验结果确定的常数，$k_2 = 1.9$，$k_1 = 0.08$；

c_s——最外层纵向受拉钢筋外边缘至构件受拉区边缘的距离（mm）。当 $c_s < 20$mm 时，取 $c_s = 20$mm；当 $c_s > 65$mm 时，取 $c_s = 65$mm。

以上分析是针对轴心受拉构件的，对于受弯、偏心受拉和偏心受压构件也类似。此时，可将截面受拉区近似为轴心受拉构件，根据黏结应力的有效影响范围，近似取有效受拉面积 A_{te}（见图 9-6），则式（9-19c）中的 ρ 改用按有效受拉面积计算的纵向受拉钢筋配筋率 ρ_{te}，即 $\rho_{te} = A_s / A_{te}$。根据试验资料分析，并考虑钢筋表面外形特征的影响，我国《规范》建议的平均裂缝间距为

$$l_m = \beta\left(1.9 c_s + 0.08 \frac{d_{eq}}{\rho_{te}}\right) \qquad (9\text{-}20a)$$

$$d_{eq} = \frac{\sum n_i d_i^2}{\sum n_i v_i d_i} \qquad (9\text{-}20b)$$

式中 β——系数，轴心受拉构件取 $\beta = 1.1$，其他构件均取 $\beta = 1.0$；

d_{eq}——纵向受拉钢筋的等效直径（mm）；

n_i——第 i 种纵向受拉钢筋的根数；

d_i——第 i 种纵向受拉钢筋的直径（mm）；

v_i——第 i 种纵向受拉钢筋的相对黏结特性系数，按表 9-1 取用。

表 9-1 钢筋的相对黏结特性系数

钢筋类别	普通钢筋		先张法预应力筋			后张法预应力筋		
	光圆钢筋	带肋钢筋	带肋钢筋	螺旋肋钢丝	钢绞线	带肋钢筋	钢绞线	光面钢丝
v_i	0.7	1.0	1.0	0.8	0.6	0.8	0.5	0.4

9.3.4 平均裂缝宽度

裂缝宽度是指受拉钢筋截面重心水平处构件侧表面的混凝土裂缝宽度。试验表明，裂缝宽度的离散性较大，因此，采用平均裂缝宽度（mean crack width）确定裂缝宽度。如图 9-12 所示，平均裂缝宽度 w_m 等于平均裂缝间距 l_m 长度范围内钢筋和混凝土的变形差，可表示为

$$w_m = \varepsilon_{sm} l_m - \varepsilon_{cm} l_m = \varepsilon_{sm}\left(1 - \frac{\varepsilon_{cm}}{\varepsilon_{sm}}\right) l_m = \alpha_c \varepsilon_{sm} l_m \qquad (9\text{-}21a)$$

式中 α_c——反映裂缝间混凝土伸长对裂缝宽度影响的系数，对受弯构件和偏心受压构件取 $\alpha_c = 0.77$，轴心受拉构件和偏心受拉构件取 $\alpha_c = 0.85$。

由式（9-5c）可知，$\varepsilon_{sm} = \Psi\varepsilon_{sq} = \Psi\sigma_{sq}/E_s$，将其代入式（9-21a）则得

$$w_m = \alpha_c\Psi\frac{\sigma_{sq}}{E_s}l_m \qquad (9\text{-}21b)$$

式中　Ψ——纵向受拉钢筋应变不均匀系数，见式（9-12）；

σ_{sq}——钢筋应力，对于受弯构件，见式（9-8）；对于轴心受拉、偏心受拉和偏心受压构件，取值如下：

1）轴心受拉构件

$$\sigma_{sq} = \frac{N_q}{A_s} \qquad (9\text{-}22)$$

2）偏心受拉构件

$$\sigma_{sq} = \frac{N_q e'}{A_s(h_0 - a'_s)} \qquad (9\text{-}23)$$

3）偏心受压构件

$$\sigma_{sq} = \frac{N_q(e-z)}{zA_s} \qquad (9\text{-}24a)$$

$$e = \eta_s e_0 + y_s \qquad (9\text{-}24b)$$

$$z = \left[0.87 - 0.12(1-\gamma'_f)\left(\frac{h_0}{e}\right)^2\right]h_0 \qquad (9\text{-}24c)$$

$$\eta_s = 1 + \frac{1}{4000e_0/h_0}\left(\frac{l_0}{h}\right)^2 \qquad (9\text{-}24d)$$

图 9-12　平均裂缝宽度计算图

式中　N_q——按荷载准永久组合计算的轴向力值；

A_s——纵向受拉钢筋截面面积，对轴心受拉构件，取全部纵向受拉钢筋截面面积；对偏心受拉构件，取受拉较大边的纵向钢筋截面面积；对受弯、偏心受压构件，取受拉区纵向钢筋截面面积；

e'——轴向拉力作用点至受压区或受拉较小边纵向钢筋合力点的距离，$e' = (e_0 + y_c - a'_s)$；

y_c——截面重心至受压或较小受拉边缘的距离；

e——轴向压力作用点至纵向受拉钢筋合力点的距离；

z——纵向受拉钢筋合力点至受压区合力点之间的距离，且 $z \leqslant 0.87h_0$；

e_0——荷载准永久组合下的初始偏心距，取 M_q/N_q；

y_s——截面重心至纵向受拉钢筋合力点的距离；

η_s——使用阶段的轴向压力偏心距增大系数，当 $l_0/h_0 \leqslant 14$ 时，取 $\eta_s = 1.0$；

γ'_f——受压区翼缘加强系数，见式（9-6a）的符号意义解释。

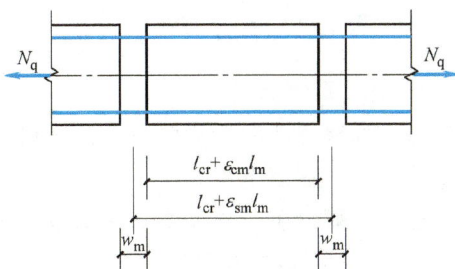

9.3.5　裂缝宽度验算

1. 最大裂缝宽度

由于混凝土的非匀质性及其随机性，裂缝分布具有较大的离散性。因此，裂缝宽度验算应该采用最大裂缝宽度（maximum crack width）。

在荷载短期组合作用下，最大裂缝宽度 w_{max} 大于平均裂缝宽度 w_m；此时，可根据平均裂缝宽度 w_m 乘以短期裂缝宽度的扩大系数 τ_s 得到最大裂缝宽度。而在荷载长期组合作用下，由于受拉区混凝土的应力松弛以及混凝土收缩、徐变等因素的影响，裂缝宽度还会随时间增长不断增大；考虑荷载长期作用的影响，最大裂缝宽度还应在平均裂缝宽度 w_m 的基础上，乘以荷载长期作用的影响系数 τ_1。

对于扩大系数 τ_s，可根据构件实测裂缝宽度的统计结果，按可靠概率95%求得；对受弯构件和偏心受压构件，变异系数为 0.4，$\tau_s = 1 + 1.645\delta = 1.66$；对偏心受拉构件和轴心受拉构件，变异系数为 0.55，$\tau_s = 1 + 1.645\delta = 1.9$。对于荷载长期作用的影响系数 τ_1，考虑荷载短期作用与长期作用的组合，对各种受力构件，均取 $\tau_1 = 1.5$。

在荷载长期作用下，钢筋混凝土构件的最大裂缝宽度为

$$w_{max} = \tau_s \tau_1 w_m = \tau_s \tau_1 \alpha_c \Psi \frac{\sigma_{sq}}{E_s} l_m \tag{9-25}$$

将式（9-20a）代入式（9-25），并令 $\alpha_{cr} = \tau_s \tau_1 \alpha_c \beta$，则可得到按荷载准永久组合并考虑长期作用影响的钢筋混凝土构件最大裂缝宽度计算公式为

$$w_{max} = \alpha_{cr} \Psi \frac{\sigma_{sq}}{E_s} \left(1.9 c_s + 0.08 \frac{d_{eq}}{\rho_{te}} \right) \tag{9-26}$$

式中　α_{cr}——构件受力特征系数，对受弯、偏心受压构件，取 $\alpha_{cr} = 1.9$；对偏心受拉构件，取 $\alpha_{cr} = 2.4$；对轴心受拉构件，取 $\alpha_{cr} = 2.7$。

2. 裂缝控制等级

针对正常使用阶段对混凝土结构构件裂缝的不同要求，并按照所处环境类别和结构类别，我国《规范》给出了相应的裂缝控制等级和最大裂缝宽度限值，见附表12。

（1）一级——严格要求不出现裂缝的构件　按荷载标准组合计算时，构件受拉边缘混凝土不应产生拉应力。

（2）二级——一般要求不出现裂缝的构件　按荷载标准组合计算时，构件受拉边缘混凝土拉应力不应大于混凝土抗拉强度标准值 f_{tk}。

（3）三级——允许出现裂缝的构件　钢筋混凝土构件按荷载准永久组合并考虑长期作用影响计算时，预应力混凝土构件按荷载标准组合并考虑长期作用影响计算时，构件的最大裂缝宽度 w_{max} 不应超过附表12规定的最大裂缝宽度限值 w_{lim}，即

$$w_{max} \leqslant w_{lim} \tag{9-27}$$

对二 a 类环境的预应力混凝土构件，尚应按荷载准永久组合计算，且构件受拉边缘混凝土的拉应力不应大于混凝土抗拉强度标准值 f_{tk}。

上述一、二级裂缝控制属于构件的抗裂能力控制，其控制方法将在预应力混凝土构件中讨论。对于钢筋混凝土构件，在正常使用阶段按三级标准控制其裂缝宽度。

3. 影响裂缝宽度的主要因素

由式（9-26）及试验数据分析可知，影响构件裂缝宽度的主要因素如下：

（1）受拉钢筋应力 裂缝宽度与钢筋应力呈线性关系，钢筋应力越高，则平均应变越大，裂缝宽度越大。

（2）纵向钢筋直径 钢筋直径越大，则在相同截面面积条件下钢筋表面积越小，使钢筋与混凝土之间的黏结力减小，裂缝间距及裂缝宽度越大。因此，在施工条件允许的情况下，应尽可能选用直径较细的钢筋。

（3）配筋率 构件受拉区配筋率越大，裂缝宽度越小。

（4）混凝土保护层厚度 在其他条件相同的情况下，混凝土保护层越厚，裂缝宽度就越大，因而增大保护层厚度对构件表面裂缝宽度是不利的。一般情况下，构件保护层厚度与构件截面高度比值的变化范围不大（$c/h = 0.05 \sim 0.1$）。

（5）钢筋表面形状 带肋钢筋的黏结强度较光圆钢筋大很多，故采用带肋钢筋，裂缝宽度要小。

（6）作用荷载性质 荷载长期作用下，裂缝宽度较大；反复荷载或动力荷载作用下，裂缝宽度有所增加。

解决构件裂缝问题的最有效办法是采用预应力混凝土，它能使构件不产生裂缝或减小裂缝宽度。对于钢筋混凝土构件，减小裂缝宽度的有效措施有：在钢筋截面面积不变的情况下，采用直径较细的钢筋和变形钢筋，也可增大钢筋截面面积或增大构件截面尺寸等。

【例 9-3】 某钢筋混凝土矩形截面简支梁，截面尺寸为 $b \times h = 200\text{mm} \times 500\text{mm}$，混凝土强度等级为 C25（$f_{tk} = 1.78\text{N/mm}^2$），纵向钢筋采用 HRB400 级钢筋 $2 \phi 16 + 2 \phi 18$（$A_s = 911\text{mm}^2$），$c_s = 25\text{mm}$，按荷载准永久组合计算的跨中弯矩 $M_q = 70\text{kN} \cdot \text{m}$，最大裂缝宽度限值 $w_{lim} = 0.30\text{mm}$，环境类别为一类，试验算其最大裂缝宽度是否符合要求。

解：$f_{tk} = 1.78\text{N/mm}^2$，$E_s = 2.0 \times 10^5\text{N/mm}^2$，$A_s = 911\text{mm}^2$，$A_{te} = 0.5bh = (0.5 \times 200 \times 500)\text{mm}^2 = 50000\text{mm}^2$，$\rho_{te} = \dfrac{A_s}{A_{te}} = \dfrac{911}{50000} = 0.0182 > 0.01$。

由式（9-8）可得

$$\sigma_{sq} = \frac{M_q}{0.87h_0 A_s} = \frac{70 \times 10^6}{0.87 \times 475 \times 911}\text{N/mm}^2 = 185.9\text{N/mm}^2$$

由式（9-12）可得

$$\Psi = 1.1 - \frac{0.65 f_{tk}}{\rho_{te}\sigma_{sq}} = 1.1 - \frac{0.65 \times 1.78}{0.0182 \times 185.9} = 0.758$$

由式（9-20b）得钢筋的等效直径为

$$d_{eq} = \frac{\sum n_i d_i^2}{\sum n_i v_i d_i} = \frac{2 \times 18^2 + 2 \times 16^2}{2 \times 1.0 \times 18 + 2 \times 1.0 \times 16}\text{mm} = 17.1\text{mm}$$

由式（9-26）可得

$$w_{max} = 1.9\Psi \frac{\sigma_{sq}}{E_s}\left(1.9c_s + 0.08\frac{d_{eq}}{\rho_{te}}\right)$$

$$= \left[1.9 \times 0.758 \times \frac{185.9}{2.0 \times 10^5} \times \left(1.9 \times 25 + 0.08 \times \frac{17.1}{0.0182}\right)\right]\text{mm}$$

$$= 0.164 \text{mm} < w_{\text{lim}} = 0.3 \text{mm}$$

故满足要求。

【例 9-4】 矩形截面偏心受压柱的截面尺寸为 $b \times h = 400 \text{mm} \times 700 \text{mm}$，受压钢筋和受拉钢筋均为 4 ⏀ 22（$A_s = A_s' = 1520 \text{mm}^2$），混凝土强度等级为 C30（$f_{tk} = 2.01 \text{N/mm}^2$），$c_s = 40 \text{mm}$，按荷载准永久组合计算的轴向压力 $N_q = 370 \text{kN}$，弯矩 $M_q = 185 \text{kN} \cdot \text{m}$。柱的计算长度 $l_0 = 4 \text{m}$，最大裂缝宽度 $w_{\text{lim}} = 0.3 \text{mm}$，试验算构件裂缝宽度是否满足要求。

解： $f_{tk} = 2.01 \text{N/mm}^2$，$E_s = 2.0 \times 10^5 \text{N/mm}^2$

$$\frac{l_0}{h} = \frac{4000}{700} = 5.71 < 14，取 \ \eta_s = 1.0$$

$$a_s = a_s' = c_s + 0.5d = (40 + 0.5 \times 22) \text{mm} = 51 \text{mm}$$

$$h_0 = h - a_s = (700 - 51) \text{mm} = 649 \text{mm}$$

$$e_0 = \frac{M_q}{N_q} = \frac{185 \times 10^6}{370 \times 10^3} \text{mm} = 500 \text{mm}$$

由式（9-24b）可得

$$e = \eta_s e_0 + y_s = \eta_s e_0 + 0.5h - a_s = (1.0 \times 500 + 0.5 \times 700 - 51) \text{mm} = 799 \text{mm}$$

由式（9-24c）可得

$$z = \left[0.87 - 0.12(1 - \gamma_f') \left(\frac{h_0}{e} \right)^2 \right] h_0 = \left[0.87 - 0.12 \times (1-0) \left(\frac{649}{799} \right)^2 \right] \times 649 \text{mm} = 513 \text{mm}$$

由式（9-24a）可得

$$\sigma_{sq} = \frac{N_q(e-z)}{zA_s} = \frac{370 \times 10^3 \times (799 - 513)}{513 \times 1520} \text{N/mm}^2 = 135.7 \text{N/mm}^2$$

$$A_{te} = 0.5bh = (0.5 \times 400 \times 700) \text{mm}^2 = 140000 \text{mm}^2$$

$$\rho_{te} = \frac{A_s}{A_{te}} = \frac{1520}{140000} = 0.0109$$

由式（9-12）可得

$$\Psi = 1.1 - \frac{0.65 f_{tk}}{\rho_{te} \sigma_{sq}} = 1.1 - \frac{0.65 \times 2.01}{0.0109 \times 135.7} = 0.217$$

由式（9-26）可得

$$w_{\text{max}} = 1.9\Psi \frac{\sigma_{sq}}{E_s} \left(1.9 c_s + 0.08 \frac{d_{\text{eq}}}{\rho_{te}} \right)$$

$$= 1.9 \times 0.217 \times \frac{135.7}{2.0 \times 10^5} \times \left(1.9 \times 40 + 0.08 \times \frac{22}{0.0109} \right) \text{mm}$$

$$= 0.066 \text{mm} < w_{\text{lim}} = 0.3 \text{mm}$$

故满足要求。

■ 9.4 混凝土结构耐久性设计

混凝土结构在使用期间，除直接承受荷载作用外，还会受到自然环境和使用环境的作用，随着时间的不断增长，混凝土结构会出现裂缝、钢筋锈蚀、混凝土剥蚀和磨蚀等现象，材料性能会逐渐劣化，从而引起结构性能蜕变、衰竭，甚至出现承载力降低、外观破损和使用功能不满足要求等耐久性问题。我国《混凝土结构耐久性设计标准》（GB/T 50476—2019）（以下简称《耐久性标准》）对结构耐久性的定义是：在环境作用和正常维护、使用条件下，结构或构件在设计使用年限内保持其适用性和安全性的能力。混凝土结构耐久性设计就是确保结构能够达到规定的设计使用年限，满足建筑物的合理使用寿命要求。

9.4.1　结构耐久性劣化的原因

影响混凝土结构耐久性的因素很多，可分内因和外因两方面。内因有混凝土强度、密实性、保护层厚度、水泥品种及用量、外加剂、氯离子及碱含量等，外因有环境温度、湿度、CO_2 含量、侵蚀性介质等。混凝土结构出现耐久性劣化，往往是内因和外因综合作用的结果，其原因可归纳为：

1. 设计构造不周

如保护层厚度太小，钢筋间距太大，沉降缝构造不正确，构件开孔时洞边配筋不当，隔热层、分隔层、防滑层等处理不当。

2. 材料使用不当

如水泥品种使用不当，外加剂使用不当，骨料级配不当等。

3. 施工质量不良

如支模不当，水胶比过大，使用含有氯离子的早强剂，海水搅拌混凝土，浇捣不密实，养护不当，快速冷却或干燥，温度太低等。

4. 环境介质侵蚀

如 CO_2、SO_2、H_2CO_3 气体的侵蚀，含有侵蚀性的水、硫酸盐及碱溶液的侵蚀等。

9.4.2　结构耐久性极限状态

混凝土结构耐久性问题包括钢筋锈蚀和混凝土表层损伤。造成钢筋锈蚀的主要原因是混凝土碳化和氯盐侵入，而引起混凝土表面损伤的主要原因是硫酸盐腐蚀、冻融循环作用、碱骨料反应等。目前，混凝土结构和构件的耐久性极限状态可分为以下三种：

1. 钢筋开始锈蚀的极限状态

钢筋开始锈蚀的极限状态应为大气作用下钢筋表面脱钝或氯离子侵入混凝土内部并在钢筋表面积累的浓度达到临界浓度，主要针对锈蚀敏感的预应力钢筋、冷加工钢筋或直径不大于 6mm 的普通热轧钢筋作为受力主筋的混凝土结构。混凝土碳化、钢筋表面的钝化膜遭到破坏只是钢筋锈蚀的必要条件，水分和空气与钢筋的接触才是钢筋锈蚀的充分条件。

钢筋开始锈蚀的极限状态是对结构和构件耐久性保证率较高、相对保守的极限状态，一般适用于设计使用年限 50 年以上的重要结构和构件，尤其是难以维护的构件。考虑到预应力筋和冷加工钢筋的延性差，破坏呈脆性，而且一旦开始锈蚀，发展速度较快，所以偏于安全考虑，宜以钢筋开始发生锈蚀作为耐久性极限状态。

2. 钢筋适量锈蚀的极限状态

钢筋适量锈蚀的极限状态应为钢筋锈蚀发展导致混凝土构件表面开始出现顺筋裂缝，或钢筋截面的径向锈蚀深度达到 0.1mm，钢筋的这一损失量不至于明显影响构件承载力。主要针对普通热轧钢筋作为受力主筋的混凝土结构，对于直径小于或等于 6mm 的细钢筋除外。钢筋锈胀引起构件顺筋开裂（裂缝与钢筋保护层表面垂直）或层裂（裂缝与钢筋保护层表面平行）时的锈蚀深度约为 0.1mm，两种开裂状态均使构件达到正常使用极限状态。

混凝土结构在使用期间可维护的构件，可采用钢筋适量锈蚀的极限状态，该极限状态对应的钢筋锈蚀量以及构件表面状态。

3. 混凝土表面轻微损伤的极限状态

混凝土表面轻微损伤的极限状态应为不影响结构外观、不明显损害构件的承载力和表层混凝土对钢筋的保护，主要针对处于冻融环境和化学腐蚀环境中的混凝土结构。

由于混凝土结构耐久性问题的复杂性，目前尚没有公认的极限状态定量设计方法，耐久性设计主要是针对不同的工作环境提出保证耐久性的技术措施和构造要求。对于使用年限大于 50 年的重要工程，其混凝土结构耐久性宜采用定量设计方法。

9.4.3 结构工作的环境类别

1. 环境类别和作用等级

结构的工作环境是结构性能劣化的外因。结构耐久性与设计使用年限和工作环境有着密切的关系，同一结构在强腐蚀环境中要比一般大气环境中使用寿命短，不同的使用环境可以采取不同的措施保证结构使用寿命。因此，混凝土结构耐久性设计应明确结构所处的环境类别，《耐久性标准》规定，混凝土结构暴露环境类别应按表 9-2 的确定。《规范》对混凝土结构的环境类别做了更详细的划分，具体内容见附表 10。

表 9-2　环境类别

环境类别	名称	劣化机理
I	一般环境	正常大气作用引起钢筋锈蚀
II	冻融环境	反复冻融导致混凝土损伤
III	海洋氯化物环境	氯盐侵入引起钢筋锈蚀
IV	除冰盐等其他氯化物环境	氯盐侵入引起钢筋锈蚀
V	化学腐蚀环境	硫酸盐等化学物质对混凝土的腐蚀

当结构构件受到多种环境类别共同作用时，应分别针对每种环境类别进行耐久性设计。根据环境对混凝土结构性能影响程度的不同，《耐久性标准》将环境对配筋混凝土结构的作用程度采用环境作用等级表达，并要求按表 9-3 的规定确定。

表 9-3　环境作用等级

环境类别	环境作用等级					
	A 轻微	B 轻度	C 中度	D 严重	E 非常严重	F 极端严重
一般环境	I -A	I -B	I -C	—	—	—
冻融环境	—	—	II -C	II -D	II -E	—
海洋氯化物环境	—	—	III -C	III -D	III -E	III -F
除冰盐等其他氯化物环境	—	—	IV -C	IV -D	IV -E	—
化学腐蚀环境	—	—	V -C	V -D	V -E	—

2．一般环境

一般环境是指无冻融、氯化物和其他化学腐蚀物质作用的暴露环境，对混凝土结构的侵蚀主要是表层混凝土碳化、氧气和水分共同作用引起钢筋锈蚀。由于混凝土呈高度碱性，钢筋在高度碱性环境中会在表面生成一层致密的钝化膜，使钢筋具有良好的稳定性。当空气中的二氧化碳扩散到混凝土内部，会通过化学反应降低混凝土的碱度（碳化），使钢筋表面失去稳定性并在氧气与水分的作用下发生锈蚀。所以，一般环境下混凝土结构的耐久性设计，应控制正常大气作用引起的内部钢筋锈蚀；当混凝土结构构件同时承受其他环境作用时，应按环境作用等级较高的有关要求进行耐久性设计。一般环境下配筋混凝土结构的环境作用等级，应按表9-4的规定确定。

表 9-4　一般环境的作用等级

环境作用等级	环境条件	结构构件示例
I-A	室内干燥环境	常年干燥、低湿度环境中的结构内部构件
	长期浸没水中环境	所有表面均处于水下的构件
I-B	非干湿交替的结构内部潮湿环境	中、高湿度环境中的结构内部构件
	非干湿交替的露天环境	不接触或偶尔接触雨水的外部构件
	长期湿润环境	长期与水或湿润土体接触的构件
I-C	干湿交替环境	与冷凝水、露水或蒸汽频繁接触的结构内部构件 地下水位较高的地下室构件 表面频繁淋雨或频繁与水接触的构件 处于地下水位变动区的构件

注：1．环境条件是指混凝土表面的局部环境。
　　2．干燥、低湿度环境指年平均湿度低于60%，中、高湿度环境指年平均湿度大于60%。
　　3．干湿交替环境指混凝土表面经常交替接触到大气和水的环境条件。

3．冻融环境

冻融环境是指经反复冻融作用的暴露环境。当混凝土内部含水量较高时，冻融循环的作用会引起内部或表层的损伤；如果水中含有盐分，损伤程度会加剧。因此，冰冻地区与雨、水接触的露天混凝土构件应按冻融环境考虑。另外，反复冻融会造成混凝土保护层损伤，还会缩短内部钢筋开始锈蚀的时间。根据混凝土饱水程度、气温变化和盐分含量等因素，将冻融环境的作用程度划分为中度、严重和非常严重三个作用等级，具体应按《耐久性标准》的相关规定确定。

4．氯化物环境

氯化物环境是指混凝土结构或构件受到氯盐侵入作用并引起内部钢筋锈蚀的暴露环境，包括海洋氯化物环境和除冰盐等其他氯化物环境。氯离子可从混凝土表面迁移到混凝土内部，在钢筋表面积累到一定浓度（临界浓度）后会引发钢筋锈蚀。氯离子引起的钢筋锈蚀程度要比一般环境下单纯由大气作用引起的锈蚀严重得多，是混凝土结构耐久性设计的重点问题之一。

根据海洋和近海地区结构所处区域，海洋氯化物环境分为中度、严重、非常严重和极端严重四个作用等级；根据氯离子浓度和喷洒除冰盐的频度，除冰盐等其他氯化物环境分为中度、严重和非常严重三个作用等级，具体应按《耐久性标准》的相关规定确定。

5. 化学腐蚀环境

化学腐蚀环境是指混凝土结构或构件受到自然环境中化学物质腐蚀作用的暴露环境，包括水、土中化学腐蚀环境和大气污染腐蚀环境。混凝土劣化主要是土、水中的硫酸盐、酸等化学物质和大气中的硫化物、氮氧化物等对混凝土的化学作用，同时也有盐结晶等物理作用所引起的破坏。根据污染物的种类和浓度，化学腐蚀环境分为中度、严重和非常严重三个作用等级，具体应按《耐久性标准》的相关规定确定。

9.4.4　结构耐久性设计要求

目前，对混凝土结构耐久性的研究尚不够深入，关于耐久性的设计方法也不是定量设计。因此，耐久性设计（design of durability）主要采取以下要求和规定保证。

1. 设计内容

混凝土结构耐久性应根据结构的设计使用年限、结构所处的环境类别和作用等级进行设计。《耐久性标准》规定的设计内容如下：

1）确定结构的设计使用年限、环境类别及其作用等级。

2）采用有利于减轻环境作用的结构形式和布置。

3）规定结构材料的性能与指标。

4）确定钢筋的混凝土保护层厚度。

5）提出混凝土构件裂缝控制与防排水等构造要求。

6）针对严重环境作用，采取合理的防腐蚀附加措施或多重防护措施。

7）采用保证耐久性的混凝土成型工艺，提出保护层厚度的施工质量验收要求。

8）提出结构使用阶段的检测、维护与修复要求，包括检测与维护必需的构造与设施。

9）根据使用阶段的检测，必要时对结构或构件进行耐久性再设计。

建筑结构的设计使用年限见表 3-2，环境类别见表 9-2，环境作用等级见表 9-3；在严重环境作用下，仅靠提高混凝土材料质量、改善混凝土密实性、增加保护层厚度和利用防排水措施等，往往还不能保证设计使用年限内具有足够的耐久性，这就需要采取一种或多种防腐蚀附加措施，如混凝土表面涂层、环氧涂层钢筋、钢筋阻锈剂和阴极保护等。

混凝土结构的设计使用年限是建立在预定的维修与使用条件下的。因此，耐久性设计需要明确结构使用阶段的维护、检测要求，包括设置必要的检测通道，预留检测维修空间和装置，对于重要工程需预先设置耐久性预警和监测系统。

2. 材料要求

混凝土质量是影响结构耐久性的重要因素。结构设计时，混凝土强度等级应同时满足耐久性和承载能力的要求。选用混凝土材料时，根据结构所处的环境类别、作用等级和结构设计使用年限，应同时满足混凝土最低强度等级、最大水胶比和混凝土原材料组成的要求。《耐久性标准》分别规定了一般环境、冻融环境、氯化物环境和化学腐蚀环境的材料和保护层厚度的要求，其配筋混凝土结构满足耐久性要求的混凝土最低强度等级见表 9-5。

此外，为满足耐久性要求，预应力构件的混凝土最低强度等级要求不应低于 C40；素混凝土结构的混凝土最低强度等级，对于一般环境不低于 C20。对于重要工程或大型工程，除满足表 9-5 的要求外，还应针对具体的环境类别和作用等级，分别提出抗冻耐久性指数、氯离子扩散系数等具体量化的耐久性指标。

表 9-5 满足耐久性要求的混凝土最低强度等级

环境类别与作用等级	设计使用年限		
	100 年	50 年	30 年
Ⅰ -A	C30	C25	C25
Ⅰ -B	C35	C30	C25
Ⅰ -C	C40	C35	C30
Ⅱ -C	C_a35,C45	C_a30,C45	C_a30,C40
Ⅱ -D	C_a40	C_a35	C_a35
Ⅱ -E	C_a45	C_a40	C_a40
Ⅲ -C,Ⅳ -C,Ⅴ -C,Ⅲ -D,Ⅳ -D,Ⅴ -D	C45	C40	C40
Ⅲ -E,Ⅳ -E,Ⅴ -E	C50	C45	C45
Ⅲ -F	C50	C50	C50

注：表中 C_a 为引气混凝土的强度等级。

《规范》对结构耐久性设计的混凝土材料要求有：

1）处于一、二、三类环境中，设计使用年限为 50 年的结构，其混凝土材料耐久性的基本要求应符合表 9-6 的规定。

表 9-6 结构混凝土材料的耐久性基本要求

环境等级	最大水胶比	最低强度等级	最大氯离子含量（%）	最大碱含量/（kg/m³）
一	0.60	C20	0.30	不限制
二 a	0.55	C25	0.20	
二 b	0.50(0.55)	C30(C25)	0.10	
三 a	0.45(0.50)	C35(C30)	0.10	3.0
三 b	0.40	C40	0.06	

注：1. 氯离子含量按氯离子与水泥用量的质量百分比计算。
   2. 预应力构件混凝土中的最大氯离子含量为 0.06%，最低混凝土强度等级应按表中的规定提高两个等级。
   3. 素混凝土构件的水胶比及最低强度等级的要求可适当放松。
   4. 有可靠工程经验时，二类环境中的最低混凝土强度等级可降低一个等级。
   5. 处于严寒和寒冷地区二 b、三 a 类环境中的混凝土应使用引气剂，并可采用括号中的有关参数。
   6. 当使用非碱活性骨料时，对混凝土中的碱含量可不做限制。

2）处于一类环境中，设计使用年限为 100 年的结构，应符合以下规定：①钢筋混凝土结构的最低强度等级为 C30，预应力混凝土结构的最低强度等级为 C40；②混凝土中的最大氯离子含量为 0.06%；③宜使用非碱活性骨料，当使用碱活性骨料时，混凝土中的最大碱含量为 3.0kg/m³；④混凝土保护层宜按表 4-2 的规定；当采取有效的表面防护措施时，混凝土保护层厚度可适当减小。

3）处于二、三类环境中，设计使用年限为 100 年的结构，应采取专门的有效措施。

专门有效的措施包括：限制混凝土的水胶比；适当提高混凝土的强度等级；保证混凝土的抗冻性能；提高混凝土的抗渗能力；使用环氧涂层钢筋；构造上避免积水；构件表面增加防护层使之不直接承受环境作用等。特别是规定维修的年限或对结构构件进行局部更换，均可延长主体结构的实际使用年限。

4）耐久性环境类别为四类、五类的混凝土结构，应符合《耐久性标准》的要求。

3. 构造规定和技术措施

（1）混凝土保护层厚度　混凝土保护层厚度的大小及保护层的密实性对提高混凝土结构的耐久性具有重要作用。《耐久性标准》规定了不同环境下钢筋主筋、箍筋和分布钢筋，其混凝土保护层厚度应满足防锈、耐火以及与混凝土之间黏结力传递的要求，且混凝土保护层厚度设计值不得小于钢筋的公称直径。工厂预制的混凝土构件，其普通钢筋和预应力筋的混凝土保护层厚度可比现浇构件减少5mm。

《规范》根据混凝土结构所处的环境条件类别，规定了混凝土保护层的最小厚度：构件中受力钢筋的保护层厚度不应小于钢筋的公称直径；对设计使用年限为50年的混凝土结构，最外层钢筋（包括箍筋和构造钢筋）的保护层厚度应符合表4-2的规定；对设计使用年限为100年的混凝土结构，保护层厚度不应小于表4-2中规定数值的1.4倍。

当采取有效的表面防护措施时，混凝土保护层厚度可适当减少，措施包括：

1）构件表面有可靠的防护层。

2）采用工业化生产预制构件，并能保证预制混凝土构件的质量。

3）在混凝土中掺加阻锈剂或采用阴极保护处理等防锈措施。

4）当对地下室墙体采取可靠的建筑防水做法时，与土壤接触侧钢筋的保护层厚度可适当减少，但不应小于25mm。

当梁、柱、墙中纵向受力钢筋的保护层厚度大于50mm时，宜对保护层采取有效的构造措施。当在保护层内配置防裂、防剥落的钢筋网片时，网片钢筋的保护层厚度不应小于25mm。

（2）裂缝控制要求　裂缝的出现会加快混凝土的碳化，也是钢筋开始锈蚀的主要条件。为保证混凝土的耐久性，必须对裂缝进行控制。《耐久性标准》规定：在荷载作用下配筋混凝土构件的表面裂缝最大宽度计算值不应超过表9-7的限值。对裂缝宽度无特殊外观要求的，当保护层设计厚度超过30mm时，可将厚度取为30mm计算裂缝的最大宽度。

表 9-7　表面裂缝计算宽度限值　　　　　　（单位：mm）

环境作用等级	钢筋混凝土构件	有黏结预应力混凝土构件
A	0.40	0.20
B	0.30	0.20（0.15）
C	0.20	0.10
D	0.20	按二级裂缝控制或按部分预应力A类构件控制
E、F	0.15	按一级裂缝控制或按全预应力类构件控制

注：1. 括号中的宽度适用于钢丝或钢绞线的先张预应力构件。
　　2. 裂缝控制等级为二级或一级时，按《规范》的计算裂缝宽度；部分预应力A类构件或全预应力构件按《公路钢筋混凝土及预应力混凝土桥涵设计规范》（JTG 3362—2018）的计算裂缝宽度。

《规范》根据结构构件所处的环境类别、钢筋种类对锈蚀的敏感性和荷载的作用时间，将裂缝控制分为三个等级，并给出了相应的裂缝控制等级和最大裂缝宽度限值，见附表12。

（3）维护与检测要求　要保证混凝土结构的耐久性，还需要在使用阶段对结构进行正常的检测维护，不得随意改变建筑物所处的环境类别，检测维护的措施包括：

1）结构应按设计规定的环境类别使用，并定期进行检查维护。

2）设计中的可更换混凝土构件应按规定定期更换。

3）构件表面的防护层，应按规定进行维护或更换。

4）结构出现可见的耐久性缺陷时，应及时进行检测处理。

（4）耐久性技术措施

混凝土结构及构件应采取以下耐久性技术措施：

1）预应力混凝土结构中的预应力筋应根据具体情况采取表面防护、管道灌浆、加大混凝土保护层厚度等措施，外漏的锚固端应采取封锚和混凝土表面处理等有效措施。

2）有抗渗要求的混凝土结构，混凝土的抗渗等级应符合相关标准的要求。

3）严寒及寒冷地区的潮湿环境中，混凝土结构应满足抗冻要求，混凝土抗冻等级应符合有关标准的要求。

4）处于二、三类环境中的悬臂构件宜采用悬臂梁—板的结构形式，或在其上表面增设防护层。

5）处于二、三类环境中的结构构件，其表面的预埋件、吊钩、连接件等金属部位应采取可靠的防锈措施。

6）处在三类环境中的混凝土结构构件，钢筋可采用阻锈剂、环氧涂层钢筋或其他具有耐腐蚀性能的钢筋，采取阴极保护处理或采用可更换的构件等措施。

本 章 小 结

1. 设计钢筋混凝土构件时，首先应进行承载能力极限状态的计算，以满足安全性要求；其次应进行正常使用极限状态验算和耐久性设计，以满足适用性和耐久性要求。正常使用极限状态验算主要包括挠度和裂缝宽度的验算，耐久性设计主要是保证结构耐久性的技术措施和构造要求等。

2. 在短期荷载作用下，受弯构件纯弯段的平均弯曲刚度称为短期刚度 B_s。按照平截面假定、钢筋和混凝土的应力—应变关系和截面平衡条件，可推导受弯构件短期刚度的计算公式，公式中参数 η、ζ 和 Ψ 具有不同的物理意义。提高受弯构件短期刚度的最有效措施是增大截面高度。

3. 系数 Ψ 的物理意义是反映裂缝间受拉混凝土对纵向受拉钢筋应变的影响程度。Ψ 越小，裂缝间的混凝土协助钢筋抗拉作用越强；当 $\Psi = 1$ 时，表明此时裂缝间受拉混凝土全部退出工作，不再协助钢筋受拉。Ψ 值与混凝土强度、配筋率、钢筋与混凝土的黏结强度、构件截面尺寸以及裂缝截面的钢筋应力等因素有关。

4. 受弯构件按荷载准永久组合并考虑荷载长期作用影响所求得的截面弯曲刚度称为长期刚度 B。在荷载长期作用下，随着时间的增长，受弯构件的刚度会逐渐降低，这可通过挠度增大系数 θ 予以考虑，由此可得构件的长期刚度。受弯构件挠度验算时，对等截面构件采用最小刚度原则，即取该区段内最大弯矩 M_{max} 处的最小刚度 B_{min} 计算。

5. 对钢筋混凝土受弯构件来说，截面弯曲刚度是一个变量，它随荷载的不断增大而降低，也随荷载作用时间的增长而降低。受弯构件挠度验算，关键是计算截面弯曲刚度，且分短期刚度 B_s 和长期刚度 B；挠度验算采用材料力学公式，按荷载准永久组合并考虑荷载长期作用的影响，即按长期刚度 B 计算，所求的挠度计算值不应超过《规范》规定的限值。

6. 通过分析构件裂缝出现、分布和开展的过程，根据黏结滑移理论和试验研究，推导了平均裂缝间距和平均裂缝宽度公式。在此基础上，最大裂缝宽度等于平均裂缝宽度乘以扩大系数，该系数主要考虑裂缝宽度的随机性以及荷载长期作用组合的影响，求得的最大裂缝宽度不应超过《规范》规定的限值。

7. 构件裂缝控制等级分为三级。一级和二级抗裂要求的构件，通常采用预应力混凝土构件，而钢筋混凝土构件的裂缝控制等级为三级。裂缝宽度是指受拉钢筋截面重心水平处构件侧表面的混凝土裂缝宽度。减小裂缝宽度的最有效措施是在钢筋截面面积相同的条件下，优先选用直径较细的钢筋和变形钢筋。

8. 混凝土结构的耐久性是指在设计确定的环境作用和维修、使用条件下，结构构件在设计使用年限内保持其适用性和安全性的能力。影响结构耐久性的因素有内因和外因两方面。耐久性设计主要根据结构的设计使用年限、环境类别及其作用等级，明确混凝土材料的要求，确定混凝土保护层厚度，并提出相应的技术措施及使用阶段的维护与检测要求等。

思 考 题

1. 在进行构件变形及裂缝宽度验算时，为什么荷载采用标准组合或准永久组合，材料强度采用标准值？

2. 为什么要控制构件的变形及裂缝宽度？

3. 钢筋混凝土受弯构件的截面弯曲刚度有什么特点？

4. 受弯构件短期刚度计算公式中参数 η、ζ 和 Ψ 的物理意义是什么？当 $\Psi = 1$ 时，意味着什么？计算 Ψ 时，为什么要用 ρ_{te}？

5. 受弯构件短期刚度 B_s 与哪些因素有关？若挠度验算不满足限值，应采取什么措施？

6. T 形截面和倒 T 形截面的 A_{te} 有什么区别？为什么？

7. 在荷载长期作用下，为什么受弯构件的刚度会降低？

8. 什么是最小刚度原则？挠度验算时为什么要引入这一原则？

9. 什么是微观裂缝？什么是宏观裂缝？进行结构构件裂缝宽度验算应控制哪种裂缝？

10. 裂缝产生的原因主要有哪些？验算裂缝宽度时主要考虑哪种原因？

11. 试简述裂缝出现、分布和展开的过程。影响平均裂缝间距 l_m 的主要因素有哪些？

12. 裂缝宽度、平均裂缝宽度和最大裂缝宽度是如何定义的？最大裂缝宽度计算公式是根据什么原则确定的？

13. 裂缝宽度与哪些因素有关？如不满足裂缝宽度限值，应采取哪些措施处理？

14. 我国《规范》对裂缝控制等级是如何规定的？相对应的要求是什么？

15. 什么是混凝土结构耐久性？影响其耐久性的主要因素有哪些？

16. 《耐久性标准》对环境类别是如何划分的？《规范》对环境类别又是如何划分的？

17. 混凝土结构耐久性的极限状态是如何划分的？各种状态主要针对什么样的结构？

18. 《耐久性标准》规定的耐久性设计内容有哪些？

19. 结构耐久性设计对混凝土材料有哪些要求？

20. 混凝土保护层厚度有哪些作用？为什么增加混凝土保护层厚度可以提高混凝土结构耐久性？

测 试 题

1．填空题

（1）弹性匀质梁的截面弯曲刚度为 $B = EI$，其物理意义是使截面产生单位转角所需施加的_____，它体现了截面抵抗_____的能力。

（2）钢筋混凝土受弯构件的挠度计算，关键是_____的计算，通常按_____阶段的应力和应变图形进行分析。

（3）受弯构件短期刚度推导过程中，参数 η 称为_____，参数 ζ 称为_____，参数 Ψ 称为_____，其中反映刚度随弯矩增大而减小的参数是_____，其物理意义是_____。

（4）纵向受拉钢筋应变不均匀系数 Ψ 越大，则受弯构件的弯曲刚度越_____，而混凝土参与受拉工作的程度越_____。

（5）荷载长期作用下的钢筋混凝土梁，其挠度随时间的增长而_____，刚度随时间的增长而_____。提高梁截面弯曲刚度的最有效措施是_____。

（6）最小刚度原则是指在_____弯矩范围内，假定其刚度为常数，并按_____截面处的_____进行计算。

（7）平均裂缝间距与_____、_____、_____及_____有关。

（8）平均裂缝间距随混凝土保护层厚度增大而_____，随纵向钢筋配筋率增大而_____。

（9）轴心受拉构件若其他条件不变，钢筋直径 d 越细，则平均裂缝间距 l_m 越_____，裂缝平均宽度 w_m 越_____。

（10）轴心受拉构件的平均裂缝宽度为_____范围内_____之差。

（11）钢筋混凝土和预应力混凝土构件，按_____和_____确定相应的裂缝控制等级及最大裂缝宽度限值。

（12）最大裂缝宽度等于平均裂缝宽度乘以扩大系数，这个系数是考虑裂缝宽度的_____以及_____的影响。

（13）混凝土结构耐久性是指在设计确定的_____和_____、_____条件下，结构构件在_____内保持其适用性和安全性的能力。

（14）混凝土结构耐久性极限状态可分为_____、_____、_____。

（15）混凝土结构主要应根据_____、_____和_____进行耐久性设计。

2．是非题

（1）处于正常使用阶段的钢筋混凝土构件，一般都是带裂缝工作的。　　　（　　）

（2）受弯构件的截面弯曲刚度，随着荷载的增大而减小，随着时间的增长而增大。

（　　）

（3）在受弯构件的裂缝截面，纵向受拉钢筋的应力 σ_s、应变 ε_s 最大；受压区边缘的混凝土应力 σ_c、应变 ε_c 最小。（　　）

（4）工字形截面梁的短期刚度 B_s 与截面受拉翼缘无关。（　　）

（5）Ψ 为纵向受拉钢筋应变不均匀系数，若 $\Psi=1$，则表明裂缝间受拉混凝土将完全退出工作。（　　）

（6）若 Ψ 的计算值过小，则会过高地估计混凝土协助钢筋的抗拉作用；因此我国《规范》规定 $\Psi<0.2$ 时，取 $\Psi=0.2$。（　　）

（7）A_{te} 为有效受拉混凝土截面面积，对于矩形和 T 形截面，$A_{te}=bh$。（　　）

（8）影响钢筋混凝土梁短期刚度最主要的因素为高跨比。（　　）

（9）对于钢筋混凝土梁，若混凝土的收缩、徐变增大，则梁的刚度降低，挠度增大。（　　）

（10）对于钢筋混凝土梁，若配置受压钢筋，则在荷载长期作用下梁的挠度会增大。（　　）

（11）平均裂缝间距 l_m 与混凝土抗拉强度设计值 f_t 成正比，f_t 越高，则 l_m 越大。（　　）

（12）钢筋与混凝土之间的黏结力越大，则平均裂缝间距越大，裂缝宽度也越大。（　　）

（13）裂缝宽度是指构件受拉区外表面混凝土的裂缝宽度。（　　）

（14）由于构件的裂缝宽度和变形随时间而变化，因此进行裂缝宽度和变形验算时，除按荷载基本组合，还应考虑荷载长期作用的影响。（　　）

（15）进行受弯构件变形验算时，采用荷载标准值、荷载准永久值和材料强度设计值。（　　）

3. 选择题

（1）验算受弯构件挠度和裂缝宽度的目的是（　　）。

A. 保证构件处于弹性工作阶段　　　　　B. 保证构件满足正常使用极限状态的要求

C. 保证构件处于正常使用阶段　　　　　D. 保证构件满足承载能力极限状态的要求

（2）Ψ 为纵向受拉钢筋应变不均匀系数，下列关于 Ψ 说法错误的是（　　）。

A. 当 $\Psi<0.2$ 时，取 $\Psi=0.2$　　　　B. Ψ 不受限制

C. 当 $\Psi>1.0$ 时，取 $\Psi=1.0$　　　　D. 对直接承受重复荷载的构件，取 $\Psi=1.0$

（3）对短期刚度 B_s 的影响因素，下列说法错误的是（　　）。

A. 增加截面有效高度 h_0，对 B_s 的影响最大

B. 增大受拉钢筋配筋率 ρ_{te}，则 B_s 略有增大

C. 其他条件相同时，截面形状对 B_s 有影响

D. 截面配筋率若满足承载力要求，则也能满足挠度限值的要求

（4）提高受弯构件截面刚度最有效的措施是（　　）。

A. 提高混凝土强度等级　　　　　　　　B. 增加钢筋截面面积

C. 增大截面宽度　　　　　　　　　　　D. 增大截面高度

（5）在荷载长期作用下，引起受弯构件挠度增大的主要原因是（　　）。

A. 混凝土徐变　　　　　　　　　　　　B. 钢筋与混凝土的黏结滑移

C. 混凝土收缩   D. 受压钢筋配筋率

(6) 钢筋混凝土构件的裂缝间距主要与下列哪个因素有关？（   ）

A. 混凝土强度等级   B. 混凝土回缩及钢筋伸长量

C. 混凝土极限拉应变   D. 钢筋与混凝土之间的黏结强度

(7) 钢筋混凝土构件的平均裂缝间距与下列哪个因素无关？（   ）

A. 混凝土强度等级   B. 混凝土保护层厚度

C. 纵向受拉钢筋直径   D. 纵向钢筋配筋率

(8) 钢筋混凝土构件的平均裂缝宽度（   ）。

A. 随平均裂缝间距增大而增大、随裂缝截面钢筋应力减小而增大

B. 随平均裂缝间距增大而增大、随裂缝截面钢筋应力增大而增大

C. 随平均裂缝间距减小而增大、随裂缝截面钢筋应力减小而增大

D. 随平均裂缝间距减小而增大、随裂缝截面钢筋应力增大而增大

(9) 钢筋混凝土构件的裂缝宽度是指（   ）。

A. 构件受拉区外表面上混凝土的裂缝宽度

B. 受拉钢筋内侧构件侧表面上混凝土的裂缝宽度

C. 受拉钢筋外侧构件侧表面上混凝土的裂缝宽度

D. 受拉钢筋重心水平处构件侧表面的混凝土裂缝宽度

(10) 在短期荷载作用下，构件的最大裂缝宽度大于平均裂缝宽度，是因为（   ）。

A. 材料性能不均匀、施工质量不均匀

B. 施工质量不均匀、内力分布不均匀

C. 内力分布不均匀、混凝土收缩

D. 材料性能不均匀、混凝土收缩

(11) 在荷载长期作用下，构件裂缝宽度大于荷载短期作用下的裂缝宽度，是因为（   ）。

A. 钢筋与混凝土的黏结滑移徐变、受拉混凝土的应力松弛、混凝土的后期收缩

B. 受拉混凝土的应力松弛、混凝土的后期收缩、内力分布不均匀

C. 钢筋与混凝土的黏结滑移徐变、受拉混凝土的应力松弛、内力分布不均匀

D. 钢筋与混凝土的黏结滑移徐变、混凝土的后期收缩、内力分布不均匀

(12) 影响钢筋混凝土构件裂缝宽度最主要的因素是（   ）。

A. 钢筋直径和形状   B. 钢筋截面面积

C. 混凝土强度等级   D. 构件截面尺寸

(13) 减小钢筋混凝土构件的裂缝宽度，采用下列什么措施最有效？（   ）

A. 减小构件截面尺寸   B. 以等面积的粗钢筋代替细钢筋

C. 增大混凝土保护层厚度   D. 以等面积的细钢筋代替粗钢筋

(14) 我国《规范》给出了裂缝控制等级，若为二级构件是指（   ）。

A. 严格要求不出现裂缝的构件   B. 允许出现裂缝的构件

C. 一般要求不出现裂缝的构件   D. 对宽度裂缝没有限制的构件

(15) 一般环境中的作用等级次序为（   ）。

A. 干湿交替环境>室内干燥环境>室内潮湿环境

B. 室内潮湿环境>干湿交替环境>室内干燥环境

C. 干湿交替环境>室内潮湿环境>室内干燥环境

D. 室内干燥环境>干湿交替环境>室内潮湿环境

习　题

1. 某矩形截面简支梁，截面尺寸为 $b \times h = 200\text{mm} \times 500\text{mm}$，梁的计算跨度 $l_0 = 6\text{m}$，承受荷载标准值 $g_k = 13\text{kN/m}$（包括梁的自重），可变荷载标准值 $q_k = 13\text{kN/m}$，准永久值系数 $\Psi_q = 0.4$，由正截面受弯承载力计算已配置 4 ⏀ 18 纵向受拉钢筋（$A_s = 1017\text{mm}^2$），混凝土强度等级为 C25，$c_s = 25\text{mm}$，允许挠度 $[f] = l_0/200$。试验算该梁的挠度。

2. 某悬挑板如图 9-13 所示，计算跨度 $l_0 = 3\text{m}$，板厚 $h = 200\text{mm}$，一类环境。混凝土等级为 C30，配置 HRB400 钢筋 ⏀ 16@180。承受 $M_k = M_q = 38.25\text{kN} \cdot \text{m}$。试验算此板的最大挠度是否满足要求。

3. 条件同习题 1，梁的最大裂缝宽度限值 $w_{min} = 0.3\text{mm}$。试验算最大裂缝宽度是否满足要求。

4. 已知某 T 形截面梁如图 9-14 所示。承受在荷载准永久组合下的弯矩 $M_q = 440\text{kN} \cdot \text{m}$，混凝土的抗拉强度标准值 $f_{tk} = 2.01\text{N/mm}^2$，6 ⏀ 25（$A_s = 2945\text{mm}^2$）受拉钢筋 HRB400，$c_s = 25\text{mm}$，一类环境，$E_s = 2.0 \times 10^5 \text{N/mm}^2$。试验算最大裂缝宽度是否满足要求。

5. 已知：某钢筋混凝土屋架下弦，$b \times h = 200\text{mm} \times 200\text{mm}$，轴向拉力 $N_k = 130\text{kN}$，有 4 ⏀ 14 的受拉钢筋（$A_s = 615\text{mm}^2$），混凝土强度等级为 C30，$c_s = 20\text{mm}$，$w_{lim} = 0.2\text{mm}$。求：验算裂缝宽度是否满足。当不满足要求时，可采取哪些措施？若改用 2 ⏀ 14 + 2 ⏀ 18（$A_s = 817\text{mm}^2$），裂缝宽度能否满足？

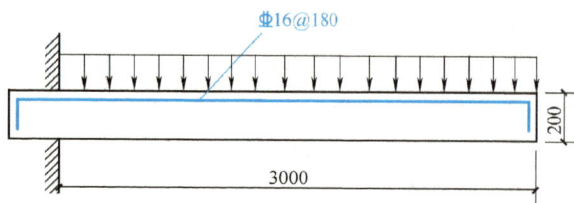

图 9-13　习题 2 悬挑板

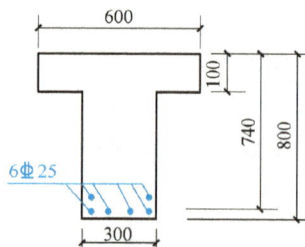

图 9-14　习题 4 T 形截面梁

第10章 预应力混凝土构件

【学习目标】

1. 掌握预应力混凝土的基本概念，熟悉预应力施加方法。
2. 掌握张拉控制应力与预应力损失计算。
3. 熟悉后张法构件端部锚固区局部受压验算，掌握预应力混凝土构件的构造要求。
4. 熟悉预应力混凝土轴心受拉、受弯构件受力性能分析和设计计算方法。
5. 熟悉部分预应力混凝土及无黏结预应力混凝土的基本概念。

本章重点是预应力混凝土的基本概念，难点是预应力混凝土构件受力性能分析。

■ 10.1 预应力混凝土基本概念

10.1.1 预应力混凝土原理

钢筋混凝土能充分利用钢筋和混凝土两种材料的不同力学性能，因而广泛地应用于土木工程建筑之中。然而，由于混凝土抗拉性能很差，导致使用过程中可能存在以下问题：

1）抗裂性能差。混凝土极限拉应变很小，仅有 $(0.1 \sim 0.15) \times 10^{-3}$，导致正常使用条件下构件受拉区过早开裂，刚度下降，变形较大。裂缝出现时，受拉钢筋应力通常仅有 $20 \sim 40 \text{N/mm}^2$，远小于钢筋屈服强度；当钢筋应力达到 250N/mm^2 时，裂缝宽度已达 $0.2 \sim 0.3 \text{mm}$。所以，钢筋混凝土构件一般都带裂缝工作，不宜用于高湿度或侵蚀性环境。

2）结构自重大。对于大跨度结构或重荷载结构，为满足挠度和裂缝的控制要求，需要加大截面尺寸提高构件刚度，如梁的跨度增加一倍，则截面尺寸也按比例增大，致使构件非常笨重，且有较大一部分承载力要用于承担结构自重。因此，钢筋混凝土用于大跨度结构或重荷载结构，既不经济也不合理，其至不可能。

3）高强材料不能充分发挥作用。对于钢筋混凝土构件，若采用高强钢筋，在使用荷载作用下其应力可达 $500 \sim 1000 \text{N/mm}^2$，此时变形和裂缝宽度将远远超过允许限值；如果把配筋面积增大到能满足变形和裂缝控制的要求，则钢筋强度将不能充分利用。同样，高强混凝土抗拉强度增加很少，对提高构件抗裂性、刚度和减小裂缝宽度的作用甚微。

综上所述，混凝土过早开裂以及变形和裂缝的控制要求，限制了钢筋混凝土的应用范围，也不能充分利用高强材料。为解决这些问题，可以在构件承受使用荷载（外荷载）之前，对其可能开裂的受拉部位预先施加压力，以减小或抵消使用荷载所产生的拉应力，控制受拉区混凝土不过早开裂或推迟开裂，或减小裂缝宽度，满足正常使用阶段的要求。这种在承受使用荷载之前预先对混凝土受拉区施加压应力的构件称为预应力混凝土构件（prestressed concrete member）。

现以图 10-1 所示的简支梁为例，阐述预应力混凝土的原理。在承受使用荷载之前，预先在梁的受拉区施加一偏心压力 N_p，使梁下边缘产生预压应力 σ_{pc}，如图 10-1a 所示；若没有施加预压应力，在使用荷载作用下梁下边缘产生拉应力 σ_{ck}，如图 10-1b 所示；利用材料力学叠加原理，可得施加预应力和使用荷载作用后梁下边缘的应力叠加，如图 10-1c 所示。此时，梁下边缘应力可能产生以下情况：

1）$\sigma_{ck}-\sigma_{pc}<0$，即承受使用荷载后，由于预压应力 σ_{pc} 较大，梁下边缘没有产生拉应力，故梁在使用阶段不会出现裂缝。

2）$0<\sigma_{ck}-\sigma_{pc}<f_{tk}$，即承受使用荷载后，梁下边缘虽产生一定的拉应力，但其值小于混凝土抗拉强度标准值 f_{tk}，故梁一般不会出现裂缝。

3）$\sigma_{ck}-\sigma_{pc}>f_{tk}$，即承受使用荷载后，梁下边缘产生的拉应力超过了混凝土抗拉强度标准值 f_{tk}，梁会出现裂缝，但比钢筋混凝土构件的开裂明显推迟，裂缝宽度也显著减小。

因此，在构件可能出现裂缝的位置预加相应的压应力，可以实现裂缝控制的要求。

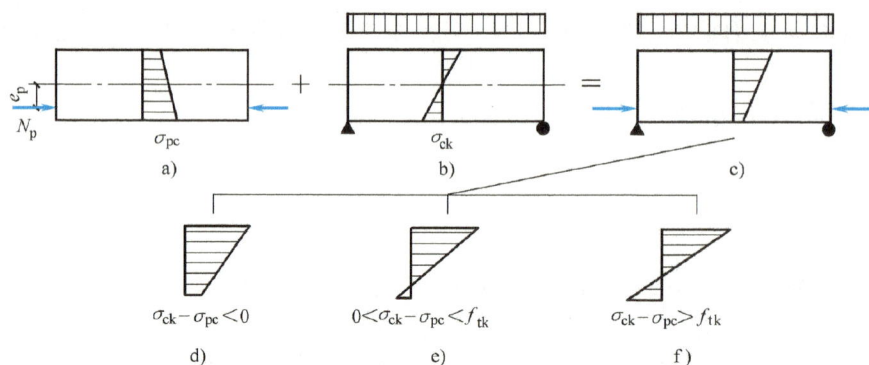

图 10-1　预应力混凝土简支梁受力示意图

a）预压应力作用　b）使用荷载作用　c）预压应力与使用荷载共同作用
d）全预应力混凝土　e）有限预应力混凝土　f）部分预应力混凝土

10.1.2　预应力混凝土特点

与钢筋混凝土相比，预应力混凝土具有以下特点：

1. 改善结构使用性能

对构件施加预压应力后，可以延缓裂缝出现，减小裂缝宽度，甚至避免开裂，对结构防水、防渗、防辐射和防腐蚀等极为有利，也提高了结构耐久性；同时截面刚度显著提高，可减小构件变形，从而改善了结构使用性能。

2. 充分利用高强材料

预应力混凝土构件通过合理设计，可充分发挥高强钢筋抗拉强度高、高强混凝土抗压强度高的优点，获得经济合理的截面尺寸和钢筋用量。与钢筋混凝土构件相比，可节省材料，减轻自重，降低工程造价。

3. 提高构件受剪承载力

预压应力的存在，可减小使用荷载作用下构件中的主拉应力，延缓斜裂缝的出现；预应力混凝土梁中的曲线钢筋可提高支座附近的受剪承载力。

4. 提高结构抗疲劳性能

预压应力的存在，可有效降低钢筋中疲劳应力变化幅值，增加钢筋的疲劳强度，这对承受重复荷载作用的吊车梁、桥梁等更为有利。

5. 构件质量预先得到检验

施加预压应力的同时，对构件质量进行了检验，即钢筋和混凝土都经历一次强度检验。如果构件在张拉钢筋时质量表现好，则在使用阶段也应该安全可靠。从某种意义上讲，预应力混凝土构件也可称为预先检验过的构件。

6. 拓宽混凝土结构应用范围

预应力混凝土构件抗裂性能好，可用于有防水、防渗、防辐射和防腐蚀等要求高的环境；由于采用高强材料，可建造各类大跨度、重荷载、高层、高耸的结构。同时，可促进装配式结构的发展，便于工业化生产，节能减排，高效环保。

当然，预应力混凝土也存在一定的局限性，并不能完全替代钢筋混凝土。如构件制作复杂、施工工序多，对材料质量和制作技术水平要求较高，需要有专门的锚具和张拉、灌浆设备，且构件设计计算繁杂，延性相对较差等。

10.1.3 预应力混凝土分类

1. 按预应力施加程度分类

根据使用荷载作用下截面应力状态的不同，可分为：

1）全预应力混凝土（fully prestressed concrete）：在使用荷载作用下构件截面受拉边缘不允许出现拉应力，即 $\sigma_{ck} - \sigma_{pc} < 0$，为严格要求不出现裂缝的构件，如图 10-1d 所示。

2）有限预应力混凝土（limited prestressed concrete）：在使用荷载作用下构件截面受拉边缘允许出现拉应力，但拉应力不应超过混凝土抗拉强度标准值 f_{tk}，即 $0 < \sigma_{ck} - \sigma_{pc} < f_{tk}$，为一般要求不出现裂缝的构件，如图 10-1e 所示。

3）部分预应力混凝土（partially prestressed concrete）：在使用荷载作用下构件截面允许出现裂缝，但最大裂缝宽度不超过允许值，即 $\sigma_{ck} - \sigma_{pc} > f_{tk}$，为允许出现裂缝的构件，如图 10-1f 所示。

2. 按预应力施工方法分类

按照张拉钢筋与浇筑混凝土的先后次序，可分为：

1）先张法预应力混凝土（pretensioned prestressed concrete）：制作构件时，在台座上先张拉预应力筋，后浇筑混凝土构件的一种方法。

2）后张法预应力混凝土（post-tensioned prestressed concrete）：制作构件时，先浇筑混凝土构件，待达到规定强度后再张拉预应力筋的一种方法。

3. 按黏结方式分类

按照预应力筋与混凝土之间是否有黏结，可分为：

1）有黏结预应力混凝土（bonded prestressed concrete）：指预应力筋全长与混凝土黏结、握裹在一起的预应力混凝土构件，如先张法预应力混凝土，预留孔道穿筋压浆的后张法预应力混凝土。

2）无黏结预应力混凝土（unbonded prestressed concrete）：指预应力筋伸缩、滑动自由，不与周围混凝土黏结的预应力混凝土构件。这种构件的预应力筋表面涂有防腐层和外包层，以防止与混凝土黏结，通常与后张法预应力混凝土工艺相结合。

4. 按预应力筋位置分类

按照预应力筋是否在构件内，可分为：

1）体内预应力混凝土（internally prestressed concrete）：指预应力筋布置在构件体内的预应力混凝土构件，如先张法预应力混凝土，预留孔道穿筋压浆的后张法预应力混凝土。

2）体外预应力混凝土（externally prestressed concrete）：指预应力筋（体外索）布置在构件体外的预应力混凝土构件。

10.1.4 预应力混凝土施工方法

1. 先张法

先张法主要工序为：

1）按设计要求，在台座或钢模上张拉预应力筋至规定应力，将预应力筋锚固在台座或钢模上，如图 10-2a 所示。

2）支模、绑扎非预应力筋、浇筑混凝土构件，如图 10-2b 所示。

3）待构件混凝土达到预定强度后（一般不低于混凝土强度设计值的 75%），切断或放张预应力筋，如图 10-2c 所示。预应力筋切断或放张后将产生弹性回缩，而预应力筋和混凝土之间的黏结力将阻止其回缩，使混凝土受到挤压，从而产生预压应力。

2. 后张法

1）有黏结后张法主要工序为：

① 浇筑混凝土构件，并在构件中预留预应力筋孔道，如图 10-3a 所示。

② 待混凝土达到预定强度后（一般不低于混凝土强度设计值的 75%），将预应力筋穿入孔道，利用构件本身作为台座张拉预应力筋，可一端固定、一端张拉或两端张拉，张拉预应力筋的同时使混凝土受到预压应力，如图 10-3b 所示。

③ 张拉至规定应力后，在张拉端锚固预应力筋，然后在孔道内进行压力灌

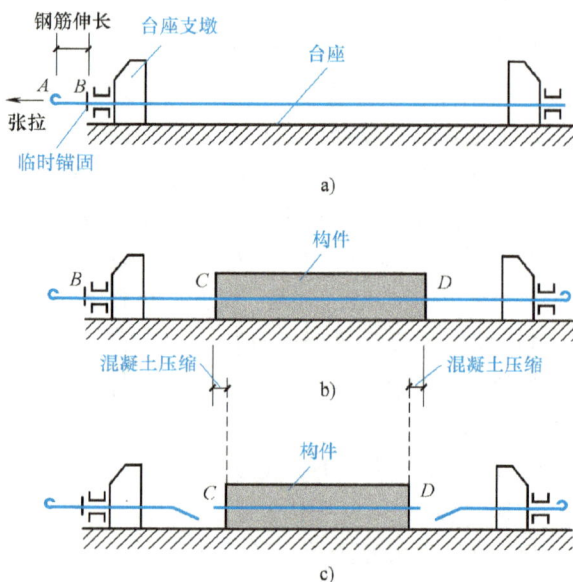

图 10-2 先张法施工工艺

a）预应力筋张拉并锚固 b）浇筑混凝土 c）切断预应力筋

浆，使预应力筋与混凝土形成整体，如图 10-3c 所示。

2）无黏结后张法主要工序为：

① 将无黏结预应力筋准确定位，并与非预应力筋一起绑扎形成骨架，然后浇筑混凝土。

② 待混凝土达到预定强度后（一般不低于混凝土强度设计值的 75%），利用构件自身作为台座张拉预应力筋，可一端固定、一端张拉或两端张拉，张拉预应力筋的同时使混凝土受到预压应力。

③ 张拉至规定应力后，在张拉端锚固预应力筋，形成无黏结预应力构件。

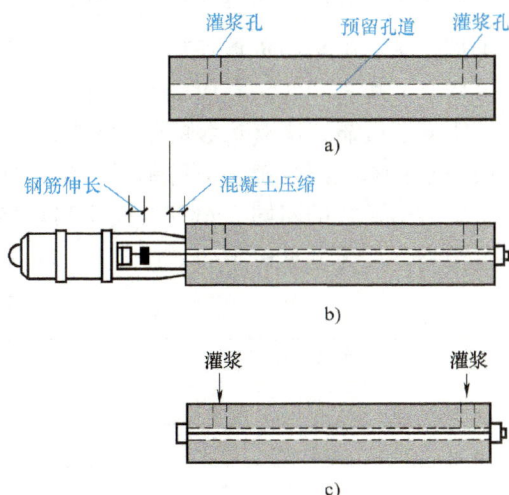

图 10-3 后张法施工工艺

a）浇筑混凝土 b）穿预应力筋并张拉 c）锚固、灌浆

3）两者的主要区别：

① 无黏结预应力混凝土构件的施工过程较为简单，没有预留孔道、穿筋和压力灌浆等工序。

② 无黏结预应力混凝土构件对锚具要求更高，其预应力的传递完全依靠构件两端的锚具。

③ 无黏结预应力混凝土构件需配置一定数量的非预应力筋，以改善构件的受力性能。

3. 先张法和后张法的区别

（1）施工工艺不同 先张法工艺比较简单，生产效率高，夹具可多次重复使用，但需要有张拉和固定预应力筋的台座；后张法工艺比较复杂，施加预应力需逐个构件进行，且每个构件均要安装永久性锚具，用钢量大，成本较高，但不需要台座（或钢模）设施。

（2）传力途径不同 先张法是通过预应力筋与混凝土之间的黏结力传递预应力，其预应力靠黏结力自锚；后张法是通过预应力筋端部的锚具直接挤压混凝土传递预应力，其预应力依靠构件两端锚具施加。

（3）适用条件不同 先张法适用于工厂大批量生产、方便吊装运输的中小型构件，通常以钢丝或直径小于 16mm 的钢筋为预应力筋，可用直线或折线预应力筋，如常见的屋面板、空心楼板、轨枕、水管以及电杆等。后张法适用于现场施工制作、运输不方便的大型构件，通常以粗钢筋或钢绞线为预应力筋，可用直线、折线或曲线预应力筋；既可现场成型，也可工厂预制，应用比较灵活，如桥梁、屋架、屋面梁以及吊车梁等。

10.1.5 锚固体系与张拉设备

1. 锚具、夹具和连接器

制作预应力混凝土构件时，锚具（anchorage）和夹具（gripper）是锚固预应力筋的装置，连接器（coupler）是连接预应力筋的装置。锚具和夹具之所以能夹住或锚住预应力筋，主要依靠摩阻、握裹和承压锚固的原理。

锚具主要用于后张法，是保持预应力筋拉力并将其传递到构件上的永久性锚固装置，通常锚固在构件端部，与构件连为一体共同受力。夹具主要用于先张法，是建立或保持预应力筋拉力的临时性锚固装置，当构件制成后可取下重复使用，也称为工具锚。预应力筋连接无法采用搭接、焊接和机械连接，只能依靠连接器才能实现传力。

锚具、夹具和连接器应根据构件的技术要求、钢筋种类和张拉施工方法等选用，且应满足：①安全可靠，应有足够的强度和刚度；②构造简单，便于机械加工；③施工简便，预应力损失小；④经济合理，节省钢材，价格低廉。

按锚固形式的不同，锚具、夹具和连接器可分为夹片式、支承式、握裹式和组合式四种基本类型。其代号见表 10-1。

表 10-1　锚具、夹具和连接器的代号

基本类型		锚具	夹具	连接器
夹片式	圆形	YJM	YJJ	YJL
	扁形	BJM	BJJ	BJL
支承式	镦头	DTM	DTJ	DTL
	螺母	LMM	LMJ	LML
握裹式	挤压	JYM	—	JYL
	压花	YHM	—	—
组合式	冷铸	LZM	—	—
	热铸	RZM	—	—

锚具、夹具和连接器的标记由产品代号、预应力筋类型、预应力筋直径和预应力筋根数四部分组成。如 YJM15-12 表示锚固 12 根直径为 15.2mm 钢绞线的圆形夹片式群锚锚具；JYM13-12 表示锚固 12 根直径为 12.7mm 钢绞线的挤压式锚具；JYL15-12 表示用挤压头方法连接 12 根直径为 15.2mm 钢绞线的连接器。目前，常用的锚具有以下几种：

（1）螺母锚具　如图 10-4 所示，螺母锚具（screw nut anchorage）主要由螺钉端杆、螺母及垫板组成，代号为 LMM，既可用于张拉端，也可用于固定端。螺钉端杆的一端与预应力筋对焊连接，用于张拉端时另一端通过螺纹与张拉千斤顶相连；完成张拉后，套以螺母和垫板将预应力筋锚固在构件上，然后再卸去千斤顶。这种锚具构造简单，变形滑移小，便于再次张拉，但要特别注意对焊接头的质量，以防发生脆断。

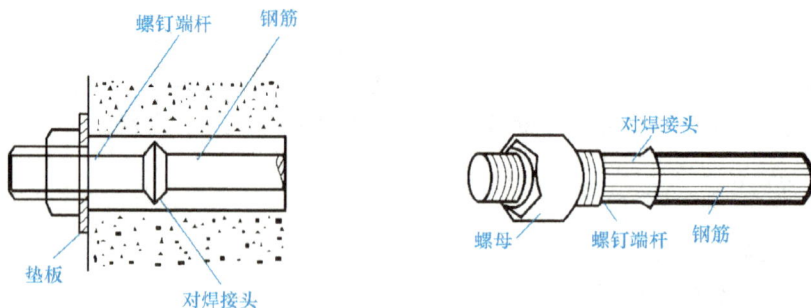

图 10-4　螺母锚具

（2）镦头锚具　如图 10-5 所示，镦头锚具（buld-end anchorage）用于锚固钢丝束或钢筋束，代号为 DTM。张拉端采用锚杯，固定端采用锚板。将钢丝或预应力筋端头镦粗成球形，穿入锚杯孔内，边张拉边拧紧锚杯的螺母。每个锚具可同时锚固几根到 100 多根 5～7mm 的高强钢丝。这种锚具变形很小，锚固力大，张拉方便，但要求钢丝下料长度精确，否则会导致钢丝受力不均。

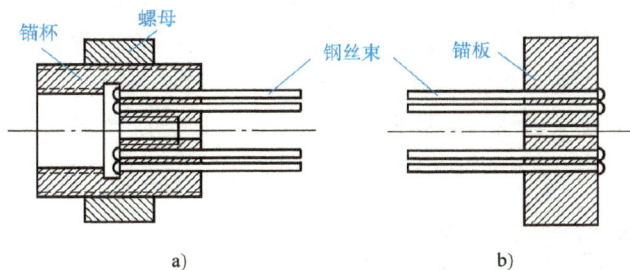

图 10-5 镦头锚具

a) 张拉端镦头锚 b) 固定端镦头锚

（3）锥形锚具 如图 10-6 所示，锥形锚具（conical wedge anchorage）由带锥孔的锚环、锥形锚塞和钢垫板组成，用于锚固多根钢丝束或钢绞线束，代号为 RZM 和 LZM，既可用于张拉端，也可用于固定端，张拉时采用双作用千斤顶。在混凝土浇筑前，将锚环埋置在构件端部，锚塞中间有小孔用于锚固后灌浆用；张拉钢丝后再将锚塞顶压到锚环内，利用钢丝在锚塞与锚环之间的摩擦力锚固钢丝。这种锚具滑移大，当各钢丝尺寸有偏差时，每根钢丝受力不均匀。

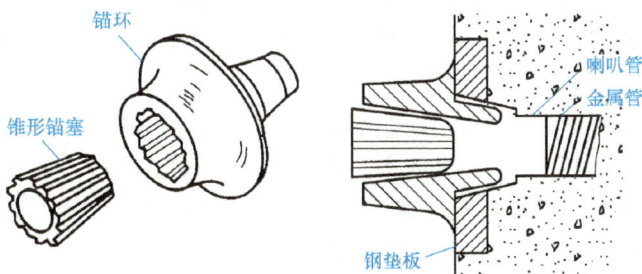

图 10-6 锥形锚具

（4）夹片式锚具 夹片式锚具由锚环（锚块）、锚垫板与若干块夹片组成，主要用于锚固多根钢筋束或钢绞线束，其锚环形状有圆形和扁形两种，代号为 YJM 和 BJM，既可用于张拉端，也可用于固定端。常见的有 JM12 锚具，如图 10-7 所示，锚环可嵌在构件内，也可凸在构件外，其夹片为楔形，每块夹片有两个圆弧槽，槽内有齿纹，靠摩擦力锚住钢筋；预拉力通过摩擦力由钢筋传给夹片，夹片依靠斜面上的承压力传给锚环，锚环再通过承压力将预拉力传给构件；需采用双作用千斤顶张拉。这种锚具钢筋内缩值较大，采用钢筋时可达 3mm，钢绞线可达 5mm。

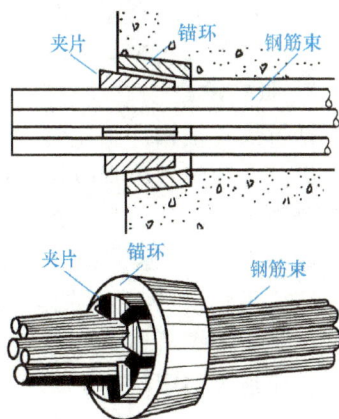

图 10-7 JM12 锚具

2. 孔道成型与灌浆

（1）孔道成型 后张法混凝土构件预留孔道的成型方

法有以下两类：

1）抽芯成型：浇筑混凝土构件前，预埋钢管或充水（压）的橡胶管；浇筑混凝土并达到一定强度后抽掉预埋管，从而形成预留孔道，适用于直线布筋的孔道。

2）预埋成型：浇筑混凝土构件前，预埋金属波纹管或塑料波纹管（见图10-8）；浇筑混凝土后，预埋管永久留在混凝土构件中，从而形成预留孔道，适用于各种线形的孔道。

塑料波纹管采用聚丙烯（PP）或高密度聚乙烯（HDPE）制成，其耐腐蚀性、耐老化性远优于金属材料，孔道摩擦预应力损失小，且管道表面波纹能与外面混凝土、里面水泥浆形成良好的黏结力。

图 10-8　孔道成型材料
a）金属波纹管　b）塑料波纹管及连接套管

（2）孔道灌浆　孔道灌浆应在穿入预应力筋后48h或张拉后24h之间进行，其目的是：①防止预应力筋锈蚀；②使预应力筋与混凝土之间产生黏结力；③填实孔道，以防止积水和冰冻。

灌浆材料一般为素水泥浆，要求具有流动性、均匀性、密实性和快硬性质，并有较高的抗压强度和黏结强度，有较好的抗冻性能。其水胶比一般取 0.4～0.45，强度等级不低于 M30。为减少结硬过程中水泥浆收缩，保证孔道内水泥浆密实，可掺入少量的膨胀剂，使水泥浆在灌浆后膨胀，但应控制膨胀率不大于 5%。

在灌浆之前，孔道应用水冲洗，若为混凝土管壁应使其湿透；冲洗时应检查孔道是否有渗漏，然后用压缩空气将孔道内的积水排尽，再进行压力灌浆。当孔道直径大于 150mm 时，可在水泥浆中掺入不超过水泥用量 30%的细砂，首先灌水泥浆，然后再灌水泥砂浆；初凝之后，应用水泥浆做二次压浆。

3. 张拉设备

张拉设备是构件制作时对预应力筋施加并保持预应力的设备，可分为手动、电动和液压传动等。常用的液压张拉设备由千斤顶、电动油泵和连接油管组成，千斤顶按其作用方式可分为单作用、双作用和三作用，按其构造特点可分为台座式、拉杆式、穿心式和锥锚式。

如图10-9a所示，穿心式千斤顶是利用双液压缸张拉预应力筋和顶压锚具双作用的千斤顶，适用于张拉带 JM 型锚具的钢筋束或钢绞线束；配上撑脚与拉杆后，也可作为拉杆式千斤顶，张拉带螺母锚具和镦头锚具的预应力筋。对于大跨度结构、长钢丝束等构件，宜用穿心式千斤顶。如图10-9b所示，锥锚式千斤顶是具有张拉、顶锚和退楔的三作用千斤顶，用于张拉带锥形锚具的钢丝束。

在后张法构件施工中，锚具及张拉设备的合理选用十分重要，张拉设备应与锚具配套使

a)

b)

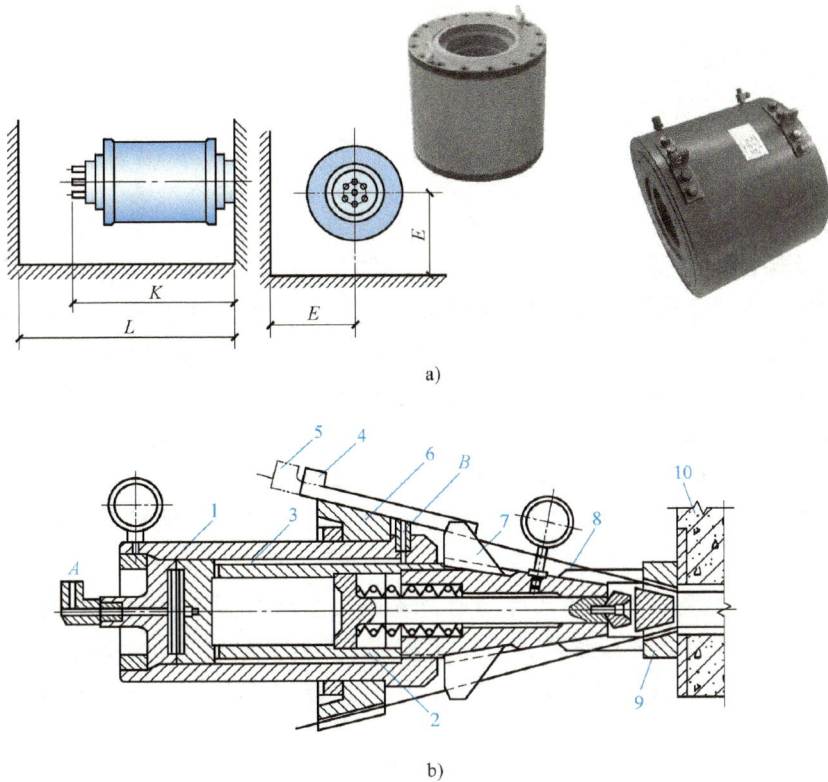

图 10-9　液压千斤顶

a) 穿心式千斤顶　b) 锥锚式千斤顶

1—主缸　2—副缸　3—退楔缸　4—楔块（张拉时位置）　5—楔块（退出时位置）
6—锥形卡环　7—退楔翼片　8—钢丝　9—锥形锚具　10—构件　A、B—进油嘴

用，实际工程中可参考表 10-2 选用。

表 10-2　预应力筋、锚具及张拉设备的选用

预应力筋种类	锚具形式		张拉端	张拉设备
	固定端			
	安装在结构之外	安装在结构之内		
钢绞线及钢绞线束	夹片锚具 挤压锚具	压花锚具 挤压锚具	夹片锚具	穿心式
钢丝束	夹片锚具	挤压锚具 镦头锚具	夹片锚具	穿心式
	镦头锚具		镦头锚具	拉杆式
	挤压锚具		锥形锚具	锥锚式、拉杆式
精轧螺纹钢筋	螺母锚具	—	螺母锚具	拉杆式

■ 10.2 预应力混凝土设计规定

10.2.1 预应力混凝土材料

1. 预应力筋

预应力筋从构件制作到使用阶段，始终处于高应力状态，其性能应满足下列要求：

（1）强度高 构件预压应力的大小主要取决于预应力筋的张拉应力，在构件制作过程中会产生多种预应力损失，需要施加较高的张拉应力，这就要求采用高强预应力筋。

（2）一定的塑性 高强钢筋的塑性性能一般较低，为避免发生脆性破坏，要求预应力筋在拉断前具有一定的延性；当构件处于低温或承受冲击荷载作用时，对塑性要求更高。《规范》规定，预应力筋在最大力下的总延伸率限值见附表 8。

（3）良好的加工性能 要求具有良好的焊接性、冷镦性及热镦性等，同时要求预应力筋"镦粗"后不影响其原来的物理力学性能。

（4）良好的黏结性能 先张法构件是通过预应力筋和混凝土之间的黏结力传递预压应力的，有黏结后张法构件是通过预留孔道、穿筋、压浆建立黏结力而共同工作的。

（5）低松弛 长期持续的高应力状态下，预应力筋往往会发生较大的应力松弛，从而导致较高的预应力损失。

目前，我国预应力混凝土构件中的预应力筋主要采用中强度预应力钢丝、消除应力钢丝、预应力螺纹钢筋和钢绞线，而预应力筋的发展趋势是高强度、粗直径、低松弛和耐腐蚀。《规范》给出的预应力筋强度标准值、设计值及弹性模量，见附表 5、附表 7 和附表 9。

2. 混凝土

预应力混凝土构件所用的混凝土，其性能应满足以下要求：

（1）强度高 预应力筋强度越高，要求混凝土强度也越高；只有采用较高强度的混凝土，才能建立起较高的预压应力，才能有效地减少构件截面尺寸，减轻结构自重；采用较高强度的混凝土，也可提高局部受压承载力、钢筋与混凝土之间的黏结强度等。

（2）收缩和徐变小 混凝土收缩和徐变将产生预应力损失，在总预应力损失中占很大比例，采用收缩和徐变小的混凝土，可减少预应力损失，也可减小构件的长期变形。

（3）快硬早强 为提高台座、模具、夹具等设备的周转率，尽早施加预应力，加快施工周期，降低间接费用，预应力混凝土构件需要采用早期强度高的混凝土。

《规范》规定，预应力混凝土结构的混凝土强度等级不宜低于 C40，且不应低于 C30。

10.2.2 张拉控制应力

张拉控制应力（control stress of tensioning）是张拉预应力筋时需要达到的最大应力，用 σ_{con} 表示，由千斤顶油压表所控制的总张拉力除以预应力筋截面面积获得。

张拉控制应力 σ_{con} 越高，建立的预压应力也越高，构件抗裂性能越好，并能发挥预应力筋的作用，所以 σ_{con} 不能过低；但 σ_{con} 过高，会出现以下问题：构件开裂荷载接近极限承载力，破坏前无明显预兆，延性较差；预应力筋的应力松弛加大；为减少孔道摩擦损失及应力松弛损失而采用超张拉（over stretching）时，可能引起个别预应力筋发生脆断；造成施工阶段构件预拉区拉应力过大甚至开裂，构件端部产生局部受压破坏。

σ_{con} 限值主要与张拉方法和预应力筋种类有关。先张法是先张拉预应力筋后浇筑混凝土，在台座上张拉预应力筋建立的拉应力就是 σ_{con}；后张法是在张拉预应力筋的同时混凝土受到压缩，其 σ_{con} 为混凝土压缩后的预应力筋应力。另外，先张法混凝土收缩和徐变引起的预应力损失比后张法要大。所以，在 σ_{con} 值相同时，后张法构件的实际预应力效果要高于先张法构件。因此，对于相同种类的预应力筋，先张法的 σ_{con} 值应适当高于后张法。《规范》规定：σ_{con} 的限值应符合表 10-3 的规定。

表 10-3   张拉控制应力 σ_{con} 限值

钢筋种类	σ_{con}	
	上限值	下限值
消除应力钢丝、钢绞线	$0.75f_{ptk}$	$0.4f_{ptk}$
中强度预应力钢丝	$0.70f_{ptk}$	$0.4f_{ptk}$
预应力螺纹钢筋	$0.85f_{pyk}$	$0.5f_{pyk}$

注：f_{ptk} 为预应力筋极限强度标准值；f_{pyk} 为预应力螺纹钢筋屈服强度标准值。

当符合下列情况之一时，上述 σ_{con} 的限值可相应提高 $0.05f_{ptk}$ 或 $0.05f_{pyk}$：

1）要求提高构件在施工阶段的抗裂性能而在使用阶段受压区内设置的预应力筋。

2）要求部分抵消由于应力松弛、摩擦、预应力筋分批张拉以及预应力筋与张拉台座之间的温差等因素产生的预应力损失。

10.2.3   预应力损失值计算

由于张拉工艺、材料特性和锚固等原因，预应力筋应力值会从张拉时的 σ_{con} 逐渐降低，这种现象称为预应力损失（loss of prestress）。引起预应力损失的因素很多，各种因素会相互影响，精确计算十分困难。为简化计算，《规范》采用分别计算各项预应力损失值再进行叠加的方法计算总预应力损失值。每项预应力损失值计算及预应力损失值组合如下：

1. 锚具变形和预应力筋内缩引起的预应力损失 σ_{l1}

预应力筋张拉至 σ_{con} 后，将其锚固在台座或构件上。由于锚具受力变形、垫板缝隙挤紧和预应力筋内缩滑移，产生预应力损失 σ_{l1}，简称锚具变形损失。计算 σ_{l1} 时，只考虑张拉端，不考虑锚固端，因为锚固端的锚具变形在张拉过程中已经完成。

（1）直线预应力筋   直线预应力筋沿构件长度均匀内缩，σ_{l1} 计算公式为

$$\sigma_{l1} = \frac{a}{l} E_p \tag{10-1a}$$

式中 a——张拉端锚具变形和预应力筋内缩值（mm），按表 10-4 取用；

l——张拉端至锚固端之间的距离（mm）；

E_p——预应力筋的弹性模量（N/mm²）。

表 10-4　锚具变形和预应力筋内缩值 a

锚具类别		a/mm
支承式锚具(钢丝束镦头锚具等)	螺母缝隙	1
	每块后加垫板的缝隙	1
夹片式锚具	有顶压时	5
	无顶压时	6~8

　　表 10-4 中的 a 值也可根据实测数据确定，其他类型锚具的 a 值应根据实测数据确定。

　　（2）曲线预应力筋　对于后张法曲线预应力筋，当锚具变形、预应力筋内缩等引起预应力筋长度缩短时，预应力筋会受到孔道的反向摩擦力，阻止其回缩，如图 10-10 所示。此时，锚具变形损失在张拉端最大，沿预应力筋向内逐步减小，直至消失。对圆心角 $\theta \leqslant 30°$ 的圆弧形（抛物线形）曲线预应力筋的锚具变形损失 σ_{l1} 计算公式为

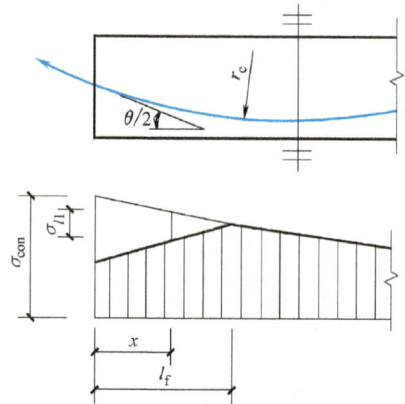

$$\sigma_{l1} = 2\sigma_{\mathrm{con}} l_{\mathrm{f}} \left(\frac{\mu}{r_{\mathrm{c}}} + \kappa \right) \left(1 - \frac{x}{l_{\mathrm{f}}} \right) \qquad (10\text{-}1\mathrm{b})$$

反向摩擦影响系数 l_{f} 计算公式为

$$l_{\mathrm{f}} = \sqrt{\frac{a E_{\mathrm{p}}}{1000 \sigma_{\mathrm{con}} \left(\dfrac{\mu}{r_{\mathrm{c}}} + \kappa \right)}} \qquad (10\text{-}1\mathrm{c})$$

图 10-10　圆弧形曲线预应力筋的预应力损失

式中　μ——预应力筋与孔道壁之间的摩擦系数，按表 10-5 取用；

　　　　r_{c}——圆弧形曲线预应力筋的曲率半径（m）；

　　　　κ——考虑孔道每米长度局部偏差的摩擦系数，按表 10-5 取用。

表 10-5　摩擦系数

孔道成型方式	κ	μ	
		钢绞线、钢丝束	预应力螺纹钢筋
预埋金属波纹管	0.0015	0.25	0.50
预埋塑料波纹管	0.0015	0.15	—
预埋钢管	0.0010	0.30	—
抽芯成型	0.0014	0.55	0.60
无黏结预应力筋	0.0040	0.09	—

注：摩擦系数也可根据实测数据确定。

　　减小 σ_{l1} 的措施有：选用锚具变形和预应力筋内缩值较小的锚具；尽量减少垫板块数，因为每增加一块垫板，a 值即增大 1mm；对先张法构件，可增加台座长度 l，通常当 $l>100$m 时，σ_{l1} 可忽略不计。

2. 预应力筋与孔道壁之间摩擦引起的预应力损失 σ_{l2}

　　后张法构件张拉预应力筋时，预应力筋与孔道内壁之间存在摩擦力，使预应力筋应力从

张拉端向里逐渐降低，产生预应力损失 σ_{l2}，简称为摩擦损失，如图 10-11 所示。

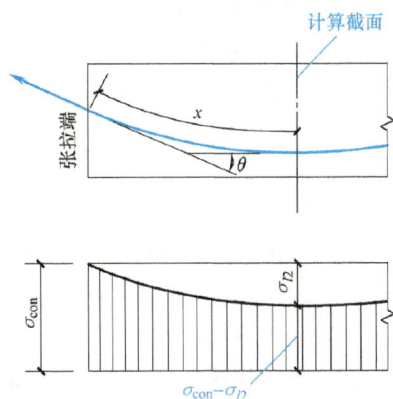

图 10-11　预应力筋的摩擦损失

摩擦损失包括两部分：对于直线预应力筋，由于孔道位置偏差、孔壁不光滑（有杂物）及预应力筋表面粗糙等原因，使预应力筋与孔道内壁之间产生摩擦力，造成的摩擦损失值较小；对于曲线预应力筋，由于曲线孔道的曲率，使预应力筋与孔道壁之间产生法向接触压力而引起的摩擦力，造成的摩擦损失值较大。σ_{l2} 计算公式为

$$\sigma_{l2} = \sigma_{con}\left[1 - e^{-(\kappa x + \mu\theta)}\right] \qquad (10\text{-}2a)$$

当 $(\kappa x + \mu\theta) \leqslant 0.3$ 时，σ_{l2} 近似计算公式为

$$\sigma_{l2} = (\kappa x + \mu\theta)\sigma_{con} \qquad (10\text{-}2b)$$

式中　x——从张拉端至计算截面的孔道长度，可近似取该段孔道在纵轴上的投影长度（m）；

θ——从张拉端至计算截面曲线孔道各部分切线的夹角之和（rad）。

减小 σ_{l2} 的措施有：

1）采用两端张拉。由图 10-12a、b 可知，两端张拉时，孔道长度可取构件长度的 1/2 计算，其摩擦损失值也减少 1/2；对长度超过 18m 的曲线预应力筋混凝土构件常采用两端张拉，但两端均需考虑锚具变形损失 σ_{l1}。

2）采用超张拉。如图 10-12c 所示，其工序为：先张拉预应力筋从 0 到 $1.1\sigma_{con}$（A 点到 E 点），持荷 2min，再卸载使张拉应力减退至 $0.85\sigma_{con}$（E 点到 F 点），持荷 2min，再加载使张拉应力达到 σ_{con}（F 点到 C 点）。这样可使摩擦损失减小，特别在构件端部处，比一次张拉至 σ_{con} 的预应力分布更加均匀，如 $CGHD$ 曲线。

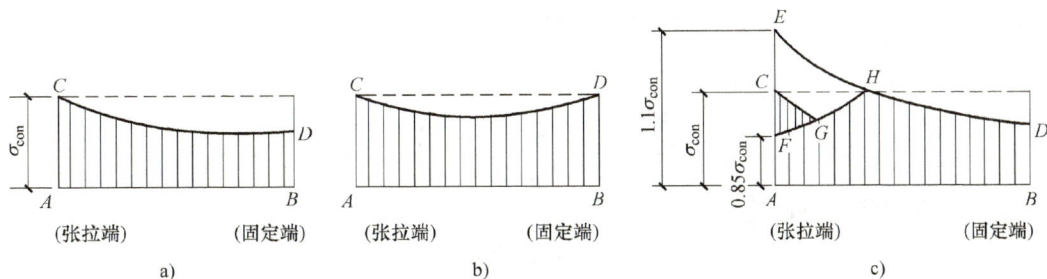

图 10-12　不同张拉方法时预应力筋的应力分布

a）一端张拉　b）两端张拉　c）超张拉

对于先张法构件，当采用折线预应力筋时，在转向装置处也有摩擦力，由此产生的摩擦损失应按实际情况确定。

3. 预应力筋与台座间温差引起的预应力损失 σ_{l3}

为缩短生产周期，先张法构件常采用蒸汽养护混凝土。养护升温时，预应力筋受热伸长，而台座长度不变，使预应力筋应力降低，此时钢筋和混凝土之间尚未建立黏结力，从而产生预应力损失 σ_{l3}，简称为温差损失。降温时，预应力筋与混凝土之间建立了黏结力，两者已经形成整体，放松预应力筋后两者共同回缩，故温差损失 σ_{l3} 无法恢复。

设预应力筋的伸长量为 Δl，台座长度为 l，预应力筋与台座的温差为 Δt，取预应力筋的线膨胀系数约为 $\alpha = 1 \times 10^{-5}$，弹性模量 $E_p = 2.0 \times 10^5 \text{N/mm}^2$，则 σ_{l3} 计算公式为

$$\sigma_{l3} = E_p \varepsilon_p = E_p \frac{\Delta l}{l} = E_p \frac{\alpha l \Delta t}{l} = E_p \alpha \Delta t = 2\Delta t \tag{10-3}$$

减小 σ_{l3} 的措施如下：

1）采用两次升温养护。先在常温下养护，待混凝土达到一定强度后，如 7.5～10MPa，再逐渐升温至规定的养护温度，此时预应力筋与混凝土之间已有足够的黏结力，能够共同变形，从而不再有预应力损失。

2）采用钢模制作构件。将预应力筋锚固在钢模上，升温时两者温度相同，无温差，可不考虑温差损失。

4. 预应力筋应力松弛引起的预应力损失 σ_{l4}

应力松弛（stress relaxation）是指预应力筋受力后，在长度保持不变的条件下，其应力随时间增长而逐渐减小的现象。预应力筋应力松弛将产生预应力损失 σ_{l4}，简称为松弛损失。应力松弛与混凝土徐变一样，与初始应力水平、持荷作用时间有关，另与预应力筋种类有关；σ_{con} 越高，则应力松弛越大；其发展也是先快后慢，1h 可完成 50% 左右，24h 可完成 80% 左右，随后发展缓慢并逐渐趋于稳定。σ_{l4} 计算公式如下：

（1）消除应力钢丝、钢绞线

1）普通松弛：

$$\sigma_{l4} = 0.4\left(\frac{\sigma_{con}}{f_{ptk}} - 0.5\right)\sigma_{con} \tag{10-4a}$$

2）低松弛：

当 $\sigma_{con} \leqslant 0.7 f_{ptk}$ 时

$$\sigma_{l4} = 0.125\left(\frac{\sigma_{con}}{f_{ptk}} - 0.5\right)\sigma_{con} \tag{10-4b}$$

当 $0.7 f_{ptk} < \sigma_{con} \leqslant 0.8 f_{ptk}$ 时

$$\sigma_{l4} = 0.2\left(\frac{\sigma_{con}}{f_{ptk}} - 0.575\right)\sigma_{con} \tag{10-4c}$$

（2）中强度预应力钢丝

$$\sigma_{l4} = 0.08\sigma_{con} \tag{10-4d}$$

（3）预应力螺纹钢筋

$$\sigma_{l4} = 0.03\sigma_{con} \tag{10-4e}$$

当 $\sigma_{con} \leqslant 0.5 f_{ptk}$ 时，σ_{l4} 可取为 0。

减小 σ_{l4} 的措施包括：

1）采用超张拉。其工序为：张拉预应力筋至 $1.05\sigma_{con} \sim 1.1\sigma_{con}$，持荷 2～5min，然后卸载，再张拉预应力筋至 σ_{con}，这样可减少松弛损失。

2）采用低松弛预应力筋。

5. 混凝土收缩和徐变引起的预应力损失 σ_{l5}

混凝土收缩和徐变均会使构件长度缩短，预应力筋回缩，产生预应力损失 σ_{l5}，简称为

收缩徐变损失。收缩和徐变是两种性质完全不同的现象，由于其影响因素、变化规律较为相似，所以《规范》将这两者合并考虑，建议混凝土收缩和徐变引起的受拉区预应力筋 A_p 和受压区预应力筋 A'_p 的损失值 σ_{l5}、σ'_{l5} 计算公式如下：

（1）先张法构件

$$\sigma_{l5} = \frac{60 + 340\dfrac{\sigma_{pc}}{f'_{cu}}}{1 + 15\rho} \tag{10-5a}$$

$$\sigma'_{l5} = \frac{60 + 340\dfrac{\sigma'_{pc}}{f'_{cu}}}{1 + 15\rho'} \tag{10-5b}$$

$$\rho = \frac{A_p + A_s}{A_0}, \quad \rho' = \frac{A'_p + A'_s}{A_0} \tag{10-5c}$$

（2）后张法构件

$$\sigma_{l5} = \frac{55 + 300\dfrac{\sigma_{pc}}{f'_{cu}}}{1 + 15\rho} \tag{10-5d}$$

$$\sigma'_{l5} = \frac{55 + 300\dfrac{\sigma'_{pc}}{f'_{cu}}}{1 + 15\rho'} \tag{10-5e}$$

$$\rho = \frac{A_p + A_s}{A_n}, \quad \rho' = \frac{A'_p + A'_s}{A_n} \tag{10-5f}$$

式中　σ_{pc}、σ'_{pc}——受拉区、受压区预应力筋合力点处的混凝土法向压应力；

f'_{cu}——施加预应力时的混凝土立方体抗压强度；

ρ、ρ'——受拉区、受压区预应力筋和非预应力筋的配筋率；对称配置预应力筋和非预应力筋的构件，ρ、ρ' 应按钢筋总截面面积的一半计算；

A_0、A_n——换算截面面积和净截面面积，且 $A_0 > A_n$，详见后述。

由式（10-5）可见，后张法构件的 σ_{l5}、σ'_{l5} 比先张法构件要低，原因在于后张法施加预应力时，混凝土已完成一部分收缩。计算 σ_{pc}、σ'_{pc} 时，仅考虑混凝土预压前的第一批损失值，其非预应力筋应力 σ_{l5}、σ'_{l5} 值应取为零；且 σ_{pc}、σ'_{pc} 值不大于 $0.5f'_{cu}$；当 σ'_{pc} 为拉应力时，式（10-5b）、式（10-5e）的 σ'_{pc} 应取为零。计算 σ_{pc}、σ'_{pc} 时，可根据构件制作情况考虑自重的影响。

对干燥环境中的结构构件，即年平均相对湿度低于 40% 时，σ_{l5} 及 σ'_{l5} 值应增加 30%。对重要结构构件，当考虑时间影响的收缩徐变损失时，宜按《规范》附录 K 进行计算。

减小 σ_{l5}、σ'_{l5} 的措施包括：

1）采用强度等级高的水泥，减少水泥用量，降低水胶比。

2）采用级配好的骨料，提高混凝土密实性。

3）注重养护，以减少混凝土收缩。在总预应力损失中，σ_{l5}、σ'_{l5} 占 40%～50%，所占比例较大；因此，构件制作时应采取必要的减小措施。

6. 环向预应力筋挤压混凝土引起的预应力损失 σ_{l6}

采用螺旋式预应力筋的圆形构件（如水管、蓄水池等），在环向预应力挤压下混凝土发生局部压陷，使构件直径减小，产生预应力损失 σ_{l6}，其大小与圆形构件的直径 d 成反比。σ_{l6} 按下列情况取值：当 $d \leqslant 3$m 时，取 $\sigma_{l6} = 30\text{N/mm}^2$；当 $d > 3$m 时，$\sigma_{l6} = 0$。

7. 预应力损失值组合

上述六项预应力损失是分批出现的，有的出现在先张法构件，有的出现在后张法构件，而不同的受力阶段应考虑不同的预应力损失组合。计算时，将混凝土预压前的预应力损失称为第一批损失 σ_{lI}，混凝土预压后的预应力损失称为第二批损失 σ_{lII}，则构件各阶段的预应力损失值宜按表 10-6 规定进行组合。

表 10-6　各阶段预应力损失值的组合

预应力损失值的组合	先张法构件	后张法构件
混凝土预压前（第一批）的损失 σ_{lI}	$\sigma_{l1} + \sigma_{l2} + \sigma_{l3} + \sigma_{l4}$	$\sigma_{l1} + \sigma_{l2}$
混凝土预压后（第二批）的损失 σ_{lII}	σ_{l5}	$\sigma_{l4} + \sigma_{l5} + \sigma_{l6}$

表 10-6 的先张法构件中，σ_{l2} 是针对折线预应力筋考虑转向装置处摩擦引起的损失；σ_{l4} 一般全部计入第一批损失，若要区分在第一批和第二批损失中的比例，可根据实际情况确定。

考虑到预应力损失值的计算误差，确保构件的抗裂性，《规范》规定，当计算的预应力总损失 $\sigma_l = \sigma_{lI} + \sigma_{lII}$ 小于下列数值时，则按下列数值取用：先张法构件，$\sigma_l = 100\text{N/mm}^2$；后张法构件，$\sigma_l = 80\text{N/mm}^2$。

8. 混凝土弹性压缩损失值

当构件受到预应力作用后，混凝土将产生弹性压缩变形，预应力筋随之回缩，引起预应力筋应力下降，从而造成预应力损失。

对于先张法构件，预应力筋放张时，已经和混凝土建立黏结力，此时预应力筋（含非预应力筋）与混凝土具有相同的压缩变形，即 $\Delta\varepsilon_p = \Delta\varepsilon_s = \Delta\varepsilon_c$。设 $\alpha_{Ep} = E_p/E_c$ 为预应力筋弹性模量与混凝土弹性模量的比值，$\alpha_{Es} = E_s/E_c$ 为非预应力筋弹性模量与混凝土弹性模量的比值，σ_{pc} 为受拉区预应力筋合力点处的混凝土法向压应力，则由 $\Delta\sigma_p/E_p = \Delta\sigma_c/E_c$，可得混凝土弹性压缩引起的预应力筋预应力损失为

$$\Delta\sigma_p = \Delta\sigma_c E_p/E_c = \alpha_{Ep}\sigma_{pc} \qquad (10\text{-}6a)$$

若预应力筋与混凝土具有相同的压缩变形，则当受拉区预应力筋合力点处的混凝土法向压应力为 σ_{pc} 时，预应力筋的相应预应力损失为 $\alpha_{Ep}\sigma_{pc}$。

同理，可得非预应力筋应力的变化量为

$$\Delta\sigma_s = \alpha_{Es}\sigma_{pc} \qquad (10\text{-}6b)$$

对于后张法构件，当一次张拉所有预应力筋时，由于张拉的同时混凝土受到压缩，而预应力筋并不随之缩短，故没有弹性压缩引起的预应力损失。若受张拉设备等施工条件限制而采用分批张拉时，因先批张拉的预应力筋已锚固好，并随构件压缩一起缩短，则应考虑弹性压缩对先批张拉预应力筋的影响，可将先批张拉预应力筋的张拉控制应力值 σ_{con} 增加 $\alpha_{Ep}\sigma_{pci}$；这里 σ_{pci} 为后批张拉预应力筋在先批张拉预应力筋重心处产生的混凝土法向压应力。

10.2.4 传递长度和锚固长度

1. 预应力传递长度

对于先张法构件，预应力是通过预应力筋与混凝土之间的黏结力传递的。当放张预应力筋时，构件端部的预应力筋应力为零，经过一定长度后达到有效预应力 σ_{pe}，这段长度称为预应力传递长度（transmission length of prestressing）l_{tr}，如图 10-13 所示，l_{tr} 计算公式为

$$l_{tr} = \alpha \frac{\sigma_{pe}}{f'_{tk}} d \qquad (10-7)$$

式中 σ_{pe}——放张时预应力筋的有效预应力；

d——预应力筋的公称直径，按附表 15、附表 16、附表 17；

α——预应力筋的外形系数，按表 5-6 取用；

f'_{tk}——与放张时混凝土立方体抗压强度 f'_{cu} 相应的轴心抗拉强度标准值。

当采用骤然放张预应力的施工工艺时，对光面预应力钢丝，l_{tr} 的起点应从距构件末端 $0.25l_{tr}$ 处开始计算。

预应力筋的有效预应力 σ_{pe} 定义为：预应力筋张拉控制应力 σ_{con} 扣除相应预应力损失（包括先张法构件中混凝土弹性压缩引起的预应力筋应力损失值）后的预拉应力。不同的受力阶段，其预应力筋的有效预应力值

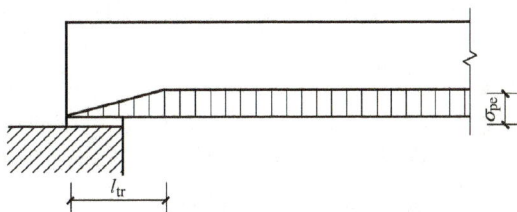

图 10-13 传递长度范围内预应力筋应力值的变化

不同，可按预应力损失组合值计算不同阶段的有效预应力值。

2. 预应力筋锚固长度

在先张法构件端部区，经过一定长度后，预应力筋应力值才能达到抗拉强度设计值 f_{py}，这段长度称为预应力筋锚固长度 l_{ab}。在 l_{ab} 范围内，预应力筋表面的黏结力之和等于预应力筋的合力 $f_{py}A_p$，由平衡条件可得预应力筋的基本锚固长度为

$$l_{ab} = \alpha \frac{f_{py}}{f_t} d \qquad (10-8)$$

式中 f_{py}——预应力筋的抗拉强度设计值。

式中其余符号意义同式（5-38），预应力筋锚固长度 l_a 的取值同式（5-39）。

计算先张法构件端部锚固区的正截面和斜截面受弯承载力时，锚固长度范围内的预应力筋应力值在锚固起点处应取为零，在锚固终点处应取为 f_{py}，之间按线性内插确定。

当采用骤然放张预应力的施工工艺时，光面预应力钢丝的锚固长度应从距构件末端 $0.25l_{tr}$ 处开始计算。

10.2.5 局部受压承载力计算

1. 局部受压破坏机理

对于后张法构件，预应力通过锚具经垫板传递给构件端部混凝土，由于锚具下垫板面积很小，施加的预应力很大，构件端部承受很大的局部压应力，该压应力要经过一段距离后才能均匀地扩散到混凝土截面上，如图 10-14 所示。从端部局部受压过渡到全截面均匀受压的

区段称为构件的锚固区。

由图 10-14 可知，锚固区的混凝土处于三向应力状态，混凝土既要承受法向压应力 σ_x 作用，又要承受垂直于构件轴线方向的横向应力 σ_y 和 σ_z 作用。在垫板下附近，横向应力 σ_y 和 σ_z 均为压应力；距离垫板一定长度后，σ_y 和 σ_z 为拉应力。当横向拉应力 σ_y 和 σ_z 超过混凝土抗拉强度时，构件端部将出现纵向裂缝，导致局部受压破坏；也有可能在垫板附近的混凝土，因承受过大的压应力 σ_x 而发生承载力不足的破坏。因此，需要进行局部受压承载力验算。

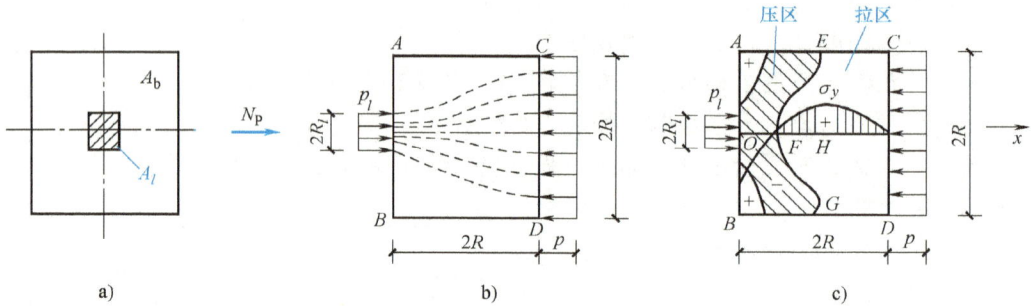

图 10-14　构件端部局部受压时的应力分布

a）构件端部局部受压面　b）局部受压的压应力传递关系　c）局部受压的受压区、受拉区关系

2. 局部受压截面尺寸验算

为提高构件端部局部受压承载力，通常在锚固区内配置一定数量的间接钢筋，配筋方式为横向方格网式或螺旋式，如图 10-15 所示。

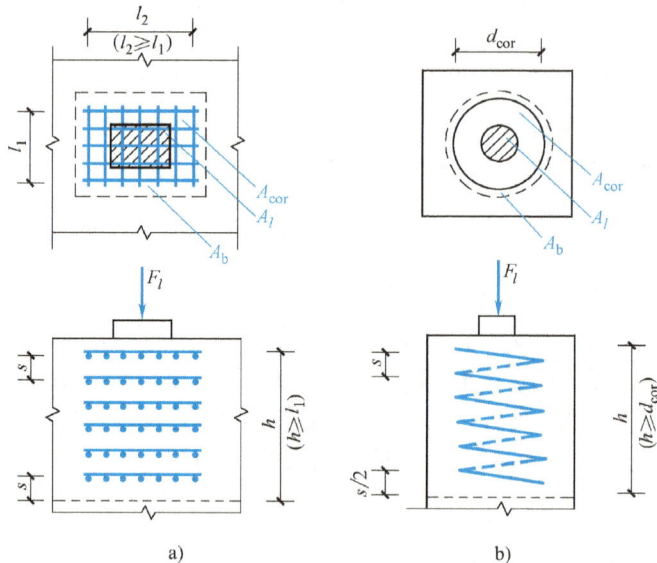

图 10-15　局部受压区的间接钢筋

a）横向方格网式　b）螺旋式

为防止垫板下陷，产生过大的局部变形，对配置间接钢筋的构件，其局部受压区的截面尺寸应符合要求，即

$$F_l \leqslant 1.35\beta_c\beta_l f_c A_{ln} \qquad (10\text{-}9\text{a})$$

$$\beta_l = \sqrt{\frac{A_b}{A_l}} \qquad (10\text{-}9\text{b})$$

式中　F_l——局部受压面上作用的局部荷载或局部压力设计值；对有黏结后张法构件，取 $F_l = 1.2\sigma_{con}A_p$；对无黏结后张法构件，F_l 取 $1.2\sigma_{con}A_p$ 和 $f_{ptk}A_p$ 的较大值；

　　　f_c——混凝土轴心抗压强度设计值，对后张法构件，在张拉阶段验算时，可按根据相应阶段的混凝土立方体抗压强度 f'_{cu} 值以线性内插确定；

　　　β_c——混凝土强度影响系数，当混凝土强度等级不超过 C50 时，$\beta_c = 1.0$；当混凝土强度等级为 C80 时，$\beta_c = 0.8$；之间按线性内插确定；

　　　β_l——混凝土局部受压时的强度提高系数；

　　　A_l——混凝土局部受压面积；

　　　A_{ln}——混凝土局部受压净面积，后张法构件应扣除孔道、凹槽部分的面积；

　　　A_b——混凝土局部受压的计算底面积，可由局部受压面积与计算底面积按同心、对称的原则确定；常用情况可按图 10-16 取用。

若按式（10-9）验算不满足时，应采取必要的措施，如调整锚具位置、加大端部锚固区截面尺寸、提高混凝土强度等级等。

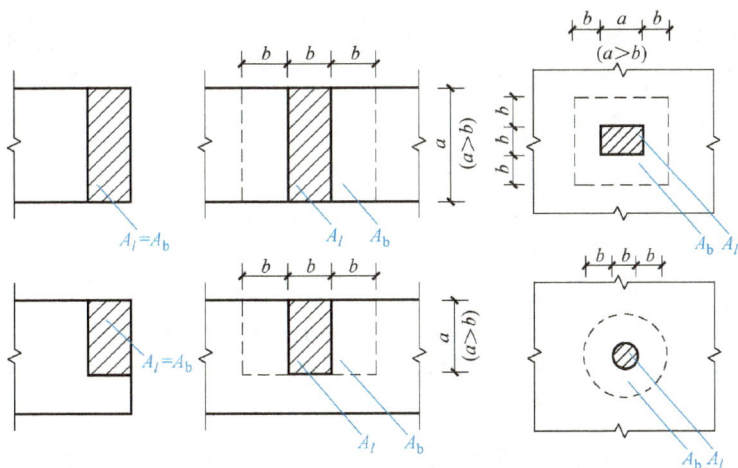

图 10-16　局部受压的计算底面积

3. 局部受压承载力验算

锚固区配置间接钢筋的局部受压承载力 F_l 应符合规定，即

$$F_l \leqslant 0.9(\beta_c\beta_l f_c + 2\alpha\rho_v\beta_{cor}f_{yv})A_{ln} \qquad (10\text{-}10\text{a})$$

式中　α——间接钢筋对混凝土约束的折减系数，同式（6-20）螺旋箍筋对混凝土约束的折减系数；

　　　β_{cor}——配置间接钢筋的局部受压承载力提高系数，$\beta_{cor} = \sqrt{\dfrac{A_{cor}}{A_l}}$；且当 $A_{cor} > A_b$ 时，取 $A_{cor} = A_b$；当 $A_{cor} \leqslant 1.25A_l$ 时，取 $\beta_{cor} = 1.0$；

　　　A_{cor}——方格网式或螺旋式间接钢筋内表面范围内的混凝土核心截面面积，其重心应与

A_l 的重心重合，计算中按同心、对称的原则取值，且 $A_{cor} \geqslant A_l$；

f_{yv}——间接钢筋抗拉强度设计值；

ρ_v——间接钢筋的体积配筋率，计算公式如下：

1）当采用方格网式配筋时

$$\rho_v = \frac{n_1 A_{s1} l_1 + n_2 A_{s2} l_2}{A_{cor} s} \tag{10-10b}$$

2）当为螺旋式配筋时

$$\rho_v = \frac{4 A_{ss1}}{d_{cor} s} \tag{10-10c}$$

式中　n_1、A_{s1}——方格网沿 l_1 方向的根数、单根钢筋的截面面积；

　　　n_2、A_{s2}——方格网沿 l_2 方向的根数、单根钢筋的截面面积；

　　　　　　s——方格网式或螺旋式间接钢筋的间距，宜取 $30 \sim 80\mathrm{mm}$；

　　　　A_{ss1}——单根螺旋式间接钢筋的截面面积；

　　　　d_{cor}——螺旋式间接钢筋内表面范围内的混凝土截面直径。

若按式（10-10a）验算满足要求，则间接钢筋应配置在图 10-15 所规定的 h 范围内。对于方格网式钢筋，不应少于 4 片，且两个方向上单位长度内钢筋截面面积的比值不宜大于 1.5；对于螺旋式钢筋，不应少于 4 圈。

若按式（10-10a）验算不满足要求，则应采取相应的措施。对于方格网式钢筋，可增加钢筋直径或网片数量，减小网片间距；对于螺旋式钢筋，可增加螺旋钢筋直径，减小钢筋螺距等；当然，也可提高混凝土强度等级和适当加大局部受压面积。

10.2.6　预应力混凝土构造要求

1. 一般构造要求

（1）截面形式和尺寸　对于轴心受拉构件，通常采用正方形或矩形截面。对于受弯构件，宜选用 T 形、工字形或箱形等截面，原因在于这些截面受压翼缘较大，惯性矩较大，可节省腹部混凝土，减轻自重；矩形截面一般适用于实心板和一些跨度较小的先张法预制梁。

此外，沿受弯构件纵轴方向截面形式也可变化，如构件跨中为工字形，支座附近因剪力较大并要有足够面积布置锚具，往往构件两端做成矩形。

预应力混凝土构件抗裂性能好，刚度较大，其截面尺寸可比钢筋混凝土构件小些。对于受弯构件，其截面高度 $h = l/20 \sim l/14$（l 为跨度），最小可取 $l/35$，也可取钢筋混凝土梁高的 70%；翼缘宽度一般可取为 $h/3 \sim h/2$，翼缘厚度可取为 $h/10 \sim h/6$，腹板厚度尽可能薄一些，一般可取为 $h/15 \sim h/8$。

（2）预应力筋布置　预应力筋纵向布置方式有直线、曲线和折线三种，如图 10-17 所示。

直线布筋最简单，施工时先张法和后张法均可，适用于荷载和跨度不大的轴心受拉构件；折线布筋和曲线布筋一般用于后张法，适用于荷载和跨度较大的受弯构件，如预应力混凝土屋面梁、吊车梁等构件。为有效降低预拉区混凝土的拉应力，应根据构件弯矩图的形状选择合适的布筋方式，如均布荷载作用可选曲线布筋，集中荷载作用可选折线布筋。

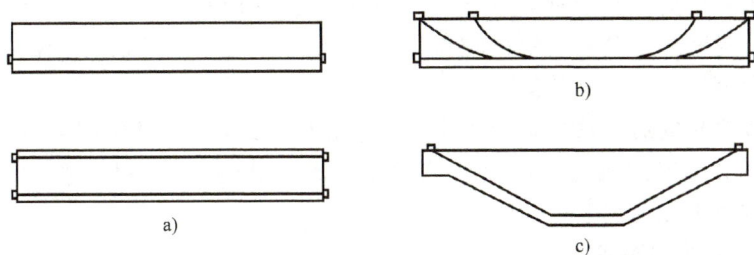

图 10-17　预应力筋沿纵向的布置

a）直线布筋　b）曲线布筋　c）折线布筋

（3）非预应力筋布置　预应力混凝土构件设置一定数量的非预应力筋，可防止施工阶段混凝土收缩和温差作用产生的裂缝，控制构件在制作、堆放、运输和吊装时开裂或减小裂缝宽度，保证构件具有一定的延性。非预应力筋沿纵向的布置方式，如图 10-18 所示。

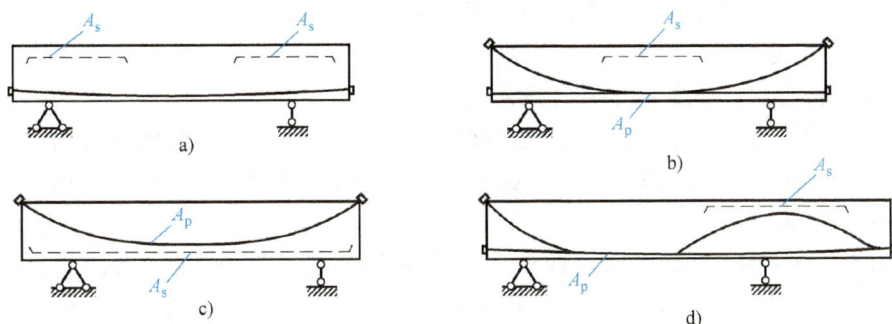

图 10-18　非预应力筋沿纵向的布置

a）直线布筋　b）曲线布筋 1　c）曲线布筋 2　d）折线布筋

图 10-18a 所示为吊点附近设置的非预应力筋；图 10-18b 所示为跨中预拉区设置的非预应力筋，可提高梁在使用阶段跨中受压区（施工阶段预拉区）的受压能力；图 10-18c 所示为跨中截面的受拉区同时设置预应力筋和非预应力筋；图 10-18d 所示为外伸梁支座截面上面受拉区同时设置预应力筋和非预应力筋。

为充分发挥非预应力筋的作用，非预应力筋的强度等级宜低于预应力筋，宜采用 HRB400 级钢筋。预拉区非预应力筋的直径不宜大于 14mm，并应沿构件预拉区的外边缘均匀配置。

对施工阶段预拉区允许出现拉应力的构件，预拉区纵向钢筋的配筋率 $(A'_s+A'_p)/A$ 不宜小于 0.15%，对后张法不应计入 A'_p，A 为构件截面面积。

（4）混凝土保护层厚度　为保证预应力筋与周围混凝土的黏结强度，防止放张预应力筋时出现纵向劈裂裂缝，必须具有一定的混凝土保护层厚度。纵向预应力筋的混凝土保护层厚度取值同钢筋混凝土构件，见表 4-2。

对有防火要求、海水环境或侵蚀性环境影响的结构构件，其混凝土保护层厚度尚应符合国家现行有关标准的要求。

（5）锚具、夹具和连接器　预应力筋所用的锚具、夹具和连接器，其形式和质量应符合国家现行有关标准的规定。

（6）封锚保护　对外露金属锚具，应采取可靠的防腐及防火措施。对无黏结预应力筋外露锚具，应采用注有足量防腐油脂的塑料帽封严，并应采用无收缩砂浆或细石混凝土封闭。采用混凝土封闭时，其强度等级宜与构件混凝土强度等级一致，且不应低于 C30，封锚混凝土与构件混凝土应有可靠的黏结。

对外露金属锚具的后张法构件，当采用无收缩砂浆或混凝土封闭保护时，其锚具及预应力筋端部的保护层厚度应满足：一类环境时不应小于 20mm，二类环境时不应小于 50mm，三类环境时不应小于 80mm。

2. 先张法构件构造要求

预应力筋之间的净间距不宜小于其公称直径的 2.5 倍和混凝土粗骨料最大粒径的 1.25 倍，当混凝土振捣密实性具有可靠保证时，净间距可放宽为最大粗骨料粒径的 1.0 倍，且应符合以下规定：预应力钢丝不应小于 15mm；三股钢绞线不应小于 20mm；七股钢绞线不应小于 25mm。

为防止构件端部出现纵向裂缝，应采取下列构造措施：

1）单根配置的预应力筋，其端部宜设置螺旋筋。

2）分散布置的多根预应力筋，在构件端部 10d（d 为预应力筋的公称直径）且不小于 100mm 长度范围内，宜设置 3~5 片与预应力筋垂直的钢筋网片。

3）预应力钢丝配筋的薄板，在板端 100mm 长度范围内宜适当加密横向钢筋。

4）槽形板类构件，应在构件端部 100mm 长度范围内沿构件板面设置附加横向钢筋，其数量不应少于 2 根。

5）预应力筋在构件端部全部弯起的受弯构件或直线配筋的先张法构件，当构件端部与下部支承结构焊接时，应考虑混凝土收缩和徐变及温度变化所产生的不利影响，宜在构件端部可能产生裂缝的部位设置纵向构造钢筋。

3. 后张法构件构造要求

（1）预留孔道

1）孔道内径：宜比预应力钢丝束及连接器外径大 6~15mm，且孔道截面面积宜为穿入预应力束截面面积的 3~4 倍。

2）孔道间距：对于预制构件，孔道水平净间距不宜小于 50mm，且不宜小于粗骨料粒径的 1.25 倍；孔道至构件边缘的净间距不宜小于 30mm，且不宜小于（0.5×孔道直径）；对于现浇混凝土梁，预留孔道的竖向净间距不应小于孔道外径，水平净间距不宜小于 1.5 倍孔道外径，且不应小于 1.25 倍粗骨料粒径。

3）孔壁厚度：从孔道外壁至构件边缘的净间距，梁底不宜小于 50mm，梁侧不宜小于 40mm，裂缝控制等级为三级的梁，梁底、梁侧分别不宜小于 60mm 和 50mm。

4）并列布置：有可靠经验并能保证混凝土浇筑质量时，可水平并列贴紧布置预留孔道，但并排数量不应超过 2 束。

5）在现浇楼板中采用扁形锚固体系时，穿过每个预留孔道的预应力筋数量宜为 3~5 根；在常用荷载情况下，孔道在水平方向的净间距不应超过 8 倍板厚及 1.5m 中的较大值。

6）起拱构件：制作时需预先起拱的构件，预留孔道宜随构件同时起拱。

7）灌浆孔或排气孔：构件两端及跨中应设置灌浆孔或排气孔，其孔距不宜大于 12m。

（2）构件端部钢筋布置

1）采用普通垫板时，应进行局部受压承载力计算，并配置间接钢筋，其体积配筋率 ρ_v

不应小于 0.5%，垫板的刚性扩散角应取 45°。

2）采用整体铸造垫板时，其局部受压区的设计应符合相关标准的规定。

3）在局部受压间接钢筋配置区以外，应配置防劈裂箍筋或网片。配筋截面面积计算公式为

$$A_{sb} \geq 0.18\left(1-\frac{l_l}{l_b}\right)\frac{P}{f_{yv}} \tag{10-11a}$$

式中　P——作用在构件端部截面重心线上部或下部预应力筋的合力设计值，对有黏结后张法构件可取 $1.2\sigma_{con}A_p$；

　　　f_{yv}——附加防劈裂钢筋抗拉强度设计值；

　　l_l、l_b——沿构件高度方向 A_l、A_b 的边长或直径，其中 A_l、A_b 可按局部受压承载力计算的相关要求确定。

且体积配筋率不应小于 0.5%。附加防劈裂配筋区的范围，如图 10-19 所示。

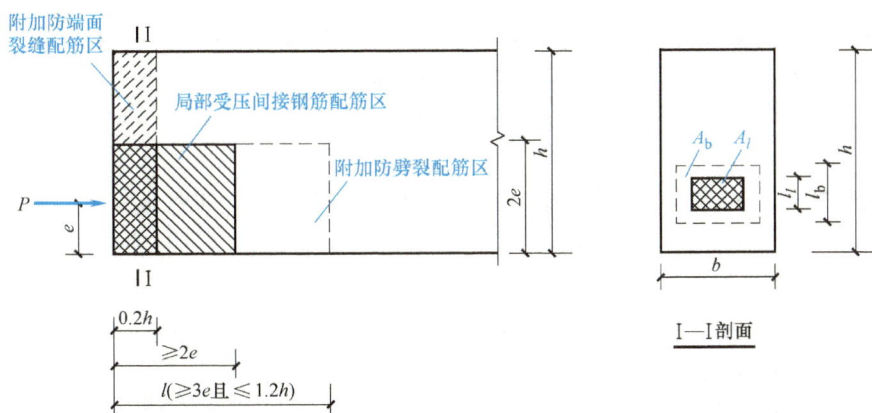

图 10-19　防止端部裂缝的配筋范围

4）当构件端部预应力筋需集中布置在截面下部或集中布置在上部和下部时，应在构件端部 $0.2h$ 范围内设置附加竖向防端面裂缝构造钢筋，如图 10-19 所示。其配筋截面面积应符合要求，即

$$A_{sv} \geq \frac{T_s}{f_{yv}} = \frac{\left(0.25-\dfrac{e}{h}\right)P}{f_{yv}} \tag{10-11b}$$

式中　T_s——锚固端端面拉力；

　　　e——截面重心线上部或下部预应力筋的合力点至截面近边缘的距离；

　　　h——构件端部截面高度。

其余符号意义同前。

当 $e>0.2h$ 时，可根据实际情况配置构造钢筋。竖向防端面裂缝钢筋宜靠近端面配置，可采用焊接钢筋网、封闭式箍筋或其他的形式，且宜采用带肋钢筋。当端部截面上部和下部均有预应力筋时，附加竖向钢筋的总截面面积应按上部和下部的预应力合力分别计算的较大值采用。沿构件端部横向也应按上述方法计算防端面裂缝钢筋，并与上述竖向钢筋形成钢筋网片配置。

5）当构件端部有局部凹进时，应增设折线构造钢筋或其他有效的钢筋，如图 10-20 所示。

（3）预应力布筋

1）采用曲线预应力束时，其曲率半径 r_p 不宜小于 4m，并满足要求，即

$$r_p \geqslant \frac{P}{0.35 f_c d_p}$$ （10-12a）

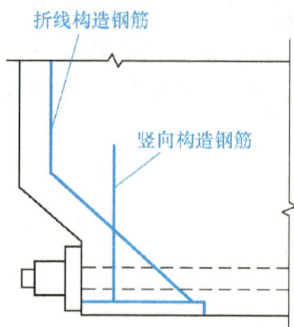

图 10-20　端部局部凹进处构造钢筋

式中　　d_p——预应力束孔道的外径；

f_c——张拉时混凝土抗压强度设计值；

其余符号意义同前。

2）采用折线配筋的构件，在预应力束弯折处的曲率半径可适当减小。当曲率半径 r_p 不满足式（10-12a）要求时，可在弯折内侧设置钢筋网片或螺旋筋。

3）沿构件凹面布置曲线预应力束时，应进行防崩裂设计。当曲率半径 r_p 满足式（10-12b）要求时，可仅配置构造 U 形插筋（见图 10-21）。

$$r_p \geqslant \frac{P}{f_t(0.5 d_p + c_p)}$$ （10-12b）

当不满足式（10-12b）要求时，单肢 U 形插筋截面面积应按下式确定：

$$A_{sv1} \geqslant \frac{P s_v}{2 r_p f_{yv}}$$ （10-12c）

式中　　f_t——张拉时混凝土抗拉强度设计值；

c_p——预应力束孔道净混凝土保护层厚度；

s_v——U 形插筋间距；

f_{yv}——U 形插筋抗拉强度设计值，当大于 360N/mm² 时，取为 360N/mm²；

其余符号意义同前。

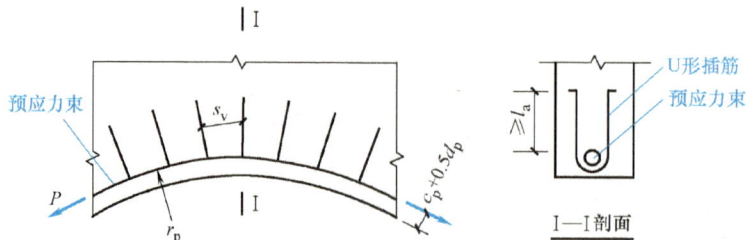

图 10-21　防崩裂 U 形插筋示意图

U 形插筋的锚固长度不应小于 l_a；当实际锚固长度 l_e 小于 l_a 时，单肢 U 形插筋的截面面积可按 A_{sv1}/k 取值。其中，k 取 $l_e/15d$ 和 $l_e/200$ 中的较小值，且 k 不大于 1.0。

当有平行的几个孔道，且中心距不大于 $2d_p$ 时，预应力筋的合力设计值应按相邻全部孔道内的预应力筋确定。

■ 10.3　预应力混凝土轴心受拉构件

预应力混凝土轴心受拉构件从张拉预应力筋至构件破坏，可分为施工阶段和使用阶段，每个阶段又包括若干个受力过程。施工阶段是指构件张拉制作、堆放、运输和安装等过程，使用阶段是指构件承受使用荷载（外荷载）作用，直到构件发生破坏的过程。

预应力混凝土轴心受拉构件的设计内容包括使用阶段承载力计算和抗裂验算，施工阶段承载力验算和变形验算，而构件各阶段的受力性能分析是上述设计内容的基础。

图 10-22 所示为预应力混凝土轴心受拉构件的配筋示意图，图中 A_p、A_s 分别为预应力筋和非预应力筋的截面面积，A_c 为构件混凝土截面面积，$A_{孔}$ 为后张法构件预留孔道的截面面积。另用 E_p、E_s 分别表示预应力筋和非预应力筋的弹性模量，E_c 表示混凝土的弹性模量；用 σ_{pc}、σ_p、σ_s 分别表示混凝土应力、预应力筋应力和非预应力筋应力。

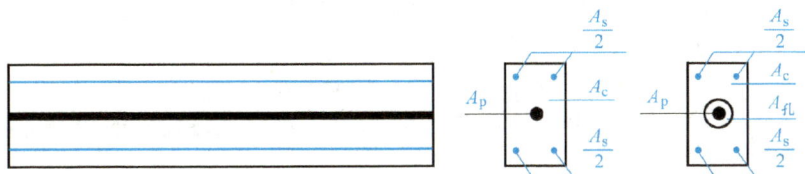

图 10-22　预应力混凝土轴心受拉构件的配筋示意图

10.3.1　先张法构件受力性能分析

1. 施工阶段受力性能分析

（1）张拉预应力筋　在台座上张拉预应力筋，直至应力 $\sigma_p = \sigma_{con}$；此时，非预应力筋不承受任何应力，预应力筋总拉力为 $N_{con} = \sigma_{con} A_p$。

（2）完成第一批预应力损失　预应力筋张拉完毕，将其锚固在台座上，浇筑混凝土并进行构件养护，直至放张预应力筋、混凝土受到预压应力之前。此时，已完成第一批预应力损失 $\sigma_{lI} = \sigma_{l1} + \sigma_{l3} + \sigma_{l4}$，预应力筋拉应力降至 $\sigma_p = \sigma_{con} - \sigma_{lI}$；由于预应力筋尚未放松，混凝土尚未受力，所以 $\sigma_{pc} = 0$，$\sigma_s = 0$。

（3）放张预应力筋　当混凝土达到设计强度等级的 75% 以上时，放松预应力筋，预应力筋回缩，混凝土受到压缩，预应力筋和非预应力筋也随之缩短，拉应力减小。若混凝土受到的预压应力为 σ_{pcI}，由于预应力筋与混凝土之间的变形必须协调，则预应力筋拉应力相应减少 $\alpha_{Ep} \sigma_{pcI}$，预应力筋的拉应力下降为

$$\sigma_{peI} = \sigma_{con} - \sigma_{lI} - \alpha_{Ep} \sigma_{pcI} \tag{10-13a}$$

同理，非预应力筋获得的预压应力为

$$\sigma_{sI} = \alpha_{Es} \sigma_{pcI} \tag{10-13b}$$

由截面平衡条件可得

$$\sigma_{peI} A_p = \sigma_{pcI} A_c + \sigma_{sI} A_s \tag{10-13c}$$

将式（10-13a）、式（10-13b）代入式（10-13c），可得此时混凝土的预压应力 σ_{pcI} 为

$$\sigma_{\text{pcI}} = \frac{(\sigma_{\text{con}} - \sigma_{lI})A_{\text{p}}}{A_{\text{c}} + \alpha_{\text{Es}}A_{\text{s}} + \alpha_{\text{Ep}}A_{\text{p}}} = \frac{(\sigma_{\text{con}} - \sigma_{lI})A_{\text{p}}}{A_0} = \frac{N_{\text{pI}}}{A_0} \tag{10-13d}$$

式中 σ_{pcI}——完成第一批损失后混凝土的预压应力，是计算混凝土收缩徐变损失的依据；

N_{pI}——完成第一批损失后预应力筋的总拉力，$N_{\text{pI}} = (\sigma_{\text{con}} - \sigma_{lI})A_{\text{p}}$；

A_0——构件换算截面面积，$A_0 = A_{\text{c}} + \alpha_{\text{Es}}A_{\text{s}} + \alpha_{\text{Ep}}A_{\text{p}}$。

（4）完成第二批预应力损失 混凝土受到预压应力后，随着时间的增长，完成第二批预应力损失 $\sigma_{lII} = \sigma_{l5}$。此时，已完成全部预应力损失 $\sigma_l = \sigma_{lI} + \sigma_{lII}$，导致混凝土预压应力由 σ_{pcI} 下降至 σ_{pcII}；预应力筋拉应力由 σ_{peI} 下降至 σ_{peII}，即相应增加拉应力 $\alpha_{\text{Ep}}(\sigma_{\text{pcI}} - \sigma_{\text{pcII}})$。预应力筋的拉应力为

$$\sigma_{\text{peII}} = (\sigma_{\text{con}} - \sigma_{lI} - \alpha_{\text{Ep}}\sigma_{\text{pcI}}) - \sigma_{lII} + \alpha_{\text{Ep}}(\sigma_{\text{pcI}} - \sigma_{\text{pcII}}) = \sigma_{\text{con}} - \sigma_l - \alpha_{\text{Ep}}\sigma_{\text{pcII}} \tag{10-14a}$$

由于混凝土的收缩和徐变，构件弹性压缩有所恢复，使非预应力筋随构件压缩而缩短，即相应减少压应力 $\alpha_{\text{Ep}}(\sigma_{\text{pcI}} - \sigma_{\text{pcII}})$。此时，非预应力筋的压应力为

$$\sigma_{\text{sII}} = \alpha_{\text{Es}}\sigma_{\text{pcI}} + \sigma_{l5} - \alpha_{\text{Es}}(\sigma_{\text{pcI}} - \sigma_{\text{pcII}}) = \sigma_{l5} + \alpha_{\text{Es}}\sigma_{\text{pcII}} \tag{10-14b}$$

由截面平衡条件可得

$$\sigma_{\text{peII}}A_{\text{p}} = \sigma_{\text{pcII}}A_{\text{c}} + \sigma_{\text{sII}}A_{\text{c}} \tag{10-14c}$$

将式（10-14a）、式（10-14b）代入式（10-14c），可得最终建立的混凝土有效预压应力 σ_{pcII} 为

$$\sigma_{\text{pcII}} = \frac{(\sigma_{\text{con}} - \sigma_l)A_{\text{p}} - \sigma_{l5}A_{\text{s}}}{A_{\text{c}} + \alpha_{\text{Es}}A_{\text{s}} + \alpha_{\text{Ep}}A_{\text{p}}} = \frac{N_{\text{pII}}}{A_0} \tag{10-14d}$$

式中 N_{pII}——完成全部预应力损失后，预应力筋和非预应力筋的总拉力，$N_{\text{pII}} = (\sigma_{\text{con}} - \sigma_l)A_{\text{p}} - \sigma_{l5}A_{\text{s}}$。

2. 使用阶段受力性能分析

（1）消压极限状态 构件承受使用荷载（轴向拉力）后，混凝土预压应力逐渐减少，预应力筋拉应力不断增大，当加载至混凝土预压应力为零时，构件处于消压极限状态，其对应的轴向拉力称为消压轴力 N_{p0}。此时，混凝土从 σ_{pcII} 下降为零，预应力筋拉应力相应增加 $\alpha_{\text{Ep}}\sigma_{\text{pcII}}$，即

$$\sigma_{\text{p0}} = \sigma_{\text{con}} - \sigma_l - \alpha_{\text{Ep}}\sigma_{\text{pcII}} + \alpha_{\text{Ep}}\sigma_{\text{pcII}} = \sigma_{\text{con}} - \sigma_l \tag{10-15a}$$

非预应力筋压应力相应减少 $\alpha_{\text{Es}}\sigma_{\text{pcII}}$，即

$$\sigma_{\text{s0}} = \sigma_{l5} + \alpha_{\text{Es}}\sigma_{\text{pcII}} - \alpha_{\text{Es}}\sigma_{\text{pcII}} = \sigma_{l5} \tag{10-15b}$$

由截面平衡条件可得

$$N_{\text{p0}} = \sigma_{\text{p0}}A_{\text{p}} - \sigma_{\text{s0}}A_{\text{s}} \tag{10-15c}$$

将式（10-15a）、式（10-15b）代入式（10-15c），并利用式（10-14d），可得到先张法轴心受拉构件的消压轴力 N_{p0} 为

$$N_{\text{p0}} = \sigma_{\text{p0}}A_{\text{p}} - \sigma_{\text{s0}}A_{\text{s}} = \sigma_{\text{pcII}}A_0 \tag{10-15d}$$

（2）开裂极限状态 随着轴向拉力的进一步增加，当混凝土拉应力达到轴心抗拉强度标准值 f_{tk} 时，截面处于开裂极限状态。此时，混凝土应力由零增加到 f_{tk}，预应力筋增加拉应力 $\alpha_{\text{Ep}}f_{\text{tk}}$，非预应力筋增加拉应力 $\alpha_{\text{Es}}f_{\text{tk}}$，即

$$\sigma_{\text{pcr}} = \sigma_{\text{con}} - \sigma_l + \alpha_{\text{Ep}}f_{\text{tk}} \tag{10-16a}$$

$$\sigma_{\text{scr}} = \alpha_{\text{Es}}f_{\text{tk}} - \sigma_{l5} \tag{10-16b}$$

由截面平衡条件可得

$$N_{cr} = \sigma_{pcr}A_p + \sigma_{scr}A_s + f_{tk}A_c \qquad (10\text{-}16c)$$

将式（10-16a）、式（10-16b）代入式（10-16c），并利用式（10-14d），可得到先张法轴心受拉构件的开裂轴力 N_{cr} 为

$$N_{cr} = \sigma_{pcr}A_p + \sigma_{scr}A_s + f_{tk}A_c = (\sigma_{pcII} + f_{tk})A_0 \qquad (10\text{-}16d)$$

式（10-16d）是预应力混凝土轴心受拉构件进行使用阶段抗裂验算的依据。

（3）破坏极限状态 当轴向拉力 $N > N_{cr}$ 后，截面开裂，裂缝截面混凝土退出工作，所有拉力由预应力筋和非预应力筋承担。当预应力筋和非预应力筋应力分别达到抗拉强度设计值 f_{py}、f_y 时，构件达到破坏极限状态。

由截面平衡关系可得极限轴力 N_u 为

$$N_u = f_{py}A_p + f_y A_s \qquad (10\text{-}17)$$

式（10-17）是预应力混凝土轴心受拉构件进行使用阶段承载力计算的依据。

10.3.2 后张法构件受力性能分析

1. 施工阶段受力性能分析

（1）浇筑混凝土构件 浇筑好构件，养护直至张拉预应力筋之前，此时可认为截面无任何应力。

（2）张拉预应力筋 张拉预应力筋的同时，混凝土受到预压应力，并产生摩擦损失 σ_{l2}。当预应力筋张拉至 σ_{con} 时，预应力筋拉应力为

$$\sigma_p = \sigma_{con} - \sigma_{l2} \qquad (10\text{-}18a)$$

若此时混凝土的预压应力为 σ_{pc}，则非预应力筋的压应力为

$$\sigma_s = \alpha_{Es}\sigma_{pc} \qquad (10\text{-}18b)$$

由截面平衡条件可得

$$\sigma_p A_p - \sigma_s A_s = \sigma_{pc}A_c \qquad (10\text{-}18c)$$

将式（10-18a）、式（10-18b）代入式（10-18c），可得此时混凝土的预压应力 σ_{pc} 为

$$\sigma_{pc} = \frac{(\sigma_{con} - \sigma_{l2})A_p}{A_c + \alpha_{Es}A_s} = \frac{(\sigma_{con} - \sigma_{l2})A_p}{A_n} \qquad (10\text{-}18d)$$

式中 A_n——构件净截面面积，$A_n = A_c + \alpha_{Es}A_s$。

（3）完成第一批预应力损失 张拉完毕，将预应力筋锚固在构件上，即刻发生锚具变形损失 σ_{l1}，此时已完成第一批预应力损失，预应力筋拉应力为

$$\sigma_{peI} = \sigma_{con} - \sigma_{l1} - \sigma_{l2} = \sigma_{con} - \sigma_{lI} \qquad (10\text{-}19a)$$

若此时混凝土的预压应力为 σ_{pcI}，则非预应力筋的压应力为

$$\sigma_{sI} = \alpha_{Es}\sigma_{pcI} \qquad (10\text{-}19b)$$

由截面平衡条件可得

$$\sigma_{peI}A_p - \sigma_{sI}A_s = \sigma_{pcI}A_c \qquad (10\text{-}19c)$$

将式（10-19a）、式（10-19b）代入式（10-19c），可得完成第一批损失后的混凝土预压应力 σ_{pcI} 为

$$\sigma_{pcI} = \frac{(\sigma_{con} - \sigma_{lI})A_p}{A_c + \alpha_{Es}A_s} = \frac{(\sigma_{con} - \sigma_{lI})A_p}{A_n} = \frac{N_{pI}}{A_n} \qquad (10\text{-}19d)$$

（4）完成第二批预应力损失　后张法构件的第二批损失包括预应力筋松弛损失 σ_{l4}、混凝土收缩徐变损失 σ_{l5}，此时，预应力筋拉应力降至为

$$\sigma_{\mathrm{pe}\,II} = \sigma_{\mathrm{con}} - \sigma_{lI} - \sigma_{l\,II} = \sigma_{\mathrm{con}} - \sigma_l \tag{10-20a}$$

若此时混凝土的预压应力为 $\sigma_{\mathrm{pc}\,II}$，则非预应力筋的压应力为

$$\sigma_{\mathrm{s}\,II} = \alpha_{\mathrm{Es}}\sigma_{\mathrm{pcI}} + \sigma_{l5} - \alpha_{\mathrm{Es}}(\sigma_{\mathrm{pcI}} - \sigma_{\mathrm{pe}\,II}) = \sigma_{l5} + \alpha_{\mathrm{Es}}\sigma_{\mathrm{pc}\,II} \tag{10-20b}$$

由截面平衡条件可得

$$\sigma_{\mathrm{pe}\,II} A_{\mathrm{p}} - \sigma_{\mathrm{s}\,II} A_{\mathrm{s}} = \sigma_{\mathrm{pc}\,II} A_{\mathrm{c}} \tag{10-20c}$$

将式（10-20a）、式（10-20b）代入式（10-20d），可得最终建立的混凝土有效预压应力 $\sigma_{\mathrm{pc}\,II}$ 为

$$\sigma_{\mathrm{pc}\,II} = \frac{(\sigma_{\mathrm{con}} - \sigma_l)A_{\mathrm{p}} - \sigma_{l5}A_{\mathrm{s}}}{A_{\mathrm{c}} + \alpha_{\mathrm{Es}}A_{\mathrm{s}}} = \frac{N_{\mathrm{p}\,II}}{A_{\mathrm{n}}} \tag{10-20d}$$

2. 使用阶段受力性能分析

（1）消压极限状态　加载至消压轴力 N_{p0} 时，混凝土预压应力 $\sigma_{\mathrm{pc}\,II} = 0$，预应力筋拉应力相应增加 $\alpha_{\mathrm{Ep}}\sigma_{\mathrm{pc}\,II}$，即

$$\sigma_{\mathrm{p0}} = \sigma_{\mathrm{con}} - \sigma_l + \alpha_{\mathrm{Ep}}\sigma_{\mathrm{pc}\,II} \tag{10-21a}$$

非预应力筋压应力相应减少 $\alpha_{\mathrm{Es}}\sigma_{\mathrm{pc}\,II}$，即

$$\sigma_{\mathrm{s0}} = \sigma_{l5} + \alpha_{\mathrm{Es}}\sigma_{\mathrm{pc}\,II} - \alpha_{\mathrm{Es}}\sigma_{\mathrm{pc}\,II} = \sigma_{l5} \tag{10-21b}$$

由截面平衡条件可得消压轴力 N_{p0} 为

$$N_{\mathrm{p0}} = (\sigma_{\mathrm{con}} - \sigma_l + \alpha_{\mathrm{Ep}}\sigma_{\mathrm{pc}\,II})A_{\mathrm{p}} - \sigma_{l5}A_{\mathrm{s}} = \sigma_{\mathrm{pc}\,II}(A_{\mathrm{n}} + \alpha_{\mathrm{Ep}}A_{\mathrm{p}}) = \sigma_{\mathrm{pc}\,II}A_0 \tag{10-21c}$$

（2）开裂极限状态　继续加载，混凝土开始受拉，当拉应力达到 f_{tk} 时，预应力筋增加拉应力 $\alpha_{\mathrm{Ep}}f_{\mathrm{tk}}$，非预应力筋增加拉应力 $\alpha_{\mathrm{Es}}f_{\mathrm{tk}}$，即

$$\sigma_{\mathrm{pcr}} = \sigma_{\mathrm{con}} - \sigma_l + \alpha_{\mathrm{Ep}}\sigma_{\mathrm{pc}\,II} + \alpha_{\mathrm{Ep}}f_{\mathrm{tk}} \tag{10-22a}$$

$$\sigma_{\mathrm{scr}} = \alpha_{\mathrm{Es}}f_{\mathrm{tk}} - \sigma_{l5} \tag{10-22b}$$

由截面平衡条件可得开裂轴力 N_{cr} 为

$$N_{\mathrm{cr}} = \sigma_{\mathrm{pcr}}A_{\mathrm{p}} + \sigma_{\mathrm{scr}}A_{\mathrm{s}} + f_{\mathrm{tk}}A_{\mathrm{c}} = (\sigma_{\mathrm{pc}\,II} + f_{\mathrm{tk}})A_0 \tag{10-22c}$$

（3）破坏极限状态　和先张法构件一样，达到破坏极限状态时，预应力筋和非预应力筋拉应力分别达到 f_{py} 和 f_{y}。由截面平衡条件可得极限轴力 N_{u} 为

$$N_{\mathrm{u}} = f_{\mathrm{py}}A_{\mathrm{p}} + f_{\mathrm{y}}A_{\mathrm{s}} \tag{10-23}$$

10.3.3　两种构件受力性能对比分析

1. 施工阶段构件截面应力汇总

将先张法和后张法轴心受拉构件施工阶段各受力阶段的截面应力汇总，见表10-7。

2. 使用阶段构件截面应力及轴向拉力汇总

将先张法和后张法轴心受拉构件使用阶段各受力阶段的截面应力和轴向拉力汇总，见表10-8。

3. 受力性能对比分析

由表10-7、表10-8进行对比分析，可得到以下结论：

（1）先张法与后张法受力性能对比

表 10-7　轴心受拉构件施工阶段的截面应力

受力阶段		预应力筋应力 σ_p	混凝土应力 σ_{pc}	非预应力筋应力 σ_s
先张法	1. 完成第一批损失	$\sigma_p = \sigma_{con} - \sigma_{lI}$	$\sigma_{pc} = 0$	$\sigma_s = 0$
	2. 放张预应力筋	$\sigma_{peI} = \sigma_{con} - \sigma_{lI} - \alpha_{Ep}\sigma_{pcI}$	$\sigma_{pcI} = \dfrac{(\sigma_{con}-\sigma_{lI})A_p}{A_0} = \dfrac{N_{pI}}{A_0}$	$\sigma_{sI} = \alpha_{Es}\sigma_{pcI}$
	3. 完成第二批损失	$\sigma_{peII} = \sigma_{con} - \sigma_l - \alpha_{Ep}\sigma_{pcII}$	$\sigma_{pcII} = \dfrac{(\sigma_{con}-\sigma_l)A_p - \sigma_{l5}A_s}{A_0} = \dfrac{N_{pII}}{A_0}$	$\sigma_{sII} = \sigma_{l5} + \alpha_{Es}\sigma_{pcII}$
后张法	1. 张拉预应力筋	$\sigma_p = \sigma_{con} - \sigma_{l2}$	$\sigma_{pc} = \dfrac{(\sigma_{con}-\sigma_{l2})A_p}{A_n}$	$\sigma_s = \alpha_{Es}\sigma_{pc}$
	2. 完成第一批损失	$\sigma_{peI} = \sigma_{con} - \sigma_{lI}$	$\sigma_{peI} = \dfrac{(\sigma_{con}-\sigma_{lI})A_p}{A_n} = \dfrac{N_{pI}}{A_n}$	$\sigma_{sI} = \alpha_{Es}\sigma_{pcI}$
	3. 完成第二批损失	$\sigma_{peII} = \sigma_{con} - \sigma_l$	$\sigma_{pcII} = \dfrac{(\sigma_{con}-\sigma_l)A_p - \sigma_{l5}A_s}{A_n} = \dfrac{N_{pII}}{A_n}$	$\sigma_{sII} = \sigma_{l5} + \alpha_{Es}\sigma_{pcII}$

表 10-8　轴心受拉构件使用阶段的截面应力和轴向拉力

受力阶段		预应力筋应力 σ_p	混凝土应力 σ_{pc}	非预应力筋应力 σ_s	轴向拉力 N
先张法	1. 消压极限状态	$\sigma_{p0} = \sigma_{con} - \sigma_l$	0	$\sigma_{s0} = \sigma_{l5}$	$N_{p0} = \sigma_{pcII}A_0$
	2. 开裂极限状态	$\sigma_{per} = \sigma_{con} - \sigma_l + \alpha_{Ep}f_{tk}$	f_{tk}	$\sigma_{scr} = \alpha_{Es}f_{tk} - \sigma_{l5}$	$N_{cr} = (\sigma_{pcII}+f_{tk})A_0$
	3. 破坏极限状态	f_{py}	0	f_y	$N_u = f_{py}A_p + f_yA_s$
后张法	1. 消压极限状态	$\sigma_{p0} = \sigma_{con} - \sigma_l + \alpha_{Ep}\sigma_{pcII}$	0	$\sigma_{s0} = \sigma_{l5}$	$N_{p0} = \sigma_{pcII}A_0$
	2. 开裂极限状态	$\sigma_{per} = \sigma_{con} - \sigma_l + \alpha_{Ep}\sigma_{pcII} + \alpha_{Ep}f_{tk}$	f_{tk}	$\sigma_{scr} = \alpha_{Es}f_{tk} - \sigma_{l5}$	$N_{cr} = (\sigma_{pcII}+f_{tk})A_0$
	3. 破坏极限状态	f_{py}	0	f_y	$N_u = f_{py}A_p + f_yA_s$

1）预应力筋应力 σ_p。后张法构件的 σ_{peI}、σ_{peII} 公式比先张法构件多一项 $\alpha_E\sigma_{pc}$，原因是后张法构件在张拉过程中，混凝土同时受压，产生弹性压缩变形，即在两种构件制作时，其预应力筋与混凝土协调变形的起点不同，因此，当 σ_{con} 相同时，先张法构件预应力筋的 σ_{pe} 比后张法要小。

2）混凝土应力 σ_{pc}。两种构件的 σ_{pcI}、σ_{pcII} 公式形式相似，只是 σ_l 的计算值不同，同时先张法构件用换算截面面积 A_0，后张法构件用净截面面积 A_n。由于 $A_0>A_n$，则后张法构件的混凝土有效预压应力 σ_{pc} 要大于先张法构件的 σ_{pc}。

3）非预应力筋应力 σ_s。两种构件的 σ_{sI}、σ_{sII} 公式形式均相同，原因是两种构件制作时混凝土与非预应力筋协调变形的起点相同，均从混凝土应力为零时。

4）轴向拉力 N。两种构件的消压轴力 N_{p0}、开裂轴力 N_{cr} 和极限轴力 N_u，其计算公式相同，均采用换算截面面积 A_0，只是计算 N_{p0}、N_{cr} 时，两种构件的 σ_{pcII} 不相同。

（2）预应力混凝土与钢筋混凝土受力性能对比

1）材料性能。预应力筋从张拉到构件破坏，始终处于高拉应力状态，而在达到消压轴力 N_{p0} 之前，混凝土始终处于受压状态，充分发挥了钢材和混凝土两种材料的性能。

2）抗裂性能。由开裂轴力 N_{cr} 公式可知，预应力混凝土构件的开裂荷载要远大于钢筋混凝土构件，原因在于 σ_{pcII} 比 f_{tk} 大很多，所以说预应力混凝土构件抗裂性能好。

3）承载能力。由极限轴力 N_u 公式可知，预应力混凝土构件并不能提高极限承载力，即相同截面、材料和配筋的预应力混凝土轴心受拉构件，其极限承载力与钢筋混凝土轴心受拉构件相同。

4）构件延性。由于预应力混凝土构件抗裂性能好，构件出现裂缝要比钢筋混凝土构件晚很多，使开裂轴力 N_{cr} 与极限轴力 N_u 比较接近，故构件延性较差。

10.3.4 轴心受拉构件使用阶段计算

1. 使用阶段承载力计算

预应力混凝土轴心受拉构件承载力计算公式为

$$N \leqslant N_u = f_{py}A_p + f_y A_s \tag{10-24}$$

式中 N——轴向拉力设计值。

2. 使用阶段裂缝控制验算

同 9.3.5 节，根据所处环境类别和使用要求，预应力混凝土构件的裂缝控制等级分为三级：一级——严格要求不出现裂缝的构件，即全预应力混凝土构件；二级——一般要求不出现裂缝的构件，即有限预应力混凝土构件；三级——允许出现裂缝的构件，即部分预应力混凝土构件。对于一级和二级裂缝控制等级，采用截面应力的验算表达式。

（1）严格要求不出现裂缝的构件　在荷载标准组合下应符合规定，即

$$\sigma_{ck} - \sigma_{pc} \leqslant 0 \tag{10-25a}$$

在荷载标准组合 N_k 作用下，轴心受拉构件截面不允许出现拉应力。由 $N_k \leqslant N_{p0} = \sigma_{pcII} A_0$，令 $\sigma_{ck} = N_k / A_0$，则得

$$\frac{N_k}{A_0} - \sigma_{pcII} \leqslant 0 \tag{10-25b}$$

（2）一般要求不出现裂缝的构件　在荷载标准组合下应符合规定，即

$$\sigma_{ck} - \sigma_{pc} \leqslant f_{tk} \tag{10-26a}$$

在荷载标准组合 N_k 作用下，轴心受拉构件截面可以出现拉应力但不开裂，即 $N_k \leqslant N_{cr}$。由 $N_{cr} = (\sigma_{pcII} + f_{tk})A_0$，则得

$$\frac{N_k}{A_0} - \sigma_{pcII} \leqslant f_{tk} \tag{10-26b}$$

对于环境类别为二 a 类的轴心受拉构件，在荷载准永久组合 N_q 下，其截面应力不允许超过 f_{tk}，即 $N_q \leqslant N_{cr}$，同理，可得

$$\frac{N_q}{A_0} - \sigma_{pcII} \leqslant f_{tk} \tag{10-26c}$$

式中 N_k、N_q——按荷载标准组合、准永久组合计算的轴向拉力。

（3）允许出现裂缝的构件　对于使用阶段允许出现裂缝的构件，要求按荷载标准组合并考虑长期作用影响计算的最大裂缝宽度，应符合下列规定：

$$w_{max} \leqslant w_{lim} \tag{10-27a}$$

式中 w_{lim}——最大裂缝宽度限值，按附表 12 采用；

w_{max}——按荷载标准组合并考虑长期作用影响计算的最大裂缝宽度计算公式为

$$w_{max} = \alpha_{cr}\psi\frac{\sigma_{sk}}{E_s}\left(1.9c+0.08\frac{d_{eq}}{\rho_{te}}\right) \quad (10\text{-}27b)$$

式中 α_{cr}——构件受力特征系数，对预应力混凝土轴心受拉构件，取 $\alpha_{cr}=2.2$；

σ_{sk}——按荷载标准组合计算的预应力混凝土构件纵向受拉钢筋的等效应力，即从截面混凝土消压算起的预应力筋和非预应力筋的应力增量，对轴心受拉构件为

$$\sigma_{sk} = \frac{N_k-N_{p0}}{A_p+A_s} \quad (10\text{-}27c)$$

ρ_{te}——按有效受拉混凝土截面面积计算的纵向受拉钢筋的配筋率，即

$$\rho_{te} = \frac{A_s+A_p}{A_{te}} \quad (10\text{-}27d)$$

当 $\rho_{te}<0.01$ 时，取 $\rho_{te}=0.01$；

其余符号意义同前，或与钢筋混凝土构件相同。

10.3.5 轴心受拉构件施工阶段验算

当先张法构件放张预应力筋或后张法构件张拉预应力筋时，混凝土将承受最大的预压应力，而此时混凝土强度通常仅有设计强度的 75%。构件强度是否满足，必须验算。

1. 混凝土法向压应力验算

为保证放张或张拉预应力筋时混凝土不被压碎，混凝土法向压应力应符合规定，即

$$\sigma_{cc} \leqslant 0.8f'_{ck} \quad (10\text{-}28a)$$

式中 σ_{cc}——施工阶段构件计算截面的混凝土最大法向压应力；

f'_{ck}——与各施工阶段混凝土立方体抗压强度 f'_{cu} 相应的抗压强度标准值。

先张法轴心受拉构件在放张预应力筋时，仅按第一批损失出现后计算 σ_{cc}，即

$$\sigma_{cc} = \sigma_{pcI} = \frac{(\sigma_{con}-\sigma_{lI})A_p}{A_0} \quad (10\text{-}28b)$$

后张法轴心受拉构件在张拉预应力筋至 σ_{con}，按不考虑预应力损失计算 σ_{cc}，即

$$\sigma_{cc} = \frac{\sigma_{con}A_p}{A_n} \quad (10\text{-}28c)$$

2. 构件端部锚固区局部受压承载力验算

为防止后张法构件端部发生局部受压破坏，应进行施工阶段构件端部锚固区的局部受压承载力验算，按式（10-9）和式（10-10）进行验算，详见 10.2.5 节。

【例 10-1】 试对某 18m 预应力混凝土屋架的下弦杆进行使用阶段的承载力和抗裂验算，以及施工阶段放张预应力筋时的承载力验算。设计条件见表 10-9。

表 10-9 设计条件

材料	混凝土	预应力筋	非预应力筋
等级	C50	消除应力钢丝	HRB400
截面	200mm×500mm 孔道 2φ50mm	每束 3φ10mm 两束（$A_p=472mm^2$）	4Φ12 （$A_s=452mm^2$）

（续）

材料	混凝土	预应力筋	非预应力筋
材料强度/ (N/mm^2)	$f_{ck}=32.4, f_c=23.1$ $f_{tk}=2.64, f_t=1.89$	$f_{ptk}=1470$ $f_{py}=1040$	$f_{yk}=400$ $f_y=360$
弹性模量/ (N/mm^2)	3.45×10^4	2.05×10^5	2.0×10^5
张拉工艺	后张法,一段张拉,采用 JM12 锚具 孔道为预埋钢管,超张拉 第一批预应力损失值　$\sigma_{lI}=74.08N/mm^2$ 第二批预应力损失值　$\sigma_{lII}=151.2N/mm^2$		
张拉控制应力	$\sigma_{con}=0.7f_{ptk}=0.7\times1470N/mm^2=1029N/mm^2$		
张拉时混凝土强度	$f'_{cu}=50N/mm^2$		
下弦杆内力	永久荷载标准值产生的轴向拉力 $N_k=250kN$ 可变荷载标准值产生的轴向拉力 $N_k=150kN$ 永久荷载准永久值系数为 0.5		
结构重要性系数	$\gamma_0=1.1$		

解：（1）截面几何特性

$A_p=472mm^2$

$$\alpha_{Es}=\frac{E_s}{E_c}=\frac{2.0\times10^5}{3.45\times10^4}=5.80$$

净截面面积：

$$A_n=A_c+\alpha_{Es}A_s$$
$$=\left(200\times500-2\times\frac{\pi}{4}\times50^2-452+5.80\times452\right)mm^2$$
$$=98245mm^2$$

换算截面面积：

$$A_0=A_n+\alpha_{Ep}A_p=\left(98245+\frac{2.05\times10^5}{3.45\times10^4}\times472\right)mm^2=101050mm^2$$

（2）计算预应力损失

1）锚具变形损失。由表 10-4 可知，夹片式锚具 $a=5mm$。

$$\sigma_{l1}=\frac{a}{l}E_p=\frac{5}{18000}\times2.05\times10^5N/mm^2=56.94N/mm^2$$

2）孔道摩擦损失。由表 10-5 可知：$\kappa=0.0010$，$\mu=0.30$。
一段张拉 $\theta=0$，$x=18m$，则

$\kappa x+\mu\theta=0.018<0.3$

$\sigma_{l2}=\sigma_{con}(\kappa x+\mu\theta)=1029\times0.018N/mm^2=18.52N/mm^2$

第一批预应力损失值：

$$\sigma_{lI}=\sigma_{l1}+\sigma_{l2}=75.46N/mm^2$$

3）预应力筋应力松弛引起的损失。

$$\sigma_{l4} = 0.125\left(\frac{\sigma_{con}}{f_{ptk}} - 0.5\right)\sigma_{con} = \left[0.125 \times \left(\frac{1029}{1470} - 0.5\right) \times 1029\right] N/mm^2 = 25.73 N/mm^2$$

4）混凝土收缩徐变损失。

$$f_{cu}' = 50 N/mm^2$$

$$\sigma_{pcI} = \frac{(\sigma_{con} - \sigma_{lI})A_p}{A_n} = \left[\frac{(1029 - 75.46) \times 472}{98245}\right] N/mm^2 = 4.58 N/mm^2 < 0.5 \times 50 N/mm^2 = 25 N/mm^2$$

$$\rho = \frac{A_p + A_s}{A_n} = \frac{1}{2} \times \frac{472 + 452}{98245} = 0.0047$$

$$\sigma_{l5} = \frac{55 + 300\dfrac{\sigma_{pc}}{f_{cu}'}}{1 + 15\rho} = \left(\frac{55 + 300 \times \dfrac{4.58}{50}}{1 + 15 \times 0.0047}\right) N/mm^2 = 77.0 N/mm^2$$

第二批预应力损失值：

$$\sigma_{lII} = \sigma_{l4} + \sigma_{l5} = (25.73 + 77.0) N/mm^2 = 102.73 N/mm^2$$

总预应力损失：

$$\sigma_l = \sigma_{lI} + \sigma_{lII} = (75.46 + 102.73) N/mm^2 = 178.19 N/mm^2 > 80 N/mm^2$$

（3）使用阶段承载力验算

$$N_u = f_{py}A_p + f_y A_s = (1040 \times 472 + 360 \times 452) N = 653.6 kN$$

$$N = \gamma_0(\gamma_g \times 250 + \gamma_q \times 150) = 1.1 \times (1.3 \times 250 + 1.5 \times 150) kN = 605 kN$$

$N < N_u$，满足承载力要求。

（4）使用阶段抗裂验算

$$\sigma_{pc} = \frac{(\sigma_{con} - \sigma_l)A_p - \sigma_{l5}A_s}{A_n} = \left[\frac{(1029 - 178.19) \times 472 - 77.0 \times 452}{98245}\right] N/mm^2 = 3.73 N/mm^2$$

在荷载标准组合下：

$$N_k = (250 + 150) kN = 400 kN$$

$$\sigma_{ck} = \frac{N_k}{A_0} = \frac{400 \times 10^3}{101050} N/mm^2 = 3.96 N/mm^2$$

$$\sigma_{ck} - \sigma_{pc} = (3.96 - 3.73) N/mm^2 > 0$$

不满足抗裂要求。

（5）施工阶段承载力验算

$$\sigma_{cc} = \frac{\sigma_{con}A_p}{A_n} = \frac{1029 \times 472}{98245} N/mm^2 = 4.94 N/mm^2 < 0.8 f_{ck}' = 0.8 \times 32.4 N/mm^2 = 25.92 N/mm^2$$

满足要求。

■ 10.4　预应力混凝土受弯构件

预应力混凝土受弯构件的受力过程，同样分为施工阶段和使用阶段，每个阶段又包括若干个受力过程。其设计内容包括使用阶段正截面和斜截面承载力计算、裂缝控制和变形验算，施工阶段承载力验算和变形验算等，而构件受力性能分析是上述设计内容的基础。

图 10-23 所示为预应力混凝土受弯构件配筋示意图，在使用荷载（外荷载）作用下截面受拉区（施工阶段预压区）配置预应力筋 A_p 和非预应力筋 A_s，为防止制作、堆放、运输及吊装等过程中，在使用荷载作用下的受压区（施工阶段预拉区）出现裂缝，有时也相应配置预应力筋 A_p' 和非预应力筋 A_s'，一般情况下 $A_p > A_p'$。

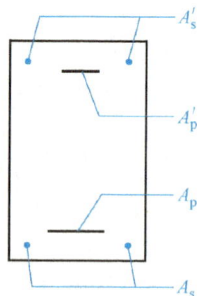

图 10-23 预应力混凝土受弯构件配筋示意图

10.4.1 施工阶段受力性能分析

预应力混凝土受弯构件与上述轴心受拉构件的不同之处在于预应力筋不对称配置，因此预加力是一个偏心压力，相当于对构件截面同时作用有轴向压力和偏心力矩，然后按材料力学公式计算。

1. 先张法受弯构件

（1）完成第一批损失　放张预应力筋前，已完成第一批损失，此时非预应力筋应力和混凝土应力为零，预应力筋应力为

$$\sigma_p = \sigma_{con} - \sigma_{lI} \tag{10-29a}$$

$$\sigma_p' = \sigma_{con}' - \sigma_{lI}' \tag{10-29b}$$

此时，预加力 N_{p0I} 及其作用点位置如图 10-24 所示。

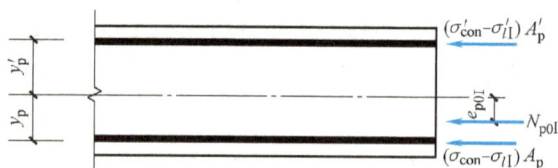

图 10-24　预加力 N_{p0I} 及其作用点位置

由图 10-24 的截面平衡条件，可求得预加力 N_{p0I} 为

$$N_{p0I} = (\sigma_{con} - \sigma_{lI})A_p + (\sigma_{con}' - \sigma_{lI}')A_p' \tag{10-29c}$$

预加力 N_{p0I} 对换算截面重心轴的距离为

$$e_{p0I} = \frac{(\sigma_{con} - \sigma_{lI})A_p y_p + (\sigma_{con}' - \sigma_{lI}')A_p' y_p'}{N_{p0I}} \tag{10-29d}$$

（2）放张预应力筋　放张预应力筋后，截面任意一点的混凝土预压应力 σ_{pcI} 为

$$\sigma_{pcI} = \frac{N_{p0I}}{A_0} \pm \frac{N_{p0I}e_{p0I}}{I_0}y_0 \tag{10-30a}$$

此时，预应力筋和非预应力筋的应力分别为

$$\sigma_{peI} = \sigma_{con} - \sigma_{lI} - \alpha_{Ep}\sigma_{pcI} \tag{10-30b}$$

$$\sigma_{peI}' = \sigma_{con}' - \sigma_{lI}' - \alpha_{Ep}\sigma_{pcI}' \tag{10-30c}$$

$$\sigma_{sI} = \alpha_{Es}\sigma_{pcI} \tag{10-30d}$$

$$\sigma_{sI}' = \alpha_{Es}\sigma_{pcI}' \tag{10-30e}$$

（3）完成第二批损失　混凝土受到预压应力后，将产生收缩徐变损失 σ_{l5} 和 σ_{l5}'，当第

二批损失完成后，其预应力损失为 σ_l、σ_l'，此时要考虑非预应力筋受到 σ_{l5}、σ_{l5}' 的影响，其预加力 $N_{p0\,\mathrm{II}}$ 及作用点位置如图 10-25 所示。

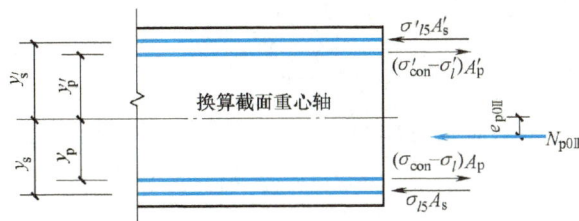

图 10-25　预加力 $N_{p0\mathrm{II}}$ 及其作用点位置

此时预加力 $N_{p0\,\mathrm{II}}$ 为

$$N_{p0\,\mathrm{II}} = (\sigma_{\mathrm{con}}-\sigma_l)A_p + (\sigma_{\mathrm{con}}'-\sigma_l')A_p' - \sigma_{l5}A_s - \sigma_{l5}'A_s' \tag{10-31a}$$

预加力 $N_{p0\,\mathrm{II}}$ 对换算截面重心轴的距离为

$$e_{p0\,\mathrm{II}} = \frac{(\sigma_{\mathrm{con}}-\sigma_l)A_p y_p - (\sigma_{\mathrm{con}}'-\sigma_l')A_p' y_p' - \sigma_{l5}A_s y_s + \sigma_{l5}'A_s' y_s'}{N_{p0\,\mathrm{II}}} \tag{10-31b}$$

预应力筋和非预应力筋的应力分别为

$$\sigma_{pe\,\mathrm{II}} = \sigma_{\mathrm{con}}-\sigma_l-\alpha_{Ep}\sigma_{pc\,\mathrm{II}} \tag{10-31c}$$

$$\sigma_{pe\,\mathrm{II}}' = \sigma_{\mathrm{con}}'-\sigma_l'-\alpha_{Ep}\sigma_{pc\,\mathrm{II}}' \tag{10-31d}$$

$$\sigma_{s\,\mathrm{II}} = \alpha_{Es}\sigma_{pc\,\mathrm{II}}+\sigma_{l5} \tag{10-31e}$$

$$\sigma_{s\,\mathrm{II}}' = \alpha_{Es}\sigma_{pc\,\mathrm{II}}'+\sigma_{l5}' \tag{10-31f}$$

《规范》规定：当 $A_p'=0$ 时，可取式（10-31f）中 $\sigma_{l5}'=0$。

截面任意一点的混凝土预压应力 $\sigma_{pc\,\mathrm{II}}$ 为

$$\sigma_{pc\,\mathrm{II}} = \frac{N_{p0\,\mathrm{II}}}{A_0} \pm \frac{N_{p0\,\mathrm{II}}\,e_{p0\,\mathrm{II}}}{I_0}y_0 \tag{10-31g}$$

式中　　A_0——构件换算截面面积，$A_0=A_c+\alpha_{Ep}A_p+\alpha_{Es}A_s+\alpha_{Ep}A_p'+\alpha_{Es}A_s'$；

A_c——构件混凝土截面面积，$A_c=A-A_s-A_s'-A_p-A_p'$；

I_0——构件换算截面惯性矩；

y_0——换算截面重心轴至所计算纤维层的距离；

y_p、y_p'——受拉区、受压区预应力筋合力点至换算截面重心轴的距离；

y_s、y_s'——受拉区、受压区非预应力筋合力点至换算截面重心轴的距离；

σ_{con}、σ_{con}'——预应力筋 A_p、A_p' 的张拉控制应力；

$\sigma_{pc\,\mathrm{II}}$——完成全部预应力损失后混凝土的应力，即有效预压应力。

2. 后张法受弯构件

与轴心受拉构件施工阶段相类似，后张法受弯计算时应用 A_n 代替先张法受弯构件中的 A_0，I_n 代替 I_0，y_{pn} 代替 y_p，y_{sn} 代替 y_s，N_p 代替 N_{p0}，e_{pn} 代替 e_{p0}，其预加力 N_p 及其作用点位置如图 10-26 所示。则可得到完成全部预应力损失后的通用计算公式如下：

预应力筋和非预应力筋的合力 N_p 为

$$N_p = (\sigma_{\mathrm{con}}-\sigma_l)A_p + (\sigma_{\mathrm{con}}'-\sigma_l')A_p' - \sigma_{l5}A_s - \sigma_{l5}'A_s' \tag{10-32a}$$

预应力筋、非预应力筋合力 N_p 对换算截面重心轴的距离为

$$e_{pn} = \frac{(\sigma_{con}-\sigma_l)A_p y_{pn}-(\sigma'_{con}-\sigma'_l)A'_p y'_{pn}-\sigma_{l5}A_s y_{sn}+\sigma'_{l5}A'_s y'_{sn}}{N_p} \quad (10\text{-}32b)$$

截面任意一点的混凝土预压应力 σ_{pc} 为

$$\sigma_{pc} = \frac{N_p}{A_n} \pm \frac{N_p e_{pn}}{I_n} y_n \quad (10\text{-}32c)$$

预应力筋和非预应力筋的应力分别为

$$\sigma_{pe} = \sigma_{con}-\sigma_l \quad (10\text{-}32d)$$

$$\sigma'_{pe} = \sigma'_{con}-\sigma'_l \quad (10\text{-}32e)$$

$$\sigma_s = \alpha_{Es}\sigma_{pc}+\sigma_{l5} \quad (10\text{-}32f)$$

$$\sigma'_s = \alpha_{Es}\sigma'_{pc}+\sigma'_{l5} \quad (10\text{-}32g)$$

式中 A_n——构件净截面面积，$A_n = A_c+\alpha_{Es}A_s+\alpha_{Es}A'_s$；

A_c——构件混凝土截面面积，$A_c = A-A_s-A'_s-A_{孔}$；

I_n——构件净截面惯性矩；

y_n——净截面重心轴至所计算纤维层的距离；

y_{pn}、y'_{pn}——受拉区、受压区预应力筋合力点至净截面重心轴的距离；

y_{sn}、y'_{sn}——受拉区、受压区非预应力筋合力点至净截面重心轴的距离。

若要计算完成第一批损失后的应力，可将上述公式中的 σ_{l5}、σ'_{l5} 去掉，并将各符号改为第一阶段即可。

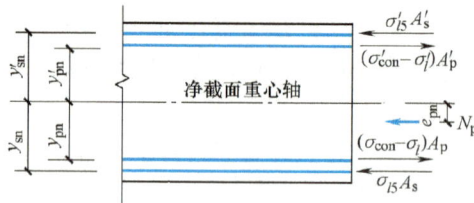

图 10-26   预加力 N_p 及其作用点位置

3. 施工阶段受力性能对比分析

将先张法和后张法受弯构件施工阶段各受力阶段的截面应力汇总，见表 10-10。

表 10-10   受弯构件施工阶段的截面应力

	受力阶段	预应力筋应力 σ_p、σ'_p	混凝土应力 σ_{pc}	非预应力筋应力 σ_s、σ'_s
先张法	1. 完成第一批损失	$\sigma_p = \sigma_{con}-\sigma_{lI}$ $\sigma'_p = \sigma'_{con}-\sigma'_{lI}$	$\sigma_{pc}=0$	$\sigma_s=0$ $\sigma'_s=0$
	2. 放张预应力筋	$\sigma_{peI} = \sigma_{con}-\sigma_{lI}-\alpha_{Ep}\sigma_{pcI}$ $\sigma'_{peI} = \sigma'_{con}-\sigma'_{lI}-\alpha_{Ep}\sigma'_{pcI}$	$\sigma_{pcI} = \dfrac{N_{p0I}}{A_0} \pm \dfrac{N_{p0I}\,e_{p0I}}{I_0} y_0$ $N_{p0I}=(\sigma_{con}-\sigma_{lI})A_p+(\sigma'_{con}-\sigma'_{lI})A'_p$	$\sigma_{sI}=\alpha_{Es}\sigma_{pcI}$ $\sigma'_{sI}=\alpha_{Es}\sigma'_{pcI}$
	3. 完成第二批损失	$\sigma_{peII}=\sigma_{con}-\sigma_l-\alpha_{Ep}\sigma_{pcII}$ $\sigma'_{peII}=\sigma'_{con}-\sigma'_l-\alpha_{Ep}\sigma'_{pcII}$	$\sigma_{pcII}=\dfrac{N_{p0II}}{A_0} \pm \dfrac{N_{p0II}\,e_{p0II}}{I_0}y_0$ $N_{p0II}=(\sigma_{con}-\sigma_l)A_p+(\sigma'_{con}-\sigma'_l)A'_p-\sigma_{l5}A_s-\sigma'_{l5}A'_s$	$\sigma_{sII}=\alpha_{Es}\sigma_{pcII}+\sigma_{l5}$ $\sigma'_{sII}=\alpha_{Es}\sigma'_{pcII}+\sigma'_{l5}$

（续）

受力阶段		预应力筋应力 σ_p、σ_p'	混凝土应力 σ_{pc}	非预应力筋应力 σ_s、σ_s'
后张法	1. 张拉预应力筋	$\sigma_p = \sigma_{con} - \sigma_{l2}$ $\sigma_p' = \sigma_{con}' - \sigma_{l2}'$	$\sigma_{pc} = \dfrac{N_p}{A_n} \pm \dfrac{N_p e_{pn}}{I_n} y_n$ $N_p = (\sigma_{con} - \sigma_{l2})A_p + (\sigma_{con}' - \sigma_{l2}')A_p'$	$\sigma_s = \alpha_{Es}\sigma_{pc}$ $\sigma_s' = \alpha_{Es}\sigma_{pc}'$
	2. 完成第一批损失	$\sigma_{peI} = \sigma_{con} - \sigma_{lI}$ $\sigma_{peI}' = \sigma_{con}' - \sigma_{lI}'$	$\sigma_{pcI} = \dfrac{N_{pI}}{A_n} \pm \dfrac{N_{pI} e_{pnI}}{I_n} y_n$ $N_{pI} = (\sigma_{con} - \sigma_{lI})A_p + (\sigma_{con}' - \sigma_{lI}')A_p'$	$\sigma_{sI} = \alpha_{Es}\sigma_{pcI}$ $\sigma_{sI}' = \alpha_{Es}\sigma_{pcI}'$
	3. 完成第二批损失	$\sigma_{peII} = \sigma_{con} - \sigma_l$ $\sigma_{peII}' = \sigma_{con}' - \sigma_l'$	$\sigma_{pcII} = \dfrac{N_{pII}}{A_n} \pm \dfrac{N_{pII} e_{pnII}}{I_n} y_n$ $N_{pII} = (\sigma_{con} - \sigma_l)A_p + (\sigma_{con}' - \sigma_l')A_p' - \sigma_{l5}A_s - \sigma_{l5}'A_s'$	$\sigma_{sII} = \alpha_{Es}\sigma_{pcII} + \sigma_{l5}$ $\sigma_{sII}' = \alpha_{Es}\sigma_{pcII}' + \sigma_{l5}'$

由表 10-10 进行对比，可以发现受弯构件截面应力的变化，基本和轴心受拉构件一样，具体如下：

1）预应力筋应力 σ_p、σ_p'。同轴心受拉构件一样，后张法构件的 σ_{peI}、σ_{peII} 公式比先张法构件多一项 $\alpha_E\sigma_{pc}$，后张法构件的 σ_{peI}'、σ_{peII}' 公式比先张法构件多一项 $\alpha_E\sigma_{pc}'$。

2）非预应力筋应力 σ_s、σ_s'。同轴心受拉构件一样，两种构件的公式形式均相同。

3）混凝土应力 σ_{pc}。两种构件的 σ_{pcI}、σ_{pcII} 公式形式相似，只是 σ_l、σ_l' 的计算值不同，先张法构件用换算截面面积 A_0 和换算截面惯性矩 I_0，后张法构件用净截面面积 A_n 和净截面惯性矩 I_n。

4）预加力 N_{p0}、N_p。两种构件的 N_{p0}、N_p 计算公式形式完全相同。

10.4.2　使用阶段受力性能分析

先张法与后张法受弯构件使用阶段的应力变化基本相同，与轴心受拉构件一样，可分为以下三个阶段考虑：

1. 消压极限状态

在使用荷载作用下，当构件截面受拉区边缘混凝土法向应力恰好等于零时，这一状态称为消压极限状态，所对应的弯矩称为消压弯矩 M_0。此时，使用荷载作用下截面受拉边缘产生的法向应力 $\sigma_0 = M_0/W_0$ 恰好等于混凝土的有效预压应力 σ_{pcII}，即

$$\sigma_{pcII} - \frac{M_0}{W_0} = 0 \tag{10-33a}$$

式中　W_0——构件换算截面对受拉边缘的弹性抵抗矩，$W_0 = I_0/y_0$；

　　　y_0——构件换算截面重心至计算纤维处的距离。

轴心受拉构件加载至 N_0 时，整个截面的混凝土应力全部为零；而受弯构件加载至 M_0，仅截面下边缘一点的混凝土应力为零，其他部位混凝土的应力均不为零。此时，预应力筋 A_p 应力 σ_{p0} 由 σ_{peII} 增加 $\alpha_{Ep}M_0 y_p/I_0$，预应力筋 A_p' 应力 σ_{p0}' 由 σ_{peII}' 增加 $\alpha_{Ep}M_0 y_p'/I_0$，则

1）先张法构件

$$\sigma_{p0} = \sigma_{con} - \sigma_l - \alpha_{Ep}\sigma_{pcII} + \alpha_{Ep}\frac{M_0}{I_0}y_p \approx \sigma_{con} - \sigma_l \tag{10-33b}$$

$$\sigma'_{p0} = \sigma'_{con} - \sigma'_l \tag{10-33c}$$

2）后张法构件

$$\sigma_{p0} = \sigma_{con} - \sigma_l + \alpha_{Ep}\frac{M_0}{I_0}y_p \approx \sigma_{con} - \sigma_l + \alpha_{Ep}\sigma_{pc\,II} \tag{10-33d}$$

$$\sigma'_{p0} = \sigma'_{con} - \sigma'_l + \alpha_{Ep}\sigma'_{pc\,II} \tag{10-33e}$$

式中 σ_{p0}、σ'_{p0}——预应力筋合力点处混凝土预压应力为零时，受拉区和受压区预应力筋的应力。

2. 开裂极限状态

当弯矩超过 M_0 后，构件截面下边缘混凝土开始受拉；当拉应力达到混凝土抗拉强度标准值 f_{tk} 时，构件截面下边缘混凝土即将开裂，处于开裂极限状态，此时截面所承受的弯矩称为开裂弯矩 M_{cr}。这相当于在构件截面承受弯矩 $M_0 = \sigma_{pc\,II}W_0$ 后，再增加一个钢筋混凝土构件的开裂弯矩 $\gamma f_{tk}W_0$，即

$$M_{cr} = \sigma_{pc\,II}W_0 + \gamma f_{tk}W_0 = (\sigma_{pc\,II} + \gamma f_{tk})W_0 \tag{10-34a}$$

构件截面下边缘的拉应力为

$$\sigma_{ct} = \sigma_{pc\,II} + \gamma f_{tk} \tag{10-34b}$$

式中 γ——构件截面抵抗矩塑性影响系数，按下式计算：

$$\gamma = \left(0.7 + \frac{120}{h}\right)\gamma_m \tag{10-34c}$$

h——截面高度（mm），当 $h < 400mm$ 时，取 $h = 400mm$；当 $h > 1600mm$ 时，取 $h = 1600mm$；

γ_m——截面抵抗矩塑性影响系数基本值，对常用截面可查表 10-11 确定。

表 10-11 截面抵抗矩塑性影响系数基本值 γ_m

项次	1	2	3		4		5
截面形状	矩形截面	翼缘位于受压区的 T 形截面	对称工字形截面或箱形截面		翼缘位于受拉区的倒 T 形截面		圆形和环形截面
			$b_f/b \leq 2$, h_f/h 为任意值	$b_f/b > 2$ $h_f/h < 0.2$	$b_f/b \leq 2$, h_f/h 为任意值	$b_f/b > 2$ $h_f/h < 0.2$	
γ_m	1.55	1.50	1.45	1.35	1.50	1.40	$1.6 - 0.24\frac{r_1}{r}$

注：1. 对 $b'_f > b_f$ 的工字形截面，可按项次 2 与项次 3 之间的数值采用；对 $b'_f < b_f$ 的工字形截面，可按项次 3 与项次 4 之间的数值采用。

2. 对于箱形截面，b 是指各肋宽度的总和。

3. r_1 为环形截面的内环半径，对圆形截面取 $r_1 = 0$。

3. 破坏极限状态

随着使用荷载的进一步增加，预应力筋 A_p 和非预应力筋 A_s 分别达到屈服强度 f_{py}、f_y，受压区混凝土也达到极限压应变；当受压区高度较大时，受压区的非预应力筋 A'_s 也可能达到屈服强度 f'_y；而受压区的预应力筋 A'_p，在施工阶段受拉；当使用荷载作用时，A'_p 承担的拉应力逐渐减少；当构件破坏时，A'_p 可能受压、也可能受拉，一般达不到屈服强度 f'_{py}，考虑 A'_p 对截面承载力影响不大，可近似取为

$$\sigma'_p = \sigma'_{p0} - f'_{py} \tag{10-35}$$

式中 σ'_{p0}——A'_p 合力点处混凝土预压应力为零时的预应力筋应力值。

对于先张法构件，$\sigma'_{p0} = \sigma'_{con} - \sigma'_l$；对于后张法构件，$\sigma'_{p0} = \sigma'_{con} - \sigma'_l + \alpha_{Ep}\sigma'_{pc\,II}$。

式（10-35）中 σ'_p 为正值时表示预应力筋 A'_p 受拉，负值时表示预应力筋 A'_p 受压。显然，当预应力筋 A'_p 受拉时，将降低构件正截面承载能力，同时还引起受拉边缘混凝土预压应力的减少，降低构件抗裂性能。所以，受压区配置 A'_p 主要用于控制施工阶段预拉区可能出现裂缝的构件。

10.4.3 受弯构件使用阶段计算

1. 正截面受弯承载力计算

预应力混凝土受弯构件与钢筋混凝土受弯构件相比，截面配筋增加了预应力筋 A_p 和 A'_p，其受弯承载力计算时应考虑预应力筋的影响，另界限相对受压区高度 ξ_b 不同。

（1）矩形截面 矩形截面或翼缘位于受拉区的 T 形截面，计算简图如图 10-27 所示。

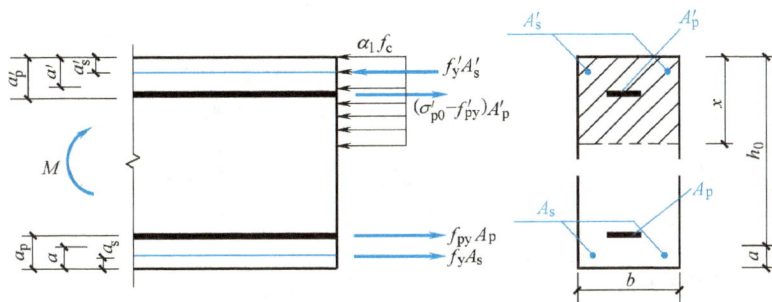

图 10-27 矩形截面正截面受弯承载力计算简图

由图 10-27 截面平衡条件，可得到计算公式为

$$\alpha_1 f_c bx = f_y A_s - f'_y A'_s + f_{py} A_p + (\sigma'_{p0} - f'_{py}) A'_p \tag{10-36a}$$

$$M \leqslant M_u = \alpha_1 f_c bx\left(h_0 - \frac{x}{2}\right) + f'_y A'_s (h_0 - a'_s) - (\sigma'_{p0} - f'_{py}) A'_p (h_0 - a'_p) \tag{10-36b}$$

式中 a'_s、a'_p——受压区非预应力筋 A'_s、预应力筋 A'_p 合力点至截面受压区边缘的距离。

公式适用条件为

$$x \leqslant \xi_b h_0 \tag{10-36c}$$

$$x \geqslant 2a' \tag{10-36d}$$

式中 a'——受压区全部纵向钢筋合力点至截面受压区边缘的距离，当（$\sigma'_{p0} - f'_{py}$）为拉应力或 $A'_p = 0$ 时，式（10-36d）中的 a' 用 a'_s 代替。

ξ_b——预应力混凝土构件的界限相对受压区高度，计算公式为

$$\xi_b = \frac{\beta_1}{1 + \dfrac{0.002}{\varepsilon_{cu}} + \dfrac{f_{py} - \sigma_{p0}}{E_s \varepsilon_{cu}}} \tag{10-36e}$$

式中 σ_{p0}——受拉区纵向预应力筋合力点处混凝土法向应力等于零时的应力，见式（10-33b）和式（10-33d）。

当 $x < 2a'$ 时，正截面受弯承载力应符合规定，即

$$M \leqslant M_u = f_{py} A_p (h - a_p - a'_s) + f_y A_s (h - a_s - a'_s) + (\sigma'_{p0} - f'_{py}) A'_p (a'_p - a'_s) \tag{10-36f}$$

式中　a_{s}、a_{p}——受拉区纵向非预应力筋、预应力筋至受拉边缘的距离。

（2）T形或工字形截面　同钢筋混凝土受弯构件一样，T形或工字形截面也分为两种类型，计算简图如 10-28 所示。

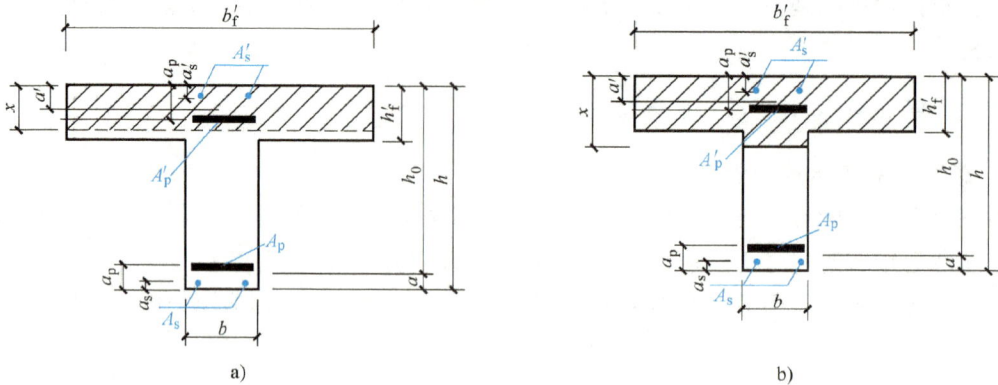

图 10-28　T形截面受弯构件正截面承载力计算简图

a）第一类 T 形截面　b）第二类 T 形截面

1）第一类 T 形截面（$x \leqslant h_{\mathrm{f}}'$）。如图 10-28a 所示，当符合条件，即

$$f_{\mathrm{py}}A_{\mathrm{p}} + f_{\mathrm{y}}A_{\mathrm{s}} \leqslant \alpha_1 f_{\mathrm{c}} b_{\mathrm{f}}' h_{\mathrm{f}}' + f_{\mathrm{y}}' A_{\mathrm{s}}' - (\sigma_{\mathrm{p0}}' - f_{\mathrm{py}}') A_{\mathrm{p}}' \tag{10-37a}$$

或

$$M \leqslant \alpha_1 f_{\mathrm{c}} b_{\mathrm{f}}' h_{\mathrm{f}}' \left(h_0 - \frac{h_{\mathrm{f}}'}{2} \right) + f_{\mathrm{y}}' A_{\mathrm{s}}' (h_0 - a_{\mathrm{s}}') - (\sigma_{\mathrm{p0}}' - f_{\mathrm{py}}') A_{\mathrm{p}}' (h_0 - a_{\mathrm{p}}') \tag{10-37b}$$

时，为第一类 T 形截面，可按宽度为 b_{f}' 的矩形截面计算。

2）第二类 T 形截面（$x > h_{\mathrm{f}}'$）。如图 10-28b，当符合以下条件，即

$$f_{\mathrm{py}}A_{\mathrm{p}} + f_{\mathrm{y}}A_{\mathrm{s}} > \alpha_1 f_{\mathrm{c}} b_{\mathrm{f}}' h_{\mathrm{f}}' + f_{\mathrm{y}}' A_{\mathrm{s}}' - (\sigma_{\mathrm{p0}}' - f_{\mathrm{py}}') A_{\mathrm{p}}' \tag{10-38a}$$

或

$$M > \alpha_1 f_{\mathrm{c}} b_{\mathrm{f}}' h_{\mathrm{f}}' \left(h_0 - \frac{h_{\mathrm{f}}'}{2} \right) + f_{\mathrm{y}}' A_{\mathrm{s}}' (h_0 - a_{\mathrm{s}}') - (\sigma_{\mathrm{p0}}' - f_{\mathrm{py}}') A_{\mathrm{p}}' (h_0 - a_{\mathrm{p}}') \tag{10-38b}$$

时，为第二类 T 形截面，可按计算公式为

$$\alpha_1 f_{\mathrm{c}} \left[bx + (b_{\mathrm{f}}' - b) h_{\mathrm{f}}' \right] + f_{\mathrm{y}}' A_{\mathrm{s}}' - (\sigma_{\mathrm{p0}}' - f_{\mathrm{py}}') A_{\mathrm{p}}' = f_{\mathrm{y}}A_{\mathrm{s}} + f_{\mathrm{py}}A_{\mathrm{p}} \tag{10-38c}$$

$$M \leqslant M_{\mathrm{u}} = \alpha_1 f_{\mathrm{c}} bx \left(h_0 - \frac{x}{2} \right) + \alpha_1 f_{\mathrm{c}} (b_{\mathrm{f}}' - b) h_{\mathrm{f}}' \left(h_0 - \frac{h_{\mathrm{f}}'}{2} \right) + f_{\mathrm{y}}' A_{\mathrm{s}}' (h_0 - a_{\mathrm{s}}') - (\sigma_{\mathrm{p0}}' - f_{\mathrm{py}}') A_{\mathrm{p}}' (h_0 - a_{\mathrm{p}}')$$

$$\tag{10-38d}$$

其公式适用条件与矩形截面相同。

2. 斜截面承载力计算

与钢筋混凝土受弯构件相比，预应力混凝土受弯构件具有更高的斜截面受剪承载力，其原因在于预压应力的存在，延缓了斜裂缝的出现和发展，增加了混凝土剪压区高度，从而提高了混凝土剪压区的抗剪能力。

（1）斜截面受剪承载力计算　对于矩形、T形和工字形截面预应力混凝土受弯构件，斜截面受剪承载力计算公式为

1）仅配置箍筋时

$$V \leqslant V_{\mathrm{u}} = V_{\mathrm{cs}} + V_{\mathrm{p}} \tag{10-39a}$$

式中　V_{cs}——计算截面混凝土和箍筋的受剪承载力设计值；

V_p——由预加力所提高的构件斜截面受剪承载力设计值，$V_p = 0.05N_{p0}$；

N_{p0}——计算截面上混凝土法向预应力等于零时的预加力，当 $N_{p0} > 0.3f_cA_0$ 时，取 $N_{p0} = 0.3f_cA_0$。N_{p0} 计算公式为

$$N_{p0} = \sigma_{p0}A_p + \sigma'_{p0}A'_p - \sigma_{l5}A_s - \sigma'_{l5}A'_s \tag{10-39b}$$

对于先张法构件和后张法构件，式（10-39b）中 σ_{p0}、σ'_{p0} 分别采用不同的公式，详见式（10-33b）~式（10-33e）。

2）同时配置箍筋和弯起钢筋时

$$V \leqslant V_u = V_{cs} + V_{sb} + V_p + V_{pb} \tag{10-39c}$$

式中　V_{sb}——普通弯起钢筋的受剪承载力设计值；

V_{pb}——预应力弯起钢筋的受剪承载力设计值，$V_{pb} = 0.8f_{py}A_{pb}\sin\alpha_p$；

α_p——斜截面上预应力弯起钢筋的切线与构件纵向轴线的夹角。

对预加力 N_{p0} 引起的截面弯矩与使用荷载引起的弯矩方向相同时，以及预应力混凝土连续梁和允许出现裂缝的预应力混凝土简支梁，均应取 $V_p = 0$。

当符合式（10-39）要求时，可不进行斜截面受剪承载力计算，即按构造要求配置箍筋。

$$V \leqslant \alpha_{cv}f_tbh_0 + 0.05N_{p0} \tag{10-39d}$$

式中　α_{cv}——斜截面混凝土受剪承载力系数；对一般受弯构件，$\alpha_{cv} = 0.7$；对集中荷载作用下的独立梁，$\alpha_{cv} = \dfrac{1.75}{\lambda + 1}$。

预应力混凝土受弯构件受剪承载力计算的截面限制条件、最小配箍率及箍筋构造要求等，均与钢筋混凝土受弯构件相同。

（2）斜截面受弯承载力计算　预应力混凝土受弯构件斜截面受弯承载力计算简图如图10-29所示，计算公式为

$$M \leqslant (f_{py}A_p + f_yA_s)z + \sum f_yA_{sb}z_{sb} + \sum f_{py}A_{pb}z_{pb} + \sum f_{yv}A_{sv}z_{sv} \tag{10-40a}$$

此时，斜截面的水平投影长度 c 计算公式为

$$V = \sum f_yA_{sb}\sin\alpha_s + \sum f_{py}A_{pb}\sin\alpha_p + \sum f_{yv}A_{sv} \tag{10-40b}$$

式中　V——斜截面受压区末端的剪力设计值；

z——纵向受拉非预应力筋和预应力筋的合力点至受压区合力点的距离，可近似取 $z = 0.9h_0$；

z_{sb}、z_{pb}——同一弯起平面内的非预应力弯起钢筋、预应力弯起钢筋的合力点至斜截面受压区合力点的距离；

z_{sv}——同一斜截面上箍筋的合力至斜截面受压区合力点的距离；

A_{pb}——同一弯起平面内预应力弯起钢筋的截面面积。

在计算先张法预应力混凝土构件端部锚固区的斜截面受弯承载力时，公式中的 f_{py} 应按以下规定确定：锚固区内的纵向预应力筋抗拉强度设计值在锚固起点处应取为零，在锚固终点处应取为 f_{py}，在两点之间可按线性内插法确定。

3. 正截面裂缝控制验算

对于预应力混凝土受弯构件，同样应根据所处环境类别和结构类别，选用相应的裂缝控制等级，并进行受拉边缘法向应力或截面裂缝宽度验算；其验算公式的形式与预应力混凝土

轴心受拉构件相同,而不同之处在于所计算的混凝土法向应力是截面受拉边缘的应力。

(1)严格要求不出现裂缝的构件 在荷载标准组合下应符合规定,即

$$\sigma_{ck} - \sigma_{pc} \leqslant 0 \qquad (10\text{-}41a)$$

在荷载标准组合下的弯矩值 M_k 作用下,受弯构件截面受拉边缘不允许出现拉应力。由 $M_k \leqslant M_0 = \sigma_{pcII} W_0$,令 $\sigma_{ck} = M_k/W_0$,则有

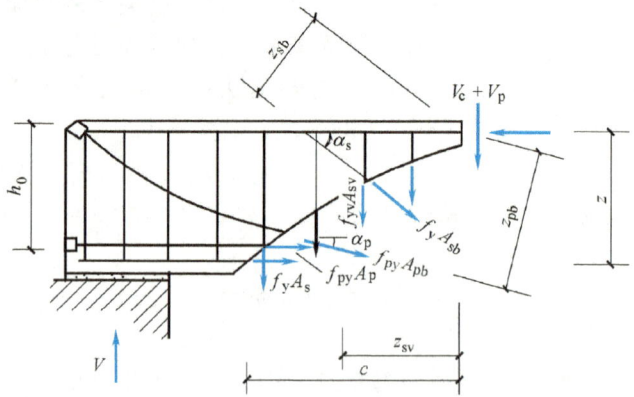

图 10-29 斜截面受弯承载力计算简图

$$\frac{M_k}{W_0} - \sigma_{pcII} \leqslant 0 \qquad (10\text{-}41b)$$

(2)一般要求不出现裂缝的构件 在荷载标准组合下应符合规定,即

$$\sigma_{ck} - \sigma_{pc} \leqslant f_{tk} \qquad (10\text{-}42a)$$

在荷载标准组合下的弯矩值 M_k 作用下,受弯构件截面受拉边缘可以出现拉应力但不开裂。由 $M_k \leqslant M_{cr} = (\sigma_{pcII} + \gamma f_{tk}) W_0$,令 $\sigma_{ck} = M_k/W_0$,由于 $\gamma > 1$,进行抗裂验算时可忽略受拉区混凝土塑性变形对截面抗裂的有利影响,这样截面抗裂更可靠,则有

$$\frac{M_k}{W_0} - \sigma_{pcII} \leqslant f_{tk} \qquad (10\text{-}42b)$$

对于环境类别为二 a 类的受弯构件,在荷载准永久组合下应符合规定,即

$$\sigma_{cq} - \sigma_{pc} \leqslant f_{tk} \qquad (10\text{-}42c)$$

这里 σ_{cq} 为荷载准永久组合下验算截面受拉边缘的混凝土法向应力,即 $\sigma_{cq} = M_q/W_0$,同理,可得

$$\frac{M_q}{W_0} - \sigma_{pcII} \leqslant f_{tk} \qquad (10\text{-}42d)$$

式中 M_k、M_q——按荷载标准组合、准永久组合计算的弯矩值。

(3)允许出现裂缝的构件 对于使用阶段允许出现裂缝的预应力混凝土受弯构件,裂缝宽度验算同钢筋混凝土构件类似,即要求按荷载标准组合并考虑长期作用影响计算的最大裂缝宽度,应符合规定,即

$$w_{max} = \alpha_{cr} \psi \frac{\sigma_{sk}}{E_s} \left(1.9c + 0.08 \frac{d_{eq}}{\rho_{te}} \right) \leqslant w_{lim} \qquad (10\text{-}43a)$$

这里,构件受力特征系数取 $\alpha_{cr} = 1.5$,按荷载标准组合计算的预应力混凝土构件纵向受拉钢筋的等效应力 σ_{sk} 计算公式为

$$\sigma_{sk} = \frac{M_k - N_{p0}(z - e_p)}{(\alpha_1 A_p + A_s)z} \qquad (10\text{-}43b)$$

其中

$$z = \left[0.87h_0 - 0.12(1 - \gamma_f') \left(\frac{h_0}{e} \right)^2 \right] h_0 \qquad (10\text{-}43c)$$

$$e = \frac{M_k}{N_{p0}} + e_p \tag{10-43d}$$

$$e_p = y_{ps} - e_{p0} \tag{10-43e}$$

式中　z——受拉区纵向预应力筋和非预应力筋合力点至截面受压区合力点的距离；

α_1——无黏结预应力筋的等效折减系数，取 $\alpha_1 = 0.3$；对灌浆的后张预应力筋，取 $\alpha_1 = 1.0$；

e——轴向压力作用点至纵向受拉非预应力筋合力点的距离；

e_p——计算截面上混凝土法向预应力等于零时预加力 N_{p0} 的作用点至受拉区纵向预应力筋和非预应力筋合力点的距离；

y_{ps}——受拉区纵向预应力筋和非预应力筋合力点的偏心距；

N_{p0}——计算截面上混凝土法向预应力等于零时的预加力；

e_{p0}——计算截面上混凝土法向预应力等于零时预加力 N_{p0} 作用点的偏心距。

预加力 N_{p0} 和偏心距 e_{p0} 计算公式为

$$N_{p0} = \sigma_{p0}A_p + \sigma'_{p0}A'_p - \sigma_{l5}A_s - \sigma'_{l5}A'_s \tag{10-43f}$$

$$e_{p0} = \frac{\sigma_{p0}A_p y_p - \sigma'_{p0}A'_p y'_p - \sigma_{l5}A_s y_s + \sigma'_{l5}A'_s y'_s}{N_{p0}} \tag{10-43g}$$

其余符号意义及公式同钢筋混凝土构件。

4. 斜截面裂缝控制验算

预应力混凝土受弯构件应分别对截面上混凝土的主拉应力和主压应力进行验算。验算主拉应力的目的是避免斜裂缝的出现，同时考虑裂缝控制等级的不同；验算主压应力的目的是避免过大的压应力，导致混凝土抗拉强度过大降低和裂缝过早出现。

（1）混凝土主拉应力

1）严格要求不出现裂缝的构件，应符合规定，即

$$\sigma_{tp} \leqslant 0.85 f_{tk} \tag{10-44a}$$

2）一般要求不出现裂缝的构件，应符合规定，即

$$\sigma_{tp} \leqslant 0.95 f_{tk} \tag{10-44b}$$

（2）混凝土主压应力　对严格要求和一般要求不出现裂缝的构件，均应符合规定，即

$$\sigma_{cp} \leqslant 0.6 f_{ck} \tag{10-45}$$

这里 σ_{tp}、σ_{cp} 为混凝土主拉应力和主压应力，可按材料力学知识进行计算，即

$$\sigma_{tp} = \frac{\sigma_x + \sigma_y}{2} + \sqrt{\left(\frac{\sigma_x - \sigma_y}{2}\right)^2 + \tau^2} \tag{10-46a}$$

$$\sigma_{cp} = \frac{\sigma_x + \sigma_y}{2} - \sqrt{\left(\frac{\sigma_x - \sigma_y}{2}\right)^2 + \tau^2} \tag{10-46b}$$

$$\sigma_x = \sigma_{pc} + \frac{M_k y_0}{I_0} \tag{10-46c}$$

$$\tau = \frac{(V_k - \sum \sigma_{pe}A_{pb}\sin\alpha_p)S_0}{I_0 b} \tag{10-46d}$$

式中　σ_x——由预加力和弯矩值 M_k 在计算纤维处产生的混凝土法向应力；

σ_y——由集中荷载标准值 F_k 产生的混凝土竖向压应力；

τ——由剪力值 V_k 和预应力弯起钢筋的预加力在计算纤维处产生的混凝土剪应力，当计算截面上作用有扭矩时，尚应考虑扭矩引起的剪应力；

S_0——计算纤维以上部分的换算截面面积对构件换算截面重心的面积矩；

σ_{pc}——扣除全部预应力损失后，在计算纤维处由预应力产生的混凝土法向应力；

σ_{pe}——预应力弯起钢筋的有效预应力。

5. 挠度验算

与钢筋混凝土受弯构件不同，预应力混凝土受弯构件的挠度 f 为使用荷载产生的挠度 f_1（向下）减去预加力产生的反拱 f_2（向上），即

$$f=f_1-f_2 \tag{10-47}$$

计算的 f 值应满足附表 11 挠度限值的规定。

（1）使用荷载作用下构件的挠度 f_1　使用荷载作用下构件的挠度 f_1，可根据截面弯曲刚度采用材料力学的方法计算，即按荷载标准组合并考虑长期作用影响的刚度计算挠度 f_1。在等截面构件中，可假定各同号弯矩区段内的刚度相等，并取用该区段内最大弯矩处的刚度。当计算跨度内的支座截面刚度不大于跨中截面刚度的 2 倍或不小于跨中截面刚度的 1/2 时，该跨也可按等刚度构件进行计算，其构件刚度可取跨中最大弯矩截面的刚度。受到预加力的影响，在荷载标准组合下的短期刚度 B_s 有所变化，可按下列公式计算：

1）要求不出现裂缝的构件。

$$B_s = 0.85 E_c I_0 \tag{10-48}$$

2）允许出现裂缝的构件。

$$B_s = \frac{0.85 E_c I_0}{k_{cr}+(1-k_{cr})\omega} \tag{10-49a}$$

$$k_{cr} = \frac{M_{cr}}{M_k} \tag{10-49b}$$

$$\omega = \left(1.0+\frac{0.21}{\alpha_E \rho}\right)(1+0.45\gamma_f)-0.7 \tag{10-49c}$$

$$M_{cr} = (\sigma_{pc}+\gamma f_{tk})W_0 \tag{10-49d}$$

$$\gamma_f = \frac{(b_f-b)h_f}{bh_0} \tag{10-49e}$$

式中　k_{cr}——预应力混凝土受弯构件正截面开裂弯矩 M_{cr} 与弯矩 M_k 的比值，当 $k_{cr}>1.0$ 时，取 $k_{cr}=1.0$；

ρ——纵向受拉钢筋配筋率，这里取 $\rho=(\alpha_1 A_p+A_s)/bh_0$，对灌浆的后张预应力筋，取 $\alpha_1=1.0$；对无黏结后张预应力筋，取 $\alpha_1=0.3$；

其余符号意义同前。

对预压时预拉区出现裂缝的构件，B_s 应降低 10%。考虑长期作用影响的刚度 B 同钢筋混凝土计算公式，即按式（9-13）计算，但挠度增大影响系数取 $\theta=2.0$。

（2）预加力作用产生的反拱 f_2　预加力作用产生的反拱值 f_2，可按构件两端作用有弯矩 $N_p e_p$ 的简支梁计算，并应考虑预压应力长期作用的影响，计算中预应力筋应力应扣除全部预应力损失。简化计算时，可将计算的反拱值乘以增大系数 2.0，即

$$f_2 = \frac{N_p e_p l_0^2}{4B_s} \qquad (10\text{-}50)$$

对重要的或特殊的预应力混凝土受弯构件的长期反拱值，可根据专门的试验分析确定或根据配筋情况采用考虑收缩徐变影响的计算方法确定。

当考虑反拱后计算的构件长期挠度不符合附表 11 挠度限值的规定时，可采用施工预先起拱的方法控制挠度；对永久荷载相对于可变荷载较小的构件，应考虑反拱过大对正常使用的不利影响，并应采取相应的设计和施工措施。

10.4.4　受弯构件施工阶段验算

在制作、运输、堆放和安装等施工阶段，构件的受力状态与使用阶段不同。构件制作时，受到预压力及自重的作用，构件处于偏心受压状态，截面下边缘受压，上边缘受拉，如图 10-30a 所示。构件运输、堆放和安装时，其吊点或搁点通常设置在梁端一定距离处，自重及施工荷载在吊点截面产生负弯矩，与预压力产生的负弯矩方向相同，使吊点截面成为最不利截面，如图 10-30b 所示。因此，必须对构件施工阶段的混凝土应力进行验算。

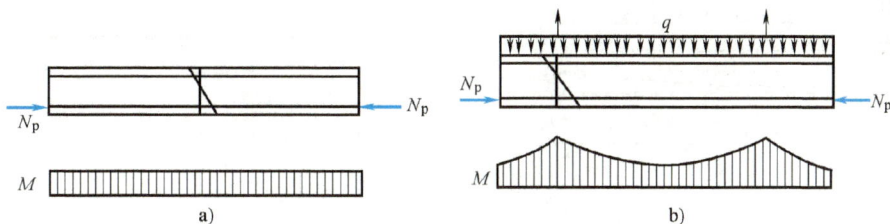

图 10-30　预应力混凝土受弯构件施工阶段受力状态

a）制作阶段　b）吊装阶段

对制作、运输、堆放和安装等施工阶段预拉区允许出现拉应力的构件，或预压时全截面受压的构件，在预加力、自重及施工荷载作用下（必要时应考虑动力系数）截面边缘的混凝土法向应力（见图 10-31）宜符合规定，即

$$\sigma_{ct} \leqslant 1.0 f'_{tk} \qquad (10\text{-}51a)$$

$$\sigma_{cc} \leqslant 0.8 f'_{ck} \qquad (10\text{-}51b)$$

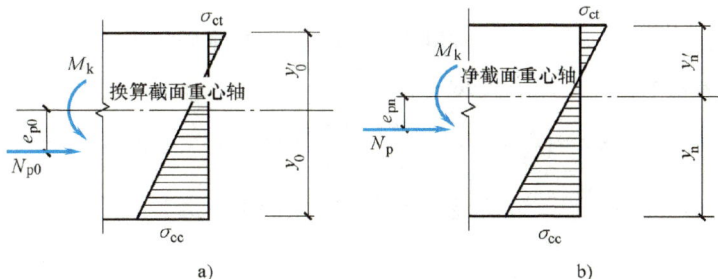

图 10-31　预应力混凝土构件施工阶段验算

a）先张法构件　b）后张法构件

简支构件的端部区段截面预拉区边缘纤维的混凝土拉应力允许大于 f_{tk}，但不应大于 $1.2f_{tk}$。截面边缘混凝土的法向应力计算公式为

$$\sigma_{cc} \text{ 或 } \sigma_{ct} = \sigma_{pc} + \frac{N_k}{A_0} \pm \frac{M_k}{W_0} \tag{10-51c}$$

式中 σ_{ct}、σ_{cc}——相应施工阶段计算截面预拉区边缘纤维的混凝土拉应力、压应力。

N_k、M_k——构件自重及施工荷载的标准组合在计算截面产生的轴向力值、弯矩值。

式（10-51c）中，当 σ_{pc} 为压应力时，取正值，当 σ_{pc} 为拉应力时，取负值；当 N_k 为轴向压力时，取正值，当 N_k 为轴向拉力时，取负值；当 M_k 产生的边缘纤维应力为压应力时，式中符号取加号，拉应力时式中符号取减号。

【例 10-2】 预应力混凝土简支梁，跨度为 18m，截面尺寸为 $b \times h = 450mm \times 1200mm$。简支梁上作用有恒荷载标准值 $g_k = 25kN/m$，活荷载标准值 $q_k = 15kN/m$，如图 10-32 所示。梁上配置有黏结低松弛高强钢丝束 $90-\phi5$，墩头锚具，两端张拉，孔道采用预埋波纹管成型，预应力筋的曲线布置如图 10-32 所示，曲线孔道的曲率半径 $r_c = 18m$，跨中截面 $a_p = 100mm$。混凝土强度等级为 C40，钢绞线 $f_{ptk} = 1860N/mm^2$，普通钢筋采用 HRB400 级，裂缝控制等级为二级。试计算该简支梁跨中截面的预应力损失、验算荷载短期组合下抗裂是否符合要求以及进行正截面设计（按单筋截面）。

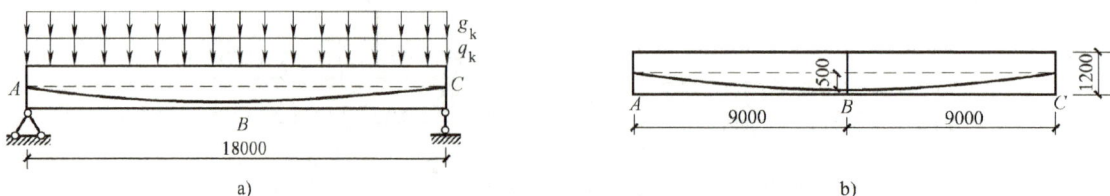

图 10-32 【例 10-2】图
a）简支梁上的荷载 b）简支梁的预应力筋曲线

解： （1）材料特性 混凝土强度等级为 C40，则 $f_{cu} = 40N/mm^2$，$f_c = 19.1N/mm^2$，$f_{tk} = 2.39N/mm^2$，$f_t = 1.71N/mm^2$；钢绞线，$f_{ptk} = 1860N/mm^2$，$f_{py} = 1320N/mm^2$，$\sigma_{con} = 0.7f_{ptk} = 1302N/mm^2$；$E_p = 1.95 \times 10^5 N/mm^2$；普通钢筋为 HRB400 级，则 $f_y = 360N/mm^2$。

（2）截面几何特性 梁截面：

$$A_n = A = (450 \times 1200)mm^2 = 5.4 \times 10^5 mm^2$$
$$I_n = (450 \times 1200^3/12)mm^4 = 6.48 \times 10^{10} mm^4$$
$$W_n = (450 \times 1200^2/6)mm^3 = 1.08 \times 10^8 mm^3$$

跨中截面预应力筋处截面抵抗矩：

$$W_P = I_n / \left(\frac{h}{2} - a_p\right) = \frac{6.48 \times 10^{10}}{600-100} mm^3 = 1.30 \times 10^8 mm^3$$

预应力筋：$A_p = 1766mm^2$，张拉端至计算截面曲线孔道各部分切线的夹角之和 $\theta = 2 \times \left(\frac{500}{9000}\right) = 0.11$。

（3）跨中截面弯矩 恒荷载产生的弯矩标准值

$$M_{gk} = \frac{1}{8}g_k l^2 = (25 \times 18^2/8)kN \cdot m = 1012.5kN \cdot m$$

活荷载产生的弯矩标准值

$$M_{qk} = \frac{1}{8} q_k l^2 = (15 \times 18^2 / 8) \text{kN} \cdot \text{m} = 607.5 \text{kN} \cdot \text{m}$$

荷载短期组合下的弯矩标准值

$$M_k = M_{gk} + M_{qk} = 1620 \text{kN} \cdot \text{m}$$

弯矩设计值

$$M = r_G M_{gk} + r_Q M_{qk} = (1.3 \times 1012.5 + 1.5 \times 607.5) \text{kN} \cdot \text{m} = 2227.5 \text{kN} \cdot \text{m}$$

（4）预应力损失计算　查表 10-4 和表 10-5 知，$\kappa = 0.0015$，$\mu = 0.25$，$a = 1\text{mm}$

1）锚固损失 σ_{l1}。由式（10-1c）得

$$l_f = \sqrt{\frac{a E_p}{1000 \sigma_{con} \left(\frac{\mu}{r_c} + \kappa \right)}} = \sqrt{1 \times 1.95 \times 10^5 / \left[1000 \times 1302 \times \left(\frac{0.25}{18} + 0.0015 \right) \right]} \text{m} = 3.12\text{m}$$

由式（10-1b）得

A 点和 C 点：

$$\sigma_{l1} = 2\sigma_{con} l_f \left(\frac{\mu}{r_c} + \kappa \right) \left(1 - \frac{x}{l_f} \right) = \left[2 \times 1302 \times 3.12 \times \left(\frac{0.25}{18} + 0.0015 \right) \right] \text{N/mm}^2 = 125.0 \text{N/mm}^2$$

B 点：

$$\sigma_{l1} = 0$$

2）摩擦损失 σ_{l2}。可按式（10-2b）得 B 点：

$$\sigma_{l2} = (\kappa x + \mu \theta) \sigma_{con} = [(0.0015 \times 9.0 + 0.25 \times 0.11) \times 1302] \text{N/mm}^2 = 53.4 \text{N/mm}^2$$

3）松弛损失 σ_{l4}。由式（10-4b）得

$$\sigma_{l4} = 0.125 \left(\frac{\sigma_{con}}{f_{ptk}} - 0.5 \right) \sigma_{con} = \left[0.125 \times \left(\frac{1302}{1860} - 0.5 \right) \times 1302 \right] \text{N/mm}^2 = 32.6 \text{N/mm}^2$$

4）收缩徐变损失 σ_{l5}。这里取 $f'_{cu} = f_{cu} = 40 \text{N/mm}^2$。

B 点：第一批损失 $\sigma_{lI} = \sigma_{l1} + \sigma_{l2} = 53.4 \text{N/mm}^2$

此时预应力筋的预应力取为

$$N_{pI} = A_p (\sigma_{con} - \sigma_{lI}) = [1766 \times (1302 - 53.4)] \text{N} = 2205027.6 \text{N} \approx 2205.0 \text{kN}$$

考虑自重影响：

$$\sigma_{pc} = \frac{N_{pI}}{A_n} + \frac{N_{pI} \left(\frac{h}{2} - a_p \right) - M_{gk}}{W_p}$$

$$= [2205.0 \times 10^3 / (5.4 \times 10^5) + (2205.0 \times 10^3 \times 500 - 1012.5 \times 10^6) / 1.30 \times 10^8] \text{N/mm}^2$$

$$= (4.08 + 0.69) \text{N/mm}^2$$

$$= 4.8 \text{N/mm}^2$$

这里 ρ 暂时按预应力筋配筋率与普通钢筋最小配筋率之和计算，即 $\rho = 0.0052$。

根据式（10-5d）可得

$$\sigma_{l5} = \frac{55 + 300 \times \dfrac{\sigma_{pc}}{f_{cu}}}{1 + 15\rho} = \frac{55 + 300 \times \dfrac{4.8}{40}}{1 + 15 \times 0.0052} \text{N/mm}^2 = 84.4 \text{N/mm}^2$$

5）B 点的总预应力损失 σ_l 和有效预应力 N_{pe}。

$$\sigma_l = \sigma_{l1} + \sigma_{l2} + \sigma_{l4} + \sigma_{l5} = (0 + 53.4 + 32.6 + 84.4)\ \text{N/mm}^2 = 170.4\ \text{N/mm}^2$$

$$N_{pe} = A_p(\sigma_{con} - \sigma_l) = [1766 \times (1302 - 170.4)]\ \text{N} = 1998405.6\ \text{N} \approx 1998\ \text{kN}$$

（5）荷载短期组合下抗裂验算　验算公式：$\sigma_{ck} - \sigma_{pc} \leqslant f_{tk}$。

$$\sigma_{ck} = M_k / W_n = (1620 \times 10^6 / 1.08 \times 10^8)\ \text{N/mm}^2 = 15\ \text{N/mm}^2$$

$$\sigma_{pc} = \frac{N_{pe}}{A} + \frac{N_{pe}e_{pn}}{I_n}y_n = \left(\frac{1998 \times 10^3}{5.4 \times 10^5} + \frac{1998 \times 10^3 \times 500}{6.48 \times 10^{10}} \times 600\right)\ \text{N/mm}^2 = 12.95\ \text{N/mm}^2$$

$$\sigma_{ck} - \sigma_{pe} = (15 - 12.95)\ \text{N/mm}^2 = 2.05\ \text{N/mm}^2 < 2.39\ \text{N/mm}^2$$

满足要求。

（6）正截面设计　取 $h_0 = h - 100\text{mm} = 1100\text{mm}$。由式（10-36b）得

$$M \leqslant M_u = \alpha_1 f_c bx\left(h_0 - \frac{x}{2}\right)$$

即：

$$M \leqslant M_u = \alpha_1 \alpha_s f_c bh_0^2$$

$$\alpha_s = \frac{M}{\alpha_1 f_c bh_0^2} = \frac{2227.5 \times 10^6}{1.0 \times 19.1 \times 450 \times 1100^2} = 0.214 < \alpha_{s,\max} = 0.399$$

查附表 19 得 $\xi = 0.244$。

$$x = \xi h_0 = (0.244 \times 1100)\ \text{mm} = 268.4\ \text{mm}$$

由式（10-36a）得

$$\alpha_1 f_c bx = f_y A_s + f_{py} A_p$$

$$A_s = \frac{\alpha_1 f_c bx - f_{py} A_p}{f_y}$$

$$= \frac{1.0 \times 19.1 \times 450 \times 268.4 - 1320 \times 1766}{360}\ \text{mm}^2 = -67.28\ \text{mm}^2 < 0$$

按构造配筋。

$$\rho_{\min} = 0.45\frac{f_t}{f_y} = 0.45 \times \frac{1.71}{360} = 0.214\% > 0.2\%,\ 取\ \rho_{\min} = 0.214\%$$

$$A_s = \rho_{\min}bh = (0.214\% \times 450 \times 1200)\ \text{mm}^2 = 1155.6\ \text{mm}^2$$

实配 3⌀25，$A_s = 1473\text{mm}^2$。

■ 10.5　部分预应力混凝土与无黏结预应力混凝土

10.5.1　部分预应力混凝土

1. 基本概念

由前所述，部分预应力混凝土在使用荷载作用下构件截面允许出现裂缝，即使用荷载产生的弯矩 M_k 大于开裂弯矩 M_{cr}，但最大裂缝宽度不超过允许值。我国习惯用预应力度 λ 这个指标衡量配筋混凝土构件上施加预应力的大小，对于受弯构件计算公式为：

$$\lambda = \frac{M_0}{M_k} \tag{10-52}$$

式中　M_0——消压弯矩；

　　　M_k——使用荷载标准组合下截面弯矩。

对于截面、材料和配筋相同的构件，施加的预应力越大，则相应的消压弯矩 M_0 也越大。对具体某个工程而言，使用荷载下的弯矩 M_k 为定值，故 λ 越大，则构件的预应力程度越高。根据预应力度 λ 可对配筋混凝土构件进行分类，见表 10-12。

表 10-12　配筋混凝土构件分类

分类		预应力度	裂缝控制等级	构件截面最大拉应力或最大裂缝宽度限值	荷载组合	备注
全预应力混凝土构件		$\lambda \geqslant 1$	一级	无拉应力	标准组合	—
部分预应力混凝土构件（广义）	A类:有限预应力混凝土构件	$0 < \lambda < 1$	二级	拉应力不大于 f_{tk}	标准组合	—
	B类:部分预应力混凝土构件	$0 < \lambda < 1$	三级	$w_{max} \leqslant w_{lim}$	准永久组合	二a类环境
钢筋混凝土构件		$\lambda = 0$		$w_{max} \leqslant w_{lim}$	标准组合	—

全预应力混凝土具有抗裂性好、刚度大、抗疲劳性能好和设计计算简单等优点，但也存在延性较差、反拱过大和张拉端局部受压应力较高等缺点。由于截面预加应力高，当作用在构件上的永久荷载小、可变荷载大时，构件会产生较大的反拱，而混凝土徐变随时间增长会使反拱不断加大，影响构件正常使用；由于开裂荷载接近于破坏荷载，导致构件破坏时变形很小，不利于结构抗震。同时，由于构件是按"无拉应力"准则设计的，其温度变化、收缩徐变、变形约束以及局部效应等影响，都作为次要应力而忽略不计，而这些影响有可能导致构件在不同部位开裂。

部分预应力混凝土介于全预应力混凝土和钢筋混凝土之间，可以部分或全部克服全预应力混凝土的上述缺点，获得良好的技术经济效益；同时，可选择的范围更大，可获得更为合理的设计，即可根据结构功能要求和使用环境，按不同的裂缝控制要求设计预应力混凝土构件。因此，部分预应力混凝土与全预应力混凝土相比，具有以下特点：

（1）使用性能改善　可合理控制构件的裂缝和变形，反拱值小，张拉端局部受压应力下降；由于配置非预应力筋，提高了构件延性，有利于结构抗震。

（2）更加经济合理　由于预加应力降低，从而锚具用量减少，节省钢材，工程费用有所降低。

（3）计算更为复杂　需按构件开裂截面分析，计算烦冗；此外，在超静定结构中需考虑预应力次弯矩和次剪力的影响，并需计算及配置非预应力筋。

因此，在使用荷载作用下不允许开裂的构件，应设计成全预应力混凝土；对于允许开裂或永久荷载小、可变荷载较大且可变荷载持续作用较小的构件，应设计成部分预应力混凝土。

2. 部分预应力施加方法

1）按承载力要求计算配置全部预应力筋，然后都张拉到一个较低的应力水平，张拉力的大小由构件正常使用要求确定，即按裂缝控制等级确定。

2）按承载力要求计算配置全部预应力筋，然后按正常使用要求张拉其中一部分钢筋，保留一部分作为非预应力筋，这样可节省部分锚具和张拉工作量。

3）按正常使用要求配置预应力筋，按承载力要求配置其余所需的非预应力筋，如热轧 HRB400 级钢筋。

对于 B 类预应力混凝土构件，采用第 3）种配筋方法（混合配筋）最多。这种方法既能满足构件抗裂性和承载力的要求，又能保证构件具有较大的变形能力和较好的延性，是目前工程应用最为普遍的一种配筋方式。

3. 梁的荷载—挠度曲线

部分预应力混凝土梁的荷载—挠度曲线如图 10-33 所示，由图可见，混合配筋梁（图中曲线 1）的荷载—挠度曲线呈三折线状，分别反映不开裂、开裂和塑性三个工作阶段；而仅采用预应力筋的梁（图中曲线 2），由于高强钢筋没有屈服台阶，荷载—挠度曲线在梁开裂后没有明显的转折点；此外，混合配筋梁的破坏荷载略高于仅采用预应力筋的梁。

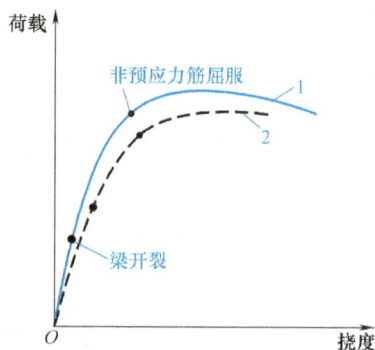

图 10-33　部分预应力混凝土
梁的荷载—挠度曲线
1—混合配筋梁　2—全部采用
高强钢材配筋的梁

4. 设计计算方法简介

（1）设计计算内容　部分预应力混凝土与其他混凝土构件计算内容基本相同，主要包括以下内容：

1）承载能力极限状态计算，包括正截面与斜截面承载力计算。

2）正常使用极限状态计算，包括正截面、斜截面抗裂、裂缝宽度和变形验算。

3）施工阶段验算，包括运输、吊装和制作等阶段的验算。

4）对承受重复荷载的构件，必要时需进行疲劳强度验算。

（2）截面设计方法　部分预应力混凝土的设计有以下三种不同的方法：

1）以承载能力极限状态为基础的方法。这种方法是首先假定截面尺寸，根据承载力要求选择钢筋面积，验算使用阶段的构件性能，具体步骤为：

① 按介于钢筋混凝土和预应力混凝土要求的高跨比取中间情况，假定截面尺寸。

② 按照正截面承载力要求确定总的受拉钢筋数量 A（假定都为预应力筋）。

③ 按照抗裂要求确定所需的预应力度，根据预应力度计算所需的预应力筋 A_p。

④ 确定非预应力筋的截面面积 $A_s = (A - A_p)f_y/f_{py}$。

⑤ 调整 A_s 与 A_p 的比例，重新计算一次，并同时满足其他各阶段要求。

2）以正常使用极限状态为基础的方法。这种方法首先根据抗裂性等使用阶段要求选择预应力筋，然后按照承载能力要求确定非预应力筋，具体步骤为：

① 按介于钢筋混凝土和预应力混凝土要求的高跨比取中间情况，假定截面尺寸。

② 按照构件抗裂要求选择预应力筋 A_p，先求 σ_{pc}、N_p，再由式 $A_p = N_p/[(0.7 \sim 0.8)\sigma_{con}]$ 可求得预应力筋截面面积 A_p，式中 $0.7 \sim 0.8$ 为考虑预应力损失的系数。

③ 根据承载力要求可求出非预应力筋 A_s。

④ 根据所求的 A_p 和 A_s，重新准确计算使用性能和承载力（包括预应力损失）是否满

足要求。

3）以结构优化为基础的方法。这种方法是在大量计算的基础上，选择一个合适的预应力度 λ 值，使其既满足承载力要求，又满足使用性要求。这种方法需要大量的结构计算。

目前，通常采用第 2）种方法进行截面设计。

10.5.2　无黏结预应力混凝土

1. 基本概念

正如前述，无黏结预应力混凝土是指预应力筋伸缩、滑动自由，不与周围混凝土黏结的预应力混凝土构件。这种预应力筋一般由钢绞线、高强钢丝或粗钢筋外涂防腐油脂并设外包层隔离，以防止与混凝土黏结；现使用较多的是钢绞线外涂油脂并外包 PE 层的无黏结预应力筋。防腐油脂涂层要求具有化学稳定性，防腐性强，与钢材、混凝土和外包材料不起化学反应，且润滑性好，摩阻力小。外包层材料要求具有足够的韧性，抗磨性强，对周围材料没有侵蚀作用。

按受力主筋配置情况，无黏结预应力混凝土构件可分两类：纯无黏结预应力混凝土构件，即受力主筋全部采用无黏结预应力筋的构件；混合配筋无黏结部分预应力混凝土构件，即受力主筋同时采用无黏结预应力筋和有黏结非预应力筋，两者混合配筋。

施工制作时，无黏结预应力筋可像普通钢筋一样埋设在混凝土中，混凝土硬结后即可进行张拉和锚固。由于预应力筋与混凝土之间能产生相对滑移，省去了有黏结后张法构件的预留孔道、穿筋、灌浆等工艺，致使无黏结预应力混凝土具有以下主要特点：

1）施工制作简便，对设备要求低，由于施工工艺简化，缩短了施工工期。

2）构件构造简单，对曲线配筋构件可减小截面尺寸，减轻结构自重。

3）预应力损失小，由于预应力筋有防腐层和外包层，其张拉摩擦损失小。

4）构件正常使用期间，预应力筋可补张拉，也便于更换预应力筋。

5）防腐能力强，由于预应力筋具有双重防腐能力（防腐层和外包层），可避免因灌浆不密实而可能发生的预应力筋锈蚀。

6）使用性能良好，当采用无黏结预应力筋与普通钢筋混合配筋时，可在满足极限承载能力的同时避免出现集中裂缝，具备有黏结部分预应力混凝土相似的力学性能。

然而，无黏结预应力混凝土构件对锚具的可靠性、耐久性要求较高。因为构件中的预应力筋完全依靠锚具锚固，一旦锚具失效则会发生严重破坏；另锚具端部应采用混凝土或环氧树脂水泥浆进行封口处理，以防止潮气入侵。

目前，无黏结预应力混凝土的工程应用有：

1）跨度较大或多跨连续的曲线配筋现浇梁。相对有黏结预应力混凝土构件，施工制作简便，有效预压应力增大，可加快进度和降低造价。

2）现浇平板、密肋板和一些扁梁框架结构。由于后张法施工中预留孔道、穿筋和灌浆等工序较麻烦，且质量难以控制，因此常采用无黏结预应力混凝土。

2. 梁的受弯性能

无黏结预应力混凝土梁，允许预应力筋与混凝土之间有相对滑移。若忽略摩擦影响，则无黏结预应力筋应力沿构件全长是相等的；使用荷载作用下，在任一截面处产生的应变将分布在预应力筋的整个长度上；因此，无黏结预应力筋应力比有黏结钢筋的应力要低。受弯破坏时，无黏结预应力筋的极限应力小于最大弯矩截面处有黏结钢筋的极限应力，所以无黏结预应力混凝土梁的极限承载力低于有黏结预应力混凝土梁，试验表明一般低 10%~30%。

无黏结预应力混凝土梁，当配筋率较低时，使用荷载作用下，梁在最大弯矩截面附近只出现一条或数条裂缝；荷载继续增大，裂缝迅速开展，最终发生脆性破坏，类似于带拉杆的拱。试验表明，若配置一定数量的非预应力筋，则能显著改善梁的使用性能，改变梁的破坏形态。

3. 设计施工方法

无黏结预应力混凝土构件的计算方法与有黏结预应力混凝土构件不同，在工程设计和施工时，应参照《无粘结预应力混凝土[⊖]结构技术规程》（JGJ 92—2016）进行。

无黏结预应力混凝土结构的抗震性能是目前尚在研究的课题。因此，对有抗震设防要求的独立承重大梁，及有较高抗震设防要求的结构构件，采用无黏结预应力混凝土应特别慎重。

本 章 小 结

1. 与钢筋混凝土构件相比，预应力混凝土构件具有如下优点：抗裂性能好，刚度大，耐久性好，抗疲劳性能好，能充分利用高强材料，节省材料，减轻自重，并在构件制作时可预先检验质量；缺点是构件制作复杂、对材料和设备要求高，且设计计算繁杂，延性较差等。

2. 预应力混凝土构件可分为先张法和后张法，两者区别在于施工工艺、传力途径和适用条件不同。先张法构件是通过预应力筋与混凝土之间的黏结力传递预应力的，构件端部有一预应力传递长度；后张法构件是通过端部锚具挤压混凝土传递预应力的，构件端部作用有很大的预压力，需进行端部局部受压承载力验算。

3. 预应力混凝土对所用材料要求很高，要求采用高强钢筋和强度等级高的混凝土，选用安全可靠、构造简单、经济合理的锚具和夹具，并对孔道成型、灌浆及张拉设备等也有相应要求；同时，对构件施工制作技术要求也很高。

4. 张拉控制应力 σ_{con} 的大小主要取决于预应力施加方法和预应力筋种类，《规范》规定了张拉控制应力 σ_{con} 的限值。当 σ_{con} 值相同时，后张法构件建立的预应力要比先张法构件高；当预应力筋相同时，先张法的 σ_{con} 值应适当高于后张法。

5. 《规范》给出的预应力损失共有六项，分批出现在先张法构件或后张法构件中；混凝土预压前的预应力损失为第一批损失 σ_{lI}，混凝土预压后的预应力损失为第二批损失 σ_{lII}，预应力总损失 $\sigma_l = \sigma_{lI} + \sigma_{lII}$；且每项损失都有产生的原因、计算方法和减小该损失的措施。

6. 构造要求是预应力混凝土构件设计的一部分，它包括截面形式及尺寸、预应力筋和非预应力筋布置、构件端部钢筋要求、保护层厚度和施工制作要求等。

7. 预应力混凝土构件从张拉预应力筋至构件破坏，可分为施工阶段和使用阶段，每个阶段又包括若干个受力过程。施工阶段是指构件张拉制作、堆放、运输和安装等过程，使用阶段是指构件承受使用荷载（外荷载）作用，直到构件发生破坏的过程。

⊖ 本处与文中"无黏结预应力混凝土"意思一样，但因是规范名称，未做修改。

8. 受力性能分析是预应力混凝土构件设计计算的基础，其基本原理为：两种材料共同变形时，应力增量的比例等于弹性模量的比例；构件截面可视为材料力学中的组合截面，用材料弹性模量的比例换算成等效截面。

9. 通过受力性能对比分析，可以发现：

1）后张法的 σ_{peI}、σ_{peII} 公式比先张法多一项 $\alpha_E \sigma_{pc}$，即 σ_{con} 相同时，先张法的 σ_{pe} 要比后张法小。

2）两种构件的 σ_{pcI}、σ_{pcII} 公式形式相似，只是先张法用换算截面面积 A_0，后张法用净截面面积 A_n；由于 $A_0 > A_n$，则先张法的 σ_{pcII} 要比后张法小。

3）两种构件的 σ_{sI}、σ_{sII} 公式形式均相同。

4）两种构件的 N_{p0}、N_{cr}、N_u 公式相同，且均采用 A_0。

5）与钢筋混凝土构件相比，预应力混凝土构件能充分发挥钢材和混凝土的材料性能，抗裂性能好；当条件相同时，构件的极限承载力相同，但延性较差。

10. 预应力混凝土构件的设计计算内容主要包括：使用阶段正截面和斜截面承载力计算、裂缝控制和变形验算，施工阶段承载力验算、变形验算和后张法构件端部局部受压承载力验算等。

11. 根据预应力度 λ，配筋混凝土构件可分为：$\lambda \geq 1$ 时，全预应力混凝土构件；$0 < \lambda < 1$ 时，部分预应力混凝土构件；$\lambda = 0$ 时，钢筋混凝土构件。部分预应力混凝土介于全预应力混凝土和钢筋混凝土之间，可合理控制构件裂缝和反拱值，延性较好，节省钢材，简化施工工艺，但设计计算更为复杂。

12. 无黏结预应力混凝土采用后张法施加预应力，省去了预留孔道、穿筋、灌浆等工艺，因此具有构件制作简便，设备要求低，预应力损失小，防腐能力强，使用性能良好，且可进行补张拉，也便于更换预应力筋等特点。

思 考 题

1. 什么是预应力混凝土？与钢筋混凝土相比，它具有哪些特点？

2. 预应力混凝土分为哪几类？各有什么特点？

3. 什么是先张法和后张法？其主要施工工序是什么？两者主要区别有哪些？

4. 什么是锚具和夹具？选用时应满足哪些要求？锚具主要类型有哪几种？

5. 预应力混凝土对所用材料有哪些要求？为什么必须采用高强钢筋和混凝土？

6. 什么是张拉控制应力 σ_{con}？为什么 σ_{con} 取值不能过高也不能过低？

7. 预应力损失有哪几项？每项预应力损失产生的原因、计算公式及减小措施是什么？

8. 什么是预应力筋的应力松弛？其发展规律是什么？为什么超张拉可以减小松弛损失？

9. 先张法构件和后张法构件的预应力损失是如何组合的？预应力总损失有什么要求？

10. 什么是预应力传递长度？传递长度与锚固长度有什么不同？

11. 后张法构件为什么要进行端部局部受压承载力验算？验算内容有哪些？验算不满足要求时，应采取哪些措施？

12. 预应力混凝土有哪些主要构造要求？

13. 预应力筋纵向布置方式有哪几种？设置非预应力筋有哪些作用？

14. 在施工阶段，为什么先张法构件用换算截面面积 A_0、后张法构件用净截面面积 A_n？在使用阶段，为什么先张法构件和后张法构件都用换算截面面积 A_0？

15. 什么是预应力筋的有效预应力？它与张拉控制应力 σ_{con} 有什么关系？

16. 先张法和后张法轴心受拉构件的预应力筋、非预应力筋和混凝土应力，其计算公式有什么异同？分析受力阶段各特定时刻的截面应力有什么意义？

17. 与钢筋混凝土轴心受拉构件相比，预应力混凝土轴心受拉构件受力性能有什么异同？

18. 预应力混凝土轴心受拉构件中配置非预应力筋 A_s，对抗裂性能是否有利？为什么？

19. 预应力混凝土受弯构件的计算内容有哪些？

20. 预应力混凝土受弯构件计算开裂弯矩 M_{cr} 时，为什么要引入截面抵抗矩塑性影响系数 γ？

21. 预应力混凝土受弯构件中，受压区为什么配置预应力筋 A'_p？其应力能否达到屈服？如何取值？

22. 与条件相同的钢筋混凝土受弯构件相比，预应力混凝土受弯构件正截面和斜截面承载力计算方法有什么异同？为什么？

23. 与钢筋混凝土受弯构件相比，预应力混凝土受弯构件挠度计算有什么不同？

24. 什么是部分预应力混凝土？有哪些优点？

25. 什么是无黏结预应力混凝土？有哪些优点？

测 试 题

1. **填空题**

（1）配筋混凝土构件按预应力度 λ 的大小，可分为：当 $\lambda \geqslant 1$ 时；为 _____；当 $0<\lambda<1$ 时，为 _____；当 $\lambda=0$ 时，_____。

（2）按张拉钢筋与浇筑混凝土的先后次序，预应力混凝土构件可分为：_____ 和 _____。通过预应力筋与混凝土之间的黏结力传递预应力的是 _____，通过预应力筋端部锚具直接挤压混凝土传递预应力的是 _____。

（3）锚具和夹具都是制作预应力混凝土构件时锚固预应力筋的工具，_____ 是指构件制成后能够取下并重复使用的工具，主要用于 _____；_____ 是指制作构件时锚固在构件端部并不再取下的工具，主要用于 _____。

（4）按锚固原理和构造形式的不同，锚具可分为 _____、_____、_____ 以及 _____ 四种。

（5）预应力混凝土构件对预应力筋的要求有 _____、_____ 和 _____。

（6）我国预应力混凝土构件中的预应力筋主要采用 _____、_____ 和 _____。

（7）预应力混凝土构件对混凝土的要求有 _____、_____ 和 _____。

（8）预应力混凝土构件中的混凝土强度等级不宜低于 _____，且不应低于 _____，张拉或放张预应力筋时的强度不得低于 _____ 的设计强度。

（9）张拉控制应力 σ_{con} 是指张拉＿＿＿＿＿＿＿＿时所控制达到的最大应力值，由千斤顶油压表所控制的＿＿＿＿＿＿＿＿＿＿除以＿＿＿＿＿＿＿＿＿＿＿＿获得。

（10）张拉控制应力 σ_{con} 的限值主要与＿＿＿＿＿＿＿＿和＿＿＿＿＿＿＿＿有关。在 σ_{con} 值相同时，后张法构件的实际预应力效果要比先张法构件＿＿＿＿＿＿；对于相同种类的预应力筋，先张法的 σ_{con} 值应适当比后张法＿＿＿＿＿＿。

（11）对先张法构件，垫板块数越＿＿＿＿＿＿＿＿，锚具变形损失 σ_{l1} 则越＿＿＿＿＿＿＿＿；台座长度 l 越＿＿＿＿＿＿，σ_{l1} 则越＿＿＿＿＿＿＿＿，通常当 $l>$＿＿＿＿＿m 时，σ_{l1} 可忽略不计。

（12）对摩擦损失 σ_{l2} 而言，采用两端张拉时要比一端张拉时所产生的 σ_{l2} 要＿＿＿＿＿＿＿＿；对长度超过 18m 的曲线预应力筋构件常采用两端张拉，但两端均需考虑＿＿＿＿＿＿＿＿＿＿损失。采用超张拉时要比一次张拉时所产生的 σ_{l2} 要＿＿＿＿＿＿＿＿。

（13）减小温差损失 σ_{l3} 的措施有＿＿＿＿＿＿＿＿＿＿和＿＿＿＿＿＿＿＿＿＿。减小松弛损失 σ_{l4} 的措施有＿＿＿＿＿＿＿＿＿＿和＿＿＿＿＿＿＿＿＿＿＿＿＿。

（14）环向损失 σ_{l6} 的大小与环形构件的＿＿＿＿＿＿＿＿成反比。当＿＿＿＿＿＿＿＿时，取 $\sigma_{l6}=30$N/mm^2；当＿＿＿＿＿＿＿＿时，$\sigma_{l6}=0$。

（15）混凝土预压前出现的预应力损失，称为＿＿＿＿＿＿＿＿＿＿损失；混凝土预压后出现的预应力损失，称为＿＿＿＿＿＿＿＿＿＿损失。

（16）对于先张法构件，其第一批预应力损失 $\sigma_{lI}=$＿＿＿＿＿＿＿＿＿＿，第二批预应力损失 $\sigma_{lII}=$＿＿＿＿＿＿＿＿＿＿，且预应力总损失 σ_l 不应小于＿＿＿＿＿＿＿＿＿＿，否则应取＿＿＿＿＿＿＿＿＿＿。

（17）对于后张法构件，其第一批预应力损失 $\sigma_{lI}=$＿＿＿＿＿＿＿＿＿＿，第二批预应力损失 $\sigma_{lII}=$＿＿＿＿＿＿＿＿＿＿，且预应力总损失 σ_l 不应小于＿＿＿＿＿＿＿＿＿＿，否则应取＿＿＿＿＿＿＿＿＿＿。

（18）在预应力混凝土构件中，预应力筋沿纵向的布筋方式有＿＿＿＿＿＿＿＿＿、＿＿＿＿＿＿和＿＿＿＿＿＿＿三种，用于后张法构件的主要布筋方式有＿＿＿＿＿＿＿＿和＿＿＿＿＿＿＿＿＿。

（19）对于后张法预制构件，其孔道水平净间距不宜小于＿＿＿＿＿＿mm，且不宜小于粗骨料粒径的＿＿＿＿＿＿倍；孔道至构件边缘的净间距不宜小于＿＿＿＿＿＿mm，且不宜小于＿＿＿＿＿＿倍孔道直径。

（20）对于后张法现浇构件，预留孔道的竖向净间距不应小于＿＿＿＿＿＿＿＿，水平净间距不宜小于＿＿＿＿＿＿倍孔道外径，且不应小于＿＿＿＿＿＿倍粗骨料粒径。

（21）预应力混凝土轴心受拉构件，若均匀对称配置有预应力筋 A_p 和非预应力筋 A_s，则构件换算截面面积 $A_0=$＿＿＿＿＿＿＿＿＿＿＿＿＿，净截面面积 $A_n=$＿＿＿＿＿＿＿＿＿＿＿＿，由于 $A_0>A_n$，则后张法构件的混凝土有效预压应力 σ_{pcII} 要＿＿＿＿＿＿＿＿先张法构件的 σ_{pcII}。

（22）对比先张法和后张法轴心受拉构件受力性能发现，后张法构件预应力筋应力 σ_{pe} 的公式比先张法构件多一项＿＿＿＿＿＿＿＿，而两种构件非预应力筋应力 σ_s 的公式形式均＿＿＿＿＿＿，混凝土应力 σ_{pc} 的公式形式＿＿＿＿＿＿，两种构件 N_{p0}、N_{cr} 和 N_u 的计算公式形式均＿＿＿＿＿＿。

（23）与预应力混凝土轴心受拉构件不同，受弯构件的预应力筋为不对称配置，因此预加力是一个＿＿＿＿＿＿＿＿，相当于对构件截面同时作用有＿＿＿＿＿＿＿＿和＿＿＿＿＿＿＿＿。

（24）预应力混凝土轴心受拉构件加载至消压轴力 N_0 时，＿＿＿＿＿＿＿＿＿＿＿＿混凝土应力全部为零；预应力混凝土受弯构件加载至消压弯矩 M_0，仅＿＿＿＿＿＿＿＿＿＿＿＿混凝土应力为零，而＿＿＿＿＿＿＿＿＿＿混凝土应力均不为零。

（25）预应力混凝土受弯构件在受压区配置预应力筋 A_p'，是为了控制＿＿＿＿＿＿＿＿＿＿＿＿可能出现裂缝；A'_p在施工阶段受拉；当构件破坏时，A'_p可能_____，也可能_____，但一般达不到屈服强度f_{py}；考虑A'_p对截面承载力影响不大，可近似取$\sigma'_p =$ _____。

（26）预应力混凝土受弯构件的破坏可大致分为：一种是由弯矩作用引起的_____，一种是由_____和_____共同作用引起_____。

（27）对于预应力混凝土受弯构件，其受压区高度x应满足的限制条件是_____和_____，界限相对受压区高度$\xi_b =$ _____。

（28）与钢筋混凝土受弯构件相比，预应力混凝土受弯构件的斜截面受剪承载力____，其原因在于_____的存在；而受剪承载力计算时，其截面限制条件、最小配箍率及箍筋构造要求等均与钢筋混凝土受弯构件_____。

（29）预应力混凝土受弯构件应分别对截面上混凝土的主拉应力和主压应力进行验算。验算主拉应力目的是避免_____，同时考虑_____的不同；验算主压应力的目的是避免_____，导致混凝土抗拉强度_____和裂缝_____。

（30）预应力混凝土受弯构件的挠度f由_____产生的挠度（向下）f_1和_____产生的反拱（向上）f_2两部分组成，即$f =$ _____。

2．是非题

（1）预应力混凝土构件是指承受使用荷载前预先对构件受拉区施加预压应力的构件。
（　　）

（2）与钢筋混凝土梁相比，预应力混凝土梁能极大地提高其正截面受弯承载力。
（　　）

（3）预应力混凝土构件可以充分利用高强材料。（　　）
（4）预应力混凝土构件的延性要比钢筋混凝土构件的延性好。（　　）
（5）全预应力混凝土是指使用荷载作用下构件截面受拉边缘不允许出现裂缝。（　　）
（6）有限预应力混凝土是指在外荷载作用下构件截面受拉边缘允许出现裂缝。（　　）
（7）先张法构件制作时，一般要求混凝土强度达到设计值的75%以上时，才能切断或放张预应力筋。（　　）
（8）后张法构件是通过预应力筋与混凝土之间的黏结力传递预应力的。（　　）
（9）夹具是指预应力混凝土构件制成后不能取下并重复使用的工具。（　　）
（10）后张法构件孔道灌浆时一般采用素水泥浆，但宜掺入不大于5%的膨胀剂。
（　　）
（11）《规范》规定，预应力筋在最大力下的总延伸率$\delta_{gt} \geqslant 3.5\%$。（　　）
（12）预应力混凝土构件需要采用早期强度高的混凝土。（　　）
（13）张拉控制应力σ_{con}取值越高越好，这样可以建立很高的预压应力。（　　）
（14）对于相同的预应力筋，先张法的张拉控制应力σ_{con}值应适当高于后张法。
（　　）

（15）长度分别为25m和15m的后张法构件，若采用相同的锚具，则25m长构件的锚具变形损失σ_{l2}要比15m长构件的损失小。（　　）

（16）应力松弛是指预应力筋受力后，在长度保持不变的条件下，其应力随时间增长而逐渐降低的现象。（　　）

（17）减小预应力损失σ_{l2}、σ_{l4}的措施可采用超张拉，也就是将预应力筋的张拉控制应

力 σ_{con} 拉至超过其屈服强度，并持荷 2min。　　　　　　　　　　（　　）

（18）预应力混凝土构件的松弛损失 σ_{l4} 是由于张拉端锚具松动而产生的。（　　）

（19）后张法构件通常在端部锚固区内配置一定数量的间接钢筋，配筋方式有横向方格网钢筋或螺旋式钢筋，以满足构件端部的局部受压承载力。　　　　（　　）

（20）相同条件下，预应力混凝土构件的截面尺寸一般可比钢筋混凝土构件小些。

　　　　　　　　　　　　　　　　　　　　　　　　　　　　　　　　（　　）

（21）预应力混凝土构件配置一定数量的非预应力筋，可防止构件在施工阶段开裂或减小裂缝宽度，并保证构件具有一定的延性。　　　　　　　　　　　（　　）

（22）预应力混凝土构件的保护层厚度，其取值与钢筋混凝土构件相同。（　　）

（23）完成第一批损失后混凝土预压应力 σ_{pcI} 是计算混凝土收缩徐变损失的依据。

　　　　　　　　　　　　　　　　　　　　　　　　　　　　　　　　（　　）

（24）先张法构件和后张法构件最终建立的混凝土有效预压应力 σ_{pcII}，其计算公式完全相同。　　　　　　　　　　　　　　　　　　　　　　　　　　　（　　）

（25）先张法构件和后张法构件的消压轴力 N_{p0}、抗裂轴力 N_{cr} 和极限轴力 N_u，其计算公式完全相同。　　　　　　　　　　　　　　　　　　　　　　　　　（　　）

（26）计算预应力混凝土受弯构件的混凝土预压应力时，可将预应力筋预拉应力的合力反向作用在截面上视为外加力，然后按材料力学方法计算。　　　　　　（　　）

（27）预应力混凝土受弯构件正截面受弯承载力计算时，取受压区预应力筋的应力等于其抗压强度设计值。　　　　　　　　　　　　　　　　　　　　　　（　　）

（28）与条件相同的钢筋混凝土受弯构件相比，预应力受弯构件的斜截面受剪承载力提高了 $0.05N_{p0}$。　　　　　　　　　　　　　　　　　　　　　　　　　（　　）

（29）预应力混凝土受弯构件斜截面受弯承载力一般通过构造要求保证。（　　）

（30）预应力混凝土受弯构件的裂缝控制验算，仅对正截面进行裂缝控制验算。（　　）

3. 选择题

（1）与钢筋混凝土相比，预应力混凝土具有的特点，下列表述错误的是（　　）

A. 可充分利用高强材料　　　　　　　B. 提高了构件受弯承载力

C. 改善了构件抗裂性能　　　　　　　D. 提高了构件抗疲劳性能

（2）关于预应力混凝土构件，下列叙述正确的是（　　）

A. 施加预压应力后，可以提高构件的延性

B. 施加预压应力后，可以提高构件的受弯承载力

C. 施加预压应力后，可以改善构件的使用性能

D. 全预应力混凝土构件在外荷载作用下可以带裂缝工作

（3）全预应力混凝土是指在使用荷载作用下构件截面混凝土（　　）

A. 不允许出现拉应力　　　　　　　　B. 允许出现拉应力

C. 不允许出现压应力　　　　　　　　D. 允许出现压应力

（4）有限预应力混凝土是指在使用荷载作用下构件截面混凝土（　　）

A. 不允许出现拉应力　　　　　　　　B. 允许出现拉应力但不应超过 f_{tk}

C. 不允许出现压应力　　　　　　　　D. 允许出现压应力但不应超过 f_{ck}

（5）对于预应力混凝土构件，在混凝土中建立预压应力主要依靠（　　）

A. 预应力筋与混凝土之间的黏结力

B. 锚具和垫板

C. 先张法依靠预应力筋与混凝土之间的黏结力，后张法依靠锚具和垫板

D. 后张法依靠预应力筋与混凝土之间的黏结力，先张法依靠锚具和垫板

（6）对于预应力混凝土构件，如果采用相同的张拉控制应力 σ_{con}，则（　　）

A. 后张法建立的有效预应力和先张法相同

B. 后张法建立的有效预应力比先张法小

C. 后张法建立的有效预应力比先张法大

D. 无法确定

（7）预应力混凝土结构的混凝土强度等级不应低于（　　）

A. C25　　　　　　B. C30　　　　　　C. C40　　　　　　D. C45

（8）预应力混凝土结构的混凝土强度等级不宜低于（　　）

A. C25　　　　　　B. C30　　　　　　C. C40　　　　　　D. C45

（9）对于预应力混凝土构件，应采用（　　）

A. 高强度的混凝土、低强度的钢筋　　　　B. 低强度的混凝土、高强度的钢筋

C. 高强度的混凝土、高强度的钢筋　　　　D. 低强度的混凝土、低强度的钢筋

（10）对于预应力螺纹钢筋，其张拉控制应力 σ_{con} 值不宜小于（　　）

A. $0.3f_{pyk}$　　　　B. $0.4f_{pyk}$　　　　C. $0.5f_{pyk}$　　　　D. $0.6f_{pyk}$

（11）对于先张法构件，所求的预应力总损失值 σ_l 不应小于（　　）

A. $80N/mm^2$　　　B. $90N/mm^2$　　　C. $100N/mm^2$　　　D. $110N/mm^2$

（12）对于后张法构件，所求的预应力总损失值 σ_l 不应小于（　　）

A. $70N/mm^2$　　　B. $80N/mm^2$　　　C. $90N/mm^2$　　　D. $100N/mm^2$

（13）后张法构件验算端部局部受压截面尺寸，若不满足要求，下列措施不正确是（　　）

A. 配置间接钢筋

B. 加大端部锚固区截面尺寸

C. 提高混凝土强度等级

D. 调整锚具位置

（14）预应力混凝土构件施工阶段的受力性能分析时（　　）

A. 采用净截面

B. 采用换算截面

C. 先张法采用净截面，后张法采用换算截面

D. 后张法采用净截面，先张法采用换算截面

（15）预应力混凝土构件使用阶段的受力性能分析时（　　）

A. 采用净截面

B. 采用换算截面

C. 先张法采用净截面，后张法采用换算截面

D. 后张法采用净截面，先张法采用换算截面

（16）先张法构件完成第一批损失时，预应力筋应力值 $\sigma_{pe\,I}$ 为（　　）

A. $\sigma_{con}-\sigma_{ll}-a_E\sigma_{pcI}$　B. $\sigma_{con}-\sigma_{ll}$　　　C. $\sigma_{con}-\sigma_{l1}-a_E\sigma_{pcI}$　D. $\sigma_{con}-\sigma_{l1}$

（17）后张法构件完成第一批损失时，预应力筋应力值 σ_{peI} 为（　　）

A. $\sigma_{con}-\sigma_{ll}-a_E\sigma_{pcI}$　B. $\sigma_{con}-\sigma_{ll}$　　　C. $\sigma_{con}-\sigma_{l1}-a_E\sigma_{pcI}$　D. $\sigma_{con}-\sigma_{l1}$

（18）先张法构件完成第二批损失时，预应力筋应力值 σ_{peII} 为（　　）

A. $\sigma_{con}-\sigma_l-\alpha_{Ep}\sigma_{pcII}$　B. $\sigma_{con}-\sigma_{lII}$　　　C. $\sigma_{con}-\sigma_l$　　　D. $\sigma_{con}-\sigma_{l2}$

（19）后张法构件完成第二批损失时，预应力筋应力值 σ_{peII} 为（　　）

A. $\sigma_{con}-\sigma_l-\alpha_{Ep}\sigma_{pcII}$　B. $\sigma_{con}-\sigma_{lII}$　　　C. $\sigma_{con}-\sigma_l$　　　D. $\sigma_{con}-\sigma_{l2}$

（20）先张法构件完成第一批损失时，混凝土预压应力值 σ_{pcI} 为（　　）

A. $\dfrac{(\sigma_{con}-\sigma_{lI})A_p}{A_0}$　　　　　　　　B. $\dfrac{(\sigma_{con}-\sigma_{lI})A_p}{A_n}$

C. $\dfrac{(\sigma_{con}-\sigma_{l1})A_p}{A_0}$　　　　　　　　D. $\dfrac{(\sigma_{con}-\sigma_{l1})A_p}{A_n}$

（21）后张法构件完成第一批损失时，混凝土预压应力值 σ_{pcI} 为（　　）

A. $\dfrac{(\sigma_{con}-\sigma_{lI})A_p}{A_0}$　　　　　　　　B. $\dfrac{(\sigma_{con}-\sigma_{lI})A_p}{A_n}$

C. $\dfrac{(\sigma_{con}-\sigma_{l1})A_p}{A_0}$　　　　　　　　D. $\dfrac{(\sigma_{con}-\sigma_{l1})A_p}{A_n}$

（22）先张法构件完成第二批损失时，混凝土预压应力值 σ_{pcII} 为（　　）

A. $\dfrac{(\sigma_{con}-\sigma_l)A_p-\sigma_{l5}A_s}{A_0}$　　　　B. $\dfrac{(\sigma_{con}-\sigma_{lII})A_p}{A_0}$

C. $\dfrac{(\sigma_{con}-\sigma_l)A_p-\sigma_{l5}A_s}{A_n}$　　　　D. $\dfrac{(\sigma_{con}-\sigma_l)A_p}{A_0}$

（23）后张法构件完成第二批损失时，混凝土预压应力值 σ_{pcII} 为（　　）

A. $\dfrac{(\sigma_{con}-\sigma_l)A_p-\sigma_{l5}A_s}{A_n}$　　　　B. $\dfrac{(\sigma_{con}-\sigma_l)A_p}{A_n}$

C. $\dfrac{(\sigma_{con}-\sigma_l)A_p-\sigma_{l5}A_s}{A_0}$　　　　D. $\dfrac{(\sigma_{con}-\sigma_{lII})A_p}{A_n}$

（24）预应力混凝土轴心受拉构件的消压轴力 N_{p0} 为（　　）

A. $\sigma_{pcII}A_0$　　　　　B. $\sigma_{pcI}A_0$　　　　　C. $\sigma_{pcII}A_n$　　　　　D. $\sigma_{pcI}A_n$

（25）预应力混凝土轴心受拉构件的开裂轴力 N_{cr} 为（　　）

A. $(\sigma_{pcII}+f_{tk})A_n$　B. $(\sigma_{pcII}+f_{tk})A_0$　C. $(\sigma_{pcI}+f_{tk})A_n$　D. $(\sigma_{pcI}+f_{tk})A_0$

（26）条件相同的钢筋混凝土轴心受拉构件和预应力混凝土轴心受拉构件相比较（　　）

A. 前者的承载能力高于后者　　　　B. 前者的抗裂性比后者好

C. 前者的承载能力低于后者　　　　D. 前者的抗裂性比后者差

（27）后张法轴心受拉构件完成全部预应力损失后，预应力筋和非预应力筋的总拉力 $N_{pII}=50kN$，若加载至混凝土应力为零，消压轴力 N_{p0} 为（　　）

A. $N_{p0}=50kN$　　　　　　　　B. $N_{p0}>50kN$

C. $N_{p0}<50kN$　　　　　　　　D. $N_{p0}=80kN$

（28）在使用荷载作用之前，预应力混凝土受弯构件的（　　）

A. 预应力筋应力为零

B. 混凝土应力为零

C. 预应力筋应力不为零，而混凝土应力为零

D. 预应力筋和混凝土应力均不为零

（29）预应力混凝土受弯构件，在预拉区配置预应力筋 A_p'（　　）

A. 为防止施工阶段构件预拉区开裂

B. 为提高构件正截面受弯承载力

C. 为提高构件斜截面受剪承载力

D. 当构件破坏时，预应力筋 A_p' 可达到其屈服强度

（30）部分预应力混凝土是指（　　）

A. 只有一部分预应力筋，其余为非预应力筋

B. 只有一部分混凝土有预压应力

C. 一部分是预应力混凝土，一部分是钢筋混凝土

D. 在使用荷载作用下构件正截面出现拉应力或限值内的裂缝

习　　题

1. 某预应力混凝土轴心受拉构件，长 24m，混凝土截面面积 $A = 40000 \text{mm}^2$，混凝土强度等级为 C60，螺旋肋钢丝 $10\phi^{HM}9$，如图 10-34 所示。先张法施工，在 100m 台座上张拉，端头采用镦头锚具固定预应力筋，超张拉，并考虑蒸养时台座与预应力筋之间的温差 $\Delta t = 20℃$，混凝土达到强度设计值的 80% 时放张预应力筋。试计算各项预应力损失值。

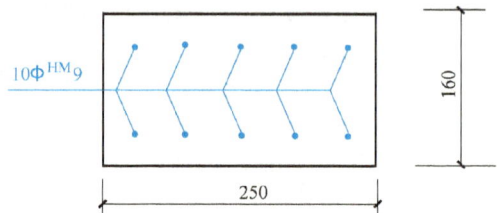

2. 试对图 10-35 所示后张法预应力混凝土屋架下弦杆锚具的局部受压验算，混凝土强度等级为 C60，预应力筋采用消除应力钢丝，$7\phi^P5$ 两束，张拉控制应力 $\sigma_{con} = 0.75 f_{ptk}$。用 OVM 锚具进行锚固，锚具直径为 100mm，锚具下垫板厚 20mm，端部横向预应力筋采用 $4\phi 8$ 焊接网片，间距为 50mm。

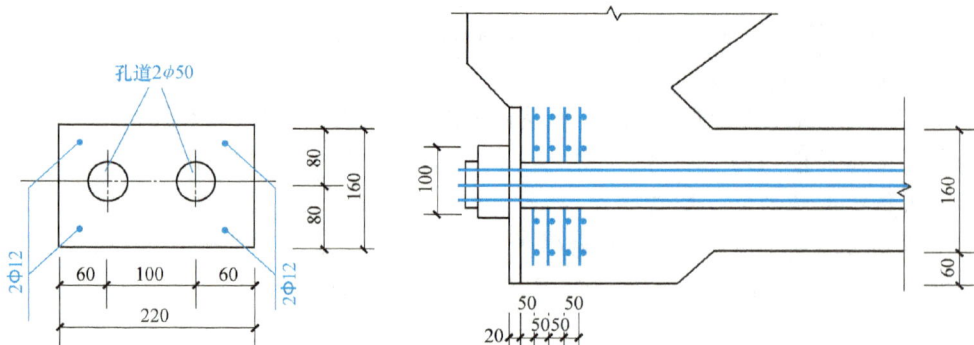

图 10-34　习题 1 图

图 10-35　习题 2 图

第 11 章　装配式混凝土结构简介

■ 11.1　装配式混凝土结构基本知识

近年来，为落实"节能、降耗、减排、环保"的基本国策，我国大力发展和推进装配式建筑，全面提升建筑品质和建造效率，以实现资源、能源的可持续发展。发展装配式建筑是建造方式的重大变革，可提高工业化水平，促进建筑产业转型升级。因此，装配式混凝土结构成为目前土木工程领域研究和应用的热点问题之一。

11.1.1　基本概念

1. 装配式混凝土建筑

装配式建筑（assembled building）是由预制部品部件在工地装配而成的建筑。按照国家标准《装配式混凝土建筑技术标准》（GB/T 51231—2016）（以下简称《装标》）的定义，装配式建筑是结构系统、外围护系统、设备与管线系统、内装系统的主要部分采用预制部品部件集成的建筑。该定义的核心内容有四大系统：结构系统（构件）、外围护系统（部件）、设备与管线系统、内装系统（部品），其组织过程有三个阶段：设计阶段、预制阶段和装配阶段，即通过标准化设计、工厂化生产、装配式施工、一体化装修、信息化管理和智能化应用等手段，将预制部品部件借助模数协调、模块组合、接口连接、节点构造和施工工法等集成装配而成，通过在工地高效、可靠装配做到主体结构、建筑围护、机电装修一体化。装配式建筑的主要特点是：

1）以完整的建筑产品为对象，以系统集成为方法，体现加工和装配需要的标准化设计。

2）以工厂精益化生产为主的部品部件。

3）以装配和干式工法为主的施工现场。

4）以提升建筑工程质量安全水平、提高劳动生产效率、节约资源能源、减少施工污染和建筑的可持续发展为目标。

5）基于 BIM 技术的全链条信息化管理，实现设计、生产、施工、装修和运营维护的协同。

装配式混凝土建筑（assembled building with concrete structure）是指建筑的结构系统由混凝土部件（预制构件）构成的装配式建筑。国际建筑界习惯简称为 PC 建筑，PC 是 precast concrete 的缩写，即预制混凝土的意思。

预制率、装配率是评价装配式建筑的重要指标之一，也是政府制定相应扶持政策的重要依据。预制率（precast ratio）是指装配式建筑中室外地坪以上主体结构和围护结构中预制构件部分的混凝土用量占对应构件混凝土总用量的体积比；装配率（assembled ratio）是指装配式建筑中预制构件、建筑部品的数量（或面积）占同类构件或部品总数量（或面积）的比率。预制率和装配率的区别，主要在于一个是体积概念，一个是面积概念。

按预制率的不同，装配式建筑可分为局部使用预制构件（小于 5%）、低预制率（5% ~ 20%）、普通预制率（20% ~ 50%）、高预制率（50% ~ 70%）和超高预制率（70% 以上）。

2. 装配式混凝土结构

装配式混凝土结构（precast concrete structure）是由预制混凝土构件通过可靠的连接方式装配而成的混凝土结构，简称装配式结构，其主要特征是预制混凝土构件和可靠的连接方式。按连接方式的不同，装配式混凝土结构分为装配整体式混凝土结构和全装配式混凝土结构。

装配整体式混凝土结构（monolithic precast concrete structure）是由预制混凝土构件通过可靠的方式连接并与现场后浇混凝土、水泥基灌浆料形成整体的装配式混凝土结构，其连接方式为"湿连接"。这种结构具有较好的整体性和抗震性，结构性能与现浇结构基本等同，是目前大多数多层和全部高层装配式混凝土建筑结构采用的形式，也是本章重点介绍的内容。

全装配式混凝土结构（fully precast concrete structure）是由预制混凝土构件通过"干连接"（如螺栓连接、焊接和搭接等）方式而形成整体的装配式混凝土结构。这种结构整体性和抗侧力性能较差，不适于高层建筑，多用于低层和多层建筑结构，如预制钢筋混凝土柱单层厂房等。

3. 预制构件与叠合构件

预制构件（precast component）是按照设计规格在工厂或现场预先生产制作的结构构件、维护构件及其他构件等。预制混凝土构件（precast concrete component）是由工厂或现场预先生产制作的混凝土构件，简称预制构件。

叠合构件（composite component）是由预制混凝土构件（或既有混凝土结构构件）和后浇混凝土组成，以两阶段成型的整体受力结构构件。按受力形态的不同，叠合构件分为水平叠合构件和竖向叠合构件，水平叠合构件有叠合梁、叠合板等，竖向叠合构件有双层叠合剪力墙等。

11.1.2 连接方式

连接方式是装配式混凝土结构的关键技术，也是结构安全的重要保障。其主要连接方式如下：

1. 套筒灌浆连接

套筒灌浆连接是将需要连接的带肋钢筋插入金属套筒内"对接"，在套筒内注入高强早强且有微膨胀特征的灌浆料，灌浆料凝固后在金属套筒筒壁与钢筋之间形成较大的正向压力，在带肋钢筋的粗糙表面产生较大的摩擦力，由此得以传递钢筋的轴向力。套筒分为全灌浆套筒和半灌浆套筒。全灌浆套筒是接头两端均采用灌浆方式连接钢筋的套筒；半灌浆套筒是一端采用灌浆方式连接，另一端采用螺纹连接的套筒。套筒灌浆连接示意图如图 11-1 所示。

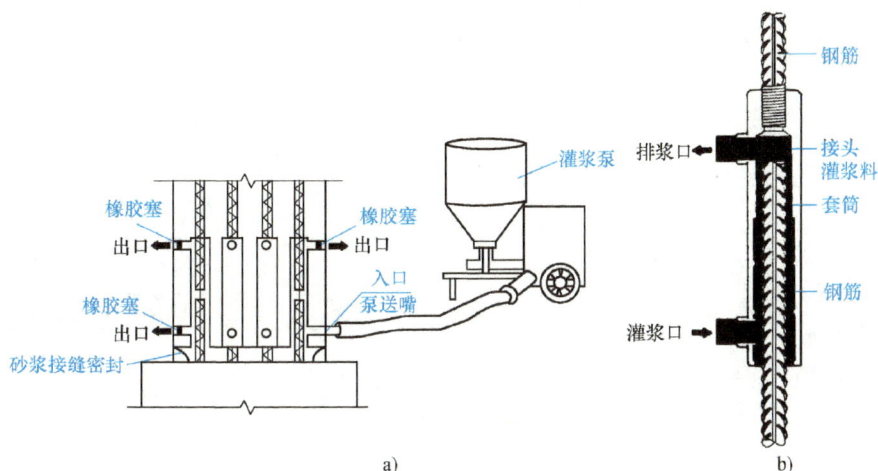

图 11-1　套筒灌浆连接示意图
a) 全灌浆套筒　b) 半灌浆套筒

套筒灌浆连接是装配式混凝土结构中竖向构件连接的最主要方式。这种连接安全可靠，操作简便，但成本高，精度要求高，适用大直径钢筋。

2. 浆锚搭接连接

浆锚搭接连接是将需要连接的带肋钢筋插入预制构件的预留孔道内，预留孔道内壁是螺旋形的；钢筋插入孔道后，在孔道内注入高强早强且有微膨胀特征的灌浆料，锚固住所插入的钢筋，使其与孔道旁预埋在构件中的钢筋形成"搭接"，这种情况属于有距离搭接。其类型主要有两种：

1）螺旋钢筋浆锚搭接，即在混凝土中埋设内模，混凝土达到强度后将内模旋出，形成孔道，如图 11-2 所示。

2）金属波纹管浆锚搭接，即通过埋设金属波纹管的方式形成孔道。浆锚搭接连接应用范围比套筒灌浆连接应用范围窄。这种连接成本低，精度要求相对套筒灌浆连接要低，现场灌浆量大、作业时间长。

3. 后浇混凝土连接

后浇混凝土连接是将需要连接的预制构件就位、需要连接的钢筋连接好后，通过现浇混凝土所形成的一种连接。在

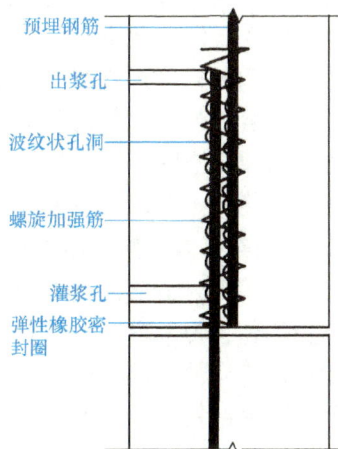

图 11-2　螺旋钢筋浆锚搭接示意图

装配整体式混凝土结构中，通常基础、首层、裙楼、顶层等部位采用现浇混凝土，而其他部位的构件连接和叠合层连接往往采用后浇混凝土。

采用后浇混凝土连接时，预制构件与后浇混凝土的接触面应做成粗糙面或键槽，以提高其抗剪能力。通常预制梁、预制板的顶部，预制剪力墙顶部和底部与后浇混凝土的结合面宜设置粗糙面，预制柱底部应设置键槽且宜设置粗糙面。粗糙面可在混凝土初凝前"拉毛"形成，键槽是靠模具凹凸成型。此外，钢筋连接是后浇混凝土连接节点的重要环节，其连接方式有机械套筒连接、注胶套筒连接、钢筋搭接和焊接等。

叠合层连接是预制梁、板与现浇混凝土叠合的连接方式，包括叠合梁（见图 11-3）、叠合板（见图 11-4）和叠合阳台板等。叠合构件的下层为预制构件，上层为现浇混凝土层。叠合层现浇混凝土是形成结构整体性的重要连接方式。

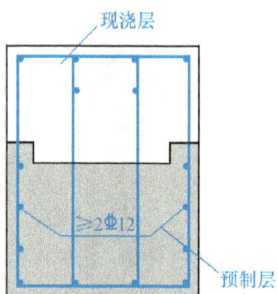

图 11-3　叠合梁后浇混凝土连接

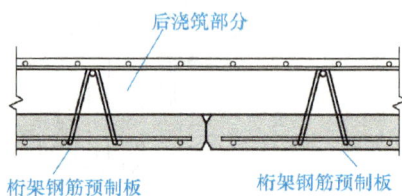

图 11-4　叠合板后浇混凝土连接

11.1.3　结构体系

目前，常用的装配式混凝土结构体系类型如下：

1. 装配整体式框架结构

由梁、柱构件组成的结构称为框架，整幢建筑都由梁、柱构件组成的结构称为框架结构体系。装配整体式框架结构是指全部或部分框架梁、柱采用预制构件建造而成的结构。这种结构体系平面布置灵活，传力路径明确，计算理论较成熟；构件易于标准化、定型化，装配效率高，现场湿作业少，是装配式混凝土建筑最合适的结构形式。

主要预制构件形式有叠合梁、叠合楼板、预制柱、预制外挂墙板、预制内隔墙板、预制楼梯、叠合阳台、预制挑檐板、预制空调板等。柱与柱、梁与柱、梁与梁等主要受力预制构件之间采用后浇混凝土、钢筋套筒灌浆连接；楼板普遍采用叠合楼板，当叠合梁板的叠合层厚度等满足一定要求后，其结构性能与现浇钢筋混凝土基本相同。

2. 装配整体式剪力墙结构

剪力墙多为钢筋混凝土墙体，由于墙体横向尺寸很大，可抵抗较大的侧向力作用。利用建筑物墙体作为承受竖向荷载、抵抗水平荷载的结构称为剪力墙结构体系。装配整体式剪力墙结构是指全部或部分剪力墙（一般多为外墙）采用预制构件建造而成的结构，如图 11-5所示。这种结构体系刚度大，在水平荷载作用下侧向变形小，但剪力墙间距不能太大，致使平面布置不灵活。

主要预制构件形式为预制剪力墙、预制外挂墙板、叠合梁、预制楼梯、叠合阳台、预制空调板等，构件之间拼缝采用湿连接，剪力墙纵向钢筋的连接方式主要有套筒灌浆连接和浆锚搭接连接，结构性能与现浇结构基本一致。结构一般采用预制叠合楼板，各层楼面和屋面设置水平现浇带或者圈梁。预制剪力墙中竖向接缝对结构整体刚度有一定的影响，为安全起见，结构总高度有所降低。

图 11-5　装配整体式剪力墙结构

3. 装配整体式框架-现浇剪力墙结构

装配整体式框架-现浇剪力墙结构是指在框架结构中设置部分现浇剪力墙的结构。这种结构体系可充分发挥框架结构布置灵活和剪力墙抗侧刚度大的特点，使框架和剪力墙两者结合起来，取长补短，共同抵抗水平荷载。

《装配式混凝土结构技术规程》（JGJ 1—2014）（以下简称《装规》）要求剪力墙部分现浇，框架部分的构件类型、连接方式和外围护做法同装配整体式框架结构。

4. 装配整体式部分框支剪力墙结构

在剪力墙结构中，为扩大使用空间以满足功能需要，将底层或下部几层部分剪力墙做成框架的结构形式称为部分框支剪力墙结构。将转换层以上的全部或部分剪力墙采用预制墙板的结构称为装配整体式部分框支剪力墙结构。这种结构体系下部为框支柱，与上部墙体刚度相差悬殊，在地震作用下将会产生很大的侧向变形，因此在地震区不允许采用。

常用的装配式混凝土结构体系类型及适用范围见表 11-1。

表 11-1　常用的装配式混凝土结构体系类型及适用范围

序号	结构体系类型	适用范围
1	装配整体式框架结构	公寓、酒店、办公楼、商业、学校、医院等
2	装配整体式框架-现浇剪力墙结构	
3	装配整体式剪力墙结构	住宅、公寓、宿舍、酒店等
4	装配整体式部分框支剪力墙结构	

■ 11.2　装配式混凝土结构设计基础

11.2.1　等同现浇原理

装配式混凝土结构的设计基础是等同现浇原理，即通过采用可靠的连接技术和必要的构造措施，使装配整体式混凝土结构形成一个整体，达到与现浇混凝土结构基本等同的效能，进而采用与现浇混凝土结构相同的设计计算方法。要实现等同效能，结构构件可靠的连接最为重要，同时还应对相关结构和构造做一些加强或调整，其适用条件也比现浇结构限制得更严。

等同现浇原理只是一个技术目标，并非是一个严谨的科学原理。目前，装配整体式框架结构大体上实现了这个目标，即当节点构造及性能满足《装规》相关规定时，可认为其效能与现浇结构基本一致。装配整体式剪力墙结构等同现浇尚有差距，如规定建筑最大适用高度降低、边缘构件现浇等；原因在于墙体之间接缝多、连接复杂，接缝施工质量对结构整体抗震性能的影响较大，且缺乏成熟的科研成果和工程经验。装配整体式框架-剪力墙结构，通常情况下采用框架预制、剪力墙现浇的方法以保证结构整体抗震性能，结构适用高度可等同于现浇框架-剪力墙结构。

为实现等同现浇结构的目标，《装规》规定：装配式混凝土结构宜采用高强钢筋、高强混凝土，并应采取有效措施加强结构的整体性，保证节点和接缝受力明确、构造可靠，并能满足承载力、延性和耐久性等要求；应根据连接节点和接缝的构造方式和性能，确定结构的整体计算模型。预制构件的连接部位宜设置在结构受力较小的部位，其尺寸和形状应满足建筑使用功能、模数、标准化要求，并应进行优化设计；应根据预制构件的功能和安装部位、加工制作及施工精度等要求，确定合理的公差；应满足制作、运输、堆放、安装及质量控制要求。

对于高层建筑采用装配整体式混凝土结构时，尚应符合下列规定：宜设置地下室，地下室宜采用现浇混凝土；剪力墙结构和部分框支剪力墙结构的底部加强部位宜采用现浇混凝土；框架结构的首层柱宜采用现浇混凝土，顶层宜采用现浇楼盖结构；当底部加强部位的剪力墙、框架结构的首层柱采用预制混凝土时，应采取可靠技术措施。

对于带转换层的装配整体式混凝土结构，应符合以下规定：当采用部分框支剪力墙结构时，底部框支层不宜超过2层，且框支层及相邻上一层应采用现浇结构；部分框支剪力墙以外的结构中，转换层、转换柱宜采用现浇结构。

11.2.2　结构设计内容

1. 选择适宜结构体系

根据建筑功能要求、项目环境条件、装配式相关标准等，对使用功能、工程成本、装配式适宜性进行全面分析。通过多方案技术经济比较分析，选择适宜的结构体系，并确定建筑最大适用高度和最大高宽比。

2. 进行结构概念设计

针对装配式结构特点和结构设计原理，对结构整体性、抗震设计等与结构安全相关的重点问题进行概念设计，确定连接节点设计和构造设计的基本原则。

3. 确定结构拆分界面

根据建筑功能要求、项目约束条件（如政府对装配率、预制率的刚性要求）、装配式相关标准和结构特点等，同时还应考虑生产、运输、吊装、安装等要求，确定装配范围和预制范围；划定结构拆分界面和接缝位置。结构拆分时，尽量统一和减少构件规格，做到"少规格、多组合"。

4. 进行结构内力分析

按现浇混凝土结构进行内力分析，但应根据装配式相关标准，考虑不同于现浇混凝土结构的相关规定，如抗震有关规定、附加承载力计算、有关系数调整等。

5. 进行结构拆分设计

选定可靠的结构连接方式，明确连接所用的材料，进行连接节点设计和后浇混凝土区的构造设计，绘制结构构件装配图。

6. 进行局部部位设计

对需要加强的局部部位进行构造设计。对于夹心保温构件进行拉结节点布置、外叶板结构设计和拉结件结构设计，明确拉结件的物理力学性能和耐久性要求等。

7. 进行预制构件设计

1）验算预制构件承载力和变形，包括在脱模、翻转、起吊、运输、堆放、安装以及安装临时支撑时的承载力和变形，给出各种工况的吊点、支承点设计。

2）预制构件的形状、尺寸、质量等应满足制作、运输、安装各环节的要求，配筋设计应便于工厂化生产和现场连接。

3）进行预制构件结构设计，将建筑、装饰、水暖电等专业需要在预制构件中埋设的管线、预埋件、预埋物、预留沟槽，连接需要的粗糙面和键槽要求，施工环节需要的预埋件等，全部汇集到构件制作图中。

4）绘制预制构件形状尺寸图、配筋图，给出构件制作、存放、运输和安装临时支撑的具体要求，包括临时支撑拆除条件的设定。

8. 兼顾其他专业内容

当建筑、结构、保温、装饰一体化时，应在结构图上表达其他专业的内容。如夹心保温构件的结构图不仅有结构内容，还要有保温层、窗框、装饰面层、避雷引下线等内容。

11.2.3　结构设计要求

装配式混凝土结构设计时，除应符合《规范》《装标》《装规》等基本要求外，还应满足《建筑抗震设计规范（2016 年版）》（GB 50011—2010）、《高层建筑混凝土结构技术规程》（JGJ 3—2010）等相关要求。

装配式混凝土结构中使用的主要材料有混凝土、钢筋（焊网）、钢材、钢筋连接锚固材料、生产和施工中使用的配件等，其性能要求应符合《规范》《装规》和《钢结构设计标准》（GB 50017—2017）的有关规定，钢筋套筒灌浆连接接头和灌浆料应符合《钢筋连接用灌浆套筒》（JG/T 398—2019）、《钢筋连接用套筒灌浆料》（JG/T 408—2013）及《钢筋套筒灌浆连接应用技术规程》（JGJ 355—2015）的相关规定。

装配式混凝土结构与现浇结构一样，都是采用极限状态设计方法，除应满足承载能力极限状态、正常使用极限状态和耐久性极限状态外，还需进行短暂设计状况下的承载力验算，即必须考虑两个受力阶段、多个受力工况。在施工阶段，预制构件要考虑脱模、翻转、起吊、运输、安装等不同工况，此时会产生一系列的外加荷载作用，但可不考虑地震作用的影响；在使用阶段，预制构件安装完毕后，可作为整体结构的一部分共同承载受力，计算时取与现浇结构相同的计算简图。

装配式混凝土结构设计是以现浇混凝土结构设计为基础展开的，但设计范围扩大，设计工作量增加，设计图表达方式也发生较大变化，主要增加了结构拆分设计、预制构件设计和连接节点设计，其中连接节点设计是装配式混凝土结构设计的重点。

■ 11.3 装配式混凝土结构预制构件

11.3.1 一般设计规定

1. 计算规定

预制构件设计应满足标准化的要求，尽量减少预制构件的种类，以保证模具能多次重复使用；宜采用建筑信息模型（BIM）技术进行一体化设计，确保预制构件的钢筋与预留洞口、预埋件等相协调，简化预制构件连接节点施工。预制构件设计时，应符合以下规定：

1）对于持久设计状况，应对预制构件进行承载力、变形、裂缝控制验算。

2）对于地震设计状况，应对预制构件进行承载力验算。

3）对制作、运输、堆放、安装等短暂设计状况下的预制构件验算，应符合国家标准《混凝土结构工程施工规范》（GB 50666—2011）的有关规定，既要进行承载力验算，也要进行相应的安全性分析。主要验算内容如下：

① 脱模、翻转、吊装吊点位置设计与结构验算。

② 堆放、运输支承点位置设计与结构验算。

③ 安装过程中定位装置及临时支撑设计与结构验算。

上述验算内容是装配式混凝土结构相比现浇结构所特有的设计内容。主要因为：在施工安装阶段，预制构件的荷载、受力状态和计算模式往往与使用阶段不同，且混凝土强度未达到设计强度，导致截面配筋计算往往由此阶段起控制作用，而不是由使用阶段起控制作用。

2. 施工验算时的作用组合

在施工阶段，预制构件应按实际工况的荷载进行作用组合。在使用阶段，预制构件的作用组合与现浇结构一致，没有特殊规定。

（1）预制构件施工验算时作用组合的效应设计值　预制构件进行脱模验算时，等效静载标准值应取构件自重标准值乘以动力系数后与脱模吸附力之和，且不宜小于构件自重标准值的1.5倍。其中动力系数不宜小于1.2；脱模吸附力是作用在构件表面的均布力，与构件表面和模具状况有关，应根据构件和模具的实际状况取用，不宜小于$1.5 kN/m^2$。

预制构件在翻转、运输、吊运、安装等短暂施工状况下，等效静载标准值为构件自重标准值乘以动力系数。当构件运输、吊运时，动力系数宜取1.5；当构件翻转及安装过程中就位、临时固定时，动力系数宜取1.2。

预制构件施工验算时作用组合的效应值计算公式为

$$S_d = \alpha \gamma_G S_{G_{1k}} \tag{11-1}$$

式中　α——动力系数；

γ_G——永久荷载分项系数，按表3-7取用；

$S_{G_{1k}}$——按预制构件自重标准值计算的效应值；

（2）预制构件安装就位后施工时作用组合的效应值　预制构件安装就位后，此时应考虑后浇混凝土未达到设计强度和后浇混凝土达到设计强度两种情况。当后浇混凝土未达到设计强度时，荷载由预制构件承担；当后浇混凝土达到设计强度时，叠合构件按整体结构计算。

预制构件安装就位后施工时作用组合的效应值计算公式为

$$S_d = \gamma_G S_{G_{1k}} + \gamma_G S_{G_{2k}} + \gamma_Q S_{Q_k} \tag{11-2}$$

式中 $S_{G_{2k}}$——按叠合层自重标准值计算的效应值；

γ_Q——可变荷载分项系数，按表 3-7 取用；

S_{Q_k}——按施工活荷载和使用阶段可变荷载标准值在计算截面产生的效应值中的较大值。

3. 保护层厚度

预制构件混凝土保护层厚度应满足《规范》的有关规定。当保护层厚度大于 50mm 时，宜采取增设钢筋网片等有效的构造措施，以防止混凝土保护层出现裂缝以及在受力过程中剥离脱落。

11.3.2 叠合受弯构件设计

1. 叠合受弯构件受力分析

按施工阶段有无支撑，叠合受弯构件可分为一阶段受力叠合构件和两阶段受力叠合构件。

（1）一阶段受力叠合构件 一阶段受力叠合构件是指施工阶段有可靠支撑的叠合构件。预制构件下设有一道或多道支撑，致使施工阶段作用荷载全部传给支撑，待叠合层后浇混凝土达到一定强度后再拆除支撑，由整个截面承受荷载。此时，可按整体受弯构件设计计算，但其斜截面受剪承载力和叠合面受剪承载力应按施工阶段无支撑的叠合受弯构件计算。

当预制构件的高度小于全截面高度的 40% 时，施工阶段应有可靠支撑。

（2）两阶段受力叠合构件 两阶段受力叠合构件是指施工阶段无支撑的叠合构件。在预制构件下不设置支撑，施工阶段作用荷载全部由预制构件自身承担。此时，其内力分两个阶段计算：

1）第一阶段，后浇的叠合层混凝土未达到设计强度之前，荷载由预制构件承担，预制构件按简支构件计算；荷载包括预制构件自重、预制楼板自重、叠合层自重以及本阶段的施工活荷载。

2）第二阶段，后浇的叠合层混凝土达到设计强度之后，叠合构件按整体构件计算；荷载组合需考虑下列两种情况并取最大值：

① 施工阶段，取叠合构件自重、预制楼板自重、面层、吊顶等自重以及本阶段的施工活荷载。

② 使用阶段，取叠合构件自重、预制楼板自重、面层、吊顶等自重以及本阶段的可变荷载。

在第二阶段，当叠合层混凝土达到设计强度之后仍可能存在施工活荷载，且其产生的荷载效应可能超过使用阶段可变荷载产生的荷载效应，故应按这两种荷载组合中的效应较大值进行设计。

2. 叠合构件承载力计算

（1）正截面受弯承载力计算 预制构件和叠合构件进行正截面受弯承载力计算时，弯矩设计值按下列方法计算：

预制构件
$$M_1 = M_{1G} + M_{1Q} \tag{11-3}$$

叠合构件的正弯矩区段
$$M_1 = M_{1G} + M_{2G} + M_{2Q} \tag{11-4}$$

叠合构件的负弯矩区段
$$M_1 = M_{2G} + M_{2Q} \tag{11-5}$$

式中 M_{1G}——按预制构件自重、预制楼板自重和叠合层自重在计算截面产生的弯矩设计值；

M_{2G}——按第二阶段面层、吊顶等自重在计算截面产生的弯矩设计值；

M_{1Q}——按第一阶段施工活荷载在计算截面产生的弯矩设计值；

M_{2Q}——按第二阶段可变荷载在计算截面产生的弯矩设计值；取本阶段施工活荷载和使用阶段可变荷载在计算截面产生的弯矩设计值中的较大值。

计算时，正弯矩区段的混凝土强度等级按叠合层取用，负弯矩区段的混凝土强度等级按计算截面受压区的实际情况取用。

当预制构件高度与叠合梁高度之比 h_1/h 较小时，预制梁正截面承载力计算中可能出现 $\xi > \xi_b$ 的情况，此时纵向受拉钢筋的强度 f_y、f_{py} 应该用应力值 σ_s、σ_p 代替，也可取 $\xi = \xi_b$ 进行计算。

（2）斜截面受剪承载力计算　预制构件和叠合构件斜截面受剪承载力可按钢筋混凝土梁受剪承载力公式计算。计算时，剪力设计值按下列方法计算：

预制构件
$$V_1 = V_{1G} + V_{1Q} \tag{11-6}$$

叠合构件
$$V = V_{1G} + V_{2G} + V_{2Q} \tag{11-7}$$

式中 V_{1G}——按预制构件自重、预制楼板自重和叠合层自重在计算截面产生的剪力设计值；

V_{2G}——按第二阶段面层、吊顶等自重在计算截面产生的剪力设计值；

V_{1Q}——按第一阶段施工活荷载在计算截面产生的剪力设计值；

V_{2Q}——按第二阶段可变荷载在计算截面产生的剪力设计值；取本阶段施工活荷载和使用阶段可变荷载在计算截面产生的剪力设计值中的较大值。

计算时，叠合构件斜截面上混凝土和箍筋的受剪承载力设计值 V_{cs} 应取叠合层和预制构件中较低的混凝土强度等级进行计算（偏于安全），且不低于预制构件的受剪承载力设计值。对于预应力混凝土叠合构件，不考虑预应力对受剪承载力的有利影响，取 $V_p = 0$。

（3）叠合构件叠合面受剪承载力计算　当叠合构件符合《规范》规定的各项构造要求时，其叠合面受剪承载力应符合规定，即

$$V \leqslant 1.2 f_t b h_0 + 0.85 f_{yv} \frac{A_{sv}}{s} h_0 \tag{11-8}$$

混凝土抗拉强度设计值 f_t 取叠合层和预制构件中的较低值。

不配筋叠合面的受剪承载力离散性较大，故叠合面受剪承载力计算公式暂不与混凝土强度等级挂钩。叠合梁的箍筋应按斜截面受剪承载力计算和叠合面受剪承载力计算的较大值配置。

楼板一般不需进行抗剪计算。对不配箍筋的叠合板，当预制板表面做成凹凸差不小于 4mm 的粗糙面时，其叠合面受剪承载力应符合要求，即

$$\frac{V}{bh_0} \leqslant 0.4 \tag{11-9}$$

（4）叠合梁端部竖向接缝受剪承载力计算　叠合梁端部竖向接缝主要包括框架梁与节点区的接缝、梁自身连接的接缝以及次梁与主梁的接缝等类型。叠合梁端部竖向接缝受剪承载力主要由新旧混凝土结合面的黏结力、键槽的受剪承载力和纵向钢筋的销栓力组成。从偏于安全出发，《装规》不考虑新旧混凝土结合面的黏结力，取键槽的受剪承载力、后浇层混凝土的受剪承载力和纵向钢筋的销栓力之和。在地震往复作用下，对后浇层混凝土的受剪承载力进行折减，参照混凝土斜截面受剪承载力设计方法，折减系数取0.6。

叠合梁端部竖向接缝受剪承载力设计值应按下列公式计算：

持久设计状况

$$V_u = 0.07f_c A_{c1} + 0.10f_c A_k + 1.65 A_{sd} \sqrt{f_c f_y} \tag{11-10a}$$

地震设计状况

$$V_{uE} = 0.04f_c A_{c1} + 0.06f_c A_k + 1.65 A_{sd} \sqrt{f_c f_y} \tag{11-10b}$$

式中　A_{c1}——叠合梁端部截面后浇混凝土叠合层截面面积；

　　　f_c——预制梁混凝土轴心抗压强度设计值；

　　　f_y——垂直穿过结合面钢筋抗拉强度设计值；

　　　A_k——各键槽的根部截面面积之和，按后浇键槽根部截面面积和预制键槽根部截面面积分别计算，并取两者的较小值；

　　　A_{sd}——垂直穿过结合面所有钢筋的面积，包括叠合层内的纵向钢筋。

11.3.3　常用预制构件

1. 预制柱

预制柱（precast column）是装配整体式框架结构的主要竖向受力构件，一般采用矩形截面，也可采用圆形截面。预制柱之间通常采用套筒灌浆连接，套筒预埋在上部预制柱的底部，下部预制柱的钢筋伸出楼板现浇层之上，预留长度保证钢筋在套筒内的锚固长度加上预制柱下拼缝的宽度，如图11-6所示。

a)　　　　　　　　　　　　　　　　　　　　b)

图 11-6　预制柱上下连接构造示意图

a）套筒预埋于柱脚　b）下部锚固钢筋定位钢板固定

预制柱除应按《规范》《装规》等进行设计外，还应符合下列规定：

1）矩形截面柱宽度不宜小于400mm，圆形截面柱直径不宜小于450mm，且不宜小于同方向梁宽的 1.5 倍；采用较大直径钢筋及较大的柱截面，可以减少钢筋根数，增大间距，便于钢筋连接及节点区域的钢筋布置。

2）柱纵向受力钢筋在柱底连接时，柱箍筋加密区长度不应小于纵向受力钢筋连接区域长度与 500mm 之和；采用套筒灌浆连接或浆锚搭接连接等连接方式时，套筒或搭接段上端第一道箍筋距离套筒或搭接段顶部不应大于 50mm（见图 11-7）。

3）柱纵向受力钢筋直径不宜小于 20mm，间距不宜大于 200mm 且不应大于 400mm。柱的纵向受力钢筋可集中于四角配置且宜对称布置。柱中可设置纵向辅助钢筋且直径不宜小于 12mm 和箍筋直径；当正截面承载力计算不计入纵向辅助钢筋时，纵向辅助钢筋可不伸入框架节点（见图 11-8）。

4）预制柱箍筋可采用连续复合箍筋。

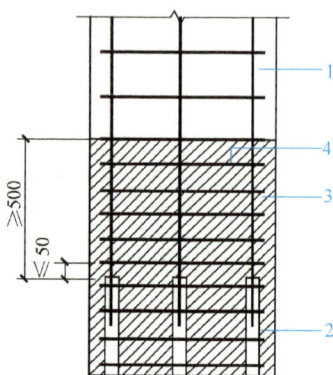

图 11-7　柱底箍筋加密区域构造示意图
1—预制柱　2—连接接头（或钢筋连接区域）
3—箍筋加密区（阴影区域）　4—加密区箍筋

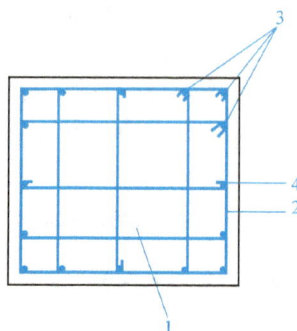

图 11-8　柱集中配筋构造平面示意图
1—预制柱　2—箍筋　3—纵向受力钢筋
4—纵向辅助钢筋

2. 叠合梁

叠合梁（composite beam）是指在梁的高度上分两阶段浇筑混凝土的梁，即第一阶段为工厂预制，第二阶段为现场浇筑。当采用叠合梁时，往往也采用叠合板，梁、板的后浇混凝土层一起浇筑。叠合梁便于和预制柱及叠合楼板连接，结构整体性增强，运用非常广泛。

在装配整体式框架结构中，当采用叠合梁时，框架梁的后浇混凝土叠合层厚度不宜小于 150mm（见图 11-9a），次梁的后浇混凝土叠合层厚度不宜小于 120mm；当采用凹口截面预制梁时，凹口深度不宜小于 50mm，凹口边厚度不宜小于 60mm（见图 11-9b），以防止运输、

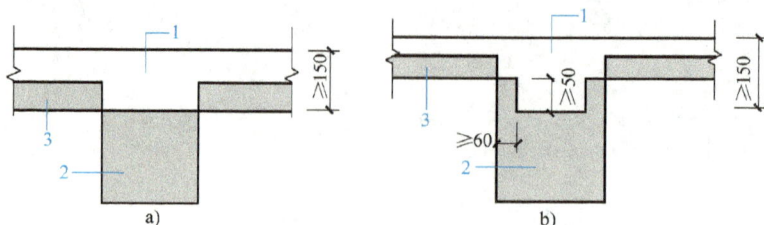

图 11-9　叠合框架梁截面示意图
a）矩形截面预制梁　b）凹口截面预制梁
1—后浇混凝土叠合层　2—预制梁　3—预制板

安装过程中碰撞损伤。预制梁顶面应做成凹凸差不小于 6mm 的粗糙面。

当叠合板总厚度小于叠合梁后浇混凝土叠合层厚度时，预制部分可采用凹口截面形式，增加梁的后浇层厚度。预制梁也可采用其他截面形式，如倒 T 形截面或传统的花篮梁形式等。

叠合梁的箍筋配置应符合下列规定：

1) 对抗震要求较高（抗震等级为一、二级）的叠合框架梁梁端箍筋加密区，宜采用整体封闭箍筋，且整体封闭箍筋搭接部分宜设置在预制部分（见图 11-10）。框架梁箍筋加密区长度内的箍筋肢数，对一级抗震等级，不宜大于 200mm 和 20 倍箍筋直径的较大值，且不应大于 300mm；对二、三级抗震等级，不宜大于 250mm 和 20 倍箍筋直径的较大值，且不应大于 350mm；对四级抗震等级，不宜大于 300mm，且不应大于 400mm。

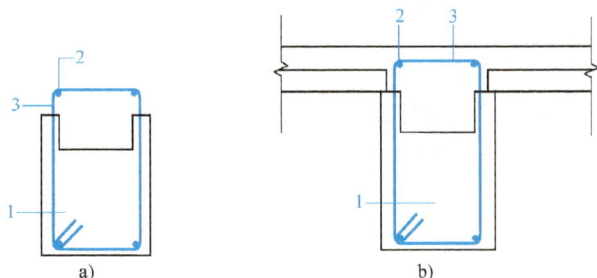

图 11-10 采用整体封闭箍筋的叠合梁
a）预制部分 b）叠合梁
1—预制梁 2—上部纵向钢筋 3—封闭箍筋

2) 对抗震要求不高的叠合梁，可采用组合封闭箍筋，即箍筋由一个 U 形的开口箍筋和一个箍筋帽组合而成（见图 11-11）。现场应采用箍筋帽封闭开口箍筋，开口箍筋的上端和箍筋帽的末端应做成 135°的弯钩；非抗震设计时，弯钩端头平直段长度不小于 5d（d 为箍筋直径）；抗震设计时，平直段长度不应小于 10d。

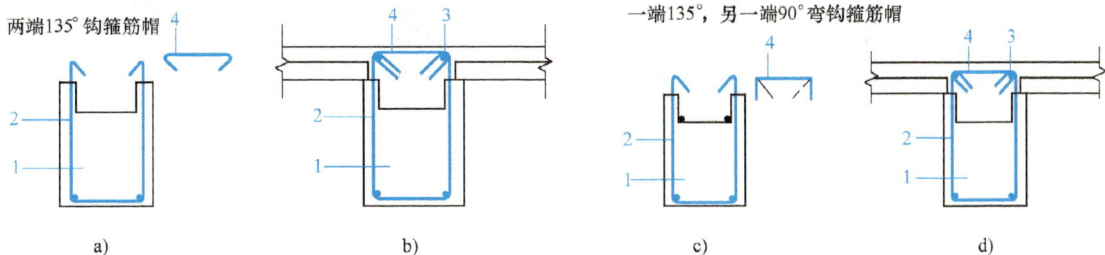

图 11-11 采用组合封闭箍筋的叠合梁
a）、c）预制部分 b）、d）叠合梁
1—预制梁 2—开口箍筋 3—上部纵向钢筋 4—箍筋帽

叠合梁的端面应设置键槽，并宜设置粗糙面。键槽的抗剪承载力要大于粗糙面，且易于控制加工质量和检验。键槽的尺寸和数量应经计算确定，其深度不宜小于 30mm，宽度不宜小于深度的 3 倍，不宜大于深度的 10 倍。可采用贯通截面宽度的键槽，当采用不贯通截面宽度的键槽时，槽口距离截面边缘不宜小于 50mm。键槽间距宜等于键槽宽度，键槽端部斜面倾角不宜大于 30°（见图 11-12）。

3. 叠合板

叠合板（composite slab）是由预制板和现浇混凝土层叠合而成的板。在施工阶段，预制板起模板作用；在使用阶段，预制板与现浇层形成整体，共同受力。预制板一般采用预应力

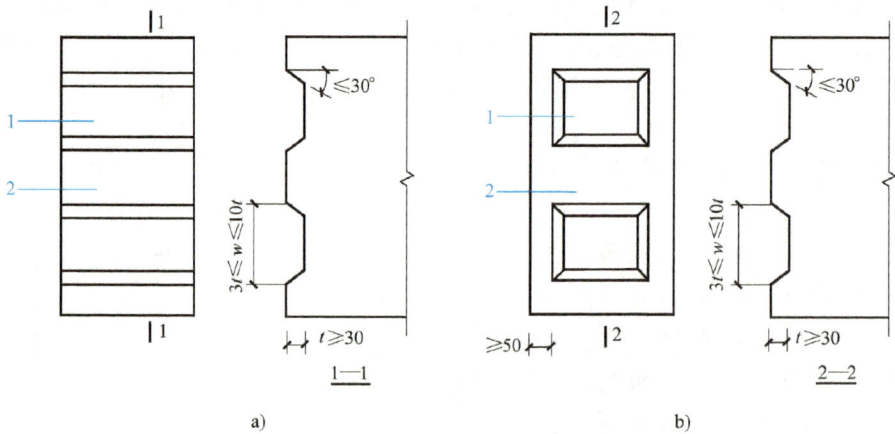

图 11-12 梁端键槽构造示意图

a) 键槽贯通截面 b) 键槽不贯通截面

1—键槽 2—梁端面

或钢筋混凝土，上部现浇层仅配置负弯矩钢筋和构造钢筋。预制板与现浇层之间的接合面应设置粗糙面，其面积不宜小于接合面的 80%，凹凸深度不应小于 4mm。

叠合板主要类型有：钢筋桁架叠合板（见图 11-13a）、预应力带肋叠合板（见图 11-13b）、预应力空心叠合板（见图 11-13c）、倒双 T 形空腹叠合板（见图 11-13d）、预应力夹心叠合板（见图 11-13e）等。

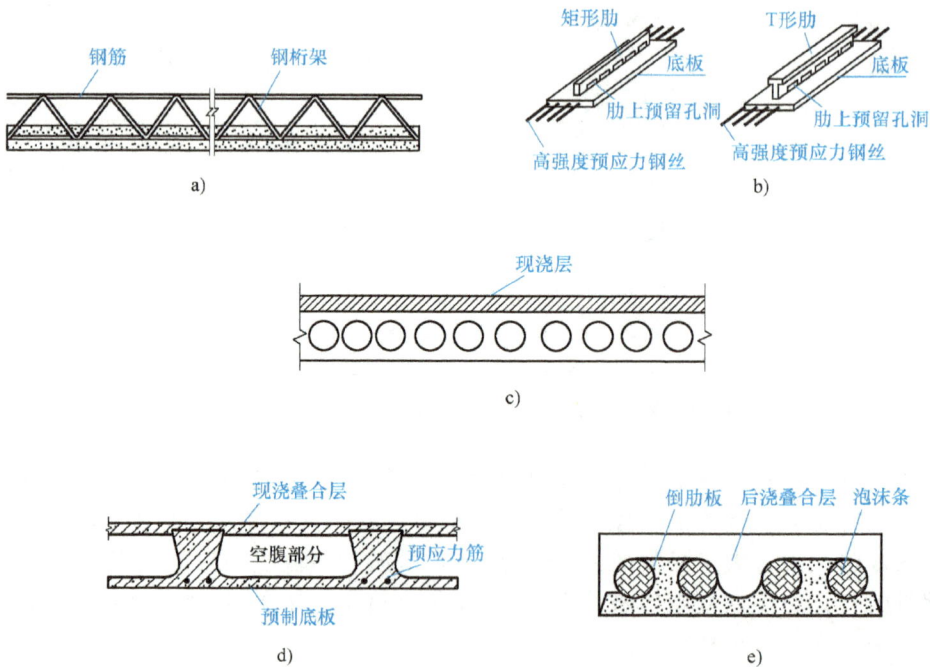

图 11-13 叠合板主要类型

a) 钢筋桁架叠合板 b) 预应力带肋叠合板 c) 预应力空心叠合板 d) 倒双 T 形空腹叠合板
e) 预应力夹心叠合板

叠合板除应按《规范》和《装规》等进行设计外，还应符合以下规定：

1) 预制板厚度不宜小于60mm，后浇混凝土叠合层厚度不应小于60mm。

2) 跨度大于3m的叠合板，宜采用钢筋桁架叠合板；跨度大于6m的叠合板，宜采用预应力混凝土叠合板；板厚大于180mm的叠合板，宜采用混凝土空心板，且板端空腔应封堵。

3) 对于钢筋桁架叠合板，桁架钢筋应沿主要受力方向布置，距板边不应大于300mm，间距不宜大于600mm；桁架钢筋的弦杆直径不宜小于8mm，腹杆直径不应小于4mm；桁架钢筋弦杆的混凝土保护层厚度不宜小于15mm。

4) 对于未设置桁架钢筋的叠合板，若单向板跨度或双向板短向跨度大于4m，应在距支座1/4跨度范围内预制板与后浇层之间配置抗剪构造钢筋；对于悬挑叠合板，其上部纵向受力钢筋锚固在相邻叠合板的后浇混凝土范围内。

5) 抗剪构造钢筋宜采用马镫形状，间距不宜大于400mm，直径d不宜小于6mm；马镫钢筋宜伸到叠合板上、下纵向钢筋处，预埋在预制板内的总长度不应小于15d，水平段长度不应小于50mm。

叠合板可设计为单向板和双向板。《装规》规定：当预制板之间采用分离式接缝时，宜按单向板设计；对长宽比不大于3的四边支承叠合板，当其预制板之间采用整体式接缝或无接缝时，可按双向板设计。叠合板布置形式如图11-14所示。

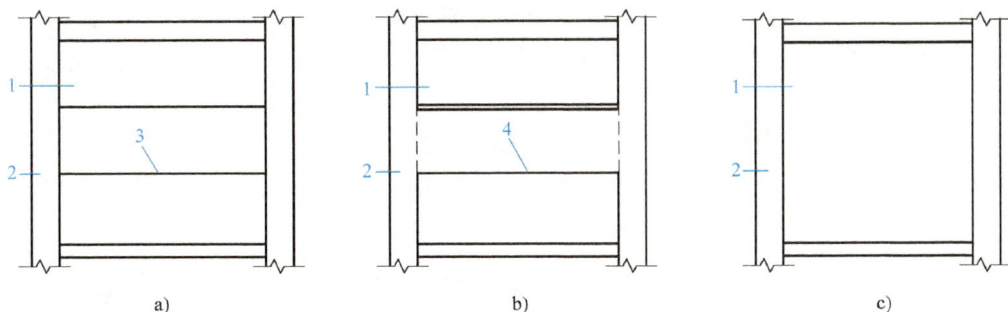

图11-14　叠合板布置形式

a) 单向叠合板　b) 带接缝的双向叠合板　c) 无接缝的双向叠合板

1—预制板　2—梁或墙　3—板侧分离式接缝　4—板侧整体式接缝

单向叠合板板侧的分离式接缝宜配置垂直于板缝的附加钢筋，伸入两侧后浇混凝土叠合层锚固长度不应小于15d（d为附加钢筋直径），截面面积不宜小于预制板中该方向钢筋面积，钢筋直径不宜小于6mm，间距不宜大于250mm，如图11-15所示。

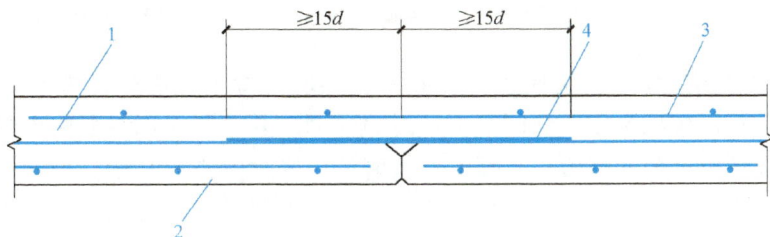

图11-15　单向叠合板板侧分离式接缝构造示意图

1—后浇混凝土叠合层　2—预制板　3—后浇层内钢筋　4—附加钢筋

双向叠合板板侧的整体式接缝宜配置在叠合板的次要受力方向上宜避开最大弯矩截面，可设置在距支座 $0.2l \sim 0.3l$ 尺寸的位置（l 为双向板次要受力方向净跨度）。接缝可采用后浇带形式，且后浇带宽度不宜小于 200mm，其两侧板底纵向受力钢筋可在后浇带中焊接、搭接或弯折锚固等方式进行连接，如图 11-16 所示。当采用弯折锚固连接时，应符合《装规》相关规定。

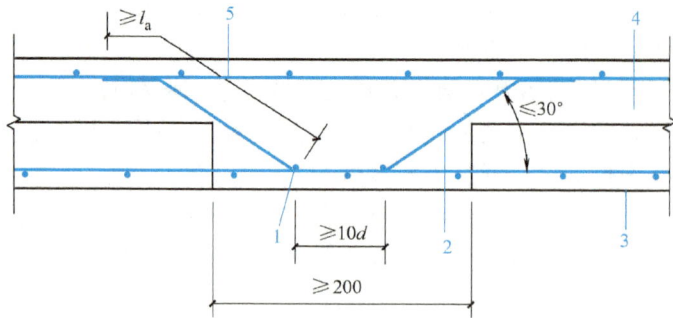

图 11-16　双向叠合板板侧整体式接缝构造示意图

1—通长构造钢筋　2—纵向受力钢筋　3—预制板　4—后浇混凝土叠合层　5—后浇层内钢筋

4. 预制剪力墙

预制剪力墙（precast shear wall）是装配式混凝土剪力墙结构的主要抗侧力构件，抵御地震作用和风荷载作用。预制剪力墙板宜采用一字形，也可采用 L 形、T 形或 U 形等，主要类型如下：

（1）整体预制墙　整体预制墙是指剪力墙墙体在工厂预制完成后运输至现场，通过套筒灌浆连接（见图 11-17a）、浆锚搭接连接（见图 11-19b）或者底部预留后浇区（见图 11-17c）与主体结构连接的预制构件。

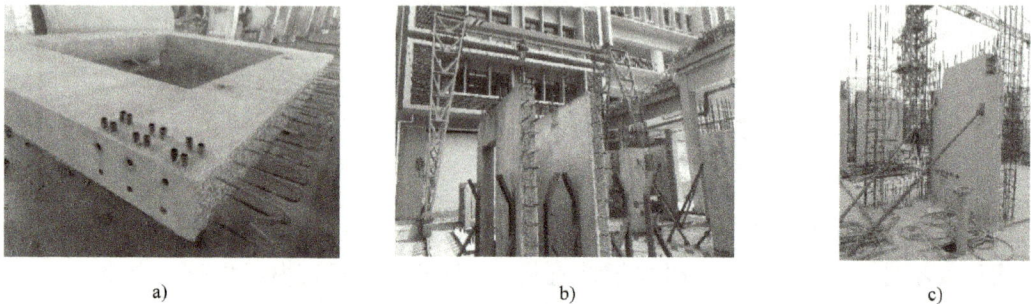

图 11-17　整体预制墙

a）套筒灌浆连接的预制剪力墙　b）浆锚搭接连接的预制剪力墙　c）底部预留后浇区的预制剪力墙

（2）单层叠合剪力墙　单层叠合剪力墙是将预制混凝土外墙板作为模板，在外墙内侧绑扎钢筋、支模并浇筑混凝土，预制墙板通过粗糙面或叠合筋与现浇混凝土剪力墙结合成整体。预制外墙板可带装饰面预制，不需要二次装修，完全省去脚手架。预制混凝土外墙板中桁架钢筋的主要作用：一是在预制模板脱模、存放、安装及浇筑混凝土时提供必要的强度和刚度，避免预制外模板损坏开裂；二是保证预制外墙板与叠合现浇部分结合在一起具有很好的整体性，避免出现界面破坏或预制剪力墙外模板边缘翘起现象。

（3）双层叠合剪力墙　双层叠合剪力墙（见图 11-18）是由两片厚度不小于 50mm 的预制混凝土内外墙板，通过桁架钢筋连接为整体，现场安装就位后，上下构件的竖向钢筋在夹心内布置并搭接，然后在内外墙板中间部位浇筑混凝土，使内外墙板和桁架钢筋形成整体，如图 11-19 所示。

图 11-18　双层叠合剪力墙

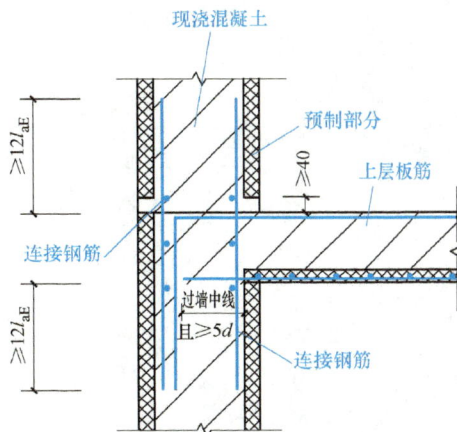

图 11-19　双层叠合剪力墙连接示意图

双层剪力叠合墙的墙肢厚度不宜小于 200mm，单叶预制墙板厚度不宜小于 50mm，空腔净距不宜小于 100mm；预制墙板内外叶内表面应设置粗糙面，凹凸深度不应小于 4mm。

双层叠合剪力墙中的桁架钢筋应满足运输、吊装和现浇混凝土施工的要求，并宜竖向设置，单片预制叠合剪力墙墙肢不应少于 2 榀；钢筋桁架中心间距不宜大于 400mm，且不宜大于竖向分布钢筋间距的 2 倍，距叠合剪力墙预制墙板边的水平距离不宜大于 150mm（见图 11-20）；钢筋桁架的上弦钢筋直径不宜小于 10mm，下弦钢筋及腹杆钢筋直径不宜小于 6mm；钢筋桁架应与两层分布钢筋网片可靠连接，连接方式可采用焊接，如图 11-21 所示。

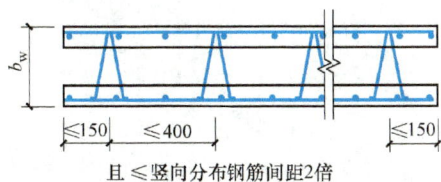

图 11-20　双层叠合剪力墙中钢筋桁架的布置

图 11-21　钢筋桁架构造

5. 预制外挂墙板

预制外挂墙板（precast concrete facade panel）是安装在主体结构上起围护、装饰作用的非承重混凝土构件，主要承受自重和作用在墙板上的风荷载、地震作用、温度作用等。结构设计时，预制外挂墙板应满足承载能力极限状态和正常使用极限状态的要求，与主体结构的连接节点应具有足够的承载力和适应主体结构变形的能力。预制外挂墙板的主要类型如：

（1）预制混凝土夹心保温外挂墙板　预制混凝土夹心保温外挂墙板（precast concrete sandwich facade panel）是集维护、保温、防水、防火等功能于一体的重要装配式构件，由内叶墙板、保温材料、外叶墙板三部分组成。其基本构造如图 11-22 所示。外叶墙板只作为保护层使用，不与内叶墙板形成组合构件，其自重完全由内叶墙板承担，且不参与内叶墙板的受力分配,内叶墙板和外叶墙板的受力和温度变形行为完全独立。结构设计包括墙板设计、外叶墙板设计、连接节点设计和拉结件设计。

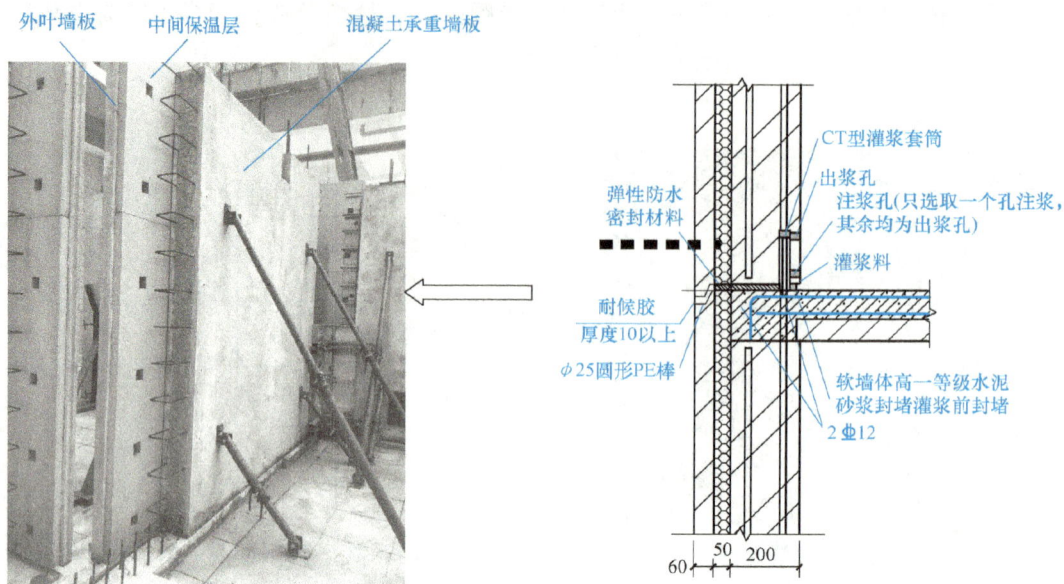

图 11-22 预制混凝土夹心保温外挂墙板基本构造

（2）预制混凝土非保温外挂墙板 预制混凝土非保温外挂墙板是在预制车间加工并运输到施工现场吊装的钢筋混凝土外墙板,如图 11-23 所示。结构设计包括墙板设计和连接节点设计。

预制外挂墙板的高度不宜大于一个层高,厚度不宜小于 100mm;宜采用双层、双向配筋,竖向和水平钢筋的配筋率均不应小于 0.15%,且钢筋直径不宜小于 5mm,间距不宜大于 200mm;门窗洞口周边、角部应配置加强钢筋。预制外挂墙板最外层钢筋的混凝土保护层厚度除有专门要求外,应符合下列规定:对石材或面砖饰面,不应小于 15mm;对清水混凝土,不应小于 20mm;对露骨料装饰面,应从最凹处混凝土表面计起,且不应小于 20mm。预制外挂墙板的接缝应满足防

图 11-23 预制混凝土非保温外挂墙板

水、防火、隔声等建筑功能要求,接缝宽度应满足主体结构的层间位移、密封材料的变形能力、施工误差、温差引起变形等要求,且不应小于 15mm。

6. 预制阳台板

预制阳台板（见图 2-24）为悬挑板式构件,按构件形式分为叠合板式和全预制式两类,全预制式又分为全预制板式和全预制梁式。

《装规》对于阳台板等悬挑板有以下规定:阳台板、空调板宜采用叠合构件或预制构件。预制构件应与主体结构可靠连接;叠合构件的负弯矩钢筋应在相邻叠合板的后浇混凝土中有可靠锚固,叠合构件中预制板板底钢筋的锚固应满足:

1）当板底为构造钢筋时，在叠合板支座处，预制板内的纵向受力钢筋宜从板端伸出并锚入支承梁或墙的后浇混凝土中，锚固长度不应小于 $5d$（d 为纵向受力钢筋直径），且宜过支座中心线。

2）当板底按计算要求配筋时，钢筋应满足受拉钢筋的要求。

图 11-24　预制阳台板

本 章 小 结

1. 装配式建筑是结构系统、外围护系统、设备与管线系统、内装系统的主要部分采用预制部品部件集成的建筑。装配式混凝土建筑是指建筑的结构系统由混凝土部件（预制构件）构成的装配式建筑，简称 PC 建筑。

2. 装配式混凝土结构是由预制混凝土构件通过可靠的连接方式装配而成的混凝土结构。按连接方式的不同，分为装配整体式混凝土结构（湿连接）和全装配式混凝土结构（干连接）。

3. 预制混凝土构件是由工厂或现场预先生产制作的混凝土构件，简称预制构件。叠合构件是由预制混凝土构件（或既有混凝土结构构件）和后浇混凝土组成，以两阶段成型的整体受力结构构件。

4. 装配式混凝土结构的主要连接方式有：套筒灌浆连接、浆锚搭接连接和后浇混凝土连接等。

5. 常用的装配式混凝土结构体系类型有：装配整体式框架结构、装配整体式剪力墙结构、装配整体式框架-现浇剪力墙结构和装配整体式部分框支剪力墙结构。

6. 装配式混凝土结构的设计基础是等同现浇原理。要实现等同现浇的效能，结构构件可靠的连接最为重要，同时还应对相关结构和构造做一些加强或调整，其适用条件也比现浇结构限制得更严。

7. 装配式混凝土结构与现浇结构一样，都是采用极限状态设计方法，除应满足承载能力极限状态、正常使用极限状态和耐久性极限状态外，还需进行短暂设计状况下的承载力验算。

8. 装配式混凝土结构设计与现浇混凝土结构设计相比，主要增加了结构拆分设计、预制构件设计和连接节点设计，其中连接节点设计是装配式混凝土结构设计的重点。

9. 在施工阶段，预制构件应按实际工况的荷载进行作用组合，但可不考虑地震作用的影响。在使用阶段，预制构件的作用组合与现浇结构一致，没有特殊规定。

10. 按施工阶段有无支撑，叠合受弯构件可分为一阶段受力叠合构件和两阶段受力叠合构件。前者的受力性能与现浇结构基本相同，可按整体受弯构件设计计算；而后者的受力性能与现浇结构差别很大，其内力计算应按两个阶段考虑。

思　考　题

1. 什么是装配式建筑？其主要特点是什么？什么是装配式混凝土建筑？
2. 什么是预制率？什么是装配率？两者有什么区别？
3. 什么是装配式混凝土结构？其主要特征是什么？按连接方式不同可分为哪两种类型？
4. 什么是预制构件？什么是叠合构件？两者有什么区别？
5. 装配式混凝土结构的主要连接方式有哪些？各有什么特点？其适用范围各是什么？
6. 常用的装配式混凝土结构体系类型有哪些？其适用范围各是什么？
7. 什么是等同现浇原理？要实现等同现浇的效能，应采取哪些措施？
8. 装配式混凝土结构的设计内容主要有哪些？与现浇结构设计相比，主要增加了哪些内容？
9. 装配式混凝土结构采用什么设计方法？需要进行哪些内容的验算？
10. 短暂设计状况下预制构件承载力验算内容主要有哪些？其作用组合是什么？
11. 预制构件施工验算时，对不同工况，其等效静载标准值和动力系数如何取值？
12. 预制构件安装就位后施工时作用组合的效应值，应考虑哪两种情况？
13. 一阶段受力叠合构件应如何计算？两阶段受力叠合构件应如何计算？
14. 预制柱之间通常采用哪种连接方式？其设计有哪些规定？
15. 什么是叠合梁？按截面形式可分为哪两种类型？箍筋配置有什么规定？
16. 什么是叠合板？其主要类型有哪些？叠合板设计有什么要求？
17. 如何布置叠合板钢筋和桁架钢筋？叠合板之间如何连接？
18. 预制剪力墙的主要类型有哪些？如何布置双层叠合剪力墙中的桁架钢筋？
19. 什么是预制外挂墙板？主要类型有哪些？其构造设计有什么规定？
20. 预制阳台板按构件形式可分为哪些类型？其构造设计有什么规定？

测　试　题

1. 填空题

（1）装配式建筑的四大系统有＿＿＿＿＿＿＿＿、＿＿＿＿＿＿＿＿、＿＿＿＿＿＿＿＿和＿＿＿＿＿＿＿＿。

（2）装配式混凝土结构的主要特征是＿＿＿＿＿＿＿＿＿和＿＿＿＿＿＿＿＿。

（3）装配整体式混凝土结构预制构件的连接方式为＿＿＿＿＿＿＿；全装配式混凝土结构预制构件的连接方式为＿＿＿＿＿＿＿。

（4）装配式混凝土结构的主要连接方式有＿＿＿＿＿＿＿、＿＿＿＿＿＿＿和＿＿＿

_____。

(5) 常用的装配式混凝土结构体系类型有 _____、_____、_____ 和 _____。

(6) 装配式混凝土结构也是采用极限状态设计方法，除应满足 _____、_____ 和 _____ 外，还需进行 _____ 下的承载力验算。

(7) 装配式混凝土结构与现浇结构相比，主要增加的设计内容有 _____、_____ 和 _____。

(8) 预制构件进行脱模验算时，其动力系数不宜小于 _____；当构件运输、吊运时，动力系数宜取 _____；当构件翻转及安装过程中就位、临时固定时，动力系数宜取 _____。

(9) 脱模吸附力是作用在构件表面的均布力，与 _____ 和 _____ 有关，应根据构件和模具的实际状况取用，不宜小于 _____ kN/m^2。

(10) 预制构件安装就位后，当后浇混凝土未达到设计强度时，荷载由 _____ 承担；当后浇混凝土达到设计强度时，叠合构件按 _____ 计算。

(11) 预制矩形截面柱宽度不宜小于 _____，圆形截面柱直径不宜小于 _____，且不宜小于同方向梁宽的 _____。

(12) 叠合板厚度应满足：预制板厚度不宜小于 _____，后浇混凝土叠合层厚度不应小于 _____。

(13) 叠合板之间的连接分为 _____ 和 _____。

(14) 预制剪力墙主要有 _____、_____ 和 _____。

(15) 预制混凝土夹心保温外挂墙板由 _____、_____ 和 _____ 三部分组成。

2. 是非题

(1) 装配整体式混凝土结构的主要特征是预制混凝土构件和可靠的连接方式。 （　　）

(2) 装配整体式混凝土结构的连接方式为"干连接"。 （　　）

(3) 采用后浇混凝土连接时，预制构件与后浇混凝土的接触面应做成粗糙面或键槽。 （　　）

(4) 目前，装配整体式剪力墙结构已经实现了等同现浇剪力墙结构。 （　　）

(5) 预制构件的尺寸和形状应满足建筑使用功能、模数、标准化要求，其连接部位的设置没有要求。 （　　）

(6) 等同现浇原理表明：装配整体式混凝土结构的设计内容与现浇混凝土结构相同。 （　　）

(7) 结构拆分时，应尽量统一和减少构件规格，做到"少规格、多组合"。 （　　）

(8) 施工阶段需进行短暂设计状况下的预制构件承载力验算，还应考虑地震作用的影响。 （　　）

(9) 一阶段受力叠合构件在施工阶段的作用荷载全部传给支撑，预制构件不受力。 （　　）

(10) 两阶段受力叠合构件在施工阶段的作用荷载全部由预制构件自身承担。 （　　）

(11) 对于两阶段受力叠合构件，当后浇的叠合层混凝土达到设计强度之后，叠合构件按整体构件计算，但荷载需考虑施工阶段和使用阶段两种情况并取较大值。 （　　）

（12）叠合梁的箍筋仅按斜截面受剪承载力计算配置。　　　　　　　　　（　　）

（13）预制框架柱之间通常采用套筒灌浆连接。　　　　　　　　　　　　（　　）

（14）叠合梁的端面应设置键槽，并宜设置粗糙面。　　　　　　　　　　（　　）

（15）预制外挂墙板是起围护、装饰作用的非承重混凝土构件，设计时不考虑外荷载作用。　　　　　　　　　　　　　　　　　　　　　　　　　　　　　　　　（　　）

3. 选择题

（1）在装配式混凝土结构中，下列哪种连接方式是"干连接"？（　　　）

A. 浆锚搭接连接　　　　　　　　　　　B. 套筒灌浆连接

C. 后浇混凝土连接　　　　　　　　　　D. 螺栓连接

（2）预制构件的连接部位宜设置在（　　　）的部位。

A. 结构受力较大　　　　　　　　　　　B. 结构受力较小

C. 与结构受力无关　　　　　　　　　　D. 施工方便部位

（3）装配式混凝土结构与现浇结构一样都是采用极限状态设计方法，但不同的是要验算（　　　）。

A. 承载能力极限状态　　　　　　　　　B. 正常使用极限状态

C. 短暂设计状况下的承载力　　　　　　D. 耐久性极限状态

（4）预制构件在施工阶段的验算内容，不包括（　　　）。

A. 脱模、翻转、吊装吊点位置设计与结构验算

B. 堆放、运输支承点位置设计与结构验算

C. 地震设计状况时的构件承载力验算

D. 安装过程中定位装置及临时支撑设计与结构验算

（5）脱模吸附力是作用在构件表面的均布力，主要与（　　　）有关。

A. 构件表面和模具状况　　　　　　　　B. 构件表面和构件质量

C. 构件质量和模具状况　　　　　　　　D. 构件表面、质量和模具状况

（6）预制构件要求脱模时混凝土抗压强度不应低于（　　　）。

A. 20N/mm^2　　　　B. 10N/mm^2　　　　C. 15N/mm^2　　　　D. 25N/mm^2

（7）预制构件进行脱模验算时，等效静荷载标准值取值为（　　　）。

A. 构件自重标准值乘以动力系数

B. 脱模吸附力

C. 构件自重标准值乘以 1.5

D. 构件自重标准值乘以动力系数后与脱模吸附力之和

（8）预制构件安装就位后，施工时作用组合的效应值应考虑（　　　）。

A. 当后浇混凝土未达到设计强度时，荷载由预制构件承担

B. 当后浇混凝土达到设计强度时，荷载按整体结构考虑

C. 当后浇混凝土达到设计强度时，荷载仍由预制构件承担

D. 应考虑 A 和 B 项两种情况

（9）当预制构件的高度小于全截面高度的（　　　）时，施工阶段应有可靠支撑。

A. 50%　　　　　　　B. 45%　　　　　　　C. 40%　　　　　　　D. 后浇混凝土

（10）叠合梁的箍筋应按（　　　）配置。

A. 斜截面受剪承载力计算

B. 叠合面受剪承载力计算

C. 斜截面受剪承载力计算和叠合面受剪承载力计算的较大值

D. 斜截面受剪承载力计算和叠合面受剪承载力计算的较小值

（11）当后浇叠合层混凝土达到设计强度后，两阶段受力叠合构件的荷载组合应取为（　　）。

A. 施工阶段取叠合构件自重、预制楼板自重、面层、吊顶等自重以及本阶段的施工活荷载

B. 使用阶段取叠合构件自重、预制楼板自重、面层、吊顶等自重以及本阶段的可变荷载

C. 按 A 和 B 两种荷载组合中的效应较大值

D. 按 A 和 B 两种荷载组合中的效应较小值

（12）预制框架柱之间通常采用（　　）连接。

A. 浆锚搭接　　　　　　B. 套筒灌浆　　　　　　C. 螺栓连接　　　　　　D. 焊接

（13）在装配整体式框架结构中，当采用叠合梁时，其后浇混凝土叠合层厚度应满足（　　）。

A. 框架梁不宜小于 150mm　　　　　　　　B. 次梁不宜小于 120mm

C. A 和 B　　　　　　　　　　　　　　　　D. 没有规定

（14）叠合板除应按《规范》和《装规》等进行设计外，下列哪项规定不符合要求？（　　）

A. 跨度大于 3m 的叠合板，宜采用钢筋桁架叠合板

B. 跨度大于 6m 的叠合板，宜采用预应力混凝土叠合板

C. 板厚大于 180mm 的叠合板，宜采用混凝土空心板，且板端空腔应封堵

D. 后浇混凝土叠合层厚度不应小于 50mm

（15）预制外挂墙板是起围护、装饰作用的非承重混凝土构件，主要承受（　　）。

A. 自重和风荷载

B. 自重和风荷载

C. 自重和地震作用

D. 自重和作用在墙板上的风荷载、地震作用、温度作用等

附录　常用参数表及符号说明

附表 1　混凝土强度标准值（单位：N/mm²）

强度种类	符号	混凝土强度等级												
		C20	C25	C30	C35	C40	C45	C50	C55	C60	C65	C70	C75	C80
轴心抗压	f_{ck}	13.4	16.7	20.1	23.4	26.8	29.6	32.4	35.5	38.5	41.5	44.5	47.4	50.2
轴心抗拉	f_{tk}	1.54	1.78	2.01	2.20	2.39	2.51	2.64	2.74	2.85	2.93	2.99	3.05	3.11

附表 2　混凝土强度设计值　（单位：N/mm²）

强度种类	符号	混凝土强度等级												
		C20	C25	C30	C35	C40	C45	C50	C55	C60	C65	C70	C75	C80
轴心抗压	f_c	9.6	11.9	14.3	16.7	19.1	21.1	23.1	25.3	27.5	29.7	31.8	33.8	35.9
轴心抗拉	f_t	1.10	1.27	1.43	1.57	1.71	1.80	1.89	1.96	2.04	2.09	2.14	2.18	2.22

附表 3　混凝土弹性模量　（单位：×10⁴N/mm²）

混凝土强度等级	C20	C25	C30	C35	C40	C45	C50	C55	C60	C65	C70	C75	C80
E_c	2.55	2.80	3.00	3.15	3.25	3.35	3.45	3.55	3.60	3.65	3.70	3.75	3.80

注：1. 当有可靠试验依据时，弹性模量值可根据实测数据确定。
　　2. 当混凝土中掺有大量矿物掺合料时，弹性模量可按规定龄期根据实测值确定。

附表 4　普通钢筋强度标准值　（单位：N/mm²）

牌号	符号	公称直径 d/mm	屈服强度标准值 f_{yk}	极限强度标准值 f_{stk}
HPB300	Φ	6~14	300	420
HRB400	Φ	6~50	400	540
HRBF400	Φ^F			
RRB400	Φ^R			
HRB500	Φ	6~50	500	630
HRBF500	Φ^F			

附表 5   预应力筋强度标准值 （单位：N/mm²）

种类		符号	公称直径 d/mm	屈服强度标准值 f_{pyk}	极限强度标准值 f_{ptk}
中强度预应力钢丝	光面	ϕ^{PM}	5、7、9	620	800
	螺旋肋	ϕ^{HM}		780	970
				980	1270
预应力螺纹钢筋	螺纹	ϕ^{T}	18、25、32、40、50	785	980
				930	1080
				1080	1230
消除应力钢丝	光面 螺旋肋	ϕ^{P} ϕ^{H}	5	—	1570
				—	1860
			7	—	1570
			9	—	1470
				—	1570
钢绞线	1×3 （三股）	ϕ^{S}	8.6、10.8、12.9	—	1570
				—	1860
				—	1960
	1×7 （七股）		9.5、12.7、15.2、17.8	—	1720
				—	1860
				—	1960
			21.6	—	1860

注：极限强度标准值为 1960N/mm² 的钢绞线作后张预应力配筋时，应有可靠的工程经验。

附表 6   普通钢筋强度设计值 （单位：N/mm²）

牌号	抗拉强度设计值 f_y	抗压强度设计值 f_y'
HPB300	270	270
HRB400、HRBF400、RRB400	360	360
HRB500、HRBF500	435	435

附表 7   预应力筋强度设计值 （单位：N/mm²）

种类	抗拉强度标准值 f_{ptk}	抗拉强度设计值 f_{py}	抗压强度设计值 f_{py}'
中强度预应力钢丝	800	510	410
	970	650	
	1270	810	
消除应力钢丝	1470	1040	410
	1570	1110	
	1860	1320	

（续）

种类	抗拉强度标准值 f_{ptk}	抗拉强度设计值 f_{py}	抗压强度设计值 f'_{py}
钢绞线	1570	1110	390
	1720	1220	
	1860	1320	
	1960	1390	
预应力螺纹钢筋	980	650	400
	1080	770	
	1230	900	

注：当预应力筋的强度标准值不符合表中的规定时，其强度设计值应进行相应的比例换算。

附表 8　普通钢筋及预应力筋在最大力下的总延伸率限值

钢筋品种	普通钢筋				预应力筋	
	HPB300	HRB400 HRBF400 HRB500 HRBT500	HRB400 HRB500E	RRB400	中强度预应力钢丝	消除应力钢丝、钢绞线、预应力螺纹钢筋
$\delta_{gt}(\%)$	10.0	7.5	9.0	5.0	4.0	4.5

附表 9　钢筋的弹性模量　　　　（单位：$\times 10^5 N/mm^2$）

牌号或种类	弹性模量 E_s
HPB300	2.10
HRB400、HRB500 HRBF400、HRBF500、RRB400 预应力螺纹钢筋	2.00
中强度预应力钢丝、消除应力钢丝	2.05
钢绞线	1.95

附表 10　混凝土结构的环境类别

环境类别	条件
一	室内干燥环境 无侵蚀性静水浸没环境
二 a	室内潮湿环境 非严寒和非寒冷地区的露天环境 非严寒和非寒冷地区与无侵蚀性的水或土壤直接接触的环境 严寒和寒冷地区的冰冻线以下与无侵蚀性的水或土壤直接接触的环境
二 b	干湿交替环境 水位频繁变动环境 严寒和寒冷地区的露天环境 严寒和寒冷地区冰冻线以上与无侵蚀性的水或土壤直接接触的环境
三 a	严寒和寒冷地区冬季水位变动区环境 受除冰盐影响环境 海风环境

（续）

环境类别	条件
三 b	盐渍土环境 受除冰盐作用环境 海岸环境
四	海水环境
五	受人为或自然的侵蚀性物质影响的环境

注：1. 室内潮湿环境是指构件表面经常处于结露或湿润状态的环境。

2. 严寒和寒冷地区的划分应符合现行国家标准《民用建筑热工设计规程》（GB 50176）的有关规定。

3. 海岸环境和海风环境宜根据当地情况，考虑主导风向及结构所处迎风、背风部位等因素的影响，由调查研究和工程经验确定。

4. 受除冰盐影响环境是指受到除冰盐盐雾影响的环境，受除冰盐作用环境是指被除冰盐溶液溅射的环境以及使用除冰盐地区的洗车房、停车楼等建筑。

5. 暴露的环境是指混凝土结构表面所处的环境。

附表 11 受弯构件的挠度限值

构件类型		挠度限值
吊车梁	手动起重机	$l_0/500$
	电动起重机	$l_0/600$
屋盖、楼盖及楼梯构件	当 $l_0 < 7m$ 时	$l_0/200$（$l_0/250$）
	当 $7m \leq l_0 \leq 9m$ 时	$l_0/250$（$l_0/300$）
	当 $l_0 > 9m$ 时	$l_0/300$（$l_0/400$）

注：1. 表中 l_0 为构件的计算跨度；计算悬臂构件的挠度限值时，其计算跨度 l_0 按实际悬臂长度的 2 倍取用。

2. 表中括号内的数值适用于使用上对挠度有较高要求的构件。

3. 如果构件制作时预先起拱，且使用上也允许，则在验算挠度时，可将计算所得的挠度值减去起拱值；对预应力混凝土构件，尚可减去预加力所产生的反拱值。

4. 构件制作时的起拱值和预加力所产生的反拱值，不宜超过构件在相应荷载组合作用下的计算挠度值。

5. 当构件对使用功能和外观有较高要求时，设计时可适当加严挠度限值。

附表 12 结构构件的裂缝控制等级及最大裂缝宽度的限值 （单位：mm）

环境类别	钢筋混凝土结构		预应力混凝土结构	
	裂缝控制等级	w_{lim}	裂缝控制等级	w_{lim}
一	三级	0.30（0.40）	三级	0.20
二 a		0.20		0.10
二 b			二级	—
三 a、三 b			一级	—

注：1. 对处于年平均相对湿度小于 60% 地区一类环境下的钢筋混凝土受弯构件，其最大裂缝宽度限值可采用括号内的数值。

2. 在一类环境下，对钢筋混凝土屋架、托架及需做疲劳验算的吊车梁，其最大裂缝宽度限值应取为 0.20mm；对钢筋混凝土屋面梁和托梁，其最大裂缝宽度限值应取为 0.30mm。

3. 在一类环境下，对预应力混凝土屋架、托架及双向板体系，应按二级裂缝控制等级进行验算；对一类环境下的预应力混凝土屋面梁、托梁、单向板，按表中二 a 类环境的要求进行验算；在一类和二类环境下需做疲劳验算的预应力混凝土吊车梁，应按裂缝控制等级不低于二级的构件进行验算。

4. 表中规定的预应力混凝土构件的裂缝控制等级和最大裂缝宽度限值仅适用于正截面的验算；预应力混凝土构件的斜截面裂缝控制验算尚应符合预应力构件的要求。

5. 对于烟囱、筒仓和处于液体压力下的结构构件，其裂缝控制要求应符合专门标准的有关规定。

6. 对于处于四、五类环境下的结构构件，其裂缝控制要求应符合专门标准的有关规定。

7. 表中的最大裂缝宽度限值为用于验算荷载作用引起的最大裂缝宽度。

附表 13 纵向受力钢筋的最小配筋率

受力类型			最小配筋百分率 ρ_{min}（%）
受压构件	全部纵向钢筋	强度级别 400MPa、500MPa	0.55
		强度级别 300MPa	0.60
	一侧纵向钢筋		0.20
受弯构件、偏心受拉、轴心受拉构件一侧的受拉钢筋			0.20 和 $45f_t/f_y$ 中的较大值

注：1. 当采用 C60 及以上强度等级的混凝土时，受压构件全部纵向钢筋最小配筋百分率应按表中规定增加 0.10。

2. 偏心受拉构件中的受压钢筋，应按受压构件一侧纵向钢筋考虑。

3. 受压构件的全部纵向钢筋和一侧纵向钢筋的配筋率以及轴心受拉构件和小偏心受拉构件一侧受拉钢筋的配筋率均应按构件的全截面面积计算。

4. 受弯构件、大偏心受拉构件一侧受拉钢筋的配筋率应按全截面面积扣除受压翼缘面积 $(b_f'-b)h_f'$ 后的截面面积计算。

5. 当钢筋沿构件截面周边布置时，"一侧纵向钢筋"是指沿受力方向两个对边中一边布置的纵向钢筋。

附表 14 民用建筑楼面均布活荷载标准值及其组合值、频遇值和准永久值系数

项次	类别			均布活荷载标准值/（kN/m²）	组合值系数 ψ_c	频遇值系数 ψ_f	准永久值系数 ψ_q
1	(1)住宅、宿舍、旅馆、办公楼、医院病房、托儿所、幼儿园			2.0	0.7	0.5	0.4
	(2)试验室、阅览室、会议室、医院门诊室			2.0	0.7	0.6	0.5
2	教室、食堂、餐厅、一般资料档案室			2.5	0.7	0.6	0.5
3	(1)礼堂、剧场、影院、有固定座位的看台			3.0	0.7	0.5	0.3
	(2)公共洗衣房			3.0	0.7	0.5	0.3
4	(1)商店、展览厅、车站、港口、机场大厅及其旅客等候室			3.5	0.7	0.6	0.5
	(2)无固定座位的看台			3.5	0.7	0.5	0.3
5	(1)健身房、演出舞台			4.0	0.7	0.6	0.5
	(2)运动场、舞厅			4.0	0.7	0.6	0.3
6	(1)书库、档案库、储藏室			5.0	0.9	0.9	0.8
	(2)密集柜书库			12.0	0.9	0.9	0.8
7	通风机房，电梯机房			7.0	0.9	0.9	0.8
8	汽车通道及客车停车库	(1)单向板楼盖（板跨不小于2m）和双向板楼盖（板跨不小于3m×3m）	客车	4.0	0.7	0.7	0.6
			消防车	35.0	0.7	0.7	0.0
		(2)双向板楼盖（板跨不小于6m×6m）和无梁楼盖（柱网不小于6m×6m）	客车	2.5	0.7	0.7	0.6
			消防车	20.0	0.7	0.5	0.0
9	厨房	(1)餐厅		4.0	0.7	0.7	0.7
		(2)其他		2.0	0.7	0.6	0.5
10	浴室、卫生间、盥洗室			2.5	0.7	0.6	0.5
11	走廊、门厅	(1)宿舍、旅馆、医院病房、托儿所、幼儿园、住宅		2.0	0.7	0.5	0.4
		(2)办公楼、餐厅、医院门诊部		2.5	0.7	0.6	0.5
		(3)教学楼及其他可能出现密集人员的情况		3.5	0.7	0.5	0.3

（续）

项次	类别		均布活荷载标准值/(kN/m²)	组合值系数 ψ_c	频遇值系数 ψ_f	准永久值系数 ψ_q
12	楼梯	(1)多层住宅	2.0	0.7	0.5	0.4
		(2)其他	3.5	0.7	0.5	0.3
13	阳台	(1)其他	2.5	0.7	0.6	0.5
		(2)可能出现密集人员的情况	3.5	0.7	0.6	0.5

注：1. 本表所给各项活荷载适用于一般使用条件，当使用荷载较大、情况特殊或有专门要求时，应按实际情况采用。

2. 第6项书库活荷载当书架高度大于2m时，书库活荷载尚应按每米书架高度不小于2.5kN/m²确定。

3. 第8项中的客车活荷载只适用于停放载人少于9人的客车；消防车活荷载是适用于满载总重为300kN的大型车辆；当不符合本表的要求时，应将车轮的局部荷载按结构效应的等效原则，换算为等效均布荷载。

4. 第12项楼梯活荷载，对预制楼梯踏步平板，尚应按1.5kN集中荷载验算。

5. 本表各项荷载不包括隔墙自重和二次装修荷载，对固定隔墙的自重应按永久荷载考虑，当隔墙位置可灵活自由布置时，非固定隔墙的自重应取不小于1/3的每延米长墙重（kN/m）作为楼面活荷载的附加值（kN/m²）计入，附加值不小于1.0kN/m²。

附表 15 钢筋的公称直径、公称截面面积及理论质量

公称直径/mm	不同根数钢筋的公称截面面积/mm²									单根钢筋理论质量/(kg/m)
	1	2	3	4	5	6	7	8	9	
6	28.3	57	85	113	142	170	198	226	255	0.222
8	50.3	101	151	201	252	302	352	402	453	0.395
10	78.5	157	236	314	393	471	550	628	707	0.617
12	113.1	226	339	452	565	678	791	904	1017	0.888
14	153.9	308	461	615	769	923	1077	1231	1385	1.21
16	201.1	402	603	804	1005	1206	1407	1608	1809	1.58
18	254.5	509	763	1017	1272	1527	1781	2036	2290	2.00(2.11)
20	314.2	628	942	1256	1570	1884	2199	2513	2827	2.47
22	380.1	760	1140	1520	1900	2281	2661	3041	3421	2.98
25	490.9	982	1473	1964	2454	2945	3436	3927	4418	3.85(4.10)
28	615.8	1232	1847	2463	3079	3695	4310	4926	5542	4.83
32	804.2	1609	2413	3217	4021	4826	5630	6434	7238	6.31(6.65)
36	1017.9	2036	3054	4072	5089	6107	7125	8143	9161	7.99
40	1256.6	2513	3770	5027	6283	7540	8796	10053	11310	9.87(10.34)
50	1963.5	3928	5892	7856	9820	11784	13748	15712	17676	15.42(16.28)

注：括号内为预应力螺纹钢筋的数值。

附表 16 钢绞线的公称直径、公称截面面积及理论质量

种类	公称直径/mm	公称截面面积/mm²	理论质量/(kg/m)
1×3	8.6	37.7	0.296
	10.8	58.9	0.462
	12.9	84.8	0.666

（续）

种类	公称直径/mm	公称截面面积/mm²	理论质量/（kg/m）
1×7 （标准型）	9.5	54.8	0.430
	12.7	98.7	0.775
	15.2	140	1.101
	17.8	191	1.500
	21.6	285	2.237

附表 17 钢丝的公称直径、公称截面面积及理论质量

公称直径/mm	公称截面面积/mm²	理论质量/（kg/m）
5.0	19.63	0.154
7.0	38.48	0.302
9.0	63.62	0.499

附表 18 钢筋混凝土板每米宽度的钢筋截面面积 （单位：mm²）

钢筋直径 d/mm	钢筋间距/mm														
	75	80	90	100	110	120	130	140	150	160	180	200	220	250	280	300
6	377	354	314	283	257	236	218	202	189	177	157	141	129	113	101	94
6/8	524	491	437	393	357	327	302	281	262	246	218	196	179	157	140	131
8	671	629	559	503	457	419	387	359	335	314	279	251	229	201	180	168
8/10	859	805	716	644	585	537	495	460	429	403	358	322	293	258	230	215
10	1047	981	872	785	714	654	604	561	523	491	436	393	357	314	280	262
10/12	1277	1198	1064	958	871	798	737	684	639	599	532	479	436	383	342	319
12	1508	1414	1257	1131	1028	942	870	808	754	707	628	565	514	452	404	377
12/14	1780	1669	1483	1335	1214	1113	1027	954	890	834	742	668	607	534	477	445
14	2052	1924	1710	1539	1399	1283	1184	1099	1026	962	855	770	700	616	550	513
16	2681	2513	2234	2011	1828	1676	1547	1436	1340	1257	1117	1005	914	804	718	670

附表 19 钢筋混凝土矩形截面受弯构件正截面承载力计算系数表

ξ	γ_s	α_s	ξ	γ_s	α_s
0.01	0.995	0.010	0.11	0.945	0.104
0.02	0.990	0.020	0.12	0.940	0.113
0.03	0.985	0.030	0.13	0.935	0.122
0.04	0.980	0.039	0.14	0.930	0.130
0.05	0.975	0.049	0.15	0.925	0.139
0.06	0.970	0.058	0.16	0.920	0.147
0.07	0.965	0.068	0.17	0.915	0.156
0.08	0.960	0.077	0.18	0.910	0.164
0.09	0.955	0.086	0.19	0.905	0.172
0.10	0.950	0.095	0.20	0.900	0.180

（续）

ξ	γ_s	α_s	ξ	γ_s	α_s
0.21	0.895	0.188	0.41	0.795	0.326
0.22	0.890	0.196	0.42	0.790	0.332
0.23	0.885	0.204	0.43	0.785	0.338
0.24	0.880	0.211	0.44	0.780	0.343
0.25	0.875	0.219	0.45	0.775	0.349
0.26	0.870	0.226	0.46	0.770	0.354
0.27	0.865	0.234	0.47	0.765	0.360
0.28	0.860	0.241	0.48	0.760	0.365
0.29	0.855	0.248	0.482	0.759	0.366
0.30	0.850	0.255	0.49	0.755	0.370
0.31	0.845	0.262	0.50	0.750	0.375
0.32	0.840	0.269	0.51	0.745	0.380
0.33	0.835	0.276	0.518	0.741	0.384
0.34	0.830	0.282	0.52	0.740	0.385
0.35	0.825	0.289	0.53	0.735	0.390
0.36	0.820	0.295	0.54	0.730	0.394
0.37	0.815	0.302	0.55	0.725	0.399
0.38	0.810	0.308	0.56	0.720	0.403
0.39	0.805	0.314	0.57	0.715	0.408
0.40	0.800	0.320	0.576	0.712	0.410

注：本表数值适用于混凝土强度等级不超过 C50 的受弯构件。

附表 20　符号及其说明

材料性能符号

符号	说明
E_c	混凝土的弹性模量
E_s	钢筋的弹性模量
C30	立方体抗压强度标准值为 30N/mm² 的混凝土强度等级
HRB500	强度级别为 500N/mm² 的普通热轧带肋钢筋
HRBF400	强度级别为 400N/mm² 的细晶粒热轧带肋钢筋
RRB400	强度级别为 400N/mm² 的余热处理带肋钢筋
HPB300	强度级别为 300N/mm² 的热轧光圆钢筋
f_{ck}、f_c	混凝土轴心抗压强度标准值、设计值
f_{tk}、f_t	混凝土轴心抗拉强度标准值、设计值

混凝土结构基本原理

(续)

材料性能符号

符号	说明
f_{yk}、f_{ptk}	普通钢筋、预应力筋屈服强度标准值
f_y、f_y'	普通钢筋抗拉、抗压强度设计值
f_{py}、f_{py}'	预应力筋抗拉、抗压强度设计值
f_{yv}	横向钢筋的抗拉强度设计值
δ_{gt}	钢筋最大力下的总延伸率

作用和作用效应符号

符号	说明
N	轴向力设计值
N_k、N_q	按荷载标准组合、准永久组合计算的轴向力值
N_u	构件的截面轴心受压或轴心受拉承载力设计值
M	弯矩设计值
M_k、M_q	按荷载标准组合、准永久组合计算的弯矩值
M_u	构件的正截面受弯承载力设计值
M_{cr}	受弯构件的正截面开裂弯矩值
T	扭矩设计值
V	剪力设计值
F_l	局部荷载设计值或局部压力设计值
σ_s、σ_p	正截面承载力计算中纵向钢筋、预应力筋的应力
σ_{pe}	预应力筋的有效预应力
σ_l、σ_l'	受拉区、受压区预应力筋在相应阶段的预应力损失值
τ	混凝土的剪应力
w_{max}	按荷载标准组合或准永久组合,并考虑长期作用影响计算的最大裂缝宽度

几何参数

符号	说明
b	矩形截面宽度,T形、工字形截面的腹板宽度
c	混凝土保护层厚度
d	钢筋的公称直径(简称直径)或圆形截面的直径
h	截面高度
h_0	截面有效高度
l_a	纵向受拉钢筋的锚固长度
l_0	计算跨度或计算长度
s	沿构件轴线方向上横向钢筋的间距、螺旋筋的间距或箍筋的间距
x	混凝土受压区高度
A	构件截面面积
A_s、A_s'	受拉区、受压区纵向普通钢筋的截面面积

348

（续）

几何参数	
符号	说明
A_p、A_p'	受拉区、受压区纵向预应力筋的截面面积
A_l	混凝土局部受压面积
A_{cor}	钢筋网、螺旋筋或箍筋所围的混凝土核心面积
B	受弯构件的截面刚度
I	截面惯性矩
W	截面弹性抵抗矩
W_t	截面受扭塑性抵抗矩

计算系数及其他符号	
符号	说明
a_E	钢筋弹性模量与混凝土弹性模量的比值
γ	混凝土构件的截面抵抗矩塑性影响系数
η	偏心受压构件考虑二阶效应影响的轴向力偏心距增大系数
λ	计算截面的剪跨比,即 $M/(Vh_0)$
ρ	纵向受力钢筋的配筋率
ρ_v	间接钢筋或箍筋的体积配筋率
ϕ	表示钢筋直径的符号,$\phi20mm$ 表示直径为 20mm 的钢筋

参 考 文 献

[1] 中华人民共和国住房和城乡建设部. 混凝土结构设计规范（2015 年版）. GB 50010—2010 [S]. 北京：中国建筑工业出版社，2015.

[2] 中华人民共和国住房和城乡建设部. 建筑结构可靠性设计统一标准：GB 50068—2018 [S]. 北京：中国建筑工业出版社，2019.

[3] 中华人民共和国住房和城乡建设部. 工程结构可靠性设计统一标准：GB 50153—2008 [S]. 北京：中国建筑工业出版社，2008.

[4] 中华人民共和国住房和城乡建设部. 建筑结构荷载规范：GB 50009—2012 [S]. 北京：中国建筑工业出版社，2012.

[5] 中华人民共和国住房和城乡建设部. 混凝土物理力学性能试验方法标准：GB/T 50081—2019 [S]. 北京：中国建筑工业出版社，2019.

[6] 中华人民共和国住房和城乡建设部. 混凝土结构耐久性设计标准：GB/T 50476—2019 [S]. 北京：中国建筑工业出版社，2019.

[7] 中华人民共和国住房和城乡建设部. 预应力筋用锚具、夹具和连接器：GB/T 14370—2015 [S]. 北京：中国标准出版社，2016.

[8] 中华人民共和国住房和城乡建设部. 装配式混凝土建筑技术标准：GB/T 51231—2016 [S]. 北京：中国建筑工业出版社，2017.

[9] 中华人民共和国住房和城乡建设部. 装配式混凝土结构技术规程：JGJ 1—2014 [S]. 北京：中国建筑工业出版社，2014.

[10] 高等学校土木工程学科专业指导委员会. 高等学校土木工程本科指导性专业规范 [M]. 北京：中国建筑工业出版社，2011.

[11] 梁兴文，史庆轩. 混凝土结构设计原理 [M]. 4 版. 北京：中国建筑工业出版社，2019.

[12] 叶列平. 混凝土结构：上册 [M]. 北京：中国建筑工业出版社，2012.

[13] 邱洪兴. 混凝土结构设计原理 [M]. 北京：高等教育出版社，2017.

[14] 王海军，魏华. 混凝土结构基本原理 [M]. 北京：机械工业出版社，2017.

[15] 夏志成，袁小军. 混凝土结构原理与应用 [M]. 北京：国防工业出版社，2015.

[16] 张季超. 新编混凝土结构设计原理 [M]. 北京：科学出版社，2011.

[17] 刘立新，叶燕华. 混凝土结构原理 [M]. 2 版. 武汉：武汉理工大学出版社，2010.

[18] 贾福萍，李富民. 混凝土结构设计原理 [M]. 3 版. 徐州：中国矿业大学出版社，2018.

[19] 沈蒲生. 混凝土结构设计原理 [M]. 4 版. 北京：高等教育出版社，2012.

[20] 丁小军，杨霞林. 新编混凝土结构设计原理学习指导 [M]. 北京：机械工业出版社，2013.

[21] 苏小卒，龚绍熙，熊本松，等. 混凝土结构基本原理 [M]. 2 版. 北京：中国建筑工业出版社，2012.

[22] 郭学明. 装配式建筑概论 [M]. 北京：机械工业出版社，2018.

[23] 郭学明. 装配式混凝土结构建筑的设计、制作与施工 [M]. 北京：机械工业出版社，2017.

[24] 吴刚，潘金龙. 装配式建筑 [M]. 北京：中国建筑工业出版社，2018.

[25] 汪杰，李宁，江韩，等. 装配式混凝土建筑设计与应用 [M]. 南京：东南大学出版社，2018.

[26] 谭玮，颜小锋，林健，等. 装配式混凝土建筑结构技术与构造 [M]. 北京：中国建筑工业出版社，2019.